# TECHNIK DER EMULSIONEN

VON

## OTTO LANGE
DR. PHIL.

MIT 66 TEXTABBILDUNGEN

SPRINGER-VERLAG BERLIN HEIDELBERG GMBH 1929

ISBN 978-3-662-28184-0          ISBN 978-3-662-29698-1 (eBook)
DOI 10.1007/978-3-662-29698-1

# Vorwort.

Das vorliegende Werk ist als Fortsetzung des im gleichen Verlage erschienenen durch LOEB übersetzten Buches von CLAYTON, „Die Theorie der Emulsionen" gedacht, als seine praktische Ergänzung, deren Inhalt die technische Erzeugung und Zerstörung von Emulsionen nebst der Abbildung und Beschreibung einiger neuzeitlicher diesen Zwecken dienender Apparate umfassen soll.

Diese Arbeit soll demnach eine Umschau über das Auftreten, die Bildung, Erhaltung und Zerstörung von Emulsionen in allen Zweigen der chemischen Technik darstellen und möge dementsprechend bewertet werden, nämlich als erster Versuch, das gewaltige Gebiet in der gebotenen Kürze und doch so eingehend zu beschreiben, daß der Leser Anregung zur eigenen Arbeit und Interesse an den vielfach zitierten Arbeiten anderer gewinnt.

Wie groß die Aufgabe ist, läßt sich ermessen, wenn man sich vergegenwärtigt, daß es auch außerhalb der Fettstoffe verarbeitenden Industrien viele organisch- und manche anorganisch-chemische Betriebe gibt, die in dem oder jenem Bereich ihrer Tätigkeit mit Emulsionen zu tun haben, häufig genug ohne sich dessen bewußt zu sein, und dann führt die Unkenntnis der Bedingungen, unter denen emulgierte Systeme entstehen oder entmischt werden, zu Mißerfolgen. Aus der meist recht unvollkommenen Art, wie man in solchen Fällen vorzugehen pflegt, und mehr noch aus dem Studium zahlreicher Verfahren zur gewollten Bildung oder Zerstörung von Emulsionen läßt sich ersehen, daß die Praxis bisher recht wenig Nutzen aus den Ergebnissen der wissenschaftlichen Durchforschung des Gebietes gezogen hat, obwohl die Theorie es ist, die uns so gut wie jede Kenntnis vom Wesen der Emulsionen, von der Art der verschiedenen Systeme und vom Wirkungswert der einzelnen Emulgatoren vermittelt hat.

Die Ursache dieses Mangels ist offensichtlich: Man neigt in der Technik dazu, die Entstehung und Stabilisierung einer Emulsion lediglich als mechanischen Vorgang der innigen Durchmischung aller Komponenten aufzufassen, legt, mit der Margarineindustrie als Vorbild, den Hauptwert auf die Güte der in diesem Bereiche besonders hochentwickelten Apparate und sagt sich nicht, daß die echten Emulsionen physikalische Verteilungssysteme sind, die, man könnte sagen, Leben besitzen insofern, als ihre Entstehung und Stabilität durch ständigen Ionenaustausch im Emulgatorfilm, an der Grenzfläche zwischen disperser Phase und Dispersionsmittel, also durch chemische Vorgänge in hohem Maße mitbeeinflußt werden. Daß es außer jenen echten noch Pseudoemulsionen gibt, die ihre häufig sehr bedeutende Beständigkeit

der Wirkung nur physikalischer Kräfte zu verdanken haben, ändert
nichts an der Tatsache, daß der vornehmste Emulgator die Seife, also
eine chemische Verbindung ist, deren wäßrig-kolloide Lösung als Emulgatorfilm aus den Membranflächen Fettsäure- und Alkaliionen in die
beiden Phasen entsendet.

Mit dieser Auffassung vom Zustandekommen einer Emulsion durch
Mitwirkung chemischer Vorgänge wird die Technik der Emulsionen,
nicht zu ihrem Schaden, mehr als es bisher der Fall war, zu einem Zweige
der angewandten Chemie werden, und es muß dann zu den wichtigsten
Aufgaben des Emulsionstechnikers gehören, sich Klarheit über die
mannigfaltigen chemischen Wechselbeziehungen zu verschaffen, die im
Beisein eines in Lösung dissoziierbaren Emulgators innerhalb der Phasen
auftreten können. Heute scheut man in der Emulsionstechnik vielfach
noch die von der Wissenschaft ausgebildete Arbeitsweise; gut ausgebildete Misch-, Rühr-, Emulgier- und Homogenisierapparate, mit
deren Hilfe man. nach empirisch gefundenen Rezepten arbeitet, sind
kennzeichnend für viele Betriebe, in denen zahllose kosmetische und
Nährmittelpräparate, Bohröle, Salben usw. hergestellt werden. Eine
verfeinerte Emulsionstechnik der Zukunft wird sich auch in kleinen und
mittleren Werken, so wie es in den großen Fabriken heute schon der
Fall ist, der Mitarbeit des Wissenschaftlers versichern müssen, da sie,
um erfolgreich wirken zu können, chemischer Bestimmungsmethoden
(z. B. jener der Wasserstoffionenkonzentration) ebensowenig entbehren
kann, wie physikalischer Messungen und vollkommener mechanischer Hilfsmittel.

Das obengenannte Werk von CLAYTON über die Theorie der Emulsionen bringt eine überaus sorgfältig und erschöpfend zusammen-
gestellte Literaturübersicht bis zum Jahre 1924, so daß man in dem
vorliegenden Bande nur die Fortsetzung des Schrifttums bis Mitte 1928
und überdies die technische und Patentliteratur finden wird.

Herrn Dipl.-Ing. F. PETERMANN vom Münchener Forschungsinstitut für Wasserbau spreche ich auch an dieser Stelle meinen Dank
für seine wertvolle Mitarbeit am Apparateabschnitt des vorliegenden
Buches aus. Mein Dank gebührt ferner den Firmen: Bergedorfer Eisenwerk A. G., Bergedorf-Hamburg, C. Dempewolf, Maschinenfabrik,
Braunschweig, W. Marx & Co., Maschinenfabrik, Halle a. d. S., Wilhelm
G. Schröder Nfg. A.-G., Lübeck, Silkeborg Maskinfabrik, Silkeborg,
Dänemark, die mich in liebenswürdiger Weise mit verschiedenem Material unterstützt haben.


Berlin-Zehlendorf-West, im Januar 1929.

OTTO LANGE.

# Inhaltsverzeichnis.

# Einleitung.



## Begriffsbestimmung und Gebietsabgrenzung.

Emulsum heißt „das Ausgemolkene“, d. i. die Milch, und diese ist wirklich der Typus einer echten Emulsion, nämlich ein Verteilungssystem zwischen ineinander nicht oder kaum löslichen Flüssigkeiten. Im engeren technischen Sinn versteht man unter einer Emulsion den Zustand der feinsten **tröpfchenförmigen** Verteilung von flüssigem oder verflüssigtem Fettstoff (Mineralöl u. dgl., auch Chloroform u. a. nichtwäßrige Flüssigkeiten) in wäßriger Flüssigkeit oder umgekehrt, entsprechend den Typen: Milch, d. i. die tröpfchenförmige Verteilung von Milchfett in wäßriger Lösung und Butter, d. i. wäßrige Lösung „dispergiert“ in Milchfett[1]. In diesen beiden Typen: Öl-in-Wasser (OW) und Wasser-in-Öl (WO) sind die jeweils schwebenden Tröpfchen, bestehend aus Molekülaggregaten (atomistisch nur Quecksilber in der grauen Salbe) die „disperse“ oder „offene Phase“, die im Dispersionsmittel[2], auch „geschlossene Phase“ genannt, d. i. die umgebende Flüssigkeit, tröpfchenförmig verteilt ist. Jede Emulsion besteht demnach aus einer „inneren“ Phase, die in einer „äußeren“ Phase dispergiert ist. Zur technischen Emulsion gehört noch eine dritte Substanz, der „Emulgator“, der die Bildung des Systemes beim Mischen, Rühren, Schlagen, Homogenisieren „vermittelt“ und der Entmischung des Gebildes vorbeugt, die Emulsion stabilisiert. Stabilisator einer Emulsion kann aber auch eine vierte Substanz sein.

Es sei noch erwähnt, daß man in der Praxis die bei zahlreichen technischen Verrichtungen gebrauchten und in vielen Präparaten vorhandenen Gemische von ineinander nicht oder kaum löslichen Flüssigkeiten, z. B. von Wasser und manchen organischen Lösungsmitteln, nach ihrer Vereinigung mit Hilfe dritter Stoffe nicht als Emulsionen, sondern als Lösungen oder Lösungsgemische zu bezeichnen pflegt. Solchen klaren schichtfreien und nicht milchig getrübten Gemengen, die man z. B. mit Alkohol- oder Jodzusatz[3] aus Äther und Wasser oder mit Nitrobenzol, Ricinusöl, Phenolen, Kohlenwasserstoffen, freien Fettsäuren[4] (nicht Seifen!) aus den sonst ebenfalls nicht ineinander löslichen Lösungs-

---

[1] S. W. CLAYTON: Seifensieder-Ztg 1921, 11: Butter als WO-, Milchfett hingegen als OW-Emulsion. Vgl. auch im vorliegenden Text S. 229 u. 232.

[2] Man findet wohl auch für: „Dispersionsmittel“ den nicht ganz zutreffenden Ausdruck „Kontinuierliches Medium“, richtiger wäre es, von einem „Medium continens“ zu sprechen.

[3] HOLMES, H. W. und H. A. WILLIAMS: Ref. in Chem. Zentralblatt 1925, I, 1959.

[4] D.R.P. 372002, 372593, 373925, 381197, 373926.

mitteln Alkohol und Benzin erzeugt, fehlt in der Tat die sinnfällige Erscheinung der tröpfchenartigen Öl-in-Wasser- oder Wasser-in-Öl-Verteilung und damit das für den Techniker kennzeichnendste Merkmal des emulgierten Zustandes.

Wir haben uns hier zwar nicht mit den theoretischen Vorstellungen über das Wesen der Emulsionen zu befassen (siehe Vorwort), sondern mit den beiden praktischen Fragen: 1. Wie stelle ich eine technische Emulsion her? 2. Wie zerstöre ich das physikalische Gebilde emulgierter Flüssigkeiten?, doch muß man, um diese Fragen beantworten zu können, wissen, unter welchen Bedingungen eine Emulsion überhaupt zustande kommt. Dazu wieder ist es nötig, die Ergebnisse wissenschaftlicher Forschung zusammenzufassen und gewisse Begriffe zu erläutern, deren richtiges Erfassen zur praktischen Auswertung der neuzeitlichen emulsionstheoretischen Arbeiten unentbehrlich ist[1].

## Der flüssige Zustand.

Bei Betrachtung der beiden Zustände „Milch" und „Butter" ergibt sich zunächst als das bekannteste Merkmal die Tatsache, daß die Milch beim Stehenlassen freiwillig „aufrahmt", Fett und Wasser sich also zum Teil scheiden, während gute Butter als Klumpen bestehen bleibt. An seiner Oberfläche zeigen sich wohl zuweilen Wassertröpfchen, doch kann man der Butter die in ihr vorhandenen 12—15% Wasser sogar durch Kneten oder Pressen unter hohem Druck nur teilweise entziehen. Auch die Ursache dieses unterschiedlichen Verhaltens beider Systeme erscheint selbstverständlich, daß nämlich das zähe medium continens des Butterfettes die Wassertröpfchen fest einschließt, während die Fetttröpfchen sich in dem wenig viscosen wäßrigen Dispersionsmittel der Milch leicht zusammenballen und zur Oberfläche der Flüssigkeit emporsteigen können. „Flüssig" bedeutet im Gegensatz zu „fest" einen Zustand der Teilchenverschiebbarkeit, der in zahllosen Stufen, von der eben noch knetbaren Form z. B. des erwärmten Trinidadasphaltes vom Erweichungspunkt etwa 84° und der Dichte 1,4, über jene des zähen Zusammenhaltes einer geschmolzenen, heiß gießbaren Bitumenmischung, zum Roherdeöl, Petroleum und leichtflüssigen Benzin und schließlich zum Rhigolen führt, zu einem Stoff, dessen Moleküle so leicht beweglich und aneinander verschiebbar sind, daß er mit seinem Siedepunkt von 18,3° und der Dichte 0,6 als leichtflüchtige Flüssigkeit bereits bei Zimmertemperatur in Dampfform besteht.

Für den Zähigkeitsgrad einer Flüssigkeit sind demnach ihre Dampfdichte, und da diese abhängig ist von Druck und Temperatur, auch diese beiden Faktoren maßgebend. Die Viscosität oder der Zähflüssigkeitsgrad einer Flüssigkeit, relativ bestimmbar z. B. durch Vergleich der Ausflußgeschwindigkeiten von Wasser und Öl unter normierten Bedingungen aus einer Öffnung von normiertem Durchmesser,

---

[1] Die neuzeitliche Theorie der Emulgierung ist in den Grundzügen bereits in einer Arbeit zu finden, die GIBBS im Jahre 1906 veröffentlichte. Vgl. W. D. BANCROFT und C. W. TUCKER: Ref. im Chem. Zentralblatt 1928, I, 2493.

ist aber auch Eigenschaft der Materie und steht daher im Zusammenhang mit ihrer Molekularstruktur und dadurch auch mit ihrer chemischen Natur. Es ist bekannt, daß der bei 115° (rhomb.) bzw. 119° (monokl.) dickflüssig geschmolzene Schwefel zwischen 114,4 und 160° eine wassergleich dünne und darüber hinaus eine höchst zähe Flüssigkeit bildet, die, nahe am Siedepunkt in Wasser gegossen, eine plastische Masse von der Teilchenverschiebbarkeit des warmen Asphaltes bildet. Es ist ferner bekannt, daß ein bei gewöhnlicher Temperatur zähes mineralisches Zylinderschmieröl in der Wärme so leichtflüssig ist wie Wasser und von den zu schmierenden rasch bewegten Flächen abgeschleudert wird, wenn man ihm nicht bestimmte Mengen Pflanzen-, z. B. Ricinusöl, zusetzt, das bei Zimmer- wie auch bei erhöhter Temperatur etwa die gleiche Viscosität besitzt.

## Oberflächenspannung.

Offenkundig ist der Zähigkeitsgrad einer Flüssigkeit demnach abhängig von ihrer mehr oder minder großen, man könnte sagen, kautschuk- oder klebstoffartigen Beschaffenheit, die sich nach außen hin, an der Oberfläche der Flüssigkeit, als Spannung äußert. Während im Innern einer Flüssigkeit die gegenseitige Anziehung der Moleküle gleich groß ist, die Kräfte einander also aufheben, ist dies an ihrem Spiegel dort, wo die Grenzfläche z. B. von Wasser gegen Luft oder gegen eine mit ihm nicht oder kaum mischbare Flüssigkeit liegt, nicht der Fall. Hier wird die oberste Schicht der Moleküle von der darunter befindlichen festgehalten, und ebenso sind auch die Teilchen selbst in der obersten Schicht aneinandergeklammert, dieweil nach oben kein Zug erfolgt. Die Oberfläche der Flüssigkeit erscheint daher als zähe Decke, von Art eines Netzes aus Kautschukfäden, dessen Knoten die Moleküle, dessen Fäden die Molekularkräfte sind. Diese Oberflächenspannung ist für jede Flüssigkeit gegen ein bestimmtes anderes Medium meßbar und erreicht recht verschieden hohe Werte, z. B.:

| | | | |
|---|---|---|---|
| Wasser | gegen | Luft | 0,075 |
| ,, | ,, | Quecksilber | 0,450 |
| Olivenöl | ,, | Luft | 0,038 |
| Alkohol | ,, | ,, | 0,026 |
| Olivenöl | ,, | Wasser | 0,021 |
| ,, | ,, | Alkohol | 0,0023 |
| Terpentinöl | ,, | Luft | 0,030 |
| ,, | ,, | Wasser | 0,012 |

Infolge der Oberflächenspannung zieht sich eine der Schwere entzogene Flüssigkeitsmenge so weit als möglich zusammen, sie ist daher in jener Gestalt im Gleichgewicht, die die möglichst kleine Oberfläche hat, d. i. die Kugel. Rollende Quecksilbertröpfchen sind um so vollkommenere Kugeln, je kleiner sie sind, je mehr daher die Oberflächenspannung auf Grund der geringeren Schwere in Erscheinung treten kann. Ebenso nimmt in dem bekannten Plateauversuch ein aus einer Pipette in eine bestimmte Wasser-Alkohol-Mischung vorsichtig entlassenes Ölvolumen in dieser auf sein eigenes spezifisches Gewicht eingestellten Umgebung, der Wirkung der Oberflächenspannung folgend, die Form einer schwebenden Kugel an, und ähnliche Gebilde[1] entstehen, wenn Flüssigkeit aus einer Capillare in Luft oder ein anderes gasförmiges oder flüssiges Medium austritt. Jedoch mit dem Unterschiede, daß Zahl und Größe der Gebilde jetzt in Abhängigkeit von dem Vergleichswerte stehen, der in dem Verhältnis zwischen Oberflächenspannung von tropfender Flüssigkeit und der die Tropfen aufnehmenden Umgebung seinen Ausdruck findet.

Legt man hingegen einen Öltropfen auf Wasser, so breitet er sich auf dem Spiegel aus; dasselbe tut, wie man aus der Sichtbarwerdung von bunten Interferenzringen leicht erkennen kann, auch das Terpentinöl, denn wie aus der obigen Tabelle hervorgeht, ist die Oberflächenspannung Wasser gegen Luft wesentlich größer als jene des fetten und des ätherischen Öles gegen Luft und Wasser. Diese kleineren Kräfte müssen daher gegen die größeren unterliegen, und die Teilchen der Öle werden durch die Zugkraft der Oberflächenspannung Luft-Wasser gezwungen, sich auf dem Wasserspiegel auszubreiten. Auch beim Schütteln von Öl mit reinem Wasser tritt der Unterschied der Oberflächenspannungen zutage: Die Oberflächen der beiden Flüssigkeiten werden zunächst außerordentlich vergrößert, denn soviel Öltröpfchen sich bei der mechanischen Zerkleinerung der Ölmasse bilden, soviel Trennungsflächen werden auch errichtet und ebensoviel Kräfte wirken auch den Molekularanziehungskräften innerhalb jedes Mediums entgegen. Stellt man nun die Schüttelflasche ruhig hin, so beginnen die Anziehungskräfte, unterstützt durch die spezifische Leichtigkeit des Öles und seine Tendenz zur Oberfläche emporzusteigen, ihr Spiel: Öl- oder Wasserteilchen, zufällig durch kein Teilchen des entgegengesetzten Mediums getrennt, verschmelzen in dem Streben, ihre Oberfläche zu verkleinern, und es kommt, namentlich wenn größere Ölmengen vorhanden sind, bald zur Bildung größerer Tropfen, die nun rascher aufsteigen, auf ihrem Wege Wasserteilchen beiseite schieben und alle auf diesem Gang befindlichen kleineren Öltröpfchen in sich aufnehmen, so daß in kurzer Zeit Entmischung erfolgt.

### Tropfenzahl.

Läßt man nun schließlich, z. B. unter Wasser, aus einer nach oben gebogenen Capillare nacheinander Öle verschiedener Dichte aufsteigen, so wird im Sinne des Gesagten jenes, dem die kleinste Oberflächenspannung zukommt, die kleinsten Tropfen in größter Zahl bilden, oder anders ausgedrückt, die Größe der Oberflächenspannung ist umgekehrt proportional zur „Tropfenzahl", das ist die zahlenmäßige Menge Tropfen, die von einem bestimmten Volumen einer Flüssigkeit unter normierten Bedingungen gebildet wird. Für die Emulsionstechnik ist die Tropfenzahl insofern von großer Bedeutung, als unter sonst gleichen Bedingungen ein Öl mit größter Tropfenzahl am leichtesten Emulsionen bildet und

---

[1] In der Kautschukmilch ei- oder birnenförmige Gebilde; vgl. E. A. HAUSER, Ref. im Chem. Zentralblatt 1925, II, 1097.

diese um so größere Haltbarkeit besitzen, je kleiner die Tröpfchen der dispersen Phase sind.

Ihre Größe beträgt in den technischen Emulsionen durchschnittlich $10^{-5}$ cm; bis zum Durchmesser der Kügelchen von 4 $\mu$ (4,$10^{-3}$ cm) abwärts führen sie die Brown-Molekularbewegung aus, deren Lebhaftigkeit im umgekehrten Proportionalverhältnis zur Größe der Teilchen, hier z. B. der Fettröpfchen, steht. Die Tropfenzahl ist von allen Faktoren abhängig, denen die Emulsionen unterworfen sind, insbesondere aber von der Möglichkeit des Eintretens chemischer Umsetzungen, z. B. der Seifenbildung[1]. So gibt:

|  | Tropfenzahl | |
|---|---|---|
|  | in Wasser | in 0,001 n-NaOH |
| Reines neutrales Olivenöl | 55 | 58 |
| Saures Olivenöl | 58 | **331** |

d. h. es wirkt im letzteren Falle ein Drittes mit, die Seife, deren Entstehung es zuzuschreiben ist, daß sich die Tropfenzahl rund verachtfacht, und in demselben Maße wird die Emulsion beständiger[2].

Es erhebt sich nun die Frage, wie die Verschiedenheit der Energieverteilung zwischen Oberfläche und Innerem einer Flüssigkeit zustande kommt. Um sie zu beantworten ist es nötig, auch Flüssigkeiten mit gelöstem Inhalt in den Kreis der Betrachtung zu ziehen.

## Lösungen.

Eine Lösung ist ein homogenes Stoffgemisch mit einer oder mehreren flüssigen Komponenten, deren Mengen innerhalb der Löslichkeit, also begrenzt, in stetig variablen Proportionen vorhanden sein können. Das hindert natürlich nicht, daß jede Stoffkomponente selbst nahezu stets (Ausnahme z. B. Quecksilber) eine chemische Verbindung, d. h. ein nicht homogenes Stoffgemisch ist, dessen vorhandene Mengen durch die Gesetze der konstanten und multiplen Proportionen, also durch sprunghaften Wechsel der Bestandteilquantitäten geregelt sind. Die Löslichkeit ist eine auf Gegenseitigkeit beruhende Grundeigenschaft der Materie, d. h. 1 g Ammoniumcarbonat löst sich z. B. stets in 10 ccm Alkohol vom Vol.-Gew. 0,941 bei 15,5° und ebenso auch umgekehrt, doch bezeichnet man den überwiegenden Gemengebestandteil meist als Lösungsmittel, das Minderquantum als das Gelöste. Die Löslichkeit steigt im allgemeinen durch Wärmezufuhr und Drucksteigerung; sie steigt oder fällt beim Zusatz anderer Stoffe je nach deren Dissoziierbarkeit (s. unten) in einem flüssigen Bestandteil der Lösung und je nach deren Fähigkeit, mit den Lösungskomponenten zu reagieren. Wenn einem Stoff zwei Lösungsmittel zur Verfügung stehen, die sich miteinander

---

[1] Vgl. hierzu C. Belcot: Ber. dtsch. chem. Ges. 61, 355 und die grundlegenden Feststellungen von Donnan: Ref. in Chem. Zentralblatt 1900, I, 243.

[2] Über das völlig verschiedenartige Verhalten von auf Wasser getropftem einerseits absolut neutralem und andererseits eine Spur Fettsäure enthaltendem Öl, insbesondere die stark differerierenden Werte, die man bei der Bestimmung der Oberflächenspannungen in beiden Fällen erhält, ist in einem Auszug nach Untersuchungen von J. F. Carriére im Chem. Zentralblatt 1925, II. 711 kurz referiert. Vgl. die Arbeit von A. Hahne in Z. f. Öl- u. Fettind. 45, 245 ff.

nicht völlig mischen, so verteilt er sich auf beide stets nach einem konstanten Verhältnis. Für die Praxis, im besonderen für die Technik der Emulsionen, ist die Art der Lösungen als Folge der Löslichkeitseigenschaft der Stoffe und Stoffgemische im Sinne des Grundsatzes: Corpora non agunt, nisi soluta, deshalb von größter Bedeutung, weil die Lösung den Zustand feinster Zerteilung der Stoffe darstellt, und weil mit dieser im Kubus die Größe der Oberfläche der Stoffteilchen im ganzen wächst und damit deren Berührungspunkte an Zahl zunehmen, wodurch die Fähigkeit, miteinander zu reagieren, sogar für Stoffe herbeigeführt wird, die sonst nicht zur Wechselwirkung zu bringen wären. Absolute Unlöslichkeit gibt es übrigens nicht, weder in der Natur noch in der Technik — alles vergeht, d. h. es wird irgendwie, und sei es nach noch so langer Zeit, gelöst und so wieder dem Werdeprozeß zugeführt.

### Ionen.

Im festen Stoff sind seine Moleküle und deren Teilstücke untereinander vermutlich nicht starr, sondern in einer Art Tonuszustand verbunden, den man als Reaktionsbereitschaft bezeichnen kann. Dadurch, daß man den Feststoff löst, werden die Moleküle, namentlich in wäßriger Lösung im Zusammenhalt weiter derart gelockert, daß sie, je nach dem Spaltungs(Dissoziations-)vermögen der Flüssigkeit, mehr oder weniger weitgehend in Stücke zerfallen, die als Ionen mit elektrischer Ladung versehen, die Eigenschaft besitzen, unter dem Einflusse eines in der Lösung erzeugten elektrischen Feldes zu den Elektroden zu wandern, und zwar die negativ geladenen Anionen (z. B. Säurereste oder die Hydroxylgruppe —OH') zur Kathode, die positiv geladenen Kationen (Waserstoff und die Metalle, z. B. K', Na') zur Anode, woselbst sie unter Abgabe ihrer Ladungen entladen (galvanotechnisch: abgeschieden) werden. Wegen dieser Eigenschaft der in der Lösung frei beweglichen Ionen Elektrizitäts„inhaber" zu sein, werden sie aber auch von den ebenfalls mit Ladung versehenen Kolloid- und Schwebeteilchen der Lösung beeinflußt und dem Vorzeichen gemäß abgestoßen, zerstreut oder angezogen, adsorbiert, wobei Elektrizitäten ausgetauscht und chemische Reaktionen eingeleitet werden. Dieses „Marktleben" wird naturgemäß an der Grenze zweier miteinander nicht mischbarer Flüssigkeiten in Gegenwart eines leicht ionisierbaren Stoffes, des Emulgators, besonders rege sein, und deshalb ist dieses Ionenspiel die wichtigste, wenn nicht die alleinige Ursache des Zustandekommens von echten „lebenden" Emulsionen.

### Innerer Aufbau von Flüssigkeiten und Lösungen.

Um nun jene Frage zu beantworten, wie die Verschiedenheit der Energieverteilung im Inneren und an der Oberfläche einer Flüssigkeit zustande kommt, müssen wir es versuchen, uns ein Bild über die Struktur einer Flüssigkeit und einer Lösung zu machen.

Vom Atom an, diesem mit negativem Elektrizitätsfluidum ummantelten elektropositiven Kern, bis zum ebenso mit elektrischen

Kräften ausgestatteten Molekül und Molekülaggregat, ist durch das
Ausgeglichensein der inneren mit den Ladungen des umgebenden Mediums
die Ursache des neutralen Verhaltens, der Inaktivität, des scheinbar
„Leblosen" im ganzen System gegeben. Annäherung einer nach dieser
oder jener Seite stärkeren Energie löst in dem System ein gewisses
Bereitsein, ein darauffolgender Kontakt aber das Eintreten einer Reaktion aus.

Es ist nun durch die experimentelle Forschung sehr wahrscheinlich
gemacht worden, daß in einer Flüssigkeit die Moleküle in bestimmter
Weise gelagert sind, so zwar, daß ihr aktiver Teil, entsprechend dem
elektropositiven Atomkern, nach innen reicht, während der inaktive
scheinbar leblose Ast des Moleküls an die Oberfläche der Flüssigkeit
in ihre Dampfphase hinein und durch sie gegen die umgebende Luft
gerichtet ist. Bezeichnen wir die ionisierten Moleküle einer Flüssigkeit
wie folgt:

| | |
|---|---|
| Wasser: | $\left( H' - \cdot O \cdot - H' \right)$ |
| Alkohol: | $\left( (CH_3 \cdot CH_2) - (OH) \right)$ |
| Fettsäure: | $\left( (CH_3 \cdot CH_2 \cdot CH_2 \cdots CH_2) - (COOH) \right)$ |
| Paraffinöl: | $\left( (CH_3 \cdot CH_2 \cdot CH_2 \cdots CH_2) - (CH_3) \right)$ |

so sind diese Gebilde nach jener Vorstellung in der Flüssigkeit schematisch etwa so gelagert:

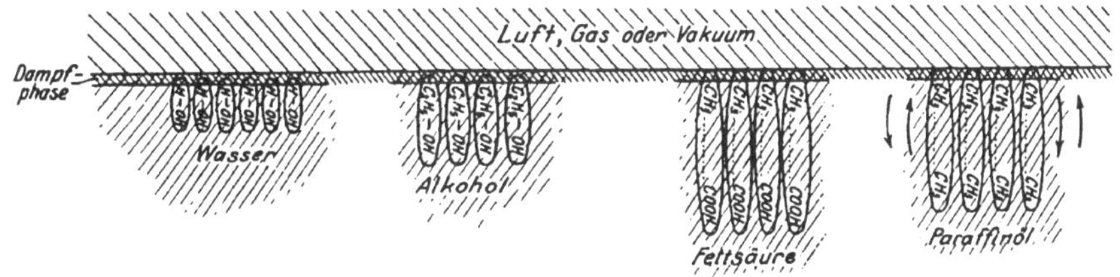


Abb. 1.

Die einem Zug nach innen folgenden aktiven Molekularteile übertragen
ihn auf die indifferenten Molekülenden, diese werden aneinandergedrängt,
ähnlich wie die Schilde der „Schildkröte" im Festungskrieg der klassi-
schen Völker, und es entsteht eine mit indifferenten Molekülteilen
gepanzerte Oberfläche des Moleküls im Ruhezustande, d. i. die Oberflächenspannung der Flüssigkeit.

Anders ist es nun, wenn stärkere Energien herannahen und in Wirkung treten, etwa in Gestalt einer anderen mit jener mischbaren oder
nicht mischbaren Flüssigkeit, die jedoch zunächst keinen chemischen
Einfluß ausüben möge. Es sei die erste Flüssigkeit stets Wasser und
die andere eine jener oben genannten flüssigen chemischen Verbindungen.

## Grenzflächenerscheinungen und Filmsubstanz.

Tropft man Alkohol, flüssige Fettsäure (Ölsäure) oder Paraffinöl auf Wasser, so erfolgt, wie angenommen wird, Umorientierung der Moleküle beider Flüssigkeiten in dem Sinne, daß jene einander nunmehr die aktiven, lebenden, „befreundeten" Gruppen zuwenden, daß also in der dann aus den beiden Oberflächen entstandenen Grenzfläche die polar angehäuften Energien miteinander in Wechselwirkung treten können. Dabei wird, wie man sich vorstellen kann, die durch die inneren Kräfte zusammengehaltene Molekülaggregatkugel ($a$, Abb. 2) unter dem Zwange der Richtungskräfte geöffnet ($b$, Abb. 2)

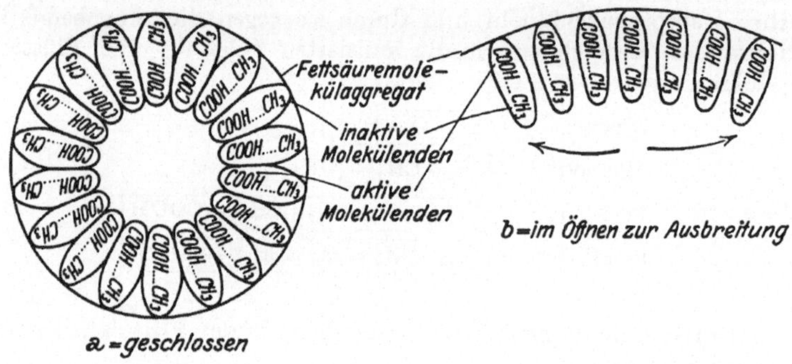



Abb. 2.

und man erhält die Anordnung:

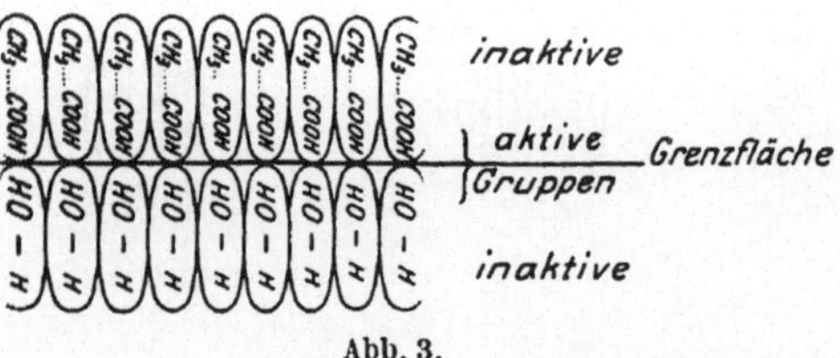



Abb. 3.

Das Paraffinöl besitzt als Gemisch indifferenter gesättigter Kohlenwasserstoffe mit gleichen Enden der Molekülketten keine aktiven Gruppen, die Orientierung seiner Moleküle ist daher belanglos; ungesättigte offene Kohlenwasserstoffe und bis zu einem gewissen Grade wohl auch das Benzol, dürften die Stellen der wirksamsten Doppelbindung nach außen richten. Die Wechselwirkung jener einander zugewendeten aktiven Gruppen kann bis zur echten Lösung führen, wenn, wie im Falle Alkohol-Wasser, die Zahl der Alkoholtröpfchen und damit die Zahl der Grenzflächen immer größer wird und schließlich den Wert der Grenzflächensumme nebeneinander liegender Alkohol- und Wassermoleküle erreicht. Alkohol und niedere Fettsäuren lösen sich vollständig in Wasser, Äther, Phenol oder Anilin mit den aktiven Gruppen $-\!\!\begin{smallmatrix} C \\ C \end{smallmatrix}\!\!>\!O$ bzw. $-C-OH$ bzw. $-C-NH_2$ zum Teil, andere organische Verbindungen z. B. höhere Fettsäuren sind unter Druck in der Wärme wasserlöslich — jedenfalls erscheint der Übergang zweier miteinander nicht oder kaum mischbarer Flüssigkeiten, deren Moleküle aktive Gruppen enthalten, weniger schroff, als wenn die nach beiden Seiten gleich indifferenten flüssigen Kohlenwasserstoffe der Paraffinreihe mit Wasser in Berührung gebracht werden.

Die Ursache dieses unterschiedlichen Verhaltens z. B. von Ölsäure und Paraffinöl wird ohne weiteres verständlich, wenn man sich vergegenwärtigt, daß durch die gegenseitige Gegenüberstellung der aktiven Molekülenden die Möglichkeit zur Auswirkung chemischer Kräfte gegeben ist. Es entstehen, wie man annimmt, etwa unter dem Einflusse des Auftretens von Nebenvalenzen lösungsartige Verbindungen, z. B. zwischen den einander zugewendeten Hydroxyl- und Carboxylgruppen des Wassers bzw. der Ölsäure; sie „lösen sich ineinander", und es bildet sich als Grenzfläche eine neue Substanz, ausdrückbar z. B. als: H—OH.COOH—R, die, nach beiden Seiten hin verankert, wie ein elastischer Kitt den Zusammenhalt der zwei Phasen vermittelt. Ölsäure breitet sich demzufolge, auf Wasser getropft zu einer zusammenhängenden gleichartigen Haut aus. Paraffinöl bildet hingegen auf Wasser getropft eine solche zusammenhängende Haut nicht, da ihm die aktiven Gruppen zum Aufbau jener Trennungsflächen — bzw. der Filmsubstanz[1] — fehlen. Dadurch unterscheidet sich das Mineralöl jedoch nur graduell von den Ölen pflanzlicher und tierischer Herkunft, und diese differieren wieder untereinander nach Maßgabe der Zahl und Art ihrer aktiven Gruppen, der Größe und Gestalt der Moleküle, hinsichtlich ihres physikalischen Verhaltens gegen Wasser usw. Im ganzen genommen bleibt jedenfalls das maßgebende für die Emul-

---

[1] Die Substanz solcher Häutchen kann als disperse Phase in Form einer Mittelschicht z. B. beim Schütteln von Leinöl mit Ameisensäure gebildet, in Aceton angereichert, durch erschöpfendes Auswaschen der Säure gereinigt und schließlich bei 110—140° entwässert, oder besser noch durch Schleudern rein gewonnen werden (L. Auer: Kolloid-Z. 42, 288). Diese Filmsubstanzen entstehen je nach der Art des fetten Öles in verschiedener Menge, die jedoch der Trockengeschwindigkeit des betreffenden Öles entspricht, u. z. in kleinster Menge beim Ricinus-, steigend mehr beim Lein- und Holzöl und deren Firnissen. Die Grundlage dieser Erscheinungen bildet die wohlbegründete Auffassung, von der Natur der fetten Öle als zweiphasige kolloide Gebilde L. Auer: Farbenztg. 682 (1927)]. — Eine eigenartige technische Verwendung soll die Filmbildung an der Grenzfläche eines Systemes zweier miteinander nicht mischbarer Flüssigkeiten, z. B. Wasser und Benzol, wie hier nebenbei erwähnt sei, zur Rückgewinnung von Fasern aus gemischtem Material finden: Man schüttelt das zerfaserte Gut mit den beiden Flüssigkeiten und läßt absetzen. Es zeigt sich, daß die Fasern in der Grenzfläche zur Ablagerung gelangen, und zwar die Wolle im Benzol und die Pflanzenfasern im Wasser, entsprechend der verschiedenen Benetzung, die Tier- und Pflanzenfaser in einem solchen Öl-(Benzol-)Wassergemisch erfahren (s. unten). Dadurch werden die beiden Fasergattungen auch zu Emulsionsvermittlern (s. S. 18) und zur Ursache der Bildung des Filmes in der nunmehr aus jenem Gemisch entstandenen Emulsion. Das Verfahren gewinnt noch durch den Vergleich mit den Methoden der Erzschwimmaufbereitung besonderes Interesse, denn dort bietet ebenfalls die verschiedene Benetzbarkeit des Haltigen und der Gangart durch Öl bzw. Wasser die Möglichkeit, beide voneinander getrennt zu gewinnen (s. S. 370) (D.R.P. 350638).

gierbarkeit die, man könnte sagen, natürliche Veranlagung der zu emulgierenden Flüssigkeiten, nämlich mit Hilfe ihrer aktiven Gruppen, das zur Überwindung des Grenzflächen-Spannungswiderstandes nötige Energiequantum aufzubringen. Manche Flüssigkeiten, so z. B. Degras (s. S. 352) oder hartes Wasser, können das von selbst, jedoch nur scheinbar, denn sie enthalten bereits jenen dritten Stoff, den man anderen zusetzen muß, um sie emulgieren zu können. Diesen energiereichen dritten Stoff bezeichnet man als Emulgator, Dispergator oder Emulsionsvermittler. Er kann ein gasförmiger, fester oder flüssiger Körper sein; flüssige Emulgatoren sind vorwiegend kolloide Lösungen.

## Der kolloide Zustand.

Von den echten, krystalloiden, optisch homogenen Lösungen, z. B. des Kochsalzes in Wasser, führt der Weg stetig über die optisch z. B. im Ultramikroskop als inhomogen erkennbaren unechten kolloiden Lösungen zu den Suspensionen, die, ebenso wie mechanische Gemenge fester Stoffe durch Auslesen, hier durch Absetzenlassen, Flotation, Filtration, in flüssigen und festen Bestandteil getrennt werden können; echte Lösungen sind hingegen mechanisch nicht trennbar. Kolloid ist der Zerteilungsgrad eines Stoffes dann, wenn seine Teilchen von der Größe großer Moleküle oder Molekülaggregate, etwa $10^{-7}$ bis $10^{-5}$ cm, beim Filtrieren seiner sog. Lösung durch ein gewöhnliches Filter hindurchgehen, zum Unterschiede von den krystalloiden Teilchen echter Lösungen jedoch, von Pergamentpapier, Schweinsblase, Kollodiumhaut oder einem anderen Membranfilter zurückgehalten werden.

Scharfe Grenzen zwischen den mit Ionen erfüllten krystalloiden und den kolloiden Lösungen, auch Suspensionen, lassen sich nicht ziehen, doch sind Kolloide durch eine Anzahl besonderer Eigenschaften gekennzeichnet, mit deren Hilfe man sie erkennt: Sie werden, wie gesagt, durch Membranfilter zurückgehalten, ihre Lösungen besitzen sehr geringen, oft kaum meßbaren osmotischen Druck, so gut wie kein Diffusionsvermögen, lassen sich demnach durch Dialyse von den Krystalloiden trennen und zeigen das der Konstruktion des Ultramikroskops zugrunde liegende Tyndall- (oder Sonnenstäubchen-) Phänomen der Sichtbarmachung sonst, auch mikroskopisch, unsichtbarer Teilchen der Größenordnung von weniger als 0,0001 mm durch die an ihnen erfolgende Abbeugung eines in die „trübe" kolloide Lösung einfallenden Lichtstrahles; der Beschauer erkennt dann bei seitlicher Betrachtung des Lichtstrahles die trübenden Teilchen als leuchtende Punkte (Beugungsscheibchen).

Kolloide Lösungen heißen „Sole" (in Wasser: Hydrosol, in Säure: Acidosol, in organischen Lösungsmitteln: Organosol), die gallertigen Produkte der Ausfällung des Sols, z. B. durch Eindampfen, Aussalzen usw. erzeugt, werden „Gele" (Hydrogel, Acido-, Organogel) genannt. Ein Kolloid, dessen Gel mit dem ursprünglichen Lösungsmittel wieder ein Sol gibt, heißt „reversibel", irreversible Kolloide gehen spontan nicht wieder in den Zustand kolloider Lösung über, doch kann man sie fallweise durch Zusatz von leimigen oder schleimigen Stoffen oder von anderen „Schutzkolloiden" zu ihrer Sollösung in reversible verwandeln. Solche Schutzkolloide dienen auch zur Stabilisierung leicht ausflockender kolloider Lösungen; sie sind ferner, wie schon hier gesagt sei, Stabilisatoren von Emulsionen und können zugleich Vermittler ihrer Bildung sein.

Die Ausflockung (Koagulation oder Gelbildung) der kolloiden Lösungen, die oft schon bei ihrem bloßen Stehenlassen erfolgt, wird durch Krystalloide oder durch den elektrischen Strom bewirkt, da jedes Teilchen eines Hydrosols eine elektrische Ladung trägt, bei deren Ausgleich die Zusammenballung der Teilchen vor sich geht. Die Hydrosole der Säuren, z. B. der Kieselsäure, sind elektronegativ, jene der basischen Oxyde (z. B. Tonerdehydrosol) positiv geladen, und demzufolge wandern die Teilchen im Vorgang der Elektroendosmose (Kataphorese) zur Kathode bzw. Anode, oder sie werden durch entgegengesetzt geladene Elektrolyte zur Ausflockung gebracht. Auch diese Vorgänge können durch Zusatz von Schutzkolloiden verhindert oder abgeschwächt oder in anderem Sinne geleitet werden.

Der umgekehrte Vorgang der Ausflockung ist die Peptisation, das ist die Überführung flockiger oder gelartiger Niederschläge in kolloide Lösungen durch elektrische Aufladung z. B. mittels verdünnter Laugen, die zu negativ geladenen Teilchen führen, oder mit Hilfe verdünnter Säuren, die positive Kolloide erzeugen. Ein Beispiel für die Peptisation einer Zinkseife (aus Kernseifenlösung durch Fällung mit Zinksulfat erhaltbar) ist deren Behandlung mit Ammoniak in der Wärme. Man erhält so eine milchige sehr stabile Flüssigkeit, die sich z. B. zum Wasserdichtmachen von Geweben eignet[1].

### Adsorption (Absorption) und Randwinkel.

Wir können nun für den vorliegenden Zweck die kolloid gelösten Teilchen eines Sols (mit den sie umgebenden Ionen „Micellen" genannt), ferner ausgeflockte oder Gelteilchen, Luftbläschen, bis zur äußersten Feinheit zerkleinerte Festkörper (Ruß, Mennige, Fasern, s. Fußnote S. 9, u. dgl.) und Suspensionskolloide, kurz alles, was in einem Emulgator nicht echt, krystalloid, gelöst ist, als „fremdkörperlich gleichartig" betrachten und vermögen dann die Ursache der Emulsionsvermittlung durch solche Stoffe einheitlich zu erfassen.

Offenbar hängt die Tauglichkeit eines Emulgators zur Vermittlung der Bildung bestimmter Emulsionen von dem Grade der physikalischen und chemischen Verwandtschaft ab, die er zu den beiden zu emulgierenden Flüssigkeiten besitzt, chemisch, was die Möglichkeit des Ionenaustausches betrifft, physikalisch hinsichtlich der Fähigkeit seiner Teilchen von einer oder von beiden Flüssigkeiten benetzt oder gelöst zu werden. Beiden Vorgängen muß Berührung der Komponenten vorausgehen und dieses Nahebeikommen von zu Benetzendem[2] und zu Lösendem durch Netz- bzw. Lösungsmittel bezeichnet man als Adsorption.

---

[1] D.R.P. 360153.
[2] Über Benetzung und deren Messung siehe das kurze Ref. in Chem. Zentralblatt 1928, I, 2329; vgl. auch die Literaturangaben im vorlieg. Text S. 314 Fußnote.

Adsorbieren heißt Ansaugen von feinst oder sogar bis zur Ionengröße hinab zerteilter Substanz durch anderen Stoff, bis zur molekularen Berührung der Oberflächen. Als Folge der Adsorptionskräfte umgibt sich in einem heterogenen Medium z. B. jedes Fett- oder Wasserkügelchen mit den im Dispersionsmittel vorhandenen oder mit dem Emulgiermittel zugebrachten schwebenden Suspensions- und Emulsionskolloiden und ebenso der neutrale Seifenmicellkern mit Fettsäureionen (s. S. 38). Und auch dieses Gebilde zeigt Neigung Alkaliionen, die es umschwärmen, als Vorstufe zur Absorption, d. i. Aufnahme in das Innere mit im vorliegendem Falle folgender chemischer Bindung (Neutralisation, Energieausgleich), zu adsorbieren. Man kann sich den Vorgang der Adsorption als Äußerung der Kraft vorstellen, die in dem berühmten Versuch von JOULE das frei beweglich schwebende Holundermarkkügelchen zum Anhaften an den meterdicken massiv-kugeligen Bleiklotz zwingt, oder als Folge elektrischer oder, wenn Gelegenheit gegeben ist (s. oben), auch wohl chemische Affinitätskräfte (was im Grunde immer dasselbe ist) — jedenfalls ist die Adsorption nach der neuzeitlichen Theorie — Vorstufe und damit wichtigste Ursache der Bildung von Emulsionen.

Der Vorgang spielt sich folgendermaßen ab: Die mit dem Emulgator als Fremdkörper in das Öl-Wasser-System gebrachten festen oder kolloid gelösten (s. oben) Teilchen streben zur Grenzfläche flüssig-flüssig und reichern sich in ihr an. Je nach der Beschaffenheit des Emulgators können nun verschiedene Fälle eintreten. Es gibt oleophile, hydrophobe Stoffe, die von Öl, andere hydrophile, oleophobe Substanzen, die besser von Wasser und wieder andere, die von Wasser und Öl zugleich mehr oder weniger oder gleichermaßen benetzt, und dann von Öl und Wasser gelöst bzw. durch Adsorbierung festgehalten werden. Art und Menge dieser adsorbierten Teilchen bedingen die Beschaffenheit der mit ihrer Hilfe als Emulgatoren oder Stabilisatoren erzeugten Emulsion. Um das verschiedene Verhalten der Flüssigkeiten hinsichtlich ihrer Netzfähigkeit und der festen Körper hinsichtlich ihrer Benetzbarkeit kennenzulernen, legen wir auf eine glatte Fläche, z. B. eine Glasplatte, einen Tropfen Öl, daneben ein Quecksilberkügelchen und einen Tropfen Wasser (Abb. 4).

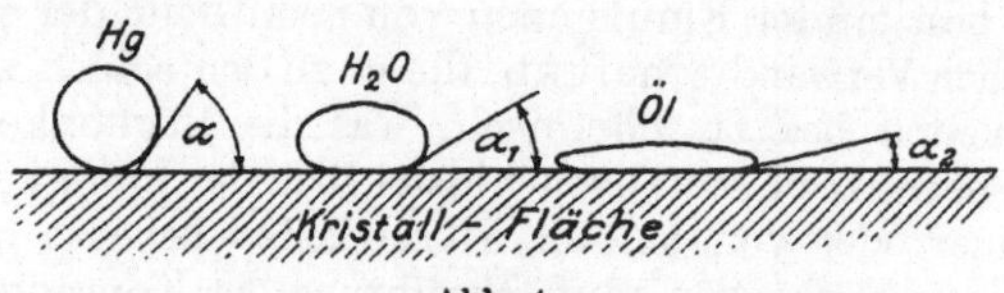


Abb. 4.

Offenbar wird die Größe des Winkels $\alpha$, des sog. „Randwinkels‟, zwischen Flüssigkeits- und Fest-flüssig-Grenzfläche ein Maßstab für die Benetzbarkeit der Krystallfläche durch die drei Flüssigkeiten sein, denn wenn er gleich Null wird, wenn also die Oberflächenspannung der Flüssigkeit gegen die Differenz der Kräfte: Oberflächenspannung (-fest) und Trennungsflächenspannung (fest-flüssig) eben aufgehoben erscheint oder völlig unterliegt, ist die Benetzung eine vollkommene. Dasselbe findet statt, wenn ein Emulgatorteilchen in die Grenzfläche flüssig-flüssig kommt, auch hier wird die Randwinkelzahl die Größe der Adsorption und den Grad seiner Benetzung durch die eine oder die andere, oder beide Flüssigkeiten ermessen lassen (Abb. 5).

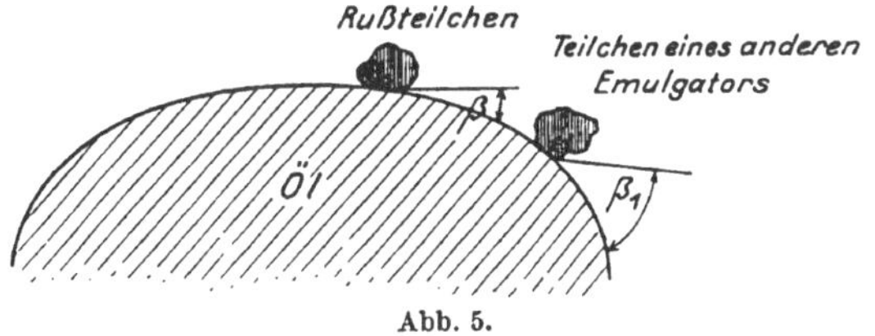


Abb. 5.

## Emulgatorfilm.

In einem solchen System, z. B. Wasser-Ölsäure, wird dementsprechend die auf Grund der Molekülendenaktivität gebildete Filmsubstanz H—OH.COOH—R (s. oben) durch Hinzufügen des Emulgators (E) durchgreifend verändert, es entsteht ein neuer, der Emulgatorfilm, darstellbar etwa als: H—OH.E.COOH—R, mit völlig anderen Eigenschaften und Funktionen, die von der physikalischen und chemischen Beschaffenheit des Emulsionsvermittlers abhängen. Wenn E = Seife ist, entsteht ein Gebilde, das man sich etwa wie folgt zusammengesetzt denken kann:

$$
\text{H—OH}
\left(
\begin{matrix}
\overset{|}{\underset{|}{\text{Na}}} \\
\text{OH} \\
\text{OH} \\
\overset{|}{\underset{|}{\text{Na}}}
\end{matrix}
\left(
\begin{matrix}
\text{CH}_3 \\
\text{HOOC} \\
\text{HOOC} \\
\text{CH}_3
\end{matrix}
\left(
\begin{matrix}
\text{CH}_3\cdots\text{COONa} \\
\text{COONa}\cdots\text{CH}_3
\end{matrix}
\right)
\begin{matrix}
\text{CH}_3 \\
\text{COOH} \\
\text{COOH} \\
\text{CH}_3
\end{matrix}
\right)
\begin{matrix}
\overset{|}{\underset{|}{\text{Na}}} \\
\text{OH} \\
\text{OH} \\
\overset{|}{\underset{|}{\text{Na}}}
\end{matrix}
\right)
\text{HO.OC—R}
$$

| Wasser als Dispersionsmittel | Alkali Fettsäure ionisiert | Neutral-Seife | Fettsäure Alkali ionisiert | Ölsäure als disperse Phase |
|---|---|---|---|---|
| ⟵⟶ | — Emulgatorfilm — | | ⟵⟶ | |

Im Gegensatz zu diesem in stetem Ionen- (Energie-) Austausch stehendem System einer „lebenden" Emulsion (s. unten) erscheint uns jenes, das mit nichtionisierbaren Emulgatoren, z. B. unter Mitwirkung der oleophilen Rußteilchen, zustande kommt, „leblos", lediglich durch Adsorptionskräfte zusammengehalten, etwa in der Weise:

$$
\text{H—OH } \alpha \left(\right\rangle \text{ Rußteilchen} \left\langle\right) \alpha_1
\begin{matrix}
\text{Ölsäure } HOOC\cdots R \\
\text{Ölsäure } HOOC\cdots R
\end{matrix}
$$

⟵⟶ Emulgatorfilm ⟵⟶

Das Zustandekommen der meist ebenfalls leblosen gelatinösen Emulsionen kann man sich mit W. P. DAVEY so vorstellen[1], daß die Emulgator-

---

[1] Ref. im Chem. Zentralblatt 1928, II, 861.

moleküle von der Tröpfchenoberfläche bürstenartig in das Dispersionsmittel hineinragen; die „Bürsten" der Tröpfchen greifen dann ineinander, wodurch das System gegebenenfalls gelartige Struktur annimmt.

In beiden Fällen vermindert oder vernichtet die neue Häutchen-
substanz zunächst mechanisch die Grenzflächenspannung flüssig-
flüssig, so daß in dem folgenden mechanischen Prozeß des Schüttelns,
Verreibens oder Homogenisierens die erschlafften Kügelchen der beiden
Flüssigkeiten, von Filmsubstanz umhüllt, neuerlicher Vereinigung mit
Genossen gleicher Art entzogen werden. Dann aber ist die Folge der
Häutchenbildung das Auftreten irgendwie nach der einen oder anderen
Seite überwiegenden Energie, so daß wohl auch elektrische abstoßende
Kräfte ihr Teil zur bleibenden Trennung der dispersen Phase vom Dis-

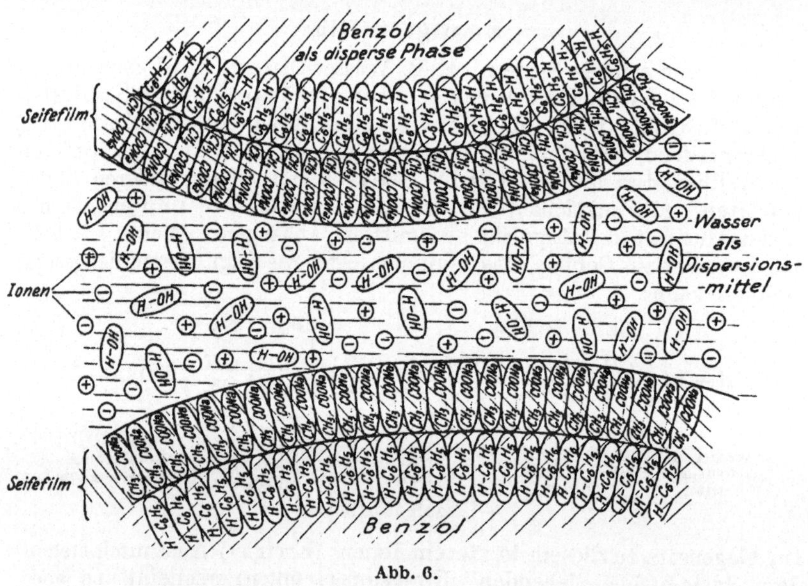


Abb. 6.

persionsmittel beitragen. Schließlich treten in der Grenzfläche des
Systems der beiden miteinander nichtmischbaren Flüssigkeiten bei Anwendung ionisierbarer Emulgatoren chemische Kräfte auf. Denn
dadurch, daß das Häutchen dann kaum scharf abgegrenzt, sondern viel
wahrscheinlicher[1] beiderseitig lösungsartig in der dispersen Phase bzw.
im Dispersionsmittel verankert sein dürfte, treten die Teilchen der
gegeneinander gerichteten Filme in mehr oder minder lebhaften Ionenaustausch, der der Emulsion den Charakter des Lebenden, Aktiven verleiht und sich in dem Kampf um Stabilität oder Entmischung äußert.
Dieser Zustand einer stabilen Benzol-Wasser-Ölsäureseife kann schematisch im Bilde (Abb. 6) etwa so wiedergegeben werden.

---

[1] Vgl. A. W. Thomas, J. amer. Leather chem. Assoc. 22, 171; kurzes Ref.
in Chem. Zentralblatt 1927, II, 1678.

Dazu muß man sich vergegenwärtigen, daß in dem Maße der Feinzerteilung auch die Enge des Raumes sich bemerkbar macht, die Kügelchen demnach mit ihren Filmen deformiert werden und das ganze System die Struktur eines bienenwabenartigen Gebildes annimmt, in dem die Filme das feste Stützskelett und Öl bzw. Wasser den Inhalt der Waben bilden. Sind sie mit Luft gefüllt, so entsteht ein Schaum, im Aufbau vergleichbar mit dem Gerüst der Spongien nach Beseitigung der ehemals lebendigen organischen Substanz.

## Umkehrung der Emulsionen.

Die wohlbegründete Annahme von der jeder Emulsionenbildung vorangehenden Adsorption der Emulgatorteilchen seitens des Phasensystems unter Bildung von die disperse Phase umhüllenden Filmen, erklärt auch in völlig zufriedenstellender Weise den eigentümlichen Vorgang der Emulsionenumkehrung, d. h. Öffnung der geschlossenen Phase und ihre Einschließung in das Material der bis dahin dispergiert gewesenen inneren Phase.

Die beiden Systeme unterscheiden sich wesentlich voneinander, denn Öl in Wasser emulgiert verhält sich wie eine wäßrige Lösung, stößt Öl ab und löst sich in Wasser; umgekehrt die Wasser-in-Öl-Emulsion. Die in der Technik häufiger erzeugten sind die Öl-in-Wasser (OW)Emulsionen, die umgekehrte Type Wasser-in-Öl spielt dagegen die Hauptrolle in der Natur. Butter, Wollfett, Roherdöl sind WO-Emulsionen. Die für seine Weiterverarbeitung unumgänglich nötige Entwässerung (s. unten S. 115) des Roherdöles ist in zufriedenstellender Weise erst möglich geworden, seit man das Wesen der beiden Systeme erkannt hat.

Zwischen den Systemen Öl-in-Wasser und Wasser-in-Öl gibt es ferner noch Typen, die sich weder nach der einen noch nach der anderen Seite hin kennzeichnen lassen, so z. B. Wasser-in-Erdöl-Emulsionen, die man mit bestimmten Mengen zugesetzter Harzseife in diesen Zwischenzustand überführt. Solche Systeme lassen sich zur Gewinnung der Leicht- und Mittelöle, ohne daß die Abscheidung der wäßrigen Phase nötig wäre, stoß- und schaumfrei destillieren[1].

Diese Zwischenglieder dürften im Bereiche der von BERNHARDT und STRAUCH[2] so genannten „Doppelemulsionen" (DE) liegen, die man unter Beachtung besonderer Arbeitsvorschriften durch allmählichen Zusatz einer heiß bereiteten wäßrigen K-stearatlösung zu einer aus ihr und Olivenöl hergestellten wenig beständigen WO-Emulsion erzeugt. Im Moment des Entmischens emulgiert sich das in gröberen Tröpfchen abgeschiedene Öl, das feinste Wassertröpfchen einschließt, mit dem Wasser, und diese Doppelemulsion geht dann nach weiterem Zusatz von Stearatlösung in eine beständige WO-Emulsion über. Da man ebenso auch mit OW-Systemen verfahren kann, ergibt sich eine Folge von Übergängen, die über eigentümliche sog. „Mischemulsionen" (ME) von WO zu OW leiten etwa nach dem Schema:

$$WO \rightarrow ME \text{ von } WO\text{-Art} \rightarrow DE \rightarrow ME \text{ von } OW\text{-Art} \rightarrow OW.$$

---

[1] Ref. in Chem. Zentralblatt 1927, I, 1647.  [2] Z. klin. Med. 1926, 730.

Bemerkenswert sind schließlich noch die transparenten und die chromatischen Emulsionen mit Strukturfarben, die H. N. Holmes[1] durch Emulgierung zweier nichtmischbarer Flüssigkeiten vom gleichen Lichtbrechungsindex, z. B. Glycerin und Olivenöl oder Glycerin-Wasser-Amylacetat (mit Cellulosenitratgehalt), je nach dem Emulgiermittel als WO- oder OW-Typen erhielt; durch die Umkehrung der Systeme wurde die Transparenz der Emulsionen nicht aufgehoben.

### Entstehung der WO- und OW-Emulsionen.

Wie kommen nun die verschiedenen Emulsionsarten zustande? Es wurde festgestellt, daß eine mit Natrium- oder Kaliumoleat erzeugte Öl- z. B. Benzolemulsion in Wasser, durch Schütteln dieses OW-Systems mit Calcium- oder Magnesiumchlorid in WO verwandelt wird und umgekehrt, ferner, daß diese Wirkungen der Seifen ein- bzw. zweiwertiger Kationen kompensierbar sind, einander demnach in einem bestimmten Mengenverhältnis von $\overset{\cdot}{Na}$ und $\overset{\cdot\cdot}{Ca}$ aufheben, so daß die Emulsion entmischt wird. Im mikroskopischen Bilde läßt sich die Umkehr genau verfolgen: man sieht die Lockerung der Wabenstruktur, wie die Öltröpfchen sich in die Länge ziehen und wie unter lebhafter Molekularbewegung nach Überschreitung eines kritischen Punktes Zusammenballung der nunmehr von Öl umhüllten Wassertröpfchen erfolgt, die man als beendet ansehen kann, wenn die Molekularbewegung zum Stillstand gekommen ist.

Es wurde weiter festgestellt, daß von Wasser leichter als von Öl benetzbare Emulgatoren, also die gewöhnlichen Kali- und Natronseifen (ferner z. B. Wasserglas und kolloide Kieselsäure) die Bildung von OW-Emulsionen begünstigen und umgekehrt, die von Öl besser als von Wasser benetzten Kalkseifen (auch Ruß, Quecksilberjodid u. a.) zur Entstehung von WO-Systemen führen. Wenn aber eine Fläche, z. B. der in einer Emulsion die Öl- bzw. Wassertröpfchen umhüllende Film, einseitig, und zwar auf der dem Inhalt der Zelle abgewandten nach außen gerichteten Seite mit einem Stoff benetzt wird, den das Häutchenmaterial leicht aufnimmt, so geschieht dasselbe, was man beim einseitigen Benetzen einer saugenden Holzplatte oder beim Anhauchen einer Gelatinefolie beobachten kann (Abb. 7): sie krümmen sich unter dem Zwange der auf der Innenfläche in ursprünglicher Höhe erhaltenen Oberflächenspannung nach innen und werden daher zur umhüllenden Kugelfläche, die das dem benetzenden entgegengesetzte Medium einschließt. Erfolgt beiderseitige oder gleichmäßige Durchbenetzung, so muß natürlich wegen der dadurch herbeigeführten Erschlaffung und Korrodierung des Filmes Entmischung der Emulsion stattfinden (s. oben das zwischen OW und WO stehende System). Ist wäßrige (K-, Na-) Seifenlösung das Benetzungsmittel, so entsteht eine OW-, ist es öl- (nicht wasser-)lösliche Calcium-Fettsäure-Seife, so bildet sich eine WO-Emulsion. Benetzung aber ist eine, und zwar in unserem Gebiete, die wichtigste Adsorptionserschei-

---

[1] Ref. im Chem. Zentralblatt 1928, I, 2702.

nung, bestimmbar durch den zwischen den Seitenflächen des Emulgatorteilchens und der Grenzfläche flüssig-flüssig gebildeten Randwinkel (s. oben); seine Größe ist demnach das Merkmal eines Emulgators, hinsichtlich seiner Fähigkeit, die Bildung einer OW- oder einer WO-Emulsion zu begünstigen.

Das ist die mechanische, die physikalische Seite der Anschauung: Der Randwinkel zwischen den Begrenzungsflächen eines Rußteilchens und der Grenzfläche Öl/Wasser wird gemessen; er ist gegen die Wasserseite hin stumpf, d. h. Ruß wird von Öl besser benetzt als von Wasser, es muß demnach eine WO-Emulsion entstehen. Oder: Mennige wird von Wasser besser benetzt als von Chloroform. Es bilden sich daher mit einem Wasserfilm umhüllte, in lebhafter Bewegung begriffene Mennigeteilchen.

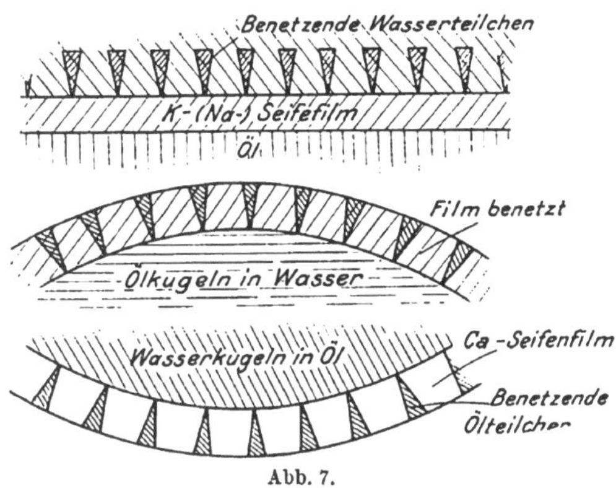

Abb. 7.

Diese im Wasser verteilten gepanzerten Kugeln stürzen sich nun auf die Chloroform-(Öl-)tröpfchen und umhüllen sie mit einem dichten Mantel; sie schützen dieselben wie eine Mauer, besser noch, „denn kein Maurer wäre imstande aus solchen Bausteinen ohne Mörtel, so lückenlos und kunstgerecht einen Wall zu schaffen, wie es hier bei der Bildung dieser Öl-in-Wasser-Emulsion die molekularen (bzw. elektrischen) Kräfte tun" (Rhumbler).

Auch andere feste Stoffe, so Bleicherden, Metallpulver (s. unten) und kolloide Metallhydroxyde, wirken in gleichem Sinne. Mittels kolloiden Kieselsäurehydratgels vermag man Wasser und Petroleum durch bloßes Schütteln zu einer ebenso haltbaren Emulsion zu verbinden wie mit Hilfe der basischen Kupfersulfat-, der Tonerde- und Eisenoxydhydrate. Ein Teil basisches Kupfersulfat, bereitet durch Fällung der Lösung von 7 Teilen Kupfervitriol (5 aq) mit 1 Teil Ätzkalk (CaO) genügt, um 120 Teile Paraffinöl mit Wasser haltbar zu emulgieren wenn genügend Wasser (2—3000 Teile) zugegen ist. Nicht minder wirksam ist, den von Clayton zitierten Angaben und Beispielen zufolge, der erwähnte Ruß, ebenfalls als Träger physikalisch (mechanisch) tätiger Adsorptions-(Capillar-)-Kräfte. Neben diesen physikalischen sind jedoch auch physikalisch-chemische (elektrische) und in jenen mit ionisierbaren Emulgatoren angesetzten Systemen auch chemische (Ionenreaktions-) Energien am Aufbau der Emulsionssyteme beteiligt, ja man kann sagen, daß echte, „lebende" Emulsionen von der Haltbarkeit der technischen Lösungsmittelseifen, Türkischrotölpräparate, Bohröle usw. nur entstehen, wenn in solchen Systemen die Möglichkeit des Ionenaustausches gegeben ist.

### Lebende und leblose Emulsionen.

Benetzung ist die Folge der Adsorption, des Ansaugens der Fremdkörperteilchen (s. oben), seitens des Materiales der dispersen Phase oder des Dispersionsmittels. Unter Fremdkörperteilchen faßten wir alles nicht krystalloid Gelöste in einer Flüssigkeit zusammen, verstanden also darunter auch die kolloid gelösten, ionentragenden Seifenmicellen (S. 12). Wenn nun Seife der Emulgator ist und wir gesehen haben, daß die in Wasser besser als in Öl(kolloid) löslichen Seifen der I-wertigen Alkalimetalle die Bildung von OW-Emulsionen begünstigen, im Gegensatz zu den WO-Systeme erzeugenden besser in Öl löslichen Seifen der II-wertigen Erdalkalimetalle, so sind es offenbar auch Zugehörigkeiten zu bestimmten chemischen Körperklassen, die am Zustandekommen von Emulsionen beteiligt sind. Nun entspricht die Wertigkeit eines Elementes der (meist kleinen) ganzen Zahl elektrischer Ladungen (Elementarquanten), die jedes seiner Ionen trägt und als Emulgatorteilchen in eine Emulsion einbringt. Durch den Seifezusatz werden demnach disperse Phase, z. B. Öl, und Dispersionsmittel, z. B. Wasser, in ihrem eigenen Besitz an elektrischer Energie bereichert oder geschmälert, jedenfalls physikalisch hinsichtlich Oberflächenspannung, Adsorptionskraft, Benetzungs-(Netz-) Fähigkeit usw. verändert werden, und so stellt sich das Wesen der Bildung einer solchen „lebenden" Emulsion dar: Als Beeinflussung der physikalischen Eigenschaften zweier miteinander nichtmischbarer Flüssigkeiten an ihrer Grenzfläche durch elektrische Energie, deren Art (Vorzeichen) und Menge chemischen Stoffen bestimmter Körperklassen eigen ist.

Nun können aber, wie wir gesehen haben, als Emulgatoren auch Teilchen fester Körper auftreten, die, wie z. B. mikroskopisch zerklüftet erscheinende Metall- oder Mineralpulver, auch Ruß, Faserteilchen (s. Fußnote S. 9) u. dgl., oder cuticularisierte glatte Hefezellen und Blutkörperchen, hinsichtlich ihrer Größe und Gestalt, ebenso hinsichtlich der zur Emulsionenbildung nötigen Zahl mit jenen ionenumschwärmten Seifenmicellen oder mit Casein- oder anderen großen Eiweißmolekülen gar nicht vergleichbar, die auch unlöslich und chemisch unwirksam sind. Das Wesen der Bildung einer solchen „leblosen" Emulsion stellt sich demnach dar: als mechanische Veränderung, vergleichbar mit einer Art Aufrauhung, der Grenzfläche zweier miteinander nichtmischbaren Flüssigkeiten, als Folge der bevorzugten Benetzung des festen Körpers seitens der dispersen Phase oder des Dispersionsmittels. Hier also bloße Benetzung, eine Adhäsionserscheinung; bei der ersten Kategorie von Emulsionen hingegen, Benetzung der Emulgatorteilchen als Vorstufe und folgend ihre mehr oder weniger weitgehende Lösung und dadurch teilweise Spaltung bis zur Fähigkeit des Ionenaustausches. Damit ist die Beschaffenheit der Emulgatoren und ebenso das Wesen der unter ihrer Zuhilfenahme gebildeten Emulsionen gekennzeichnet.

### Emulgatoren.

Man hat sich in diesem Sinne bemüht, die Emulgatoren in Hinsicht auf ihre Fähigkeit, Emulsionen zu bilden oder umzukehren, in Gruppen einzuordnen, ist jedoch zu eindeutigen Richtlinien erst bei wenigen chemischen Körpern und Körperklassen gelangt, auch deshalb, weil die Entstehung einer Emulsion von wäßriger Flüssigkeit und Fettstoff nicht nur von der Art des Emulgators abhängt (s. unten). Nach BHATNA-GAR erhält man die Typen:

**OW** mit: Na- oder K-oleat (Seifen einwertiger Metalle), Casein, Albumin, Lecithin, Zinkoxydhydrat in alkalischer Lösung,

**WO** mit: Ca-oleat (Seifen zweiwertiger Metalle), Ruß, Harz, Bleioxyd, Tonerdehydrat, Zinkoxydhydrat in neutraler Lösung — als Vermittler.

Es erfahren durch Ionenzufuhr **Umkehrung**:

**OW** in **WO** mit: Ca-, Fe-, Al-, Cu-, Zn- u. a. Salzen zwei- und dreiwertiger Metalle, Wasserstoffionen (Säuren), demnach durch **Positivionenüberschuß**.

**WO** in **OW** mit: Kali-, Natronlauge und K-phosphat, also durch **Negativionenüberschuß**.

H. BERNHARDT und C. B. STRAUCH kommen auf Grund ausgedehnter Untersuchungen über Emulsionen, insbesondere aus dem Gebiete der Salben, und über Emulgatoren zu der folgenden Aufstellung. Es erzeugen (als Emulsionsvermittler):

**WO**-Emulsionen: Ca-, Fe-, Mg-, Al-salze und Ca- und Mg-seifen, auch sehr verdünnte K-seifen (die im ganzen genommen besser, z. B. Paraffinöl, emulgieren als Na-seifen); Ruß, Quecksilberjodid, Zinkoxydhydrat, Schwefel. Harze, Guttapercha, Balata, Kautschuklatex, Kunstharze; die Emulsionen sind dünnflüssig herstellbar, Gegenwart von Wachs oder Stearin stört. Gliadin, Casein[1], Chole- und Metacholesterin, Wachsalkohole. Oxydiertes Paraffin, Campher(-öl), Walratöl, Glycerin; Nitrocellulose. Organische Lösungsmittel (Äther, Chloroform, Benzin, Toluol, Aceton, Terpentinöl), wohl nur auf Grund ihrer Verteilungsfähigkeit.

**OW**-Emulsionen: Li-, K-, Na-salze; Salze höherer Fettsäuren, Türkischrotöl, Zink- und Eisenpulver, Zinkoxyd, Kolloidton. Gummen aller Art; Stärke, Leim, Zucker. Hämoglobin, Pepsin, Pepton, Lecithin, Galle, Lipoide.

Allgemein gilt: **Feststoffe** sind nur unter bestimmten Bedingungen, die fallweise wechseln, gute Emulgatoren[2]; auch Zucker und Pepton sind im allgemeinen schlechte, Lecithin und Cholesterin jedoch sehr gute Vermittler, insbesondere zusammen (s. S. 47). Dies ist bei Emulgatoren **verwandter** chemischer Gruppen meist der Fall, **antagonistische** Vermittler, gemeinsam verwendet, können hingegen zur Entmischung der Emulsion führen.

Im ganzen genommen lassen sich keinerlei Gesetzmäßigkeiten aufstellen, häufig wird ein schlechter Emulgator sehr wirksam, wenn man die Arbeitsbedingungen, wenn auch nur geringfügig, ändert, die mecha-

---

[1] Nach BHATNAGAR (s. oben) gibt Casein stets OW-, nach SEIFRITZ WO-Emulsionen. Dieser Widerspruch steht wohl im Zusammenhang mit der sehr leichten Umkehrbarkeit der Caseinemulsionen, z. B. mit Natronlauge, von WO in OW und dieser ebenso leicht zurück nach WO mit Bariumchlorid.

[2] E. BECHHOLD, Kolloid-Z. 6, 1921.

nische Methode wechselt (z. B. verreibt statt schüttelt), Lösungsmittel
zufügt usw. So erhält man z. B.[1] beim Schütteln .von Benzol und
Wasser mit je 1% wasserlöslichem Vermittler während 20 Minuten: Ben-
zol-in-Wasseremulsionen von 85 bzw. 70 bzw. 40% Gehalt, und zwar bei
Anwendung von Natriumoleat oder -resinat bzw. Ferriacetat bzw.
Gelatine, wobei die Emulsionierung beschleunigt wird, wenn man
dem Wasser höchstens 0,1% (bei 0,5proz. Oleatlösung 0,01%) Natronlauge zusetzt. Wasser-in-Benzolemulsionen von bis zu 90% Gehalt
entstehen hingegen, wenn man eine 1proz. Magnesiumoleatlösung des
Benzols mit allmählich zuzusetzendem Wasser schüttelt.

## Nachweis der Emulsionsart.

Schließlich muß noch mit einigen Worten der Indicatormetho-
den zur Bestimmung der Emulsionsart (WO oder OW) gedacht werden,
denn wenn auch die Verfahren zur Messung der Oberflächenspannung
usw. dem Gebiete der theoretischen Emulsionslehre vorbehalten bleiben
müssen (s. CLAYTON), so kann doch in der Praxis der Fall vorkommen,
daß man sich des Wesens einer vorliegenden Emulsion vergewissern
will. Die sog. Verdünnungsmethode von BRIGGS, des Auftropfens
der Emulsion auf einen Wasserspiegel, gibt nur unter gewissen, von
H. BERNHARDT und C. B. STRAUCH[2] genannten Einschränkungen
einwandfreie Ergebnisse, nämlich: der Tropfen einer OW-Emulsion
wird, zum Unterschiede vom WO-System, dessen in Öl gehüllte Tropfen
auf der Wasserfläche erhalten bleiben, rasch zerstäubt. Auch die Tatsache, daß sich eine erhitzte, in OW-Emulsionen eingetauchte Metall-
oder Porzellanplatte mit Öl überzieht[3], könnte zur Kennzeichnung
dieses Systemes herangezogen werden. Als stets zuverlässig jedoch
empfehlen die genannten Autoren das folgende einfach ausführ-
bare erprobte Verfahren von ROBERTSON[4]: Man bereitet die Lösung
eines nur in Wasser bzw. nur in Öl löslichen Teerfarbstoffes in dem
betreffenden Lösungsmittel, z. B. Methylenblau in Wasser, Sudan III
in Öl. Eine WO-Emulsion wird, beim gelinden Verrühren einer Probe
mit der Sudanlösung rot gefärbt, während ein OW-Gebilde das rote
Farbstofföl auch bei starkem Verrühren nicht aufnimmt, sondern
erst allmählich „resorbiert", bis es schließlich verschwindet. Ebenso
umgekehrt mit der Blaufarbstoff-Wasserlösung.

## Herstellung und Zerstörung von Emulsionen.

Emulsionen erzeugen bedeutet für den Praktiker zunächst den
geeigneten Emulgator finden, der die Oberflächenspannung zwischen
den beiden ineinander nicht löslichen Flüssigkeiten herabsetzt. Komplizierter werden die Verhältnisse natürlich, wenn ein vierter Stoff
hinzukommt, wenn also z. B. aus Wasser und einem in ihm nicht oder

---

[1] BRIGGS, T. R., und H. F. SCHMIDT: Ref. in Chem. Zentralblatt 1925, I, 2153. —
S. a. die vorhergehenden Arbeiten ebd. 1915, II, 258; 1920, IV, 764.
[2] Z. klin. Med. 1926, 726.
[3] Vgl. W. P. DAVEY: Ref. in Chem. Zentralblatt 1928, II, 861.
[4] Kolloid-Z. 1910, 7—10.

kaum löslichen Alkohol unter Vermittlung von Ölsäureseife eine Emulsion hergestellt werden soll, die ihrerseits wieder als Emulsionsvermittler z. B. bei Herstellung von Schmier-, Wasch-, Desinfektionsmitteln u. dgl.[1] bestimmt ist. Welcher Emulgatoren man sich bedienen soll, wird nach den Beispielen im speziellen Teil fallweise zu entscheiden sein, als allgemeine Richtschnur kann nur gelten, daß solche Stoffe sich am besten eignen werden, die in beiden Flüssigkeiten löslich sind. Für das System Ricinusöl-Wasser demnach: Alkali oder Seife, für Ricinusöl-Erdölkohlenwasserstoff: ein Alkohol, z. B. Cyclohexanol oder Butylalkohol[2] usw. Die nötigen Mengen solcher die Bildung von Emulsionen vermittelnden Stoffe oder Emulsionen müssen wohl in den meisten Fällen empirisch durch Vorversuche festgestellt werden, der exakt arbeitende Emulsionstechniker wird sich der Meß- und Bestimmungsmethoden bedienen, die von der theoretischen Forschung eingeführt wurden[3], und etwa an Hand von auszuarbeitenden Tabellen jene Menge des Vermittlers ermitteln, die eben genügt, um der betreffenden Emulsion größtmögliche Stabilität zu verleihen.

Man unterscheidet das Emulgieren von miteinander nicht mischbaren Flüssigkeiten nebst Emulgator vom Homogenisierungsvorgang, der eine natürliche oder erzeugte Emulsion durch Weiterzerteilung der Tröpfchen und Vereinheitlichung ihrer Größe stabilisieren soll. Die zugehörigen Apparate werden im folgenden Abschnitt besprochen, hier soll auf einige bemerkenswerte Ausführungseinzelheiten der beiden Arbeitsvorgänge hingewiesen werden[4].

## Homogenisieren.

Die Technik erzeugt nach den natürlichen Vorbildern: Milch, Rahm, Kautschuklatex, Butter, Roherdöl, kaum andere als konzentrierte Emulsionen von Art der Textilseifen, Bohröle, Gesichtscremepräparate u. dgl. Es schweben im Dispersionsmittel tröpfchenförmig verteilt und relativ dicht auf engem Raume gepackt, disperse Phasen, die entweder mechanisch durch die Zähflüssigkeit eines beigegebenen Stabilisators (z. B. Stärkekleister) oder chemisch-physikalisch durch die Ionenkräfte der Emulgatorfilme, häufig durch beide Mittel, am Aufrahmen verhindert werden. Ionenwirkung wächst jedoch mit der Verdünnung. Denn wenn man auch den festen Stoff als bereits ionisiert betrachten kann, gibt doch sein Lösen erst, nach Maßgabe der mit der Verdünnung wachsenden Spaltung der Moleküle, den Ionen die Möglichkeit zu „wandern" und ihre elektrischen Ladungen zu tauschen. Da nun in stabilisatorfreien, aktiven, lebenden Emulsionen (Öl-Wasser-Seife) nur Ionenkräfte die Stabilität des Systems aufrechterhalten, wird eine Emulsion offenbar um so haltbarer gemacht werden können, je mehr Ionen man zu mobilisieren vermag. Dies geschieht in den beiden Extremen: des ölhaltigen Kondenswassers bzw. des homogeni-

---

[1] Schweiz. Pat. 107211 (1923); Chem. Zentralblatt 1925, I, 1428.
[2] Vgl. Franz. Pat. 573646.
[3] Vgl. Chem. Zentralblatt 1911, I, 607; 1925, I, 1382.
[4] Literaturangaben und Näheres in CLAYTON, Theorie d. E., 93, Berlin 1924.

sierten Rahmes, durch sehr weitgehende Verdünnung bzw. durch Erzeugung möglichst vieler ionenabspaltender Oberflächen. In diesem letzteren Falle vergrößert man durch sehr bedeutenden Energieaufwand die Zahl der Fettkügelchen in Milch um das rund Zwölfhundertfache, vermehrt die Menge der ionentauschenden Filme auf etwa das Hundertfünfzehnfache und steigert die Fähigkeit der dispersen Phase, den Emulgator (Casein) zu adsorbieren auf die zehnmal so große Zahl. Das Resultat ist in beiden Fällen der durch völlig andere Mittel erzielte gleiche technische Effekt: das freiwillige Aufrahmen des Öles ist auf Jahre hinaus verhindert. Kondenswasser, das ebenso wie manche Erzschwimmaufbereitungsflotten weniger als 0,5% Öl (bzw. Kresol, s. S. 373) enthält, kann wie diese als Lösung (s. S. 8) des Öles in Wasser aufgefaßt werden, und auch die Homogenisierung erweckt, in dem Maße als die Feinzerteilung der dispersen Phase an Molekulargröße der Teilchen heranreicht, den Eindruck eines homogenen Stoffgemisches (s. S. 5).

Emulsion und Homogenisierung unterscheiden sich, was nicht immer genügend betont wird, grundlegend durch die Art ihrer Erzeugung: Jene kann man durch Mischen, Rühren, Schlagen herstellen, die Homogenisierung bedarf der gewaltsamen Zerkleinerung der Tröpfchen durch Anpressen und Aufschleudern auf harte Flächen oder des Zwanges der Passage durch enge Spalten und Öffnungen, wozu stets ein sehr bedeutender und, viel rascher als der Teilchenzunahme entspräche, steigender Energieaufwand nötig ist. Trotzdem sollte in der Technik der Emulsionen viel mehr homogenisiert werden als bisher, denn die Homogenisierung eines emulgierten z. B. kosmetischen oder Nährmittelgemisches aus ineinander nicht löslichen Flüssigkeiten ergibt gegenüber der sonst geübten Stabilisierung durch Zusatz von Gummiarabicum, Stärkekleister u. dgl. nicht nur wesentlich höhere Lagerbeständigkeit des Produktes und Einsparung des Stabilisators, sondern das Erzeugnis ist auch wegen der Feinzerteilung der Stoffe bis zur Beschaffenheit einer kolloiden Lösung bedeutend wirksamer, etwa als Hautcreme oder Nährmittel, allein deshalb, weil die Teilchen nur mit dem leicht zerreißbaren Film der Emulgatorsubstanz umhüllt, nicht aber außerdem noch in eine zähe Stabilisatormasse eingebettet sind.

## Emulsionen erzeugen.

Bezüglich der Herstellung einfacher technischer Emulsionen muß noch auf folgende Nebenerscheinungen hingewiesen werden. Mischen, Rühren, Schütteln, Schlagen sind die mechanischen Verrichtungen zur Erzeugung von Emulsionen, sie können aber auch, wie der Butterungsvorgang erweist, deren Zerstörung herbeiführen. CLAYTON (l. c.) zitiert einige sehr bemerkenswerte Versuche, die von verschiedenen Forschern[1] ausgeführt wurden, um festzustellen, welcher Art die Bewegung des Emulsionsbildungsgemisches sein muß, um in einem gegebenen Falle mit geringstem Energieaufwand in kürzester Zeit die haltbarste Emulsion zu erzielen — ein Erfolg hinsichtlich der Möglichkeit all-

---

[1] Siehe z. B. BECHHOLD, DEDE und REINER, Kolloid-Z. 1921, 7.

gemein gültige Regeln aufzustellen ist jedoch bisher noch in keiner Richtung zu verzeichnen. Im einzelnen, für bestimmte einfache Gemische (Benzol oder Öl und wäßrige Seifenlösung) wurde allerdings manches erreicht. So die Erkenntnis, daß in ein und derselben Emulgiervorrichtung eine gewisse Schnelligkeit der Rühr- oder Schüttelbewegung oder eine gewisse Zeitdauer (die nicht kompensierbar sind) nicht überschritten werden darf, wenn man nicht „leeres Stroh dreschen will", ja, mehr noch, daß von jenem Punkte an weiterer Energieaufwand nicht nur Verschwendung ist, sondern sogar schädlich wirken kann, insofern, als man durch zu rasches oder zu lang andauerndes Rühren (vgl. den Butterungsprozeß) die Haltbarkeit des Systems gefährdet.

Abgesehen davon, daß ferner natürlich Material, Form und Inhalt des Emulgiergefäßes eine ebenso wichtige Rolle spielen wie die Art der Vereinigung aller Emulsionskomponenten (ob alles gleich gemischt, Öl zugetropft oder Seifenlösung in Portionen eingegossen wird usw.), ist die von BRIGGS festgestellte Tatsache besonders wichtig, daß „intermittierendes" Schütteln, also das Einschalten von Schüttelpausen, 600- bis 1000 mal wirksamer sein kann als ununterbrochen gleichstarke Bewegung, z. B. in einer Schüttelmaschine. Sehr wahrscheinlich kommt es beim Schütteln, dieser unvollkommensten aller Emulgiermethoden, darauf an, der Filmsubstanz Zeit zur Bildung aus der ebenfalls nur allmählich zertrümmerten Seifenlösung zu lassen und im weiteren Sorge zu tragen, daß der Film „altern", also eine gewisse Stabilität erreichen kann, und dazu dienen die Schüttelpausen. Aber auch viele andere, man kann sagen, eine Unsumme von Faktoren, Wärme, Druck, Lichteinwirkung (s. S. 26), dazu alle Möglichkeiten des Eintretens chemischer Reaktionen (s. S. 14), beeinflussen das Ergebnis bei der Herstellung von Emulsionen u. U. in ausschlaggebender Weise. Verfasser beobachtete z. B. seinerzeit in der Farbstofftechnik den überraschend schnellen Verlauf der Nitrierung einer Emulsion von flüssigem Zwischenprodukt mit Schwefelsäure als Folge der elektrischen Aufladung aller im Raume befindlichen Nitrierkessel durch einen Lichtleitungskurzschluß, also offenbar als Folge einer gegen sonst veränderten Beschaffenheit der Emulsion, da die Bedingungen sonst dieselben geblieben waren.

Eine neuartige Methode[1] zur Herstellung von Emulsionen ohne starke mechanische Bewegung sei noch erwähnt: Man verfährt in der Weise, daß man wäßrige Seifenlösung z. B. in eine Öl-Asphalt-Lösung gießt und nun so lange erhitzt, bis die im Gemisch noch verbliebene Wassermenge eben genügt, um den Kern der kolloiden Seifentropfen zu bilden. Dieser durch weiteres Kochen kaum mehr entfernbare Wasserrest genügt jedenfalls, um spontane Verteilung der Seifetröpfchen im Öl herbeizuführen. Bringt man dann die bis zu 250° heiße Öl-Asphalt-in-Wasser-Emulsion mit siedendem Wasser in Berührung, so erfolgt augenblicklich die Umkehr der Emulsion nach dem gewünschten OW-Typ.

---

[1] DAVEY, W. P.: Ref. in Chem. Zentralblatt 1928, II, 861.

## Emulsionen zerstören.

All diese Einzelbeobachtungen enthalten jedoch ebensowenig Anhaltspunkte allgemeiner Gültigkeit, wie jene, die auf dem Gebiete der Zerstörung von Emulsionen vorliegen, denn es scheint, als wäre jede in dem Milieu ihres Apparates aus bestimmtem Material, an Luft und Licht besonderer augenblicklicher Beschaffenheit und unter all den eben herrschenden Bedingungen· entstehende Emulsion, eine Welt für sich, aus der sich nur Kategorien zusammentun lassen, etwa Milch, Roherdöl, ölhaltiges Kondenswasser, Kautschuklatex usw. Für diese gelten dann einige allgemeine Regeln, während sonst von Fall zu Fall, sogar innerhalb solcher Reihen, z. B. bei den Roherdölen verschiedener Herkunft, auf rein empirischem Wege die Bedingungen studiert und die Methoden ausgearbeitet werden müssen, die sich auf Erhöhung oder Minderung der Haltbarkeit des betreffenden Systems beziehen.

In dieser Hinsicht finden sich gelegentliche Angaben über das eigentümliche Verhalten mancher Erdöl- oder Benzolemulsionen, die durch Schleudern nicht entmischbar waren, nach mehrstündigem Eisenbahntransport (also durch Vibrationen) jedoch, oder durch langsame Bewegung unter gleichzeitiger Durchmischung mit Luft glatt in wäßrige bzw. ölige Phase und Dispersionsmittel zerfielen. Manche Emulsionen wurden durch einen einzigen Schlag, vergleichbar mit dem Initialimpuls der Sprengkapsel, andere, wie gesagt, durch Schütteln, Schlagen, Stoßen, Zentrifugieren oder durch Unterstützung der Schwerkraftwirkung des Aufrahmens, zerstört. Das letztgenannte Hilfsmittel ist u. U. auch geeignet, einer Emulsion in kürzerer oder längerer Zeit die nicht festwerdenden öligen Bestandteile zu entziehen. Vgl. S. 116 u. 318.

Weiter kann die Trennung von Emulsionen mittels chemischer Einflüsse und durch Koagulation, vereinzelt auch durch Einleitung capillarer Vorgänge erfolgen. So vermag man z. B. aus einer Öl-Wasser-Emulsion mit Hilfe saugender Filtrierpapier- oder Gewebeschläuche oder auch poröser, z. B. Gipsformen[1] oder Mineralpulver, die wäßrige Phase herauszusaugen. Es ist kennzeichnend für den nahen Zusammenhang, der zwischen Capillarität und Netzwirkung besteht, daß man solche saugende Stoffe, wie Watte, Löschpapier u. dgl., zur beträchtlichen Steigerung ihrer Absorptionskraft mit jenen Sulfosäuren (hydro-)aromatischer (mehrkerniger) Kohlenwasserstoffe imprägnieren soll[2], die sich durch hohe Netzwirkung auszeichnen (s. S. 12). Ein eigenartiges Adhäsions- und Capillarverfahren zur Trennung von Öl-Wasser-Emulsionen wird ferner in der Weise ausgeführt, daß man dieselben zwischen Blei-, Glas-, Asbestwolle- oder anderen Fäden aus anorganischem nichtporösem Stoff leitet und das an ihnen haftende Öl mit einem Dampfstrom behandelt[3].

Das Ausscheiden des nicht wäßrigen Emulsionsbestandteiles durch Chemikalien ist letzten Endes nur eine Zwischenoperation, die Ausfällung oder Abscheidung selbst hat rein physikalische Ursachen, herbeigeführt durch Veränderungen einer, und zwar der schutzkollo-

---

[1] Öst. Pat. 100195 (1923)    [2] Engl. Pat. 280262 (1926).
[3] Franz. Pat. 623259. — Vgl. dazu das Ref. in Chem. Zentralblatt 1927, II, 2440: anorganische pulverförmige Stoffe, z. B. Glasmehl als Emulgatoren.

idischen Komponente des Systems, wodurch dessen Gleichgewicht gestört wird. Meist sind es Säuren, Basen oder Salze, mit deren Hilfe man die Gerinnung des Emulsionsvermittlers bewirkt; ähnlich betätigen sich auch der elektrische Strom, Wärme, Kälte, ferner organische Lösungsmittel oder Substanzen, die, wie z. B. Formaldehyd, Eiweiß fällen[1] oder den Emulgator (das Schutzkolloid) kondensieren, oder wie Persalze und andere Oxydationsmittel, die es oxydativ ergreifen. So zerstört z. B. Säure die Seife, Alkohol wirkt ihrer Eigenschaft, die Oberflächenspannung herabzusetzen, entgegen, in beiden Fällen wird die Emulsion aufgehoben.

Dabei ist jedoch zu bemerken, daß Chemikalien je nach den Bedingungen, namentlich den Zusatzmengen, nach beiden Richtungen wirken können, emulsionserhaltend und koagulierend. Ein solcher Fall liegt in einem Emulsionen-Zerstörungsverfahren mit Hilfe von Stoffen vor, die sonst wegen ihres Gehaltes an sauren Hydroxylgruppen (siehe S. 32) leicht in einen alkalischen oder seifigen Emulsionsverband eintreten, so aromatische Phenolkörper verschiedener Art, auch phenolhaltige Teere (Schmelzpunkt über 150°) u. dgl. Die Schrift[2] nennt aber außerdem auch die halogenierten, nitrierten oder sulfonierten (und dann geruchlosen) Abkömmlinge der Phenolkörper und ferner Amine (Anilin) und ihre Derivate als geeignete Stoffe, um die Bildung von basischen Emulsionen zu verhindern oder gebildete zu zerstören, so daß man wohl an eine rein physikalische Wirkung der öligen Stoffe in bestimmter Umgebung glauben kann, in der Salzbildung ausgeschlossen ist. Es wurde ferner z. B. festgestellt, daß ein größerer Seifenzusatz eine Emulsion zerstören kann, was ja auch verständlich ist, wenn man sich vergegenwärtigt, daß Seife das Natronsalz von Fettsäuren ist und im Übermaß in besonderen Fällen nicht als Schutzkolloid wirkt, sondern sich, ähnlich wie Kochsalz, als fällendes Krystalloid betätigen kann, wenn nicht stark gerührt, sondern die Seifenlösung langsam eingemischt wird.

Hinsichtlich des Aussalzens der Emulsionen gilt allgemein der gleiche Grundsatz wie für ihre Umkehrung (s. S. 15): Die Filmsubstanz wird durch solche chemische Agentien zermürbt, die vom Dispersionsmittel leicht benetzt oder gelöst werden. Im OW-System ist es Wasser, Salz daher zur Entmischung geeignet, in einer WO-Emulsion mit Öl als äußerer Phase bleibt Salz unwirksam. Es können auch in Wasser nichtlösliche, jedoch von ihm beeinflußbare Stoffe Emulsionszerstörer sein, die, wie z. B. Gelatine, von kaltem Wasser gequellt[3], oder von ihm benetzt und von Öl gelöst werden, so Natriumoleat, K-stearat, Ammoniumresinat u. a. Wenn dieselben völlig neutral, d. h. frei von ungebundenen Fettsäuren sind, bilden sich offenbar teigige Gemische der fett- oder harzsauren Salze mit Wasser, von denen sich das Öl leicht abtrennt[4]. Es liegen andererseits auch Beobachtungen vor, nach denen eine schnell hinzugegebene große Salzdosis die Emulsion zu stabilisieren vermag, vermutlich, weil es dann nicht zum Ionenzerfall des Kochsalzes kommt und die Salzlösung in ihrer Konzentration die Rolle der füllenden Unterlaugensalze bei der Leimseifenherstellung übernimmt, die bekanntlich

---

[1] D.R.P. 251848; Am. Pat. 1597700: Einleiten von Formaldehyddampf.
[2] D.R.P. 406818.  [3] Vgl. D.R.P. 417365.  [4] Am. Pat. 1606698.

ebenfalls nicht aussalzen. Dem Aussalzen des Öles aus wäßrigen Emulsionen kann ein umgekehrter Vorgang zur Seite gestellt werden, bei dem man in der wasserarmen Ölemulsion in der Wärme Naphthalin löst, ansäuert, rasch unter Rühren abkühlt und so bewirkt, daß das auskrystallisierende Naphthalin mit dem Öl zusammengeballt zu Boden geht, während sich der größte Teil des Wassers auf der öligen Masse schwimmend abscheidet[1]. Diese und ähnliche Feststellungen, wie z. B. daß kleine portionenweise, so wie große auf einmal eingetragene Salzmengen die Haltbarkeit der Emulsion ebenfalls steigern können, haben große Bedeutung für die Praxis, sie sind jedoch bei dem heutigen Stande unseres Wissens nicht vorhersehbar, und man kann sie darum nur für Vorversuche verwerten.

Schließlich könnte vielleicht die Feststellung von C. MORISON, daß Licht verschiedener Gattung in Emulsionen verschieden geartete Schichtenbildung hervorruft[2], dazu anregen, technische Versuche in dieser Richtung anzustellen, etwa durch Einwirkung von anderem statt des Ultralichtes zu prüfen, wie sich in den bereits vorhandenen Apparaten zur Entkeimung von in dünnem Schleier an der Lichtquelle vorbeirieselnder Milch, die verschiedenen Emulsionen hinsichtlich ihrer Stabilität verhalten.

Eine ausgezeichnete Zusammenfassung der neuzeitlichen Verfahren zur Entmischung der Emulsionen findet sich in CLAYTONS Buch S. 104 bis 122. Da das vorliegende Werk als technischer Teil der genannten theoretischen Abhandlung gedacht ist, kann hier auf diesen Abschnitt, wie auch auf alle vorhergehenden verwiesen werden, die insgesamt eine Fülle von Beispielen und insbesondere Literaturangaben bis 1924 enthalten. Inzwischen hinzugekommene Methoden, z. B. aus dem Gebiete der technischen Emulsionenzerstörung, wurden im Text des vorliegenden Werkes, namentlich im Abschnitt „Erdölverarbeitung" eingereiht.

## Emulsionstechnik und Chemie.

Aus dem Inhalte der vorstehenden Einleitung wird der Praktiker, der Hersteller technischer Emulsionen, als wichtigstes Ergebnis der wissenschaftlichen Forschungen entnehmen können: Die Emulsionsbildung ist ein chemischer bzw. physikalisch-chemischer Prozeß[3]. Eine echte und zwar die technische konzentrierte (s. S. 21) Emulsion zwischen Fettstoff und wäßriger Flüssigkeit kommt durch besonders geleitete mechanische Bewegung der in bestimmter Menge und Reihenfolge vermischten Komponenten nur mit Vermittlung eines Emulgators, evtl. mit Zuziehung eines Stabilisators und zwar dann zustande, wenn 1. die Emulgatorteilchen von Wasser oder von Öl benetzt und adsorbiert werden (OW-, WO-, Zwischensysteme). 2. Der Ionenaustausch innerhalb der Emulsion möglichst gefördert wird. Man kann solche Systeme von Art der Milch, die man, ohne Zerstörung befürchten zu müssen, kochen und der man z. B. durch Ausäthern das Fett nicht entziehen kann, als aktive, chemisch tätige, lebende Emulsionen bezeichnen.

Aus vielen Beispielen im folgenden speziellen Teil wird hervorgehen, daß es praktisch auch noch jene andere Art emulgierter Gebilde gibt,

---

[1] Engl. Pat. 280059 (1926).    [2] Ref. in Chem. Zentralblatt 1925, II, 902.
[3] Vgl. K. SPIRO: Festschr. f. Madelung, Tübingen 1916, 64.

in deren Dispersionsmittel die disperse Phase, ebenfalls zwar in Tröpfenform homogen, jedoch so verteilt ist, daß die Teilchen in einer Art gleichgültigem, durch die Zähflüssigkeit des Mediums erzwungenem Verharren im Dispersionsmittel schweben, bis geringfügige Änderung der physikalischen Bedingungen den Verband zerstört. Durch hohe Beständigkeit zeichnet sich z. B. die ohne Vermittler gebildete Emulsion gleicher Volumteile Benzol und 1 proz. wäßriger Gelatinelösung aus. Sie läßt sich ohne zu entmischen mit so viel Benzol verdünnen, daß 19 Teile Kohlenwasserstoff auf 1 Teil Wasser kommen; in diesem Mischungsverhältnis bildet die Emulsion eine feste schneidbare Gallerte[1]. Solche Pseudoemulsionen von Art einer nicht einmal notwendigerweise salbenförmigen, Vaselin - Gummiarabicum -Wasser - Emulsion, rahmen beim Stehen zwar nicht, jedoch sofort dann auf, wenn (z. B. im vorliegendem Falle) durch gelinde Wärmezufuhr die Viscosität des Mediums herabgesetzt wird. Diese Systeme wurden oben als chemisch inaktive, leblose Emulsionen bezeichnet.

Die Unterteilung der emulgierten Systeme in die beiden Gruppen der echten und der Pseudoemulsionen (s. auch unten, S. 29, eine dritte Möglichkeit) bezweckt in erster Linie die Stärkung der Auffassung vom Wesen der Emulsionen als nicht nur physikalische Gebilde. Der Techniker müßte, mehr als es nach manchen widersprechenden Angaben in der Patent- und sonstigen Literatur den Anschein hat, die Natur der Stoffe und die Möglichkeiten ihrer chemischen Wechselwirkungen, hinsichtlich ihrer Verwendbarkeit als Bestandteile von Emulsionen, im Auge behalten. Denn nicht einmal so sehr die physikalische Haltbarkeit, als vielmehr die Wirkung z. B. einer kosmetischen oder die Resorbierbarkeit einer Nährmittelemulsion, ist eine Funktion der Ionisierbarkeit ihrer Komponenten, als Ursache des Ionenspieles in ihrem Inhalt. Eine Hautcreme, bestehend aus wäßriger Lösung, Vaselin, Gelatine und Gummiarabicum, kann ebenso aussehen, ebenso, vielleicht besser haltbar sein als jene, die man z. B. mit Schweinefett als Dispersionsmittel und Sericin als Emulgator ohne Stabilisator darstellt, und doch werden beide die Haut sehr verschieden beeinflussen. Und die Technik will ja Emulsionen mit bestimmtem Verwendungszweck, also mit Wirkung, erzeugen.

Jene Unterscheidung soll darauf hinweisen, daß die Emulsionstechnik in erster Linie angewandte Chemie ist. Sie bedient sich der dem vorliegendem Fall anzupassenden mechanischen Methoden des Rührens, Schüttelns usw., um ineinander nicht lösliche Flüssigkeiten in den physikalischen Verband einer Emulsion mit so weitgehend zerteilter disperser Phase zu bringen, daß das System sich hinsichtlich seiner Stabilität und hinsichtlich seiner Wirkung (als kühlendes Bohröl, resorbierbares Nähr- oder Hautmittel usw.) einer Lösung nähert. Beides wird am besten durch Förderung des Ionenspieles innerhalb der Emulsion, d. h. dadurch erreicht, daß man sich in bezug auf die Wahl der Komponenten in erster Linie von chemischen Überlegungen leiten läßt.

---

[1] SHUKOW, I., und I. BUSCHMAKIN: Ref. in Chem. Zentralblatt 1928, I, 2916.

# Allgemeiner Teil.

## Allgemeines
## über die Bestandteile der technischen Emulsionen.

### Emulgatoren und Stabilisatoren.

Jede technische Emulsion enthält:

1. Die ölige Phase: Fett-, Öl-, Wachs-, Harz-, Bitumenstoff, Kohlenwasserstoffe, organische mit Wasser nicht mischbare Lösungsmittel.

2. Die wäßrige Phase: Wasser, wäßrige Lösungen von Salzen, Säuren, Basen, anorganischen oder organischen Stoffen.

3. Den Emulgator: Flüssige, feste, auch gasförmige Körper mit hydrophilen, oleophilen oder beiderlei Eigenschaften.

Wir unterscheiden die echten, durch Ionenaustausch chemisch wirksamen Emulgatoren von den Stabilisatoren schutzkolloidischer, physikalisch wirksamer Art. Diese sind durch ihre Fähigkeit ausgezeichnet leicht Hydrate zu bilden (Kieselsäuresol) bzw. mit Wasser zu quellen (Gummen, Leim, Stärke) und als mehr oder weniger zähflüssige Medien Filme zu bilden, die zur Ionenabgabe wenig oder gar nicht veranlagt sind. Die echten Emulgatoren enthalten im Molekül salzbildende Gruppen, die gleich den Auxochromen der Teerfarbstoffchemie die Löslichkeit des Emulgators bedingen, so z. B. $-OH$, $-COOH$, $-SO_3H$, $-NH_2$, $-CO$[1]. Ihre Filmsubstanz ist zum Ionenaustausch hervorragend befähigt.

Ein Emulgator kann auch Stabilisator sein, z. B. Casein als salzbildender Eiweißstoff, dessen Alkali- oder Kalksalze zähflüssige Kleblösungen bildet, oder Sericin (mit einer Carboxylgruppe, s. S. 32), dessen Alkaliseifen dichte Schäume liefern. Das den Kohlehydraten nahestehende Gummiarabicum zeigt hingegen mehr schutzkolloidische Eigenschaften; seine Fähigkeit als Emulgator für Mandelöl zu wirken, beträgt nur den zehnten bzw. zwanzigsten Teil jener des Kaliumoleates (Schmierseife) bzw. einer Saponinlösung[2]. In dem Maße, als die Fähigkeit eines derartigen in eine Emulsion einführbaren Stoffes abnimmt Ionen abzuspalten, also als Emulgator wirken zu können, kann seine Eignung als Stabilisator für Emulgatoren wachsen. BERNHARDT und STRAUCH[3] messen in dieser Hinsicht dem „Myricin"[4], an-

---

[1] Über $-CO$ und $-NH_2$ als aktive Gruppen vgl. das Ref. in Chem. Zentralblatt 1925, I, 1566.

[2] MARSHALL, Pharm. J. 28, 257; zit. nach CLAYTON.

[3] Z. klin. Med. 1926, 762.

[4] Von der Firma Schuchardt in Görlitz.

scheinend einem Abkömmling des Melissylalkohols, den größten Wert zu, weil in ihm geringste Emulgator- mit größter Stabilisatorwirkung (für Salbenemulsionen) vereinigt sind.

Eng zu umgrenzen vermag man die Unterschiede zwischen Emulgatoren und Stabilisatoren jedoch nicht, es kann nur von der vorwiegenden Eigenschaft eines Stoffes in dieser oder jener Richtung die Rede sein. Letzten Endes ist stets die chemische und physikalische Beschaffenheit der von dem Vermittler oder Schutzkolloid gebildeten Filmsubstanz und deren Löslichkeit oder Benetzbarkeit (Löse- und Netzfähigkeit), bezogen auf die beiden zu emulgierenden Flüssigkeiten, ausschlaggebend.

Ein einfacher Versuch erweist wohl am besten die unterschiedliche Wirkung von Emulgator und Stabilisator: Gießt man langsam, der Gefäßwand entlang (um keine mechanische Emulgierbewegung hervorzurufen), ein Pflanzen- oder Tieröl (weniger geeignet zur Demonstration ist Mineralöl, s. S. 8), in eine 1proz. Kaliseifen- oder besser noch Sulforicinatlösung, so beobachtet man lebhafte Absplitterung von Ölteilchen in das umgebende Seifenmedium. Ersetzt man dieses jedoch durch eine Lecithin- oder Gummiarabicum-Lösung (statt dieser auch jene eines anderen Pflanzenschleimes), also eines typischen Stabilisators, so ist keinerlei Bewegung zu sehen; das Öl fließt ein und breitet sich auf der wäßrigen Lösung aus. Rührt man dann aber kräftig durch, so vermag man das Öl in beiden Fällen in Verband zu bringen, mit Seife in die Form einer lebenden mit der Gummilösung in jene einer leblosen, vorwiegend durch deren Viscosität aufrechterhaltenen, nichtsdestoweniger sehr haltbaren Pseudoemulsion[1]. Noch schöner wird die Erscheinung der Zersplitterung bzw. Indifferenz des Öles, wenn man es, wie bei der Tropfenzahlbestimmung (s. S. 4), durch eine aufwärts gebogene Capillare unterhalb des Wasserspiegels in die wäßrigen Lösungen eintreten läßt.

## Emulsionsartige Adsorptionsverbände.

So, wie Gummiarabicum und Lecithin, das eine als Kohlenhydrat, das andere als Fettstoff- (Fettsäure-Glycerin-) Phosphorsäure-Cholin-Abkömmling, das erstere in Form seiner zähflüssigen Lösung vorwiegend auch noch als Stabilisator, beide als Inhaber auxoemulsoider Gruppen, Emulgatoren sind, können ferner die beiden zu emulgierenden Phasen selbst als Emulsionsvermittler auftreten. Und zwar dann, wenn sie, was in der Technik stets der Fall ist, nicht rein sind, wenn also das Wasser basische und der Fettstoff saure Beimengungen, Spaltungsstücke, Ionen, enthält. Diese so wenig berücksichtigte Tatsache, daß ein nicht absolut neutrales und entschleimtes Öl wegen seines Gehaltes an aktive Carboxylgruppen tragenden Fettsäuren bzw. an Eiweißstoffen, Emulgator, und wenn es zähflüssig ist, auch Stabilisator sein kann, ist für die Emulsionstechnik von größter Bedeutung (s. unten). Nicht minder die Tatsache, daß die in den zu emulgierenden Phasen schwebenden Fremdkörperteilchen als Ionenfänger emulgatorisch tätig sind.

---

[1] GAD, zit. von SPIRO, in Festschr. f. Madelung, Tübingen 1916, 64.

Wir kommen damit zu einer dritten Kategorie von die Emulsionenbildung fördernden Substanzen. Als solche sind feste Stoffe zu betrachten, die in feinst zerteilter Form, u. U. selbst mechanisch saugfähig, wohl die Teilchen der einen oder der anderen von zwei miteinander nicht mischbaren Flüssigkeiten mehr oder weniger kräftig an ihrer Oberfläche adsorbieren und gegebenenfalls auch mechanisch in ihre Poren einsaugen, dabei jedoch nicht Ionen aussenden, wie der Emulgator „Seife" und nicht in dem Sinne schutzkolloidisch wirken wie Gelatine oder Gummi-arabicum-Lösung. Hierher würden dann die festen chemisch inaktiven Suspensionskolloide von Art der indifferenten Teilchen des Abwasserschlammes, ferner Ruß, Graphit, auch gewisse schwammartige Gebilde zählen, die z. B. nach Art der Wasser enthaltenden Cellulose-Protein-Gebilde mancher Pflanzen, der rohen Faserstoffe, auch des Blutstroma-Eiweiß-Gerüstes, in sie eingebettete Öle, Harzbalsame oder andere mit Wasser nicht mischbare Flüssigkeiten ungemein fest zu halten vermögen. Die unter Mitwirkung solcher Emulgatoren zustande kommenden Systeme, die sich wesentlich von den echten und von den vorwiegend durch Schutzkolloide stabilisierten Pseudoemulsionen unterscheiden (s. S. 18), könnte man als emulsionsartige Adsorptionsverbände bezeichnen.

## Theorie und Praxis.

Die ungemein zahlreichen Widersprüche, die sich in der Literatur hinsichtlich der Wirksamkeit von Emulgatoren und Stabilisatoren finden, lassen sich dadurch erklären, daß die Angaben immer auf eine andere ölige Phase bezogen werden. Man hat die Versuche ausgeführt mit „Öl" oder „Fett", zuweilen ohne anzugeben welcher Art der Fettstoff war, oder mit Oliven-, Erdnuß-, Baumwollsamen-, Lein-, Mohnöl, Lebertran und vielen anderen Triglyceriden, oft ohne sich zu vergewissern oder anzugeben, ob der Fettstoff rein, vor allem völlig ungespalten und frei von Fettsäuren vorlag. Man hat Benzol, Paraffinöl, Kerosin, schweres und leichtes Maschinenöl, Transformatorenöl (das bekanntlich stets sehr rein, namentlich wasserfrei sein muß) oder ganz allgemein „Mineralöl" in wäßrige Emulsionen eingeführt, ohne sich zu vergegenwärtigen oder zum Ausdruck zu bringen, daß sogar das einfache Benzol (von den genannten Kohlenwasserstoffgemischen nicht zu reden) ein Handelsprodukt sehr verschiedener Reinheit darstellt, dessen Gehalt an Toluol, Xylol, insbesondere Thiophen (namentlich in amerikanischer und englischer Marktware) den Kohlenwasserstoff, hinsichtlich seiner Eigenschaften als ölige Phase einer Emulsion, total verändert. Man hat, allgemein ausgedrückt, wenig berücksichtigt, daß jeder „Fettstoff", jede „ölige Phase" (in emulsionstechnischer Hinsicht) selbst zum Emulgator wird, wenn sie auch nur sehr geringe Beimengungen emulgatorisch wirksamer Substanz enthält, daß sogar innerhalb der natürlichen Reihen sehr bedeutende Unterschiede unter den Ölen herrschen können (für Ricinus- und Leinöl wurden z. B. in Wasser die Tropfenzahlen 9 bzw. 18 festgestellt!), ja daß sogar bicarbonathaltiges Wasser ein Emulgator sein kann.

So kommt es, daß die Ergebnisse mancher neuzeitlichen, emulsionstheoretischen Arbeiten zuweilen mit jenen aus der ersten Zeit der Teerfarbstoffchemie vergleichbar sind, als „Anilin" noch ein Gemisch der Base
mit ihren Homologen war, und die Farbstoffbildung dementsprechend zu
Mischprodukten führen mußte. Um die Resultate emulsionstheoretischer
Arbeiten reproduzieren und in die Praxis übertragen zu können, erscheint
demnach die genaue Angabe der physikalischen und chemischen Kennzeichen aller in das Emulsionssystem eingeführten Stoffe unerläßlich.
Die weitere Notwendigkeit, sich bei Ausführung von Versuchen auf
chemische Körper bestimmter Eigenschaften zu einigen (Siedepunkte
und Dichten der Kohlenwasserstoffgemische, Kennzahlen der fetten
und ätherischen Öle usw.), tritt besonders deutlich hervor, wenn wir
die Zusammensetzung der natürlichen fetten und mineralischen Öle
betrachten.

## Die fetten und die mineralischen Öle.

Jede Pflanze und jedes tierische Gewebe, auch die in den Grenzgebie-
ten stehenden Bakterien und Hefen, Spalt-, Sproß- und Schimmel-
pilze jeder Art, enthalten fein zerteilt oder gespeichert Fett. In der
Pflanzenwelt bilden die Samen das Reservoir der Fettstoffe; diese sind in
Form kleiner Kügelchen im Protoplasma eingebettet und bilden mit den
Proteinkörpern eine Emulsion, was sich in der milchigen Beschaffenheit des
wäßrigen Breies zerquetschter Ölsamen äußert. Beim Erhitzen der
Samenmasse gerinnt das Eiweiß, die Emulsion wird zerstört und das
abrahmende Fett kann vom Ölkuchen abgepreßt werden.

Auch das Erdöl wird, könnte man sagen, als grobe Emulsion eines
unentwirrbaren Kohlenwasserstoffgemisches mit Wasser oder Salzlösung in schlammiger Form geboren, und viele Erdölerzeugnisse enden
auch als Emulsion; dazwischen liegen Stadien der Verarbeitung, in
denen man Emulsionen schaffen und wieder zerstören muß.

Es ist nun wichtig, zu beachten, daß gewisse reine Erdölfraktionen
niemals allein, ohne Emulsionsvermittler, in eine alkalisch-wäßrige
Emulsion einzutreten vermögen, daß dagegen rohe Erdöle sowie auch
alle echten Fettstoffe und Wachsarten mit wäßriger Alkalilösung emulgierbar sind, den Emulsionsvermittler also sozusagen in sich führen.
Die Emulsionsbildung der Mineralöle erscheint demnach innig
verbunden mit jener der echten Fette, beide Methodenreihen müssen
daher vereint abgehandelt werden, und beide werden nur leicht verständlich, wenn man sich die im einzelnen bekannten Unterschiede der
Zusammensetzung jener beiden Stoffkategorien zusammengefaßt vergegenwärtigt.

Es enthalten (vorwiegend und schematisch):

Pennsylvanische Erdöle: Methankohlenwasserstoffe $C_nH_{2n+2}$
vom Typus $CH_3 . CH_2 . CH_2 \ldots CH_3$ (Paraffin).

Baku öle: Cyclische Kohlenwasserstoffe, Naphthene, vom Typus

$$CH_2 \underset{\diagdown CH_2-CH_2 \diagup}{\overset{\diagup CH_2-CH_2 \diagdown}{\bigg<}} CH_2 .$$

Alle Mineralöle: Olefin-Kohlenwasserstoffe vom Typus

$$CH_3 . CH_2 . CH{=}CH . CH_2 \ldots CH_3.$$

Manche (z. B. kalifornische) Öle: Aromatische Kohlenwasserstoffe vom Typus

$$CH\underset{\diagdown CH=CH\diagup}{\overset{\diagup CH-CH\diagdown}{}}CH$$
(Benzol u. Hom.).

Alle Mineralöle (in geringen Mengen): Sauerstoff in Form der sauren Hydroxylgruppen von Phenolen, Typ $C_6H_5.OH$ und Naphthencarbonsäuren, Typ

$$CH_2\underset{\diagdown CH_2-CH_2\diagup}{\overset{\diagup CH_2-CH_2\diagdown}{}}CH . COOH$$
(Hexahydrobenzoesäure).

Alle ungespaltenen echten Fettstoffe: Fettsäuren

$$CH_3.CH_2 \ldots COOH$$

und Glycerin $C_3H_5(OH)_3$, als Tri- oder auch als Mono- und Diglyceride[1] verestert. Daneben geringe Menge Lecithine, z. B. Eidotterlecithin: (Fettsäure)$_2$ . Glycerin . Phosphorsäure . Cholin und schließlich enthalten alle Tierfette Cholesterin, die Pflanzenfette Phytosterin, zwei isomere höhere Alkohole mit je einer alkoholischen OH-Gruppe.

Alle ungespaltenen echten Wachsarten. Ähnliche höhere Alkohole verestert mit Fettsäuren.

Alle gespaltenen echten Fette und Wachse: Die betreffenden hydrolytischen Spaltungsprodukte, demnach Körper mit sauren, basischen und alkoholischen OH-Gruppen.

Nur diejenigen Bestandteile der natürlichen Rohkörper nun, die saure oder alkoholische Hydroxyl- oder die Carboxylgruppen enthalten, die demnach Salze (auch Alkoholate) bilden (COONa bzw. ONa), werden durch teilweise oder vollständige alkalische „Verseifung" ohne Vermittler in Wasser (kolloid) löslich oder mit wäßrigen Lösungen emulgierbar, alle anderen, also die indifferenten Kohlenwasserstoffe, werden in eine Emulsion „nur mitgenommen", ein Emulsionsvermittler, meist eine Seife, muß sie tragen. Aus dieser Tatsache ergibt sich die Nutzanwendung summarisch für alle Industrien, die Emulsionen aus Mineralölen, echten Fettstoffen, ätherischen Ölen (Kohlenwasserstoffe vom Typus $C_{10}H_{16}$ mit ihren Abkömmlingen, Alkohole, Ketone, Säuren usw.), Wachsarten, Phenolen (Kresolen) usw. darstellen wollen, und auch die Nutzanwendung für Prozesse von Art der Kondenswasserentölung, Abwasserreinigung, zum Teil der Schädlingsvertilgung usw. — die wichtigste Aufgabe der Emulsionstechnik ist stets, und zwar chemisch: Seifen erzeugen und Seifen

---

[1] Die Mono- und Diglyceride der höheren Fettsäuren können naturgemäß zum Unterschiede von den ungespaltenen Triglyceriden auch bei Abwesenheit von Alkali gegebenenfalls Emulgatoren sein. So lassen sich z. B. 30 Ölsäuremonoglycerid und 70 Wasser oder je 10 Öl- und Stearinsäuremonoglycerid nebst 30 Cocosfett geschmolzen mit je 150 Milch haltbar emulgieren [Engl. Pat. 285880 (1928)].

zerlegen; physikalisch: Kolloidlösungen herstellen und Kolloide ausflocken; physikalisch-chemisch: Grenzflächenhäutchen bilden bzw. solche Filme zerstören.

## Alkalien und Alkalisalze; Wasserglas und Kieselsäure.

In wäßriger Lösung sind die Alkalien und anorganischen Basen Kalium-, Natrium-, auch Ammoniumhydroxyd, ferner Calciumoxydhydrat, ebenso wie die Säuren, verschieden weitgehend, im allgemeinen mit der Verdünnung zunehmend, dissoziiert, in Ionen gespalten. Die freien negativen —OH- bzw. die positiven —H-Ionen kennzeichnen das Wesen der Alkalien bzw. Säuren durch die betreffende Reaktion; im Ausgleich beider entstehen die Salze, die in wäßriger Lösung ebenfalls als (Metall-)Kationen und (Säurerest-)Anionen vorliegen.

Die einfachen anorganischen neutralen Alkalisalze, wie Kochsalz und Kalium-, zuweilen auch Ammonium- und Calciumchlorid haben, wie vorweg genommen sei, für den Seifensiede- wie auch für den Emulgierprozeß Wichtigkeit als „aussalzende" bzw. koagulierende Mittel. Sie wirken im Seifenleim und in der Emulsion allgemein durch Veränderung des Gleichgewichtes zwischen dem dann konzentrierteren Lösungsmittel und seinen in ihm gelösten bzw. mit ihm emulgierten Bestandteilen. Im besonderen aber wird durch die mit dem Eintragen des Salzes bewirkte Ionenanhäufung die elektrische Ladung der kolloiden Seifeteilchen herabgemindert oder völlig vernichtet und die Folge ist dann Ausflockung des Kolloides zu einer wie ein Schwamm das ursprüngliche Lösungsmittel einschließenden Masse, die, auf der Unterlauge schwimmend, als Seifenkern bzw. Emulsionsrahm von ihr abgehoben werden kann. Auch sonst üben solche Salze, wie bereits S. 25 erwähnt wurde und fallweise noch zu sagen sein wird, in den Emulsionen fördernde (z. B. Ammoniumchlorid) oder, und zwar vorwiegend, störende Wirkung insofern aus, als sie auch in geringen Mengen katalytische Vorgänge auszulösen vermögen. Dies gilt besonders für die Salze im Meer-, Mineral- und hartem Wasser.

Die Alkalien selbst, insbesondere Kali- und Natronlauge nebst Ammoniak, auch die Alkalicarbonate und -bicarbonate, ferner Wasserglas und Schwefelnatrium, zeigen in verdünnt wäßriger Lösung gewisse äußere Eigenschaften der Seifenlaugen, so deren Schlüpfrigkeit und Begünstigung der Schaumbildung, ja man spricht ihnen sogar Wesen und Eigenschaften der Seifen zu[1]. Die Alkalilaugen wirken auch direkt reinigend insofern, als sie saure Verunreinigungen neutralisieren und dadurch gegebenenfalls lösen; ferner auch durch ihre ausgeprägte Netzfähigkeit, mit der sie z. B. ins Gewebe eindringen und die Gleitfähigkeit der dann leichter abschwimmenden Schmutzteilchen erhöhen.

Eine besondere Stellung nimmt unter den in der Emulsionstechnik verwendeten alkalisch wirkenden Salzen das Wasserglas ein. Es hat seifenartige Eigenschaften, dient als Seifenfüllmittel und vermag Fettsäuren zu verseifen. Bei der Zerlegung des Wasserglases mit Säuren ent-

---

[1] Donnan, Z. physiol. Chem. 31, 42.

steht unter bestimmten Arbeitsbedingungen das in kolloider Lösung bleibende Kieselsäurehydrosol, das in Emulsionen ausgesprochen stabilisierende Wirkung ausübt, jedoch nur in großer Verdünnung und unter besonderen Bedingungen haltbar ist, wodurch seine Verwendung als Bestandteil technischer Emulsionen ausgeschlossen erscheint. Mehr als bisher müßte jedoch die Emulsionstechnik ihre Aufmerksamkeit dem Kieselsäuregel zuwenden, das aus der Sollösung, abermals unter den verschiedensten Bedingungen, vorwiegend durch Zusatz von Elektrolyten, aber fallweise auch von selbst, als Kieselsäurehydrat, $SiO_2 . xH_2O$, ausfällt. Es ist eine Summe von wasserhaltigen Kieselsäuren, wandelbar bei jedem Versuch, einen einheitlichen Körper fassen zu wollen, ein roherdölartiges Produkt, das in seiner schleimig-gallertigen Form einer WO-Emulsion gleicht, aus dem man durch Pressen reines Wasser, das Dispersionsmittel für flüssiges Kieselsäurehydrat als innere Phase, abscheiden kann. Dieses Verhalten des Kieselsäuregels und ebenso seine Fähigkeit, durch Behandlung mit organischen Lösungsmitteln stabile Organogele zu geben, wurde bisher von der Emulsionstechnik kaum beachtet. Man erhält durch Einrühren von wasserreichem Kieselsäurehydratgel in absoluten Alkohol ein im Volumen kaum verändertes Alkogel mit rund 11 $SiO_2$, 0,2 Wasser und 88 Spiritus, den man weiter durch Benzol und dieses wieder durch Chloroform zu ersetzen vermag, ohne daß das Gel, bei Ausschluß der Verdunstungsmöglichkeit des Lösungsmittels, seine Beschaffenheit verändern würde. Dasselbe gilt für die auf gleiche Weise mit Schwefel-, Salpeter-, Ameisen-, Essigsäure erzeugbaren Acetogele des Kieselsäurehydrates, z. B. ein stabiles Produkt von der Zusammensetzung: 21,7 Essigsäure, 1 Kieselsäure und 0,3 Wasser. Auf der Adsorptionsfähigkeit des eingetrockneten Kieselsäuregels beruht nun bekanntlich die neuzeitliche Trennung z. B. von Gasen und Dämpfen[1], ferner seine und die waschechte Färbbarkeit kieselsäure-, auch tonerdereicher Mineralpulver (Kaolin) mit Teerfarbstoffen, weiter die Methode der Zellstoffentharzung mittels Talkums, die Herstellung pharmazeutischer Präparate usw. Nicht minder müßten daher in anderer Richtung die in ihrem Wasser- bzw. Lösungsmittelgehalt beliebig abstufbaren Kieselsäure - hydro-, -organo- und -acetogele, im Formelbilde etwa vorstellbar z. B. als Tetrakieselsäure:

$$O=Si-O-Si-O-Si-O-Si=O,$$ bzw. ihre esterartigen Abkömmlinge,

$$OH \qquad\qquad OH$$

befähigt sein, wie das Wasserglas, die einfachste „Seife" der Kieselsäure, als seifenartige Emulgatoren oder Emulsionskomponenten und deren Stabilisatoren aufzutreten. Bestrebungen in dieser Richtung liegen bereits in der Herstellung von Salben, Pasten, Gelees oder Hautcremes mit Kieselsäuregallerten als Grundlage[2] vor, s. S. 139, 182, doch finden sich m. W.

---

[1] 100 ccm einer besonders bereiteten weitporigen Kieselsäure im Gewichte von 35—45 g adsorbieren bei 18° aus mit Benzoldampf nahezu gesättigtem Wasserstoff 32 g das sind 83% des Gelgewichtes Benzol; vgl. D.R.P. 444914.

[2] D.R.P. 329672; vgl. LIESEGANG u. ABELMANN: Pharm. Zentralh. 60, 121; s. auch D.R.P. 329310 und D.R.P. 300303: kolloide Kieselsäure in kosmetischen Präparaten.

noch keine Angaben über systematische Versuche zur Einführung von Kieselsäure-Organo- oder Acetogelen in Lösungsmittel- (s. S. 154) bzw. saure Seifen (s. S. 167), oder zur Herstellung z. B. von Adsorptionsverbindungen zwischen solchen Gelen und Fettsäure- oder Sulfooxyfettsäure-(Türkischrotöl)seifen oder den neuzeitlichen Netz-, Durchdringungs- und Reinigungsmitteln (s. S. 56). Solche Versuche hätten natürlich nichts mit den seit langem geübten Verfahren der Ausfällung dickbreiiger Kieselsäuregallerten in mit Wasserglas angesetzten Brikettbindemitteln[1], Hartbrennstoffgemischen[2], Seifen (s. S. 139) usw. zu tun, viel eher müßten sich diese Arbeiten einer Richtung zuwenden, wie sie etwa durch einen Vorschlag zur Hautgerbung[3] gewiesen scheint, der dahin geht, daß man in der Blöße erzeugtes Kieselsäureacetogel durch Walken mit Glacénahrung (Seife-Öl-Eigelbemulsion) umsetzt.

## Seifen.

Seifen im engeren Sinne, sind die Alkalisalze bestimmter Fettsäuren (s. unten); weiter gefaßt durchsetzt diese Klasse chemischer Körper jedoch das ganze Gebiet der organischen Chemie, soweit durch Vereinigung von Stoffen mit sauren und alkoholischen Hydroxylgruppen und Basen Salze oder salzartige Verbindungen entstehen[4]. Für die vorliegende Aufgabe erscheint es zweckmäßig, diese Seifen im weiteren Sinne als vollständige oder teilweise Neutralisationsprodukte der Glieder zweier Stoffreihen A und B zu betrachten, die sich wie folgt unterteilen lassen:

Reihe A.

1. An die Carbonsäuren R.(COOH), und zwar: die Fett-, Harz-, Naphthen-, Gallen- und Aminofettsäuren (z. B. Lysalbin- und Protalbinsäure), letztere als Spaltungsprodukte von Eiweißstoffen, sollen diese selbst angeschlossen werden, soweit sie in Form der Emulgatoren bzw. Stabilisatoren: Casein, Gelatine, Eier- und Blutalbumin ähnlich große Bedeutung für die Emulsionstechnik besitzen wie die nicht minder wichtigen Lipoide und Phosphatide. Die Pflanzensäuren (Tang-, Humus-, Ligninsulfosäuren, letztere in der Sulfitablauge) bilden dann den Übergang zu den Pflanzengummen, Kohlehydraten und Saponinen. — Gesonderter Besprechung bleiben wegen ihrer emulsionstechnischen Bedeutung vorbehalten:

2. Alkohole und Phenole (Naphthole), R.(OH).

3. Oxycarbonsäuren, R.(OH)(COOH) und Sulfonsäuren, R.(SO₃H), vor allem Naphthalinsulfosäuren (manche Kunstgerbstoffe und Kunstharze).

4. Oxysulfosäuren, R.(OH)(SO₃H) und Oxysulfocarbonsäuren, R.(OH)(SO₃H)(COOH) aliphatischer (Türkischrotöl) und aromatischer Herkunft (neuzeitliche Netzmittel, s. S. 56).

---

[1] D.R.P. 325701.　　[2] D.R.P. 151594.　　[3] D.R.P. 322166.
[4] Über die wissenschaftliche Einteilung der Seifen s. T. Legradi: Z. angew. Chem. 35, 519.

Reihe B.

1. **Ätzalkalien** (Kali-, Natronlauge; Kalkmilch).
2. **Fixe Alkalien und alkalisch wirkende Salze** (Soda, Pottasche, Bicarbonate, Wasserglas, Natriumsulfid).
3. **Flüchtige Alkalien** (Ammoniak, Ammonsalze).
4. **Organische Basen** (Anilin, Alkylammonbasen[1]).

Die durch teilweise oder vollständige Neutralisation von Stoffen dieser beiden Reihen A und B entstehenden Salze, (Seifen in weiterem Sinne) bilden für sich allein, oder gemischt, oder in Form ihrer Spaltungsstücke, Bestandteile von **technischen Emulsionen oder die Vermittler ihrer Bildung aus pflanzlichen, tierischen oder mineralischen Fettstoffen und wäßriger Flüssigkeit.**

Die Emulsionen sind als solche **fertige technische Erzeugnisse** wie z. B. die Bohröle oder kosmetische, auch Nahrungsmittelpräparate dieser Art, oder sie sind **Zwischenprodukte** oder schließlich **Hilfsgebilde**, dazu bestimmt, Träger von Suspensionen oder Verteiler kolloider Lösungen z. B. der Kieselsäure, der Sole oder Gele kolloider Metalle oder Metalloxyde oder auch Vermittler chemischer Reaktionen zu sein.

## Fettsäureseifen.

Im engeren Sinne gefaßt (s. oben), sind Handelsseifen die Natron- oder Kalisalze der höheren Fettsäuren, technische Seifen können auch die (Metall-) Alkalisalze anderer organischer Körper mit saurem Charakter sein.

Die niederen und mittleren, flüssigen Glieder der Fettsäurereihe kommen für die Industrien der Emulsionen und emulgierten Desinfektions-, Schönheitsmittel usw. nicht in Frage, ihre Alkalisalze sind krystallisierende in Wasser echt lösliche Substanzen, die keinerlei Seifeneigenschaften erkennen lassen. Bemerkenswert ist jedoch die hervorragende Eignung des Kaliumacetats zum Aussalzen der Schmierseifen[2], um besser schäumende und auch in kaltem Wasser leichter lösliche Produkte zu erhalten. Eben erkennbar werden die Eigenschaften der Seifen im heptylsauren Natron ($C_7$), aber erst das Natriumcaprylat mit 10 Kohlen-

---

[1] In neuester Zeit wird einer in Z. angew. Chemie 1928, 1211, erschienenen Notiz zufolge unter dem Namen „Triäthanolamin ($\beta$, $\beta'$, $\beta''$-Trioxy-triäthylamin)" als sehr eigenartiges, den Angaben zufolge überaus wirksames Emulgiermittel in den Handel gebracht. Das Präparat stellt ein Gemisch von rund 71% der Trioxy- mit 20% der Di- und etwa 0,5% der Monooxy-Verbindung dar. Die Glykol und Glyzerin an Hygroskopizität übertreffende Flüssigkeit bildet mit höheren Fettsäuren nicht nur in Wasser, sondern auch in Petroleum und Öl leichtlösliche Seifen, die sich leicht in kosmetische Präparate (Hautcreme, Rasiermittel) überführen lassen. Solche Seifen emulgieren ferner Mineralöl und Wasser zu einem gut verwendbaren Bohr- und Schneideöl; das Triäthanolamin selbst soll ein hervorragendes Netzmittel sein und die hydroxylhaltigen Körper bei der Erzeugung von Kunstharzen voll ersetzen können.

[2] LEGRADI: Seifensieder-Ztg 1922, 237.

stoffatomen ist praktisch und Natriumpalmitat und -stearat sind technisch „Seife" mit ihren Kennzeichen.

Die Kennzeichen der technischen Seifen sind 1. allgemeiner Art: Seifen bilden wäßrige kolloide Lösungen, die, auch wenn sie konzentriert sind, etwa bei derselben Temperatur sieden wie reines Wasser, während der Siedepunkt einer krystalloiden, z. B. Kochsalzlösung, mit ihrem Gehalt an Salz steigt. Wie die Lösungen aller hydratischer Substanzen, gelatinieren auch genügend konzentrierte Seifenlösungen beim Erkalten ihrer Lösung; die einzelnen Hydrate sind nicht faßbar. Verdünnt man eine wäßrige Seifenlösung, so wird sie selbst zur Emulsion, d. h. es tritt zuerst teilweise Dissoziation in freie Fettsäure und Ätzkali ein, und die Fettsäure, die in Wasser kaum löslich ist, emulgiert sich unter der Mitwirkung der nicht gespaltenen Seife als Schutzkolloid mit dem alkalischen Wasser zu einer stabilen Emulsion (s. unten). Schließlich ist die kolloidale Lösung, die die Seife mit Wasser bildet, nicht gleichmäßig, sondern wie alle Stoffe, die die Oberflächenspannung herabsetzen, im unteren Teile der Flüssigkeit seifenarm, an der Oberfläche jedoch angereichert, was zur Folge hat, daß sie auch als Emulsionsbildner das Bestreben zeigt, Grenzflächen (Filme) zu bilden.

Die Eigenschaften der Seifen stehen aber ferner 2. in einer besonderen, für homologe Reihen organischer Verbindungen sogar selten exakten Abhängigkeit von der Länge der Kohlenstoffketten jener Fettsäuren, deren Salze sie sind. Mit der Anzahl der Kohlenstoffatome sinkt die Löslichkeit der gesättigten Fettsäuren und ebenso der, an sich jedoch leichter löslichen, fettsauren Salze, so daß schließlich Natriumstearat in Wasser von 20° so gut wie unlöslich ist. Mit steigender Temperatur werden aber auch die hochmolekularen Seifen leicht wasserlöslich; jene der ungesättigten, z. B. der Öl- oder Leinölsäure, lösen sich übrigens auch in diesen hochmolekularen Gliedern bereits in zimmerwarmem Wasser. Der Unterschied zwischen der flüssigen Öl- und der festen Stearinsäure äußert sich auch darin, daß die erstere Grenz- und Oberflächenspannungen wesentlich stärker herabsetzt als es Stearin- oder Palmitinsäure tun[1].

Die Temperatur des Lösungsmittels übt ferner auch, ebenso wie seine Konzentration, wesentlichen Einfluß auf die innere Struktur der kolloiden Lösung insofern aus, als in der Wärme oder bei stärkerer Verdünnung die Größe der Kolloidteilchen ab- und die Menge von sich krystalloid abscheidenden Teilchen zunimmt. Diese sind dann im erstarrten Gel zuweilen sogar mit bloßem Auge als asbestähnliche oder büschelförmige Aggregate bzw. als Körnung und Seidenglanz, z. B. der Silberkorn-Schmierseifen, deutlich sichtbar. Diese Haar- oder Tigerauge-struktur tritt besonders bei den Ölsäureseifen auf, die, wie alle Alkalisalze, ungesättigter Fettsäuren ihre mikrokrystallinische Eigenart bei höherer Temperatur bewahren als die Seifen der gesättigten Säuren.

Die Bildung der Gele aus heißen, nicht allzu stark verdünnten Seifenlösungen ist überhaupt als eine Art Krystallisationsvorgang zu betrach-

---

[1] Vgl. B. MEAD u. J. McCoy: Ref. in Chem. Zentralblatt 1928, II, 860.

ten, in dessen Verlauf eine erstmalig von KRAFFT[1] beobachtete eigentümliche Erscheinung auftritt, nämlich die nahezu völlige Übereinstimmung des Erstarrungspunktes einer geschmolzenen Fettsäure mit dem Gelatinierungspunkt der zugehörigen Natronseife. Die Säuren und ihre Seifen, also Stearinsäure und Natriumstearat, ebenso Palmitinsäure und Palmitat, Ölsäure und Oleat erstarren bei rund 69, bzw. 62, bzw. 13—14°. Für die Praxis ergibt sich daraus die Nutzanwendung: Wenn der Krystallisations- bzw. Gelatinierungsvorgang das Bestehen einer mit Seife als Vermittler angesetzten Emulsion nicht gefährdet, wenn er vielleicht sogar, wie bei der Hartspiritus- oder Schuhcremeerzeugung („Spiegel") erwünscht ist, kann man, was zuweilen von Vorteil ist, die Seife durch ihre Fettsäure ersetzen und den evtl. nötigen Überschuß an Hydroxylionen mittels der anderen Emulsionsbestandteile einführen.

Für das Bestehenbleiben einer mit Seife als Vermittler bereiteten Emulsion, ebenso wie für deren gewollte Zerstörung, kommt nun noch als wesentlicher Faktor die oben bereits erwähnte hydrolytische Spaltbarkeit des Seifenmoleküls in wäßriger Lösung in Betracht. Vorwiegend findet sich in ihr neutrale Seife; mit steigender Temperatur tritt jedoch, wenn auch in geringen Mengen, freies Alkali neben freier Fettsäure auf, welch letztere die neutralen Kolloidteilchen umhüllt, elektronegativ auflädt, so daß sie in der Reaktion sauer erscheinen. Die zugehörige äquivalente Menge freien Alkalis findet sich in der von der sauer umschichteten Neutralseife abgefilterten, festsubstanzarmen Flüssigkeit vor und erteilt ihr alkalische Reaktion. Die gleiche Zerlegung, also eine Anreicherung von mit Fettsäureionen umgebenen Neutralseifepartikeln, findet bei der Verwendung der Seife als Waschmittel an den Schmutzteilchen statt, die, ähnlich wie pathogene Keime vom Plasma und von den Phagocyten des Blutes, hier von den Fettsäure-Seifenteilchen „peptisiert" werden. Schließlich bedeutet auch das Schütteln oder Schlagen einer Seifenlösung in Luft oder die Seifenblasenbildung[2] Anreicherung an Seifensubstanz in den zur Ausscheidung gelangenden Kolloidteilchen, also eine Konzentrierung von fettsaurem Salz an der Grenzfläche der Lösung gegen Luft. Dadurch mindert sich daselbst die Oberflächenspannung, und es entsteht der bekannte kugelblasige Schaum, der, stetig abgehoben und niedergeschlagen, eine stärkere Seifenlösung gibt, als sie ursprünglich war, während gleichzeitig die Flüssigkeit immer mehr an fettsaurem Salz und Fettsäure verarmt und alkalischer wird. Nach Feststellungen von M. E. LAING[3] besteht der Ölseifenschaum aus einer sauren Verbindung von der Zusammensetzung: Natriumoleat . 0,61 Ölsäure; siehe auch saure Seifen 167.

Hinsichtlich des Schaumvermögens einzelner Seifen gilt[4]: Seifen aus Ricinusöl besitzen geringe, Cocosfettseifen sogar in Meerwasser hohe Schaumkraft; Harzsäuren verbessern das Schaumvermögen von

---

[1] Ber. 32, 1596.

[2] Siehe z. B. Engl. Pat. 280208 (1927): Schaum durch Lufteinblasen in Seife-Zucker- oder Seife-Leimlösung.

[3] Ref. in Chem. Zentralblatt 1925, II. 2134.

[4] R. JUNGKUNZ, Seifensieder-Ztg 52, 255ff.

Seifen nicht, es ist ferner um so geringer, je mehr ungesättigte Fettsäuren der Rohfettstoff enthält, und es ist in destilliertem Wasser stets größer als in Leitungswasser. Die Schaumkraft gestattet die Beurteilung von Seifenrohstoffen, natürlich aber nicht von Waschmitteln, da diese Saponin oder andere weniger als Seife reinigend wirkende Schaumzusätze enthalten können.

Für die Technik der Emulsionen ergeben sich aus dem über die Seifen Gesagten folgende Nutzanwendungen:

1. Man kann mit dem Erfolg der Erzielung von Seifenwirkung in Emulsionsgemische Fettsäuren nebst der zugehörigen Menge Alkali oder die fertig gebildeten Seifen, schon von der Caprylsäure aufwärts einführen. 2. Die reinen Palmitate und Stearate sind wegen ihrer Schwerlöslichkeit als Emulsionsvermittler nur in heiß gerührten, nach dem Erkalten erstarrenden oder gelatinierenden, z. B. kosmetischen Haut- und Rasiergelees, Schuhcremeerzeugnissen u. dgl. verwendbar. Die Oleate sind hingegen in zimmerwarmem Wasser löslich und halten die Emulsion auch nach dem Erkalten flüssig oder in Sirupform (Bohrschmieren, manche Hautcreme, Textilöle). Auch die Seifen aus Fettsäuren von mittlerem C-Gehalt, z. B. das Laurinat, sind kaltwasserlöslich und wie jene der Cocosfettsäuren aus ihrer wäßrigen Lösung kaum aussalzbar, sie lassen sich daher in mit Salz- oder Meerwasser angesetzten Emulsionen als Vermittler verwenden. 3. Der Einfluß der Temperatur auf die Struktur der Erzeugnisse (vgl. Guttalinspiegel, S. 360) wurde oben hervorgehoben. 4. Durch Verwendung von Seifenschaum oder des aus der Seifenlösung abfiltrierten Kolloides vermag man mehr und alkalifreiere Substanz in eine Emulsion einzuführen als mit der entsprechenden Menge der ursprünglichen Seifenlösung.

Die wesentliche Bedeutung der Alkali- und auch der Kalkseifen als Emulgiermittel liegt in ihrer Eigenschaft durch Erhöhung der Oberflächenspannung des Öles bzw. der Herabsetzung jener des Wassers, die Grenzflächenenergie und damit den Energiegehalt des Systems zu verringern[1]. Diese „Erschlaffung" bewirkt die wechselseitige Durchdringung der Komponenten, die deren Emulsionierung ermöglicht und die bei weitergehender Feinzerteilung bis zur Lösung und chemischen Reaktion sonst unlöslicher bzw. miteinander nicht reaktionsfähiger Substanzen führen kann.

## Harzsäureseifen.

Soweit die in der Tabelle S. 35 aufgeführten sauren Körper Carbonsäuren sind, gilt das über die Fettsäuren Gesagte auch von ihnen, namentlich von den jenen hinsichtlich ihrer Fähigkeit Seifen zu bilden nahe verwandten Harzsäuren. Dieselben werden in der Technik so gut wie ausschließlich in Form des Kolophoniums oder des gewöhnlichen Nadelholz- oder des venetianischen Terpentins angewendet. Diese „Balsame" sind zähflüssige Lösungen von Festharz in einer wäßrigen Terpentinölemulsion, enthalten häufig eingebettet Krystallmassen von

---

[1] Vgl. das Ref. in Chem. Zentralblatt 1927, II, 2653.

Abietin- und Pimarsäure und weisen je nach der Herkunft recht verschiedene Beschaffenheit[1], insbesondere stark, zwischen 5 und 33%, schwankenden Terpentinölgehalt auf. Er muß vor dem Einführen des Balsams in Emulsionsgemische bestimmt werden, da das Öl in der Folge nicht verseift, sondern von der Emulsion getragen wird, jedoch nur, wenn man den Terpentin, zweckmäßig vorher und für sich allein, mit der entsprechenden Menge[2] z. B. einer alkoholhaltigen Olein-Kali-(Schmier-) Seife emulgiert. Verfälschte Balsame, die meist aus parfümierten Lösungen von Kolophonium in Harzölen bestehen und sich in Emulsionen oft ganz anders verhalten, setzen mit 95proz. Alkohol verrührt nach mehrstündigem Stehen trübe Schichten ab, während echter Terpentin ebenso behandelt klar bleibt[3].

Vorteilhafter ist es jedenfalls vom reinen Kolophonium auszugehen, obwohl auch das Festharz, ebenso wie jedes natürliche organische Fett und Öl ein Gemisch ist, in dem die veresterten obengenannten Säuren nur den wesentlichen Bestandteil bilden[4]. Das Harz ist im Wasserbade schmelzbar und äußert dann seine Art durch starke Klebrigkeit[5], die, so erwünscht sie in schmelzflüssigen und kalten Lösungsemulsionen für Harzkitte und andere, z. B. Isolierbandklebstoffe, Heftpflaster, Appreturmittel, ist, die Erzeugung einer Emulsion oder Waschseife aus Kolophonium allein unmöglich macht. Nicht klebende Harzseifen von hoher Waschkraft soll man übrigens erhalten können, wenn man statt des Kolophoniums sein Oxydationsprodukt[6] oder rohe Pimarsäure verwendet[7]. Harzkernseifen siedet man jedoch stets aus echten Fettstoffen oder Fettsäuren und setzt dem Seifenleim während oder nach seiner Bildung das Harz, am besten nicht in Substanz geschmolzen[8], sondern als versottene Emulsion aus etwa 100 Kolophonium und 75 Kalilauge 25° Bé, zu. Meist erzeugt man jedoch nicht harte Harz-Kern-, sondern die weichen Schmierseifen entweder als selbständige Fabrikate für grobe Reinigungszwecke oder als Emulsionszusatz. Diese Schmierseifen sind leicht löslich und wegen ihrer hohen Schaumkraft ausgezeichnete Vermittler, wenn die Menge der normalerweise im Kolophonium stets vorhandenen unverseifbaren Kohlenwasserstoffe (Resen) nicht gegenüber der ganzen Seifenmasse überwiegt. In diesem Falle muß dem Kohlenwasserstoff durch Zusatz größerer Laugemengen Gelegenheit zur Emulgierung in der Emulsion gegeben werden, wobei jedoch zu beachten ist, daß sich aus dem Kolophonium bei Gegenwart überschüssiger Alkalien eine bei 74—75° schmelzende Harzsäure abscheidet, die, ähnlich wie Zucker, mit dem Kalk harten Leitungswassers ein schwer lösliches Calciumsalz[9] liefert, das die übrigen Emulsionsbestandteile auszuflocken vermag.

---

[1] Chem. Techn. Ind. 1919, Nr. 47—49.     [2] D.R.P. 255157.
[3] ANDÉS: Farbenztg 18, 1096.
[4] FAHRION: Z. angew. Chem. 1901, 1121 u. 1196.
[5] KIRCHDORFER: Farbenztg 1921, 3129; s. auch K. ROBAZ: ebd. 21, 147 u. 169: Kolophonium in Harzkitten; auch D.R.P. 284701; Dingl. J. 156, 400 u. a.
[6] D.R.P. 414440.     [7] Franz. Pat. 575228.     [8] Vgl. D.R.P. 111132.
[9] PAUL. L.: Chem. Revue 21, 5ff.

## Naphthensäureseifen.

Auch die Naphthensäuren[1], Typus Hexahydrobenzoesäure, s. Tabelle S. 35 und S. 119, sind echte Carbonsäuren, die sich hinsichtlich ihrer leichten Verseifbarkeit und Emulgierfähigkeit an die Fett- und Harzsäuren anreihen. Die Naphthensäuren sind in Form dünner Emulsionen ihrer schwer löslichen Seifen in den alkalischen Reinigungslaugen vorwiegend der russischen Roherdöle enthalten. Reinere Produkte fallen bei der alkalischen Raffination der Leucht- und Schmierölfraktionen ab (Petrolsäuren), unreinere übelriechende, fast schwarze Stoffgemische dieser Art sind als Kerosinsäuren Bestandteile der sauren Erdölraffinationslaugen. Die aus den alkalischen Reinigungsflüssigkeiten durch Eindampfen unter Kochsalzzusatz abgeschiedenen und z. B. mit überhitztem Wasserdampf[2] raffinierten Alkalinaphthenate und -petrolate können aus den im hohen Vakuum destillierbaren, wenig gefärbten Säuren durch Versieden mit Lauge als hellgelbe, stark schäumende, salbenförmige Seifen von bedeutender Reinigungskraft gewonnen werden, doch haftet ihnen stets ein auch durch Heißfiltration über Bleicherde nur wenig abschwächbarer, kennzeichnend unangenehmer Eigengeruch an, der ihre Verwendbarkeit auf verschiedenen Gebieten der Emulsionstechnik[3] stark einschränkt, auf dem Gebiete der Textilöl-Emulsionen[4] sogar unmöglich macht. Die gegebenenfalls verseiften Destillationsprodukte der Naphthensäuren sollen zwar im Gegensatz zu den Säuren selbst geruchlos sein[5], eignen sich jedoch in Emulsion mit fettstofflöslichen Farbstoffen und Konservierungsmitteln (z. B. Carbolineum, Phenolharzbildungsgemische u. dgl.) nur als Anstrich- und Imprägnierungsmassen für Holz, Stein, kaum für Gewebe. Meist versucht man jedoch die Rohseifen selbst zu verbessern, namentlich die Produkte zu desoderieren. Man behandelt sie z. B., um ihren Geruch zu mildern und gleichzeitig Wasch- und Schaumkraft der Erzeugnisse zu erhöhen, nach beendeter Verseifung mit Schwefelsäure[6], nach einem anderen Vorschlage die Ester (z. B. die Glycerinester) der Naphthensäuren mit überhitztem Wasserdampf[7], und will so, auch durch chemische Eingriffe, z. B. aufeinanderfolgende Oxydation und Reduktion, jenen Eigengeruch der Säuren beseitigen, in diesem letzteren Falle sogar wohlriechende Produkte erzielen[8]. Das Hauptanwendungsgebiet der Naphthensäuren wird, jedoch nur für die hochmolekularen gut schäumenden Glieder der Reihe (250—350), die Seifenindustrie bleiben, die niederen Abkömmlinge mit dem Molekulargewicht unter 250 schäumen schlecht und werden daher in gereinig-

---

[1] BUDOWSKI, J.: Die Naphthensäuren, Berlin 1922. — Neuere Angaben über Naphthensäuren und ihre Verwendung von F. ZERNIK finden sich in Erdöl u. Teer 1925.

[2] Vgl. die Reinigung nach Petroleum 1921, 1169 und D.R.P. 179564; ferner D.R.P. 302210, 305771, 341654; auch K. FUCHS in Petroleum 1917, 969: auch J. HAUSMANN: ebd. Bd. 7, 13.

[3] Siehe Blücher-Auskunftsbuch 1926, 851; vgl. auch E. A. KOLBE,: Seifensieder-Ztg 1917, 377: Naphthensäuren in Bohrölen.

[4] DAVIDSON. J.: Seifensieder-Ztg 42, 285. — Z. angew. Chem. 27, I, 2.

[5] D.R.P. 415842—415843.  [6] D.R.P. 406345.  [7] D.R.P. 341654 u. 412821.

[8] D.R.P. 408663.

ten und möglichst desodoriertem Zustande besser in Terpentinöl gelöst als Rostschutzmittel oder mit Mineralölen homogenisiert zur Bereitung konsistenter Maschinenfette verwendet[1]. In neuerer Zeit erzeugt man für therapeutische Zwecke aus den Naphthensäuren ihr salbenförmiges Lithiumsalz[2], das von der Haut leicht aufgenommen und mit Fettstoffen jeder Art oder mit Seifen in jedem Verhältnis mischbar ist. Besonders aber dürften die neuzeitlichen Bestrebungen Erfolg haben, die Naphthensäuren durch Sulfonierung geruchlos zu machen und sie so in noch leichter als das Ausgangsmaterial lösliche und emulgierbare Netz- und Durchdringungsmittel zu verwandeln[3]. S. S. 36.

### Gallsäureseifen.

Die Gallensäuren, so die Chol- oder Cholalsäure:

$$(CH_2OH)_2.C_{20}H_{31}.(CHOH).COOH.H_2O,$$

ferner die Desoxy-, Glyko-

$$R.NH.CH_2.COOH$$

und Taurocholsäure

$$R.NH.CH_2.CH_2.SO_3H; \quad R = C_{24}H_{39}O_4$$

(s. Tabelle S. 35) werden nur für wissenschaftliche und pharmazeutische Zwecke rein abgeschieden, technisch jedoch so gut wie ausschließlich in Form der tierischen (Rinder-) Galle angewendet[4]. Sie enthält jene Säuren als Natronsalze, also als Seifen[5], ist demnach ein typisches Kolloid und überträgt die mit dieser Eigenschaft verbundene hohe emulgierende Wirkung, Schaumkraft und Netzfähigkeit auch auf die Waschseifen und sonstigen Präparate (z. B. Badewasser- auch Tintezusatz[6]), wenn man während ihrer Verarbeitung Wärmezufuhr, Alkaliüberschuß, kurz alles vermeidet, was den kolloiden Zustand der Gallensubstanz, also ihre Seifennatur stören könnte. Galle löst ferner bis zu 1% Casein und auch die Niederschläge, die in Seifenlösungen mit Albumosen oder Salzlösungen entstehen; sie ist von alters her als Reinigungs- und Farbenbinde- (Verteilungs-) Mittel bekannt und eingeführt, und würde wohl auch in der Emulsionstechnik in größeren Mengen als bisher verbraucht werden, wenn der Rohstoff in größeren Mengen zu haben und der Zersetzung nicht in so hohem Maße ausgesetzt wäre. Ein Hindernis für allgemeinere Verwendung bildet auch die Eigenfärbung der Galle, doch soll man sie als Wasch-, Reinigungs- und Entfettungspräparate für helle Gewebe, ohne ihren Wirkungswert herabzumindern, mittels Oxydationsmittel (Permanganat, Chlor, Hypochlorit) entfärben können[7].

Diese Eigenschaften der Cholsäuren kommen auch anderen tryptischen Fermenten aus der Reihe der eiweißspaltenden Proteasen

---

[1] AUGUSTIN, J.: Seifensieder-Ztg. 1927, 899.    [2] D.R.P. 404 697.

[3] Vgl. das Ref. in Chem. Zentralblatt 1928, I, 1480.

[4] Siehe jedoch z. B. D.R.P. 323 804: Salze (Seifen) der ungepaarten Gallensäuren als Zusatz zu industriell erzeugten Waschmitteln.

[5] Über Gallseifen s. I. AUERBACH, Chem. Umschau 33, 226.

[6] D.R.P. 311 221 bzw. 218 531.

[7] Franz. Pat. 607 284.

zu, so dem Trypsin des Pankreas-, dem Erepsin des Darmsaftes u. a., was ja auch verständlich ist, da ihre Wirkung im tierischen Verdauungskanal auf ihrer kolloiden, die Bildung von Emulsionen in ausgezeichneter Weise fördernden, Eigenart beruht. In völlig analoger Weise stoffzerteilend, wirken im Pflanzenreich die in zahlreichen Samen vorhandenen fettspaltenden Lipasen, die als lipoidische Fermente zur technischen Ausführung der enzymatischen Fettspaltung verwendet werden (siehe S. 56). Im lebenden Organismus setzt sich diese mechanische Emulgier-, d. i. Zerteilungsfähigkeit, bis zum chemischen Abbau der Eiweißstoffe fort, wobei Spaltungsprodukte in Art der Lysalbin- und Protalbinsäure und schließlich der einfachsten Aminofettsäuren entstehen.

## Aminofettsäureseifen.

Sie enthalten Carboxylgruppen und sind den seifebildenden Fettsäuren auch insofern verwandt, als in diesen Reihen chemischer Stoffe die Alkalisalze der einfachen Glieder von Art der Aminoessigsäure (Glykokoll, „Leimzucker" oder Glycin) ebenfalls keinerlei Seifeneigenschaften erkennen lassen, während die höhermolekularen Abkömmlinge echte Seifen liefern. Man verwendet technisch auch hier, wie die Galle und ihre Auszüge, die tierischen Organe, z. B. die Bauchspeicheldrüse, ihre Extrakte und Zubereitungen, so das durch Zerreiben der entfetteten Drüse vom Schwein mit Zucker und Glycerin leicht erhaltbare Pankreatin[1]. In den Gerbereipräparaten Ara, Oropon, Arazym usw. (siehe S. 345) sowie in manchen reinigungskräftigen, die Eiweiß- und Fettstoffe des Schmutzes gut emulgierenden und abbauenden Waschmitteln, z. B. im „Burnus"[2], auch in Badewasserzusätzen, Appreturmitteln u. dgl., sind Extrakte der Bauchspeicheldrüse der wirksame Bestandteil.

Die durch alkalische hydrolytische Spaltung von nativem Eiweiß verschiedenster Herkunft und darum in größeren Mengen leicht[3] erhaltbaren Abbauprodukte (s. S. 141) von Art der Lysalbin- und Protalbinsäure sind wie Fett-, Harz- oder Gallensäuren verseifbar. Ebenso geben die aus tierischem Leim durch Spaltung mit verdünnten Mineralsäuren in der Hitze erhaltbaren Aminofettsäuren als Alkalisalze, zusammen mit alkalischer Naphthollösung, kräftig schäumende Wasch- und Walkmittel[4]. Solche Seifen entfalten nicht nur stark reinigende und die Oberflächenspannung bedeutend herabsetzende Wirkung, sondern sie sind auch hervorragende Schutzkolloide in Emulsionen und bei Herstellung kolloider Metallösungen; besonders eignen sie sich zur Wollwarenreinigung[5], als Zusatz zu sauerstoffabgebenden Waschmitteln, Appreturmassen usw.

Nicht minder ausgeprägte, zum Teil sogar gesteigerte Wirkung als Schutzkolloide und Emulsionsvermittler üben neben den Fermenten und Eiweißabbauprodukten die nativen Eiweißstoffe selbst aus, ins-

---

[1] Vgl. A. Stutzer: Landw. Versuchsstat. 36, 321. — E. Bauer: Z. angew. Chem. 1909, 97; D.R.P. 285050.
[2] Kind, W.: Seifenfabr. 36, 257. — J. Leimdörfer: Seifensieder-Ztg 1919, 707.
[3] Siehe Blücher-Auskunftsbuch 1926. 970. [4] D.R.P. 328099. [5] D.R.P. 311542.

besondere tierisches und pflanzliches Casein, die Gelatine, Eier- und Pflanzeneiweiß (Weizenkleber), Blut u. a.

## Casein.

Das Milchcasein ist eine in der Zusammensetzung von der $p_H$-Konzentration abhängige Calciumcaseinatphosphatverbindung, vereinigt demnach als Emulgiermittel in sich die Eigenschaften der Phosphatide (s. S. 47) und Eiweißstoffe[1]. Von seiner Funktion als Schutzkolloid gegen Ausflockung der Calciumphosphate aus der Milch und gegen Aufrahmung des Milchfettes wird später noch die Rede sein (siehe auch Einleitung S. 2). Es ist jedoch zu bemerken, daß dieser Eiweißstoff wegen seiner geringen Acidität auch als Alkalisalz (Casein selbst ist in Wasser unlöslich) Schutzwirkung gegenüber stärkeren Säuren nicht oder (auch beschränkt) nur dann auszuüben vermag, wenn man der Emulsion als säurebeständiges Schutzkolloid für das Casein Gelatine, Blut- oder Eieralbumin zusetzt. Dagegen ist das Milcheiweiß gegen Aussalzen beständig, es löst sich sogar in warmer etwa 5proz. Kochsalzlösung. Wichtig zu wissen ist ferner, daß wäßrige Alkali- und Ammoniumcaseinat- im Gegensatze zu den auch in der Kälte opalescierenden Calciumcaseinatlösungen klar sind, sich beim Erwärmen nicht trüben und mit Calciumchlorid nicht ausgesalzen werden; Strontiumhydrat löst übrigens unter sonst gleichen Bedingungen mehr Casein als Alkali und dieses mehr als Calciumhydrat. Da von der richtigen Lösung des Caseins die Haltbarkeit einer mit ihm angesetzten Emulsion abhängt, sei noch gesagt, daß nach einer aus der Praxis stammenden Mitteilung[2] 100 Teile Casein: 5 Teile festes Ätznatron[3], oder 15 Teile Ammoniak, oder 20 Teile Bicarbonat, oder 10 Teile Borax und 5 Teile Ammoniak, nebst der nötigen Wassermenge zur Lösung benötigen. Ferner wurden Wasserglas mit Ammoniak[4], oder Ätzbaryt, natürlich auch Soda, als Lösungsmittel vorgeschlagen. Porös flockiges, in heißem Wasser kolloid lösliches Casein soll man durch vorsichtiges Eintrocknen einer Verreibung von fett- und milchzuckerfreiem Milcheiweiß mit Bicarbonat und wenig Wasser[5] oder mit Calciumhydroxyd[6] (s. oben) erhalten können. Bekanntlich ist die Ausfällungsart des Caseins aus der Magermilch für seine zahlreichen Verwendungsgebiete[7] von ausschlaggebender Bedeutung: Nährpräparate und Arzneizubereitungen werden mit essig- oder milchsäuregefälltem, Kunstmassen und technische Emulsionen mit labgefälltem Casein hergestellt. Lab fällt übrigens nur bei Gegenwart von Calciumsalzen und dann ein Caseinabbauprodukt, das Calcium-Paracaseinat, aus (s. S. 223).

---

[1] WAELE, H. DE: Ref. in Chem. Zentralblatt 1927, I, 2611.
[2] Farbe u. Lack 1912, 128; vgl. ebd. 293.
[3] Über die Art des Lösens s. D.R.P. 115958. — S. a. die Herstellung von Emulgiermitteln aus tierischen Proteinen (Casein) mit verdünnten wäßrigen Alkalien in der Wärme unter 100° nach Engl. Pat. 264955 (1925).
[4] Vgl. D.R.P. 161842 u. Seifensieder-Ztg 1912, 34.      [5] D.R.P. 118656.
[6] Am. Pat. 1412462.      [7] Siehe Blücher-Auskunftsbuch 1926, 240.

## Gelatine.

Bei der Verwendung von Gelatine als Emulsionsbestandteil ist zu beachten: Dieser vom reinen Kollagen aus (d. i. die Hautfasermasse des Coriums, der Lederhaut, s. S. 341), durch Kochen mit Wasser leicht zugängliche Leimeiweißstoff, das erste Hydrolysierungsprodukt des Kollagens, erscheint im Handel je nach der Herkunft aus Knochen, Sehnen, Haut- oder entgerbter Ledersubstanz und je nach der Reinigung in recht verschiedenartigen Marken, die um so besser sind, je weniger Hitze bei der Gelatinegewinnung angewandt wurde. Solche nicht durch Kochen, sondern durch Maceration des Materiales mit 50° warmem Wasser gewonnene Gelatine ist am wenigsten weitgehend hydrolysiert, was sich in der größeren Viscosität, der besseren Schutzwirkung und der rascheren Gelatinierung der wäßrigen Gelatinelösung äußert. Hautgelatine ist ein besserer Emulgator als Knochen- oder Blasengelatine, Emulgierungsvermögen und Viscosität ihrer Lösungen sind bei sauer aufgeschlossenem Rohstoff geringer, als wenn man das Material nur alkalisch behandelt[1].

Beste Gelatine nimmt bis zum 27fachen ihres Gewichtes Wasser auf, wobei nach einer von HOFMEISTER gefundenen Gesetzmäßigkeit gewisse die Quellung fördernde Salze, wie K-, Na- und Ammoniumchlorid die Gelatinierung der mit solchem Material angesetzten Lösung herabmindern, während dieselbe durch die quellungshemmenden Sulfate, Acetate, Citrate der Alkalien beschleunigt wird. Für die Technik der Emulsionen ist hierbei von Bedeutung, daß man solchen Bildungsgemischen demnach mit Hilfe von Gelatine recht beträchtliche Salzmengen einzuverleiben vermag; sie wirkt ebenso wie eine Dialysiermembran, durch die Salzlösung solange hindurchdiffundiert, bis beiderseitig die gleiche Ionenkonzentration erreicht ist. Das eigentümliche Verhalten der Gelatine gegen Salzlösungen äußert sich ferner in der Verflüssigbarkeit von z. B. 150 g des Eiweißstoffes mit nur 115 g Wasser, wenn man 245 g Calciumnitrat zusetzt[2]. Auch Zinkchlorid in essigsaurer Lösung mit Wasserstoffsuperoxyd erzeugt hochkonzentrierte klar-farblose Gelatinelösungen[3]. Die mit den zuerst genannten Salzen gefüllten Gelatinegallerten lassen sich durch Tannin momentan ausfällen, während Säuren, auch Alaun, die gelöste Gelatine nicht einmal bei Siedehitze zur Abscheidung bringen. Längeres Kochen oder auch wiederholtes Lösen der Gelatinegallerte auf dem Wasserbade bewirken ebenso wie ihr Gefrierenlassen durchgreifende irreversible chemische Veränderungen des reinen Leimes, was sich in seiner geringeren Quellbarkeit und Klebkraft und schließlich in der Zerstörung der Gelatine äußert, deren Abbau dann allmählich bis zu einfachen Aminosäuren fortschreitet.

Besonders wirksam dürfte ein hierher gehörendes Emulgiermittel sein, das man durch Spaltung eines mindestens zu 80% wäßrig gelösten Proteines (z. B. Leim) mit soviel Alkali und unter solchen Bedingungen

---

[1] Siehe die weiteren Angaben in dem Ref. nach der Arbeit von J. C. KERNOT u. J. KNAGGS: Chem. Zentralblatt 1928, II, 27.
[2] LIESEGANG: Farbenztg 24, 971.   [3] D.R.P. 297112.

erhält, daß völliger Abbau zu Aminosäuren erfolgt, diese jedoch nicht verseift werden[1]. Ihre emulgierende Wirkung wird dann durch vorhandene nicht spaltbare Eiweißkörper, Salze u. dgl. erheblich verstärkt. Auch die Hydrolysierungsprodukte der Gelatine und des Leimes (siehe S. 141), erhaltbar durch Erhitzen des Eiweißstoffes mit Wasser unter Druck oder mit verdünnten Säuren und nachfolgende Neutralisation sind als wasserlösliche Substanzen hervorragende Emulgiermittel[2]. Siehe auch S. 149.

## Andere Eiweißkörper.

Unter den zahlreichen sonstigen Eiweißstoffen kommen für den Zweck der Emulsionenbereitung als Schutzkolloide und Vermittler nur noch die Albumine der Eier, des Blutes und der Hefe, ferner Pflanzeneiweiß von Art des Weizenklebers oder der Ölkuchenproteine in Betracht. Überdies Emulgatormassen für Teer, Bitumen oder Mineralöle, die man durch Erwärmen von Fischfleisch mit Alkalilauge auf Temperaturen unter 100°[3], oder durch Kolloidmahlung, Verkochung oder Selbstfermentation von Pilzen als Schleimmasse erzeugt; diese vermag zusammen mit 3°/$_{00}$ Soda und 2°/$_{00}$ Borax 1% Paraffin oder andere Kohlenwasserstoffe nebst bis zu 5% Terpentinöl zu emulgieren[4].

Blutalbumin ist der technisch wertvolle Eiweißstoff des kaum gefärbten Serums, das nach der evtl. durch Schlagen beförderten Gerinnung des in schalenförmigen Behältern gesammelten Schlachthofblutes durch Abschleudern von dem die Farbstoffeiweißkörper (Globin + Hämatin = Hämoglobin) enthaltenden Blutkuchen gewonnen wird. Er wird als Konglomerat von Blutfarb- und -faserstoff (Fibrin aus Fibrinogen beim Austritt des Blutes aus den Organgefäßen entstanden) auf Futtermittel, Entfärbungsprotein oder Blutkohle verarbeitet. Das Serum gibt, wie Hühnereiweiß geklärt und gegebenenfalls mit organischen Lösungsmitteln behandelt oder mit Chemikalien verändert im Vakuum auf Platten, bei niederer Temperatur zur Verhütung des Gerinnens, eingetrocknet, die gelblichen Schüppchen des Handelsalbumins. Durch Spaltung des Albumins aus Blutserum, Eier- oder anderem Eiweiß mittels Chemikalien (Säuren, Formaldehyd usw.) erhält man die Albumosen, die dem Eiweiß noch sehr nahe stehen, jedoch viel löslicher und schwerer aussalzbar sind und nicht gerinnen. Die Albumine und Albumosen, auch jene aus Hefe[5], ferner die groben Summenprodukte, die man z. B. durch Eintrocknen des rohen, nicht definibrierten Blutes, oder Keratineiweiß, das man durch Kochen von Hornabfällen mit Lauge erhält, ebenso Gliadin und Glutenin des Weizenklebers oder er selbst, wie man ihn aus der Weizenmehlaufschlämmung nach dem Abfluten der Stärke als zähen Teig erhält[6], schließlich auch die aus Ölkuchen abgeschiedenen Pflanzenproteine[7], dazu Getreide-

---

[1] Am. Pat. 1549436.    [2] Vgl. z. B. Engl. Pat. 225953 (1923).
[3] Franz. Pat. 623777.    [4] D.R.P. 347030.
[5] Erhaltbar z. B. nach D.R.P. 113181, 122168, 151561 u. v. a.
[6] Siehe LANGE: Chem. techn. Vorschr. Leipzig 1924, II, Kap. 507.
[7] Z. B. nach D.R.P. 291634 oder Am. Pat. 1169634 u. a.

extrakte[1], kurz alle Eiweißstoffe, insbesondere aber die Albumosen, sind deshalb so wertvoll für die Technik der Emulsionen, weil sie Kolloide sind, als amphotere Körper Alkali zu binden vermögen, die Schaumkraft der Seifen in den Emulsionen und dadurch die Zerteilung ihrer Bestandteile fördern, und weil sie schließlich in Form der Albumosen in der Hitze nicht gerinnen, daher zur Bereitung von Emulsionen bei Kochhitze dienen können. Im einzelnen wird von diesen Emulgatoren noch die Rede sein (s. z. B. S. 150, 195, 219).

Für die Herstellung von Eiweißstoff-Vermittlerlösungen ist die Feststellung von P. v. WEIMARN wichtig, daß sich Casein, Fibroin, Keratin usw., so, wie die Gelatine (s. oben), mit Hilfe konzentrierter wäßriger Lösungen, z. B. von Calciumchlorid oder anderen leicht wasserlöslichen Salzen, z. B. Lithiumrhodanid, in die Form dicker, bis zu 30proz., Kolloidlösungen überführen lassen[2], die den zu bildenden Emulsionen direkt beigegeben werden können. Ferner sei noch erwähnt, daß die Stabilität von mittels Eiweißkörper bereiteten Emulsionen durch Zusatz von Emulgatoren anderer Reihen, z. B. Harzsäuren, beträchtlich gesteigert werden kann. So erhält man z. B. eine salbenartige Paste von hoher Emulgierfähigkeit für Wasser und Öl durch Emulgieren einer Lösung von 5 Casein in 50 Wasser und 0,5 Natronlauge mit der warm bereiteten Lösung von 5 Harz in 25 Öl[3].

Alle Eiweißstoffe bilden, trotzdem sie oder ihre Teilkörper zuweilen krystallisiert erhalten werden können, kolloide Lösungen, die beim Aufkochen entweder, wie z. B. Gelatine, scheinbar bestehen bleiben, chemisch jedoch verändert sind, oder die gerinnen und ausflocken; gewisse Salze, so namentlich Jodide und Rhodanide, vermögen die Hitzekoagulation, jedoch vermutlich nur deshalb zu hemmen, weil das Eiweißmolekül gleichzeitig verändert wird. Solche Veränderungen, die bis zum völligen Abbau führen können (s. oben), bewirken auch Säuren, Salze und fermentative Einflüsse. Wie weit diese Spaltungen auch bei niederen Temperaturen während der Bereitung oder Aufbewahrung der mit Eiweißstoffen als Vermittler erzeugten Emulsionen reichen, kann nur von Fall zu Fall empirisch festgestellt werden.

## Lipoide und Phosphatide.

Eine besondere Stellung etwa zwischen Fettstoffen und Wachsarten einerseits, die typische wasserunlösliche Emulsionsbestandteile sind, und z. B. den in Wasser kolloid löslichen Schutzkolloiden von Art der Eiweißkörper-Emulsionsvermittler andererseits, nehmen die Lipoide (z. B. Lecithin) und Phosphatide ein, das sind fett- oder wachsähnliche Stoffe, die in Wasser nicht unlöslich, sondern kolloid löslich sind und sich in Alkohol, Äther, zum Teil auch in anderen organischen Lösungsmitteln und dann, gleich den Fetten und Wachsen, echt lösen. Lipoide sind die substituierten Stickstoff oder Stickstoff und Phosphor,

---

[1] Vgl. z. B. D.R.P. 298373.   [2] Kolloid-Z. 1926, 120.
[3] Franz. Pat. 630808; vgl. die ähnlich bereiteten wäßrigen Emulsionen nach Engl. Pat. 280762 (1926).

Phosphatide hingegen die nur Phosphor enthaltenden Fettstoffe. Lecithin ist dementsprechend ein Lipoid, da es im Molekül den Cholinrest und veresterte Phosphorsäure einschließt[1]. Diese Körper können dementsprechend ebensowohl Bestandteile als auch Vermittler von Emulsionen sein, worauf ihr Wert für die Emulsionstechnik beruht. So ist z. B. eine im Vakuum völlig vom Alkohol befreite Milch, die man durch Eingießen einer alkoholischen Lecithinlösung in Wasser erhält, eine ausgezeichnete haltbare salbenförmige Emulsion[2] und ähnlich läßt sich auch die ätherische Lösung von Lecithin und leinölsaurem Wismut nach Verdampfen des Äthers mit Wasser allein, ohne weiteren Zusatz haltbar emulgieren[3]. Vgl. S. 242.

## Pflanzensäuren und -gummen (Kohlehydrate, Saponine).

Die pflanzlichen Gummen (Typ: Gummiarab.) sind vor allem durch ihre Quellbarkeit, die kolloide Beschaffenheit ihrer Lösungen und deren hervorragende Eignung als Schutzkolloide bei Herstellung von Emulsionen und Metallkolloidlösungen, gekennzeichnet. Chemisch stehen sie teils als Glucoside, teils wegen ihrer Oxydierbarkeit zur zweibasischen Schleimsäure, einerseits den Zuckerarten nahe, sind demnach stickstofffrei, und den Alkoholen und Kohlehydraten verwandt, von denen, wie auch von den zugehörigen und verwandten Säuren, schon GRAHAM[4] nachwies, daß sie als Alkoholate und Saccharate die Ausfällung von Metalloxyden aus deren Lösungen verhindern. Andererseits gehören hierher Stoffe, die zum Teil Carbonsäuren oder, wegen ihrer Herkunft von den Zuckern, Oxycarbonsäuren, oder Sulfonsäuren sind, wie z. B. die Ligninkörper der Sulfitablauge. Im übrigen weiß man von der Konstitution dieser größtenteils hochmolekularen und vielfach gemischt auftretenden Auf- und Abbauprodukte des pflanzlichen Lebens noch sehr wenig, man kann aber, wenn auch nicht auf Grund streng wissenschaftlicher Ergebnisse, so doch durch den Vergleich technischer Daten Zugehörigkeiten und Abhängigkeiten der Stoffe finden, die sonst unerkannt blieben.

Der Weg beginnt bei den niederen (s. S. 51) mehrwertigen Alkoholen, die in Form ihrer Alkaliverbindungen bereits schutzkolloidische Wirkung ausüben. So dient eine Pottasche-Glykol-Lösung als Wollwalke[5], und Glycerin wird alkalischen Aluminium-Galvanisierungsbädern als Schutzkolloid zugesetzt[6]; der dreiwertige Alkohol verhindert ferner, ebenso wie Mannit, Erythrit, auch Milch- und Weinsäure in Verbindung mit Natron es tun, die Fällung von Eisenoxyd, Kupferoxyd, usw. aus den betreffenden Salzlösungen. Die Alkalisalze der genannten Oxysäuren, vor allem die Alkalilactate, wurden übrigens wegen der kolloiden, hochviscosen Beschaffenheit ihrer konzentriert wäßrigen Lösungen während des Krieges als Glycerinersatz viel verwendet[7]; Alkaliglykolat und -lactat dienen als schaumkrafterhöhende

---

[1] WORKING, Earl B., Ref. in Chem. Zentralblatt 1925, II, 1636.
[2] D.R.P. 426743.    [3] D.R.P. 424748.    [4] Liebigs Ann. 121, 51.
[5] D.R.P. 307791.  · [6] D.R.P. 236244, 237805, 238406.    [7] D.R.P. 303991.

Kernseifenzusätze, die wegen ihrer kolloiden Beschaffenheit die Seifenleimemulsion nicht stören und mit ihr zur völlig homogenen Seifenmasse erstarren[1]. Zur Schaumkraftsteigerung setzte man Seifen aber auch Malz-[2] und **Rohrzucker**[3] zu; durch Erhitzen oder Schmelzen von Kohlehydraten erzeugt man künstliche Schaummittel[4]. Auch der Sulfitablauge[5] und Humusextrakten[6] wird auf Grund ihres Gehaltes an Ligninsulfosäure bzw. Huminsäuren, die als Alkalisalze kolloide seifenartige Beschaffenheit zeigen, schäumungssteigernde Wirkung zugesprochen. Zu den die Schaumkraft von Seifen erhöhenden Schutzkolloiden und Emulgierungsmitteln dieser Reihe gehören auch Äthylcellulose, Äthylstärke und andere Alkyl-(Aralkyl-)derivate der höheren Kohlehydrate[7]; sie sind zum Teil wasserlöslich und bewirken bei Gegenwart von Alkali die Emulgierung oder Verteilung von ineinander unlöslichen Phasen wohl auf Grund ihres alkoholischen Charakters, so, wie es konzentrierte Lösungen von Lignosestoffen, die bei der Behandlung von Holz mit Schwefelsäure erhalten werden, auf Grund ihrer Natur als sulfonierte Kohlehydrate tun. Schaummittel ersten Range sind schließlich die **Saponine**, glykosidisch gebundene pflanzliche Wurzel-, Rinden- oder Beerenstoffe, die zum Teil den Zuckern nahe stehen, so das Glycyrrhizin des Süßholzes, eine Säure, deren Kalisalz die Süßkraft des Rohrzuckers bei weitem übertrifft[8], die ferner zum Teil mit den Ligninen der Sulfitablauge verwandt sind[9] und die zum Teil schließlich starke alkaloidartige Giftwirkung äußern oder andererseits als Bestandteile mancher Nahrungsmittel, so z. B. des Spinats, wertvolle Chymusemulgatoren sein können.

Diese Stoffe bieten einen Beweis für die Tatsache, daß W a s c h k r a f t und S c h a u m v e r m ö g e n nicht immer im geraden, sondern zuweilen sogar im umgekehrten Proportionalitätsverhältnis stehen. So sind z. B. Saponine keine (S. 175) und manche kaum schäumende Präparate wie das Cycloran oder die Savonade, das erstere eine Emulsion von Cyclohexanol in Oleinkaliseife, hervorragende Waschmittel[10]; vgl. S. 157. Auch Untersuchungsergebnisse von K. Lindner und J. Zickermann[11] erweisen die Unabhängigkeit der Waschwirkung eines Reinigungsmittels, d. i. seine Fähigkeit, fettigen Schmutz zu emulgieren, von seiner Schaumkraft, die parallel geht mit dem Netzvermögen der Substanz, d. i. Erhöhung der Haftfähigkeit von Waschwasser an Oberflächen, die sonst Wasser abstoßen. Schlechte Schäumer nehmen Öl auf (so z. B. eine durch Zusatz von Alkohol oder anderen organischen Lösungsmitteln am Schäumen verhinderte Seifenlauge), auch wenn sie die Oberflächen schlecht

---

[1] D.R.P. 298264; vgl. D.R.P. 300592—300593: Oxyfettsäuren zur Schaumverbesserung von Waschmitteln.

[2] Braun, K.: Seifenfabr. 1905, 999.

[3] Herzfeld, A.: Dt. Zuck.ind. 1900, 1095; dagegen: Kühl: Seifensieder-Ztg 1921, 855.

[4] D.R.P. 287241.     [5] Wochenbl. Papierfabr. 1906, 814; vgl. D.R.P. 327685.

[6] D.R.P. 317402 u. 317796.       [7] D.R.P. 388369.

[8] Kobert: Z. angew. Chem. 1913, III, 289.       [9] Vgl. D.R.P. 311139.

[10] Lindner, K.: Z. Text.ind. 1924, 539.

[11] Textilber. 5, 307. — Vgl. R. Jungkunz: Seifensieder-Ztg. 52. 255ff.

netzen, gute Netzer lockern Festteilchen, z. B. Ruß, die dann von dem Schaum eingehüllt und verhindert werden, sich wieder an der zu reinigenden Oberfläche festzusetzen. Da nun in der Praxis kaum nur Öl oder nur Festteilchen, sondern kombiniert fettige Fest-(Schmutz-)teilchen zu beseitigen sind, gelten solche Stoffe als die besten Reinigungsmittel, die in sich die Eigenschaften guter Schäumer (Netzer) und Emulgatoren (Oleophoben) vereinigen und das sind die Seifen.

Man erkennt aus den oben gebrachten Beispielen die Zusammengehörigkeit einer Zahl scheinbar heterogener chemischer Stoffe auf Grund der ihnen gemeinsamen Eigenschaft, die Schaumkraft von Seifenlösungen steigern zu können, was gleichbedeutend ist mit Herabminderung der Oberflächenspannung zwischen Öl und Wasser und Erhöhung der Emulgierbarkeit beider. — Man vermag aber auch noch einen anderen Weg einzuschlagen, der, wie der erste, zwischen chemischen Stoffen und Stoffgemischen von teils unbekanntem chemischem Aufbau auf Grund technisch gleichartiger Verwendungsgebiete Verbindung herbeiführt.

Auch er nimmt seinen Ausgang bei den Zuckern und leitet zu den pflanzlichen Klebstoffen, deren Festsubstanzen sämtlich kolloide, hochviscose, meist schleimige Lösungen von bedeutender schutzkolloidischer, die Bildung von Emulsionen fördernder Wirkung liefern. Die Verwendung der Calcium- oder Alkalisaccharate, erhaltbar z. B. aus Rohrzuckersirup mit Kalkmilch[1] oder Wasserglas[2], als Klebmittel ist altbekannt; ebenso sind die Kleister aus nativer oder aufgeschlossener Stärke, die alkalischen Pflanzenleime und die Dextrine, bis hinunter zum Traubenzucker, durch ihre zum Teil sehr bedeutende Klebkraft ausgezeichnet, eine Eigenschaft, die sie mit Celluloseesterlösungen und den ebenfalls kohlehydratartigen Substanzen teilen, die schon MITSCHERLICH aus der Sulfitablauge abschied[3] und die nach ihm von anderen teils durch Zusätze verschiedener Art verbessert[4], teils als ähnliche Leimstoffe auch aus Strohaufschlußlaugen[5] und Huminen[6] gewonnen wurden. Der Cellulose und Stärke isomer bzw. verwandt sind nun die Pflanzengummen und Pflanzenschleime, beide Sekrete der Zellmembranen, von Art des Gummiarabicums und Tragants, auch des „Physiols‘‘[7] eines zubereiteten Polysaccharides, bzw. die Flechten- und Tangklebschleime wie Carragheen, Seetang, Agar[8], Quitten, Johannisbrot usw. auch Salep,

---

[1] Öster. Pat. Anm. 4127 (1911).    [2] D.R.P. 37074.
[3] Z. angew. Chem. 10, 771; ferner D.R.P. 72362, 81643 u. a.
[4] Z. B. D.R.P. 341690 u. zugehörige; D.R.P. 343954, 316080 Glycyrrhizinzusatz u. a.
[5] D.R.P. 315536.    [6] D.R.P. 342928.
[7] Der Wert dieser Physiole, vermutlich mit Natronlauge gequellter Traganth (H. DORNER), z. B. AI mit rund 4% zuckerartiger Substanz (s. G. u. H. POPP: Allgem. Öl- u. Fett-Ztg 25, 183), als Feinseifenzusatz wird verschieden beurteilt, vgl. K. RIETZ: Seifensieder-Ztg 55, 157, u. H. DORNER: ebd. 55, 222, 231, 241.
[8] Es sei hier erwähnt, daß die Viscosität von wäßrigen Agarlösungen nach Zusatz eines Alkohols beträchtlich erhöht und durch Zufügung von Salz, auch bei Abwesenheit des Alkohols, herabgesetzt wird. Bei Herstellung von Emulsionen mit Agar als Vermittler oder Schutzkolloid kann diese Feststellung gegebenenfalls mit Vorteil verwendet werden. Ref. in Chem. Zentralblatt 1928, I, 1375.

ein Pflanzenschleim, der nicht aus den Membranen, sondern aus dem Innern der Zellen stammt. Besonders wertvoll ist das Schutzkolloid **Gummiarabicum**, für die pharmazeutische Praxis zur Erzeugung haltbarer, wasserhaltiger Salben, zum Schutze der Präparate für Sauerstoffbäder oder der Schaum- und Waschmittel aus Zuckerarten. Eine absolut beständige Emulsion erhält man z. B. durch Verreiben von 1 Teil Gummiarabicum mit 2 Teilen Öl, allmähliches Zusetzen von 1 Teil Wasser und schließliches Verdünnen mit 2 Teilen Wasser unter starkem Rühren. Emulsionstechnisch haben neben dem Gummiarabicum besonders Interesse die aus den Tangarten abgeschiedenen sog. Norgine[1], weil sie seifenartige Alkalisalze der Tang- und Algin-(Laminar-)säuren sind und deshalb nicht nur als kolloide, sondern auch als weitergehend emulsionsfördende Zusätze Verwendung finden können. So dienen Seetangextrakte als Emulgatoren für fettfreie kosmetische Hautcremepräparate, Malerfarbenbindemittel[2] usw., vor allem aber als Schaumerzeuger[3] — diese Klebgummen leiten somit zu dem Punkte zurück, von dem unsere Vergleiche ausgingen.

## Alkohole, Phenole, Naphthole.

Emulgatoren sind nur die höheren Alkohole (s. jedoch S. 48), diese allerdings in hervorragendem Maße, so vor allem die Wachsalkohole vom Typus des Cholesterins (s. S. 184), ferner auch die in Wasser ebenfalls nicht oder schwer löslichen Körper von Art des Benzyl- oder n-Butylalkohols, allein oder zusammen mit den Seifen von Fett-, Sulfofett-, Sulfonaphthen-, aromatischen oder hydroaromatischen Sulfosäuren, z. B. mit Tallölfettsäurenatronseife, oder dem Alkalisalz der Butylnaphthalinsulfosäure. So entstehen z. B. klare haltbare Emulsionen aus Ölsäure (10), konzentrierter Kalilauge (3,0), Benzylalkohol (25), Trichloräthylen (5) und Tetrahydronaphthalin (40) oder aus 60 Tallölfettsäure, 15 Solventnaphtha und 16 konzentrierter Kalilauge[4]. Auch der in seiner Wirkung als Schutzkolloid für die Stabilisierung von dispersen Systemen verschiedener Dispersionsgrade bekannte polymerisierte Vinylalkohol sei hier genannt[5], vor allem aber das Cyclohexanol (Hexahydrophenol, Hexalin, Naphthenol), das die Eigenschaften des hydroxylierten aromatischen Kohlenwasserstoffes mit jenen der den Fettkörpern gleichenden hydroaromatischen Verbindungen von Art der Naphthene in sich vereinigt. Hexalin verhält sich zur einfachsten Naphthensäure (s. Formel S. 32 und S. 41) wie Phenol zur Benzoesäure (s. S. 35), woraus allein die Bedeutung des Cyclohexanols für die Emulsionstechnik hervorgeht.

Die Hydroxyl im Kern tragenden aromatischen Phenolkörper lassen sich wie Alkohole mit Säuren verestern, besitzen jedoch selbst auch Säurecharakter, da sie mit Alkalien Phenolate, R . ONa, von zum Teil recht großer Beständigkeit bilden. Für die allgemeine Emulsionstechnik kommen sie jedoch, trotz dieser Fähigkeit seifenartige

---

[1] Schmidt, E.: Chem.-Ztg **36**, 1149.   [2] Norw. Pat. 30 920.
[3] D.R.P. 328 631.   [4] Engl. Pat. 266 746 (1927).   [5] D.R.P. 451 113.

wäßrig-alkalische Lösungen bzw. milchige Trübungen liefern zu können, als Emulgatoren kaum in Betracht und zwar in erster Linie deshalb, weil aus wirtschaftlichen Gründen nur die niedersten Glieder Phenol, die Kresole und die beiden Naphthole angewendet werden könnten und diese wieder ausgeprägten anhaftenden Eigengeruch besitzen, der die allgemeine Verwendbarkeit solcher dann ebenfalls riechenden Emulsionen ausschließt. Die höheren Phenole wirken hingegen in dem Maße steigend emulsionszerstörend, als sie mit der Zunahme der Hydroxylgruppen immer saurer werden[1]. Bedeutung besitzen die Phenole als Emulgatoren demnach nur für die Erzeugung der Desinfektionsmittel und mancher medizinischer und kosmetischer Seifen, aber auch auf diesem Gebiete verlieren die Oxybenzole und -naphthaline in dem Maße an Boden, als geruchlose Desinfektionsmittel von überdies größerer Wirksamkeit aufkommen und als die Verbraucher allmählich einsehen, was man in Fachkreisen längst weiß, daß nämlich Desinfektionswirkung mit Geruchübertäubung nichts zu tun hat und den Carbol- oder Teerseifen keine besonders ausgeprägte keimtötende Kraft zukommt.

Die ehemals viel verwendeten Desinfektionsemulsionen von Art des **Lysols, Solveols, Solutols** usw. waren Lösungen von Phenolen oder Kresolen in Natronlauge oder Seifenlösungen, die in anderen Präparaten oft Zusätze von Teer- oder Mineralölen enthielten. Diese und ähnliche mit den wesentlich wirksameren Chlorphenolen und -kresolen angesetzten haltbaren Emulsionen geben zum Gebrauch mit Wasser verdünnt milchige Flüssigkeiten, die bei richtiger Bereitung ebenfalls nicht aufrahmen sollen; die meisten Präparate dieser Art schieden jedoch die Wertbestandteile bald aus oder man mußte ihnen von vornherein einen starken Alkali- oder Seifenüberschuß einverleiben, der entweder die praktische Verwendung der Desinfektionsmittel z. B. zur Behandlung von Bettzeug u. dgl. ausschloß, oder die Wirksamkeit des Phenolkörpers stark herabsetzte. Für die allgemeine Emulsionstechnik spielen demnach, wie gesagt, die Phenole als solche kaum eine Rolle, wohl aber ist die saure Hydroxylgruppe in emulsionstechnischer Hinsicht dem Carboxyl und dem Sulfonrest gleichwertig als Seifenbildner in den Oxycarbon- und Oxysulfonsäuren der aromatischen bzw. aliphatischen Reihe.

## Oxycarbonsäuren und Sulfonsäuren.

Auf die schaumkrafterhöhende Wirkung der **Oxycarbonsäuren** und ihrer Salze, z. B. der Milch- und Glykolsäure in Form der Lactate und Glykolate, wurde bereits im Kapitel über Pflanzensäuren hingewiesen. Es ist ferner kennzeichnend, daß Gemische von Oxysäuren mit Kieselgallerten deren Verwendung als schäumende Waschmittel ermöglicht[2], wie auch zweibasische Säuren vom Typus der Malonsäure mit einer Bariumchlorid-Glycerinlösung seifenartige Gallerten geben[3].

Die **salzbildende Sulfogruppe** $-SO_3H$ verhält sich auch in manch anderer Hinsicht wie die Carboxylgruppe, verstärkt ihre Wirkung durch

---

[1] Vgl. B. Mead u. J. McCoy: Ref. in Chem. Zentralblatt 1928, II, 860.
[2] D.R.P. 322088.     [3] Flade: Z. angew. Chem. 1913, III, 589.

Erhöhung der Acidität des Moleküls, z. B. der Gallensäuren (Taurin bzw. Taurocholsäure, s. oben), und trägt zur Steigerung seiner Wasserlöslichkeit bei. Durch Sulfonierung von Mineralöldestillaten mit rauchender Schwefelsäure in der Wärme vermag man das völlig wasserunlösliche Rohmaterial in ein sulfoniertes Produkt überzuführen, das nach Entfernung des Säureteers durch Behandlung mit Natronlauge ein helles blankes Öl von hoher Viscosität und völlig gleichmäßiger Verteilbarkeit in wäßrigen Lösungen liefert[1]. Auch die Sulfonierung von Knochen- und Klauenöl führt zu hervorragenden in der Gerbereitechnik als Dégrasersatz verwendeten mit Wasser emulgierbaren Emulgatoren[2]; s. unten.

Die Herbeiführung oder Erhöhung der Wasserlöslichkeit von Mineralölen (Pflanzen- oder Tierfetten) kann jedoch auch zum Nachteil werden, insofern als die entstehenden Sulfonsäuren Stoffe, die sonst aus Emulsionen leicht entfernbar wären, in Lösung halten und zur Unentwirrbarkeit von Substanzgemischen auch zur Bildung kaum scheidbarer Säureharzemulsionen beitragen. Wenn man z. B. russische Kerosinsäuren, die mit etwa 0,5% monohydratischer Schwefelsäure raffiniert werden, nicht vorher von ihrem Gehalt an Naphthensäuren (0,2—0,9%) befreit, ergreift die Sulfonierung nicht nur die zu beseitigenden Asphalte, Basen und aromatischen Kohlenwasserstoffe, sondern auch etwa 30% der Naphthensäuren, und es entstehen übelriechende wertlose Produkte[3]. Auch die dunkel gefärbten Säureharze der Erdöl- und Braunkohlenteerölreinigung, die zu den unerwünschtesten Abfallprodukten der Mineralölindustrie zählen (s. S. 118), sind Sulfonsäuren von an sich wasserunlöslichem Bitumen, das durch die Sulfonierung zum Teil löslich und emulgierbar wird, so daß die berüchtigten Abfallsäureemulsionen entstehen, deren Beseitigung oder Aufarbeitung[4] jahrzehntelang zu den schwierigsten Aufgaben der Erdölindustrie zählte, ähnlich wie jene der Sulfitablauge das Sorgenkind der Celluloseindustrie war[5].

Auch in ihr treten Sulfonsäuren, und zwar jene der Ligninstoffe als Emulsionsbildner auf, die den gesamten Inhalt des Holzes an Harz-, Fett-, Öl- und Proteinstoffen in gewaltigen Flüssigkeitsmengen gelöst und emulgiert halten. MITSCHERLICH bzw. EKMANN stellten einen gewissen Wert dieses aus der Sulfitablauge abgeschiedenen Summenproduktes organischer Stoffe als Gerbmittel für tierische Haut fest, und in der Folge bis zur neuesten Zeit versucht man immer wieder solche und die ähnlich zusammengesetzten Torfaufschlußlaugen mit deren Gehalt an Huminsulfosäuren[6] als Gerbextrakte[7] und ferner auch als

---

[1] D.R.P. 256764 u. 263353.
[2] Seifensieder-Ztg. 1912, 744.
[3] PYHÄLÄ, E.: Petroleum 9, 1506.
[4] Siehe z. B. die Arbeiten von R. A. WISCHIN in Z. angew. Chem. 1900, 507; R. WISPEK, E. A. KOLBE u. a. in Petroleum 1911, 1045; 14, 837 usw.
[5] MÜLLER, W. H. M.: Lit. über Sulfitablauge. Verlag d. Papierztg Berlin.
[6] MOELLER, W.: Collegium 1916, 330, 356.
[7] Siehe z. B. A. STÜTZER: Collegium 1913, 471. — W. MOELLER: ebd. 1914, 152 u. a.

Appretur- und Schlichtemittel[1], allerdings ohne besonderen Erfolg, einzuführen. Er kam erst, als man sich von diesen Stoffgemischen abwandte und in Nachahmung der substantiven Teerfarbstoffe chemische Körper mit sauren Hydroxylgruppen (Phenole, Naphthole) und einem aktiven Carbonyl (eingeführt mit Formaldehyd) synthetisierte, die durch Sulfonierung erhöhte Wasserlöslichkeit und Emulgierbarkeit mit den Fettstoffen der Gerbereitechnik empfingen[2]. Solche aromatische Sulfon- und Oxysulfonsäuren sind zum Teil ebenso hervorragende Emulsionsvermittler, wie manche ähnlich gebaute Kunstharzkombination z. B. von Phenol-, Kresol- oder Naphtholsulfosäuren[3] im ersten Stadium der Bakelitbildung[4], wenn also das Phenol-Formaldehyd-Kondensationsprodukt noch flüssig und löslich ist (Bakelit A). Derartige Kompositionen wurden sogar als Ersatz für medizinische Grundseifen vorgeschlagen[5]. Doch treten alle diese so erzeugten Emulsionsvermittler an Bedeutung völlig zurück gegenüber 1. jenen Oxysulfonsäuren, die man durch Sulfonierung der Fette und Öle mit ungesättigten **Fett-** und **Oxyfettsäuren** vom Typus des Oliven- bzw. Ricinusöles einzig und allein als Emulgatoren und Ölbeizen (Türkischrotöle) erzeugt und 2. gegenüber den Sulfonsäuren, die man in neuester Zeit in zielbewußter Absicht ihrer Verwendung als Netz- und Durchdringungsmittel von Art der Türkischrotöle und Seifen nach zahlreichen Verfahren herstellt.

## Sulfooxyfettsäuren (Türkischrotöle).

Im Abschnitt über Seifen wurde erwähnt, daß die Alkalisalze der ungesättigten, zum Unterschiede von jenen der gesättigten höheren Fettsäuren wesentlich leichter wasserlöslich sind; Natriumstearat ist in zimmerwarmem Wasser so gut wie unlöslich, Ölsäure-, auch Leinölsäurennatronseifen bleiben hingegen gelöst. In noch höherem Maße gilt dies für die Ricinol- d. i. eine hydroxylierte im Ricinusöl enthaltene Fettsäure. In den Formelbildern wird der durch die verschiedene Konstitution der Säuren verursachte Unterschied klar:

Stearinsäure: $CH_3.(CH_2)_{16}.COOH$, fest, keine Doppelbindung.

Ölsäure: $CH_3.(CH_2)_7.CH{=}CH.(CH_2)_7.COOH$, flüssig, eine Doppelbindung.

Linolsäure: $CH_3.(CH_2)_4.CH{=}CH.CH_2.CH{=}CH.(CH_2)_7.COOH$, trocknend, zwei Doppelbindungen.

Ricinolsäure: $CH_3.(CH_2)_3.CHOH.CH_2.CH{=}CH.(CH_2)_7.COOH$, flüssig, eine Doppelbindung.

Ricinsäure: $CH_3.(CH_2)_5.CHOH.CH_2.CH{=}CH.(CH_2)_7.COOH$, ebenso.

Durch Aufhebung der Doppelbindungen, etwa durch Hydrierung oder Jodanlagerung werden die flüssigen Fettstoffe bekanntlich gehärtet, in Festfette übergeführt. Dasselbe geschieht bis zu einem ge-

---


[1] Z. B. Am. Pat. 1400164.
[2] GRASSER: Synthetische Gerbstoffe, Berlin 1920.
[3] Z. B. Engl. Pat. 153494 (1920).
[4] Vgl. Z. angew. Chem. 25, 1039; 26, 560.
[5] D.R.P. 298302.

wissen Grade bei Anlagerung der Spaltungsstücke der Schwefelsäure
(vgl. S. 103, 107); die bei der Sulfonierung vor sich gehende Haupt-
reaktion ist jedoch die Sulfohydroxylierung, also eine durchgreifende
chemische Veränderung, die bei der Ölsäure im Sinne der Umsetzung

$$R.CH = CH.R' \rightarrow R.CH(OH).CH(SO_3H).R'$$

verläuft, und die auch im gleichen Sinne reine Ricinolsäure in Sulfo-
oxyricinolsäure verwandelt:

$$R.CHOH.CH_2.CH = CH.R' \text{ gibt: } R.CHOH.CH_2.CH(OH).CH(SO_3H).R'.$$

In Wirklichkeit sind jedoch Oliven- und Ricinusöl Gemische, und auch
die technische Sulfonierung ist ein Vorgang, der über die Bildung einheitlicher Stoffe hinausgeht, so daß bei der Behandlung des etwa 35°
warmen Ricinusöles mit 12—33% konzentrierter Schwefelsäure nach
mehreren Stunden ein Summenprodukt entsteht, das zahlreiche
Hydroxyl-, Sulfosäure- und Carboxylgruppen enthält, die sämtlich zur
Natronsalzbildung befähigt sind. Dieses gewaschene und teilweise
mit Natronlauge neutralisierte mit Wasser auf einen Fettgehalt von
etwa 50% eingestellte Produkt ist das Türkischrotöl: Ein System
von Seifen und Seifebildnern, das je nach dem Absättigungsgrade als
Fettstoff, Säure, Alkali, oder Salz (Seife) wirken kann und völlig klar
oder milchig opalescierend in Wasser löslich, auf jeden Fall jedoch aus
Geweben restlos auswaschbar ist. Auf diesen Eigenschaften, ferner auf
der Fähigkeit nasse Gewebe ganz zu durchdringen, trockene Fasern
benetzbar zu machen, mit verschiedenen chemischen Agentien unlösliche Verbindungen einzugehen und diese auf der Faser zu befestigen,
beruht die Bedeutung des Türkischrotöles nicht nur als Beize für Färberei, Zeugdruck (insbesondere für Bildung der Tonerde-Alizarinlacke)
und Appreturtechnik, sondern in erster Linie als überragender
Emulsionsvermittler.
Wie aus den Formelbildern hervorgeht, enthält die Ricinol- zum
Unterschiede von der Ölsäure von Natur aus eine alkoholische Hydroxylgruppe, auch sind die Reste „R" im Aufbau verschieden, so daß
auch die Sulfonierungsprodukte der beiden Säuren wesentliche Unterschiede zeigen, die besonders darin zutage treten, daß man mit Öl-
säurebeize das berühmte Alizarintürkischrot nicht in gleicher Schön-
heit erzielen kann. Die aus den verschiedensten pflanzlichen und tierischen Ölen und Fetten, z. B. auch aus Tran, ferner aus Harzen und
Harzsäuren erzeugten Türkischrotöl-Ersatzprodukte sind jedoch deshalb für die Technik der Emulsionen durchaus nicht minderwertiger,
sondern es ist eher das Gegenteil der Fall. Vor allem sind sie billiger
als echtes Türkischrotöl, dann aber auch vielseitiger, weil die Verschiedenheit der Ausgangsfettstoffe die Erzeugung von Sulfonierungspro-
dukten ermöglicht, die in ihren Eigenschaften zum Teil recht erhebliche,
zur Herstellung von Emulsionen fallweise erwünschte Abweichungen
zeigen.
Von allen sulfonierten Ölen leiten sich nun andere Erzeugnisse ab,
denen andere oder die Eigenschaften der Türkischrotöle in nach dieser
oder jener Richtung verändertem Maße, verstärkt oder gemindert,

zukommen. Zu nennen wären, in erster Linie die Monopolseife, d. i. mit Natronlauge nicht nur zum Teil (s. oben) neutralisiertes, sondern mit ihr verkochtes Türkischrotöl, bei dessen Gewinnung man überdies mit größeren Schwefelsäuremengen arbeitet. Ferner die Universalöle, die man durch abermalige Sulfonierung von Gemischen der normalen Türkischrotöle mit Ricinus- oder einem anderen Öl im Verhältnis 3 : 1 bis 1 : 3 und folgende Neutralisation mit Lauge erhält. Diese und viele andere Erzeugnisse, die als Thiol, Monopolöl, Monsolvol oder unter anderen Phantasienamen im Handel sind oder waren, zeigen sämtlich die Türkischrotöleigenschaft der seifenartigen Beschaffenheit und Emulgierbarkeit mit wäßrigen oder öligen oder Stoffen beider Reihen. Manche sind ferner unempfindlich gegen den Kalkgehalt harten Wassers, andere vertragen sogar andauerndes Kochen mit verdünnten Säuren ohne — innerhalb gewisser Grenzen — zerstört zu werden. Allen diesen Produkten gemeinsam ist jedoch die wichtige Eigenschaft, daß sie nicht wie die gewöhnlichen Seifen in wäßriger Lösung dissoziieren (s. S. 37), also in freie Fettsäure bzw. saure Seife und freies Alkali zerfallen, sondern im Verbande bleiben[1], was für die Industrien der Textilöle, z. B. bei deren Anwendung auf gefärbte Gewebe, sehr wesentlich ist. Schließlich sind die Türkischrotöle und ihre Abkömmlinge befähigt, Mineralöle und andere Kohlenwasserstoffe und wasserunlösliche organische Stoffe unentmischbar mit sich und anderen wäßrigen und öligen Substanzen zu emulgieren und ihre eigenen Eigenschaften ganz oder zum Teil auf diese wasserunlöslichen Kohlenwasserstoffe, z. B. Benzin, auch Tetrachlorkohlenstoff, Benzol, Terpentinöl usw. zu übertragen. Eine Türkischrotöl-Benzinemulsion ist demnach gleichzeitig Seife und Fettlösungsmittel und dennoch mit Wasser aus Geweben auswaschbar, demnach ein hervorragendes Wasch- und Fleckenreinigungsmittel. Die Sulfonierung der Öle liefert somit die wichtigsten Vermittler für die Technik der Emulsionen, sie hat zahlreiche kleine und mittlere Industrien geschaffen und viele Großbetriebe gefördert.

### Aromatische Sulfooxysäuren. (Neuzeitliche Netzmittel.)

Es ist nun bemerkenswert, daß, wohl im Zusammenhange mit der Vertiefung unserer Erkenntnisse über die Theorie und Praxis der Emulsions- und vor allem der Benetzungsvorgänge, in den letzten Jahren zahlreiche Verfahren bekannt geworden sind, deren Ziel es insbesondere ist, neue Netzmittel für die Färbereitechnik zu erzeugen, die, wie es in den Patentschriften oft recht summarisch heißt: zugleich Reinigungs-, Fettspaltungs-, Schädlingsvertilgungs-, Emulgierpräparate usw. sein sollen. Vorwiegend sind diese Erzeugnisse Sulfosäuren, und zwar zum Teil natürlicher Mineral-, Teer-, Tier- und Pflanzenöle und ihrer Gemische, zum Teil aber sulfonierte Zwischenprodukte der Teerfarbstoffindustrie, namentlich besonderer neuartiger Naphthalinderivate mit Alkylseitenketten von sonst ungewohnter Art, wie Amyl, Isopropyl, Dibutyl u. dgl. Es wird also offenbar Vergrößerung des

---

[1] Vgl. J. GÄRTH, Seifenfabr. 1911, 358.

Moleküls und seine Anreicherung mit Kohlenstoff-Wasserstoffketten bis zum Umfange und Inhalt des Stearinsäuremoleküls und darüber hinaus angestrebt, es wird, kurz gesagt, versucht, Körper zu erzeugen, die in sich die Eigenschaften von aliphatischen (höheren Fettsäuren), aromatischen (Synthane, Bakelit-A-Produkte) und zum Teil auch hydroaromatischen (Naphthensäuren) Stoffen vereinigen. In der Einführung solcher Netz- und Emulgiermittel, die je nach der Arbeitsweise den Charakter des Türkischrotöles, der Stearin- und Ölsäure, des Twitchellreaktivs (s. S. 101). mancher Kunstharzbildungsgemische und synthetischer Gerbstoffe zeigen, mehr oder minder gemildert oder gesteigert, namentlich was die Salzbildungsfähigkeit betrifft, kann man einen bedeutenden Fortschritt der Emulsionstechnik erblicken.

Zunächst begann auf diesem neuen Gebiete, wie auf jedem, das irgendwie plötzlich bedeutende Förderung erfährt (man denke an die ersten Jahre der Schwefelfarbstoff- oder Kunstharzindustrie), die Jagd nach möglichst alle Körper einer Reihe umfassenden Patenten, deren Inhalt in einer unübersehbaren Fülle neuer Stoffe die wenigen verborgen enthält, die Wert besitzen. Dieser wirksamen, ebenso bewußten wie gebotenen Verschleierung verschwistert ist die Empirie hinsichtlich der Anwendung der Präparate. Versuche, die an Netzmittel zu stellenden Anforderungen zu normieren, liegen zwar bereits vor. So besitzt z. B. nach der Angabe in einer Patentschrift[1] eine Sulfosäure dann „hohe" Netzwirkung, wenn die 0,5proz. Lösung ihres Natronsalzes rohes Pflanzen- oder tierisches Gewebe im Verlauf einer Stunde völlig durchfeuchtet. Aber erst in den Arbeiten der jüngsten Zeit (s. S. 314) finden sich bemerkenswerte Fortschritte in den Versuchen, die Erzeugnisse nach ihrer Wirkung zu ordnen und zu beurteilen.

Von den Sulfosäuren natürlicher Rohstoffe kann man absehen. Seit es einen Säureteer der Erdölraffination gibt, weiß man, daß sulfonierte Asphalte[2], Naphthensäuren[3] (s. auch S. 41), Mineral- (Solar-, Gelb-, Gas-, Paraffinöl) und Teeröle[4] ausgezeichnete Emulgiermittel sind und daß demnach auch durch Sulfonierung ihrer Gemische mit Benzol, Solventnaphtha, Tetralin u. a. aromatischen und hydroaromatischen Kohlenwasserstoffen[5] ebenso wirksame Emulgatoren von hoher Schaumkraft und Netzwirkung entstehen müssen, wie wenn man die Neutralöle des Urteers[6] oder die sauren Bestandteile hochmolekularer aromatischer Kohlenwasserstoffe[7] sulfoniert. Dasselbe gilt, zum Teil in noch höherem Maße, von den Sulfonsäuren der harz- oder pechartigen Rückstände von der Naphthol-, Anthracen- oder Phenolkunstharzgewinnung[8], von den Tallölsulfosäuren (S. 268) u. a.

Größeres Interesse löst eine weitere Reihe solcher Emulgier-, Netz- und Reinigungsmittel aus, die zum Teil auch als Fettspalter und Seifen-

---

[1] Engl. Pat. 280110 (1926).
[2] Am. Pat. 1524859; s. a. die Literaturangaben auf den folgenden Seiten.
[3] P. SAZANOFF u. B. MILNIKOFF, Textber. Bd. 8, S. 361.
[4] Engl. Pat. 269942 (1927), 270333—334 (1926), 279990 (1926).
[5] Engl. Pat. 271474 (1927). [6] D.R.P. 445645. [7] D.R.P. 386297 u. 458250.
[8] D.R.P. 407576.

rohstoffe dienen können, und durch Sulfonierung trocknender oder halbtrocknender Fettstoffe (Leinöl, Tran, Ricinus-, Sojaöl) in Gegenwart von höchstens 15% Benzol u. dgl. mit höchstens 15% Schwefelsäure entstehen. Man erhält teilweise polymerisierte nichttrocknende Fettstoffsulfosäuren, die, z. B. mit Twitschellreaktiv oder analogen Produkten gespalten, die gewünschten Fettsäuresulfosäuren, also chemische Körper, geben, die ihrerseits im Molekül Carboxyl- und Sulfogruppen enthalten und dementsprechend auch Fettsäureseifen-Sulfosäurealkalisalze bilden, die demnach für jene Zwecke hervorragend geeignet sind[1]. Wichtig sind diese sulfonierten Öle namentlich als Zusatz oder Beimischung zu gewöhnlichen und Textilwaschseifen zur Bindung der Härtebildner des Waschwassers[2]. Solche Präparate kommen z. B. als ,,Hydrosan" in den Handel. Auch durch Sulfonierung von Stearin- (Dioxystearin-[3]), Palmitin-, Ölsäure (oder wohl auch der natürlichen Fettstoffe z. B. des Talges) evtl. bei Gegenwart von Tetra oder einem anderen Verdünnungsmittel[4] erhält man, wie aus jenen oben genannten Mineral- und Teerölkohlenwasserstoffen Säuren, deren Natronsalze (Seifen), z. B. mit Alkohol und Anilin oder Chlorbenzol[5] emulgiert, Anwendung in der Textil-, Leder- und Farbenindustrie finden sollen. Solche Emulsionen z. B. von Fettstoffsulfosäuren mit Tetralin sind wegen ihrer Beständigkeit gegen hartes Wasser in neutralisierter wäßrigmilchiger Verdünnung als Emulgier-, Benetzungs- und Entfettungsmittel hervorragend brauchbar[6].

Man erblickt in diesem Verfahren bereits das oben genannte Ziel in dem Streben, die Eigenschaften zweier hervorragender Emulgiermittel in einer Substanz zu vereinigen. In origineller Weise geschieht dies durch Kombination der Herstellung türkischrotöl- mit jener der reaktivartigen Produkte, in der Weise, daß man ein Gemisch z. B. von Ricinus-(Lein-, Hanf-)öl und Naphthalin (Anthracen, Phenanthren) bei Gegenwart von verdünnenden Lösungsmitteln (Benzol, Tetralin, Hexalin usw.) unter Kühlung und folgender Warmstellung sulfoniert, sodann einen Twitchellspalter zusetzt und nun durch Dampfeinleiten die Spaltung jenes Fettstoffes herbeiführt. Nach Abdestillieren der verdünnenden unangegriffenen Kohlenwasserstoffe erhält man so eigenartige Produkte, die als Seifenrohstoffe dienen sollen[7].

---

[1] Engl. Pat. 281896 (1927). Sehr ähnlich ist das Verfahren des Franz. Pat. 632738: Türkischrotölkörper aus Ricinusöl durch Sulfonierung in Trichloräthylenlösung.

[2] Engl. Pat. 259437 (1926) u. G. Ullmann, Mell. Textber. 1926, 940ff.

[3] Engl. Pat. 284249 (1927): Schwefelsäureester der Dioxystearinsäure mit sechs und mehr Prozent organisch gebundenerSchwefelsäure und ähnlich hochsulfonierte Stoffe der Fett- und Fettsäurenreihe als Netz- und Emulgiermittel. — Die Sulfonierung der Stearinsäure selbst, jedoch mit der doppelten Menge Schwefelsäure von 20% Anhydridgehalt in Benzollösung soll zu besonders wirksamen in Wasser, Benzol und Benzin löslichen Reinigungs- und Emulgiermitteln führen [Engl. Pat. 289934 (1927)].

[4] Franz. Pat. 632155.    [5] Franz. Pat. 633661.

[6] Schweiz. Pat. 111767 u. 119114; vgl. 119219: Fettstoffsulfosäuren-Bitumenemulsion.

[7] Franz. Pat. 628244.

Neuartig sind jedoch erst die Emulgatoren, Lösungsvermittler und Reinigungsmittel, die wohl auf Grund der Erkenntnis entstanden sind, daß sich Benzylaniline und Naphthylamine nebst ihren Salzen hervorragend dazu eignen, wasserunlösliche Alkohole, z. B. Amylalkohol oder Cyclohexanol, sogar im Gemisch mit Benzin, Tetra, Tetralin u. a. organischen Lösungsmitteln, in klar-wäßrige Lösung überzuführen[1]. Auch andere organische Abkömmlinge des Ammoniaks treten in neuerer Zeit als Emulgier- und Netzmittel in den Vordergrund. Nach persönlicher, bereits 20 Jahre zurückliegender Erfahrung ist eines der besten, wenn auch nicht patentierten, Netzmittel für Baumwolle vor dem Eingehen in Schwefelfarbstofflotten Anilinwasser, das man bei der Dampfdestillation des Anilins oder durch Schütteln der Base mit Wasser erhält. Später kamen dann die Anilide der höheren Fettsäuren (s. Stearinsäureanilid), ferner das wegen seines anhaftenden Eigengeruches praktisch jedoch kaum brauchbare Pyridin und jetzt auch noch die Alkylamine hinzu. Normales Butylamin soll z. B. in einem Azofarbstofffärbebade die vierfache Netzwirkung des Pyridins ausüben[2].

Ähnlich wirken nun auch die wasserlöslichen Salze hydroaromatischer, insbesondere mehrkerniger, mit Alkylresten der gleichen Art substituierter Carbonsäuren, z. B. Butyltetrahydronaphthalincarbonsäure, mit dessen Hilfe man Tetralin oder Kienöl in verdünnter wäßriger Lauge klar zu lösen vermag[3]. Ferner solche aromatische Sulfosäuren, die im Kern mindestens eine Alkyl- und eine Nitro-, Amino- oder Hydroxylgruppe enthalten, den synthetischen Gerbstoffen dieser Art jedoch fernstehen. Diese Stoffe vom Typus der Diäthylmetanil- oder N-Diamylnaphthylaminsulfosäure sind zum Teil auch hervorragende Schaumbildner von Art gewöhnlicher Seifen[4], in Mischung oder Emulsion mit Seife, Türkischrotöl, auch Sulfitablauge und evtl. noch mit organischen Lösungsmitteln (Benzin, Cyclohexanol u. a.) ganz besonders wertvolle Wasch- und Reinigungsmittel[5]. Weiter gehören hierher propylierte oder butylierte Naphthalin- auch Dialkylanilin- oder andere aromatische alkylierte Sulfosäuren und ihre Salze. In der wäßrigen Lösung von sogar mehr als 5% Kochsalz, Kaliumchlorid, Salmiak u. dgl. Salzen[6] (also in Farbflotten) vermitteln sie die leichte Emulgierbarkeit von Fettstoffen, Kohlenwasserstoffen und organischen Lösungsmitteln mit Wasser; ähnlich wirken auch die mit Vermeidung von Wasseraustritt aus aromatischen Kohlenwasserstoffen (und ihren Sulfosäuren) und Olefinen nebst ihren Abkömmlingen (z. B. Propylen) erhaltenen Kondensationsprodukte[7].

Andere kompliziert gebaute und zusammengesetzte Emulgiermittel dieser Art zur Herstellung von Reinigungs-, Schädlingsvertilgungs-, Holzschutz-, Desinfektionsmitteln u. dgl. bestehen aus einem in Wasser unlöslichen höheren Alkohol, z. B. Cyclohexanol, in wäßriger oder Seifenlösung emulgiert mit dem Natronsalz der Tetrahydronaphthalin-

---

[1] D.R.P. 433 732.   [2] D.R.P. 444 966.   [3] Vgl. Engl. Pat. 264 800 (1927).
[4] Engl. Pat. 252 392 (1926).   [5] Engl. Pat. 280 110 (1926).
[6] Engl. Pat. 261 720 (1926).   [7] Engl. Pat. 263 873 (1926).

2-sulfosäure[1]. So ist z. B. völlig und in jedem Verhältnis in Wasser oder Seifenlauge klar löslich ein durch hohe Netzwirkung und Emulgierkraft ausgezeichnetes Gemisch von 4 Cyclohexanol, 2,25 Naphthalin- und 0,75 Tetrahydronaphthalinsulfosäure nebst 3 Wasser und der nötigen Alkalimenge[2]. Jedenfalls erfährt die Fähigkeit von Sulfosäuren der aromatischen Reihe als Emulgiermittel aufzutreten beträchtliche Steigerung, wenn man sie durch Kondensation mit höheren Alkoholen fettstoffähnlicher macht, so daß ihre Salze die Kennzeichen von Fettsäureseifen erhalten. Diese evtl. weiter mit Aldehyden zu kondensierenden Säuren, z. B. die Butyl-, Isopropyl- oder Diamylnaphthalinsulfosäure oder auch Fettsäureabkömmlinge dieser Art, z. B. Stearinsäureanilidsulfosäure, vermögen dann, gleich Fett- oder Harzsäureseifen, in Wasser unlösliche, in organischen Lösungsmitteln gelöste Stoffe wie Kautschuk, Harze, Celluloseester, Farbstoffe u. dgl. mit Wasser in haltbare Emulsion überzuführen[3]. Ähnliche Produkte von hoher reinigender Kraft erhält man aus Petroleum durch Emulgierung mit den Kondensationsprodukten von Naphthalinsulfosäuren und Alkoholen oder Aldehyden, deren Molekül mehr als 5 bzw. 2 Kohlenstoffatome enthält. Die so erhaltenen Amyl- oder Hexyl- auch Cyclohexylnaphthalinsulfosäuren sind auch als Emulgiermittel, Bohr- und Spinnöle verwendbar[4]. Ferner gehören zu diesen Emulgiermitteln die Sulfonierungsprodukte der Gemische von Mineralölfraktionen mit Isopropyl-, Benzyl-, Isobutylalkohol u. dgl. Die Erzeugnisse, die man auch durch Kondensation der primär hergestellten Mineralölsulfosäuren mit einem solchen Alkohol darstellen kann, sollen sich durch ihre hohe Netz- und Emulgierfähigkeit auszeichnen und wegen dieser Eigenschaft zum Entfetten der Wolle dienen oder Bleich-, Färbebädern, Druckpasten, Tränkungsflotten für Filtertücher usw. zugesetzt werden[5].

Den gleichen Zwecken dienen die Sulfonsäuren von Kohlenwasserstoffen (Cymol, Solventnaphtha, Tetralin), Fett-, Harz- oder Naphthensäuren und von Alkyl- oder Dialkylnaphthalinen der oben genannten Art (z. B. Isopropylbenzyl-, Cyclohexylbutylnaphthalin[6]), oder die Sulfosäuren von Halogenabkömmlingen jener Körper, auch von einfacherem Bau, z. B. Benzylsulfanilsäure, Chlortoluolsulfosäure usw. Diese Substanzen, die fettspaltende, jedoch nicht, nach Art der zum Teil analog gebauten Synthane, gerbende Wirkung besitzen, geben mit Olein, Tran oder anderen Fettstoffen mit oder ohne Zusatz von Alkohol und Ammoniak sehr haltbare zum Walken der Wolle, Fetten des Leders, Anteigen von Farbstoffen usw. hervorragend geeignete Emulsionen[7]. Weitere Glieder dieser unabsehbaren Reihe sulfonierter organischer Körper erhält man durch gleichzeitige Kondensation und Sulfonierung von Kohlenwasserstoffen (Naphthalin, Anthracen, Tetralin und ihrer Abkömmlinge) im Gemisch mit Essig-, Butter-, Milch- oder einer anderen niedermolekularen Fett- oder Oxyfettsäure, z. B. durch Kondensation

---

[1] D.R.P. 371293.    [2] Engl. Pat. 285174 (1926).
[3] Engl. Pat. 264800 (1927).
[4] Engl. Pat. 277277 (1926) u. 277391 (1926).
[5] Engl. Pat. 274611.    [6] D.R.P. 407240.    [7] Franz. Pat. 613154.

der aus Naphthalin, Isopropylalkohol und Schwefelsäure erhaltbaren Diisopropylnaphthalinsulfonsäure mit Eisessig mittels Chlorsulfonsäure[1]. Schließlich sind auch Gemische von organischen Sulfosäuren und alkylierter Cellulose als Emulgierungsmittel geeignet[2].

Wenn nun noch berücksichtigt wird, daß man bei der Herstellung dieser neuartigen Emulgiermittel auch von den Abkömmlingen der Grundkörper ausgehen kann, daß sogar solche Alkylnaphthalinsulfosäuren als Netzmittel noch wirksamer werden, wenn man bei ihrer Herstellung z. B. von chloriertem Naphthalin ausgeht, also etwa 1-Chlornaphthalin mit Isopropylalkohol kondensiert und das Produkt sulfoniert[3], wird es klar, daß sich hier der Emulsionstechnik ein völlig neues Gebiet eröffnet hat, nämlich die Möglichkeit, aus einer Zahl stets einheitlich erzeugbarer Sulfosäuren von Fettsäurecharakter für bestimmte Zwecke wählen und Salze, „Kunstseifen", von bestimmten Eigenschaften erzeugen zu können. Welche der zahllosen Körper wirklich fabriziert werden, ob sich die Produkte für die genannten und andere[4] Zwecke eignen, wie es mit der Wirtschaftlichkeit der Herstellung und Anwendung der Erzeugnisse aussieht, läßt sich nicht beurteilen; für die allgemeine Emulsionstechnik bedeuten die Verfahren jedenfalls die Erweiterung des Arbeitsgebietes.

Sehr bemerkenswert ist die Feststellung, daß außer den Sulfosäuren auch andere Stoffe saurer Natur, so die sauren Arylester der Phosphorsäure zu den Emulsionsvermittlern zählen und geeignet sind Fettstoffe, höhere Alkohole, aromatische Basen, Farbstoffe, Kohlenwasserstoffe mit wäßrigen Lösungen zu emulgieren, namentlich, wenn man überdies noch Seifen, Sulfosäuren, deren Salze oder andere bekannte Emulgiermittel zusetzt[5]. So wählt man z. B. zur Emulgierung phenolhydroxylfreier Alkohole, Ketone, Basen oder Säuren, auch Farbstoffe, z. B. Cyclohexanon, Anilin, Indanthrenblau-RS-paste usw., Mononatriumphosphorsäuredikresylester in 10—20proz. wäßriger Lösung, evtl. unter Zusatz bekannter emulgierender Stoffe (Türkischrotöl, Seife) als Emulgiermittel[6]. Diese Emulgatoren bilden nur scheinbar eine Ausnahme von der Regel, daß lediglich Körper mit salzbildenden

---

[1] Engl. Pat. 283864 (1928).

[2] Engl. Pat. 268387 (1927). — S. a. Franz. Pat. 636817: Sulfonierung eines Gemisches von Ölsäure und Phenol mittels rauchender Schwefelsäure; Franz. Pat. 636586: Sulfonierung von Ricinusöl in Eisessiglösung; Engl. Pat. 288126—127: ebenso von Ricinusöl und Essigsäureanhydrid mittels Chlorsulfonsäure usw. — sämtlich Präparate, die als Wasch-, Reinigungs-, Emulgier-, Netzmittel u. dgl. dienen sollen.

[3] Engl. Pat. 278752.

[4] Diese chemischen Körper von fettsäure- bzw. seifenartiger Beschaffenheit (z. B. der Isopropylalkohol-2-naphthalinsulfosäureester) und ihre Alkalisalze sollen insekticide Eigenschaften besitzen; sie wurden in 0,5proz. wäßriger Lösung zur Schädlingsvertilgung vorgeschlagen. (D.R.P. 407240). — Ferner soll man sich der Sulfosäuren als Vermittler u. a. auch bei der Herstellung von Emulsionen für organische Synthesen bedienen können. So sollen z. B. Kohlenwasserstoffe zur Oxydation zu Fettsäuren in Form solcher wäßriger Emulsion der Wirkung des Luftsauerstoffes ausgesetzt werden. (D.R.P. 377815.)

[5] Engl. Pat. 267534 (1927).      [6] Am. Pat. 1652016.

Gruppen die Bildung von Emulsionen zu vermitteln vermögen, da die Ester $PO(ONa)(O\ Kresolrest)_2$ in wäßriger Lösung ionisiert als $NaOH + PO_4H_3 + Kresol\ (C_6H_4.CH_3.OH)$ wirken.

Wieder in andere Gebiete reichen die Emulgatoren aus etwa nach Art der Vasogenbereitung (s. S. 179) erzeugten oxydierten Paraffinen[1], die etwa 50% Unverseifbares enthalten und mit der Hälfte der auf den verseifbaren Anteil berechneten Menge etwa 8 proz. Natronlauge im Wasserbade verschmolzen, eine zunächst schäumende, dann klar werdende Schmelze liefern. Ein solches Produkt ist nicht nur für sich in warmem Wasser völlig löslich, sondern es vermag auch wasserunlösliche chemische Körper, z. B. Kohlenwasserstoffe oder Schwefel, in solche Lösungen mitzunehmen[2]. Hierher zählen auch die aus dem gleichen Rohstoff (oxydiertem Paraffin mit 45% Unverseifbarem) durch Druckverseifung mit Soda oder Ammoniak erhaltenen Emulgiermittel[3]. Wahrscheinlich sind auch die als hervorragende Emulgatoren erkannten zähflüssigen im Dampfstrahl zerstäubten Voltol-Schmieröle, als Produkte der Glimmbestrahlung von evtl. mit Pflanzenölen gemischten Mineralölen[4], nichts anderes als oxydierte Kohlenwasserstoffe.

Wie hier die offenbar durch Oxydation entstandenen Carbonsäuren, sind es, nach einem anderen Verfahren[5] der Aufarbeitung von alkalischen Mineralölraffinationsrückständen (Schwefelsäure und folgend mit Lauge) durch Vakuum-Heißdampfdestillation, die im Rückstande verbleibenden Sulfonsäuren bzw. ihre Natronsalze, die als Emulgatoren auftreten. Ferner wären hierher zu zählen die stark wasserhaltigen in Wasser löslichen[6] oder unlöslichen Oxydationsprodukte von Stein- oder Braunkohlen[7], auch huminsäureartige[8] Produkte (z. B. aus mit Salpetersäure oxydiertem Torf), und schließlich sind auch die mit nascierenden Chlor (Hypochlorit und Schwefelsäure) aus Fettsäuren gewonnenen Umwandlungsprodukte[9] pastöse in Wasser bzw. Alkali lösliche Produkte, die mit wasserunlöslichen Stoffen emulgiert (Fette, Öle, Harze, Phenole, Alkohole usw.) als Schmier-, Reinigungs-, Netz-, Riechstoffixiermittel u. dgl. Verwendung finden sollen[10]. So ist z. B. hochchlorierte Tranfettsäure in Form ihrer Alkalisalze (in Tetrachloräthanlösung mit Pottasche oder Soda schütteln) befähigt, Kolloidgraphit (auch Kupferoxyd, andere Metalle und deren Verbindungen, Fettstoffe, Harze, organische Lösungsmittel usw.) durch 60 stündiges Vermahlen (Kugelmühle) in dauernd haltbare emulsionsartige Kolloidsuspensionen überzuführen. Das Mahlgut (20 Wasser, 10 Graphit, 2 Emulgator) wird mit verdünnter Säure gefällt und das Koagulum durch Filtration oder Pressung weitgehend entwässert[11].

Eine besondere Reihe von Emulgiermitteln hydroaromatischer Natur scheint in chemischen Stoffen vorzuliegen, die man durch Trocken-

---

[1] D.R.P. 350621.      [2] D.R.P. 438180.
[3] D.R.P. 438180 u. 445099.      [4] D.R.P. 455324.
[5] D.R.P. 426947.      [6] D.R.P. 352860.
[7] D.R.P. 392901.      [8] D.R.P. 392902.
[9] Die alten D.R.P. 62407, 256856, 258156, 275165—166 u. a.
[10] Franz. Pat. 633922.      [11] D.R.P. 446162.

destillation von Kohle, Teer, Mineralölen u. dgl. im Wasserstoffstrom erhält, also mit Stoffgemischen, die den Produkten der sog. Kohlenverflüssigung zum Teil entsprechen und sich durch ihre Armut an aromatischen und sauerstoffhaltigen Verbindungen auszeichnen. Auch diese Emulgatoren sollen allgemein als Netz-, Lösungs- und Verteilungsvermittler[1], im besonderen als Antiklopfmittel in Motorenbrennstoffgemischen[2] dienen.

Alles in allem wie man sieht, ein zunächst noch wirres Haufwerk, aber eben deshalb ein Beweis dafür, daß durch die nunmehr auch von den Forschungslaboratorien der Industrie in Angriff genommenen Studien über Benetzungs- und Emulgiervorgänge der allgemeinen Technik der Emulsionen neue Bahnen gewiesen werden dürften.

---

[1] Engl. Pat. 261 039 (1926).
[2] Engl. Pat. 259 944 (1926).

# Die Apparate der Emulsionstechnik.

(Bearbeitet in Gemeinschaft mit Dipl.-Ing. **F. Petermann** am Forschungsinstitut für Wasserbau und Wasserkraft e. V., München.)

Die Aufgabe, einen Überblick über die Art der Maschinen zu geben, die zur Erzeugung, Verfeinerung und Zerstörung von Emulsionen dienen, kann nur generell gestellt und gelöst werden. Denn in dem einen Fall genügt ein einfaches Rühr- oder Schüttelwerk, um zwei miteinander nicht mischbare Flüssigkeiten unter Mitwirkung eines Emulgators in den Emulsionsverband zu bringen, im anderen Falle benötigt man besondere Vorrichtungen, um durch intensives Durcheinanderschlagen der Emulsionsbestandteile genügende Stabilität des fertigen Systemes zu erzielen. Es kommt noch hinzu, daß man in ein und derselben Maschine Emulsionen der verschiedensten Art aus allen Bereichen der Industrie zu erzeugen vermag und nur von Fall zu Fall entschieden werden kann, ob sich etwa die vorbildlichen, von der Margarineindustrie gebrauchten Apparate auch zur Herstellung einer Hautcreme- oder Nährmittelemulsion eignen. Wir haben uns daher entschlossen, den maschinellen Teil der Emulgiertechnik in einem Abschnitte zu vereinigen und davon abzusehen, die Anwendungsmöglichkeiten der Apparate anzugeben, so, wie auch die Patentliteratur meist ganz allgemein gefaßt „Verfahren und Vorrichtungen zur Herstellung von Emulsionen" oder „zum Mischen von ineinander nicht löslichen Flüssigkeiten" bringt. Im übrigen herrscht bei den Apparate bauenden Firmen die Gepflogenheit, den Interessenten aufzufordern, ihnen Versuchsmaterial einzusenden und ihre Maschinentypen für den einzelnen Fall zu erproben oder abzuändern, um dem Verbraucher den leistungsfähigsten Apparat liefern zu können. Dies gilt z. B. von

Bergedorfer Eisenwerk A.-G., Bergedorf-Hamburg,

C. Dempewolf, Maschinenfabrik, Braunschweig,

W. Marx & Co., Maschinenfabrik, Halle a. d. S.,

Wilhelm G. Schröder Nfg. A.-G., Lübeck,

Silkeborg Maskinfabrik, Silkeborg, Dänemark,

denen wir auch an dieser Stelle nochmals unseren Dank für die uns zur Verfügung gestellten Apparatzeichnungen Abb. 8, 24, 25, 28, 29, 30, 34, 36, 39, 41, 42, 61 zum Ausdruck bringen.

Eine auch nur annähernd erschöpfende Sammlung des Literatur- und Bildmateriales über Rühr-, Misch-, Schüttel-, Knet-, Emulgier-, Homogenisiermaschinen usw. würde mehrere Bände im vorgeschriebenen Ausmaße des vorliegenden Kompendiums füllen. Wir mußten uns daher darauf beschränken, nur einige Beispiele aus der neueren Patentliteratur zu bringen. Im übrigen sei auf das Spezialschrifttum, insbesondere auf die Bücher über Margarinefabrikation, verwiesen.

Die Maschinen der Emulgiertechnik lassen sich ganz allgemein in drei große Gruppen teilen:

    I. Apparate zur Erzeugung von Emulsionen;
    II. Maschinen zur Homogenisierung (d. h. weitgehenden Haltbarmachung) von Emulsionen;
    III. Einrichtungen zur Zerstörung von Emulsionen.

## I. Maschinen zur Erzeugung von Emulsionen.

Rein maschinentechnisch gesprochen steht man bei der Erzeugung von Emulsionen vor der Aufgabe, zwei oder mehrere Flüssigkeiten, die miteinander keine Lösung bilden, gegebenenfalls unter Mitwirkung

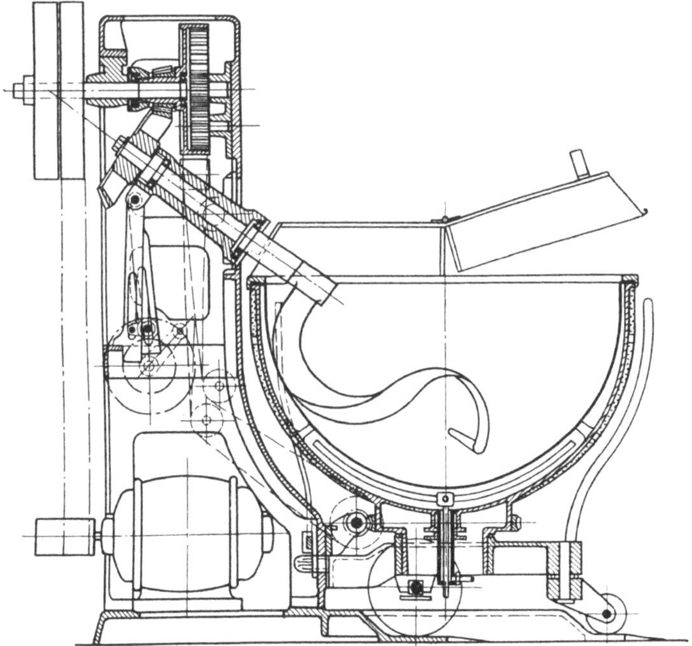

Abb. 8. Misch- und Knetmaschine.

fester pulverförmiger Emulgatoren, möglichst innig zu vermischen. Man wird versuchen, durch Schütteln, Rühren oder — bei teigigen Emulsionen — durch Kneten diese innige Vermengung zu erreichen. Welches von den angeführten Verfahren man anwenden wird, hängt außer von den chemischen und emulgatorischen Eigenschaften der Stoffe von dem Widerstand ab, den die beiden Phasen der Emulgierung entgegensetzen.

Als Beispiel einer Knetvorrichtung sei die von der Firma W. Marx & Co., Halle a. d. S., unter dem Namen „Misch- und Knetmaschine Roland" in den Handel gebrachte Vorrichtung im Bilde dargestellt. Die Abb. 8

zeigt einen Schnitt durch den Apparat. Das eigentliche Mischgefäß ist halbkugelig ausgebildet und wird durch eine Schneckenradanordnung in Rotation versetzt. In dieses Mischgefäß ragt ein schraubenförmig gewundener Rührarm, der zufolge seiner eigenartigen Form immer mit der Wand des Mischgefäßes in Berührung bleibt. Durch diese doppelte Umlaufbewegung wird einmal eine gute Durchmengung der Mischmasse hervorgerufen, zum andern werden durch den jeweils wechselnden Spalt zwischen Rührarm und Wand die dort befindlichen Teilchen einer energischen Zerkleinerung unterzogen.

Beim Schütteln ist die Zerkleinerung der dispersen Phase nur unvollkommen zu erreichen, da die Überwindung der auftretenden Widerstände lediglich durch die wechselnde Eigenbewegung der Flüssigkeiten selbst angestrebt wird. Da sich aber manche Emulsionen am besten durch Schütteln erzeugen lassen, soll eine solche Maschine kurz beschrieben werden.

Das Prinzip der Schüttelmaschinen beruht darauf, daß das Mischgefäß möglichst oft und möglichst rasch aufeinanderfolgend wechselnden Bewegungen ausgesetzt wird. Maschinentechnisch kann man dies dadurch erreichen, daß man die Wirkung eines Exzenters oder einer Taumelscheibe zur Erzeugung dieser Bewegungsänderungen benutzt. Die dadurch oftmalig auftretenden Kraftänderungen werden eine starke Abnutzung der bewegenden Teile zur Folge haben. Sorgfältige Ausführung aller Lager ist deshalb Bedingung. Die Abb. 9 gibt eine Skizze einer solchen Schüttelmaschine: Auf einer senkrechten, durch einen Motor angetriebenen Welle sitzt eine Taumelscheibe $b$. Zwei Schwinghebel $d_1$ und $d_2$ sind bei $e$ drehbar gelagert und tragen Rollen $t_1$ und $t_2$, die auf der Taumelscheibe laufen. Durch die Bewegung dieser Rollen auf der umlaufenden Taumelscheibe entsteht die wechselnde Bewegung jener Hebel, an denen das eigentliche Mischgefäß befestigt ist. Um die Schwingbewegung noch zwangläufiger zu gestalten, sind die beiden Schwinghebel durch einen Ausgleichhebel $f$ und zwei elastische Stangen $g_1$ und $g_2$ miteinander verbunden. Durch Verwendung verschieden geneigter Taumelscheiben ist der Hub der Schüttelbewegung einstellbar, wodurch die Anordnung den jeweiligen Anforderungen angepaßt werden kann (D.R.P. 436189).

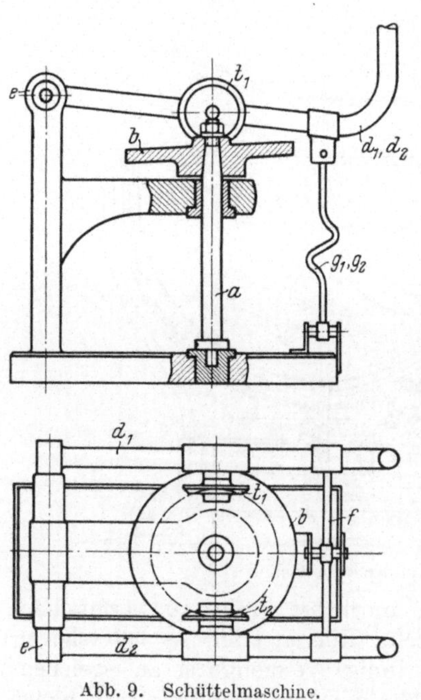

Abb. 9. Schüttelmaschine.

Viel besser und auch schneller wird man zum Ziel kommen, wenn man Rührwerke verwenden kann. Diese arbeiten alle nach demselben Grundgedanken, nämlich durch umlaufende Flügel oder Schaufeln eine gute Durchwirbelung der zu emulgierenden Phasen zu erreichen. Einfache Rührwerke mit nur einem umlaufenden Flügel bringen wohl die Flüssigkeiten in rotierende Bewegung, doch kann der Fall eintreten, daß einfach die ganze Flüssigkeitsmasse mit dem Flügel umläuft, so daß nur die geringe Reibung der Flüssigkeiten an der Wand des Mischgefäßes wirbelbildend wirkt. Man sucht deshalb nach Einrichtungen, die diese geschlossene umlaufende Bewegung wieder zerstören bzw. verhindern. Man kann z. B. mehrere Flügel verwenden, deren Drehungsebenen zueinander geneigt sind. Die Abb. 10 gibt dafür ein Beispiel: In einem Mischgefäß läuft, durch eine Welle angetrieben, ein mit mehreren Fortsätzen versehener Flügel c um. An diesen Fortsätzen sind zwei Wellen g gelagert, die ihrerseits wieder Flügel h tragen. Das Um-

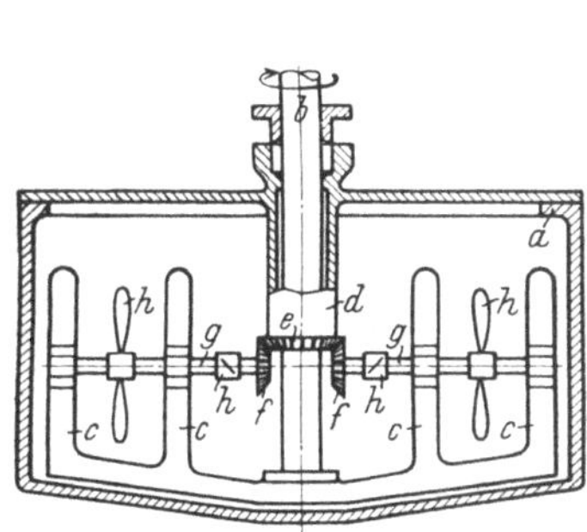

Abb. 10. Mischgefäß mit mehreren Flügeln.

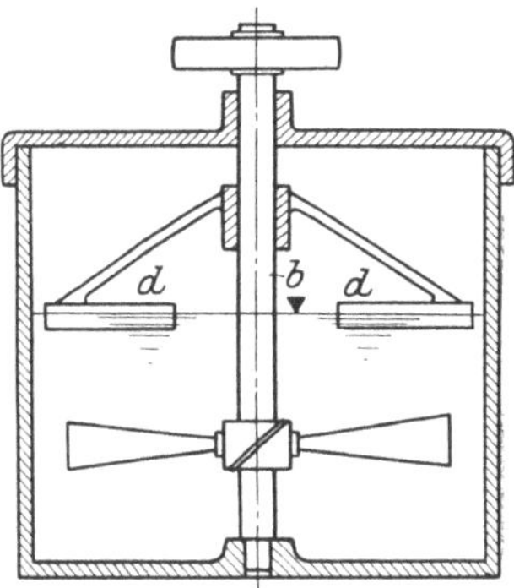

Abb. 11. Mischvorrichtung mit Tauchleisten.

laufen dieser Flügel wird durch Kegelräder f erreicht, die an einem dritten, mit dem Gehäuse fest verbundenen Kegelrad e ablaufen. Die Flügel h rotieren demnach senkrecht zur Bewegungsrichtung des Flügels c, wodurch eine innige Durchwirbelung der beiden Flüssigkeiten hervorgerufen wird (D.R.P. 426777).

Die Zerstörung bzw. Verhinderung der oben beschriebenen geschlossenen Umlaufbewegung der Flüssigkeitsmasse kann man auch dadurch herbeiführen, daß man durch feststehende Wände, die in die Flüssigkeit hineinragen, eine künstliche starke Wirbelbildung hervorruft. Es hat sich als zweckmäßig herausgestellt, derartige Widerstände nur wenig in die Flüssigkeit eintauchen zu lassen. Die Abb. 11 gibt eine rein schematische Skizze einer solchen Anordnung. Die Widerstände d in Form von schmalen, feststehenden Leisten sind auf der Achse b vertikal verschiebbar angeordnet, so daß je nach dem Flüssigkeitsstand im Gefäß erreicht werden kann, daß diese Widerstände nur wenig in die Flüssigkeit eintauchen (D.R.P. 316445).

Bei manchen Emulsionen bereitet die Zerkleinerung der dispersen Phase solche Schwierigkeiten, daß durch Rühren allein keine Emulgierung zu erzielen ist. Man hat deshalb Maschinen konstruiert, deren Flügel neben ihrer Umlaufbewegung noch schlagartige Bewegungen ausführen. Die Abb. 12 zeigt hierfür ein Beispiel: Die Welle $b$, die in dem Mischgefäß $a$ umläuft, trägt die beiden Traversen $c$ und $c_1$. Zwischen diesen beiden Traversen sind einmal die Flügel $d$ drehbar gelagert, die durch Federn $e$ an die Gefäßwand gepreßt werden. Weiter innen sind die eigentlichen Rührflügel $f$ angebracht. Sie sind ebenfalls zwischen den Traversen drehbar eingebaut und untereinander durch den Hebel $g$ verbunden. Sie tragen ferner Rollen $h$, die auf einer Gleitbahn $i$ ablaufen. Durch dieses Gleiten der Rollen auf der Führungsbahn führen die Flügel $f$ neben ihrer Drehung um die Achse $b$ noch schwingende Bewegungen aus, die durch die besondere Lage der Gleitbahn $i$ hervorgerufen werden. Die Gleitbahn ist weiter so ausgebildet, daß diese Schwingungen nicht gleichförmig sind, sondern schlagartig wirken. Der Emulgiervorgang wird bei dieser Maschine sozusagen in zwei Stufen zerlegt: Die schlagartige Bewegung bewirkt das Zerkleinern der offenen Phase und die Umlaufbewegung deren feine Verteilung im Dispersionsmittel (D.R.P. 393453).

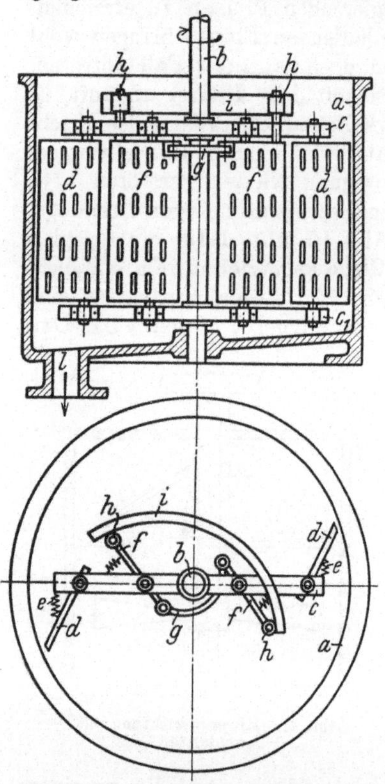

Abb. 12. Mischer mit Rühr- und Schlagflügeln.

Die Seitenflügel $d$ der eben beschriebenen Maschine haben den Zweck, auch die Flüssigkeitsteilchen in der Nähe der Wand zum Emulgiervorgang heranzuziehen. Sie gleiten an der Gehäusewand, verbrauchen deshalb Kraft und sind dem Verschleiß ausgesetzt. Die Anbringung solcher Schabflügel ist aber trotzdem zweckmäßig, um ein Festsetzen von Emulsionsteilchen an der Wand zu verhindern. Durch geeignete Ausbildung kann man aber

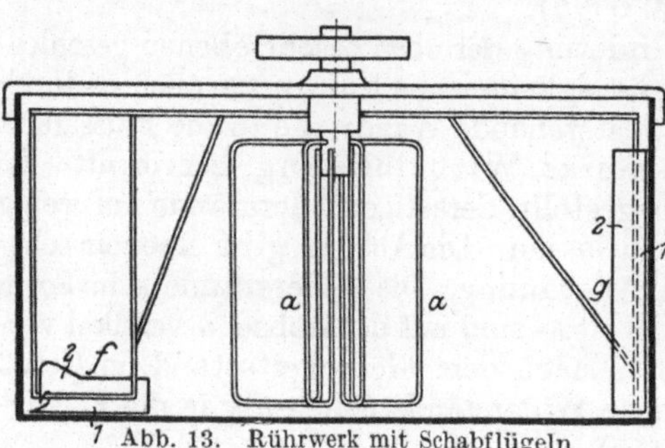

Abb. 13. Rührwerk mit Schabflügeln

die obenerwähnten Nachteile verringern. In Abb. 13 ist ein Rührwerk mit Drahtflügeln $a$ dargestellt, das mit solchen Schabflügeln ausgerüstet ist. Diese Schabflügel *f* und *g* sind derart drehbar gelagert, daß ihre Vorderseite *1* durch den auf die Mischmasse ausgeübten Druck gegen den Boden bzw. die Wand gepreßt wird. Damit diese Anpressung nun nicht übermäßig stark wird, sind diese Schaber über ihre Drehachse hinaus verlängert, so daß Entlastungsflächen *2* entstehen, die den Anpreßdruck verringern. Durch verschiedene Neigung und verschiedene Größen dieser Ausgleichsflächen kann der Anpreßdruck gegen Boden bzw. gegen Wand beliebig eingestellt werden (D.R.P. 296838).

Bei den bis jetzt beschriebenen Maschinen war vorausgesetzt, daß die zu emulgierenden Flüssigkeiten gemeinsam in das Mischgefäß eingebracht werden. Bei der Erzeugung von manchen Emulsionen ist es jedoch erwünscht, die offene Phase n a c h u n d n a c h während des Emulgiervorganges zusetzen zu können. Die in Abb. 14 dargestellte Einrichtung erfüllt diese Forderung: In dem Mischgefäß *a* befindet sich die geschlossene Phase. Eine hohle umlaufende Welle *w* trägt an ihrem unteren Ende ein querverlaufendes Rohr *r*, das mit Öffnungen *b* versehen ist. Durch die hohle Welle wird die allmählich beizugebende Phase der Emulsion zugeführt und aus den Öffnungen *b* in das Mischgefäß entlassen. Durch die Rotation des Querrohres ist eine gleichmäßige Verteilung der zugeführten Flüssigkeit gesichert. Es ist nun zu befürchten, daß nur die Flüssigkeitsteilchen, die in der Nähe des Rohres liegen, sich miteinander mischen. Durch eine Kegelrad- und Exzenteranordnung werden deshalb zwei oder

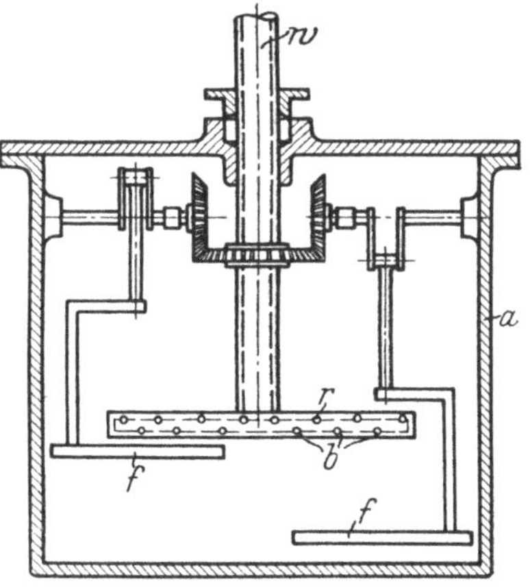


Abb. 14. Mischer mit intermittierender Zuführung der offenen Phase.

mehrere Mischflügel *f* auf und ab bewegt, wodurch immer neue Flüssigkeitsteilchen in die Nähe des Querrohres kommen, so daß die Emulgierung gleichmäßig erfolgt (D.R.P. 384366). — Vgl. auch D.R.P. 437670.

Der Gedanke, den gesamten Emulgiervorgang unter möglichster Kraftersparnis durchzuführen, hat dazu geführt, die Z e n t r i f u g a l k r a f t zur Zerkleinerung der offenen Phase zu benutzen. Man kann z. B. durch geeignete Schleuderräder die einzelnen Emulsionskomponenten radial nach außen schleudern, wodurch die Flüssigkeitsteilchen zerkleinert und mit Emulgatorfilmen überzogen werden. Bewirkt man durch Ablenkbleche, daß diese zerstäubten Flüssigkeiten aufeinandertreffen, so wird eine gute Durchmischung zu erzielen sein. Für die auf dem S c h l e u d e r - v e r f a h r e n beruhenden Maschinen seien im nachfolgenden einige Beispiele angeführt.

Die in Abb. 15 dargestellte Maschine arbeitet folgendermaßen: In einem Gefäß *a* ist eine Welle *b* gelagert, die mehrere Schleuderräder *c*, *d* und *e* trägt. Besondere Zuführungseinrichtungen *i*, *k*, *l* führen jedem einzelnen Schaufelrade die jeweilige Phase der Emulsion zu, ringförmige

Ablenkbleche *f* und *g* regeln die Richtung des abgeschleuderten Flüssigkeitsnebels. Durch die Schleuderwirkung werden die Teilchen der einzelnen Bestandteile gleichmäßig über den Querschnitt des Gefäßes verteilt, unter dem Zwange der Ablenkbleche gegeneinander verspritzt, vermischen sich und fallen emulgiert zu Boden. Das Mischgefäß ist unten trichterförmig ausgebildet und führt die Emulsion nochmals zu einem Schaufelrad *h*, das sie zwecks weiterer Vergütung abermals radial nach außen gegen die Wand des Gefäßes schleudert (D.R.P. 314412).

Man kann auch die Schleuderräder der in Abb. 15 aufgezeigten Maschine z. B. in der Weise zusammenrücken lassen, daß Boden *g* des Rades *d* und Deckel *m* des Rades *e* vereinigt werden, und erhält dann die in Abb. 16 dargestellte Anordnung. Das Schaufelrad *a* trägt zwei Schaufelkränze, die durch den Radkörper *d* voneinander getrennt sind. Von *I* und *II* werden die Komponenten zugeführt und durch die Schleuderschaufeln nach außen geschleu-

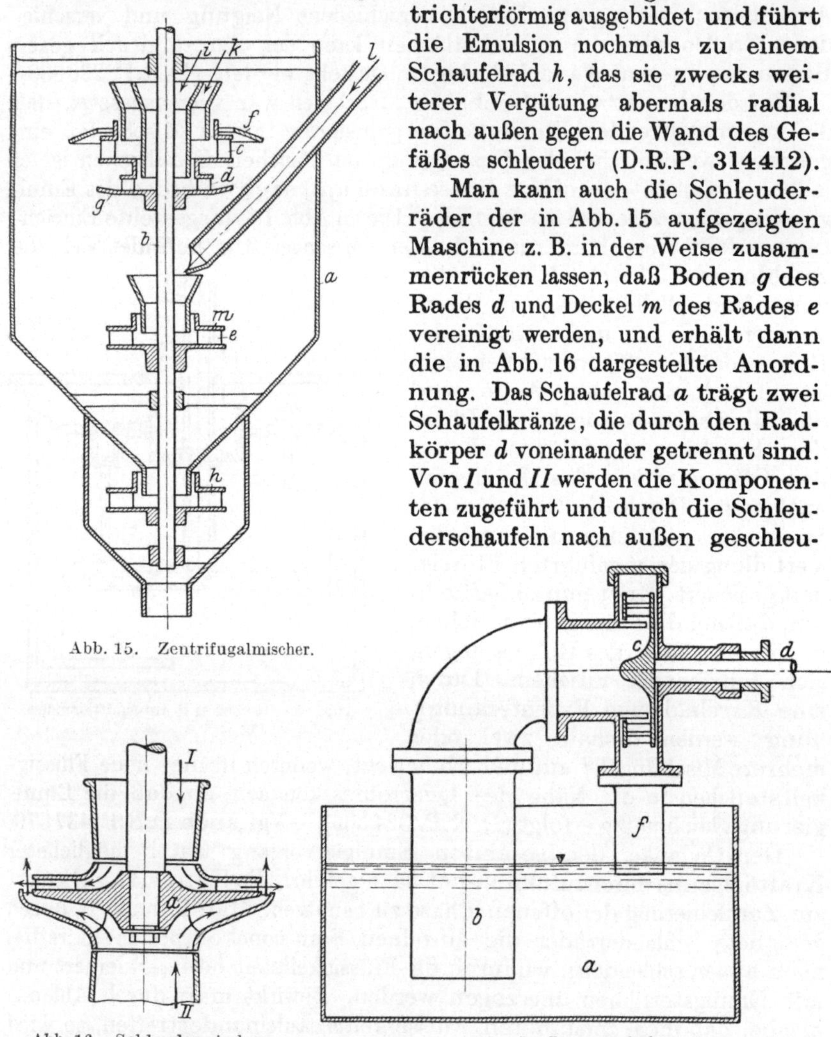

Abb. 15.  Zentrifugalmischer.

Abb. 16.  Schleudermischer.

Abb. 17.  Pumpenmischer.

dert. Zufolge der aus dem Bilde ersichtlichen besonderen Ausbildung der unteren Schaufeln treffen die beiden Flüssigkeitsnebel senkrecht aufeinander und emulgieren sich miteinander (D.R.P. 449091).

Die Abb. 17 zeigt eine Emulsionsmaschine, die ebenfalls auf dem Schleuderprinzip beruht. Die roh vermischten Bestandteile befinden sich in einem Sammelgefäß *a*, von wo aus sie durch das Rohr *b* von dem auf der Welle *d* aufgekeilten Schaufelrad *c* angesaugt werden. Das Schaufelrad ist nach Art von Pumpenläufrädern konstruiert und schleudert das Gemisch radial nach außen. Zum Unterschied von normalen Pumpenlaufrädern sind jedoch bei diesem Schleuderrad die Wirbelverluste absichtlich groß gehalten, da ja eben durch diese Wirbelbildungen eine gute Durchmischung erreicht wird. Die zu überwindende Saughöhe wird so niedrig gehalten, daß die Arbeit von dem Laufrad geleistet werden kann. Das vom Schaufelrad abspritzende Gemisch trifft auf die Gehäusewand und kann nun entweder nach außen abgeleitet werden oder durch das Rohr *f* nochmals die Einrichtung durchlaufen. Durch die Verwendung des so gebauten Schaufelrades, das selbsttätiges Ansaugen des Gemisches bewirkt, erübrigt sich die bei ähnlichen Einrichtungen sonst nötige besondere Einrichtung der Flüssigkeitszufuhr zum Mischwerk (D.R.P. 448255).

Der Gedanke, die bei Pumpen auftretenden Mischverluste absichtlich groß zu halten und die dabei auftretende Wirbelbildung zur Emulgierung zu verwenden, hat dazu geführt, die zu emulgierenden Flüssigkeiten

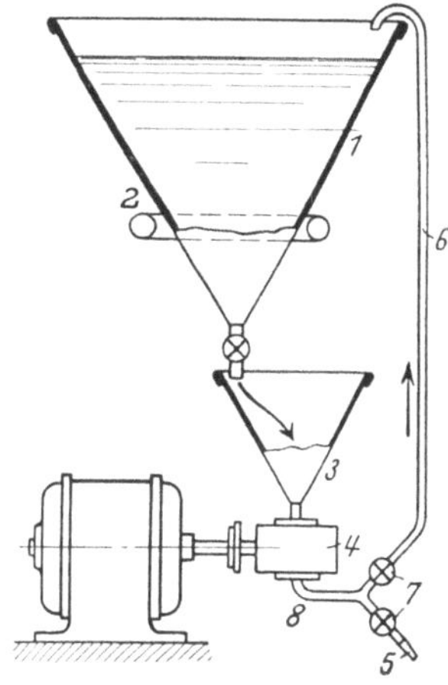

Abb. 18.  Emulgiereinrichtung mit Zahnradpumpe.

ein- oder mehrmals durch eine Zahnradpumpe zu leiten. In Abb. 18 ist die Anordnung schematisch skizziert. Die zu mischenden Flüssigkeiten befinden sich im Trichter *1*, der u. U. noch durch eine Heizschlange *2* erwärmt werden kann. Der kleinere Trichter *3* führt die roh vermischte Emulsion zu der Zahnradpumpe *4* (siehe Abb. 19). Solche Zahnradpumpen arbeiten nach dem Prinzip, daß die eintretende Flüssigkeit von den Zähnen der beiden gegenläufig rotierenden Zahnräder erfaßt und außen herum in Richtung der Pfeile befördert wird. Drosselt man nun den Ablauf *8*, so wird die Flüssigkeit zwischen den beiden Zahnrädern wieder zurückwandern und die Einrichtung nochmals durchlaufen müssen. Die dadurch herbeigeführte Verschlechterung des Wirkungsgrades der Pumpe

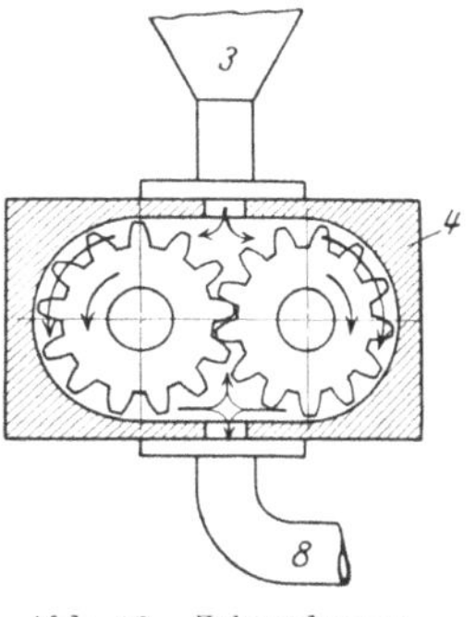

Abb. 19.  Zahnradpumpe.

spielt nur eine untergeordnete Rolle, da es in erster Linie darauf ankommt, bestmögliche Durchmischung der Emulsionskomponenten zu erreichen. Mit Hilfe der Hähne *7* kann die Emulsion entweder bei *5* abgelassen oder über *7* durch die Steigleitung *6* erneut dem Trichter *1* zugeführt werden (Franz. Pat. 618217).

Im folgenden sollen noch einige Emulgiermaschinen beschrieben werden, die auf der Düsenwirkung beruhen. Bei dem in Abb. 20 gezeichneten Apparat wird z. B. mittels einer Pumpe *f* durch Rohr *c* das rohe Gemisch von unten her in ein weiteres Rohr *b* eingespritzt. Durch die in dem weiteren Rohr abgebremste Austrittsenergie wird in den Mischflüssigkeiten energische Wirbelbildung hervorgerufen, die

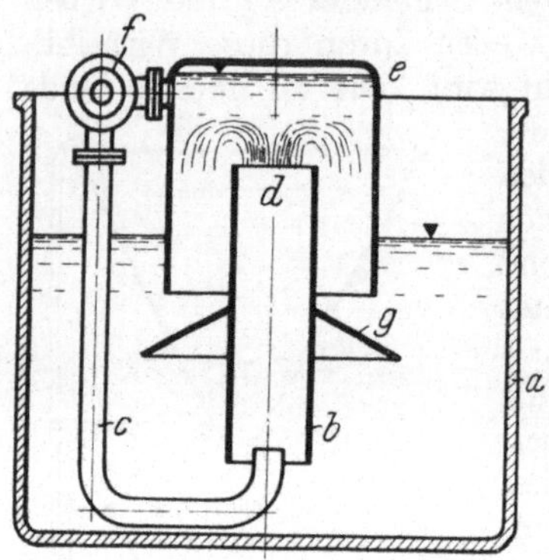

Emulsion steigt im Rohr *b* nach oben, fließt bei *d* über und füllt die Glocke *e* völlig aus. Ein Teil des Gemisches wird oben durch die Pumpe *f* abgesaugt, ein anderer Teil fließt unten aus der Glocke über das kegelförmige Ablenkerblech *g* in das Mischgefäß *a* zurück. Es ist leicht zu ersehen, daß durch diese Anordnung immer neue Flüssigkeitsteilchen zum Emulgiervorgang herangezogen werden (D.R.P. 433 736).

In dem eben angeführten Beispiel wurde die Mischung der zu emulgierenden Flüssigkeiten mittels einer

Abb. 20. Emulgierapparat für Flüssigkeiten.

Düse wieder in die Mischung eingespritzt. Man kann aber auch die disperse Phase der Emulsion mit Hilfe einer Zerstäuberdüse in das

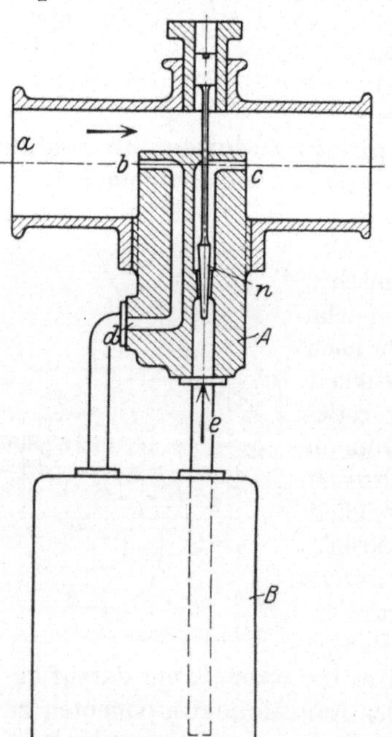

Dispersionsmittel, und zwar unter dem Flüssigkeitsspiegel einspritzen, allerdings auf die Gefahr hin, daß infolge der größeren Reibung in dem flüssigen Medium, in das die Düse zerstäubt, die zerstäubte Flüssigkeit sich wieder zu Tropfen vereinigen würde. Die Erfahrung hat jedoch gezeigt, daß dies nicht eintritt, vielmehr die Bildung einer guten Emulsion zustande kommt (D.R.P. 370 299).

Bei manchen Emulsionen handelt es sich darum, dem Dispersionsmittel nur eine ganz geringe Menge der offenen Phase zuzuführen. Wechselt dann fallweise die Menge des zu verarbeitenden Dispersionsmittels, so bereitet die genaue Dosierung des Zusatzes gegebenenfalls Schwierigkeiten. Der folgende Apparat (Abb. 21) ist nun dazu bestimmt, solche Emulsionen oder Mischungen mit stets gleich bleibendem Prozentgehalt herzustellen. Dem Flüssigkeitsstrom des Dispersionsmittels, der das Rohr *a* in Richtung des Pfeiles

Abb. 21. Dosierungseinrichtung für geringe Zusätze.

durchströmt, ist die Öffnung *b* eines eingesetzten Gußkörpers *A* entgegengestellt. Auf diese Öffnung wird durch die Strömung ein Druck ausgeübt, der mit ihrer Geschwindigkeit zunimmt und sich über die

Bohrung $d$ in das Dosierungsgefäß $B$ fortpflanzt, auf dessen Boden ein Rohr reicht, das mit der Bohrung $e$ des Körpers $A$ in Verbindung steht. Der bei $b$ ausgeübte Druck bewirkt, daß die Zusatzflüssigkeit bei $e$ eintritt und bei $c$ in das Dispersionsmittel übergeht. Durch eine eingeschliffene Ventilnadel $n$ wird die Zusatzmenge reguliert bzw. eingestellt. Es ist leicht einzusehen, daß die bei $c$ austretende Flüssigkeitsmenge nach der jeweils passierenden Menge des Dispersionsmittels verschieden, aber prozentmäßig immer gleich sein wird (D.R.P. 421844).

## II. Maschinen zur Homogenisierung von Emulsionen.

Über das Wesen des Homogenisierungsvorganges wurde S. 21 bereits gesagt, daß man mit diesem Zerkleinerungsprozeß die Feinzerteilung der dispersen Phase bis zu einem Grade anstrebt, der ihr Aufrahmen auf möglichst lange Zeit hinaus verhindert. Es wurde dort auch auf den großen Energieaufwand hingewiesen, der zur Zertrümmerung von Flüssigkeiten bis nahe an die Größe kleiner Molekülgruppen aufgewendet werden muß und betont, wie schließlich wirtschaftliche Grenzen diese beste Art der Stabilisierung von Emulsionen einengen. In der richtigen Erkenntnis dieser Tatsache hat die einschlägige Maschinenindustrie darum auch ihr Hauptaugenmerk auf möglichst hohen Wirkungsgrad der Homogenisiermaschinen im Hinblick auf den Kraftverbrauch gerichtet.

Die heute am meisten verwendeten Maschinen arbeiten nach dem **Prinzip** der Ausübung von Zwang, dem gehorchend flüssige oder teigige Gemische enge Spalte zu passieren haben.

Diese Spalte werden zweckmäßigerweise nicht geradlinig, sondern mehrfach gewunden oder geknickt geführt, so daß das Gemisch gezwungen ist, möglichst oft seine Richtung zu wechseln. Durch dieses Hindurchpressen unter hohem Druck erfährt die Mischung eine weitgehende **Zermahlung** und Zerreibung, bis schließlich die angestrebte Feinverteilung der offenen Phase im fertigen Produkt erreicht ist. Auch bei diesen Maschinen lassen sich allgemein gültige Angaben über den Verwendungszweck nicht geben, da jede Emulsion zu ihrer Homogenisierung verschieden hohen Kraftaufwand braucht und demnach auch die Typen der Maschinen von Fall zu Fall wechseln.

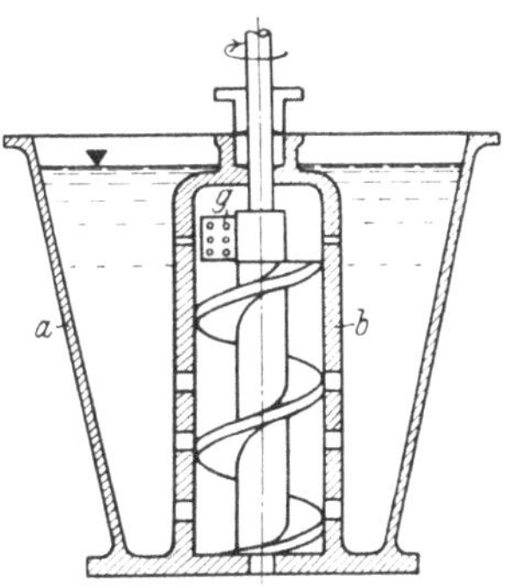

Abb. 22. Homogenisiervorrichtung für Flüssigkeiten.

Für Emulsionen, deren Homogenisierung verhältnismäßig leicht zu erzwingen ist, kann die folgende Einrichtung verwendet werden (Abb. 22). In dem Rohr $b$, das in dem Hauptgefäß $a$ axial montiert ist, rotiert eine Schnecke mit möglichst geringem Spiel an den Wandungen des Rohres. Bohrungen am unteren Ende des Rohres vermitteln den Stoffaustausch zwischen dem Rohrinneren und dem Hauptgefäß, so daß beim Drehen der Schnecke Mischmasse im Inneren des Rohres nach oben befördert wird. Am oberen Ende des Rohres befinden sich ebenfalls Bohrungen, die aber wesentlich kleiner sind als die unteren. Dadurch wird die Emulsion unter Druck gesetzt und gezwungen durch die oberen feinen Bohrungen auszutreten; die Teilchen erfahren weitgehende Feinzerteilung, und das Resultat ist die Homogenisierung der Masse. Um den Vorgang zu vervollständigen, ist im oberen Teil des Rohres ein gelochter Flügel $g$ angebracht, durch dessen Rotation die Mischung

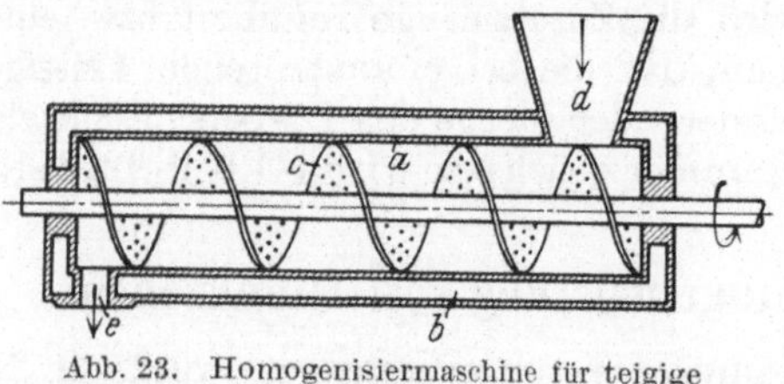

Abb. 23. Homogenisiermaschine für teigige Emulsionen.

gezwungen wird, die Bohrungen des Flügels zu passieren (D.R.P. 372795).

Die folgende ähnliche Einrichtung (Abb. 23) kommt vorwiegend für die Erzeugung teigiger Emulsionen zur Anwendung. In einem Rohr $a$, das mit einem Heiz- oder Kühlmantel umgeben sein kann, rotiert die Schnecke $c$, wieder mit geringem Spiel an der Wand. Durch

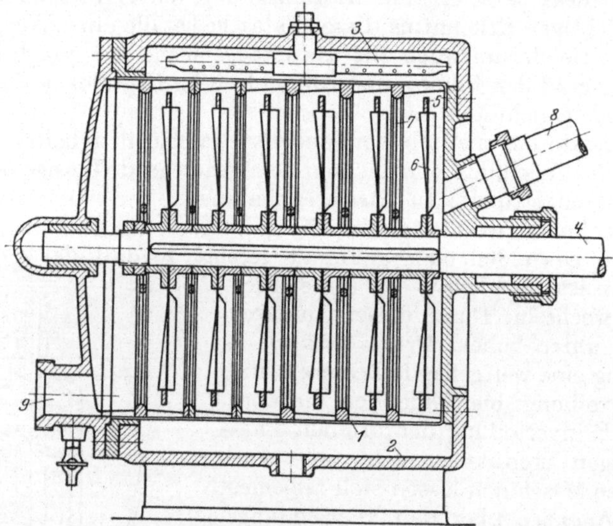

Abb. 24. Emulgier- und Homogenisiermaschine der Fa. Silkeborg (Schnitt).

den Trichter $d$ wird das zu homogenisierende Gemisch eingebracht und von der vielfach durchbohrten Schnecke nach vorne gedrückt. Durch Drosselung des Ablaufes $e$ kommt die Emulsion innerhalb der Schneckenwindungen unter Druck und muß die feinen Bohrungen passieren, wodurch wieder das Zerkleinern der Teilchen hervorgerufen wird. Mittels einer Hilfsleitung (in der Abbildung nicht gezeichnet) kann die bei $e$ abfließende Emulsion wenn nötig wiederholt zurückgeleitet werden, bis die Homogenisierung den gewünschten Grad erreicht hat (D.R.P. 396761).

Die Firma Silkeborg, Maskinfabrik Zeuthen & Larsen in Silkeborg (Dänemark) baut eine Homogenisiermaschine, die in Abb. 24 im Schnitt gezeichnet ist. Das zu homogenisierende Gemisch tritt bei *8* in die Maschine ein, das Erzeugnis bei *9* aus. Durch die mit der Achse *4* umlaufenden Scheiben *5* mit Flügeln *6* wird das Gemisch verrührt und zur Rotation gezwungen. Den Übertritt in die nächste Kammer, in der sich wieder ein solches Flügelrad befindet, vermitteln die Scheiben *7*,

Abb. 25. Emulgier- und Homogenisiermaschine der Fa. Silkeborg (Außenansicht).

die mit engen Bohrungen versehen sind. Dadurch wird die Emulsion einerseits gezwungen, die rotierende Bewegung vollständig aufzugeben, andererseits wird sie durch das Passieren der feinen Öffnungen in den Scheiben *7* zermahlen und homogenisiert. Durch Hintereinanderschalten von mehreren solchen Kammern (in der Abbildung sind 6 gezeichnet), wird eine Wiederholung des Homogenisierungsvorganges erreicht, wodurch die Güte der Emulsion beliebig gesteigert werden kann, andererseits erfordert jedoch der dann nötige Anfangsdruck ganz bedeutenden Energieaufwand. Auch hier ist durch einen Heizmantel *1* und *2* (Dampfrohr *3*) die Möglichkeit gegeben, die Emulsion auf einer günstigen Temperatur zu halten. Eine Außenansicht der Maschine gibt die Abb. 25.

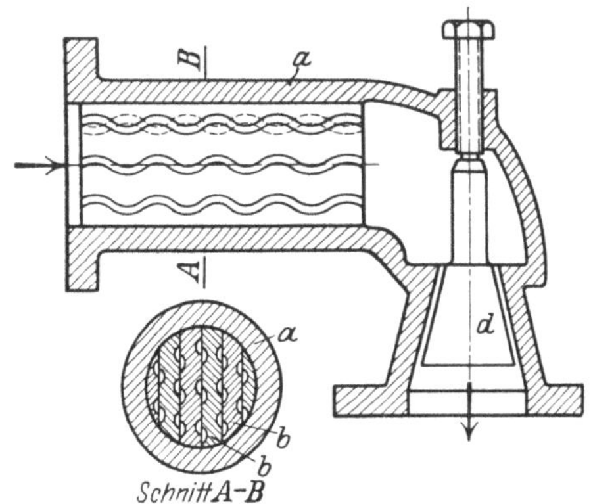


Abb. 26. Homogenisiervorrichtung für teigige Emulsionen.

Eine einfache Maschine, die sich wieder besonders für Emulsionen eignet, deren Homogenisierung relativ leicht zu erreichen ist, zeigt die Abb. 26. In dem Gehäuse *a* werden Platten *b* derart eingelegt, daß sie den Rohrquerschnitt vollkommen ausfüllen. Diese Platten sind mit wellenförmigen Aussparungen versehen, die so gegeneinander

versetzt sind, daß jedem Wellenberg der einen Platte ein Wellental der
benachbarten gegenübersteht. Dadurch entstehen Kanäle von stetig
wechselndem Querschnitt, durch die die zu homogenisierende Emulsion
gepreßt wird. Mittels des Kegels $d$ am Auslauf der Vorrichtung kann
jeder gewünschte Gegendruck eingestellt werden, so daß die Anordnung
leicht den jeweiligen Erfordernissen anzupassen ist (D.R.P. 302755).

Der folgende Apparat ist für Emulsionen bestimmt, deren Homogenisierung nur schwieriger zu erreichen ist (Abb. 27). Die Emulsion
wird gezwungen, eine dicke Schicht aufeinandergelegter Tressengewebe-
scheiben von gleicher oder verschiedener Maschengröße zu passieren,
einen Zerreibungskörper, der, in der Abbildung mit $c$ bezeichnet,
als Patrone ausgebildet ist, die im Gehäuse $a$ mittels einer Schraube $S$
festgehalten wird. Die Emulsion tritt durch den Kanal $A$ und die Bohrungen $e$ in den Raum $B$ vor den Zerreibungskörper, muß diesen passieren und gelangt von da aus in den Ablaufkanal $E$. Eine einstellbare
Schraube $F$ dient dazu, den Austrittsquerschnitt des Kanales $n$ zu verkleinern, so daß ein genügender Gegendruck eingestellt werden kann
(D.R.P. 412412).

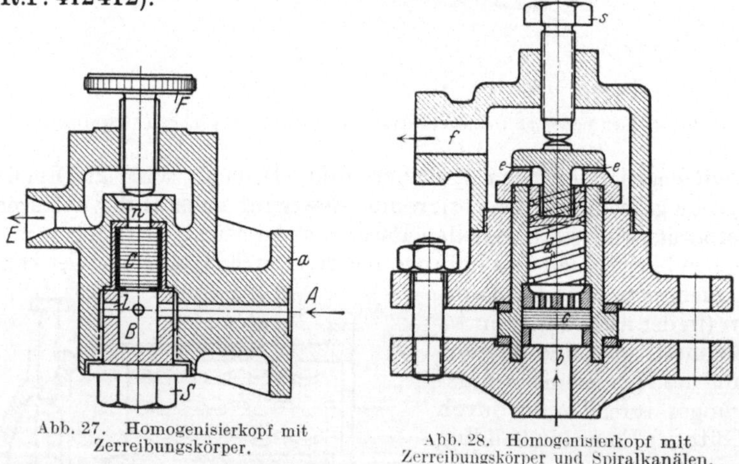

Abb. 27.  Homogenisierkopf mit
Zerreibungskörper.

Abb. 28.  Homogenisierkopf mit
Zerreibungskörper und Spiralkanälen.

Sollte die mit Hilfe der eben beschriebenen Einrichtung erhaltene
Emulsion nicht genügend homogenisiert sein, so empfiehlt es sich, den
in Abb. 28 skizzierten Apparat zu benutzen. Die Emulsion passiert
wie im vorhergehenden Fall zunächst eine Lage von Tressengewebe-
scheiben, wird aber sodann durch spiralig gewundene Kanäle gedrückt,
in deren Räume noch Widerstände in Form von Drähten mit rauher
Oberfläche eingelegt sein können. Durch die Reibung der Emulsion
an den Wandungen der Spiralkanäle und an der Oberfläche der eingelegten Drähte findet die weitgehende Zerkleinerung der Teilchen
der dispersen Phase statt. Die Kanäle sind spiralig ausgeführt, um den
Zerreibungsweg möglichst zu verlängern. Nach Verlassen dieser Kanäle
muß die Emulsion noch durch einen engen Ringspalt hindurch, bis sie
endlich den Apparat verläßt. In der Abbildung bezeichnet $b$ die Zulauf-
bohrung, $c$ die Tressengewebeschicht, $d$ die Spiralkanäle (die eingelegten

Drähte sind in der Zeichnung der Deutlichkeit wegen weggelassen),
$e$ den Ringspalt und $f$ den Ablauf. Die Druckschraube $s$ dient zur Einstellung der Größe des Ringspaltes und damit des Gegendruckes. Infolge
der bei diesen Anordnungen notwendigen hohen Drucke müssen die
Gehäuse relativ stark ausgebildet werden, wie aus der Abbildung hervorgeht (D.R.P. 441001).

Die Inhaberin des obigen Patentes, die Bergedorfer Eisenwerk A.-G.
in Bergedorf-Hamburg, verwendet diese Anordnung in etwas veränderter

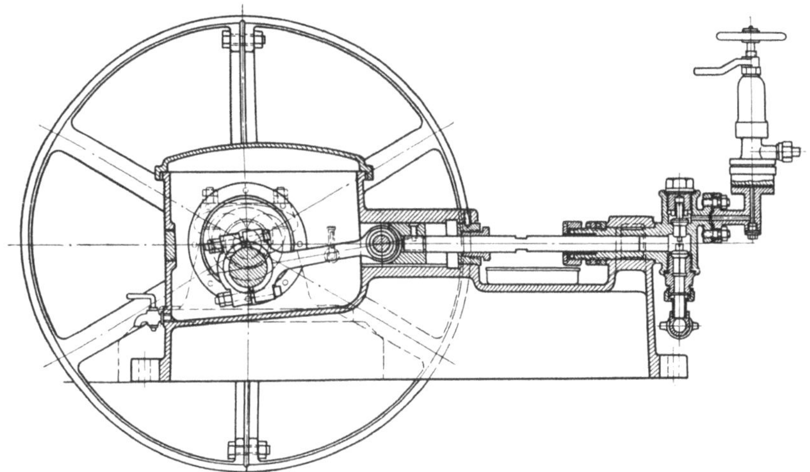

Abb. 29. Astra-Homogenisiermaschine der Bergedorfer Eisenwerk A.-G. (Schnitt).

Form bei ihrer Astra-Homogenisiermaschine. Die Abb. 29 gibt einen
Schnitt durch den Apparat. Wie daraus zu ersehen, ist der zur Erzeugung des nötigen Druckes notwendige Kompressor
mit der eigentlichen Homogenisiervorrichtung, die
sich ganz rechts befindet, zusammengebaut. Der
eigentliche Homogenisierkopf ist in Abb. 30 vergrößert dargestellt. Eine Außenansicht der Maschine
gibt Abb. 31.

Das Prinzip der Wirkungsweise solcher Apparate, neben dem Hindurchpressen durch enge Spalte
der Emulsion noch möglichst oft eine Rich-
tungsänderung aufzuzwingen, ist in Abb. 32
wiedergegeben. In dem Gehäuseteil $a$ sind schwal-
benschwanzförmige Ringnuten $n$ eingedreht. In
diese Ringnuten ragen entsprechend geformte
Ringe von dem Druckkörper $d$ hinein, so daß

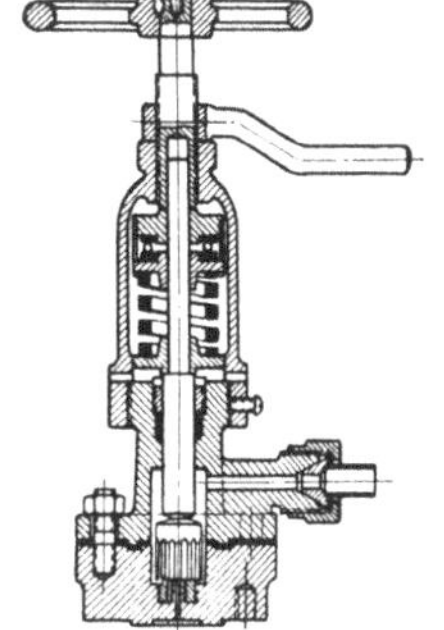

Abb. 30. Homogenisierkopf
zu Abb. 29.

zwischen diesen Ringen und den Aussparungen des Untersatzes enge
Spalten entstehen. Die Emulsion tritt bei $b$ ein, wird zwischen dem
Zylinder $c$ und dem Untersatz hindurchgepreßt und gelangt von da aus
in die vielfach geknickten Ringspalte. Neben der Zermahlung durch
die Reibung an den Wandungen der Spalte tritt eine weitere Zerklei-

nerung des Gutes durch den aufgezwungenen oftmaligen Richtungs-
wechsel ein. Nach Verlassen eines letzten Ringspaltes m (dessen Größe

Abb. 31. Astra-Homogenisiermaschine der Bergedorfer Eisenwerk A.-G. (Ansicht).

wieder durch eine Druckschraube $S$ geregelt werden kann) verläßt die
Emulsion den Apparat durch den Ablauf $g$ (D.R.P. 384964).

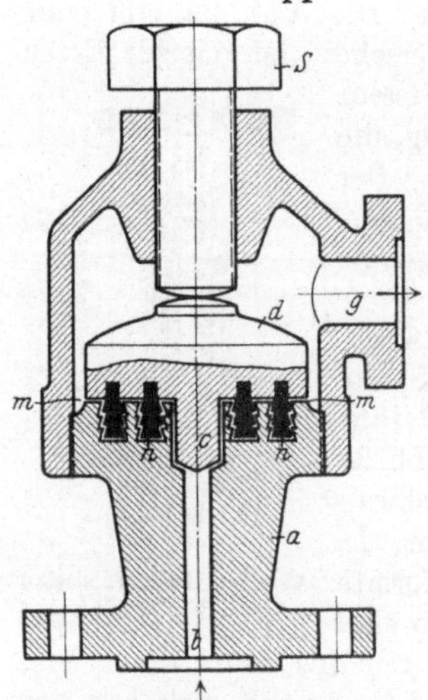

Abb. 32. Homogenisierkopf mit oft-
mals geknickten Ringspalten.

Diese Bauart hat den Nachteil, daß beim
Zudrehen der Druckschraube $S$ alle Spalte
($m$ und $n$) gemeinsam kleiner werden.
Die wirksame Fläche jedes Ringspaltes ist
nämlich gegeben durch seine Höhe und
seinen Durchmesser, die zusammen den
Querschnitt für den Durchgang der Emulsion bestimmen. Führt man also derartige Ringspalte mit verschiedenem Durchmesser, aber mit gleicher Spalthöhe aus,
so ist der Ringspalt mit größerem Durchmesser auch seiner Fläche nach größer und
bietet daher der durchtretenden Emulsion
einen geringeren Widerstand als der vorhergehende mit kleinerem Durchmesser. Dadurch wird unter Umständen der Wert dieses größeren Ringspaltes wesentlich verringert. Auch sind diese Spalte meistens
nur gemeinsam verstellbar (s. oben). Nun
ist aber der Verschleiß der Spalte mit kleinem Querschnitt am größten, so daß eine ungleichmäßige Abnutzung eintreten wird. Es ist

deshalb zweckmäßig, die Ringspalte in ihrer Größe unabhängig voneinander verstellbar zu machen, damit die Durchgangsquerschnitte
im richtigen Verhältnis zueinander stehen. Der im nachfolgenden beschriebene Apparat kommt dieser Forderung nach (Abb. 33). Die
durch das Zuführungsrohr $a$ eingebrachte Emulsion muß nacheinander die kegelförmig ausgebildeten Spalte $b$, $c$ und $d$ passieren. Der
Druckkörper $e$ ist in einem Stück ausgeführt, hingegen ist das Gehäuse
derart unterteilt, daß die Ringspalte in ihrem Querschnitt unabhängig
voneinander eingestellt werden können. Man vermag so nicht nur den
richtigen Durchgangsquerschnitt einzustellen, sondern auch der Ab-

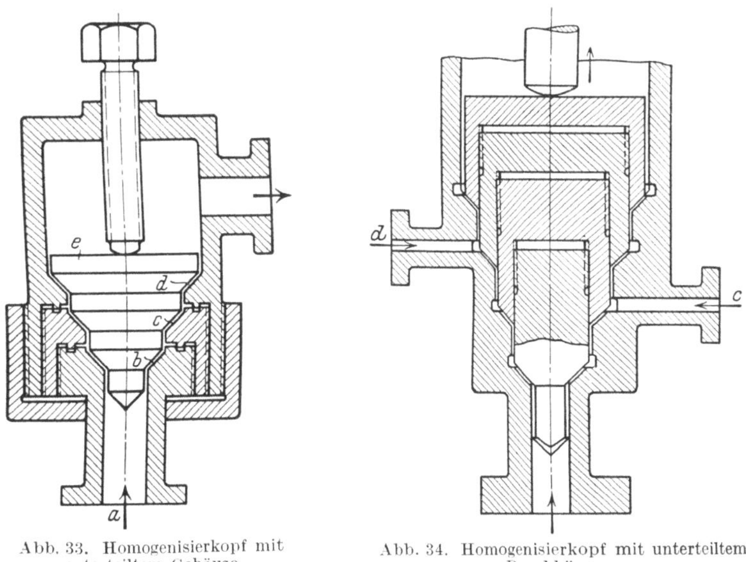

Abb. 33. Homogenisierkopf mit
unterteiltem Gehäuse.

Abb. 34. Homogenisierkopf mit unterteiltem
Druckkörper.

nützung der Spalte durch Einregulierung nach Erfordernis zu folgen
(D.R.P. 304908).

Durch das Zusatzpatent D.R.P. 310267 wird der Patentinhaberin
dieser Einrichtung, der Firma Wilhelm Schröder's Nachfolger Otto
Runge, Lübeck, eine Einrichtung geschützt, die sich von der obigen
nur dadurch unterscheidet, daß die Einstellmöglichkeit der Spalte hier
in den Homogenisierkopf gelegt ist. Dadurch ist es auch leichter möglich,
durch Hilfsleitungen $c$ und $d$ der schon teilweise homogenisierten Masse
nach Erfordernis neue Zusatzstoffe zuzuführen (Abb. 34).

Das Bestreben, die Homogenisierung zu einer möglichst vollkomme-
nen zu gestalten und dabei möglichst Kraft zu sparen, hat dazu geführt,
daß man die Flächen, die den Ringspalt bilden, gegeneinander rotieren
läßt. Dies kann in der Weise geschehen, daß man die in den vorhergehenden Abbildungen durch eine Druckschraube angepreßten Druckkörper (Homogenisierköpfe) durch eine Welle in Umdrehung versetzt. Auf
diesem Prinzip beruhen die Homogenisiermaschinen System Schröder, wie
sie von der obengenannten Firma hergestellt werden. Der Druck, unter

dem die zu homogenisierende Masse zugeführt werden muß, wird bis zu 300 Atm. angegeben. Die Abb. 35 zeigt einen Schnitt durch die Maschine, die sich übrigens nur für kleine zu homogenisierende Mengen eignet.

Für größere Mengen wird von derselben Firma der unter D.R.P. 434 921 geschützte Homogenisierkopf verwendet, der in Abb. 36 dar-

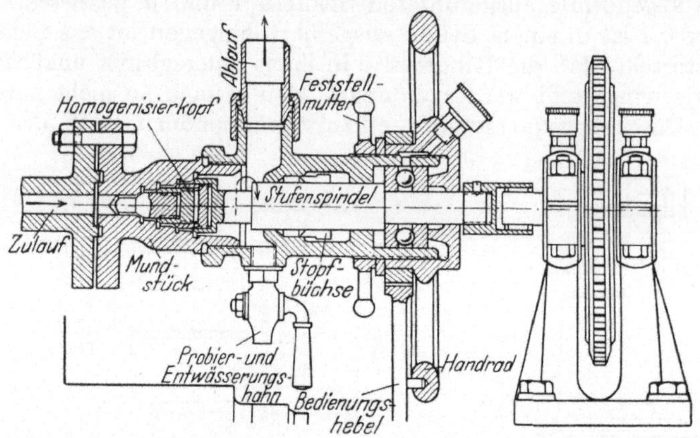


Abb. 35. Homogenisiermaschine System Schröder mit Stufenspindel.

gestellt ist. Die zu homogenisierende Emulsion tritt bei $A$ in den Apparat ein und kommt durch die Bohrungen $a$ in den Ringspalt, der zwischen dem Gegenkörper $f$ und dem rotierenden Kopf $d$ gebildet wird. Durch die besondere Lage der Bohrungen $a$ ist der Emulsion der Weg sowohl nach außen durch $e$ wie gegen die Achse in der Richtung nach $i$ hin offen. Der Hohlraum $g$ steht durch die Bohrungen $h$ mit dem äußeren Ring-

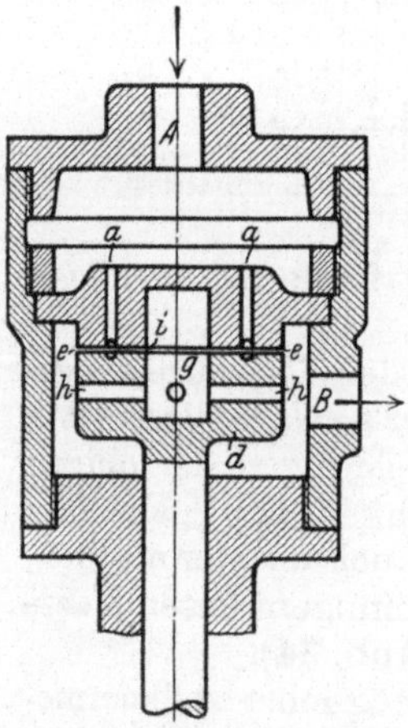

Abb. 36. Homogenisierkopf zu Abb. 37.

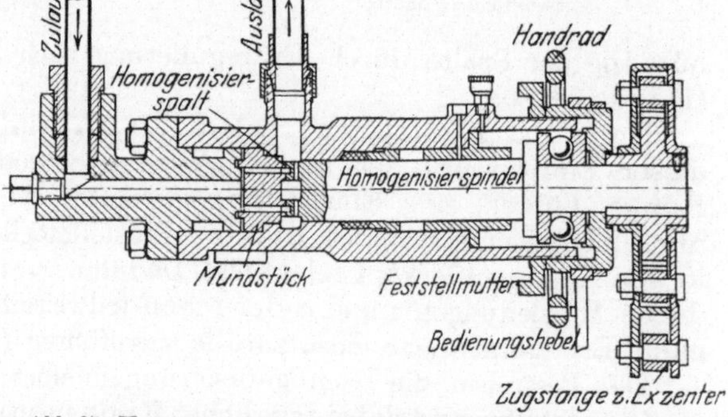

Abb. 37. Homogenisiermaschine System Schröder mit doppelten Homogenisierflächen.

raum in Verbindung, so daß der Gegendruck auf beiden Seiten des Spaltes derselbe ist. Durch den Ablauf $B$ verläßt die homogenisierte Emulsion den Apparat. Einen Schnitt durch die ausgeführte Maschine zeigt Abb. 37.

Eine ähnliche Einrichtung älteren Datums ist in Abb. 38 wiedergegeben. Die Emulsion kommt durch den Zulauf $f$ in die Maschine und tritt durch gewundene Spalte zwischen den rasch rotierenden Homogenisierkopf *b* und die Gehäusewand. Die Passage durch einen anschließenden, kegelförmigen Ringspalt *d* soll eine weitere Verbesserung der Emulsion bringen, auch ist durch eine Hilfsleitung *r* die Möglichkeit gegeben, weitere Beimengungen zuzuführen. Der Ablauf befindet sich bei *t* (D.R.P. 309717).

Wegen der raschen Drehung der bewegten Apparatteile und des großen Reibungswiderstandes der durchgepreßten Masse an den Wandungen sind die Homogenisierköpfe naturgemäß großem Verschleiß ausgesetzt. Obwohl bei Verwendung von Spezialstählen (besonders von Kruppschem nichtrostenden V2A-Stahl) die Abnutzung auf ein Minimum reduziert ist, hat man doch versucht, auch andere Materialien als Metall für die Homogenisierköpfe zu verwenden. Besonders der Achat wurde als recht geeignet

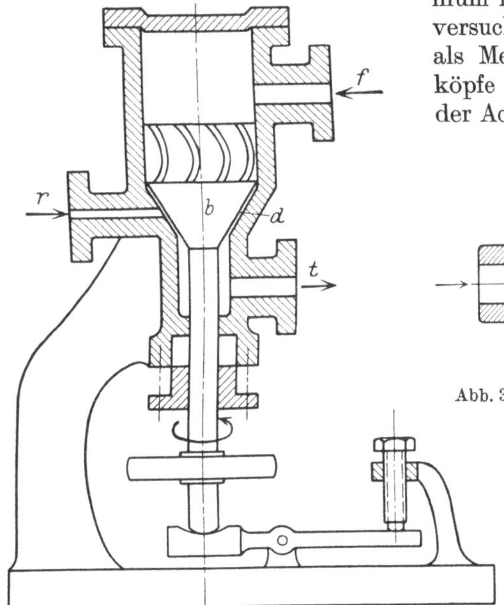

Abb. 38. Homogenisiermaschine älteren Systems.

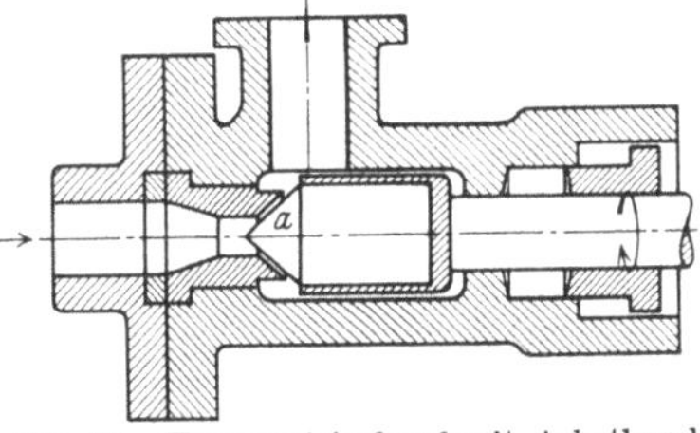

Abb. 39. Homogenisierkopf mit Achatkegel.

befunden. Die Schwierigkeit, den mit Diamantstaub flachkegelig in eine Metallfassung eingeschliffenen Achatkopf *a* dauerhaft mit der Antriebswelle zu verbinden, läßt sich durch besondere Vorkehrungen mit Verwendung von Wasserglaskitt beheben. Die Abb. 39 zeigt die Skizze eines solchen Apparates, dessen Wirkungsweise nach dem Vorhergesagten ohne weiteres verständlich ist (D.R.P. 349345).

Diese Maschinen mit rotierendem Homogenisierkopf zeigen den Nachteil, daß ihre Demontage zwecks Reinigung nicht immer einfach ist, da das Einstellen der Spalte (die Größenordnung dieser Spalte liegt bei 0,01 mm) große Genauigkeit erfordert. Die unter dem Namen Hurrelmaschine bekannte und patentierte Einrichtung eignet sich nun besonders für stark schmutzende Emulsionen, wie z. B. für die Herstellung von Kaltasphalt. Die Abb. 40 zeigt einen Axialschnitt durch die Maschine. Der zum Hindurchpressen durch den engen Spalt notwendige hohe Druck wird hier nicht wie bei den früheren Maschinen von einem Kompressor geliefert, sondern in der Maschine selbst erzeugt. Durch das Zulaufrohr *1* gelangt die Emulsion in die Kammer *2*. Der auf der

Welle *3* aufgekeilte Rotor besitzt radial verlaufende Kanäle *4*. Bei raschem Laufe des Rotors (rund 6000 Uml./Min.) wird das zu homogenisierende Gut infolge der Zentrifugalkraft durch die Kanäle *4* nach außen geschleudert. Der Rotor läuft mit geringem Spiel zwischen den Wan-

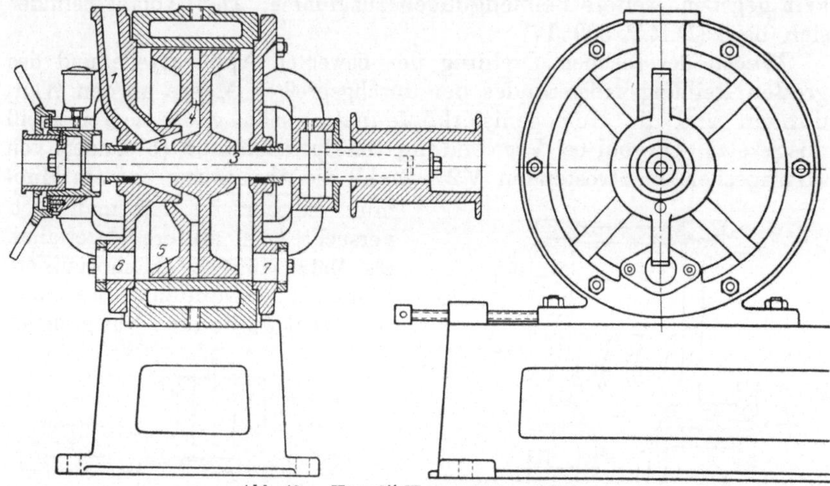

Abb. 40. „Hurrel"-Homogenisiermaschine.

dungen des Gehäuses, so daß ein enger Spalt *5* entsteht. Das nach außen geschleuderte Gemisch muß nun durch diesen Spalt hindurch, wird durch die als Folge der raschen Drehung des Rotors entstehende große Reibung vollständig zermahlen und gelangt schließlich durch den Ablauf *6* und *7* nach außen. Wie aus der Abbildung zu ersehen ist, kann die Maschine zwecks Reinigung leicht auseinandergenommen werden. Um die Größe

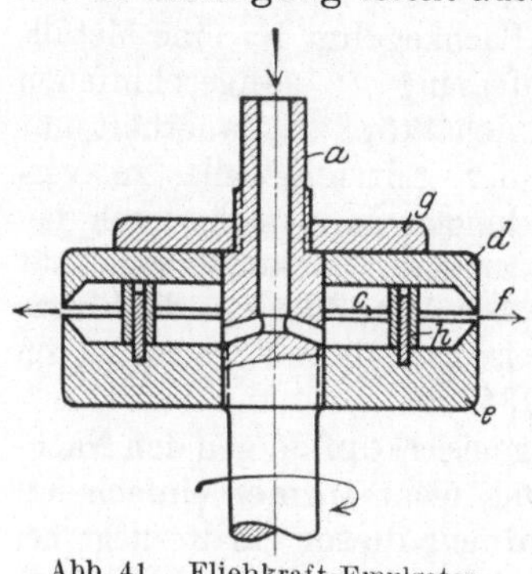

Abb. 41. Fliehkraft-Emulgator.

des Ringspaltes veränderlich zu machen, ist der Umfang des Rotors und die entsprechende Bohrung des Gehäuses nicht zylindrisch ausgebildet, sondern schwach geneigt kegelförmig. Durch geringe axiale Verschiebung des Rotors ist daher ein genaues Einstellen des Spaltes möglich.

Dieser ebenfalls von der Firma Wilhelm G. Schröder's Nachfolger A.-G. in Lübeck gelieferte Homogenisiermaschine, bei der die Fliehkraft zur Erzeugung des nötigen Druckes herangezogen wird, gliedert sich eine andere Vorrichtung an, in der das Gemisch ebenfalls unter Schleuderdruck, jedoch mit großer Geschwindigkeit aus engen Spalten austritt. Wie aus der Abb. 41 zu sehen ist, fließt die Emulsion durch die hohle Welle *a* in den Hohlraum *c* ein, der durch die beiden scheibenförmigen Körper *d* und *e* gebildet wird. Am äußeren Umfang sind diese beiden Scheiben zugeschärft, so daß sie gegeneinander einen schmalen Spalt *f* bilden. Die Weite dieses Spaltes ist durch Distanzröhrchen *h* verstellbar, die Mutter *g* dient zur Festklemmung der oberen Scheibe. Bei rascher Umdrehung des Kopfes wird die Emulsion durch die Fliehkraft nach außen geschleudert, muß dabei den scharfkantigen Rand mit großer Geschwindigkeit passieren und wird weitgehend homogenisiert (D.R.P. 445320).

Ein Homogenisierkopf, der nach demselben Prinzip arbeitet, wird von der Bergedorfer Eisenwerk A.-G. in Bergedorf-Hamburg unter dem Namen „De Laval-Zentrifugal - Emulgiermaschine" gebaut. Die Abb. 42 gibt ein Bild des Kopfes. Durch die hohle Welle $A$ tritt die Emulsion ein und gelangt durch die Bohrung $B$ in eine Kammer $C$. Von hier aus führen die Bohrungen $D$ zu den ringförmigen Hohlräumen $E$, die durch mehrere entsprechend ausgesparte aufeinandergelegte Platten $G$ gebildet werden. Am äußersten Umfang sind diese Platten so abgedreht, daß enge Spalte $F$ entstehen. Bei rascher

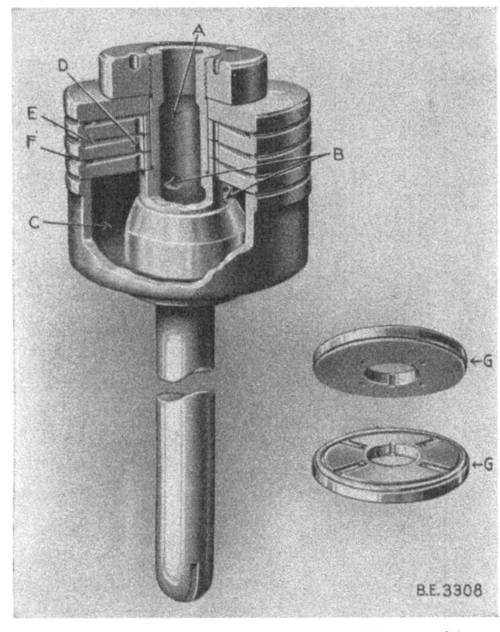

Abb. 42. Homogenisierkopf der „De Laval"-Homogenisiermaschine.

Abb. 43. „De Laval"-Homogenisiermaschine in Tätigkeit.

Rotation wird wie im vorhergehenden Fall die Emulsionsflüssigkeit mit großer Geschwindigkeit durch die Spalte hindurchströmen und als fein verteilter Nebel radial gegen die Gehäusewand geschleudert (s. Abb. 43).

6*

Bei einigen der vorher beschriebenen Maschinen waren Einrichtungen vorgesehen, die es ermöglichen, während des Homogenisiervorganges der Emulsion neue Zusatzstoffe zuzuführen. Für manche Emulsionen ist nun von vornherein eine **stufenweise** Zuführung der offenen Phase erwünscht. Die Abb. 44 gibt eine Verwirklichung dieses Gedankens wieder. Das Dispersionsmittel der Emulsion wird einer Kammer $b$ zugeführt. Auf der Welle $a$ ist eine Scheibe $c$ (Abb. 45), die mit nur ganz geringem Spiel (die Spalte sind wieder in der Größe von 0,01 mm) zwischen den Gehäuseteilen $d$ und $e$ läuft, nachgiebig aufgekeilt, um das Schleifen oder Klemmen der Scheibe an der Gehäusewand zu verhindern. Der Überdruck $D$, unter dem die Zuführung erfolgt, bewirkt, daß das Dispersionsmittel radial nach außen gedrückt wird, und zwar in die engen Spalte zwischen Gehäuse und Scheibe. Der Gehäuseteil $d$ trägt nun Zuführungskanäle $n$, durch die die disperse Phase intermittierend zugeführt wird. Diese unterbrochene Zuführung wird dadurch erreicht,

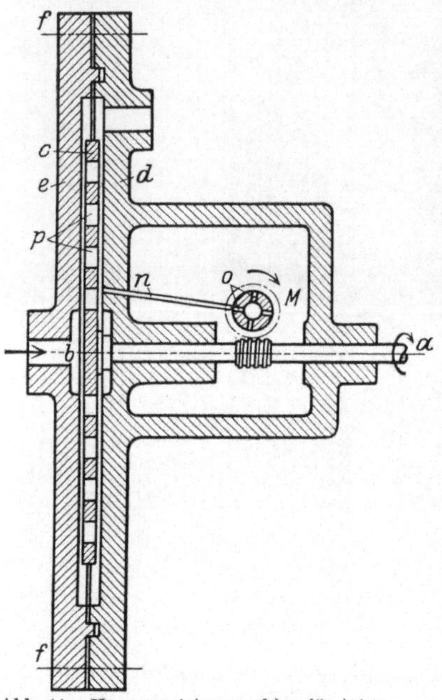

Abb. 44. Homogenisiermaschine für intermittierende Zuführung der zweiten Phase.

daß die Bohrungen $n$ mit den Bohrungen $o$ einer zweiten hohlen Welle $M$ verbunden sind, durch die die offene Phase unter einem Druck größer als $D$ zugeführt wird; $M$ wird mittels eines Schneckenrades von der Hauptwelle $a$ angetrieben. Zur weiteren Vergütung der Emulsion sind an der Scheibe eine große Anzahl sektorförmiger Aussparungen $p$ vorgesehen. Die Emulsion wird demnach durch die engen Räume zwischen Scheibe und Wand hindurchgepreßt und gleichzeitig als Folge der Scheibenrotation zerrieben. Die Einstellung der Spalte zwischen Scheibe und Wand erfolgt bei dieser Anordnung durch eine Anzahl von Schraubenbolzen $f$, die gleichmäßig über den Umfang verteilt sind (D.R.P. 307845).

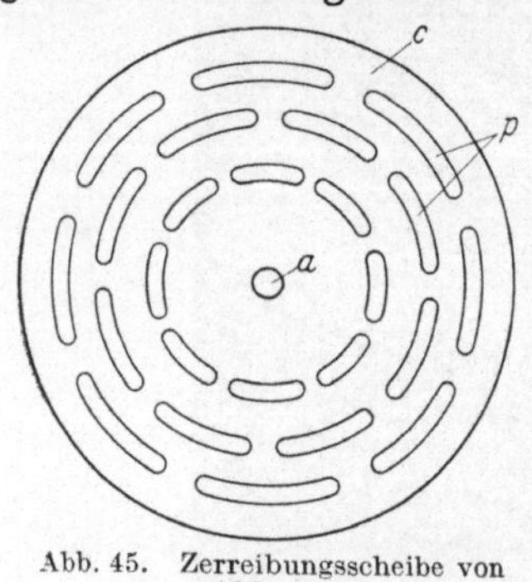

Abb. 45. Zerreibungsscheibe von Abb. 44.

Das genaue Einstellen des Spaltes bereitet in der Praxis Schwierigkeiten, da beim Reinigen alle Bolzenschrauben gelöst werden müssen und nur schwer wieder gleichmäßig angezogen werden können. Es ist deshalb zweckmäßig, statt der Verbindung durch die Schraubenbolzen die Gehäuseteile $d$ und $e$ nach Art einer Rohrverschraubung durch ein

Gewinde mit kleiner Steigung zu verbinden. Bei dem großen Durchmesser des Gewindes (der Gewindedurchmesser ist ungefähr gleich dem Durchmesser des Schraubenbolzenkreises $f$) ist die Möglichkeit gegeben, die Größe des Spaltes noch um 0,002 mm verändern zu können (D.R.P. 401 144, Zusatz zum vorigen).

Die Forderung, die Teilchen der dispersen Phase außerordentlich weitgehend zu zerkleinern, wird bei dem in Abb. 46 skizzierten Apparat auf folgende Art erreicht: Mit dem Mischgefäß $e$ ist die Scheibe $c$ fest

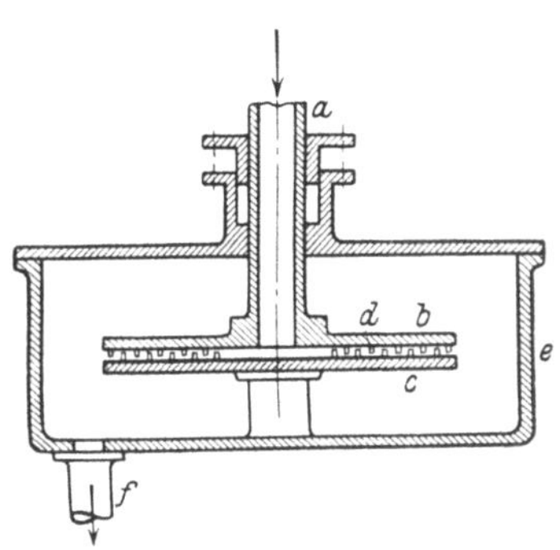

Abb. 46  Homogenisiermaschine mit gezahnten Scheiben.

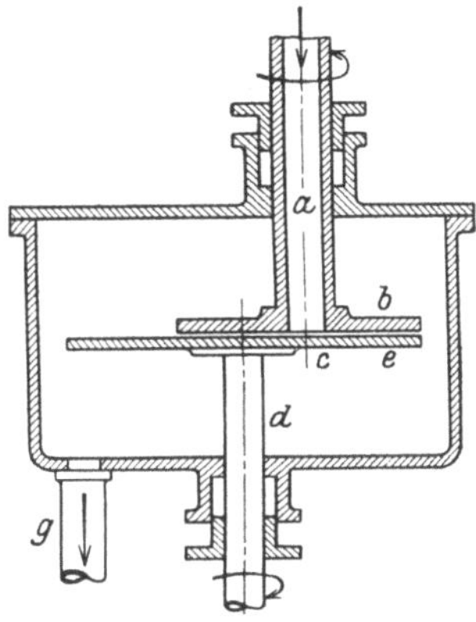

Abb. 47. Homogenisiermaschine mit 2 gegenläufig rotierenden Scheiben.

verbunden. Beide, sowohl diese als auch die in geringem Abstand darüber rotierende Scheibe $b$ sind mit einer großen Anzahl von Fortsätzen versehen, die zahnartig ineinandergreifen. Die durch die hohle Welle $a$ in den Raum zwischen die Scheiben gebrachte Emulsion muß die vielfachen engen Zwischenräume zwischen diesen Zähnen passieren und wird homogenisiert, vorausgesetzt, daß die erforderliche genaue Ausbildung der engen Spalte technisch möglich ist (Engl. Pat. 200 176).

Die zur Erzielung einer guten Homogenisierung notwendigen hohen Umlaufgeschwindigkeiten der bewegten Apparatteile lassen sich der Zahl nach auf die Hälfte herabmindern, wenn man beide Flächen, die den Spalt bilden, gegenläufig umlaufen läßt. Die Abb. 47 gibt eine schematische Skizze einer solchen Maschine. In einem Mischgefäß rotieren gegenläufig die beiden Scheiben $b$ und $c$, die exzen-

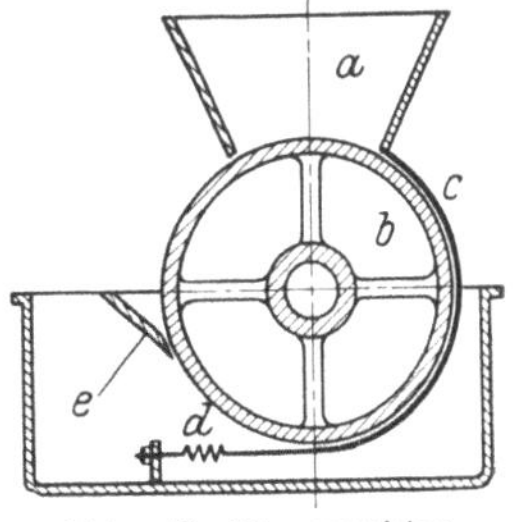

Abb. 48. Homogenisiermaschine mit elastischer Spalteinstellung.

trisch zueinander montiert sind, gegeneinander den Spalt $e$ bilden und von der Hohlwelle $a$ bzw. der Welle $d$ angetrieben werden. Die Emulsion tritt bei $a$ ein, wird zwischen den beiden Scheiben zermahlen und homogenisiert und verläßt die Einrichtung bei $g$ (Engl. Pat. 276 728).

Um nun überhaupt der schwierigen Einstellbarkeit der engen Spalte aus dem Wege zu gehen, wurde beim folgenden Apparat (Abb. 48) die Einstellung elastisch ausgeführt: Die rotierende Trommel $b$ ist auf einem Teil des Umfanges von einem Band *c* umschlungen, das durch die Feder *d* gespannt wird. Die Emulsion wird in den Trichter *a* eingeführt und durch die Rotation der Trommel in den Zwischenraum zwischen Band und Trommel hineingezogen. Ein Abstreicher *e* verhindert, daß Emulsionsteilchen nochmals nach oben mitgenommen werden (Engl. Pat. 276400).

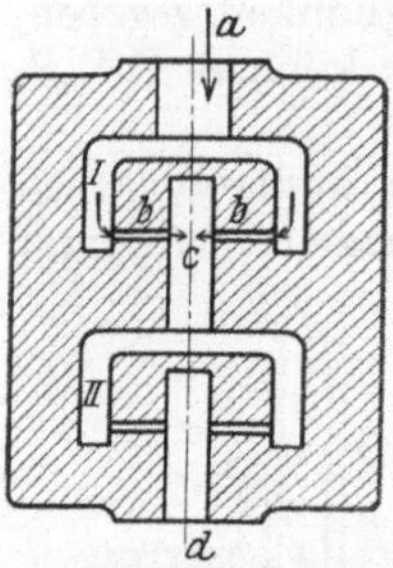

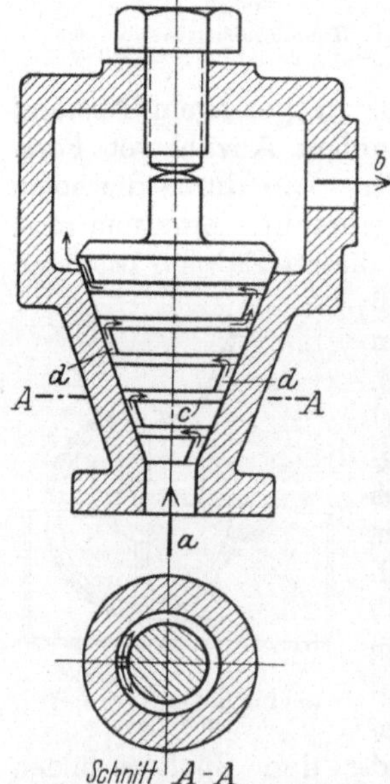

Abb. 49. Homogenisierungskopf D.R.P. 401477.

Läßt man eine Emulsion durch feine Bohrungen austreten und diese Flüssigkeitsstrahlen mit hoher Geschwindigkeit aufeinanderprallen, so muß gleichfalls ein energisches Zerkleinern der Teilchen die Folge sein. In Abb. 49 ist ein solcher Apparat skizziert. Die zu homogenisierende Emulsion gelangt unter hohem Druck in Apparatteil *I*, und zwar durch den Zulauf *a* in enge Kanäle *b*, deren Bohrung in verhältnismäßig geringem Abstand gegeneinander in den Prallraum *c* münden. Von hier kann unter Umständen die Emulsion nochmals einer gleichen Einrichtung *II* mit Ablauf *d* zugeführt werden (D.R.P. 401477).

Auf ähnlichem Prinzip beruht die folgende Anordnung (Abb. 50). Der kegelförmige, durch eine Druckschraube festgepreßte nicht umlaufende Homogenisierkopf enthält eine Anzahl von Ringnuten *c*, die untereinander durch Kanäle *d* verbunden sind. Wenn die Emulsion bei *a* zuströmt, so gelangt sie durch den ersten Verbindungskanal zum untersten Ringraum. Hier wird sich der Flüssigkeitsstrom teilen und den Ringraum *c* in beiden Richtungen durchströmen (Schnitt *A—A*), bis diese beiden Teilströme bei der Einmündungsstelle des nächsten Verbindungskanals wieder aufeinandertreffen, sich vereinigen und in dem Verbindungskanal zum nächsten Ringraum weiterströmen, woselbst erneute Teilung erfolgt usw. Nach genügend oftmaliger Wiederholung des Spieles verläßt die Emulsion bei *b* den Apparat. So günstig die beiden zuletzt beschriebenen Maschinen im Prinzip zu arbeiten scheinen, hat die Erfahrung doch gezeigt, daß der notwendige Anfangsdruck in einem zu ungünstigen Verhältnis zur Güte der erreichten Homogenisierung steht (D.R.P. 402941).

Abb. 50. Homogenisierungskopf D.R.P. 402941.

Endlich soll noch eine Maschine beschrieben werden, in deren Arbeitsraum die Emulsion unter Druck durch feine Düsen eintritt, um auf Widerstände zu stoßen, die in Form eines rotierenden Schaufelrades eingebaut sind (Abb. 51). Durch die Düsen *d* wird das zu homogenisierende Gemisch mit großer Geschwindigkeit ausgespritzt. Es trifft dann auf ein mittels der Welle $a$ angetriebenes umlaufendes Schaufelrad $b$, das zwei Reihen gegeneinander versetzter Schaufeln trägt. Das von dem Schaufelrad abspritzende Gemisch wird von dem Gehäuse $g$ auf-

gefangen, durch den Auslauf $h$ in das Sammelgefäß $i$ geleitet und mittels der Leitung $l$, in die eine Druckpumpe $p$ eingeschaltet ist, erneut den Düsen zugeführt, bis genügende Homogenisierung erreicht ist (D.R.P. 380 137).

Die Homogenisierung zählt zu den kostspieligsten Verrichtungen der chemischen Technik. Nicht nur wegen des komplizierten, notwendigerweise außerordentlich exakt ausgeführten Baues der Maschinen und des starken Verschleißes ihrer bewegten Teile, sondern auch wegen des trotz aller Einschränkung sehr beträchtlichen Kraftbedarfes. Man wird demnach nur Edelerzeugnisse,

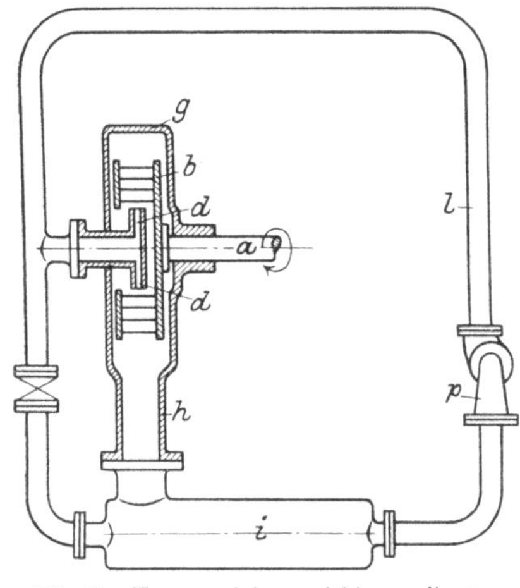


Abb. 51. Homogenisiervorrichtung mit umlaufendem Schaufelrad.

diese aber auch mit um so größerem wirtschaftlichen Erfolg homogenisieren, als die Waren ähnlicher Art, jedoch durch Zusatz von Stabilisatoren beständig gemacht, Lagerfähigkeit und Wirksamkeit (s. S. 27) der homogenisierten Präparate niemals erreichen können.

## III. Einrichtungen zur Zerstörung von Emulsionen.

Wie in den beiden vorstehenden Abschnitten können auch hier nur Beispiele für die Bauart von Apparaten gebracht werden, mit deren Hilfe man natürliche oder künstlich als Zwischenstufe eines Verfahrens gebildete oder unerwünscht in einem Vorgang entstehende Emulsionen zerstören kann, teils um sie, z. B. als Planktongifte, unschädlich zu machen, teils, und zwar vorwiegend, um den wertigen Bestandteil zurückzugewinnen. Am genauesten erforscht dürften im Hinblick auf ihre Zerstörung die Roherdöl- und die Öl-Kondenswasser-Emulsionen sein, und aus den auf diesem Gebiete angestellten Studien entwickelten sich auch die Methoden zur Entemulsionierung von hartnäckig stabilen Systemen dieser Art in anderen Industrien. Vorwiegend sind es mechanische und physikalisch-chemische, im besonderen elektrostatische und elektrodynamische Verfahren, die erfolgreich Anwendung finden, chemische Methoden (s. S. 116) treten immer mehr in den Hintergrund, da man erkannt hat, daß der Zusatz von Chemikalien zu schwer trennbaren emulgierten Gemischen deren Beständigkeit häufig erhöht, statt sie zu mindern, ganz abgesehen davon, daß die Einführung fremder Stoffe in ein System seine weitere Aufarbeitung erschwert. Denn es ist zu beachten, daß es sich bei dem Problem der Entemulsionierung von miteinander nicht mischbaren Flüssigkeiten meist um Extreme nach der einen oder anderen Richtung handelt. Es liegen vorwiegend WO- oder OW-Emulsionen vor, in denen die Gewichtsmenge der inneren Phase gegenüber jener des Dispersionsmittels völlig zurücktritt, so daß man es zuweilen mit lösungsartigen Gemischen zu tun hat, die im Maße ihrer Verdünnung immer schwieriger trennbar werden. Bei der Auswahl der Vorrichtungen, die zur Zerstörung von Emulsionen dienen sollen, wurden daher die in dieser Richtung arbeitenden Apparate bevorzugt; andere Vorrichtungen bringt fallweise die örtlich zitierte Literatur.

Das zu entwässernde Benzin tritt durch den Zulauf $b$ in den Apparat (Abb. 52) ein, steigt in einem vertikalen Rohr $S$ nach oben und gelangt in die Reinigungskammer $d$. Von hier strömt es durch siebförmige Grobfilter $e$ in einen Ringraum, der durch das

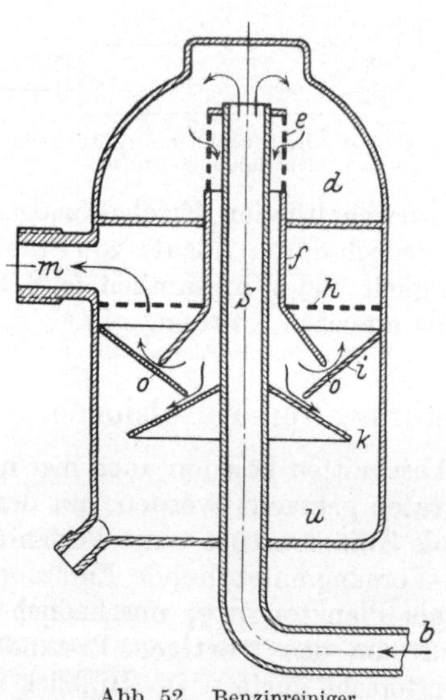

Abb. 52. Benzinreiniger.

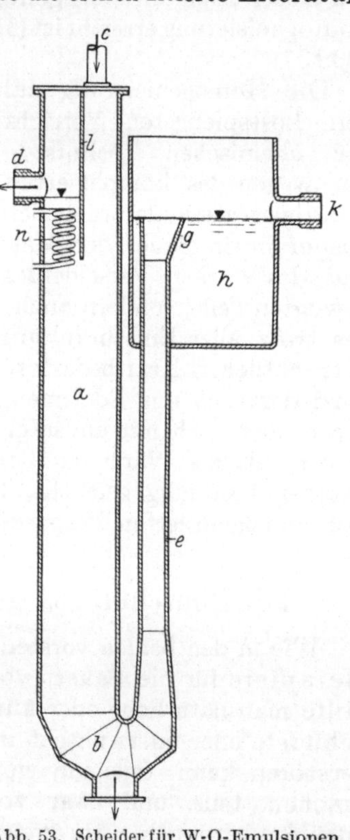

Abb. 53. Scheider für W-O-Emulsionen.

Rohr $f$ und das vertikale Steigrohr gebildet wird. Am unteren Ende dieses Rohres $f$ befindet sich eine trichterförmige Erweiterung, in deren Raum wegen der Querschnittvergrößerung Verzögerung der Strömungsgeschwindigkeit eintritt. Der untere Rand dieser Erweiterung ragt knapp bis an einen Kegel $i$ heran, so daß ein enger Spalt $o$ entsteht, den das Benzin passieren muß. Nun wird mit einem Male die Geschwindigkeit wieder größer, so daß das beweglichere Benzin davoneilt, während die schwereren Wasserteilchen zurückbleiben und an der Innenwand des Kegels $i$ heruntergleiten. Über die Oberfläche eines dritten Kegels $k$ gelangt das Wasser dann in den Sammelraum $u$. Das durch den Spalt $o$ hindurchgehende Benzin steigt nach oben, passiert jetzt nochmals ein Sieb $h$ und verläßt wasserfrei und gereinigt den Apparat durch den

Ablauf *m*. Der Vorteil der Einrichtung ist der, daß der Apparat kontinuierlich arbeitet und z. B. in die Zuleitung zu einem Vergaser direkt eingebaut werden kann (D.R.P. 315314).

Ähnlich arbeitet der in Abb. 53 wiedergegebene Scheider. Er soll in der Hauptsache dazu dienen, Öl, das zum Betriebe von Schiffsmaschinen verwendet wird, zu entwässern. Bei *c* tritt das Gemisch in das weite Rohr *a* ein, sinkt infolge des großen Querschnittes langsam nach unten und gibt an Rohr *e* durch Überleitung *b* vorwiegend Wasser ab. Dieses steigt in diesem engeren Rohr *e* hoch, fließt über den Trichter *g* über und sammelt sich im Behälter *h*, von dem aus es durch *k* abgezogen wird. Im obersten Teile des weiten Rohres *a* befindet sich eine Scheidewand *l*, die bewirken soll, daß das eintretende noch verunreinigte Öl von der Abzapfstelle *d* des gereinigten Öles ferngehalten wird. Eine Heizschlange *n* soll die Zähigkeit des abströmenden Öles vermindern, außerdem durch die Erwärmung den Abscheidevorgang begünstigen (D.R.P. 438185).

Auf demselben Prinzip der Abtrennung des Wertbestandteiles einer Emulsion, auf Grund seines geringeren spez. Gewichtes beruht eine Einrichtung zur Abwasserentölung. Durch den Zulauf *a* (Abb. 54) gelangt das Abwasser in eine Vorreinigungskammer *b*, in der sich die schwereren Sinkstoffe abscheiden. Ein Überlauf *c* vermittelt den Übertritt des Abwassers in den eigentlichen Abscheideraum. Dieser Abscheideraum ist durch eine Tauchwand *T*, die nicht ganz bis an den Boden reicht, in zwei Kammern, *S* und *E*, geteilt. Die schwerere Flüssigkeit wird nach unten sinken, findet hier den Übertritt unter der Tauchwand in die benachbarte Kammer *E* offen und

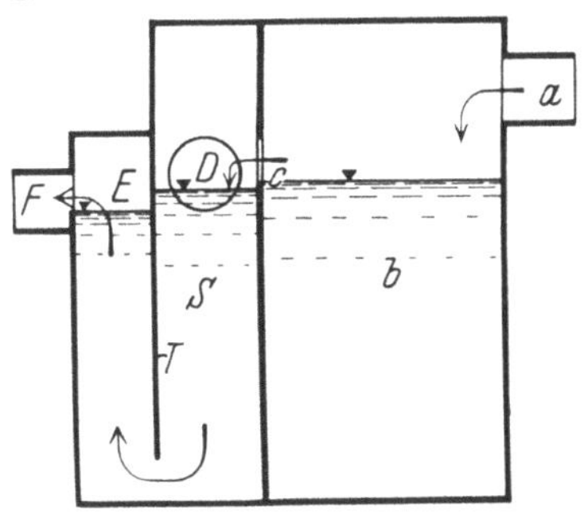

Abb. 54. Abwasser-Entölungseinrichtung.

fließt durch Rohr *F* ab. Die spezifisch leichteren Beimengungen finden den Weg durch die Tauchwand *T* verschlossen, sammeln sich an der Oberfläche bei *D* und können dort abgezogen werden. Auch dieser Apparat arbeitet ohne bewegliche Teile, jedoch relativ langsam (D.R.P. 434797).

Derartige Anordnungen zeigen den Nachteil, daß das verunreinigte Gemisch an einer Stelle zugeführt wird, wo sich schon gereinigtes Gut befindet. Man arbeitet daher besser in der Weise (Abb. 55), daß man die zu trennende Emulsion in die Mitte einer Abscheidekammer einführt, von wo aus die spezifisch leichteren Teile ihren Weg nach oben, die spezifisch schwereren nach unten nehmen. In dem Behälter *a* befindet sich die Mischung, fließt durch das Rohr *b* auf den Verteilerteller *c*, der sich ungefähr im Schwerpunkte des kegelförmigen Abscheidegefäßes *d* befindet. Sind z. B. Wasser und Öl zu trennen, so wird das Öl nach oben steigen, den zylindrischen Fortsatz des Abscheidegefäßes passieren und in das Sammelbecken *e* überlaufen. Auch hier ermöglicht eine Heizschlange *s* die Erwärmung des aufsteigenden Öles. Das Wasser sinkt nach unten und tritt durch ein mit feinen Bohrungen versehenes ringförmiges Rohr *f* in die Steigleitung *g* und von da in das Sammelgefäß *h*, in dem sich natürlich wegen der verschiedenen spez. Gewichte ein etwas niederer Flüssigkeitsspiegel einstellen muß als am Überlauf des Trennungsgefäßes (D.R.P. 423613).

Eine weitere Anordnung dieser Art stellt Abb. 56 dar: Das zu scheidende Gemisch kommt durch das Fallrohr *1* zu der horizontal liegenden Düse *2*, so daß es in einem wagrechten Strom in das Scheidegefäß *3* eintritt. Durch eine Ablenkerwand *4* wird erreicht, daß das Gemisch eine schwach aufwärts gerichtete Strömung ausführt. Durch diese Strömung wird das Nachobenwandern der spezifisch leichteren Teile begünstigt. Der Überlauf *5* gibt dem Gemisch den Weg zum zweiten Teil des Sammelgefäßes frei. Der leichtere Bestandteil steigt nach

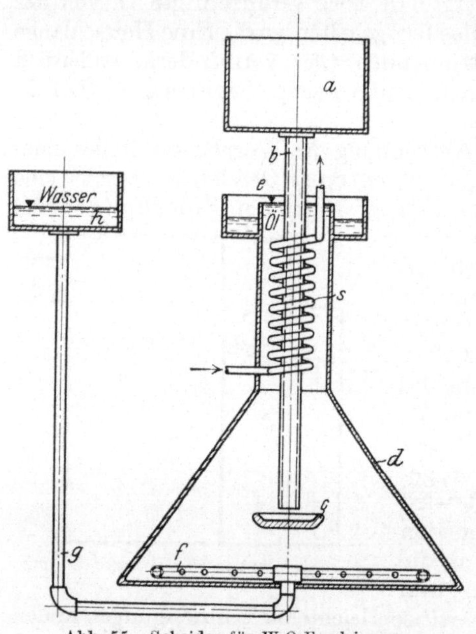


Abb. 55. Scheider für W-O-Emulsionen.

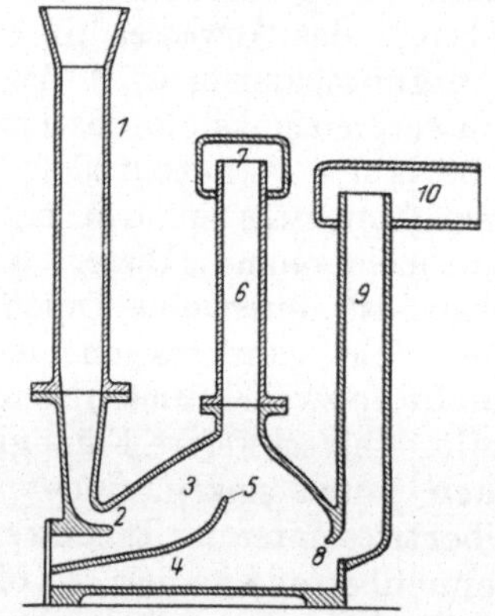


Abb. 56. Scheider für W-O-Emulsionen.

oben, sammelt sich in dem Rohr *6* und wird bei *7* abgelassen, das schwerere Wasser fließt nach unten, passiert die Öffnung *8* und wird von hier aus durch das Rohr *9* mit Überlauf *10* dem Apparate entnommen (D.R.P. 311986).

Handelt es sich darum, eine Emulsion zu zerlegen, deren offene Phase spezifisch schwerer ist als das Dispersionsmittel, so wird man Absitzbecken anordnen, in denen der Emulsion zu ihrer Zerlegung möglichst lange Wege vorgeschrieben sind. Eine einfache Anordnung zeigt Abb. 57. In rechteckigen Abscheideräumen $a_1$, $a_2$, deren Boden nach einer tiefsten Stelle hin geneigt ist, befinden sich Trennungswände *b* und *c*, die nicht bis auf den Boden reichen. Wenn die Emulsion im Sinne der eingezeichneten Pfeile durch die Anlage strömt, sinken die schwereren Teilchen nach unten, sammeln sich am Boden und werden durch den Ablaß *d* entfernt. Wie aus der Abbildung zu ersehen ist, kann je nach der Art der Emulsion eine beliebige Anzahl von solchen Kammern hintereinander geschaltet werden (D.R.P. 287587).

Während bei der letzteren Anordnung der Emulsion im allgemeinen der Strömungsweg vorgeschrieben ist, zwingt man sie, in dem folgenden Apparat (Abb. 58) eine Anzahl enger Hohlräume zu passieren. Durch den Zulauf *1* gelangt die Emulsion in den Raum zwischen zwei glatte Kegel *2* und *3*, die durch Leisten *4* miteinander derart verbunden sind, daß zickzackförmige Kanäle entstehen. Wenn die Emulsion bei *5* diese Kanäle verläßt, wird schon eine Vergrößerung der Teilchen der offenen Phase erreicht sein. Diese größeren Teilchen steigen dann nach oben und fließen in die Sammelrinne *6* über, von wo aus die Weiterleitung erfolgen kann. Die schwereren Bestandteile, die aber noch nicht vollständig gereinigt sind, werden nochmals durch einen von zwei Kegeln gebildeten Spalt *7* gezwungen, in dem die spezifisch leichteren Teile die Bewegung nach unten aufgeben und wieder emporsteigen. Die schwereren Bestandteile sammeln sich an der tiefsten Stelle und werden bei *8* abgelassen (D.R.P. 426630).

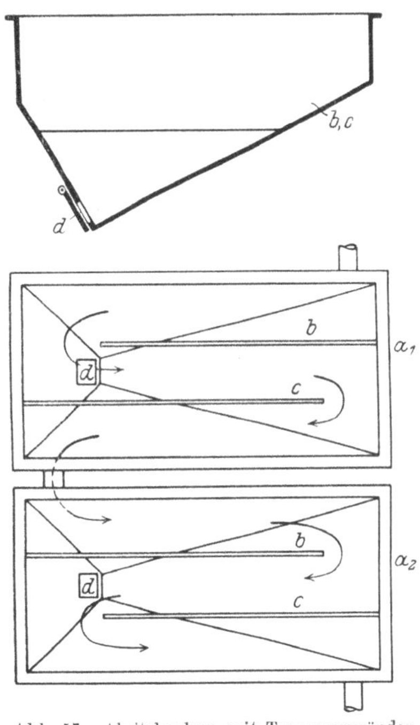

Abb. 57. Absitzbecken mit Trennungswänden.

Der Gedanke, der zu trennenden Emulsion nach unten gerichtete enge Öffnungen freizugeben, die von den schwereren Bestandteilen leichter passiert werden als von den leichteren, ist auch bei dem in Abb. 59 dargestellten Apparat verwirklicht. Das unten bei *c* in die Vorrichtung eintretende Gemisch strömt im großen und ganzen zufolge der Lage des Abscheidegefäßes aufwärts. Innerhalb dieses Gefäßes sind treppenförmige Einbauten derart angebracht, daß zwischen je zwei Treppen schmale Spalte entstehen. Die schweren Bestandteile der Emulsion sinken daselbst abwärts, sammeln sich im unteren Teile

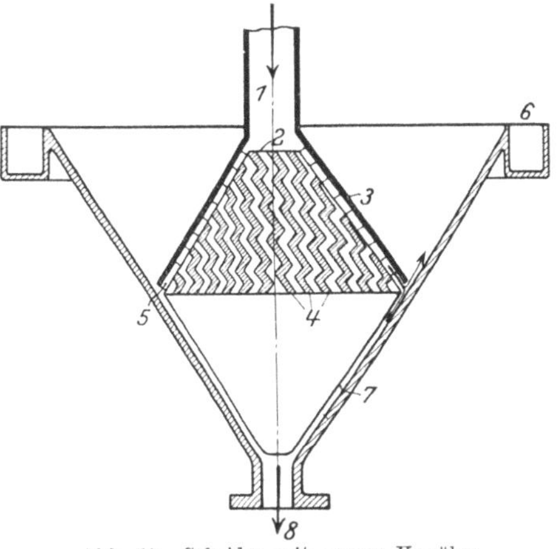

Abb. 58. Scheider mit engen Kanälen.

des Gefäßes und fließen bei $a$, die spezifisch leichteren bei $b$ ab (D.R.P. 422104).

Bei manchen, z. B. Wollfett-Emulsionen, ist die Trennung durch einfaches Absitzenlassen nicht zu erzielen. In solchen Fällen ist ein

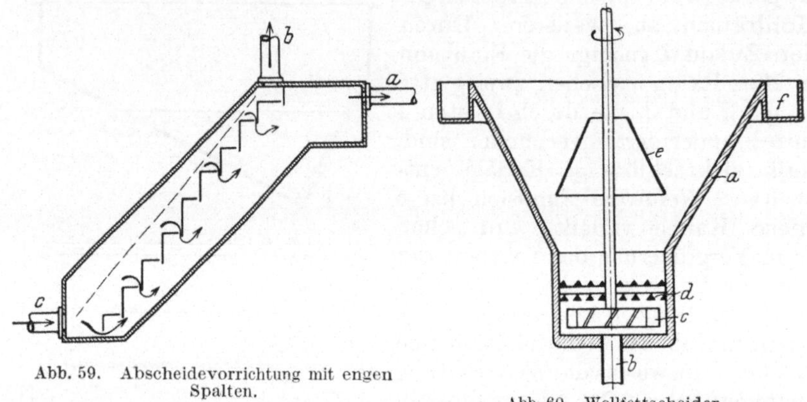

Abb. 59. Abscheidevorrichtung mit engen Spalten.

Abb. 60. Wollfettscheider.

gangbarer Weg der, daß man in die Emulsion feinzerteilte Luft einbläst. Die leichteren Bestandteile werden von den aufsteigenden Luftblasen um so sicherer nach oben geführt, als die Bläschen eine gewisse Größe nicht überschreiten und dann wegen ihrer Kleinheit möglichst lange in der Flüssigkeit bleiben, wodurch das Anhaften der leichteren Bestandteile begünstigt wird. In Abb. 60 ist ein Ausführungsbeispiel für einen derartigen Scheider skizziert. Im Boden des trichterförmig ausgebildeten Abscheidegefäßes $a$ mündet die Einblaseöffnung $b$ für die Luft. Ein knapp über dem Boden sitzender Rührer $c$ vermittelt einerseits die Zerteilung der eingeblasenen Luft in feinste Bläschen, zum anderen auch eine innige Mischung der Luft mit der Emulsion. Um das Aufsteigen der Luftblasen und des daran haftenden leichteren Wollfettes zu verzögern, wodurch auch ein innigeres Anhaften der abzuscheidenden Bestandteile stattfindet, sind mehrere Lagen von Leisten $d$ angebracht, so daß eine Art grobes Sieb entsteht. Der sich bildende Schaum wird noch durch einen kegelförmigen Widerstandskörper $e$ verhindert, allzu schnell aufzusteigen, gelangt aber schließlich doch zur Ablaufrinne $f$ und von da in das Wollfettsammelgefäß (D.R.P. 360928).

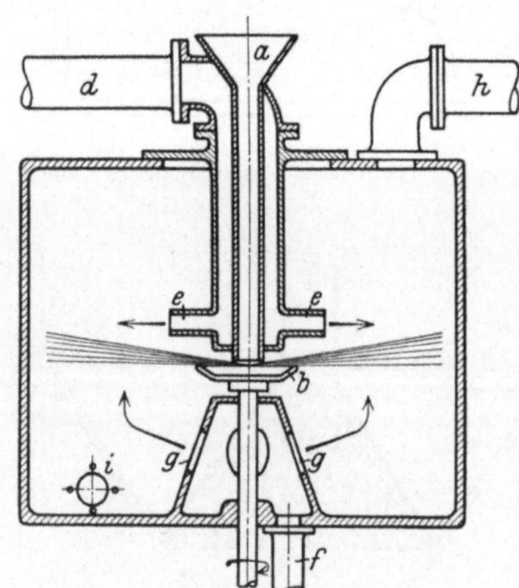

Abb. 61. Abscheidevorrichtung für flüchtige Bestandteile.

Eingeblasene Luft kann ferner auch dazu verwendet werden, die flüchtigen Bestandteile aus einer Emulsion in der Weise zu entfernen, daß man dieselbe durch Schleuderung fein zerstäubt und gegen den entstehenden Nebel einen gegebenenfalls angewärmten Luftstrom leitet. Die flüchtigen Bestandteile werden verdampft und von der abströmenden Luft mitgerissen; der von ihnen befreite Teil der Emulsion sammelt sich am Boden des Reinigungsgefäßes und kann von hier aus abgelassen werden. Nach Abb. 61 wird die Emulsion durch den Trichter $a$ einem rotierenden Teller $b$ zugeführt, auf dem sie zerstäubt. Bei $f$ strömt

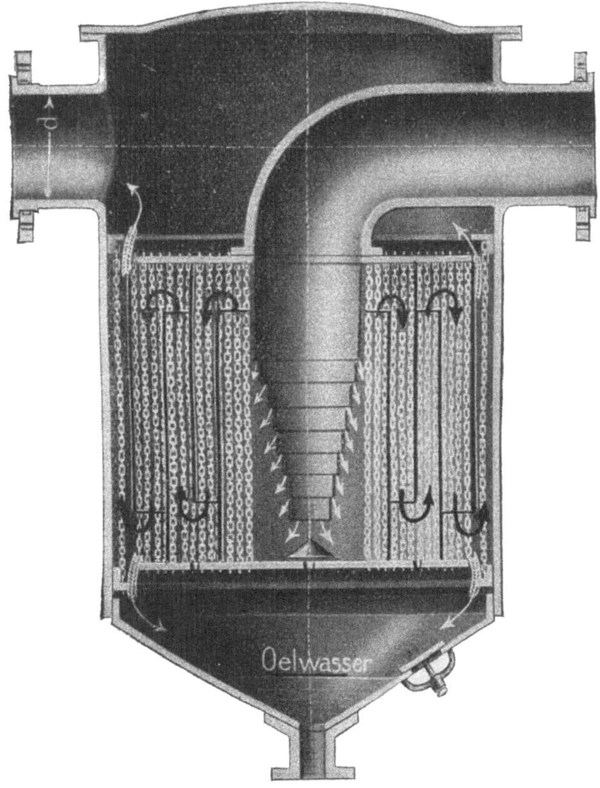


Abb. 62. „Brunsviga"-Abdampfentöler.

warme Luft in eine Vorkammer, verläßt diese durch Öffnungen $g$, steigt auf, trifft senkrecht auf den ausgebreiteten Emulsionsschleier und bemächtigt sich seiner flüchtigen Bestandteile. Um deren Entfernung zu vervollständigen, wird durch $d$ bei $e$ nochmals warme Luft, und zwar parallel mit dem Emulsionsschleier, demnach senkrecht zu dem von unten kommenden, mit flüchtigen Bestandteilen angereicherten Luftstrom, eingeblasen. Die durch dieses Aufeinanderprallen entstehenden Wirbel begünstigen die Aufnahmefähigkeit der warmen Luft für die flüchtigen Bestandteile, die sich im Abstromweg $h$ zur Flüssigkeit kondensieren. Die von flüchtigen Stoffen befreite Flüssigkeit verläßt die Kammer bei $i$ (D.R.P. 404479).

In den weitest verbreiteten Bauarten der Abdampfentölungsanlagen werden dem verunreinigten Dampfstrom Abscheideflächen in den Weg gestellt, an denen das mitgerissene Öl haften bleibt. Aus der großen Anzahl solcher Apparate sei nur einer herausgegriffen, der vermöge seiner besonderen Konstruktion ein einwandfreies Arbeiten gewährleisten dürfte, vor allem deshalb, weil hier die notwendigerweise sonst bald eintretende Verölung der blanken Metallflächen wirksam vermindert ist. In diesem unter dem Namen „Brunsviga-Entöler", von der Firma C. Dempewolf in Braunschweig vertriebenen Apparat, werden als Abscheideorgane blanke Metallketten verwendet, gegen die der verunreinigte Dampfstrom gerichtet ist. Die Abb. 62 zeigt einen Schnitt durch den Apparat. Der zu reinigende Dampf tritt zentral in den Entöler ein, passiert dann das Kettensystem, das noch durch Zwischenwände in mehrere Abteilungen geteilt ist, und wird so gezwungen, innerhalb des Apparates einen langen Weg zurückzulegen. Ein derartiger Entöler von z. B. 375 mm lichter Weite des Dampfanschlusses enthält eine Ketten-Niederschlagsfläche von rund 50 qm, woraus die hohe Wirkung eines solchen Systemes hervorgeht. Besonders

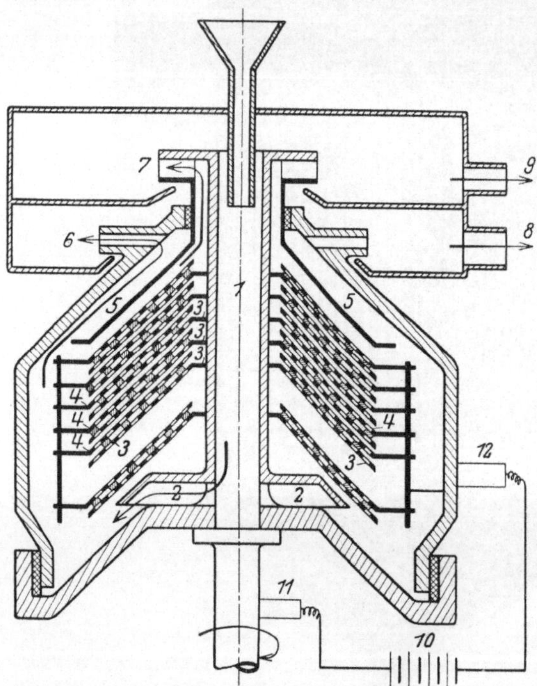

Abb. 63.   Zentrifugal-Scheider.

hervorgehoben sei der Vorteil, daß durch die Dampfströmung das ganze Kettensystem in vibrierende Bewegung kommt, das abgeschiedene Öl also abtropft und der Verölung der Abscheideflächen vorgebeugt wird.

Zur Trennung von Emulsionen kann auch die Tatsache verwertet werden, daß aus einer rotierenden Mischung dieser Art die schwereren Bestandteile durch die Zentrifugalkraft weiter nach außen geschleudert werden als die leichteren, die dann getrennt von jenen aufgefangen und abgeleitet werden können. Als allgemein bekanntes Beispiel sei an die Milchseparatoren[1] erinnert, die nach diesem Prinzip arbeiten. Der im nachfolgenden beschriebene Apparat arbeitet auf ähnliche Weise,

_______________

[1] Siehe Lange, Chem. Technologie, Leipzig 1927, Abb. 143, S. 348.

doch wird die zu trennende Emulsion überdies noch der Wirkung eines elektrischen Feldes ausgesetzt.

Wie aus Abb. 63 zu ersehen ist, gelangt durch eine hohle Welle *1* die Emulsion durch Öffnungen *2* in eine rotierende Kammer. Sie steigt in ihr hoch und wird durch die Fliehkraft durch verschiedene Widerstände gedrückt, die folgendermaßen ausgebildet sind: Je zwei kegelförmig geformte und gelochte Bleche *3* und *4* sind durch Isoliermaterial in geringem Abstande gehalten. Das jeweils untere Kegelblech ist mit der hohlen Welle, das jeweils obere mit dem äußeren Gehäuseteil leitend verbunden; Welle und Gehäuse sind gegeneinander isoliert. Zwischen diesen Kegelblechelektroden ist die Stromquelle *10* geschaltet, die Stromabgabe erfolgt über die Schleiffedern *11* und *12*. Die zu trennenden Flüssigkeiten müssen infolge der Fliehkraft diese gelochten Bleche passieren und werden dadurch fortgesetzt elektrischer Spannung ausgesetzt, die die Trennung der Emulsion begünstigt. Die schwerere Flüssigkeit flieht nach außen, steigt über das nichtgelochte Kegelblech *5* auf und tritt bei *6* aus. Die leichte Flüssigkeit wird sich an der Innenseite des Kegel-

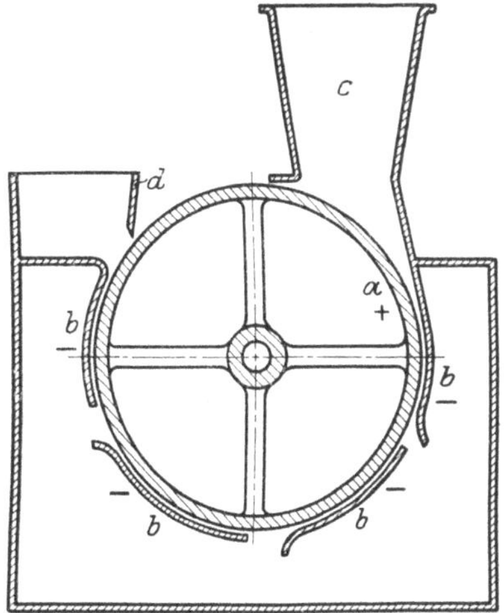

Abb. 64. Elektrische Abscheidevorrichtung.

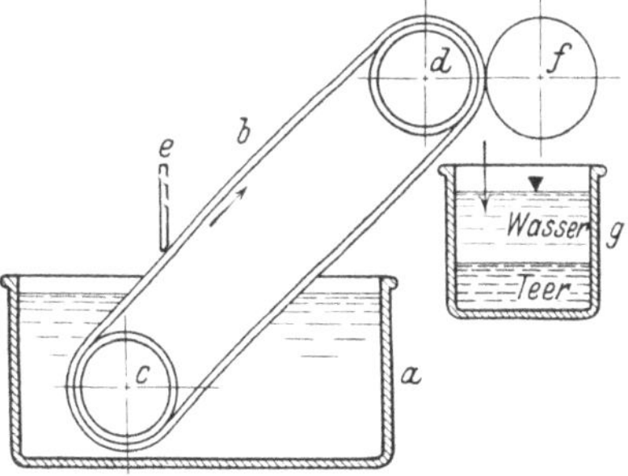


Abb. 65. Scheidevorrichtung unter Ausnutzung der Capillarwirkung.

bleches *5* nach oben bewegen und aus der Öffnung *7* abgezapft. Die Entnahme der getrennten Flüssigkeiten erfolgt bei *8* bzw. *9* (D.R.P. 431 252).

In der eben beschriebenen Anordnung hatte ein elektrisches Feld die Trennung einer Emulsion durch die Fliehkraft unterstützt. Elektrische Ströme vermögen jedoch auch ohne mechanische Mitwirkung Entemulsionierung herbeizuführen. Ein derartiger Apparat ist in der Abb. 64 wiedergegeben: Durch den Trichter *c* gelangt die Emulsion zwischen einen walzenförmigen umlaufenden Körper *a* und mehrere in geringem Abstand von ihm befindliche Elektroden *b*. Der leitende Umfang der Walze ist Anode, die gegenüberstehenden Elektroden sind zur Kathode einer Stromquelle ausgebildet. In den engen Raum zwischen diesen beiden Elektroden wird nun die Emulsion durch die Drehung der Anode hineingezogen, dem elektrischen Felde ausgesetzt und geschieden, so zwar, daß die eine Phase an der Anode abgelagert und durch den Schaber *d* abgekratzt wird. Die Bestandteile der anderen Phase gelangen über die Kathoden in ein Sammelgefäß. Die Kathode ist zu dem Zwecke unterteilt, um die Größe der Spannung nach Bedarf abändern zu können (D.R.P. 305217).

Der Zerfall von manchen Emulsionen wird dadurch begünstigt, daß man sie von einem schwammigen Gewebe aufsaugen läßt. Durch die capillare Saugwirkung werden die dünnflüssigeren Bestandteile (z. B. Wasser) der Emulsion tiefer in das Gewebe eindringen als die dickflüssigeren (z. B. Teer). Preßt man dann das Gewebe wieder aus, so wird die Scheidung in die Einzelbestandteile durch einfaches Absitzenlassen schnell zu erreichen sein. Die Abb. 65 gibt einen solchen Apparat wieder: Im Bottich a befindet sich die Emulsion. Das endlose Band b aus schwammigem Gewebe wird von den beiden Rollen c und d angetrieben. Der eintauchende Teil dieses Bandes saugt Emulsion an und bringt sie nach oben, wo sie von der Rolle f wieder aus dem Gewebe ausgepreßt wird. Die in den Scheidebottich g abfließende Emulsion zerfällt dann in kurzer Zeit. Der Abstreifer e gestattet die vom Band mitgenommene Emulsionsmenge zu dosieren (D.R.P. 371234).

Es sei zum Schlusse noch eine Einrichtung (Abb. 66) beschrieben, in der rasche Abänderung der Rotationsgeschwindigkeit des emulgierten Gutes seine Scheidung in die Emulsionsbestandteile bewirkt. Das zu trennende Gemisch gelangt durch Trichter a und die rotierende Kammer b zwischen zwei sich in gleicher Richtung, aber mit verschiedenen Geschwindigkeiten drehende Scheiben. Durch die Fliehkraft wird das Gemisch nach außen geschleudert und

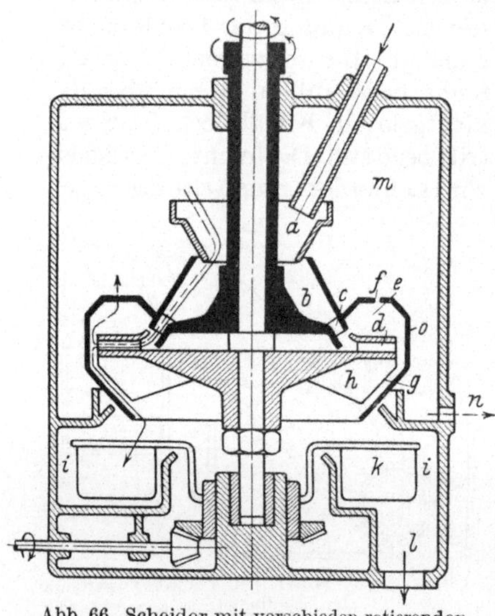

Abb. 66. Scheider mit verschieden rotierenden Systemen.

verläßt diese Kammer bei c. Von hier kommt es in einen Ringspalt d, der durch eine zweite konaxiale Welle gleichsinnig, aber mit anderer Geschwindigkeit umläuft. Durch diese Geschwindigkeitsänderung, verbunden mit der Fliehkraft, wird der Abscheidevorgang eingeleitet. Beim Verlassen des Ringspaltes trifft das schon teilweise getrennte Gemisch auf eine Zylinderfläche o, die mit der gleichen Geschwindigkeit umläuft wie die Kammer b. Der leichtere Bestandteil wird nun infolge der Fliehkraft an den Wandungen des Zylinders hochsteigen, sich im Raume e sammeln und bei f in den oberen Teil der Hauptkammer m überströmen. Bei n erfolgt die Ableitung. Die schweren Bestandteile werden an der Kegelfläche g heruntergleiten, daselbst am Ansetzen durch die Schabflügel h verhindert, die mit der Geschwindigkeit des Ringspaltes d rotieren, und im Sammelraum i abgelagert. Von hier gelangen sie mittels des rotierenden Förderwerkes k in den Ablauf l (D.R.P. 425796).

# Spezieller Teil.

# Die Industrien der fetten und der mineralischen Öle.

## Die Verarbeitung der fetten Öle und Fette.

### Emulsionen bei der Fettabscheidung.

Jeder natürliche rohe Fettstoff ist, wie in der Einleitung zu diesem Abschnitt gesagt wurde, eine Emulsion, deren Gehalt an wäßriger Flüssigkeit jedoch meist, und zwar wegen der Speicherung der Fette in besonderen Organen, so gering ist, daß er die Abtrennung des Fettstoffes aus seinem Verbande mit den wasserhaltigen, tierischen oder pflanzlichen Geweben nicht stört, wenn man während der Operationen jede Möglichkeit der Bildung von Vermittlern, nementlich von Seifen, ausschließt. Anders ist es, wie noch gesagt werden wird, bei der Raffination der Fette und Öle, ferner bei ihrer sog. Renovierung, wenn sie ranzig sind und bei der Abtrennung mancher fettsäurereicher Naturprodukte. In neuester Zeit wurde durch Untersuchungen an Hammeltalg, Kakaobutter und Baumwollsaatöl festgestellt[1], daß diese natürlichen Fette nur zu 26, 5, bzw. 1,5% völlig gesättigte und im übrigen ungesättigte Glyceride enthalten, die z. B. beim Hammeltalg aus 35% gesättigten und 65% ungesättigten Fettsäuren bestehen. Diese Tatsache der gleichmäßigen Verteilung der ungesättigten Säuren auf das vorhandene Glycerin und das Zurücktreten der einfachen Triglyceride und der gemischten gesättigten Glyceride gegenüber den ungesättigten, erklärt die besonderen Eigenschaften mancher Fette, z. B. der Kakaobutter, hinsichtlich ihres Verhaltens z. B. in emulsionstechnischer Hinsicht und gegenüber Einflüssen, die zum Ranzigwerden führen.

Die Gewinnung der Kuhbutter ist ein besonderer Vorgang der Zerstörung einer ursprünglichen und der Bildung einer neuen Emulsion (s. S. 232); die sonst gebräuchlichen Fettabscheidungsverfahren des Ausschmelzens, Pressens und der Extraktion bedürfen kaum irgendwelcher die Emulsionenbildung verhindernder Maßnahmen.

Man schmelzt in erster Linie tierische Fette aus[2], und zwar vorwiegend das reinen Talg enthaltende zerkleinerte Fettgewebe des Rindes zur Gewinnung des Premier jus mit warmem Wasser[3], der Sekunda-

---

[1] HILDITCH, T. P. u. C. H. LEA: Ref. in Chem. Zentralbl. 1928, I, 1339.

[2] Über das neuzeitliche Fettschmelzverfahren siehe z. B. J. BARTH: Seifensieder-Ztg 52, 233.

[3] D.R.P. 226137; vgl. A. NIEDOFF: Seifenfabr. 21. 1234.

ware mit Dampf und nur des technischen Talges unter Druck, bezeichnenderweise mit Zusatz von Schwefelsäure, um vorhandene Seifen zu zerstören und die Bildung von Emulsionen aus dem Fettstoff und wasserhaltigem Eiweißgewebe zu verhindern. Auch Nußöl wird örtlich aus, zwecks Abtötung der emulgierend wirkenden Fermente bei 150 bis 180° vorgerösteten Nußkernen, mit warmem Wasser ausgeschmolzen, um sehr reine Ware zu gewinnen[1]. Das Vorrösten entspricht in der Wirkung der Wasserbeseitigung dem Vorwärmen des Walspecks und der Dorschlebern bei Gewinnung des Wal- bzw. Lebertranes, überdies wird auch das Eiweiß der Gewebezellen, aus denen das Fett in der Wärme ausschmilzt, zum Gerinnen gebracht und so als Emulsionsvermittler ausgeschaltet.

Dasselbe gilt für die Gewinnung der Öle durch Pressung und Extraktion. Ölsaat, auch wenn sie zur Erzielung von Primaware kalt gepreßt wird, muß zur Zerstörung der Ölemulsion, wie sie in den Samen vorliegt, natürlich auch um das Öl leichtflüssiger zu machen, vorgewärmt werden; auszupressender Walspeck[2] wird vorerhitzt, und sogar bei der unter dem eigenen Druck der hochgeschichteten Lebermassen erfolgenden Auspressung des Medizinallebertranes sollen die Lebern sonnenwarm sein[3]. Bei der üblichen Gewinnung des Sprotten- oder Menhadenöles durch Pressung der in Säcke gefüllten, wasserreichen Fische unter hohem Dampfdruck ist die Bildung von Emulsionen trotz der zugeführten Wärme wegen der Menge vorhandener Albumine nicht zu vermeiden, und dadurch ergeben sich natürlich Verluste und ungleichmäßige Warebeschaffenheit, die in den zahlreichen Marken des Handelöles ihren Ausdruck findet[4].

Unentbehrlich ist die absolute Vortrocknung des zu extrahierenden Materiales bei der Aufarbeitung der Ölkuchen[5]. Denn hier liegt die Gefahr der Bildung eines schwer trennbaren emulgierten Systems aus Fettstoff und organischem Lösungsmittel (Benzin, Schwefelkohlenstoff, Tri, Tetra usw.) mit den wasserhaltigen Proteinsubstanzen der Ölpreßkuchen als Vermittler ganz besonders vor. Wie wichtig die möglichst weitgehende Vortrocknung der Ölsaat vor der Extraktion ist, geht auch aus neueren Untersuchungen hervor[6], deren Ergebnisse dartun, daß eine Trockentemperatur von 130—150° Wasserminderung des Gutes bis auf 1,5—2,5% und eine Ölausbringung von 99% aus den überdies leichter und feiner mahlbaren Samen herbeiführt. Die Trocknung muß allerdings möglichst rasch vor sich gehen, um der Verhärtung des Öles in ihren noch ungesprengten Hüllen vorzubeugen. Immerhin muß, wie man sieht, die Trocknung, um zur völligen Wasserbeseitigung zu führen,

---

[1] D.R.P. 109237.      [2] D.R.P. 294551.

[3] Vgl. OFFERDAHL: Z. angew. Chem. 1914, III, 4.

[4] Vgl. H. PIETRUSKY: Seifensieder-Ztg 1905, 340ff.

[5] Das Verfahren des D.R.P. 179449 zur Extraktion feuchten Gutes, wird wohl kaum ausgeführt.

[6] LOBASCHOW, A.: Ref. in Chem. Zentralbl. 1927, I, 2251. — Über die Abhängigkeit der Ölausbeute von dem Feuchtigkeitsgehalt der Ölsamen und der Temperatur des Extraktionsmittels s. a. das Ref. in Chem. Zentralbl. 1927, I, 1383.

bei höherer, das Gut u. U. schädigender Temperatur erfolgen, so daß mit Erfolg vorgeschlagen wurde, diese Entwässerung der Kuchen oder auch von Knochen in einem heißen Bade aus eigenem Fettstoff oder Talg vorzunehmen[1]. Umgekehrt gibt es aber auch Fettabscheidungsverfahren, z. B. aus den Fett- und Eiweißrückständen von unter Druck vorentfetteten Knochen[2], bei deren Ausführung man durch Kochen mit Soda absichtlich Emulsionsbildung herbeiführt, um die gebildete obere Fettschicht von der ebenfalls gut absetzenden mittleren Eiweiß-Soda-Emulsion und diese von dem festen Bodensatz leicht abziehen zu können. Ein originelles Verfahren zur Ölextraktion z. B. aus Ölsaat oder -kuchen ist dadurch gekennzeichnet, daß man als Extraktionsmittel das mischbare Gemisch einer nur die Fettstoffe mit einer nur die Nebenbestandteile (Gerb-, Farb-, Bittersubstanzen usw.) aufnehmenden Flüssigkeit verwendet, die beide benachbarte Siedepunkte haben. Nach genügender Sättigung des Lösungsmittelgemisches erzeugt man aus ihm und zugesetztem Wasser eine Emulsion und bewirkt so die nach einigem Stehen erfolgende Bildung zweier leicht trennbarer Schichten, deren Inhalt dann wie üblich aufgearbeitet wird[3]. Man arbeitet z. B. mit Aceton als dem zweiten Extraktionsmittel, das bei der Verdünnung mit Wasser alle Verunreinigungen einschließt und das Fett frei gibt[4].

Zu den unangenehmsten Rohstoffen der Fettindustrie gehören die Wollwaschwässer, weil sie notwendigerweise Emulsionen aus dem Fettstoff und der zur Wollwäsche benötigten Seifenlauge sein müssen; überdies schließen die Brühen noch die Hälfte ihres Fettinhaltes Kalisalze ein. Die freiwillige Trennung dieser zäh-schmierigen Gemische in Fettanteil und wäßrige Schmutzlauge würde Wochen dauern, und andererseits führt die künstliche Zerstörung der Seifen mittels Säuren oder ihre Umsetzung zu unlöslichen Kalkseifen zu neuen unerquicklichen Emulsionen, so daß man die Wollwaschwässer in neuerer Zeit, zweckmäßig nach Anreicherung ihrer Wertstoffe durch mehrmaligen Gebrauch[5], weniger gut durch Konzentrierung[6], schleudert und so in einem Arbeitsgange[7] das Fett von der weiter bis zur Sättigung mit Kalisalzen verwendbaren Seifenlauge abtrennt[8]. Aber auch dann bleiben noch Schwierigkeiten der weiteren Reinigung und Zerlegung des rohen Wollfettes bestehen[9], die in seiner Natur als wirres Gemisch von freien, zudem größtenteils ungesättigten und mit Cholesterinen veresterten Fettsäuren, wachsartigen Körpern und Unverseifbarem begründet sind. Überdies muß Fett, um es durch Schleuderung separieren zu können, zur Erzielung der nötigen Dünnflüssigkeit so hoch erhitzt werden, daß es, wenn vielleicht auch nicht chemisch verändert, doch zum Lösungsmittel für Schleim-, Eiweißstoffe und andere Substanzen wird,

---

[1] D.R.P. 197725, 208443.   [2] D.R.P. 325755.   [3] Franz. Pat. 575053.
[4] Ref. in Chem. Zentralbl. 1925, II, 107.
[5] Chombers, E. V.: J. Soc. chem. Ind. 35, 417.
[6] D.R.P. 113894.   [7] D.R.P. 340473.
[8] Ayres, A.: Met. Chem. Eng. 1916, 317.
[9] Schrauth, W.: Seifensieder-Ztg 43, 437.

die sich dann in dem erkalteten Schleudergut wieder abscheiden
Näheres über die Wollfettaufarbeitung s. S. 183.

## Emulsionen bei der Fettspaltung.

Jede Fettzerlegung ist eine Hydrolyse, die stets mit Wasser bei
Gegenwart oder Abwesenheit anderer katalytisch oder als Emulsionsvermittler wirkender Stoffe vor sich geht. Die Spaltung mit Wasser
allein, ein Verfahren, das schon im Jahre 1883 vorgeschlagen[1] und in
neuerer Zeit weiter verfolgt wurde[2], wäre ideal zu nennen, da so die
reine Zerlegung ohne Bildung von Nebenprodukten erfolgt und das
Glycerinwasser solange weiter als Spaltungsmittel dienen kann, bis es
genügend angereichert zur Destillation reif ist. Die unliebsamen Arbeitsbedingungen, z. B. der nötige hohe Druck (bis zu 40 at) des auf etwa
240° überhitzten Wasserdampfes, fortgesetztes Rühren des Autoklaven-
inhaltes während Stunden, scheinen jedoch die wirtschaftlichen Grenzen
zu überschreiten.

Bei der üblichen Autoklavenspaltung[3] der natürlichen Fettstoffe
mit 10% Wasser und 0,6% Zinkoxyd nebst 3% Zinkstaub entstehen
zunächst, unter intermediärer Bildung von Di- und Monoglyceriden,
Zinkseifen, die sich mit dem unveränderten Fett emulgieren[4]. Das Auftreten dieser durch den spaltend wirkenden Dampf leicht angreifbaren
Emulsionen kennzeichnet das Wesen des Verfahrens. In welch
hohem Maße die durch Emulgierung bewirkte Feinzerteilung der Stoffe
ihre gegenseitige chemische Reaktionsfähigkeit erhöht, geht aus Untersuchungen von C. BERGELL und L. LASCARAY hervor[5], die fanden,
daß in Emulsionen von Seife und Fettstoff dieser durch Wasser allein,
und zwar bis zu einer Höhe gespalten werden kann, die dem Seifengehalt
der Emulsion entspricht. Dadurch erklärt sich das Ranzigwerden neutral-
fetthaltiger Seifen als Folge des durch wäßrige Spaltung herbeigeführten Auftretens freier Fettsäuren und auch das sog. Zusammenfahren
eines laugearmen Seifensudes als die Folge der Bildung von nahezu
unlöslichen Additionsverbindungen zwischen Seifenleim und abgespaltenen Fettsäuren. Wenn man statt des Zinkoxydes Ätzalkali anwendet,
wird im Prinzip nichts geändert, es bilden sich dann eben lösliche Seifen,
die fortwährend gespalten werden, so daß immer wieder Alkali frei wird,
das den katalytisch wirkenden Emulsionsvermittler darstellt, der auch
noch tätig bleibt, wenn sich allmählich die Fettsäuren bis zu 90% des
ursprünglichen Fettstoffgewichtes anreichern und man den Vorgang
unterbricht[6]. Durch Autoklavenspaltung in zwei Stufen, zunächst
mit Wasser und Zinkstaub und folgend (nach Entfernung des Glycerin-
wassers und einer emulsionsartigen Zwischenschicht) mit Ätznatron-

---

[1] D.R.P. 27321.

[2] D.R.P. 292496.

[3] Vgl. C. H. KEUTGEN: Chem. Ztg. 51, 62, 82.

[4] Über Autoklavenspaltung mit Zinkoxyd und Zinkstaub als den besten Katalysatoren siehe die Mitt. aus der Praxis von M. OST in Chem. Umschau 32, 10.

[5] Seifens.-Ztg. 1924, 895, 915.

[6] Vgl. J. MARCUSSON: Materialprüf.amt 32, 502. — J. KELLNER: Chem. Ztg.
1909, 453 ff.; Z. angew. Chem. 26, I, 173.

lösung, beide Male während etwa 6 Stunden unter 6—7 at, soll man den Spaltungsgrad bis auf mehr als 99% erhöhen können[1].

Die vom Glycerinwasser abgehobenen „Saponifikat"-Fettsäuren enthalten nun, zum Teil emulgiert, neben Verunreinigungen und Zinkseifen, noch unzerlegtes Neutralfett und die vorhandene Ölsäure in unverändertem Zustande. Man unterwirft das Produkt (gegebenenfalls auch, den rohen, und dann sorgfältig vorgetrockneten Fettstoff) nun der Acidifikation, d. i. Spaltung mit etwa 5% Schwefelsäure, zerstört so die Emulsionen und zerlegt die noch vorhandenen Neutralfette restlos. Gleichzeitig wird an die Doppelbindung der Ölsäurekomponente des Fettsäuregemisches unter dem Einfluß der Schwefelsäure Wasser bzw. Schwefelsäure angelagert, so daß aus der flüssigen Fettsäure die nunmehr feste Oxystearinsäure nebst türkischrotölartigen Produkten entsteht, welch letztere als hervorragende Emulsionsbildner das Neutralfett emulgieren und es so dem Zutritt der spaltenden Schwefelsäure zugänglicher machen. Die Acidifikation ist demnach gleichzeitig eine Ölhärtung und erhöht die Ausbeute an Kerzenmaterial, denn wenn die Oxystearinsäure auch bei der folgenden Destillation des Fettsäuregemisches nicht erhalten bleibt, so erfährt sie doch nicht Rückverwandlung in Öl-, sondern in die bei 44° schmelzende, demnach ebenfalls feste, Isoölsäure.

In noch höherem Maße tritt die technische Bedeutung der Emulsion als physikalisches Hilfsmittel chemischer Arbeit in den beiden Fettspaltungsverfahren von TWITCHELL und auf enzymatischem Wege zutage.

Die Wirkungsweise des Twitchell-Reaktivs (und der neueren Fettspalter „Kontakt", „Pfeilring", „Idrapid" u. a.), einer Naphthalinsulfo-Sulfofettsäure, erhalten z. B. durch Sulfonierung eines molekularen Gemisches von Ölsäure (im Pfeilringspalter: hydriertes Ricinusöl) und Naphthalin (auch Benzol, Phenol, Erdölkohlenwasserstoffe, letztere im Kontaktspalter), beruht auf der Kombination von Emulsionswirkung und katalytischer Beschleunigung der Spaltung der Fettsäure-Glycerinester (des natürlichen Fettstoffes) durch freie Säuren. Es bildet sich zunächst Sulfoölsäure und Naphthalinsulfosäure, von denen die erstere sich unter Bildung von Oxystearinsäure zersetzt, die dann ihrerseits mit der Naphthalinsulfosäure einen Oxystearinsäure-Napthalinsulfosäureester liefert. Dieser ist der in Salzwasser unlösliche Anteil des Reaktivs, der an sich die Spaltung nicht beschleunigt, wohl aber die Emulgierung des zu spaltenden Fettstoffes fördert[2]; die eigentliche Fettspaltung ist auch hier, wie bei der Acidifikation, der Schwefelsäure (dem Wasser, s. oben) zuzuschreiben[3]. Auch das Endprodukt der Twitchell-Fettspaltung ist ein emulgiertes Gemisch, das sich jedoch durch Zusatz von auf das Gewicht des Spalters bezogen 0,1—0,5% Gips dadurch leicht

---

[1] D.R.P. 423764.

[2] GOLDSCHMIDT, F.: Seifensieder-Ztg 39, 845; über die Geschichte der Twitchellreaktion s. ebd. 1917, 481, 506, 530. — Vgl. L. GRIMLUND: Z. angew. Chem. 25, 1326.

[3] HOYER: Z. Öl- u. Fettind. 1921, 113; vgl. J. GROSSER: Seifensieder-Ztg 52, 325.

trennen läßt, daß die von den Spaltungsprodukten scheidbaren Calciumsalze jener Sulfosäuren beseitigt werden. Die Kalksalze werden nachträglich zur Regenerierung der Reaktivsäuren mittels Schwefelsäure zerlegt[1]. Im neueren Twitchell-Doppelreaktiv liegt jener Emulsionsbildner, die sulfoaromatische Fettsäure, der wirksame Bestandteil des Sulfierungsgemisches im alten Reaktiv, in reiner Form vor. Er leistet dementsprechend auch das Doppelte unter der Voraussetzung, daß man sehr reine Fettstoffe der Spaltung unterwirft; zweckmäßig wird demnach jedes Fett vorher mit Schwefelsäure raffiniert[2]. Die hohe emulgierende Kraft der Twitchellreaktive und ihrer Konkurrenzprodukte wird übrigens auch außerhalb der Öl- und Fettindustrie zur Herstellung von Teerfarbstoffemulsionen in Form von Lösungen, Pasten und Küpenpräparaten ausgenützt[3]; siehe auch die neuzeitlichen Netzmittel S. 56.

In noch höherem Maße als das Twitchellverfahren ist die enzymatische Fettspaltung eine Reaktion zwischen Emulsionen. Sie beruht auf einer schon von PELOUZE[4] gemachten Beobachtung, der feststellte, daß aus Ölsaat gepreßtes Öl in seiner milchigen Emulsion mit den wasserhaltigen Samenhüllen sich selbst überlassen, auch bei Luftabschluß, also nicht als Folge oxydativer Wirkung, spontan in Fettsäure und Glycerin zerfällt. Später erkannte man als Ursache dieser Erscheinung die Wirkung lipoidischer Fermente, die sich in zahlreichen Pflanzensamen (Hafer, Mais, schwarzer Pfeffer, Kola), besonders in Ricinussaat und in den Preßkuchen des Öles finden[5]. Durch Schleudern einer Verreibung von zerquetschten Ricinussamen mit Ricinusöl stellte man dann ein mit Enzym angereichertes Präparat von, auf das bloße Samenquetschgut bezogen, der mehr als 10fach vermehrten fettspaltenden Wirkung her und erhielt so die (inzwischen noch verbesserte) Fermentsubstanz, das Mittel zur technischen Ausführung der enzymatischen Fettspaltung[6].

Das Verfahren arbeitet mit einfachen Mitteln, muß jedoch auf niedrig schmelzende Fettstoffe beschränkt bleiben, da die „Lipase" (S. FOKIN) bei 43° unwirksam wird. Man verrührt einfach Palm-, Cotton-, Leinöl u. dgl. mit 40% Wasser und 7—9% der grau-milchigen Fermentemulsion unter Zusatz von 0,2% Mangansulfat als die Reaktion sehr beschleunigenden Katalysator[7], unter Lufteinleiten, während 50—60 Stunden bei etwa 30°, setzt dann, wenn die Spaltung bis zu 90% vorgeschritten ist, 0,2% konzentrierte Schwefelsäure zu der Emulsion, zerstört sie so, vernichtet gleichzeitig die Fermentwirkung durch Erhitzen des Bottichinhaltes auf 85° und bringt ihn in einen Scheider. Das schnell abgeschiedene Glycerinwasser wird unten abgezogen, und es hinterbleibt eine

[1] Franz. Pat. 628007.

[2] STEINER, O.: Seifensieder-Ztg 34, 205. — Über ein neues mittels organischer Lösungsmittel von den Fettsäuren befreites Twitchellreaktiv s. D.R.P. 365522.

[3] D.R.P. 303121.

[4] Journ. prakt. Chem. 65, 300.    [5] MASTBAUM, H.: Chem. Revue 1907, 44.

[6] Die grundlegenden Arbeiten von W. CONNSTEIN, E. HOYER u. H. WARTENBERG in Ber. 35, 3988; vgl. W. FAHRION: Seifensieder-Ztg 39, 135, 158; ferner J. ALTENBERG u. E. HOYER: Chem. Umschau 32, 45 und Seifensieder-Ztg 54, 449.

[7] D.R.P. 188429 und die vorhergehenden D.R.P. 145413, 147757.

Emulsion, von der man die allmählich aufgestiegene Fettsäureschicht abhebt, während aus der Mittelschicht nach ihrer Entemulsionierung noch weiteres Glycerinwasser und fettsäurereicher Seifenrohstoff gewonnen werden kann[1]. Die Ferment-Fettspaltung liefert die qualitativ besten und reinsten Fettsäuren[2].

Sämtliche Fettspaltungsverfahren der Technik, und zwar emulsionstechnisch allen voran die enzymatische Methode, erreichen demnach die Zerlegung der natürlichen Fettstoffe in Glycerin und Fettsäuren einzig und allein dadurch, daß der Rohstoff wegen seiner Unlöslichkeit in Wasser zuerst mit ihm emulgiert und dadurch bis zu einer Feinheit zerteilt wird, die den Angriff der Chemikalien ermöglicht.

## Emulsionen bei der Weiterverarbeitung der Fettstoffe und ihrer Komponenten.

Die von der Fettspaltung kommenden Glycerinwässer, in weit höherem Maße jedoch die Unterlaugen des Seifensudes, sind Lösungen anorganischer Salze, die auch alle organischen Verunreinigungen der natürlichen Fettstoffe gelöst, emulgiert oder in Suspension enthalten. Vom Standpunkte der Emulsionstechnik ist hinsichtlich der Aufarbeitung der glycerinhaltigen Flüssigkeiten nicht viel zu sagen, da der Destillationsprozeß eine so reine wäßrige Glycerinlösung erfordert, daß ihm auf jeden Fall eine summarische·Reinigung durch Ausfällung der Verunreinigungen vorangehen muß, wobei die wenig Fettstoff, hingegen viel Harz, Leim-, Schleim- und Eiweißsubstanzen enthaltenden Emulsionen ebenfalls zerstört werden.

Ebenso bietet sich den aus den Naturfetten abgespaltenen Fettsäuren während ihrer Weiterverarbeitung durch Destillation und Ausfrierung keine Gelegenheit in Emulsionen einzutreten, und auch die heutige Ölhärtung hat mit Emulsionen kaum etwas zu tun. Eine frühere Methode sei erwähnt, nach der man durch Erhitzen von Ölsäure mit festem Ätzalkali eine Seife herstellte, die bei der folgenden Zersetzung ihrer wäßrigen Lösung mittels Säure eine feste Fettsäure gegeben haben soll[3]. Bei der seinerzeit üblichen Fettbehandlung mit konzentrierter Schwefelsäure bei Temperaturen über 100° zur Gewinnung von Hartfetten für die Speisefettindustrie (Bildung von Oxystearin- bzw. Isoölsäure, s. oben) und bei den später versuchten elektrolytischen Ölhärtungsverfahren[4] traten während der folgenden Weiterverarbeitung durch Emulsionsbildung häufig bedeutende Störungen auf, die wohl mit dazu beigetragen haben, die Verfahren nicht weiterzuverfolgen. Die Entstehung von Seifen und Emulsionen war auch in·den Anfängen der heutigen katalytischen Ölhärtung die Ursache von Katalysatorenvergiftung und vielen Mißerfolgen[5], doch wurde andererseits vorgeschlagen[6], direkt Emulsionen z. B. von Japantran und zwar mit Gummi

---


[1] Hoyer, E.: Seifensieder-Ztg 1905, 509ff.; vgl. ebd. 1907, 778.
[2] Altenburg, J. u. E. Hoyer: Z. Öl- u. Fettind. 45, 84.
[3] Vgl. Polyt. Zbl. 1868, 77.
[4] Z. B. D.R.P. 126446.　　　[5] Engl. Pat. 162382.
[6] D.R.P. 230724; vgl. Z. angew. Chem. 1919, 305.

arabicum oder anderen Pflanzengummen oder mit Leim zu erzeugen und solche Gemische bei Gegenwart von Palladiumchlorüre zu hydrieren, um aus dem genannten Rohstoff ein Hartfettgemisch vom Schmelzpunkt 48—55° zu erhalten. Die katalytischen Edelmetall- oder Nickelpräparate sind übrigens, auch wenn man sie mit Öl zu außerordentlicher Feinheit vermahlen anwendet[1], trotz ihrer emulsionsartigen Beschaffenheit keine Emulsionen, da in diesen sorgfältigst wasserfrei gehaltenen Substanzen die zum Wesen der Emulsion gehörende wäßrige Komponente fehlt. Im gleichen Sinne ist ferner die Wiederbelebung der Katalysatoren, auch wenn sie in wäßrig alkalischer[2] oder saurer[3] Lösung erfolgt, keine Emulsionszerstörung, sondern eine Schwer- bzw. Edelmetallseifenspaltung.

Weit mehr als die genannten Fettverarbeitungsverfahren greifen die Methoden zum Bleichen, Reinigen, Entsäuern u. dgl. in das Gebiet der Emulsionstechnik ein. Denn alle wäßrig, echt oder kolloid, gelösten organischen Verunreinigungen sind mit den sie tragenden Fettstoffen emulgiert, und bis zur Festigkeit chemischer Verbindungen steigert sich die Vergesellschaftung der Naturfette mit ihren natürlichen Farbstoffen, die sich aus jenen bzw. ihren Fettsäuren oder aus Oxyfettsäuren während der Entstehung des Fettes gleichzeitig mit ihm im Organismus bilden. Die färbenden Naturfettbestandteile zeigen darum auch die gleichen Eigenschaften der Verseifbarkeit, Emulgierbarkeit, Lösefähigkeit und Abscheidbarkeit, wie ihre Muttersubstanzen, obwohl die Farbfettkörper im allgemeinen höher sieden als die Fettsäuren und aus glycerinhaltigen basischen Salzwasseremulsionen schwerer aussalzbar sind[4].

Die Fettstoffbleiche, die stets gleichzeitig eine Reinigung des Fettes von Suspensionskolloiden bedeutet, führt nicht minder auch zur Zerstörung vorhandener Emulsionen, wenn man, wie es vorwiegend geschieht, mit adsorbierenden Bleicherden, Tierkohle, Papier- und Holzbrei oder ähnlichen physikalisch wirkenden Behelfen arbeitet. Hier sei die Fettstoff-Rückgewinnung aus gebrauchter Bleicherde nach einem neuzeitlichen Verfahren erwähnt. Diese Methode ihrer Behandlung mit heißer verdünnter Natronlauge unter Bedingungen, die Verseifung des Fettes ausschließen[5], ist ein Verfahren zur Herabsetzung der Oberflächenspannung zwischen den Öl- und Bleicherdeteilchen, in dessen Verlauf der Impuls zur Aufhebung der dann noch zwischen beiden wirkenden Adhäsion dadurch erteilt wird, daß man die ganze Masse im Rührwerkautoklaven mit zugesetzter Kochsalzlösung bei 150° auf 4 at Druck bringt. Bei stillstehendem Rührwerk scheidet sich schließlich innerhalb weniger Stunden das schwimmende Neutralöl von der wäßrigen Bleicherdesuspension.

Die bei der chemischen (oxydativen) Fettreinigungsmethode mit Bichromat und Schwefelsäure wie überhaupt beim Bleichen in saurer

---

[1] Z. B. nach D.R.P. Anm. W. 37440 Kl. 23d; vgl. Engl. Pat. 72 (1912) u. 15439 (1911).      [2] D.R.P. 314685.
[3] D.R.P. 324580.      [4] Dubowitz, H.: Seifenfabr. 34, 747.
[5] D.R.P. 426712.

Lösung entstehenden Emulsionen von reinem Fettmaterial und unreiner Säureschicht setzen meist schnell und gut ab, so daß man zur Unterstützung der Fettstoffaufrahmung kaum besondere Maßnahmen zu ergreifen braucht. Dies gilt z. B. auch für ein Verfahren zur Trandesodorierung durch Emulgieren des Rohfettstoffes mit je 1% Formaldehyd und Schwefelsäure und Beseitigung der abgesetzten klebrigen Massen[1]. Zuweilen[2] müssen Fette oder Öle jedoch vor der eigentlichen z. B. oxydativen Farbstoffzerstörung mit Alkali vorbehandelt werden, oder man wendet von vornherein alkalische Mittel, und zwar besonders dann an, wenn die Fettstoffe gleichzeitig entsäuert werden sollen. Dann ist reichlich Gelegenheit zur Bildung von Emulsionen unter Vermittlung der gebildeten Seifen geboten.

Es ist bemerkenswert, daß sehr geringe Alkalimengen in einer großen Menge rohen Pflanzenöles zuerst außer den freien Fettsäuren die Verunreinigungen verseifen. Die gebildete Emulsion von konzentrierter Seifenlösung in Öl, soll man, nach den Angaben einer Patentschrift[3], durch Schleudern leicht von der Ölmasse abtrennen können, worauf es natürlich ankommt, wenn das Verfahren als Öl-Vorreinigungsmethode Wert haben soll. Emulgierung und Emulsionszerstörung (s. S. 24) in einem Vorgange unter Abscheidung von leicht filtrierbarer fester Seife liegen einem Verfahren zur Fettstoffentsäuerung zugrunde, bei dem man die zur Seifebildung aus den vorhandenen Fettsäuren errechnete Sodalösung (mit 10% Überschuß) in dem Maße der Wasserverdampfung in das erwärmte ständig bewegte unter hohem Vakuum stehende Fett einfließen läßt[4]. Nach einem anderen neuzeitlichen Verfahren[5] bewirkt man die Entsäuerung der Fettstoffe am besten durch deren Emulgierung mit der kolloiden Mischung von Fettlösungs- (Extraktions-) und Entsäuerungsmittel in einem Arbeitsgange, folgende Filtration von der gebildeten Seife und Beseitigung des Lösungsmittels durch Destillation. Es sei noch auf ein eigenartiges neuzeitliches Fettstoffentsäuerungsverfahren verwiesen[6], das auf der Adsorption der freien Fettsäuren (z. B. 4,5%) an grob dispergierte Kernseife beruht. Beim Verrühren des betreffenden Öles mit auf sein Gewicht bezogen der Hälfte Kernseifenabfällen bei 80° bis zu deren Zerfall, vermag man beim folgenden Aussalzen mit der gleichen Menge 3proz. Kochsalzlösung eine Seife abzuscheiden, die die gesamte Fettsäuremenge adsorptiv gebunden enthält; das abgezogene Öl ist völlig neutral.

Nach älteren Verfahren arbeitete man mit kohlensauren[7] oder fixen Alkalien[8], und zwar möglichst mit nur den zur Verseifung der verunreinigenden Stoffe eben hinreichenden Mengen und unter Kochsalzzusatz[9], um die Bildung von Emulsionen zu vermeiden, oder mit Zu-

---

[1] D.R.P. 362 281.
[2] Siehe z. B. K. Lüdecke: Seifenfabr. 1908, 944: Bleichung von Olivennachschlagölen mit Superoxyden.
[3] Engl. Pat. 228 889 (1925).    [4] D.R.P. 437 520.
[5] D.R.P. 446 188.    [6] Österr. Pat. 108 701 (1926).
[7] D.R.P. 50 944.
[8] D.R.P. 76 615; vgl. Seifensieder-Ztg 1912, 720: Baumwollsaatölraffination.
[9] D.R.P. 82 734 u. Norw. Pat. 35 462.

satz von Glycerin[1], zwecks Herbeiführung der Bildung körniger, leicht absetzender Seifen aus den sauren Verunreinigungen und Fettsäuren. Auch durch gleichzeitige Verwendung von Kohlepulver[2] oder Cellulosebrei[3], zweckmäßig unter gelindem Überdruck, sollte die entstandene Seifenemulsion aufgehoben oder ihre rasche Scheidung von dem gebleichten Fettstoff bewirkt werden. Durch Verrühren von geschmolzenem etwa 3% Fettsäuren enthaltendem Cocosfett mit einer Lösung aus je 2 Teilen Wasser und 50grädiger Kalilauge mit 3 Teilen Zucker, wird die ursprünglich milchige Emulsion nach den Patentangaben[4] zunächst durch Seifenbildung dick, dann aber, nach halbstündigem Erwärmen auf 65°, scheidet sich scharf das Neutralöl von der Bodenseife, die für sich verdünnt direkt als Waschmittel dient.

Nach den Angaben einer anderen Patentschrift[5] soll sich die Bildung von Emulsionen bei der alkalischen Entsäuerungsraffination überhaupt vermeiden lassen, wenn man die Fette und Öle mit höchstens 0,1proz. Alkali- oder Erdalkali(Kalkwasser-)lösungen unter stetem Rühren allmählich auf 50—70° erwärmt, bei welcher Temperatur völlige Abtrennung der gebildeten wäßrigen Seifenlösung erfolgt. Dennoch in ähnlichen alkalischen Fettentsäuerungsgemischen entstandene Emulsionen kann man durch Einleiten indifferenter Gase unter Druck in die höchstens 85° warmen Gemische beseitigen[6], während man die unerwünschte Bildung zäher Emulsionen beim Alkalischstellen sauer raffinierter Öle zufolge einer neuen Vorschrift dadurch unterbinden kann, daß man mit der Alkalilauge Kieselgur oder Bleicherde tränkt und sie in dieser Form zur Anwendung bringt[7].

Auch Wasserglas wurde zur Raffination z. B. des Baumwollsaatöles[8] vor der Chlorkalkbleiche[9] und zur Beseitigung des dem Cocosöl eigenen veilchenartigen Geruches[10] vorgeschlagen. Beim Verrühren des 30° warmen Öles mit der aus seiner Säurezahl berechneten Menge 40grädigen Wasserglases setzt sich nach der Verdünnung der abgekühlten Masse körnige Silicatseife ab, von der das nunmehr geruchlose Öl als erstarrter Kuchen abgehoben wird. Schließlich wird nach einer neueren[11] an ältere Verfahren[12] anlehnenden Methode das der Entsäuerungsraffination zu unterwerfende Öl bei möglichst niedriger Temperatur mit trockenem Ammoniakgas gesättigt. Zunächst entsteht eine scheinbar unentmischbare Emulsion von wasserfreier Ammoniakseife im Fettstoff, die jedoch beim Verdünnen mit Wasser glatt entemulsioniert, so daß man reines Neutralfett und jene Ammoniakseife gewinnt, die, im Vakuum unter 90° zerlegt, in wieder zum Betrieb zurückgehendes Ammoniakgas und reine Fettsäure getrennt wird.

---

[1] D.R.P. 108671.

[2] D.R.P. 143946; vgl. Engl. Pat. 258786 von 1926: Sodalösung und Talkum, Bolus, Metallpulver.

[3] Am. Pat. 1105744; vgl. Z. angew. Chem. 29, 324, 505.

[4] D.R.P. 254024.

[5] D.R.P. 246957; vgl. D.R.P. 49012 u. 125933: Kalkmilchraffination.

[6] D.R.P. 171668.     [7] Engl. Pat. 231900 (1925).     [8] Am. Pat. 1007642.

[9] Am. Pat. 365921.     [10] Techn. Rundsch. 1907, 232; 1908, 684.

[11] D.R.P. 312136.     [12] D.R.P. 121689; vgl. D.R.P. 166866.

Wie sich Emulgier- zu Reinigungsverfahren ausbauen lassen, zeigt ein Verfahren zur Desodorierung von Tran, den man mit der doppelten Menge Wasser, 2% Ammoniak und 1% Terpentinöl emulgiert, um nun so lange Wasser abzudestillieren, bis seine Dämpfe geruchlos entweichen[1]. Mehr noch eine andere Methode zur Entsäuerung und Entschleimung von Fettstoffen[2]: Man emulgiert das Fettsäuren führende Öl oder geschmolzene Fett mit der gleichen Menge Wasser und Alkohol nebst 3% Ammoniak in der Wärme, läßt absetzen und erhält glatt trennbar das schwimmende entsäuerte Fett und eine unten abziehbare Mischlösung, aus der man durch Destillation wäßrigen Ammoniak-Alkohol und im Rückstand, nicht wie sonst Seife, sondern wegen ihres Zerfalles in der Wärme unter Ammoniakabgabe reine Fettsäuren gewinnt. Neuzeitliche Verfahren arbeiten übrigens mit Alkohol allein als Raffinationsmittel. Um dabei die Bildung zäher Emulsionen von Fettstoff, Fettsäuren, Verunreinigungen und Alkohol vorzubeugen, soll man die Rohfette mit konzentrierter Alaunlösung vorbehandeln[3].

Es sei im Rahmen der vom Standpunkt der Emulsionstechnik interessierenden Verfahren noch erwähnt, daß man zur Beseitigung von mit den zu reinigenden Fettstoffen emulgierten, in ihnen kolloid gelösten oder schwebenden Verunreinigungen die Anwendung von Seifenrindemehl[4], also von Saponin oder der ähnlich wirkenden Sulfitablauge, auch von Tannin[5] oder Loheextrakten[6] usw. vorgeschlagen hat, die auf Grund ihrer Fähigkeit, die Verunreinigungen schaumig einzuhüllen, wirken sollten. Doch wurden die Verfahren wohl kaum jemals ausgeführt, da bei dieser Arbeitsweise sicherlich kaum entmischbare Emulsionen entstehen müssen.

Originell ist eine neue Methode, derzufolge man die beim Abpressen gemahlener Cocosnußmassen entstehenden dicken Emulsionen zu ihrer Zerstörung und zur Gewinnung des reinen Cocosnußöles mit Eiweiß verdauenden Bakterien impfen soll, die nach getaner Arbeit als wäßriger Bodensatz abgezogen werden können[7].

### Emulsionen bei der Fett- und Öl(säuren)-Sulfonierung.

Im allgemeinen Teil wurde bereits auf die grundlegende Bedeutung der Türkischrotölbildung für die Emulsionstechnik hingewiesen und zusammenfassend über den Chemismus der Reaktion gesprochen. Im besonderen müssen nun noch Einzelheiten dieser Einwirkung von Schwefelsäure auf fette Öle ungesättigter Natur hervorgehoben werden, um die Überleitung zu den für ein anderes Industriegebiet nicht minder wichtigen geblasenen und geschwefelten ungesättigten Öle aus der Leinölreihe vorzubereiten.

Die Türkischrotölbildung schließt sich an die Spaltung und Verseifung der Öle und Fette als dritter Vorgang an, der beide in sich vereinigt, ergänzt und erweitert, wodurch auch hier aus dem von Natur

---

[1] D.R.P. 415796.    [2] D.R.P. 425124.
[3] D.R.P. 411595.    [4] D.R.P. 70314.
[5] Seifensieder-Ztg 1911, 1172; vgl. Chem. Revue 1911, 201: Gerbsäure.
[6] Dingl. Journ. 1918, 434.    [7] Am. Pat. 1366338.

aus in Wasser unlöslichen Fettstoff in Wasser und Alkalien lösliche Seifen bzw. Stoffe mit freien Sulfo-, Hydroxyl- (Glycerin, Oxysäuren) und Carboxylgruppen (Fettsäuren) entstehen. Spaltung und Verseifung der Fettstoffe sind jedoch in all ihren Einzelheiten verfolgbar, aus den Produkten der Oxysulfonierung lassen sich aber nur noch einzelne Glieder isolieren, wie freie Fettsäuren und Körper mit Hydroxylgruppen, Anlagerungs- und Esterisierungsprodukte, sulfonierte Di- und Triglyceride, wechselnde Mengen unangegriffener Fettstoffe; im ganzen genommen ist das eigentliche Wesen des Ölsulfonierungsprozesses bis heute noch unerkannt[1]. Und bei der Oxydation (Firnisbildung) und Schwefelung schließlich resultiert ein unentwirrbares Gemisch hochmolekularer Kondensations-, Polymerisations- und Oxydationskörper, eine Gesamtheit von Stoffen vom Typus des Linoxyns bzw. der Faktisse auf deren Unlöslichkeit, nicht nur in Wasser, sondern auch in Alkalien und organischen Lösungsmitteln die Verwendbarkeit dieser Körper von harz- oder kautschukartiger Beschaffenheit beruht.

Die Art der fabrikatorischen Ausführung der Ricinusölsulfonierung wurde bereits berührt; nach einer von Erban gegebenen, auf alle anderen derartigen Rohstoffe ebenfalls anwendbaren Vorschrift läßt man in das im verbleiten Rührwerkkessel gehende oder in einer Zentrifuge[2] langsam rotierende, ständig auf etwa 35° gehaltene Ricinusöl (20 kg), innerhalb 6 Stunden 5 kg konzentrierte Schwefelsäure einfließen, wäscht das Produkt nach 24—36stündiger Ruhe mit 90 l lauwarmem Kondenswasser, wiederholt das Waschen nach 24 Stunden noch zweimal unter Zusatz von etwas Glaubersalz oder Natronlauge, entfernt die sauren Waschwässer bzw. schleudert sie ab und fügt dem Öle, ohne völlig zu neutralisieren, soviel (etwa 1750—2000 ccm) 36grädiger Lauge zu, bis es ohne Schaumblasen zu zeigen, klar und durchsichtig erscheint. Dieses Öl von 80—85% Fettgehalt gibt mit Kondenswasser auf 50—60% verdünnt und mit Ammoniak oder Lauge neutralisiert das echte Türkischrotöl.

Nach W. Fahrion[3] sind seine wirksamen Bestandteile nicht die Fettsäuresulfosäuren, sondern innere Ester der entsprechenden Oxysäuren, die Polyricinolsäuren. Denn arbeitet man wie oben, jedoch mit einem Schwefelsäure-Ricinusölgemisch 1 : 3, so erhält man unter Aufrechterhaltung der Doppelbindung Ester, die beim Erwärmen mit verdünnter Salzsäure Ricinolsäure rückbilden oder Produkte geben, die aus 2 oder mehr Molekülen Ricinolsäure bestehen. Arbeitet man mit mehr als 1 Mol. Schwefelsäure auf 3 Mol. Öl, so wird die doppelte Bindung aufgehoben, beim folgenden Behandeln mit Wasser wird eine Hydroxylgruppe eingeführt, und man erhält eine gesättigte Säure[4]. Ganz analog sind die ersten Produkte der Sauerstoffeinwirkung auf trocknende Öle vom Typus des Leinöls nicht Gemische von nur oxydierter Linol- und Linolensäure, sondern bereits Polymerisate und erst bei längerer Trocknungsdauer bzw. beim Blasen und Kochen des Leinöles treten

---

[1] Pomeranz, H.: Seifensieder-Ztg 54, 272, 289.
[2] D.R.P. 276043.     [3] Seifenfabr. 35, 365ff.
[4] Tschilikin, M.: Dt. Färber-Ztg 25, 419.

die Spaltungen und Wiedervereinigungen der dann an den Doppelbindungen abgesättigten Säuren ein, bis das im Endprodukt vorliegende unentwirrbare Gemisch „Linoxyn" vorliegt (s. unten).

Neutralisiert man nun im mit größerer Schwefelsäuremenge (1 : 3,5) gebildeten Türkischrotöl[1] die gesamte Schwefelsäure und dazu 25 bis 30 % der vorhandenen freien Fettsäuren, nicht kühl, sondern bei Kochhitze mit etwa 6 % Ätznatron als Lauge, so erhält man eine stark emulgierend wirkende, die saure Monopolseife (s. S. 56, 167), die sich in Wasser klar löst und deren Lösung, zum Unterschiede vom Türkischrotöl das auch im hochkonzentrierten Zustande flüssig bleibt, beim Erkalten wie eine echte starke Seifenlösung gelatiniert[2]. Die Monopolseife zeichnet sich vor allen anderen Textilseifen (s. S. 164) dadurch aus, daß sie wirklich kalkbeständig ist, während Fettsäureseifen durch Zusatz von Casein, Galle oder anderen Schutzkolloiden nur eine gewisse Kalkbeständigkeit erlangen und Methylhexalin (s. S. 157) dieselbe vortäuscht, dadurch, daß fertig gebildete Kalkseifen vom Tetrahydrokresol gelöst werden[3]. Sehr bemerkenswert ist ein Verfahren zur Anwendung von Monopolseife in hartem Waschwasser mit so geringen Mengen der Seife, daß sie bei weitem nicht zureicht, um die Kationen der Härtebildner als salzbildende Bestandteile in Form löslicher Kalkseifen zu binden. Man erhält mit etwa 25 % der zur völligen Bindung nötigen Monopolseife, nach Angabe der Schrift[4], eigentümliche, aus den Kalkseifen im Entstehungszustande zusammenflockende Suspensionsgebilde, die viel leichter abschwimmen bzw. in Lösung gehen als die stabilen ausgewachsenen Kalkseifen, insbesondere wenn man die Suspensionskolloide durch Zusatz von Harnstoff, Wasserglas oder anderen Peptisatoren haltbar macht.

Neutralisiert man jedoch das Ricinusölsulfurierungsprodukt erst nach etwa 4 stündiger Erwärmung auf 100°, so erhält man eine neue Seife von noch größerer emulgierender Kraft, die jedoch mit Wasser keine klar durchsichtige Lösung, sondern eine dichte weiße Emulsion liefert. Unter abermals anderen Arbeitsbedingungen (Eintrocknen der mit Kochsalzlösung gewaschenen Sulfurierung mit wäßriger Soda bei schließlich 130°) resultiert eine zunächst klar, später milchig trüb in Wasser lösliche Seife[5], oder man gewinnt die S. 56 bereits erwähnten Universal-[6], Thiol- Monsolvol-, Monopolöle usw., deren Eigenschaften (s. S. 158) mehr oder weniger voneinander abweichen, so daß man es in der Hand hat, innerhalb der vielen Industrien, die Emulsionen verwenden, namentlich für die Färberei[7] und den Zeugdruck, auch für die Herstellung der Kohlenwasserstoffseifen für die chemische Wäscherei

---

<sup></sup>[1] Hochsulfonierte Türkischrotöle sind z. B. als Appret-Avirol-E bekannt. (WELWART: Seifensieder-Ztg 54, 130.)    [2] D.R.P. 113433: Monopolseifepatent.
[3] Vgl. J. AUGUSTIN: Seifensieder-Ztg 1927, 1927, 781. — Eine Einteilung der Seifen hinsichtlich ihrer Kalkbeständigkeit beim Waschen mit hartem Wasser bringt WELWART in Seifensieder-Ztg 1928, 66; auch hier findet sich die Angabe, daß Zusätze von Hexalinen (bis zu 25 %) keinerlei Einfluß auf die Kalkfestigkeit gewöhnlicher Waschseifen ausüben. — Zur Frage der Kalkbeständigkeit von Hexalinseifen s. a. K. LÖFFL in Seifensieder-Ztg 54, 133 u. WELWARD ebd. 156.
[4] Schweiz. Pat. 123717 (1926).    [5] D.R.P. 197400.
[6] Vgl. Seifensieder-Ztg 1911, 630.    [7] D.R.P. 126541 u. 128691.

(s. S. 154), jeweils das geeignete Produkt auszuwählen oder in seinem Verhalten abzuändern.

Aus diesem Wunsche heraus und aus wirtschaftlichen Gründen, zur Ausschaltung des teuren Ricinusöles, überdies ausländischer Herkunft, später unter der Not des Krieges, wurden die **Türkischrotöl-Ersatzprodukte** geschaffen. Unentbehrlich ist das echte Rotöl wohl nur für die Färberei mancher z. B. der Entwicklungsfarbstoffe von Art des Pararots, ferner der Alizarine, Rhodamine und mancher Küpenfarben, für die meisten Emulsionen erzeugenden oder verbrauchenden Gewerbezweige kann es, oft mit größerem technischen, jedenfalls stets mit wirtschaftlichem Vorteil, durch die Sulfonierungsprodukte anderer ungesättigter Öle, vor allem des **Trioleins**, ersetzt werden.

Wie aus den Formelbildern S. 54 zu ersehen ist, unterscheidet sich die Öl- von der Ricinolsäure durch das Fehlen der Oxygruppe[1]. Ferner entsteht im Sinne des oben Gesagten als kennzeichnender Bestandteil der Ricinusölsulfurierung zunächst der Schwefelsäureester der Ricinolsäure, also einer ungesättigten Verbindung, während sich bei der Sulfonierung des Olivenöles oder der Ölsäure durch Anlagerung der Schwefelsäure an die Doppelbindung gesättigte Verbindungen bilden, die dann natürlich im weiteren Verlauf des Prozesses andere Spaltungsstücke und deren Abkömmlinge geben. Jedenfalls bedingt in den Türkischrotölprodukten das in ihnen vorhandene Natriumsalz des Ricinolschwefelsäureesters die Kalkbeständigkeit und hohe Dispersionskraft der Präparate und damit ihre Überlegenheit gegenüber den aus Ölsäure (Rüb-, Olivenöl u. dgl.) erzeugten Türkischrotölen[2].

Während früher den auf diesem Gebiete der Oleinsulfonierung grundlegenden Arbeiten zufolge[3] die **Ölsäure** noch mit 10% Schwefelsäure auf 200 bis 220° erhitzt wurde, verfährt man heute nach den ausgedehnten Versuchen von W. Herbig nicht viel anders, eher unter noch gelinderen Arbeitsbedingungen, als bei der Ricinusölsulfurierung, in der Weise, daß man 2 Mol. Triolein bei 18° mit 3 Mol. Schwefelsäure möglichst intensiv und innig (W. J. Schepp[4]) **emulgiert**; das Gemisch wird nach etwa einer Stunde etwas anders wie Türkischrotöl verarbeitet. Man kann diese Produkte nämlich nicht wie die Ricinusölsulfurierung auswaschen, da das Sulfoleat dann als weiße Paste ausfiele, sondern man vereinigt den Wasch- und Neutralisationsprozeß zweckmäßig in der Weise, daß man das Sulfonierungsgemisch mit Sodalösung anrührt, nach einigen Tagen das noch saure Waschwasser abzieht und nun den Kesselinhalt mit der nötigen Menge Lauge und Verdünnungswasser auf den gewünschten Neutralisations- bzw. Stärkegrad einstellt.

Auch hier erhält man, je nach dem Grade der Neutralisierung, Produkte von verschiedenem Fett- und Seifengehalt. Sie unterscheiden sich vom echten Rotöl recht wesentlich, da sie keine alkoholischen Hydroxyle besitzen und daher als Färbereibeizen nicht gebraucht werden

---

[1] Vgl. H. Pomeranz: Chem. Zentralbl. 1925, I, 2265.
[2] Winokuti, K.: Ref. in Chem. Zentralbl. 1928, I, 1470.
[3] Benedikt, R. u. F. Ulzer: Z. angew. Chem. 1887, 298.
[4] Vgl. Färber-Ztg 1904, 38. — Z. angew. Chem. 1909, 55.

können, doch sind diese Erzeugnisse für viele Zwecke, so vor allem zur Fabrikation von Walk-, Spinn-, Schmälz- u. a. Textilölen[1] dem echten Rotöl in keiner Weise nachstehende gut verwendbare Emulsionsträger und -vermittler, ebenso wie auch sulfonierte Fisch- und Samenöle, ferner Sulfotallöl[2], zur Lösung und Emulgierung von Kohlenwasserstoffen und Mineralölen, zum Geschmeidigmachen der Häute beim vegetabilischen und Chromgerbeprozeß, zur Behandlung von Baumwolle vor dem Spinnen usw. vielfach Verwendung finden. Diese Ersatzprodukte können ferner ebenso wie echtes nicht völlig neutralisiertes Natriumsulforicinat (Türkischrotöl, Monopolseife) z. B. als Neutralisationsmittel dienen, um bei der Abrichtung namentlich der flüssigen Seifen, geringe Mengen überschüssiges Alkali abzustumpfen. Wirksamer ist in dieser Hinsicht das Ricinusölsulfonat mit Ricinusölsulfosäure als Hauptbestandteil, doch ist es gleichzeitig dem Twitchellreaktiv verwandt und führt daher zuweilen zu unerwünschten Spaltungsreaktionen. Ebenso ist andrerseits das Sulforicinat als Zusatz ungeeignet bei der Erzeugung kaltgerührter Seifen, da dann harte Massen entstehen, und ebenso wenn große Alkalimengen des Sudes zu binden sind, weil die entstehende Seife schwer aussalzbar und kaum hydrolysierbar ist[3].

Die Verwendbarkeit des Türkischrotöles und seiner Surrogate ist aber auch sonst ungemein vielseitig (s. Inhaltsverzeichnis), nicht nur auf dem Gebiete der Emulsionstechnik, sondern auch als Flottenzusatz von hoher Netzfähigkeit in der Färberei und im Zeugdruck. Alle alkalischen Druckpasten mit durchschnittlich 3—6% Türkischrotöl, z. B. von Azofarbstoffen[4] oder ihren Entwicklungskomponenten, sind pastose haltbare Emulsionen, die ihre Zähigkeit der alkalischen Stärke-Tragant-Verdickung und zuweilen auch hochviscosen Mineral- oder Teerölen[5] verdanken, die man den dann allerdings sauren Druckpasten zur Vermeidung von Rakelbeschädigungen beigibt. Jene Druckfarbenverdickungsmittel werden übrigens, wie hier nebenbei bemerkt sei, besser als durch Kochen der Klebmassen, namentlich der Pflanzengummen, mit Wasser, durch Emulgieren der in lauwarmem Wasser gequeilten schwerlöslichen Drogen (Kirschgummi, Tragant u. dgl.) mit kaltem Wasser in einer Schlagmaschine hergestellt. Dadurch wird der in der heiß bereiteten Paste sonst eintretenden Herabminderung der Klebkraft jener Stoffe und ferner der Zersetzung von der Verdickung einverleibten Diazoverbindungen vorgebeugt[6]. Wie die Benetzungsfähigkeit der Direktfarbstoff-Baumwollflotten durch Türkischrotöl-(Monopol-)Seife oder auch bloß durch Alkalien, wird jene der Azofarbstofffärbebäder auch mit Hilfe von Basen erhöht, unter denen sich nach neuesten Angaben besonders die Amine der Fettreihe (z. B. die Butyl-, Dibutyl-, Isoamylamine) gut eignen sollen[7]; vgl. S. 56, Fußnote 1.

---

[1] Seifensieder-Ztg 1912, 1282; s. ebd. WELWART, 551; ferner 1913, 52 u. Abschnitt Textilöle u. -seifen.

[2] D.R.P. 310541 u. 314017 — Tallöl ist das bei der Zellstoffgewinnung aus Kiefernholz abfallende fett- und harzsäurenreiche flüssige Harz, s. S. 268.

[3] AUGUSTIN, J.: Seifensieder-Ztg 1927, 963; 1928, 48.

[4] S. z. B. D.R.P. 433276.  [5] D.R.P. 428303.

[6] Österr. Pat. 104377 (1923).  [7] D.R.P. 444966.

Man hat auch, jedoch mit wesentlich geringerem Erfolge, statt des Ricinus- oder Olivenöles, namentlich der Tournantöle[1] (die durch Pressen ranzig vergorener Olivenpreßrückstände gewonnen werden), die betreffenden Fettsäuren dem Türkischrotölprozeß unterworfen. Ricinsäure gibt sulfoniert ein dem echten Rotöl gegenüber durch wesentlich geringeres Emulgier- und Netzvermögen gekennzeichnetes und gegen verdünnte Säuren unbeständiges Produkt. Insbesondere sind die Ölsäurerotöle, wie sie F. ERBAN in langen Versuchsreihen darstellte[2], im Gegensatz zu den echten Türkischrotölen, niemals so klar löslich; sie lassen sich ferner schwieriger auswaschen und neigen nach Entfernung der Waschwässer zur Zersetzung, auch darf man bei der Herstellung von Emulsionen mit Kohlenwasserstoffen, Neutralfetten oder Fettsäuren, um gut lösliche Produkte zu erhalten, die Sulfoleinkörper nur in bestimmtem nicht zu hohem Prozentsatz verwenden und schließlich werden diese durch verdünnte Säuren leichter gespalten und durch starke Alkalilaugen stärker ausgesalzen als echte Rotölpräparate, so daß die Verwendungsgebiete der Sulfoleine für sich allein recht stark eingeengt bleiben; auch ihre Mischungen mit echtem Rotöl kommen für färbereitechnische Anwendung kaum in Betracht. — Man vermag übrigens auch durch Ausschütteln des Türkischrotöles mit Benzin oder anderen organischen Lösungsmitteln oder nach Absetzenlassen einer verdünnten Ammonium-Türkischrotöllösung durch Abheben der nach 24—48 Stunden abgeschiedenen Schicht die im Rotöl enthaltenen freien Fettsäuren gewinnen, die für sich als Textilöle z. B. zum Geschmeidigmachen der Viscose dienen sollen[3].

Schließlich wurden auch künstlich hergestellte Oxyfettsäuren für sich allein, wie Ricinolsäure und im Gemisch mit natürlichem Ricinusöl, mit dem entsprechend besseren Erfolge auf Türkischrotöl verarbeitet[4], doch können diese Verfahren wohl zu normalen Zeiten kaum wirtschaftlicher sein als die Verwendung des Ricinusöles natürlicher Herkunft. — Völlig außerhalb der Reihe des Türkischrotöles stehen Emulgatoren, die eine oder die andere seiner Eigenschaften besitzen, im übrigen jedoch als Nichtsulfosäuren mit jener Körperklasse nichts zu tun haben. So soll man z. B. statt des Türkischrotöles, nebst den auch sonst als Zusatz zu Entwicklungs-Farbstoffbädern üblichen Schutzkolloid- (Leim-, Casein-, Tragant-, Harzseifen-)Lösungen, in organischer Lösung (Benzol, Aceton, Tetralin usw.) verseifte Harze, also Emulsionen verwenden, die man z. B. durch Verkochen der Anteigung von Naphthol- (als Farbstoffkomponente) Harz-Benzol-Lösung mit Natronlauge gewinnt[5].

---

[1] ERBAN, F.: Z. angew. Chem. 1909, 55.
[2] Seifenfabr. 35, 205; vgl. ebd. WELWART: 218 und W. HERBIG ebd. 277.
[3] D.R.P. 250736.
[4] D.R.P. 290185, 294700, 296126; vgl. D.R.P. 231642.
[5] D.R.P. 438325.

## Emulsionen bei der Oxydation, Schwefelung und sonstigen Veränderung der Fettstoffe.

Die beiden erstgenannten Verfahrenreihen sollen hier nur erwähnt werden, um den Kreis der Fettstoffverarbeitungsarten zu schließen. Denn die Firnisbildung aus trocknenden Ölen als Oxydations- und Polymerisationsvorgang und die Herstellung der Faktisse aus Pflanzenölen durch deren Schwefelung sind so innig mit den Industrien der Harze bzw. des Kautschuks verwachsen, daß sie in den zugehörigen Abschnitten abgehandelt werden müssen, soweit bei ihrer Bildung oder Verwendung das Gebiet der Emulsionstechnik berührt wird.

In das vorliegende Kapitel gehören jedoch außerdem noch die Boleg-, Dericin- und Floricinpräparate, die sich so wie die Fettsäureamide- und anilide („Durone", s. S. 165) durch sehr bedeutende Emulgierkraft auszeichnen. Dericin und Floricin sind hochviscose Oxydations- bzw. Polymerisationsprodukte des Ricinusöles, die man durch dessen Erhitzen mit bzw. ohne gleichzeitiges Lufteinblasen im offenen Gefäß auf etwa 300° erhält, bis der Gewichtsverlust 10—12% beträgt. Die Präparate unterscheiden sich vom Ausgangsprodukt, das in 90proz. Alkohol löslich und in Mineralölen fast unlöslich ist, durch ihre völlige Unlöslichkeit auch in absolutem Alkohol, ihre leichte Mischbarkeit mit Petroläther und Paraffinöl und durch die Möglichkeit mit Hilfe dieser grünfluorescierenden Öle wäßrige Emulsionen von Mineralölen bereiten zu können[1]. Haltbarer und von größerer Durchdringungskraft für Filz und Jute sind die Bolegpräparate[2], die man durch Blasen (1—2stündiges Lufteinleiten) eines besonderen Ölproduktes erzeugt. Dieses entsteht bei der Verkochung von Mineral- nebst blondem Harzöl mit starker Natronlauge, gegebenenfalls unter Zusatz von Gelatine oder einem anderen Schutzkolloid; es wird von der Harzseifenunterlauge abgezogen, jener Oxydation und Polymerisation durch Blasen unterworfen und schließlich im geschlossenen Gefäß unter gelindem Überdruck erhitzt, bis weitere Steigerung seiner emulgierenden Eigenschaft nicht mehr erfolgt. — Ebenso verändern auch andere, namentlich Pflanzenöle, vermutlich unter Mitwirkung der in den Naturprodukten vorhandenen katalytisch Sauerstoff übertragenden bzw. die Polymerisation begünstigenden Stoffe („Peroxyde", s. S. 349), ihre typischen Löslichkeitseigenschaften in dem Sinne, daß sie von bloß emulgierbaren Stoffen zu Emulsionsvermittlern werden.

Solche noch kaum erforschte Eigenschaftsänderungen erfahren die Fettstoffe, insbesondere jene der ungesättigten Reihen, auch bei der Schwefelung, die in der Intensität nicht bis zur Faktisbildung (s. S. 259) reicht, sondern nur bis zur Entstehung der Schwefelbalsame und der sog. wasserlöslichen, d. h. mit wäßrigen Flüssigkeiten emulgierbaren Schwefelöle reicht, die leicht resorbierbar sind und deshalb ebenso wie die Jod-Schwefel-Fette als Heilmittel dienen. Für die Emulsionstechnik

---

[1] D.R.P. 104499 u. G. Fendler: Ber. dtsch. pharmaz. Ges. 1904, 135.
[2] D.R.P. 122451, 129480, 155288; vgl. Mtschr. f. Textilind. 1904, 387.

wichtiger sind jedoch andere Fettstoffumwandlungskörper, unter denen sich neben manchen aus Ricinusöl und Chlorwasserstoffgas in alkoholischer Lösung herstellbaren Polyricinolsäureestern[1] die oben bereits erwähnten künstlichen Oxyfettsäuren (aus Fettstoff und starker Schwefelsäure in der Hitze[2]), vor allem die Fettsäureamide, -anilide und -arylsulfamide herausgreifen lassen. Es sind das esterartige zum Teil hochmolekulare Abkömmlinge der Fettsäuren, die man durch Umlagerung ihrer Seifen (mit Verwendung von Ammoniak, Anilin u. a. als Basen) bei hoher Temperatur unter Druck, bzw. durch Kondensation z. B. von Benzolsulfamidkalium mit Stearinsäurechlorid, ebenfalls bei höherer als Wasserbadtemperatur erzeugt. Jene Stearinsäureamide und -anilide[3] lösen sich mit etwas Soda in heißem Wasser sehr leicht, die Lösungen geben verdünnt milchige Trübungen und konzentriert Gallerten; sie sind ausgezeichnete, allerdings viel zu teure, Emulsionsvermittler, die fallweise Erwähnung finden werden, wenn sie auch praktisch aus wirtschaftlichen Gründen wohl nur für die Herstellung von Lebertran-[4] und sonstigen wertvollen Emulsionen in Betracht kommen.

# Die Verarbeitung der mineralischen Öle und Fette.

## Emulsionen bei der Erdölgewinnung.

Die Erdöle verschiedener Herkunft enthalten, wie kurz zusammengefaßt sei: gesättigte und ungesättigte, vorwiegend aliphatische, auch hydroaromatische, selten aromatische Kohlenwasserstoffe, dazu Stickstoff- und Schwefelverbindungen größtenteils unbekannter Art. Das Gemisch ist dünn- bis zähflüssig und im ganzen oder in Form der abgetrennten Bestandteile zur Bildung von Emulsionen hervorragend befähigt. Die Theorie der Bildung des Erdöles aus tierischen Resten erfuhr in jüngster Zeit eine weitere Stütze durch die Arbeiten von N. ZELINSKY und K. LAWROWSKY[5]), die durch Destillation von Cholesterin mit Aluminiumchlorid Leichtöle und durch deren Reinigung und Zerlegung wohlcharakterisierte Glieder der Paraffin- und Cyclohexanreihe erhielten.

Jedes Erdöl, das unter dem mehr oder weniger großen inneren Druck aus dem Bohrloche springquellartig oder überfließend sein angestochenes Lager verläßt oder schließlich durch Pumpen gehoben wird, ist eine natürliche Emulsion von leicht- bis zähflüssigem Bitumen mit Wasser oder wäßriger Salzlösung und zugleich eine Suspension von Schlamm, Sand und unlöslichen Bitumenanteilen in der gesamten öligen, braunen bis schwarzen, übelriechenden Flüssigkeit. Sie enthält überdies noch das Wasser, das man während der Bohrarbeit zur Wegspülung der Gesteinstrümmer und zur Kühlung der Bohrkronen in das Loch einleitet.

---

[1] D.R.P. 272337, 277901.    [2] D.R.P. 60579, 64073.
[3] D.R.P. 188712: Duronpräparate; A. MÜLLER-JACOBS: Zeitschr. f. angew. Chem. 1905, 1141.    [4] D.R.P. 282790, 282791.
[5] Ber. 61, 1291; vgl. M. RAKUSIN, Petroleum 24, 898.

Roherdöl ist eine echte WO-Emulsion, in der die negativ geladenen Tröpfchen der wäßrigen dispersen Phase durch einen Emulgator stabilisiert werden, der aus Asphaltbitumen und erdigen (tonigen) Teilchen besteht. Dieses Kolloidsystem verursacht die Beständigkeit der Rohölemulsionen, denn wenn man einem derartigen, künstlich, z. B. aus Asphalt und Kolloidton oder statt dessen auch Eisenhydroxydgel, hergestellten Gebilde mittels eines organischen Lösungsmittels das Bitumen entzieht und die Komponenten allein als Emulgatoren für Wasser und Erdöl verwendet, vermag man die Stabilität der natürlichen Emulsion nicht zu erreichen.

Die Roherdölemulsion ist in dieser Form nicht destillierbar (Stoßen u. Schäumen des Kesselinhaltes, Bildung von Salzsäure, Zersetzung der Öle u. dgl.), sie muß daher vor der Destillation zerstört und möglichst weitgehend von der wäßrigen Salzlösung. befreit werden. Die Entmischung erfolgt mittels der verschiedenartigsten, mechanisch physikalisch oder chemisch wirkenden Mittel, in neuerer Zeit vorzugsweise mit Hilfe elektrischer Gleich- oder Wechselströme. Nach einem neuartigen Vorschlag soll man die wäßrige Erdölemulsion ohne weitere Vorkehrungen in einer Blase von oben zuerst stark, dann allmählich auf niedere Temperatur und schließlich erst die Blase von außen erhitzen und ihren Inhalt direkt destillieren[1]. Weiter eignen sich Filter, die, wie z. B. Kreide (übrigens auch Baumwollgewebe, Kanevas), von Wasser besser benetzt werden und das Öl zurückhalten oder umgekehrt, Substanzen, die das Öl durchlassen und das Wasser adsorbieren, so z. B. durch Behandlung mit Heizöl öllöslich gemachte Stärke oder Gelatine, — kurz, es sind, um diese Emulsionen zu zerstören oder zu invertieren (s. S. 15), unzählige Vorschläge gemacht worden, entsprechend der Tatsache, daß jedes Vorkommen eine eigene besondere Emulsion darstellt. Hier nur einige Beispiele.

Im einfachsten Falle wählt man als Entemulgierungsmittel Säure[2] (auch Eisensalze), oder man verfährt in der Weise, daß man die Rohöl-Wasser-Emulsion im ganzen mit Süßwasser verdünnt[3] und in einem mit Kühler versehenen Behälter erhitzt, bis sich Wassertropfen zeigen, worauf man absetzen und abkühlen läßt, die wäßrige Salzsole mit den Verunreinigungen unten abzieht und das Rohprodukt der Destillation zuführt[4]. Schwieriger trennbare Gemische werden unter erhöhtem Druck erhitzt, um das Aneinanderhaften der Öl- und Wasserteilchen zu stören und die Absetzzeit abzukürzen[5]. Oder man sorgt auf Grund der Tatsache, daß eingeschlossene Gase Viscosität und Oberflächenspannung des rohen Erdöls herabsetzen, zur Erzielung möglichst hoher Ausbeuten

---

[1] Am. Pat. 1674819.

[2] Die gebräuchliche Zerstörung von Erdölemulsionen mittels Säure kann natürlich auch mit Hilfe des bei Reinigung von Mineralölen mit Schwefelsäure abfallenden sauren Schlammes vollzogen werden (Ref. in Chem. Zentralblatt 1927, I, 389).

[3] Wassermangel kann daher die Möglichkeit der Erdölaufarbeitung in Frage stellen; vgl. PYHÄLÄ: Z. f. Koll. 1911, 209.

[4] Vgl. D.R.P. 248872.

[5] MOSCICKI, J. u. K. KLING: Methan 1, 121 (Apparatur).

dafür, daß den zu verarbeitenden Ölsanden ihr Erdgasgehalt erhalten bleibt[1], oder man leitet direkt Erdgas oder Butan in die Ölsandmasse ein und bewirkt so ebenfalls die Zerstörung der Erdölemulsion; das Öl absorbiert das Gas und tritt aus dem wäßrigen Emulsionsverbande aus[2]. Es wurde auch vorgeschlagen, die rohe Emulsion unter hohem Druck durch ungelöstes Grobsalz enthaltende gesättigte Kochsalzlösung zu führen[3], die auf ihr schwimmende nun nur noch aus Öl und Wasser bestehende emulgatorfreie Mischung zur mechanischen Trennung aus einiger Höhe abstürzen zu lassen und das dann abgeschiedene, mit Warmluft getrocknete Öl vor der Destillation zu filtrieren.

Die Trennung der Erdöl-Salzwasser Emulsionen soll man auch durch einen Waschprozeß mit Lösungen von Phenolen oder Naphthalinkörpern, ihren Hydrierungs- oder Schwefelsäureanlagerungsprodukten, in der Weise bewirken können, daß man in der beliebigen Folge der einzelnen Wäschen, die Dichten der Waschflüssigkeiten und des Waschgutes durch Erwärmung so aufeinander abstimmt, daß leicht Schichtenbildung erfolgt[4]. Ob das Verfahren praktisch ausführbar ist oder nicht, in emulsionstechnischer Hinsicht bietet es jedenfalls ein bisher noch nicht besprochenes (s. S. 24) Prinzip der Zerstörung von Emulsionen, durch, man könnte sagen, künstliche Beschwerung oder Erleichterung der einen oder der anderen Komponente, die, vermöge ihrer dadurch veränderten Dichte, in einem bestimmten Lösungsgemisch mit der betreffenden Waschflüssigkeit, nicht mehr im Emulsionsverbande verbleiben kann. Dasselbe dürfte der Fall sein, wenn man der zu zerstörenden Erdölemulsion die gemahlene Schmelze von Naphthalin und Nitrobenzol in Pulverform zusetzt; das Öl nimmt, offenbar unter Vermittlung des Nitrobenzols, Naphthalin in Lösung, wird dadurch im spezifischen Gewicht verändert und rahmt auf[5]. In einem ebenfalls mechanischen Verfahren zur Trennung technischer Öl-Wasser- und Öl-Schlamm-Emulsionen wird vorgeschlagen, aus den erstgenannten im primären Arbeitsgang die Hauptmenge der einen Komponente zu entfernen, den verbleibenden Rückstand bzw. den Ölschlamm mit Wasser von bestimmter Temperatur bis zum Absetzen der Verunreinigungen zu verdünnen und beide Systeme dann zu schleudern[6].

Mit dem Zusatz von Chemikalien bezweckt man im allgemeinen durch Bildung neuer Emulsionen zwischen verwandten Stoffen beständige Systeme zu erzeugen, die beim folgenden Aussalzen, namentlich in der Wärme oder beim Schleudern für sich stabil genug sind, um die wäßrige Emulsionskomponente abzustoßen. Man setzt dementsprechend Seifen[7] oder organische Sulfosäuren (-salze[8]), Türkischrotöle, Saponin- oder Leimlösungen[9], Schaumbildner anderer Art, z. B. Fett- oder Sulfo-

---

[1] Ref. in Chem. Zentralbblatt 1927, 1, 211.    [2] D.R.P. 405533.
[3] D.R.P. 266132; vgl. D.R.P. 161924, 161925.
[4] Österr. Pat. 99212 (1925).    [5] Am. Pat. 1638021.
[6] Engl. Pat. 233333, 233334 (1925).
[7] Im allgemeinen die besten Brecher der Rohölemulsionen, vgl. E. E. Ayres: Z. Öl- u. Fettind. 1922, 412.    [8] Am. Pat. 1643698.
[9] Engl. Pat. 163519; vgl. R. Matthews u. Ph. Crosby: Ref. in Chem.-Z. 1922, 144; vgl. Franz. Pat. 589710 (1924): Extraktion von Ölsanden mit wäßrigen

fettsäureester[1], auch chemisch, z. B. durch Behandlung mit Schwefelsäure veränderte organische Körper (Harze, Fette, Kohlenhydrate, Eiweißstoffe) zu, die unlösliche Kalksalze bilden[2] und zieht nach einiger Durchmischung die das gesamte Öl führenden Schäume von den wäßrigen Schlämmen ab. Das unter dem Namen „Tret-O-Lite" bekannte Entemulgiermittel für natürliche Erdölemulsionen war ein blau gefärbtes Gemisch von rund 83% Na-oleat, 5,5% Na-resinat, 5% Wasserglas, 4% Phenol, 1,5% Paraffin und 1% Wasser. Man setzte es als 1proz. wäßrige Lösung in der Menge von 0,1—1% der Erdölemulsion zu und erwärmte das Gemisch zur Umwandlung und Entmischung auf 65°. Ähnlich gut soll sich auch die wäßrige Lösung von 25% sulfonierter Ölsäure bewährt haben[3]. Ein Verfahren zur Aufhebung von solchen Emulsionen ist ferner durch die Verwendung einer Harz-Harzseifen-Emulsion, wie sie zur Papierleimung (S. 265) dient, gekennzeichnet. Dieses System, das z. B. aus 40% Wasser, 35% Freiharz und 25% Natriumharzseife zusammengesetzt ist, zeigt das Bestreben, die Wasser-in-Öl-Emulsion des Roherdöls umzukehren (s. S. 15), indem es, im homogenen Teil des zu trennenden Gemisches löslich, ihn zu zerteilen sucht, den suspendierten Bestandteil der Emulsion dagegen zum Ineinanderfließen veranlaßt, so daß beim Schleudern des homogenisierten Gemisches der Natur- und Kunstemulsion die Wassertröpfchen sich vereinigen und glatte Abtrennung vom Öl erfolgt[4].

Unter all diesen und anderen Stoffen, die nach den zahlreichen Vorschlägen zur Zerstörung von natürlichen Erdöl- und von Reinigungsemulsionen bei Aufarbeitung der Leuchtölfraktion durch Umkehrung des Wasser-in-Öl-Systems verwendet werden sollen, fallen besonders die Chemikaliengemische auf, die stark wirksame Emulgatoren von Art der sulfonierten Kohlenwasserstoffe und ihrer hydroxylierten Abkömmlinge sind (s. S. 60). Wie vielgestaltig, oft widersinnig die Mischungen auch sein mögen[5], stets sind in ihnen Sulfosäuren von Fettsäuren (Türkischrotölkörper), Phenolen, Oxysäuren, Kohlenwasserstoffen (Twitchellreaktiv) das wirksame Prinzip, sämtlich chemische Körper derselben Kategorie, die uns auch auf zahlreichen anderen Gebieten der Emulsionstechnik als Netz-, Reinigungs- und Schaummittel begegnen (siehe S. 56). Die Einführung von Sulfosäuren dieser Art, deren Alkalisalze sich zum Teil völlig wie Fettsäureseifen verhalten, dürften auch auf diesem Gebiete (s. S. 62) als der bedeutendste Fortschritt der neuzeitlichen Emulsionentechnik zu bezeichnen sein.

Dies gilt hinsichtlich der Methoden, die mit Chemikalienzusatz arbeiten, und sie behalten ihre Bedeutung, wenn auch die mechanischen (Schleuder-) und elektrischen Verfahren[6] im Vordergrunde stehen, deshalb, weil solche Zusätze auch den zu zentrifugierenden oder

---

Flüssigkeiten die emulgierende (Seife) und evtl. auch erdöllösende Wirkung (Trichloräthylen) besitzen.

[1] Engl. Pat. 225617 (1923).     [2] Am. Pat. 1595455, 1595456.
[3] R. Matthews und P. A. Crosby, Ref. im Chem. Zentralblatt 1922, II, 715.
[4] D.R.P. 365678.
[5] Am. Pat. 1656622, 1656623, 1659993—1660005.
[6] Theorie und Anwendung beider Methodenreihen bei Clayton 104ff.

nach dem Cotrellprozeß elektrolytisch zu entmischenden Rohölemulsionen fallweise beigegeben werden. So soll man z. B. nach amerikanischen Patentangaben die Naturemulsion nicht in dieser Form, sondern erst nach vorhergehender Homogenisierung[1] der gegebenenfalls mit der gleichen Wassermenge verdünnten[2] Emulsion mit einem Entemulgierungsmittel behandeln oder sie elektrolytisch entwässern[3]. Als Entemulgierungsmittel soll sich besonders der Ricinusölsäure-2-naphtollester eignen[4].

Es sei nur noch auf eine ausführliche Abhandlung von großer, auch allgemein emulsionstechnischer Bedeutung verwiesen, in der R. KOETSCHAU[5] unter Hinweis auf die wichtigen Arbeiten GURWITSCHS die Methoden der Zerstörung von Emulsionen in der Erdölindustrie bespricht, je nachdem ob sie von Natur aus vorhanden sind (Naphthenseifen-) oder bei der Reinigung des Erdöles und seiner Destillation entstehen (Raffinationsemulsionen). Namentlich im Hinblick auf die Schilderung der praktischen Verfahren sollte jeder Emulsionstechniker die Abhandlung lesen.

### Emulsionen bei der Erdöldestillat-Raffination.

Die Veredelung der durch Destillation des entwässerten Rohöles erhaltenen Fraktionen geschieht durch deren Behandlung mit konzentrierter oder anhydridhaltiger Schwefelsäure und weiter mittels Natronlauge. Lösungsmittelextraktionen werden kaum angewandt, wenn man von Spezialfällen bei einzelnen Erdölsorten besonderer Herkunft absieht, (s. unten); die Raffination mit Bleicherden schaltet hier aus, da in diesem Prozeß keine Bildung von Emulsionen stattfindet und vorhandene ohne weitere Maßnahmen bei der Heißfiltration der Öle durch das mineralische Material zerstört werden.

Die Schwefelsäure wirkt auf das Erdöl in mehrfachem Sinne dadurch, daß die ungesättigten Kohlenwasserstoffe oxydiert, polymerisiert und verharzt und in ähnlichem Sinne die mit Seitenketten versehenen aromatischen Kohlenwasserstoffe, wie z. B. die Phenole, auch Riech- und Farbstoffe teils verändert, teils sulfoniert werden. Die so entstehenden harzartigen Produkte, sämtlich saurer Natur, sind befähigt, mit der Schwefelsäure, ferner mit den durch deren Einwirkung nicht veränderten gesättigten Kohlenwasserstoffen (bei pennsylvanischen Ölen 3—5% Leuchtöl, die verloren gegeben werden müssen) und schließlich mit evtl. vorhandenen Naphthensäuren emulsionsartige Gemische jener sog. „Säureharze" mit der „Abfallschwefelsäure" zu geben. Dieses Summenprodukt ist der „Säureteer" der Erdölraffination.

Man hat ähnlich wie bei den Celluloseablaugen (s. S. 295) viel Mühe daran gewendet, diese höchst lästigen Nebenprodukte durch Neutralisation, Behandlung mit Chemikalien oder Lösungsmitteln nutzbringend aufzuarbeiten, ist jedoch schließlich hier wie dort dazu gekommen,

---

[1] Am. Pat. 1617737—738.    [2] Am. Pat. 1617739.
[3] Am. Pat. 1617740.    [4] Am. Pat. 1617741.
[5] Kolloidchem. Technologie 1927; kurzes Ref. in Chem. Zentralblatt 1927, II, 526.

das Material summarisch zu behandeln, dort den Heizwert des ver-
kohlten Ablaugen-Eindampfrückstandes auszunützen und hier den
wertigsten Bestandteil, die Schwefelsäure, durch Destillation in möglichst hoher Grädigkeit zurückzugewinnen[1]. Heute wird die Säure-
teeremulsion mit Wasser und Dampf unter Druck im stetigen Betriebe
so vollständig zerlegt, daß ohne weitere Maßnahmen der zu verbren-
nende Heizteer von der direkt konzentrierbaren Säure abgezogen
werden kann[2]. Damit schalten die zahlreichen, früher vorgeschlagenen[3] Verfahren der Abfallsäureaufarbeitung für die Emulsionstechnik
aus, und ebenso sind auch jene zur Trennung des mit Schwefelsäure
behandelten Erdöldestillates von der Abfallsäure hinfällig geworden,
seit man die Raffination in den gewaltig dimensionierten Agitatoren
unter Preßluftrührung vollzieht[4], wodurch rasches Absetzen des Säureteers aus seiner Emulsion mit dem Reinöl erzielt wird.

An die Behandlung mit Schwefelsäure schließt sich die Neutralisation der betreffenden sauer gereinigten Ölfraktion mit Natronlauge
an, deren nötige Stärke in jedem Einzelfall und für die Erdölsorten
verschiedener Herkunft gesondert, festgestellt werden muß. Pennsylvanische Öle halten nach der Säureraffination Suspensions- oder
Emulsionskolloide harziger Art in der Schwebe, die nach besonderer
Arbeitsweise durch Einrühren von Natronlauge in die nach Ablassen
der Harzsäure im Raffinator verbliebene, angewärmte Petroleum-
Harz-Emulsion beseitigt werden müssen. In einem durch stete Beobachtung festzustellenden Moment, wenn nämlich Flockenabscheidung
beginnt, muß das Rühren unterbrochen werden, da dann weitere Bewegung der Masse zu neuerlicher Emulsionsbildung führen würde.
Der Fall ist analog den oben (S. 22) zitierten Beispielen der Wirkungs-
umkehrung von die Emulsionsentstehung begünstigenden bzw. sie stören-
den Zusätzen. Auch das Auswaschen des raffinierten Öles muß anfänglich mit sehr geringen Wassermengen eingeleitet werden, und erst wenn
die Emulsionsbildner beseitigt sind, kann die ausgiebige Wäsche erfolgen.

Bei Bakuölen richtet sich die Menge der Lauge für die der Säureraffination folgende Alkalibehandlung nach dem Gehalt der Öle an
Naphthensäuren.

Von diesen Nebenprodukten der vorwiegend russischen Öle war
bereits im allgemeinen Teil die Rede (S. 41), hier sei nur noch hinsichtlich der Abtrennung der alkalischen Naphthenseifenlaugen aus ihrem
Emulsionsverbande mit den Ölen auf einige Vorschläge hingewiesen,
denen zufolge die Bildung der Emulsionen vermieden oder ihre Trennung erleichtert werden kann. Ihre Entstehung soll man verhindern
und klare Öle nebst leicht löslichen Naphthenseifen erzielen können,
wenn man die Raffination der Leuchtölfraktionen, umgekehrt wie

---

[1] S. z. B. D.R.P. 226999; 287755 u. v. a.; vgl. R. Wispek, Petroleum 1911,
1045 u. E. A. Kolbe, ebenda Jahrg. 14, 837; die Lit. bis 1900 bei R. A. Wischin
in Z. f. angew. Chem. 1900, 507.
[2] Vgl. Lange, Chem. Techn. Vorschr. Leipzig 1924, 3, Kap. 232ff.
[3] Ref. in Chem. Zentralblatt 1928, I, 994.
[4] Abbildung in Lange, Chem. Techn., Leipzig 1927, S. 210.

üblich, mit der Laugenbehandlung beginnt und mit der Säureneutralisation beendet[1], auch wenn man das sauer raffinierte Rohleuchtöl mit in starker Alkalilauge getränkten Baumwollabfällen unter Druck erhitzt[2]. Leichter entemulgierende Öl-Alkalilaugen-Naphthen-Seifengemische erzielt man hingegen, wenn nicht wie sonst mit 15- sondern mit höchstens 3gräd. Lauge unter Vermeidung größerer Überschüsse gelaugt wird[3]. Auch könnte das Verfahren zur Entemulsionierung solcher sulfonsäurereicher Gemische mit auf ihr Gewicht bezogen 0,2—0,3% Alkohol Erfolg haben[4], wenn seiner Ausführung keine wirtschaftlichen Hindernisse im Wege stehen.

Wenn nach der Reinigung mit starker Schwefelsäure die abgezogenen Öle ganz oder zum Teil sulfonierte, demnach in ihrer Emulgierfähigkeit verstärkte, Naphthensäuren enthalten, soll man die Trennung der Laugenölemulsion durch Zusatz von zur Lösung jener Sulfosäuren, hinreichenden Mengen Türkischrotöles erleichtern können[5], was recht fraglich erscheint. Ebenso dürfte der Vorschlag, die Natronlauge wiederholt, bis zu ihrer völligen Absättigung durch die Naphthensäuren, zu verwenden[6], zu schwer scheidbaren Emulsionen führen, denn dann wird zwar an Lauge gespart, und man erhält natürlich gegen sonst erheblich größere Naphthensäuremengen aus einer einzigen Laugenfällung, auch enthält die Emulsion kein freies Ätznatron mehr, dagegen wird wohl der Kesselinhalt mit einer Petroleumgallerte erfüllt sein, die man in Form der bekannten Hartpetroleumpräparate des Handels bekanntlich durch Lösen einer Seife in Leuchtöl erzeugt. Am rationellsten verfährt man zur Trennung der alkalischen Naphthenseifenemulsionen in der Weise, daß man sie mit Kochsalz eindampft und die abgeschiedenen Naphthenate in Fässer geschlagen direkt auf den Markt bringt.

Die zur Reinigung von Erdölfraktionen vorgeschlagenen Methoden der Anwendung von organischen Lösungsmitteln haben, obwohl hier vielfach Gelegenheit zur Entstehung von Emulsionen gegeben ist, keinerlei Bedeutung, da die Verfahren z. B. mit Anwendung von Essigsäure[7], Terpentinöl[8], Benzin[9], Amylalkohol[10], Aceton[11], Ricinusöl[12] usw. kaum ausgeführt werden. Dasselbe gilt in anderem Sinne für das namentlich bei galizischen, rumänischen und indischen Erdölen aussichtsreiche Extraktionsverfahren mittels flüssiger schwefliger Säure[13], da in dem notwendigerweise niedrigen Temperaturbereich glatte Schichtentrennung und keine Emulsionsbildung zwischen den nichtgelösten wer-

---

[1] GUISELIN, Z. f. angew. Chem. 26, 426.
[2] Engl. Pat. 153844 (1920).        [3] Petroleum 1921, S. 1169.
[4] BUDREWICZ, Chem. Zentrablatt 1920, IV, S. 448.
[5] Engl. Pat. 153857 (1920).
[6] HAUSMANN, J., Petroleum Bd. 7, S. 13.
[7] D.R.P. 30787.
[8] D.R.P. 106516; vgl. D.R.P. 297614.        [9] D.R.P. 185690.
[10] D.R.P. 124980; ein Gemisch beider: D.R.P. 173616.
[11] D.R.P. 166452 u. 232794.        [12] D.R.P. 263352.
[13] EDELEANU, L.: Ref. in Z. angew. Chem. 28, 376; vgl. ebd. 26, S. 171 und D.R.P. 216459, 297131; vgl. ferner Ref. in Chem. Zentralblatt 1919. II, 446.

tigen gesättigten Kohlenwasserstoffen und der die Olefine enthaltenden Schwefeldioxydschicht eintritt. Die sonstigen Methoden der Naphthenseifenaufarbeitung finden sich S. 41.

## Emulsionen bei der Aufarbeitung der Teere, Peche usw.

In dem Maße, als beim Abdestillieren der flüchtigen Kohlenwasserstoffe aus dem Erdöl und den Teeren der Brennstoffentgasung zähflüssige und schließlich feste Rückstände verbleiben, vermindert sich bei diesen Produkten die Gefahr ihrer Emulsionierung in irgendeinem Stadium der Aufarbeitung. Die Vaseline und Paraffine, ferner Montanwachs, Kohlen-, Holz-, Fettdestillationspech, auch Erdwachs, Ceresin und die Asphalte, Goudron und Kunstasphalt, die sämtlich wegen ihres physikalischen Verhaltens mit hierher zu zählen sind, kann man, ohne Zersetzung oder Zerlegung befürchten zu müssen, über 100° erwärmen, demnach völlig entwässern und ihnen so die zur Bildung von Emulsionen unentbehrliche Wasserkomponente entziehen. Diese Stoffe sind wohl geeignete Bestandteile von technischen Emulsionen, und sie werden auch so gut wie ausschließlich zur Erzeugung solcher künstlicher Gemische, z. B. von Art der technischen oder kosmetischen Salben, verwandt, doch fehlen ihnen, soweit sie reine Kohlenwasserstoffgemenge sind, die Eigenschaften der Emulsionsvermittler, und wenn man ihnen keine wäßrigen oder in organischen Mitteln gelösten Seifen oder dgl. zuführt, sind sie von jeder wäßrigen Flüssigkeit leicht abtrennbar.

Zu erwähnen wäre in diesem Bereiche der Bitumenstoffe eine aus wirtschaftlichen Gründen zwar nur auf ein kleines Gebiet anwendbare Methode der Aufarbeitung gewisser (Tiroler) Ölschiefer nach einem Spezialverfahren der Kolloidmahlung des gesamten mineralischen Rohstoffes mit Wasser, zu dem Zwecke, um eine wäßrige Emulsion der therapeutisch wertvollen, dabei unverändert bleibenden, geschwefelten Öle künstlich zu erzeugen[1]. Die evtl. bei Gegenwart eines Schutzkolloides gewonnene Emulsion wird dann durch Erwärmen auf 60—70° gegebenenfalls unter Zusatz von Salzsäure zerstört, das Öl abgehoben und weiter gereinigt. Es leuchtet ohne weiteres ein, daß dieses Ichthyolöl mit etwa 20 gegen sonst nur 8% natürlich gebundenem Schwefel auf Grund dieser rein physikalischen Gewinnungsmethode den destillierten und chemisch behandelten Ölen überlegen sein muß.

Im Gegensatz zu den oben genannten Bitumenkörpern sind hingegen die verschiedenen Teersorten gleich dem rohen Erdöl Gemische chemischer Körper, die, wie z. B. die Phenole, in hohem Maße befähigt sind, die Verarbeitung der Rohprodukte durch Bildung von Emulsionen zu stören, zumal der ursprüngliche Teer wasserhaltig ist und die zur Aufarbeitung dienenden Chemikalien ebenfalls als wäßrige Lösungen zugeführt werden.

Eine noch in die Erdölreihe reichende Teerart ist, wie die Zusammensetzung ersehen läßt, der Ur- oder Tieftemperaturteer:

---

[1] D.R.P. 384646.

|  | Benzine | Phenolhalt. Leuchtöle | Schmieröle | Paraffin | Rückstand |
|---|---|---|---|---|---|
| Pennsylv. Erdöl . . . | 12—15% | 60—70% | 10—20% | 1,2% | 30% |
| Urteer (im überhitzten Dampf dest.) . . . | 10—12% | 30% | 35% | 1,2% | 23% |

Im Steinkohlenteer sind neben Benzolen, Naphthalin u. a. Kohlenwasserstoffen und außer den Pyridinbasen auch 0,5—1% Phenole vorhanden; Holzteer enthält noch wesentlich mehr emulsionsbildende Körper, zu denen in erster Linie ebenfalls, und zwar höhere Phenole mit mehreren Hydroxylgruppen im Molekül und daneben auch Fettsäuren zählen; Stearinteer ist ein wechselndes Gemenge von freien und veresterten Fett- und Oxyfettsäuren nebst Kohlenwasserstoffen. Großtechnisch wird nur der Steinkohlenteer weitgehend durch Destillation und chemische Behandlung zerlegt, in welch letzterem Falle die einzelnen Bestandteile, wie natürlich auch jene aller anderen Teersorten, wegen ihres Gehaltes an sauren Carboxyl- und Hydroxylgruppen befähigt sind, in Emulsion einzutreten.

Schon beim Beginn der Destillation des Teeres verhindert das starke durch seinen Gehalt an Wasser und Schaumbildnern bedingte Schäumen der kochenden Masse die Aufarbeitung in einer Operation, so daß man Leichtöle und Wasser vorerst aus kleinen Blasen abtreiben muß. Es fehlte daher nicht an Vorschlägen, dem rohen Teer, der darin völlig dem mit Wasser und Salzwasser emulgierten rohen Erdöl gleicht (S. 114), vor der Weiterverarbeitung das Wasser zu entziehen, z. B. durch Zerstäuben des Teers unter Druck in heiße konzentrierte Kochsalzlösung[1]; oder durch Verrühren mit Steinkohlenasche oder anderen in Wasser unlöslichen fein verteilbaren Stoffen[2], und folgendes Abziehen des so der Emulsion entzogenen Wassers; oder durch Vermischen des Teers mit konzentrierter wäßriger Bisulfatlösung[3]; oder durch Erhitzen mit konzentrierter Kochsalzlösung unter hohem Druck[4] u. dgl.

Nach einem neueren Verfahren lassen sich diese besonders stabilen Emulsionen von wenig Wasser in Teer dadurch zerstören, daß man sie in der Wärme mit einem leicht wasserlöslichen Salz von Art des Calciumchlorides in solcher Menge verrührt, daß aus ihm und dem Wasser der Emulsion eine mäßig konzentrierte Lösung entsteht, die sich beim folgenden Absetzenlassen leicht von dem nun wasserfreien zweiten Emulsionsbestandteil (Teer) abscheidet[5]. Wenn sehr phenolreiche Teere vorliegen, emulgiert man das Material (z. B. Urteer) mit der doppelten Wassermenge, evtl. unter Zusatz von geringen Mengen Soda, erhitzt dann die Emulsion im Rührautoklaven auf 200—250° und zieht die einen großen Teil der Phenole einschließende und das gesamte Wasser des Teeres enthaltende leicht absetzende wäßrige Schicht heiß ab[6].

Diese Methode reicht bereits in das Gebiet der Lösungsextraktionen, bei deren Ausführung man ebenfalls häufig Emulsionen, z. B.

<hr>

[1] D.R.P. 335705.    [2] D.R.P. 388818.    [3] D.R.P. 334658.    [4] D.R.P. 322895.
[5] D.R.P. 384634, auch 406658; vgl. Am. Pat. 1515093: Einleiten des Teers in heiße Calciumchloridlösung bestimmter Dichte.
[6] D.R.P. 375716.

von flüssigen Kohlenwasserstoffgemengen mit wäßrigen Salz- (Zinkchlorid oder Magnesiumsulfat), Säure- oder Laugelösungen erzeugt, zu dem Zwecke, um den Erdölen, Teeren o. dgl. natürlichen Gemischen die Paraffine und asphaltartigen Körper zu entziehen. Solche bei Wasserbadtemperatur gewonnene Emulsionen, z. B. von bei gewöhnlicher Temperatur gelatinierendem galizischem Erdöl mit wäßriger Chlorzinklösung, scheiden sich in der Ruhe scharf in den abziehbaren wäßrigen Anteil und das Öl, das jedoch nunmehr beim Abkühlen nicht mehr gelatiniert, sondern den gesamten abpreßbaren Paraffin- bzw. Asphaltinhalt abscheidet und als Flüssigkeit abgetrennt werden kann. In diesem Falle zerstört man demnach durch Emulsionsbildung als Zwischenoperation ein sonst kaum trennbares Lösungssystem[1].

Umgekehrt kann die Zwischenverrichtung der Emulsionsbildung auch dazu dienen, um aus sonst ineinander nicht löslichen Flüssigkeiten, z. B. einem Mineral- und einem Pflanzenöl, Lösungen zu erzeugen. Dies zeigt ein eigentümliches Verfahren, demzufolge man die beiden Öle in solchen Mengen miteinander emulgiert, also in den Teilchen von ultramikroskopischer Größe zur gegenseitigen Berührung bringt, daß sich nach einigem Stehen zwei Schichten von Lösungen bilden, die mehr Mineral- bzw. Pflanzenöl enthalten als dem ursprünglichen Lösungsgrad der beiden Öle ineinander entspricht. Die Feinzerteilung bewirkt demnach Aufnahme in einen im grobdispergierten Gemisch unmöglichen Lösungsverband[2]. Man löst z. B. 7 Teile Ricinusöl bei 60° in 12 Teilen eines bestimmten Mineralöles, läßt dann bei 20° stehen und gießt die unten abgeschiedene ricinusölreiche Lösung ab. Sie ist direkt verwendbar oder wird, um eine auch bei 0° nicht entmischende Lösung zu erhalten, mit 66% frischem Ricinusöl verrührt. Die obere mineralölreiche Schicht wird bei 0° ausgefroren und gibt abermals eine obere ölige, bei 0° beständige mineralölreiche Ricinusöllösung. Dieses Verfahren gleicht einem Vorgang, in dessen Verlauf Bildung und Zerstörung einer Emulsion (s. auch Fettentsäuerung), z. B. aus Riechstoff-Äthylacetat in Glycerinwasser, zu dem Zwecke direkt aneinander angeschlossen werden, um eine Lösung zu gewinnen, im vorliegendem Falle von Riechstoff in wäßrigem Glycerin, die sonst nur mit einem Lösungsmittel, wie Alkohol, erzeugt werden könnte, der dann als teuerer Träger in der Lösung verbleiben muß, während man hier aus der auf der Riechstofflösung schwimmenden Schicht das Äthylacetat wieder gewinnen und abermals verwenden kann[3]. Oder wenn man zur Herstellung von Emulsionen aus schwierig in den Verband einführbaren Bestandteilen dieselben zunächst vermischt, dann absetzen läßt, die konzentrierte haltbare Emulsion verwendet und die das dünnere Gemisch enthaltende Schicht zum Ansetzen einer neuen Rohmischung

---

[1] D.R.P. 373589 u. 373862; vgl. die Versuche von ROSNER u. NAVRAT mit Mineral-Rüböl-Meerwasseremulsionen in Petroleum 19, 611.

[2] D.R.P. 403948.

[3] Franz. Pat. 574472; vgl. auch Engl. Pat. 199043 (1923): Leichtflüssiges, besser schmeckendes Tranpräparat durch Emulgieren von Tran mit 96 proz. Alkohol; die schwimmende Tran-Alkohollösung wird von dem wäßrigen Alkohol abgehoben.

abzieht[1]. Man kann nach diesem Anreicherungsverfahren[2] sehr haltbare Teer-, Pech- oder Ölemulsionen mit wäßriger Sodalösung in der Weise erhalten, daß man z. B. 50 wasserfreien Teer bei 60° mit 1 Ölsäure, 50 Wasser und 0,3 Soda emulgiert, 48 Stunden stehen läßt, die abgeschiedene obere Schicht, bestehend aus 40 Emulsion und 10% Teergehalt, abermals mit Teer und Alkalilösung emulgiert und so fortschreitend zu teerölreicheren Emulsionen gelangt, die vereinigt das Endprodukt von hoher physikalischer Haltbarkeit geben. Die Bildung von Emulsionen als Zwischenoperation liegt schließlich auch einem Verfahren zur Gewinnung der Neutralöle aus Teeren zugrunde[3]. Man emulgiert den Teer mit Alkohol, Aceton oder einem anderen mit Paraffinöl nicht mischbaren Lösungsmittel, emulgiert dann weiter mit Paraffinöl und läßt die Mischung zur Abscheidung des Neutralöles ruhen.

Das Mittelöl der Teerdestillation ist ein halbfertiges Emulsionsgemisch von Kohlenwasserstoffen, insbesondere Naphthalin, mit Carbolsäure, dem nur die wäßrige Alkalilauge fehlt. Sie müßte, in der auf Phenol berechneten Menge auf einmal zugesetzt, die Bildung einer typischen Milch herbeiführen, weshalb man unter Vermeidung sehr starker Lauge, in der die neutralen Kohlenwasserstoffe mit der Phenolseife (s. S. 52) emulgiert bleiben würden, mit 10proz. Natronlauge fraktioniert die im Mittelöl bis zu 45% enthaltene Carbolsäure auszieht und dadurch leichte Abtrennung der Öle von der Phenollösung ermöglicht. Diese gibt, mit Kohlensäure zerlegt, die flüssige Carbolsäure, deren Hauptmenge als Gemisch des Phenols mit Kresolen und Xylenolen das „Kresol" des Handels darstellt. Es bildet im Gemisch mit dem ebenso behandelten Carbolöl der Teerdestillationsschweröle und mit seinem Gehalt an neutralen Teerölen, gleich dem aus dem Naphthalinöl der Schwerfraktion nach Entfernung der Chinolinbasen zurückbleibenden Kreosotöl (mit Kalk neutralisiert: Carbolkalk), eine typische technische Emulsionskomponente (s. Abwasser, S. 390, Fußnote 2). Sie ist mit Wasser milchig mischbar, löst sich zum Teil in alkalischem Wasser und völlig klar in Seifenlaugen, zeichnet sich in Form dieser Emulsionen oder kolloiden Lösungen durch hohe desinfektorische Kraft aus und bildet daher den wichtigsten Rohstoff für die Desinfektions- und Holzimprägnierungsindustrie.

Bemerkenswert ist der Vorschlag, die Bildung von Emulsionen bei der Aufarbeitung des Mittel- und Schweröles auf Carbolsäure und Kresol dadurch zu vermeiden, daß man das Wassser völlig ausschaltet, die Absättigung der sauren Hydroxylgruppen also nicht mittels Natronlauge, sondern durch Einrühren von metallischem Natrium in die Mittelöle bewirkt. Man kann dann die absolut phenolfreien Teeröle, von den festen Phenolkörpern absaugen und gewinnt überdies Wasserstoff als Nebenprodukt[4]. Wenn keine wirtschaftlichen Gründe entgegenstehen und das Metall so fein zerteilt zur Reaktion gebracht werden kann,

---

[1] Engl. Pat. 254701 (1926).        [2] Am. Pat. 1665105.
[3] Engl. Pat. 256933 (1926); vgl. D.R.P. 433268, 436444 u. 437410: Die ähnliche Zerlegung des Teeres durch dessen Emulgierung mit Ammoniakwasser oder -gas (nebst Alkohol).        [4] D.R.P. 322242.

daß es völlig verbraucht wird, ohne durch Überkrustung der Teilchen mit Phenolat außer Wirksamkeit gesetzt zu werden, könnte das Verfahren Bedeutung erlangen.

Anders, wie bei der Raffination der Erdölfraktionen, gewinnt man bei der Reinigung der Teeröle, z. B. des Rohbenzols, der Leichtölfraktion des Steinkohlenteers, nicht lediglich wertlose Säureharze bzw. geringwertige Naphthensäuren, sondern bei der ersten Natronraffination Phenolatlaugen, die mit jenen des Mittel- und Schweröles vereinigt werden und bei der folgenden Raffination mit Schwefelsäure, Anilin- und Pyridinbasen. Dann verbleibt aber auch hier eine Abfallsäure, die jedoch in diesem Falle keinerlei Störungen durch Emulsionenbildung verursacht. Natürlich deshalb, weil die Erdölfraktionen hochmolekulare Gemische zahlreicher aliphatischer Kohlenwasserstoffe sind, während in dem von Basen und Phenolen befreiten Leichtöl wenige einfache aromatische Kohlenwasserstoffe vorliegen, die von Natur aus nicht leicht emulgierbar sind und sogar von Seifen nur mit allerlei Kunstgriffen in den Emulsionen festgehalten werden können. — Über die Cumaronharze aus Benzolkohlenwasserstoffen s. 275.

## Emulsionen in der Schmiermittelindustrie.

Die neuzeitlichen Schmiermittel und elektrischen Isolieröle sind auch als billigste Massenerzeugnisse für grobe Zwecke Edelwerkstoffe, die man mit der Technik der Emulsionen nur im negativen Sinne in Beziehung bringen kann, insofern als bei der Herstellung der Ölmischungen zur Schmierung von Dampfzylindern, Automobil- und Flugzeugmotoren, Eismaschinen, Kompressoren usw., sowie zur Isolierung von Stromleitungsspulen, jede Spur von Wasser ausgeschaltet und damit die Bildung von Emulsionen vermieden werden muß. In welch hohem Maße dieser Grundsatz gilt, geht z. B. daraus hervor, daß nur 0,04% Feuchtigkeit die Durchschlagfestigkeit eines Transformatorenöles bei 4 mm Elektrodenentfernung von 40 000 V auf die Hälfte herabsetzen[1]. Ähnlich, wenn auch nicht in so hohem Maße, werden Flammpunkt, Viscosität, Erstarrungspunkt und alle anderen wertbestimmenden Kenndaten der Erdöl-, Teeröl- und Mischschmieröle durch die Anwesenheit von Wasser ebenso ungünstig verändert wie durch das Auftreten von Seifenbildung innerhalb der Ölmassen. In den Nachkriegsjahren wurden zwar Schmierölemulsionen, z. B. aus Braunkohlenteeröl oder Maschinenöl, einigen Prozenten der hochviscosen Voltolöle (aus Rüb- oder Ricinusöl durch elektrische Behandlung gewonnen[2]) und Kalkwasser, sogar zur Dampfzylinderschmierung empfohlen[3], doch sind diese Erzeugnisse, wofern es sich nicht um die Herstellung der weniger wertvollen Lager- oder Starrschmieren handelt,

---

[1] SCHWAB, E.: Seifensieder-Ztg 42, 100, 122. — Vgl. die Ausführungen von F. EVERS in Z. angew. Chem. 38, 659: Über den Kampf zwischen Öl und doch allmählich hinzukommendem Wasser und die kolloidchemischen Grundlagen der Vorgänge.
[2] MARCUSSON, J.: Z. angew. Chem. 1920, 234.
[3] D.R.P. 429551.

keine Schmiermittel, sondern, wie auch gewisse Seifenschmieren, z. B.
aus Mineralöl, Schmalzöl, Ölsäure und wäßriger Pottaschelösung[1],
nahe verwandt mit den Bohr- und Schneideölen (s. S. 375) und dementsprechend zu bewerten. Doch wurde auch in neuerer Zeit die Anwendung von nur wäßrigen Mineralölemulsionen (1 : 1) mit Voltolölen,
Montanwachs oder Wollfett als Emulgiermitteln für Maschinenschmie-
rung empfohlen[2]. Diese Emulsionen sollen sich leicht bilden, wenn man
bei Herstellung solcher Compoundölmischungen in das Komponenten-
gemenge Dampf einleitet oder es in ihn zerstäubt. Damit steht in
Zusammenhang, daß man auch aus pflanzlichen Fettstoffen und ihren
Gemischen, jedenfalls unter Mitwirkung der in ihnen enthaltenen emulgierend wirkenden Nebenbestandteile, durch bloßes Einleiten von Dampf
unter Druck bei erhöhter Temperatur stabile Schmierölemulsionen erzeugen kann[3].

Die oben erwähnten konsistenten Maschinenfette oder Starr-
schmieren, auch die Wagenfette, müssen zwar zur Erzielung der den
Erzeugnissen eigenen Zähigkeit 1—2% Wasser enthalten, können aber
deshalb wohl kaum als Emulsionen aufgefaßt werden, da sie viel eher
Lösungen von Fettsäureseifen in mineralischen Fettstoffen darstellen.
Man gewinnt diese Stauffer- und Stopfbüchsenfette, die oft füllende
(Gips, Talkum) oder die Schmierwirkung erhöhende Zusätze (Graphit,
Ruß) erhalten, durch Verrühren oder Verkneten einer ca. 1—2% Wasser
enthaltenden Ölsäure-Natron- oder -Kalkseife mit einem Mineralöl der
Leucht- oder Schmierölfraktion, bis die Masse beim Erkalten salben-
förmig erstarrt[4]. Solchen konsistenten Maschinenfetten (aber auch
Salben und Pasten) setzt man nach neueren Angaben[5] als Stabilisatoren feste Emulsionen zu, die man z. B. aus Montanwachs (auch
Wollfett, Harzen, festen Kohlenwasserstoffen u. dgl.) durch Emulgieren
mit wäßriger 25—30proz. Magnesiumchloridlösung und folgend aus ihr
in der Gesamtmasse gefälltem Magnesiumoxyd erzeugt. Diese an sich
sehr stabilen hygroskopischen Festemulsionen sollen den genannten
chemisch-technischen Erzeugnissen festen Zusammenhalt und größere
Geschmeidigkeit verleihen. Ebenfalls in neuerer Zeit wurde ferner
empfohlen die Wagenfette und konsistenten Schmiermittel durch Verrühren nicht der Fette oder Seifen, sondern der Fettsäuren mit Kalk
herzustellen und der Kalkseifenmasse zum Schluß der Verseifung etwas
Natronlauge zuzusetzen[6].

In diese Reihe der Stauffer- und Stopfbüchsenfette gehören auch die
gleichartigen, durch mitverknetete Putzwolle oder Cellulosefasern zu-
sammengehaltenen Walzenbriketts, die zur Ausfüllung entsprechender
Aussparungen in Lagerschalen von Blechwalzwerken bestimmt sind,
ferner die Seilschmieren für Hanf- und Drahtseile, auch für Ketten und
Kammräder, und die genannten Wagenschmieren[7], bestehend aus Harz-
oder Montanwachs-Kalk-Seifenmischungen und bereitet aus Harz- und

[1] Am. Pat. 1603077.        [2] Engl. Pat. 232259 (1925).
[3] Franz. Pat. 613599.      [4] S. z. B. KUNKLER, Seifensieder-Ztg 1921, 1011.
[5] D.R.P. 398879.           [6] WERBER, N.: Öl- u. Fettztg. 22, 385.
[7] KRÄTZER, H., Die Fabrikation der Wagenfette usw. Wien u. Leipzig 1922.

Kienöl mit Fettsäure-Kalkseifen auf kaltem oder warmem Wege. Die bei Verwendung von gewöhnlichem Kolophonium als Zusatz nur im Falle der Erzeugung von Riemenadhäsionspräparaten erwünschte, sonst unwillkommene Klebrigkeit der Schmiermittel u. dgl. läßt sich vermeiden, wenn man von oxydiertem Harz ausgeht[1]. S. auch S. 40.

Emulsionstechnisch interessant, theoretisch aber noch wenig erforscht, sind die Graphitöle Johnstons, aus denen später die Schmiermittel von Art des Oil-Dag und Aqua-Dag entstanden sind. Es handelt sich um kolloide Flockengraphitlösungen[2] in Öl bzw. wäßrigen Flüssigkeiten, die weiter noch mit Öl emulgiert sind und, namentlich bei Gegenwart von Schutzkolloiden, z. B. Gallusgerbsäure[3], Tannin[4], Schießbaumwolle und Campher, Eiweiß oder Eigelb u. dgl. sehr haltbare Systeme bilden. Diese Schmierpräparate (Konkurrenzprodukte sind z. B. Erythol, Potenzol, Kolloidgraphit des Handels), über deren Wert die Ansichten übrigens recht geteilt sind, werden in der Weise hergestellt, daß man den Flockengraphit z. B. mit einem die Teilchen umhüllenden (Ricinus-)Öl vermahlt und diese Suspension dann mit einem zähflüssigen Mineralöl emulgiert, das den Ricinusölfilm nicht zerstört. Oder man homogenisiert Graphit, Petroleum, Wachs und Talgkernseifenlauge bzw. verreibt zur Bereitung des Aqua-Dag den Graphit mit Strohabsud oder wäßriger Tannin-Gerbsäurelösung, verfährt also ähnlich wie bei der Plastificierung der Tone[5], s. S. 365. Es wurde auch vorgeschlagen[6], nach einer Methode der Herstellung von Bleiweiß-Ölfarben eine wäßrige Graphitpaste unter ständigem Abgießen des abgeschiedenen Wassers bis zur Erzielung einer stabilen Graphit-Ölemulsion mit Öl anzureiben.

Schließlich soll man nach einem Verfahren der neueren Zeit die Graphitaufnahmefähigkeit von Teerölen und ähnlichen Schmiermitteln durch Zusatz von Magnesiumoxydhydrat, organischen Basen oder anderen alkalisch wirkenden Stoffen erhöhen können, die dazu geeignet sind, die in jenen Ölen vorhandenen kolloidfällenden Stoffe unschädlich zu machen.

Sonst kommen emulsionstechnische Momente in der Schmiermittelindustrie nur noch, dann aber auch sehr erheblich, in Betracht, wenn gebrauchte Schmieröle aus ihren Emulsionen mit Kesselspeisewasser und Verunreinigungen nach der S. 387 bereits beschriebenen Weise wiedergewonnen werden sollen. Im allgemeinen bedient man sich jedoch in der Neuzeit so gut wie ausschließlich der Abdampfentöler verschiedener Bauart, die rein mechanisch etwa nach der in Abb. 54 u. f. wiedergegebenen Art wirken. Wenn Schmieröle in Substanz gereinigt werden

---

[1] D.R.P. 414612.
[2] Nur dieses reinste, von Fremdstoffen freie Kunstprodukt (s. Blücher, Auskunftsbuch, Berlin 1926, 563) ist verwendbar.
[3] D.R.P. 191840.
[4] Vgl. F. Thalberg, Chem. Ztg 38, 711.
[5] D.R.P. 155513 und Z. f. angew. Chem. 1904, 1218; vgl. D.R.P. 201404: Gerbsäurezusatz zu Tannin.
[6] DRP. 218218.

sollen, so geschieht dies kaum mehr mit Chemikalien[1], sondern durch Destillation oder auf mechanischem Wege, z. B. in der Weise, daß man das zu reinigende Schmieröl im Dampfstrahl mit Wasser emulgiert, die so erzeugten Öltröpfchen in einem System von Sieben durch eine Art Scheuerprozeß von den sich absetzenden Schmutzteilchen sozusagen abwetzt und in diesem gesäuberten Zustande abschwemmt[2].

Daß jedoch daneben auch noch chemische Verfahren angewandt werden, beweist eine neuere Angabe[3], derzufolge die Entölung des Kondenswasser sich dadurch besonders gut bewerkstelligen läßt, daß man die zuzusetzende Kalkmilch mit dem Kondenswasser selbst erzeugt, wodurch offenbar Kalkseifenkeime bzw. mit Öl umhüllte Kalkteilchen erzeugt werden, die in der Gesamtmasse des zu entölenden Wassers, wie bei Ausführung der Erzschwimmaufbereitung (s. S. 370), als „Öler" bzw. „Schäumer" wirken und das Haltige, im vorliegenden Falle das Öl, heben und zusammenballen. Eigentümlicherweise vermag man sonst kaum trennbare z. B. Zylinderöl-Raffinationsemulsionen von der Schwefelsäurereinigung durch Zusatz von Natronlauge (3 auf 80 kg) und äußerst geringen Mengen aromatischer Stoffe mit Amino- oder Hydroxylgruppen, z. B. für die genannten Mengen 100 g Anilin oder Phenol, zu zerstören. Diese Phenolkörper und Amine eignen sich ganz allgemein zur Verhinderung der Bildung von Emulsionen, wenn (was wohl selten der Fall sein dürfte) ihre Gegenwart keinen Anlaß zu Kondensationsreaktionen bietet[4].

Praktisch vielleicht weniger als emulsionstechnisch bemerkenswert sind einige Verfahren zur Aufarbeitung von mittels Benzols aus Putzwolle wiedergewonnenen Schmieröl-Lösungsmittelemulsionen. Man arbeitet nach der einen Methode in der Weise[5], daß man das Gemisch zunächst durch Homogenisieren mit Natronlauge in eine echte Emulsion verwandelt. Es läßt sich nun beobachten, wie nach mehrstündigem Rühren und folgender Ruhe in kurzer Zeit spontan völlige Entmischung eintritt, und zwar deshalb, weil während des Vorganges aus der Lauge und den verseifbaren Schmierölbestandteilen Seifen entstehen, die in Benzol und in Lauge unlöslich sind, sich mit den vorhandenen sauren Metallhydroxyden zusammenballen und unter Ausflockung der kolloid gelösten Stoffe Klärung und zugleich Entmischung herbeiführen. Man kann die unreine Lauge dann unten abziehen und im gleichen Kessel aus dem klaren Öl-Benzolgemisch das Lösungsmittel abdestillieren. Nach einem neueren Verfahren[6] verfährt man folgendermaßen: Die wasserhaltige mit kolloiden Kohle-, Metall- und Schmutzteilchen erfüllte Ölemulsion wird mit Schwefelsäure und folgend, ohne absetzen zu lassen, mit der ihr äquivalenten Menge einer Natronlauge verrührt, die gerbsaures Natron und Hautleim kolloid gelöst enthält. Diese Gerbsäureseife wird durch die Schwefelsäure zer-

<hr>

[1] S. z. B. Seifensieder-Zg. 1917, 996; Chem. Zentralblatt 1919, IV, 1075, s. a. S. 116 im vorliegenden Text.

[2] D.R.P. 405396.  [3] D.R.P. 416255.

[4] D.R.P. 406818.  [5] D.R.P. 265198.

[6] Chem. Zentralblatt 1919, IV, 1075.

stört, die Gerbsäure wirkt ausflockend, das gebildete Glaubersalz aussalzend, und das Resultat ist, daß auch hier nach inniger Emulgierung des Kesselinhaltes rasches Absetzen der schleimigen unreinen Lauge von dem abziehbaren reinen Öl erfolgt. Oder man emulgiert das aufzuarbeitende Öl mit einer wäßrigen Trinatriumphosphatlösung, erwärmt das Flüssigkeitsgemisch auf 55° und läßt absetzen; nach 24 Stunden sind die gebildeten 3 Schichten, das schwimmende reine Öl, die untere wäßrige und die mittlere Schmutzlösung, klar geschieden[1]. Schließlich soll man auch mit Hilfe einer sirupösen wäßrigen Glycerinpechlösung unreines Öl emulgieren und durch Absetzenlassen reines Öl abscheiden können[2].

Die in diesen Fällen und auch allgemein bei der Schmierölreinigung abfallenden Laugen enthalten neben 12—15% Öl vorwiegend Naphthenseifen, sind demnach und zwar vorwiegend alkalische, Emulsionen, die man entweder mit Kalkmilch (Bildung von Naphthensäure-Kalkseifen, von denen man das Öl abhebt und die man zur Gewinnung der Naphthensäuren mit Schwefelsäure zerlegt) oder in der Weise aufarbeitet, daß man diese Laugen mit anderen Naphthenseifen, in denen sich die ersteren lösen, verrührt, absetzen läßt und das oben schwimmende, quasi ausgesalzene, für Schmierzwecke brauchbare Öl abzieht[3].

# Die Herstellung der Emulsionen in den Tier-, Pflanzen- und Mineralfette verarbeitenden Industrien.

## Die Seifenindustrie.

### Die gewöhnlichen Handelsseifen.

Die Seifen zählen aktiv zu den besten Vermittlern bei der Bildung von Emulsionen und passiv demnach auch zu den besten Komponenten von Emulsionen. Mit welcher Unterscheidung ausgedrückt werden soll, daß man für technische Zwecke ebensowohl emulgierte Stoffmischungen mit Seifenzusatz als auch Seifen mit Zusätzen anderer Stoffe erzeugt. Zu diesen letztgenannten Fabrikaten gehören in erster Linie die Waschseifen mit ihren Abarten für medizinische und kosmetische ferner für Zwecke der Desinfektion, Schädlingsvertilgung usw. Zu jenen emulgierten Stoffgemischen mit Seife als Emulgiermittel zählen hingegen die meisten anderen technischen Emulsionen, denn auch wenn Seife nicht als Substanz zugesetzt wird, bildet sie sich stets, wenn auch in geringen, so doch zur Auslösung des Ionenspieles (s. S. 18) hinreichenden Mengen, beim Mischen von Fettstoff oder sonst verseifbaren (salzbildenden) chemischen Körpern mit Wasser und verseifendem (salzbildendem) Agens, im einfachsten Falle Alkali. So ist es z. B. emulsionstechnisch bemerkenswert, daß man aus geschmolzenen Harzen, Fett- oder Wachsstoffen und Wasser durch Kolloidmahlung bei Gegenwart

---

[1] Engl. Pat. 14781 (1915).
[2] D.R.P. 314175.
[3] SUSANOW, J.: Seifensieder-Ztg 43, 241.

von zur Lösung oder Verseifung unzureichenden Alkalimengen kaum entmischende emulsionsartige Dispersionen erzeugen kann, bei deren Bildung die geringe entstandene Seifenmenge als Vermittler dient[1].

Keine Handelsseife ist reines fettsaures Salz, sondern ein Gemisch von Alkalisalzen mehrerer Fettsäuren mit Verunreinigungen und Zusatzstoffen von Art der riechenden, färbenden, heilkräftigen, mechanisch reinigenden und sonstigen Füllmittel aller Art. Die beste Kernseife enthält 30—35, durchschnittlich jedoch 50% und mehr Wasser, sie kann demnach als festgallertige Emulsion aufgefaßt werden, in der die Verunreinigungen und Zusatzstoffe je nach ihrer Art kolloid gelöst oder emulsionsartig verteilt oder suspendiert sind. Diese Beschaffenheit der Handelsseife als die eines wasserhaltigen Gels bringt es mit sich, daß die Marktware bei unrichtiger Herstellungsweise nicht stabil bleibt, so z. B. nach einiger Lagerung ranzig wird (s. S. 226), wenn sie unverseiftes Fett enthält oder mit untauglichen Neutralfetten überfettet wurde (s. S. 146). Gesottene Seifen enthalten übrigens bis zu 0,8% Neutralfett und neigen daher eher zum Ranzigwerden, als Produkte der Kaltverseifung mit höchstens 0,08 % Neutralfettgehalt[2]. Diese Erscheinung läßt sich, wie schon hier erwähnt sei, sehr verzögern, wenn man dem Sud bzw. der Grundseife etwa 1% Harzseife zusetzt. Sie verhindert zwar nicht die das Ranzigwerden verursachende Spaltung des Neutralfettes, wohl aber durch schutzkolloidische Wirkung die weiteren geruchlichen Veränderungen der abgespaltenen Fettsäuren und des Glycerins[3].

Der Gang der Seifenfabrikation ist bekannt, so daß die folgenden Ausführungen auf die Hervorhebung emulsionstechnisch bemerkenswerter Einzelheiten beschränkt bleiben können. Allgemein sei nur hervorgehoben, daß die neuzeitlichen theoretischen Forschungsergebnisse über die verschiedenen Abschnitte des Seifensudes sich völlig mit den empirischen Erkenntnissen decken, die von alters her die Praxis der Seifenherstellung beeinflußt haben. So die Feststellung der Abhängigkeit der Verseifungsgeschwindigkeit vom Zerteilungsgrade des Fettstoffes und von der im System vorhandenen Menge emulgierbarer und emulgierter Bestandteile in direkter Proportionalität, ferner Bestätigung und Deutung der Tatsache, daß ein Fett um so schwieriger verseifbar ist, je mehr ungesättigte Glyceride es enthält. Besonders wichtig ist für die Praxis der von der Theorie erbrachte Beweis über die günstige Beeinflussung der Verseifungsgeschwindigkeit durch die Emulsionen, die sich namentlich bei Anwendung verdünnter Lauge gleich zu Beginn des Prozesses im System bilden (s. unten), und der Hinweis auf die Möglichkeit, den Vorgang durch Zusatz hochemulgierend wirkender Substanzen von Art des Twitchellreaktivs (s. S. 101) zu beschleunigen[4].

---

[1] D.R.P. 392337; Zus. zu D.R.P. 337955.
[2] J. DAVIDSOHN, Chem. Umsch. 35, 166.
[3] BERGELL, C.: Z. Öl- u. Fettind. 45, 233.
[4] LASCARAY, L.: Ref. in Chem Zentralblatt 1928, I, 1110.

Im alten, heute noch in zahlreichen kleinen und mittleren Betrieben ausgeführten Kernseifensud[1] wird aus dem im Kessel geschmolzenen Naturfett mit etwa 30% der nötigen Menge relativ dünner (8—10gräd.) Lauge[2], für Kernseifen unter Dampfrührung, beim stärker schäumenden Leim- und Schmierseifensud durch Rühren mit mechanischen Krückwerken, zunächst eine durchscheinende Emulsion von Wasser, Glycerin und wäßriger Lauge nebst gebildeter Seife in Fettstoff erzeugt. Wenn diese butterartige Emulsion homogen, wenn „Verband" eingetreten ist, fügt man weitere 30% stärkere, etwa 20gräd. Lauge zu und erhält so eine Emulsion von Fettstoff in wäßrig alkalischer Glycerin-Seifenlösung und weiter, nach Beigabe des letzten Drittels nunmehr etwa 30gräd. Lauge, den allmählich dick gewordenen Seifenleim, der kein freies Ätzalkali, jedoch neben Wasser und Glycerin noch unveränderten Fettstoff emulgiert enthält. Schließlich „richtet man ab" (s. auch neutrale und überfettete Seifen), d. h. man erzeugt durch einen geringen Alkaliüberschuß, dessen Höhe durch den „Stich" auf der Zunge empirisch festgestellt wird, eine letzte Lösung, nicht mehr Emulsion, von wäßriger Alkalilösung und Glycerin in Seifenleim. In ihr ist dann kein ungespaltener Fettstoff mehr vorhanden, die fertige Seife kann demnach auch nicht ranzig werden (s. oben). Überdies beeinflußt der Alkaliüberschuß auch die weitere Verarbeitung des Leimes, insbesondere bei dem nun folgendem Aussalzen des Seifenkernes aus seiner Emulsion. Nach amerikanischer Siedeweise salzt man übrigens den in zwei Siedestufen erzeugten Kernseifenleim nicht mit Kochsalz, sondern mit starker Natronlauge aus, verbraucht dementsprechend natürlich wesentlich mehr Ätznatron und erhält stark alkalische glycerinärmere Unterlaugen. Als einzigen Gegenwert für den Mehraufwand an Alkali erzielt man bestenfalls einen reineren Kern[3].

Wie in der Einleitung bereits gesagt wurde, besteht das Seifengel aus Teilchen von Neutralseife, die von Fettsäureionen umhüllt sind, deren elektrische Ladung durch abdissoziierte Alkaliionen ausgeglichen erscheint. Salzt man nun die Seife aus völlig neutraler Umgebung aus, so wird dieser Vorgang der Abdissoziation von Alkaliionen aus der Seife, also ihre hydrolytische Spaltung begünstigt, während sie in schwach alkalischer Umgebung durch die im Aussalzprozeß eintretende Ionenkonzentration an den Teilchen zurückgedrängt wird. Weitergehende hydrolytische Spaltung des Seifenmoleküls während seiner Bildung bedeutet aber Herabminderung des Wertes der Seife als Waschmittel.

Allgemein gilt[4]: Je weniger weit die hydrolytische Spaltung einer Seife in ihrer Lösung gediehen ist, um so besser reinigend wirkt sie.

---

[1] Über die Herstellung der Kernseife (dieses kolloid heterogenen Systems mit Wasser als Dispersoid und Seife als Dispersionsmittel) in kolloidchemischer Beleuchtung siehe K. BRAUN in Seifensieder-Ztg 54, 644.

[2] Über die gegenüber den Natronkernseifen durch mildere Wirkung, höhere Schaumkraft und leichtere Löslichkeit ausgezeichneten festen Kaliseifen s. D. MÜLLER, Allgem. Öl- u. Fettztg. 25, 244.

[3] Vgl. K. LÖFFL, Seifensieder-Ztg 55, 159 u. 166.

[4] HILLYER, H. W.: Siefensieder-Ztg 1903, 788ff. — Über eine ausführliche Abhandlung von P. H. FALL, die reinigende Wirkung der Seife betreffend, ist

Demzufolge eignet sich zum Waschen in der Kälte am besten das fast unzersetzt lösliche ölsaure Natron, während in heißem Wasser auch Palmitat-Stearatlösungen gut waschen, wenn diese Lösungen genügend konzentriert und darum kaum hydrolysiert sind. In kaltem Wasser stark verdünnte Palmitin-Stearinsäureseifenlösungen sind als Waschmittel so gut wie wertlos. Ähnliche Ergebnisse brachten auch neuere Arbeiten[1], denen zufolge in heißem Waschwasser (40—80°) eine Seife aus gleichen Teilen Natriumstearat und -oleat die beste Waschkraft, Natriumpalmitat hingegen unterhalb 60° die beste Emulgierfähigkeit für Petroleum zeigt. Auch Harzseifen sind in verdünnter und dann auch heißer Lösung stark dissoziiert, reinigen dann nicht nur schlecht, sondern scheiden sogar fleckenbildende freie Harzsäure aus. Was für die Anwendung der Seifen maßgebend ist, gilt natürlich auch hinsichtlich der Abscheidung aus ihren Lösungen mittels Kochsalzes während der Fabrikation, denn hier wie dort soll die Hydrolyse vermieden werden.

Praktisch[2] bedeutet das Aussalzen der Seife ihre Verdrängung aus der kolloiden Lösung und dem Emulsionsverbande. Da sich nun die Seife aus ihrer letzten alkalischen Lösung (s. oben) in dem Maße schlechter aussalzen läßt, als relativ überschüssiges, die Seifenleimbildung begünstigendes Alkali vorhanden ist, muß ein beim Abrichten überalkalisierter Sud mit Fettsäure oder Harz „ausgestochen", rückneutralisiert, werden, natürlich ohne den Alkaliüberschuß völlig aufzuheben. Man braucht dann weniger Salz und erhält eine dünnflüssige, klare Glycerinunterlauge[3]. Sonst müßte stärker gesalzen werden, doch bewirken übermäßige Salzgaben von mehr als 4—5% des Fettstoffes stets die Bildung von starkem, nur schwer zerstörbarem Schaum, einer zwar seifefreien Unterlauge, dagegen eines festen, bröckligen Kernes, der ungelöstes Salz einschließt. Salzt man sparsam, mit 3—4% Kochsalz, und nur bis zur Trennung der Kernhauptmasse von einer Seife enthaltenden und darum nicht völlig klaren Unterlauge, so wird der Kern geschmeidiger. Diese Weichheit innerhalb der sonst festen Masse wird noch erhöht, wenn man den ausgesalzenen körnigen Kern nach Entfernung der Unterlauge mit schwach alkalischem Salzwasser kocht („schleift"), wodurch die Masse, indem sie Wasser aufnimmt, emulsionsartiger, homogener, allerdings auch wasserreicher und darum, auf das Stückgewicht des fertigen Erzeugnisses, seifenärmer wird[4]. So wie mit Salz vermag man den Seifenleim auch, gegebenenfalls unter gleichzeitiger Füllung (s. S. 137ff.), mit anderen „Koagulatoren"[5] auszufällen, zu denen Zuckerarten, Glycerin, Phenole, also chemische Körper mit Hydroxylgruppen zählen (s. S. 51).

Diese glatten Kernseifen, deren körnige Struktur durch das Abschleifen verschwunden ist, werden wegen ihrer Reinheit (die meist

---

im Chem. Zentralblatt 1927, II, 761, referiert. — Vgl. ebd. 1416 über eine Arbeit von R. WOODMAN.

[1] HIROSE, M.: Ref. in Chem. Zentralbl. 1928, I, 1471.

[2] Seifensieder-Ztg 1912, 637, 660.        [3] Seifenfabr. 1907, 332, 877.

[4] Vgl. LEHMANN, R.: Z. Öl- u. Fettind. 45, 480.

[5] Vgl. LEIMDÖRFER, J.: Seifensieder-Ztg 1927, 273.

eigengefärbten Verunreinigungen bleiben im Schleifwasser) im Hausgebrauch vorgezogen, während Waschanstalten und Textilwäschereien zum Teil noch die nicht geschliffenen, daher seifereicheren, marmorierten[1] Kernseifen anwenden.

Ihre Entstehung beruht auf der S. 37 bereits erwähnten spontanen Trennung einer heiß sich selbst überlassenen allmählich abkühlenden Seifenmasse in einen krystallinischen und einem kolloiden Anteil, die einander durchdringen. Zum Marmorieren der Kernseifen überläßt man den hochgesottenen, knapp gesalzenen Kern, bei zugedecktem Kessel der unter Selbsterwärmung eintretenden Sonderung in krystallinischen Natriumstearat- und -palmitatkern und kolloiden Natriumoleatfluß, welch letzterer eine Emulsion von Ölsäureseife und Unterlauge darstellt, die die eigen- oder mit Eisenvitriol, Berlinerblau u. dgl. künstlich gefärbten Verunreinigungen suspendiert enthält. Dieser blaugrau bzw. blau gefärbte Fluß durchzieht dann die in Formen abgekühlte Seifenmasse mit Marmoradern oder mit „Mandeln und Blumen", wenn man durch Krücken der noch zäh-heißen Masse den Verlauf der Aderzeichnung abändert.

Außer Fettstoffen und Fettsäuren (s. unten) werden, meist im Gemisch mit ihnen, Harze auf Seife versotten. Diese Talg- oder Palmöl-Harzkernseifen zeichnen sich durch leichte Löslichkeit und, vorausgesetzt, daß das Harz wenig unverseifbare Bestandteile (Resen) enthält, gute Schaumkraft aus. Der Neigung der Harzkernseifen, klebrig zu werden (s. S. 40), läßt sich durch richtige Arbeitsweise begegnen, insbesondere dadurch, daß man das Harz keinem Laugenüberschuß aussetzt und die Seife gut abrichtet, da sie sonst zum Auswittern neigt. Hauptsächlich werden aber Harzschmierseifen erzeugt.

Unter den sog. Toilette-, d. s. Vollkernseifen aus reinsten Rohstoffen, sind vom Standpunkt der Emulsionstechnik nur die Transparent- (sog. Glycerin-) Seifen bemerkenswert. Denn hier liegt der Fall einer Emulsionszerstörung zugunsten der Bildung eines klaren krystalloidfreien Kolloidgels vor, das, unter Bewahrung seiner weitgehenden Durchsichtigkeit erstarrt, die feste Transparentseife des Handels bildet, durch deren Stücke man Druckschrift lesen kann. In so hohem Maße durchsichtig sind jedoch nur solche Seifen dieser Art, die man durch Lösen pilierter, reinster, harter Natronseife in 96 proz. Alkohol aus dem Filtrat dieser Lösung nach Abdestillieren des Weingeistes erhält, die Glycerin- und Zuckerseifen nach Art der Pears soap sind nur stark transparent[2]. Man erzeugt sie durch Verrühren eines sehr reinen Natronseifenleimes mit auf das Fettstoffgewicht bezogen etwa der Hälfte von gleichen Teilen Glycerin und Zucker (Lösung 1 : 1), wodurch zunächst die Seifenleimemulsion aufgehoben, dann aber auch die Ausscheidung des krystallinischen Kernes (s. oben) verhindert wird. Es bildet sich demnach nur „Fluß", der jedoch sehr rein ist, und nach ruhigem Ab-

---

[1] Seifensieder-Ztg 1908, 822, 862; ferner ebd. 1926, 903.

[2] Seifensieder-Ztg 1911, 527; vgl. ebd. 1395, ferner 47, 233, u. K. L. WEBER: ebd. 1928, 59 u. 67. — Die Herstellung nahezu völlig durchsichtiger Feinseifen beschreibt K. BACKMANN in Z. f. Öl- u. Fettind. 1924, 531.

setzenlassen der Suspensionskolloide in Formen zur Glycerin-Transparentseife erstarrt. Eine neuartige, billig herstellbare Transparentseife wird durch Zusatz einer Emulsion von Methylhexalin (s. S. 157) mit Ölsäureseife („Diaphanöl") zum Seifenleim hergestellt, der dadurch die Eigenschaft erhält, auch nach dem Erstarren durchscheinend zu bleiben[1].

Der Halbkernseifensud zur Erzeugung der sog. Eschwegerseife[2] und ähnlicher Fabrikate ist ebenso wie die Herstellung der Leimseifen[3] emulsionstechnisch nur insofern interessant, als hier der Kern sehr knapp oder gar nicht ausgesalzen wird, so daß Handelsseifen entstehen, die gegenüber der festen Kernseife wesentlich wasserreicher, daher ärmer an Seifensubstanz und schließlich im Extrem bewegliche Gallerten sind, deren Waschwirkung in dieser Reihe fortgesetzt sinkt, während ihr Wert als billigste Emulsionsvermittler steigt.

Man kann solche Faß- oder Mottled-Leimseifen[4] in auf das Fettsäurengewicht bezogen 700% und mehr Ausbeute direkt, durch bloßes Erstarrenlassen des zur Erzielung schneidbarer Konsistenz mit etwas Salz verrührten Seifenleimes oder indirekt dadurch erhalten, daß man pillierte normale Kernseife in der Menge Wasser löst, die zur Erzielung einer nach dem Erstarren nicht fließenden Masse verwendet werden darf. Während des Krieges gab es solche, damals als „Bohrpasten" gehandelte Seifenersatzprodukte mit 7, 5, auch nur mit 2% Fettsäuregehalt, die heute noch, jedoch nur für technische Zwecke (s. Bohr- und Schneideemulsionen) erzeugt werden. Sämtliche Eschweger-, Leim-, Faß- und Mottledseifen können aus Kernfetten (z. B. Talg, Knochenfett usw.) nur mit Zusatz von Cocos- oder evtl. auch Palmkernöl erzeugt werden[5], die auch den einzigen Rohstoff für die Kaltverseifung bilden.

Diese beiden genannten geschmolzenen Fettstoffe (besser noch ihre Fettsäuren, s. unten) werden zu dem Zweck mit etwa der Hälfte 38 gräd. Natronlauge wenige Minuten lang, nur zur Durchmischung, verrührt. Es bildet sich zunächst eine echte Emulsion aus dem Naturöl und der wäßrigen Natronlauge; nach einigen Tagen ruhigen Stehens im Kessel oder in Formen tritt jedoch unter Selbsterwärmung und Aufhebung des Emulsionszustandes die Bildung eines transparenten erstarrenden Seifenleimes ein, der in Stücke geschnitten das sich schnell abnützende Handelsprodukt darstellt. In dieser Weise werden zahlreiche billige Toilette-, ferner auch flüssige und Schwimmseifen, letztere durch Einrühren von Luft in die kalt oder halbwarm verseifte Ölmasse, hergestellt. Die Erzeugung von Seifen auf kaltem oder halbwarmem Wege aus Fettstoffen mit mindestens 10% Fettsäuregehalt kann auch in

---

[1] KASARNOWSKI, H.: Seifensieder-Ztg 52, 365, 452.

[2] Über Herstellung der Eschweger Seife, s. R. BÜRKLE, Seifensieder-Ztg 55, 117, 128.

[3] HEYDENBLUTH, E.: Seifenfabr. 1913, 80. — Aus wirtschaftlichen Gründen wird übrigens in neuerer Zeit die ausschließliche Herstellung 60proz. Leimseifen an Stelle von Kernseifen propagiert; vgl. R. KRINGS: Seifensieder-Ztg 1926, 883.

[4] Seifensieder-Ztg 1911, 201; 1912, 199; 42, 1037; 52, 302 (NERACH).

[5] S. dagegen die Herstellung einer Eschwegerseife ohne Cocosöl nach Seifensieder-Ztg 46, 471.

der Weise geschehen, daß man das Fett im Gemisch mit Soda- oder
Natronlauge dem in der Margarinefabrikation üblichen Kirnprozeß in
einer Homogenisierungsmaschine unterwirft[1]. Im ganzen genommen
bietet jedoch die Erzeugung dieser Seifen emulsionstechnisch ebensowenig bemerkenswertes wie jene der Schmierseifen, einer Abart der
Leimseifen, die man durch Versieden vorwiegend flüssiger Fettstoffe
(Lein-, Baumwollsamen-, Hanföl, auch Tran) und Harz (s. oben) mit
Kalilauge als salbenförmige, fadenziehende Gelatinen erhält; die Dünnflüssigkeit des Sudes beseitigt man durch sog. Kürzung oder Reduktion
mit Pottasche bis zu dem Grade, daß in der Masse ein gewisser Alkaliüberschuß verbleibt, den man üblicherweise durch Zusatz von Natronlauge hervorbringt, da Kalilauge das Flüssigwerden der Seifen begünstigt. Man kennt transparente, sog. grüne oder schwarze, ferner Glycerin-
schmierseifen, weiter solche mit Naturkorn, die körnige Ausscheidungen
fester Fettseifen in dem schmierig-flüssigen Öl- (Tran, Leinöl, Hanföl
usw.) Kalilaugensude zeigen[2], Körnchen, die man in neuerer Zeit
auch durch Einkrückung geformter Stückchen Talg- oder Wachs-Kern-
seife in den Schmierseifenleim erzeugt[3], und schließlich undurchsichtige
gelblich gefärbte, als Silber-, Schäl-, glatte[4] Elainseife usw. bekannte
Schmierseifen (vgl. S. 40).

Völlig aus dem Gebiete der Emulsionen heraus ragt schließlich die
neuzeitlich in den Großbetrieben der Seifenindustrie sehr weitgehend
angewandte Methode der Verseifung nicht von Naturfetten und -ölen,
sondern von ihren sauren Spaltungsprodukten. Ob man im Sud von
Neutralfetten ausgeht oder Fettsäuren verseift hängt lediglich von der
Art des Fettstoffes, der Lage des Glycerinmarktes und den Ansprüchen
des Seifeverbrauchers ab[5]. Die Fettsäurenverseifung hat jedenfalls mit
der Emulsionstechnik nichts zu tun, sie ist lediglich eine Salzbildung
aus reinen Spaltungs- oder Härtungs-Fettsäuren und Soda; nur zum
Abrichten wird nach Beendigung der Kohlensäureentwicklung etwas
Natronlauge beigegeben. Es sei erwähnt, daß Hartfette unleugbar
schlechte Schäumer sind, doch läßt sich der Nachteil leicht beheben,
wenn man dem Seifensud Cocos- oder Palmkernöl oder etwas Kalilauge
zusetzt[6].

Vom emulsionstechnischen Standpunkt hervorhebenswert sind jedoch die neuzeitlichen Bestrebungen wie auf allen Gebieten der Technik,
so auch in der Seifenindustrie, überall dort, wo es die Art des Vorganges
ermöglicht, in der Behandlung der Rohstoffe Schroffheit, Anwendung
hoher Temperaturen und Drucke durch Milde, kaltes oder warmes
Arbeiten, Steigerung der Reaktionsfähigkeit der Substanzen durch
deren Feinzerteilung und wechselseitige innige Berührung der Teilchen

---

[1] Ref. in Chem. Zentralblatt 1925, I, 2479.
[2] Vgl. Seifensieder-Ztg 52, 718.
[3] D.R.P. 415964. — S. a. D.R.P. 458847.
[4] Die Fabrikation der hellen transparenten (sog. Krystall-) Schmierseifen
aus gebleichten hellen Fettsäuren beschreibt R. BÜRKLE in Seifensieder-Ztg
1926, 848.
[5] Vgl. K. CAZAJURA, Seifensieder-Ztg 55, 115 u. 126.
[6] Vgl. F. LEHMANN: Allg. Öl- u. Fettztg 25, 1136.

zu ersetzen. So ist nach den Forschungsergebnissen von C. BERGELL[1] das angestrebte Endergebnis, nämlich die quantitative Verseifung, besser als durch mehrtägiges Sieden des Lauge-Fettstoff-Gemisches, dadurch zu erzielen, daß man die Komponenten möglichst fein emulgiert und den zunächst langsam vor sich gehenden Prozeß der Salzbildung so leitet, daß mit der allmählichen Steigerung der Wärmezufuhr die Fettkügelchen der Lauge-in-Öl-Emulsion fortgesetzt kleiner werden, bis schließlich unter starker Steigerung der Reaktionsgeschwindigkeit die Umwandlung dieses Systems in die Öl-in-Lauge-Emulsion erfolgt. Dadurch wird „Absolutverseifung" erreicht, während im Normalsud der abgetrennte Seifenleim, je nach den Arbeitsbedingungen, noch bis zu 5% Neutralfett enthält, das in der Nachverseifung nur sehr langsam in Reaktion tritt (s. oben). In dieser Hinsicht der Vermeidung des Siedeprozesses ist ein in neuester Zeit vorgeschlagenes Verfahren bemerkenswert, nach dem man eine möglichst weitgehende Dispersion von Fettstoff in der berechneten Laugenmenge während der Bildung der Emulsion durch Kühlung stabilisiert und die geformte halbfeste Masse dann durch bedecktes Stehenlassen der Verseifung überläßt[2]. Auch D. ROSCHDESTWENSKY beschreibt[3] eine Methode der Seifenherstellung durch Homogenisieren eines die Maschine stetig als Teig verlassenden 30—90° warmen Gemisches von Fettsäure und der über Theorie doppelten Menge Soda zur Ausschaltung des Siedeprozesses. Wenn der Sud nicht zu vermeiden ist und auf Unterlauge gearbeitet werden soll, läßt man die in getrennten Gefäßen vorerhitzten Komponenten des Seifebildungsgemisches gleichzeitig in eine Emulgiermaschine einfließen und bringt die Fettstoff-Lauge-Emulsion zur Seifebildung und Glycerinabtrennung in den Siedekessel[4].

Damit im Zusammenhang steht noch ein alter Vorschlag[5] zur Schnellverseifung der natürlichen Öle und geschmolzenen Fette nicht in dieser konzentrierten Form, sondern nach vorhergehender Emulgierung mit Wasser. Man wollte durch das innige Verrühren der kochenden Lauge mit der gleichzeitig zufließenden Emulsion, etwa in einem den neuzeitlichen Emulgiermaschinen vorangegangenen Zentrifugalemulsor[6], im gleichen Arbeitsgang der Durchmischung den Seifenleim erhalten; allerdings mußte der höhere Salzverbrauch zum Aussalzen des Kernes ebenso in Kauf genommen werden, wie der Nachteil des in der erhaltenen Seifenmasse sicher noch vorhandenen mit ihr emulgierten unverseiften Fettes. In einem neueren Verfahren wird vorgeschlagen[7] die Heißverseifung einer kalt bereiteten Emulsion von Fett-

---

[1] Z. f. Öl- u. Fettind. 1926, 737ff.; vgl. die bestätigten Arbeiten von J. DAVIDSOHN Seifensieder-Ztg 54, 281, dagegen J. GROSSER, der in Seifensieder-Ztg 1927, 926, den Methoden der absoluten und der kalten Verseifung gegenüber dem richtig ausgeführten Siedeprozeß keinerlei Vorzüge zuspricht.

[2] Engl. Pat. 266291 (1926).

[3] Seifensieder-Ztg 1927, 797.          [4] Engl. Pat. 266435 (1925).

[5] Jahr. Ber. chem. Techn. 1867, 330.

[6] D.R.P. 71819; vgl. Z. angew. Chem. 1892, 486.

[7] D.R.P. 401252; vgl. D.R.P. 401327: Dasselbe Verfahren angewandt auf Kolophonium zur Gewinnung einer unveränderlichen Harzseife (s. oben S. 133).

stoff und wäßriger Soda- oder Pottaschelösung bei Gegenwart der zum Aussalzen des zu erzeugenden Kernes nötigen Salzmenge zu vollziehen, um so die leichte Abtrennung der Kernseife von der Unterlauge zu bewirken und den Vorgang dadurch zu beschleunigen. Oder es soll nach einer anderen Schnellverseifungsmethode[1] die Dauer des Seifensudes dadurch auf die Hälfte der Zeit herabgemindert werden, daß man dem Sud aus 33% Fett und 7% Alkali 60% vorher durch Waschen mit verdünnter Alkalilauge entbitterter Bierhefe zusetzt, die nach den Angaben der Patentschrift überdies das Reinigungsvermögen der erhaltenen Seife wesentlich steigert.

Damit befinden wir uns bereits im Gebiete der gefüllten Seifen, die in dem Maße als die Menge der Zusatzstoffe zu- und der Seifengehalt abnimmt, fortschreitend zu technischen Emulsionen und Suspensionen werden, in denen die Seifensubstanz nur noch den Träger und schließlich den Vermittler und das verbindende, verkittende Medium für die eigentlich wirksamen Stoffe darstellt. Man gelangt so zu den gefüllten Waschseifen, weiter zu den Textil-, Walk-, Kohlenwasserstoff-, Salmiak-, weiter zu den medikamentösen, kosmetischen und desinfizierenden Seifen und Spezialreinigungs- und -hilfsmitteln für die Industrie, in denen die Seife schließlich lediglich dazu dient, ihren Inhalt zu emulgieren, zu verteilen, die Oberflächenspannung der Emulsion oder Suspension, in der das Präparat vorliegt, gegen Wasser und wäßrige Flüssigkeiten herabzusetzen und die Benetzbarkeit von zu behandelnden Flächen zu erhöhen.

Wenn demnach in den folgenden Abschnitten häufig nur von „Seife" die Rede ist, so gilt alles Gesagte natürlich ebenso auch für Emulsionen, die entweder Seifen zugesetzt werden oder in denen man Seifen erzeugt oder die schließlich selbst Seifen sind.

## Gefüllte Seifen und Seifenemulsionen.

### Allgemeine Angaben. — Anorganische Füllmittel[2]

Eigentlich müßte man die Zusatzstoffe, die den Seifen und Emulsionen beigegeben werden, unterscheiden:
in Wertfüller (Heil-, Riech-, Desinfektions-, Farbstoffe usw.)
und Streckfüller (Talkum, Leim, Stärke, Papier, Wasserglas usw.), um den Gegensatz zwischen den beiden wirksamen und unwirksamen Kategorien und die wirtschaftliche Seite der Seifenfüllung zu kennzeichnen[3]. So teilt z. B. L. ZAKARIAS die Seifenfüllmittel ein[4] in: minder-

---

— Über die Herstellung von Seife in einem Arbeitsgange durch Versieden von Cocosöl, Ätznatron, Soda, Wasser, Zusatz von Kolophonium und Salz und Ausgießen der Masse in Formen s. die Angaben des Franz. Pat. 577923.

[1] D.R.P. 319856.

[2] Über die unter dem Namen „Waschkolloide" zusammengefaßten anorganischen und organischen Seifenfüll- und -zusatzmittel s. H. DORNER: Seifensieder-Ztg 54, 470ff.

[3] Über echte und unechte (gefüllte) Seifen s. H. LOEBELL: Seifensieder-Ztg 52, 2 u. 23.

[4] Siefensieder-Ztg 1927, 961.

wertige (Ton, Kreide); gleichwertige (Gelatine, kaltgerührte Stärke); hochwertige (Schellack) und Veredelungsmittel (Alkohol, Benzol) und verlangt die Bewertung der gefüllten Seifen weniger nach chemischen Gesichtspunkten, als vielmehr auf Grund ihrer physiologischen (Hautbeeinflussung) und physikalisch-chemischen Wirkung (Wasch-, Absorptionskraft u. dgl.). Die konsequente Durchführung solcher Einteilungen und Unterscheidungen ist schwierig. Sogar den unwertigsten Zusatzstoffen und Beimischungen kommt stets eine gewisse und sei es auch nur mechanische Wirkung zu, denn Wasser, Unterlauge und eingeschlossenes Kochsalz sind gewiß unwertige Füllmittel, deren Vorhandensein jedoch die Veränderung der Seifenqualität zuzuschreiben ist. Hier soll jedenfalls die Wirtschaftlichkeit unberücksichtigt bleiben und ganz im Sinne jener Ausführungen lediglich die chemische und physikalische Wirkung der, und zwar vorwiegend jener Zusatzstoffe besprochen werden, die in der Seifenmasse emulgiert oder suspendiert sind oder durch den Seifengebrauch als wirksame Emulsionen oder Suspensionen auftreten. Die Wirtschaftlichkeit ist ja schließlich nur eine Funktion der Wirksamkeit: die englischen Seifen wurden seinerzeit, ehe die Erkenntnis bei uns gekommen war, nicht deshalb den inländischen Erzeugnissen vorgezogen, weil man dort reinere oder bessere Rohstoffe versott, sondern weil der Begriff einer unwertigen nur das Gewicht oder Volumen vermehrenden Seifenfüllung in England unbekannt war.

### *Sauerstoffabgebende Seifenzusätze.*

Es sollen in den folgenden Ausführungen alle Waschmittel, die vom seifefreien Soda-Scheuersand bis zu den Seifenpulvern mit sauerstoffabgebenden Mitteln reichen, ausgeschaltet werden, weil auch von den wertigen Präparaten dieser Reihen, den Perborat- und Superoxyd-Waschpulvern, im Hinblick auf die Technik der Emulsionen nichts weiter auszusagen ist, als daß der z. B. aus „Persil" und ähnlichen Erzeugnissen im warmen Waschwasser entbundene Sauerstoff, außer seiner eigentlichen Bleichwirkung, die beigegebene Seife zum starken Schäumen bringt, wodurch die Benetzbarkeit der Wäsche und die Durchdringungsfähigkeit der Waschlauge gesteigert wird. Es sei übrigens erwähnt, daß sauerstoffabgebende Reinpräparate, wie Perborat oder Superoxyd, beim Waschen der Wäsche in destilliertem oder weichem Wasser von 2—5 deutschen Härtegraden völlig wirkungslos sind und erst durch die in ihnen enthaltenen Zusätze von Soda und Wasserglas (im Persil 27,2 bzw. 8,4%) zusammen mit der Seife (24%) zu Waschmitteln werden.

Wenn demnach die Anwendung der so gefüllten Seifen hier nicht in Betracht kommt, so bietet doch die Erzeugung mancher dieser Präparate emulsionstechnisch zum Teil bemerkenswerte Einzelheiten.

Die kolloide wäßrige Seifenlösung wird bekanntlich bei Gegenwart der Härtebildner harten Wassers ausgeflockt und vermag dann, in dem Maße als sich unlösliche Kalkseife ausscheidet, ihre emulgierende Wirkung auf die Schmutzteilchen nicht mehr auszuüben. Setzt man jedoch dem harten Waschwasser ein Schutzkolloid für das fettsaure Salz,

etwa Leim- oder Eiweißlösung zu, so tritt jene Umsetzung der Natron-
zu Kalkseife nicht ein[1]. Ganz analog schützt man lagernde Perverbindungen vor Sauerstoffverlust und erhöht ihre Löslichkeit in, bzw.
die Emulgierbarkeit ihrer wäßrigen Lösungen mit der Seifenwaschlauge
dadurch, daß man ihnen als Schutzkolloide bzw. Emulsionsvermittler
für ihre Lösungen Lysalbin- oder Protalbinsäure oder ihre Salze[2], auch
Sulfobenzoesäure[3] oder Saponin[4] zusetzt. Es wurde auch vorgeschlagen,
solche Persalzwaschmittel ohne Seifenzusatz als Emulsionen von
wäßriger Soda-Pottasche-Persalz-Lösung mit Vaselinöl zu erzeugen, um
so zu einem fettseifenartigen Waschpräparat zu gelangen, das sich deshalb wie Seife verhält, weil aus dem Kohlenwasserstoff unter dem Einflusse des Oxydationsmittels fettsäureartige Stoffe entstehen sollen[5].
Das ist natürlich sehr unwahrscheinlich und wäre, wenn der Vorgang
stattfände, höchst unrationell, da ja dann der Sauerstoff, den man
für Bleichzwecke speichern wollte, zu sekundären Oxydationen verbraucht würde. Immerhin findet das für Erzeugung von Wäschewasch-
mitteln ungeeignete Verfahren hier Erwähnung, weil solche mit Wasser
emulgierbare oxydierend (oder mit Reduktionsmitteln, statt der Perverbindungen reduzierend) wirkende, lagerfähige Präparate uns noch
vielfach begegnen werden.

*Anorganische Hydrogelseifen* (vgl. S. 34, 182).

Kolloides Kieselsäuresol wird bekanntlich nach GRAHAM durch
Dialyse eines Gemisches von Wasserglas und Salzsäure dargestellt oder
rascher nach dem neuen Verfahren von R. SCHWARZ[6] durch Lösen des
gallertigen Gels in Ammoniak und dessen Verdunstung im Exsiccator
über Schwefelsäure. Solche kolloide Kieselsäurelösung ist es, die
in den Wasserglas- und Kieselsäureseifen und ihren Lösungen, je nach
deren Beschaffenheit, als Sol gelöst oder als Gel ausgefällt enthalten ist
und mit der Seife in die technischen Emulsionen und Suspensionen
übertragen wird. Auch Wasserglas ist nicht das stark alkalisch wirkende
einfache Natriumsilicat $Na_2O.SiO_2$, sondern sein Gemisch mit 2—4
$SiO_2$; bei seiner Einführung in saure oder allmählich saure Ionen führende
Lösungen bleibt jedenfalls stets Kieselsäure im Überschuß. Sie scheidet
sich auch aus, wenn man Wasserglas zur etwa 50gräd. Lösung von
$Na_2SiO_3$ eindampft, ferner auch bei der Lagerung wasserglasgefüllter
Seifen, die nur anfänglich transparent sind, sich nach einiger Zeit jedoch
mit einer undurchsichtigen Kruste von ausblühender Kieselsäure bedecken.

Die Gegenwart von kolloider Kieselsäure in Seifen ist als vorteilhaft
zu bezeichnen, wenn der Wasserglaszusatz 10—20% nicht überschreitet,
da sonst das in der Wäsche abgeschiedene amorph eingetrocknete Gel die
Gewebe hart und allmählich spröde und brüchig macht oder sie flanell-
artig aufrauht. Durch Spülen in verdünnter Salmiaklösung soll man

---

[1] D.R.P. 294028.   [2] D.R.P. 314590.
[3] D.R.P. 257808.   [4] Seifensieder-Ztg 1916, 119.
[5] D.R.P. 281146.   [6] Koll.-Ztg. 1924, 34.

diesen Übelstand übrigens leicht beheben können[1]. Unter Beachtung jener Einschränkung der Zusatzmenge sind jedoch Wasserglasseifen gute Schäumer von fester Konsistenz und sparsamer im Gebrauch als ungefüllte Kern- oder Schmierseife[2]. Vor allem aber zeichnen sich die im Kieselsäuregel gebildeten und festgehaltenen wäßrig-alkalischen Emulsionen durch ihre außerordentliche physikalische Beständigkeit aus; so z. B. eine für kosmetische Zwecke vorgeschlagene lagerbeständige Emulsion von aus Wasserglas und Boraxlösung gebildetem Gel mit einem flüssigen Fettstoff evt. nebst Heil- oder kosmetischen Mitteln[3]. Neueste Anschauungen[4] über Wert und Wirkung des Zusatzes von Wasserglas zu Waschmitteln gehen dahin, daß es gleich der Seife die Schmutzstoffe in Suspension hält, jedoch ihre reinigende Kraft bei weitem nicht besitzt, wogegen eine Lösung von Saponin und Natriumsilicat im Verhältnis $1 : 3,86$ die Seife als Schmutzemulgierungsmittel vollständig zu ersetzen vermag. G. P. VINCENT[5] spricht hingegen dem Wasserglas das Emulgiervermögen für Fettstoffe ab, und schreibt ihm lediglich hohe Netzfähigkeit zu. Es dringt ebenso wie Soda, Natronlauge und Natriumphosphat zwischen Schmutz und Gewebe ein und hebt ihn ab, ohne sich mit den öligen Teilchen zu emulgieren, doch sind dessenungeachtet diese Salze, z. B. Wasserglas von der Zusammensetzung $(Na_2O)_2 \cdot (SiO_2)_3$ oder Natriumphosphat, namentlich zusammen mit $20\%$ Seife, als Netz- und Reinigungsmittel der gewöhnlichen Waschseife auch insofern überlegen, als die Salze vorzügliche Peptisatoren für Kalkseifen sind.

Kieselsäurehaltige Seifen wurden früher, dann auch in der Kriegs- und Nachkriegszeit, vielfach hergestellt. So durch gemeinsames Versieden von Fettstoff und unlöslichem Kieselfluornatrium mit Ätzlauge, wobei sich die freiwerdende Kieselsäure als feines Gel in der gebildeten Seife verteilt[6]; oder durch Verrühren von Wasserglas, Harz und Ammoniak bei Gegenwart von Tragant- und wäßriger Saponinlösung zur Gewinnung eines stark schäumenden Waschmittels für wollene oder seidene Gewebe[7]; oder durch gemeinsame Verarbeitung von Wasserglas und Oxysäuren (z. B. Milchsäure, s. S. 48, 52), wobei die kolloid ausgeschiedene Kieselsäure durch die Salze der Oxysäure umhüllt am Ausflocken verhindert wird[8] usw. Am einfachsten arbeitet man wohl nach einer älteren Vorschrift[9] durch Verrühren von Fett- oder Harzsäuren mit einer natronalkalischen Wasserglaslösung bei gelinder Wärme, wobei jedoch Neutralfette ausgeschaltet bleiben müssen, da sie durch Wasserglas nicht verseift werden und beim folgenden Versieden die kolloid ausgeschiedene Kieselsäure wieder an Alkali gebunden würde.

---

[1] D.R.P. 316293; vgl. auch das aus Kernseife, Wasserglas, Seifenpulver, Borax, Terpentin, Salmiak und Spiritus emulgierte Wasch- und Reinigungspräparat des D.R.P. 425942.

[2] Seifenfabr. 1917, 225ff.   [3] D.R.P. 384250.

[4] Ref. in Chem. Zentralblatt 1927, II, 761 (P. H. FALL).

[5] Ref. in Chem. Zentralblatt 1927, II, 2243.

[6] D.R.P. 256886.   [7] D.R.P. 311218.

[8] D.R.P. 322088.

[9] STIEPEL, C.: Seifenfabr. 1904, 225.

Aus jener Zeit stammen auch die mit gallertigem Magnesium-, Aluminium- oder Eisenoxydhydrat gefüllten Seifen und seifenähnlich wirkenden Präparate, die als Waschmittel bedeutungslos geworden sind, von der Technik der Putz- und Polier-, aber auch der Farbenbindemittel für Anstriche im Freien, doch noch beachtet werden sollten. Zumal solche richtig bereitete Gele aus dem betreffenden Metallsalz und Ammoniak[1] (auch Wasserglas[2]) mit Fetten, Ölen und Kohlenwasserstoffen, ferner gleichzeitig mit Lösungsmitteln wie Tetra, Tri, Benzin, Benzol usw. sehr haltbare Emulsionen geben, die feinzerteilte Pigmente zu tragen vermögen. Als Zusatz zu Schmier-, Schneide- und Bohrölen und für ähnliche Zwecke zweifellos gut verwendbar ist auch eine Emulsion von Tonerde-Kieselsäurehydratgel mit 10% Seife und Mineralöl, z. B. Maschinenöl[3]. Ein aus Tonerdehydratgel, Pflanzenschleim als Schutzkolloid und Saponin als Schaummittel bestehendes seifenartig wirkendes Präparat, das als Sarpatil im Handel war, vermag Heilmittel wie Schwefel, Naphthol, Salicylsäure auch in Form von organischen Lösungen aufzunehmen und haltbar zu emulgieren; es wurde in dieser Form zur Behandlung von Krankheiten der unbehaarten Haut empfohlen[4].

### Organische Seifenzusätze.

Man kann in diesem weiten Gebiet bis zu einem gewissen Grade so, wie es auch im vorliegenden Abschnitt geschehen soll, unterscheiden:

1. Zusätze zur bloßen Erhöhung der Schaumkraft und Waschwirkung;

2. färbende und wohlriechende Zusätze;

3. neutralisierend (überfettend), heilkräftig, desinfizierend wirkende Seifenzusätze;

4. Seifenemulsionen:

a) mit organischen Lösungsmitteln: (Halogen-), (Hydro-) Kohlenwasserstoffen, Teerölen, Bitumen(rückständen), ätherischen Ölen (Terpentinöl), Alkohol, Äther;

b) mit Fettstoffen und Fettsäuren;

c) mit Wachsarten.

*Schaumkraft und Waschwirkung erhöhende organische Seifenzusätze.*

Hier begegnen uns Stoffe, die wir bereits in der Einleitung als Schaumerzeuger kennengelernt haben. So die Zersetzungs- bzw. Spaltungsprodukte von Kohlehydraten und Leim, z. B. ein Gemisch von hocherhitztem Zucker mit Gummiarabicum[5], die Zink- oder Cadmiumsalze der hydrolytischen Leimspaltungsprodukte von Art der Lysalbin-

---

[1] D.R.P. 312220; vgl. D.R.P. 323193, 325796; D.R.P. 313526: Permutite in Seifen; u. v. a.

[2] D.R.P. 325796.

[3] D.R.P. 301401; siehe auch das nach Am. Pat. 1627446 aus Seife, Wasser, einem organischen Lösungsmittel und kolloidem Tonerdesilicat (von Art mancher Bleicherden) erzeugte Reinigungsmittel.

[4] Pharm.-Ztg 61, 286.        [5] D.R.P. 287241.

und Protalbinsäure[1] oder anderer Aminofettsäuren[2] — sogar eine im Wasserbade verrührte Emulsionspaste aus Vaselin und alkalischer Leimlösung erstarrt zu einer seifenartigen, schäumenden Masse[3], ferner: synthetische Gerbstoffe[4], Natronsalze sulfonierter Kohlenwasserstoffe und Kunstharze[5], Salze von Oxyfettsäuren[6], schließlich auch alkalisch gestellte Sulfitablauge[7], Torf- und Humusextrakte[8]. Die Lösungen dieser Substanzen binden sich mit Seifen emulsionsartig oder gehen mit ihnen kolloid in Lösung, was insbesondere von den Saponinen, den typischen Schaumerzeugern gilt (vgl. S. 49 und 175).

Neben diesen Präparaten wurden aber auch Seifen hergestellt, die schaumerzeugende und die Waschkraft erhöhende Zusätze in Suspension bis zu grober Beimischung enthalten, wodurch auch eine gewisse mechanische, reibende Wirkung erzielt wird. Holzstoff, Sägemehl, Haferflocken, Mandelkleie, Korkgrieß, schleimig gemahlenes Papier oder Holz[9], Maiskolbenmehl[10], sind solche nur in der Seifenmasse suspendierte, mechanisch wirkende Zusätze, während Quillajarinden- oder Roßkastanienmehl mit ihrem Saponingehalt kolloid suspendiert und Weizenkeim-[11] oder Elfenbeinnußpulver[12] emulsionsartig in der Seife verteilt sind, die letztgenannten wegen ihres Gehaltes an Eiweiß bzw. Eiweiß- und zugleich Fettstoff; Weizenkeime enthalten etwa 14% Öl[13]. Gleichermaßen erscheinen auch Iriswurzel-[14], Sandel-[15] oder Cedernholzmehle u. dgl., auch die Kräuterpulver und sogar Holzmehl aus harzreichen Hölzern, in der Seifenmasse nicht als bloße Suspensionen, sondern vermöge ihres Gehaltes an ätherischen Ölen homogener in ihr verteilt, was sich in dem höheren Waschwert der Seife und ihrer milderen Einwirkung auf die Haut äußert[16]. Echte Emulsionen oder — was wohl im vorliegenden Falle schwer unterscheidbar ist — Gemische kolloider Lösungen sind schließlich die Stärkemehlseifen.

Kartoffelmehl ist in Form des gewöhnlichen oder pottaschealkalischen Kleisters als geschmeidig machender Füllstoff für billige Schmierseifen unentbehrlich, so daß während des Krieges der seltsame Fall des Überschusses an (Abfall-) Fettstoffen und des Mangels an Stärkemehl (und auch Harz) eintrat; man behalf sich damals mit isländischem oder Carragheenmoos, auch mit Wasserglas, Talkum u. dgl. Im normalen Fabrikationsgang setzt man jedoch dem mit Kaliumchloridlauge verkrückten Schmierseifenleim zwischen 5 und 25% und mehr Kartoffelmehl als Kleister, oder mit Wasser angeteigt, und Pottaschelösung, meist zugleich auch noch Wasserglas, zu und erreicht so die Bildung einer schmiegsamen homogenen Seife[17]. Zugleich aber hilft der Stärkemehlzusatz ausgleichend über die Schwierigkeit hinweg, die für die Schmier-

<hr>


[1] D.R.P. 316210.   [2] D.R.P. 328099; 328812; Norw. Pat. 33120.
[3] D.R.P. 310266.   [4] D.R.P. 304024.
[5] D.R.P. 332649 u. 312867.   [6] D.R.P. 298264—300593.
[7] D.R.P. 313845; 327685.   [8] D.R.P. 317402 u. 317796.
[9] D.R.P. 304093.   [10] Engl. Pat. 106423 (1917).
[11] D.R.P. 271089.   [12] D.R.P. 222891.
[13] SNYDER, H.: Seifenfabr. 1904, 417.   [14] Seifensieder-Ztg 1911, 482.
[15] ANTONY, H.: Seifensieder-Ztg 41, 1109.   [16] Seifensieder-Ztg 1911, 391.
[17] Seifensieder-Ztg 1911, 945; Seifenfabr. 1911, 822, 847.

seifenfabrikation in der Notwendigkeit besteht, im Sommer und Winter gleichmäßig viscose, nicht abfließende und nicht erstarrende Produkte zu liefern. Denn die Viscosität einer Seife ist in hohem Maße abhängig von ihrem Fettsäuregehalt, dessen auch geringe Veränderung die Festigkeit eines Seifenleimes ebenso beeinträchtigen kann, wie die bestimmte Zahl vorhandener Kaliionen, und in diesen Systemen, auf deren Veränderlichkeit zuerst F. GOLDSCHMIDT hingewiesen hat[1], bildet der Stärkekleister den Stabilisator. Kartoffel- und Getreidemehle sind übrigens in Form des Pflanzenleimes, als alkalischer Kleister, hervorragende Schutzkolloide für kolloides Kieselsäurehydrat, so daß man eine gute Waschseife auch mit starker Wasserglasfüllung (s. oben) erzeugen kann, wenn man die warme verflüssigte Seife oder den alkalisch gestellten Seifenleim mit Wasserglas und Stärkekleister verrührt[2]. Schließlich vermögen. Stärkekleister bzw. Pflanzenleim enthaltende Seifen auch größere Mengen organischer Lösungsmittel aufzunehmen. Man arbeitet dann z. B. in der Weise, daß man in die Emulsion von Fettsäureseifenleim mit Tetralin- oder Dekalin u. dgl. Stärkemehl einrückt und dessen teilweise oder vollständige Aufschließung durch Verkneten der Masse mit starker Natronlauge bewirkt, um so zu einem pastenförmig emulgierten fettarmen Reinigungsmittel zu gelangen[3].

### *Färbende und wohlriechende Seifenzusätze.*

Es sind zwar relativ zur Seifenmasse nur äußerst geringe Stoffmengen, die man den Seifen als Farbstoffe oder Pigmente und als Wohlgeruchsmischungen zusetzt, auch kommen hinsichtlich der Haltbarkeit beider in der alkalischen oder fettsauren Umgebung lediglich chemische Momente in Betracht, doch bietet die Färbung und Parfümierung der Seifen immerhin einige Anregung für die Technik der Emulsionen.

Zunächst sei die Tatsache hervorgehoben, daß man Fette und Öle, auch Seifenlösungen, durch Emulgierung mit wäßrigen Teerfarbstofflösungen oder -suspensionen, z. B. von Benzopurpurin oder Azo- auch Aminoazofarbstoffsulfosäuren oder anderen sauren Teerfarbstoffen reinigen und entfärben kann[4], daß dieselben also durch Bindung von harzigen oder Eiweißsuspensionskolloiden ausflockend wirken. Das gleiche gilt von manchen Pigmentfarben, die heute noch, wegen ihrer Beständigkeit gegen den alkalischen Sud und gegen Licht, fallweise verwendet werden. Ferner ist beachtenswert, daß manche Seifen inhomogen erstarren, wodurch sich Fluß und Korn, also krystallinische und kolloide Anteile bilden, die einander durchdringen, worauf, wie S. 133 gesagt wurde, die Erzeugung der marmorierten Seifen (Mandeln und Blumen) beruht, deren Zeichnung aus Farbstoff- bzw. Pigmentkonzentrat besteht. Bei nicht völlig stabilen gefärbten Emulsionen werden sich demnach, noch ehe eine Entmischung sonst erkennbar wird, Rahm und

---

[1] Seifensieder-Ztg 41, 337.  [2] D.R.P. 339047.
[3] D.R.P. 437245.  [4] D.R.P. 234224.

Serum durch ihre verschiedene Färbung zu unterscheiden beginnen, je nachdem ob Teerfarbstoffe mehr das Öl anfärben oder Pigmente zur Sedimentation in der wäßrigen Flüssigkeit neigen. Solche Differenzierungen sind dann im ersteren Falle der Anwendung von Teerfarbstoffen, man könnte sagen, irreversibel, so wie das Ausbluten der Färbung in weiße Umgebung oder die stärkere Anfärbung einer leichter färbbaren Faserart in Mischgeweben nicht wieder rückgängig zu machen sind. Bei der folgend versuchten Homogenisierung einer aus stärker und schwächer angefärbten Anteilen bestehenden Emulsion oder Seifenlösung können daher nur stärker und schwächer gefärbte Teile nebeneinander gebracht, nicht aber zum Austausch ihrer Farbunterschiede gebracht werden. Die Folge ist dann im Extrem der Bildung eines Pigmentbodensatzes oder eines stärker gefärbten Rahmes die streifige und wolkige Anfärbung des mit der Seife behandelten Wäschestückes oder auch des Leders, wenn solche Emulsionen als Schuhcreme Verwendung finden. In diesen Präparaten tritt die Erscheinung besonders häufig auf, nicht minder in Butter, die unsachgemäß mit zuviel Orlean, Kurkuma oder Martinsgelb gefärbt wurde; vgl. die Indicatorfärbungen der WO- und OW-Emulsionen S. 20.

Unegale Färbungen können in Seifen und Emulsionen, auch wenn sie homogen gefärbt sind, ferner dann auftreten, wenn die physikalisch befestigten Farbstoffe nachträglich mit Lösungsmitteln in Berührung gebracht werden; also z. B. mit Alkohol bei Bereitung der transparenten Glycerinseifen nach diesem Verfahren (S. 133) oder allgemeiner mit Riechstoffen.

Sie gehören weitaus vorwiegend der Reihe der ätherischen Öle an und bestehen aus Terpenkohlenwasserstoffen, -alkoholen, -ketonen, -aldehyden und -säuren, die einzeln und in ihrer Gesamtheit organische Lösungsmittel darstellen. Unter ihrer Wirkung leidet insbesondere die Färbung von pillierten, kalt oder halbwarm hergestellten Seifen, da bei dieser Färbeart (s. u.) die Farbstoffe wie beim Kalt- oder Lauwarmfärben der Gewebe nur locker gebunden werden. Der Übelstand läßt sich bis zu einem gewissen Grade vermeiden, wenn man gewisse Riechstoffe nicht allein, sondern untereinander und mit Fixateuren gemischt anwendet, welch letztere, z. B. Glykolsäure-[1] oder Acetylsalicylsäureester[2], als nicht oder wenig riechende hochsiedende Stoffe mit geringem Verflüchtigungsvermögen die rasche Verdunstung und Ausbreitung des Riechstoffes verhindern und dadurch auch die besonders aggressive Lösungswirkung seiner flüchtigen Bestandteile herabsetzen. Aber auch dann bleibt der Nachteil bestehen, daß diese Fixateure, so gut sie ihren eigentlichen Zweck erfüllen mögen, doch auch organische Lösungsmittel für gewisse Teerfarbstoffe sein können, so daß sie den beabsichtigten Schutz zuweilen nicht nur nicht ausüben, sondern im Gegenteil den Mißstand eher vergrößern, zumal man Seifen oder heiß, sogar nur warm, bereiteten Emulsionen das Riechstoffgemisch natürlich erst nach dem Abkühlen der Massen, vor ihrem Erstarren zusetzen darf.

---

[1] D.R.P. 221854.     [2] D.R.P. 288952.

Am einfachsten wäre es darum, der Seife oder Emulsion Farbstoff und Riechstoff gleichzeitig beizugeben, doch wird jener dann wenig fest gebunden und färbt in heißem Wasser ab. Die Methode ist daher nur auf zarte Färbungen anwendbar; sie wird dementsprechend auch nur bei der Herstellung von hell, z. B. resedagrün, gefärbten Toiletteseifen in der Weise ausgeführt, daß man die ungefärbte Grundseife pilliert und das Schabsel in der Maschine mit den zugesetzten Farb- und Riechstoffen zur homogenen Masse verknetet, die dann in der Presse mit beliebigem Kopf in Stückform gepreßt wird. Es empfiehlt sich auch hierbei, noch durch Beikneten eines Schutzkolloides, z. B. von Casein oder rohem entsäuerten Quark[1] (auch Wachs), innerhalb der Masse Farbstoff- und Riechstoffteilchen durch Einbettung in die indifferente Hülle vor direkter gegenseitiger Berührung zu bewahren.

Erwähnt sei noch, daß in manchen Seifen durch chemische Umsetzungen der besonderen Fettstoffe **Eigenfärbungen** entstehen. So färbt sich z. B. die sog. Oranienburger Kernseife auch bei Anwendung möglichst ungefärbter Fette beim langen Sieden des Ansatzes aus schwerverseifbaren Fetten und **Palmöl** tief orangegelb[2]. Andererseits müssen mit Vanillin parfümierte Pomaden, Seifen und Emulsionen unter Lichtabschluß gelagert werden, da sie sich sonst, als Folge chemischer Wechselwirkungen, allmählich tief rotbraun färben[3]; Vanillin kann daher nur zum Parfümieren von dunkel gefärbten Seifen verwendet werden.

Riechstoffe an sich stören den Bestand emulgierter Systeme in den zugesetzten geringen Mengen in keiner Weise, sie tragen sogar auf Grund ihrer Lösungsmittelnatur eher zur Erhöhung der Geschmeidigkeit solcher medizinischer oder kosmetischer Seifen und Emulsionen bei, auch wenn man sie nicht als Öle, sondern in Form wohlriechender Drogenpulver (s. S. 142) zusetzt. Nur in alkoholischer Lösung kann, aber dann als Folge der die Oberflächenspannung der Flüssigkeiten verändernden Wirkung des Weingeistes, Entmischung eintreten; durch Abdunstung des Alkohols nach Erfüllung seiner Aufgabe den Riechstoff gleichmäßig zu verteilen, kann die Masse jedoch leicht wieder und dann vielfach besser homogenisiert werden, als sie ursprünglich vorlag.

In dieses Gebiet der Parfümierung von Seifen und Emulsionen fällt auch das **Denaturieren** der Öle und Fette aller Art zum Zwecke der Verhinderung des Mißbrauches niedrig oder gar nicht steuerpflichtiger Ware, z. B. für Genußzwecke (Baumwollsamenöl oder Talg) oder für Beleuchtung (Maschinenputzpetroleum im Steindruckgewerbe) oder als Brennstoff für Lokomotiven und Motoren. Meist lösen sich die angewendeten Vergällungsmittel in dem zu denaturierenden Öl, diese Verfahren kommen daher für die Emulsionstechnik nicht in Frage. Seltener emulgiert man z. B. Petroleum mit Seifenlösung[4] oder mit 1—2% Masut oder eines anderen bitumenreichen Schweröles[5], wodurch seine Leucht-

---

[1] Engl. Pat. 159083.     [2] Seifensieder-Ztg 1911, 424.
[3] MAÇON, H.: Seifensieder-Ztg 1912, 612.
[4] HEMPEL, A.: Techn. Rundsch. 1906, 390, dort auch andere Lösungsdenaturierungsmittel.     [5] Seife 1917, Nr. 34.

kraft innerhalb einer Stunde, durch Anreicherung des Lampeninhaltes mit capillar nicht saugbarem Bitumen, um 60—80% sinkt. In genießbaren Ölen und Fetten löst man, um sie als Nahrungsmittel untauglich zu machen, ohne ihre Verwendbarkeit für die Industrie der Seifen und Emulsionen zu mindern, Farb- oder Riechstoffe; ebenfalls selten emulgiert man sie und dann, z. B. Baumwollsaat- (Sardinenkonserven-) Öl mit zu seiner völligen Verseifung ungenügenden Mengen (etwa 10%) Alkalilauge[1], oder für Schmiermittel mit Mineralöl. Umgekehrt kann, wie später noch ausgeführt werden soll, Spiritus durch Emulgierung mit Seifenlösung vergällt werden.

### *Neutralisierende Zusätze zu Seifen und Emulsionen.*
### *Fett-Seifenemulsionen, überfettete Seifen.*

Verdünnt man eine heiße wäßrige Seifenlösung mit Wasser, so tritt eine an der auftretenden Trübung erkennbare Dissoziation der Seifensubstanz ein, deren Grad von der zugesetzten Wassermenge und der Temperatur der Flüssigkeit abhängt. Vgl. S. 37 und Kosm. S. 174. Infolge dieser Spaltung ist die Herstellung einer absolut neutralen Seifenlösung unmöglich; auch aus völlig neutral gesottenen festen Seifen (s. Abrichtung der Seifen S. 131) werden beim Gebrauch (Lösen in Wasser) kleine Mengen Alkali in Freiheit gesetzt, die gelöst bleiben, während sich im Schaum angereichert neutrale, von Fettsäureionen umgebene Seifenpartikel vorfinden. Die Handelsseifen sind aber nicht einmal völlig neutral, da ihnen bei der Abrichtung bis zum Auftreten des „Stichs“ etwa 0,25% Alkaliüberschuß beigegeben werden. Ob dieser Stich in der Fabrikation durch Rückstechen (s. S. 132) beseitigt wird, hängt allein von dem Verwendungszweck der Seife ab, jedenfalls geben alle wenig sorgfältig bereiteten billigen Handels-Toiletteseifen an das Waschwasser und damit an die Körperhaut Alkali ab: sie wird bei Personen mit empfindlicher Haut, namentlich bei Frauen und Kindern[2] spröde und rissig.

Zur Vorbeugung bewirkt man das Rückstechen der Seife während des Gebrauches dadurch, daß man ihr Stoffe beigibt, die mit ihr in echter Emulsion verbunden, die Wirkung des Alkalis im Moment seiner Abspaltung aufheben, die aber neben ihrer „neutralisierenden“ auch selbst die Eigenschaft besitzen müssen, neutral und aus ihrer neu entstandenen Alkaliverbindung im Waschprozeß nicht oder nicht als Säuren abspaltbar zu sein (s. S. 38). Als hervorragendes Neutralisationsmittel, namentlich für flüssige Seifen, empfiehlt J. AUGUSTIN[3] das Ricinusölsulfonat von dem 2,5—4 Teile und der 2—3 fachen Wassermenge verrührt und dem 60—80° warmen Sude zugesetzt 1 Teil Kali- bzw. 0,715 Teile Natronlauge zu binden vermögen. Nach Beseitigung des evt. Sulfonatüberschusses mittels Soda kann zur Erzielung größerer Milde und guten Aussehens noch überfettet werden.

---

[1] WINTERFELD, G.: Chem.-Ztg 1909, 33.
[2] Über Kinderseifen s. Seifenfabr. 1914, 812.
[3] D. Parf. Ztg. 14, 65.

Zurzeit gebräuchlich sind jedoch als neutralisierende Seifenzusätze Fett-, Wachs- und Eiweißstoffe, vor allem Lanolin und Casein.

Lanolin, adeps lanae, ist ebenso wie die zahlreichen von ihm nur durch die Art der Herstellung und Reinigung unterschiedenen Handelspräparate dieser Art ein entsäuertes Gemisch von Fettsäureestern des Cholesterins, ein salbenartiges Produkt, das auch keine Seifen, Verunreinigungen und Mineralbestandteile enthalten soll, sich durch seine hohe Wasseraufnahmefähigkeit (30%, bis 100% steigerbar) auszeichnet und deshalb überaus leicht von der Haut aufgenommen wird. Dadurch daß das Lanolin schließlich auch schwer ranzig und schimmelig wird, bildet es eines der besten Salbengrundlagen- (s. d.) und Überfettungspräparate für feine Toilette- und neutral bleibende medizinische Seife.

Um eine Seife mit Lanolin zu „überfetten", rührt man das warm verflüssigte Wollfettpräparat in warmes Cocosöl ein und emulgiert das Gemisch kalt (s. S. 134, 226) bei etwa 30—35° mit Lauge nur halbdick, bis der warm werdende Kessel die eintretende Verseifung anzeigt, gießt die Masse in mit Leinwand ausgelegte Formen, läßt sie bedeckt abbinden und schneidet das Produkt 24 Stunden später in Stücke[1]. Natürlich kann man die Seifenmasse färben, parfümieren und ihr Füll- und sonstige Zusatzstoffe, auch Heilmittel beigeben, die in dieser Emulsion als Schutzkolloid vor chemischen Umsetzungen bewahrt bleiben. In reiner Form bildete die Lanolinseife lange Zeit das beste Waschmittel für empfindliche Haut, doch hat sich die Zahl solcher im Gebrauch neutral bleibender Toiletteseifen in neuerer Zeit beträchtlich vermehrt, da natürlich auch andere Stoffe jene obengenannten Bedingungen ebenfalls, zum Teil besser erfüllen als das Wollfett.

Die ursprünglichste Methode der mit unzureichender Alkalimenge herbeigeführten Fettverseifung ist ungeeignet, da der unverseifte Fettüberschuß bei der Lagerung der Seifen ranzig wird (s. S. 130), so daß freie Fettsäuren auftreten, die die Haut nicht weniger schädigen als freies Alkali. — Andererseits ist jedoch in medikamentösen, namentlich in Metallsalzseifen die Gegenwart freier Fettsäuren von Vorteil, da sie das Reduktionsvermögen der alkalischen Seifen mindern, wovon noch die Rede sein wird (s. u.). — Auch die Beigabe anderer neutralisierend wirkender Stoffe erreicht das Ziel nicht oder unvollkommen. So die Einverleibung von Zuckerarten in die Seifenmasse zwecks Bildung von unlöslichen Saccharaten[2], eine Methode, die sich nicht bewährt hat, da Malz- und andere Zucker weder feste Bindung des Alkalis bewirken, noch die Reinigungskraft der Seife, sondern höchstens ihr Schäumen erhöhen[3]. Wasserglas bzw. die abgespaltene Kieselsäure als Neutralisationsmittel zu verwenden, verbietet sich bei diesen kosmetischen Feinseifen von selbst; Borax bzw. die abgespaltene Borsäure ist wohl zweckmäßig, führt jedoch zu anderen als den gewünschten, möglichst von Fremdwirkungen freien Seifen; die organischen Säuren mancher Pflan-

---

[1] Seifensieder-Ztg 41. 1278.
[2] BRAUN, K.: Seifenfabr. 1905, 999 u. D.R.P. 259360.
[3] GOLDSCHMIDT, F.: Seifenfabr. 35, 348. — J. BOES u. H. WEYLAND: Chem. Ind. 38, 447; KÜHL: Seifensieder-Ztg 1921, 855 u. a.

zenschleime sind zu schwach; für Zinksalze (Zinkoxydhydrat)[1] gilt das bei Borax Gesagte und ebenso für Bicarbonat, das in den seinerzeit patentierten Normalseifen die Neutralisation des von der Abrichtung herrührenden Alkaliüberschusses durch Bildung von Soda bewirken sollte, von der man dann wegen der Gegenwart überschüssigen Bicarbonates annahm, daß sie in der Seifenmasse weitere Umwandlung in ein neutrales zweidrittelsaures Salz erfahren würde. Auch durch Mitverseifung des hochschmelzenden, schwer verseifbaren Japantalges[2] dachte man das Ziel zu erreichen.

All diese Mittel mögen fallweise bei Bereitung technischer Emulsionen verwendbar sein (s. Textilseifen), für die Erzeugung dauernd neutral bleibender und im Gebrauch keine Alkaliwirkung zeigender kosmetischer Waschseifen werden sie nicht mehr angewandt, wenn man davon absieht, daß Rasierpräparate[3] häufig Zusätze von Pflanzenschleimen, z. B. Tragant- oder Carragheenquellungen oder hochschmelzendem Natriumstearat oder -palmitat, erhalten. Diese wirken wie der Japantalg in erster Linie schutzkolloidisch, d. h. sie neutralisieren das Alkali nicht, sondern hüllen es ein; dazu erscheinen die Alkalisalze der höheren Fettsäuren besonders befähigt, da sie, wie in der Einleitung gesagt wurde, in kaltem oder lauwarmem Wasser (das zum Rasieren dient!) so gut wie unlöslich sind, nicht dissoziieren und als chemische Verbindungen erhalten bleiben. Beim Rasieren mit solcher Stearinseife unter Anwendung von sehr heißem Wasser macht sich die beginnende Dissoziation des Natriumstearates, also die Aufhebung seiner die Alkaliteilchen einhüllenden Wirkung jedoch durch brennendes Gefühl auf der Haut deutlich bemerkbar. Jede Verschiebung im Verhältnis von Fett-Seife-Alkali muß sich naturgemäß in dem System „Rasierseife" während des Gebrauches entweder durch mangelhafte Wirkung oder andererseits durch Hautbrennen äußern. Solche Verschiebungen können schon durch die Art des Wassers herbeigeführt werden, da evtl. in größerer Menge vorhandene Härtebildner dem Schaum verschiedene Bestandteile entziehen und andere dann verstärkt in Wirkung treten. Eine allen Ansprüchen genügende Rasierseife soll daher im richtigen Verhältnis von Kali- zu Natronseife = 1 : 1,5, bei Abwesenheit von freiem Alkali überschüssiges Stearin und außerdem für hartes Wasser einen Teil neutralfettfreies, mit Kalilauge genau neutralisiertes Türkischrotöl nebst etwas Vaselin (zur Erhöhung des Gleitens) enthalten[4]. Die meisten neuzeitlichen Rasierpräparate sind darum auch Emulsionen mit völlig neutralen, türkischrotölartigen Stoffen (Monopolseife) als barthaarerweichende und Netzmittel[5], und solche Sulfolein- und Sulforicinolsäuren sind es auch, die man, meist in Form ihrer Ammonsalze, nach altem Vorbild[6], in neuester Zeit (s. o. Sulfonat) wieder verwendet, um zu neutralen oder „überneutralen" Erzeugnissen zu gelangen. (Vgl. S. 181.)

---

[1] Am. Pat. 842010.        [2] D.R.P. 248657.
[3] Über Rasierseifen s. J. Davidsohn. Seifensieder-Ztg 52, 696.
[4] Augustin, J.: Seifensieder-Ztg 54, 431.
[5] Augustin: Seifensieder-Ztg 1928, 109 und D. Parf.-Ztg 14, 225.
[6] D.R.P. 236295; vgl. D.R.P. 38457.

Nicht minder als die Überfettung mit Lanolin oder anderen Fettstoffen hat sich die Beigabe von Wollfettalkoholen[1], die seine Eigenschaften z. T. in noch höherem Maße besitzen, und ferner die Bindung des im Waschvorgang abgespaltenen Alkalis durch Zugabe von Eiweißstoffen zur Seifenmasse bewährt. Jene führt man in einem Gesamtwollfettpräparat in den Sud ein, das man z. B. durch Autoklavenverseifung von rohem Wollfett und Aussalzen des Kernes erzeugt. Fügt man diesen Wollfettseifenkern nun einem Fettstoff-, z. B. Tranverseifungsansatz zu, so erhält man als Endprodukt eine an weichen Fettsäuren reiche Seife, in der die unverändert gebliebenen Wollfettalkohole das Überfettungsmittel bilden[2].

Die den Seifen und Emulsionen zugesetzten Eiweißkörper wirken wegen ihres amphoteren Charakters als milde Neutralisationsmittel und überdies als Schutzkolloide und Emulsionsvermittler (s. S. 44 ff.). Als billigstes wird das reine, völlig entfettete Milcheiweiß wohl am häufigsten verwendet, da es in größter Menge als Handelsprodukt von hoher Reinheit zu haben ist, sich leicht mit Fettstoffen und Seifen emulgiert und in keiner Weise zu Zersetzungen neigt, etwa wie Eidotter, das seines Fettgehaltes wegen ranzig wird und vorher entölt nicht genügend ausgiebig ist. Man setzt das reine Casein den pillierten Toilettegrundseifen in der Mischtrommel zu[3] oder verarbeitet noch besser seine Spaltungsprodukte[4], die als Albumosen (s. S. 47) auch bei Anwendung heißen Waschwassers bzw. bei Heißbereitung von Emulsionen nicht gerinnen, dabei jedoch nach wie vor Alkali zu binden vermögen und überdies die Schaumkraft der Erzeugnisse erhöhen. Am zweckmäßigsten vereinigt man Verseifung und Albumosenbildung durch gemeinsames Verarbeiten von Fettstoff, rohem Casein (das in diesem Falle nicht entfettet zu werden braucht) und Alkalilauge[5] oder löst Seifenspäne in der alkoholischen Lösung der Caseinspaltung[6].

In ganz analoger Weise werden der Seife oder Emulsion auch andere, am besten ebenfalls vorher in Albumosen übergeführte Eiweißkörper einverleibt, deren Wirkung die gleiche und deren Anwendung an Stelle des Caseins eine rein wirtschaftliche Frage ist. So das ebenfalls sehr wohlfeile defibrinierte Tierblut oder sein Serum, das reichlich Globuline enthält, die auf Grund ihrer Acidität zur Bindung von Alkali besonders befähigt sind[7]; ferner gespaltene Hornsubstanz (Keratinseifen[8]) oder Bierhefe (s. S. 137), die man als alkalisch gewaschene gelatinöse Masse mittels heißer Öle in nicht koagulierbare, mit dem Seifenansatz gut verarbeitbare Albumosen überführt[9]; weiter gespaltenes Ölkuchen-[10]

---

[1] SCHRAUTH, W.: Seifensieder-Ztg 41, 1150: Eulanin, durch Spaltung von Wollfett und nachfolgende Destillation erhaltenes Gemisch von Wollfettalkoholen. ein hellgelbes sirupöses Öl, das dem Lanolin dadurch überlegen ist, daß es überhaupt nicht ranzig werden kann.
[2] D.R.P. 404189.   [3] DARNEIM, L.: Seifensieder-Ztg 1910, 1458.
[4] D.R.P. 183187 u. 193562.   [5] D.R.P. 221623.
[6] Über Caseinseifen s. Seifensieder-Ztg 1905, 196; ferner 41, 927 u. 43, 389.
[7] D.R.P. 265538.   [8] Österr. Pat. Anm. 7748 (1907).
[9] Engl. Pat. 24304 (1911).   [10] D.R.P. 239828.

und Weizenkleberprotein[1], Maiskeimmehl[2] (s. S. 142) usw. Auch durch Verkochen von Gerüsteiweißkörpern mit überschüssigem Alkali und dessen Absättigung mit einem Metallsalz, wenn Ammoniak aufzutreten beginnt, erhält man einen Eiweißabbaukörper, der einer Grundseife zur Herstellung neutraler Seife beigekrückt werden kann[3]. Nach einer Abänderung erhitzt man die abgebauten Eiweißstoffe mit Alkalien bis zum Aufhören der Ammoniakentwicklung und setzt diese mit Alaun vom Alkaliüberschuß befreite Masse dem Seifenleim oder -kern zu[4].

Besonders der Kleber und seine beiden abgeschiedenen Albumine Gliadin und Glutenin geben mit etwa 120° heißem Glycerin verknetet eine zähe Albumosenmasse, die zu den hervorragendsten, allerdings auch teuersten Eiweißfüllstoffen für Neutralseifen und Emulsionsvermittler zählt. In dieser letzteren Hinsicht werden uns die Albumine und Albumosen noch vielfach begegnen. Eine mit Eiweißstoffen gefüllte Seife, die überdies auch zum Waschen mit Meerwasser geeignet sein soll, ist schließlich auch das eigenartige Erzeugnis, das man durch Emulgierung des Seifenleimes mit konz. Molluskenabsud erhält[5].

Die Eiweißseifen zeichnen sich übrigens durch ihr geringes spez. Gewicht aus und können sogar als Schwimmseifen hergestellt werden, wenn man z. B. einen Seifenleim mit der durch Eiweißabbau mittels konz. Säuren oder Alkalien erhaltenen Gallerte emulgiert, den ganzen Leiminhalt aussalzt, die Masse formt, abbinden oder erhärten und trocknen läßt[6].

Schließlich zählen hierher die Seifen, denen man Galle (s. S. 42), Alkalisalze der ungepaarten Gallensäuren oder cholsaures Natron[7], ferner tryptische Fermente von Art des Pankreatins[8], auch Enzympräparate anderer Zugehörigkeit[9], z. B. Oxydase, Katalase, Tyrosinase, evtl. zugleich mit Katalysatoren (Eisen- oder Kupfervitriol), beiemulgiert (s. Sauerstoffbäder S. 177). Diese Seifen zeichnen sich vor allem dadurch aus, daß die Wäsche rascher, bei niederer Temperatur, mit weniger Waschmittel und mit Anwendung geringen Kraftverbrauches sauber wird, ohne daß die Faser im geringsten Schaden nehmen würde. Ähnlich wirkt auch die bereits erwähnte Hefe[10], die man dem alkalischen Seifensud vor beendeter Verseifung zusetzen soll.

### *Heilkräftig und desinfizierend wirkende Seifenzusätze.*

Die meisten Seifen sind schon an und für sich gute Desinfektionsmittel, die auch in geringer oder höherer Konzentration Cholera- bzw. Typhusbakterien abtöten, gegen deren Wirkung jedoch andere, namentlich Streptokokken, bedeutende Widerstandsfähigkeit zeigen, so daß die Bestrebungen gerechtfertigt erscheinen, Seifen und Emulsionen von höherem als dem normalen Desinfektionswert, und ferner Präparate zu erzeugen, die in der gleichen, durch Schaum- und Verteilungskraft wirkenden Grundmasse heilende Einflüsse ausüben. Dabei muß als

[1] D.R.P. 248958.  [2] Am. Pat. 1027744.
[3] Österr. Pat. 97863 (1921).  [4] Am. Pat. 1523074.
[5] Franz. Pat. 575998.  [6] Österr. Pat. 97411 (1923).
[7] D.R.P. 323804.  [8] D.R.P. 283923.
[9] Engl. Pat. 282588 (1927).  [10] D.R.P. 319856.

erste die Bedingung erfüllt werden, daß diese Grundmasse, also die kolloid gelöste oder emulgierte Seife, nach keiner Richtung hin als Chemikal auftritt, also weder bei der Lagerung noch während des Gebrauches sauer oder alkalisch reagiert oder durch die einverleibten Stoffe zur Spaltung in diesem Sinne veranlaßt wird.

Diese Bedingung ist in ihrem letzten Teil, man kann sagen, unerfüllbar, so daß man umgekehrt daran gehen mußte, der Seife oder Emulsion nur solche desinfizierende oder heilkräftig wirkende Stoffe einzuverleiben, die in der bei der Lagerung allmählich, beim Gebrauch sofort entstehenden schwach sauren oder schwach alkalischen Emulsion oder Lösung ihre physiologische Eigenart bewahren. Es gibt wenige Stoffe, die diese Eigenschaft besitzen, nicht an sich, sondern, wie man als sehr wesentliches Moment hinzufügen muß: bei Gegenwart von wäßriger Flüssigkeit. Denn das Wasser ist die erste Ursache alles chemischen und physikalisch-chemischen Geschehens, unter seinem Einflusse bilden sich Spaltstücke aus der in ihm gelösten oder mit ihm emulgierten chemischen Substanz, und die Bildung von Dissoziationsprodukten bedeutet den Beginn chemischer Reaktionen. Darum sind wäßrige Seifenemulsionen oder Festprodukte, die als beste Kernseifen doch stets mindestens 25% Wasser enthalten, als Träger für Heil- und Desinfektionsmittel weniger geeignet als Salben, die zwar wasseraufnahmefähig sein müssen (s. Kosm. S. 178), in denen jedoch der mineralische oder tierische Fettstoff (z. B. Vaselin oder Wollfett) als chemisch indifferente Einbettungsmasse gegenüber der mit ihr gegebenenfalls emulgierten geringen Wassermenge ebenso vorherrscht, wie in den eigentlichen Desinfektionsmitteln das wirksame Chemikal (z. B. Kresol) gegenüber der mit ihm gegebenenfalls in Emulsion vereinigten konzentrierten Seifenlösung.

Dementsprechend sind Seifen mit chemisch reaktionskräftigen Phenolkörpern, Teerstoffen, Metallsalzen relativ wertlos, in Gegensatz zu den Seifen und Emulsionen, denen man für bestimmte Zwecke (s. unten) reaktionsträge Kohlenwasserstoffe (Benzol, Benzin, s. den folg. Abschn.), Metalloide (z. B. Schwefel[1]) oder evtl. auch noch wirklich nichtionisierbare Metallverbindungen einverleibt. Wobei im letzteren Falle als Beweis für die Nichtionisierbarkeit der Metallverbindung in der Seifenmasse meist nur die Behauptung des Patentinhabers vorliegt. Die äußerst komplizierten Wechselbeziehungen, die zwischen Seife und Wertinhalt besagter Art möglich sind[2], im einzelnen zu verfolgen und einwandfrei aufzuklären, dürfte wohl nicht möglich sein, so daß man hinsichtlich der Wirkung solcher Erzeugnisse auf empirische Feststellungen angewiesen ist.

Seifen und Emulsionen mit Carbolsäure sind nach Unna wertlos[3], da die Seifensubstanz nur wenn freies Alkali im bedeutenden Überschuß

---

[1] Über die Schwefelionen in der Kosmetik (Kolloidschwefel als Badewasserzusatz) s. L. Zakarias: Seifensieder-Ztg 1928, 43; vgl. S. 177 i. vorl. Text.

[2] Schrauth, W.: Die medikamentösen Seifen ... mit Berücksichtigung der chemischen Wechselbeziehungen. Berlin 1914.

[3] Vgl. R. Reithoffer: Arch. f. Hyg. 27, 350.

vorliegt, also wenn die Präparate ätzend wirken (s. Desinf. §. 192), imstande ist, das Phenol festzuhalten. Nicht viel besser sind hinsichtlich ihres desinfektorischen Wertes die Teerseifen, die aber doch in großer Menge erzeugt werden, da sie durch den starken Geruch jeden Käufer von ihrer vermeintlichen Wirksamkeit als keimtötende Waschmittel überzeugen.

Man bereitet sie entweder durch gemeinsame Verseifung z. B. von Talg und Cocosöl mit der gleichen Gewichtsmenge Holzteer mittels Natronlauge[1], oder, ähnlich wie die Eiweißseifen, durch Verkneten pillierter fester Kaliseife mit dem Teer oder Teerölpräparat in der Mischmaschine[2], oder durch Kaltverseifung einer Cocosöl-Teer-Emulsion usw.[3] Häufig werden die Teere vorher gereinigt[4], oder man verwendet zubereitete Teerölfraktionen[5], auch Teerprodukte von Art des Anthrasols[6] oder Propäsins, d. i. p-Aminobenzoesäurepropylester[7] usw. Solche einheitliche Stoffe, auch chlorierte Kresole[8], besonders Tetrabromo-kresol[9], sollen sich übrigens in der Seifen- oder Emulsionsmasse besser halten als die einfachen Phenole und Säuren, das bromierte Kresol besonders dann, wenn man es vor seiner Einführung in die Seife in Türkischrotöl oder dioxystearinsaurem Kali löst[10]. Diese Stoffe üben an sich bereits schaumkrafterhöhende und reinigende Wirkung aus, vor allem aber enthalten die Suforicinsäuremischungen auch freie Fettsäuren, die als bestes Mittel zur Herabsetzung des Reduktionsvermögens der Seifen gelten (vgl. S. 187, 200).

Alle Seifen sind von Natur aus Reduktionsmittel, und dieser Tatsache ist in erster Linie die geringe Haltbarkeit der bisher genannten und insbesondere jener desinfizierenden und medikamentösen Seifen und Emulsionen zuzuschreiben, die leicht reduzierbare Metall- und Metalloidverbindungen enthalten. Auch die sauerstoffabgebenden Präparate, Wasserstoff- und Natriumsuperoxyd, ebenso wie Perborate, -sulfate, -carbonate sind solche Metall- (meist Natrium- oder Zink-) Verbindungen, die dem reduzierenden Einflusse der Seifensubstanz unterliegen, sofern man sie nicht in der S. 139 beschriebenen Weise schützt. Man kann aber das Reduktionsvermögen der Seifen auch mindern, wenn man die empfindlichen Substanzen, wie oben und S. 142 gesagt wurde, in fettsaure Umgebung einbettet, also etwa wirksame Bestandteile von Drogen mit Fettsäuren extrahiert und durch Verseifung der Auszüge mit Ammoniak oder Lauge Abscheidung der Wertstoffe und ihre Bindung an Seife vereinigt[11]. In analoger Weise schützt man Persalze, Quecksilberoxycyanid, Sublimat und ähnliche empfindliche Verbindungen dadurch vor Reduktion, daß man der als Träger dienenden, z. B. aus Talg gesottenen, Grundseife oxydierte (geblasene)

---

[1] NAFFIN, F.: Seifensieder-Ztg 1910, 998 u. 1011.
[2] D.R.P. Anm. J. 14376, Kl. 23e.
[3] Vgl. DÖNHARDT: Pharm. Ztg 1915, 847.
[4] Norw. Pat. 30954 (1918).    [5] D.R.P. 337091.
[6] SCHAAL, J.: Seifensieder-Ztg 1911, 84 u. 256; vgl. Pharm. Ztg 1912, 979.
[7] Seifensieder-Ztg 1913, 285.
[8] Am. Pat. 941888.    [9] SCHRAUTH, W.: Seifensieder-Ztg 1910, 541.
[10] Seifensieder-Ztg 1912, 31.    [11] D.R.P. 197226.

oder sulfonierte freie Fettsäuren zusetzt[1], oder die Metalle und Metallverbindungen vor ihrer Einführung in die Seifenmasse zur Erzeugung beständiger Komplexverbindungen in Salzform (z. B. Mercuriacetat), an Ölsäure[2], aber auch an o-Tolylsäure[3] (z. B. Oxymercuriverbindungen in der Afridolseife des Handels), Salicylsäure, Phenolsulfosäure[4] (ebenfalls für Quecksilberverbindungen: Sapoderminseife) oder andere Säuren bindet.

Diese u. a. Metallseifen, z. B. mit kolloidem Silber[5], Gold oder Wismut[6] (nicht die therapeutisch wichtigen Salben, s. S. 187), auch mit anderen desinfizierend und antiseptisch wirkenden Substanzen, wie Formaldehyd, z. B. die Formoformseife, die durch Verseifung eines Gemisches von gewöhnlicher und Oxyfettsäure nebst Formaldehyd mit Kalilauge hergestellt wird[7] usw., verschwinden aber in dem Maße aus dem Handel, als die Heilkunde, die Hauptverbraucherin all der Präparate (s. a. Abschnitt Desinfektionsmittel), sich fortschreitend von der Antisepsis ab- der Asepsis zuwendet und für örtliche Sterilisation des Operationsfeldes, der Instrumente und Hände gewisse „normierte", als zweckentsprechend erkannte Methoden anwendet, in deren Bereich außer Wasser, Alkohol, gewöhnlicher Seife und Sublimat oder seinen Ersatzmitteln kaum mehr andere Chemikalien vorkommen. Es ist hinzuzurechnen, daß jene medikamentösen Seifen, je besser sie die Wirksamkeit der ihnen einverleibten Wertstoffe bewahren, auch um so mehr die eingehüllten Teilchen während des Waschvorganges festhalten, so daß dieselben wohl größtenteils nicht in die Tiefen der Haut gelangen, sondern im bald darauf erfolgenden Spülen mit dem Schaum abschwimmen.

Größeren Wert besitzen jedenfalls jene Produkte, die molekularen Schwefel in kolloider oder grober Suspension enthalten[8], da er sich in dieser Form in den Hautrillen der Hände jener Metall- (namentlich Blei-) Arbeiter ablagert, für die die Seifen bestimmt sind. Insbesondere den gleichzeitig Teer, und zwar als Schutzkolloid für den Schwefel, enthaltenden Schwefelseifen wurde gute Wirksamkeit zugesprochen (z. B. einer Grundseife mit 5—10% Holzteer und 0,5—1% kolloidem Schwefel), da in ihnen das Element fein zerteilt vorliegt, während teerfreie Schwefelseifen es als Schwefelwasserstoff zur Wirkung gelangen lassen. Auch mittels der sog. Nenndorfer Schwefelseife[9] und mit den Thiosapolseifen, die das Metalloid chemisch an die Doppelbindungen ungesättigter Fettsäuren gebunden enthalten[10], will man den beabsichtigten Zweck erreicht haben, nämlich das in der Epidermis der Hände abgelagerte Blei in unlösliches und darum ungiftiges Bleisulfid zu verwandeln. Eine

---

[1] D.R.P. Anm. D. 27921, Kl. 23e.    [2] D.R.P. 271820.
[3] Schrauth, W. u. W. Schöller: Med. Klin. 1910, Nr. 36.
[4] D.R.P. 132660 u. 137560.    [5] D.R.P. 228139 u. 242776.
[6] Wagner, E.: Chem.-Ztg Rep. 1911, 230.
[7] Croner: Seifensieder-Ztg 1921, 3; vgl. Heinz: Dtsch. med. Wschr. 1921, 835.
[8] Hahn, G. u. A. Peschka: Wien. klin. Rundsch. 1910, Nr. 48 u. 49; vgl. Kühl: in Seifensieder-Ztg 1921, 400.    [9] Kroll, S.: Apoth.-Ztg 29, 234.
[10] D.R.P. 71190 u. 191900; vgl. auch die Thiosulfatseifen des D.R.P. 258655 u. die Polysulfidseifen des D.R.P. 259650.

solche Schwefelseife wird etwa in der Weise hergestellt, daß man einen rahmartigen Seifenleim mit Polysulfid ($Na_2S_5$ bis $Na_2S_2$) verkrückt und der beim Erkalten festwerdenden Masse die zur Erzielung nahezu völliger Neutralität nötige Menge Ölsäure beimischt. Diese Seife spaltet dann im Gebrauch kolloiden, in dieser Form besonders wirksamen Schwefel ab[1]. Den Schwefelseifen überlegen hinsichtlich des Geruches und Aussehens sollen übrigens die gleichartig wirksamen Harn- und Thioharnstoffseifen sein[2].

## Seifenemulsionen mit organischen Lösungsmitteln: (Halogen-), (Hydro-)Kohlenwasserstoffen usw.

Als Lösung bezeichnet man, wie eingangs gesagt wurde, ein homogenes Gemisch von Stoffen, von denen einer praktisch stets eine Flüssigkeit ist. Wenn er der Menge nach vorwiegt, bezeichnet man ihn als das Lösungsmittel, in Wirklichkeit sind in einer Lösung die Stoffe jedoch gegenseitig ineinander gelöst. So klar nun diese Verhältnisse bei krystalloiden Stoffen liegen, so kompliziert werden sie, wenn in einer Lösung gleichzeitig auch, oder überhaupt nur, kolloid oder suspendiert dispergierte Substanzen vorliegen, welche Zustände überdies auch nicht eindeutig definierbar sind, sondern von denen zahllose Übergänge einerseits zu den krystalloiden echten Lösungen, andererseits zu den sedimentierenden bzw. aufrahmenden Gemischen leiten. Im vorliegenden Abschnitte haben wir es nun ebenso wie bisher mit homogenen echten krystalloiden (Salz-) und kolloiden (Seife-) Lösungen, und zwar vorwiegend mit Flüssigkeiten, zu tun, zu denen sich jedoch noch die dritte Kategorie der flüssigen chemischen Verbindungen gesellt, deren Inhalt, nicht wie jener der Lösung, dem homogenen Gemisch, in stetig veränderlichen, sondern in sprunghaft wechselnden Verhältnissen, als „organische Lösungsmittel" vorliegt. Es kommen hier also in Beziehung die Typen: Kochsalzlösung (krystalloid, homogen), Seifenlösung (kolloid, homogen) und schließlich z. B. Benzin (flüssiges Gemisch chemischer Verbindungen). Ob und wie eine Emulsion aus diesen drei Komponenten zustande kommt, hängt von den in der Einleitung genannten Bedingungen der Temperatur, des Druckes usw., vor allem aber von den Oberflächenspannungen an den betreffenden Grenzflächen und gegen die Luft ab (s. Tabelle S. 3).

Es gilt nun allgemein die Regel von GIBBS, nach der Stoffe sich an der Oberfläche einer Lösung anreichern, wenn sie die Oberflächenspannung derselben gegenüber einer anderen Phase herabsetzen (z. B. Seife im Schaum, s. S. 38). Ferner gilt ebenfalls allgemein: Geringe Stoffmengen vermögen in einer Lösung deren Oberflächenspannung wohl stark herabzusetzen, nicht aber stark zu erhöhen (z. B. Seife gegenüber Kochsalz). Im besonderen kann man als Regeln festhalten: In konzentrierten krystalloiden, anorganischen, z. B. Kochsalzlösungen, erhöht das Salz die Oberflächenspannung der Flüssigkeit gegen Luft, in verdünnten übt sie im Maße der Verdünnung auf diese physikalische

---

[1] D.R.P. 424499.    [2] D.R.P. 412424.

Beziehungen schließlich gar keinen Einfluß aus. Dasselbe gilt auch für
kolloide Lösungen der anorganischen Kolloide, z. B. der Kieselsäure.
Krystalloide organische Elektrolyte, wie Alkohol, Benzin u. a. flüchtige
Stoffe, organische Säuren, ferner auch Kolloide, wie Gelatine, Eiweiß-
stoffe, Saponin und vor allem Fett- und Gallensäureseifen, erniedrigen die
Oberflächenspannung der Flüssigkeiten gegen Luft, Schutzkolloide aus
der Reihe der Kohlenhydrate, Stärke, Pflanzengummen, insbesondere
Gummiarabicum, erhöhen sie, wenn auch nicht beträchtlich.

Das Gesagte gilt für die Grenzfläche Wasser bzw. wäßrige Flüssigkeit
gegen Luft. Bei Betrachtung der Erscheinungen an der Grenzfläche
zwischen Wasser und organischem Lösungsmittel beobachteten nun
WINKELBLECH[1], ZSIGMONDY[2] u. a. Forscher folgende Erscheinungen:
Die nach der Gibbs-Regel an der Flüssigkeitsoberfläche gehäuften
Stoffe von die Spannung herabsetzender Wirkung (Eiweiß, Gelatine, auch
lösliche, also chemisch veränderte Stärke) werden beim Schütteln ihrer
wäßrigen Lösungen mit Benzin, Benzol, Toluol, Äther oder anderen mit
Wasser nicht mischbaren Flüssigkeiten, bei genügender Verdünnung,
man könnte sagen, „ausgesalzen", was sich im Experiment so darstellt,
daß das organische Lösungsmittel die Teilchen des Kolloides an sich
reißt, sich mit ihm umhüllt und nun so ummantelt zu Boden sinkt oder
aufsteigt (je nach den spez. Gewichten), jedenfalls die Grenzfläche zu
erreichen sucht. Oben an der Luft bilden sich dann trübe Blasen, die
nach teilweiser oder völliger Verdunstung des organischen Lösungsmittels vergehen und weiße, ringförmige, beständige Gebilde des Kolloides hinterlassen. Konzentrierte z. B. Gelatinelösung gibt hingegen, mit z. B. Benzin geschüttelt, eine dicke Emulsion, die allmählich
ebenfalls aufrahmt, daran jedoch, wenn genügend homogenisiert wurde,
durch Verhinderung der Verdunstung des Benzins verhindert werden
kann. Wenn demnach bei der Herstellung der im vorigen Abschnitt
beschriebenen medikamentösen und desinfizierenden Seifen die Gefahr
chemischer Umsetzungen vorlag, so bietet bei den Seifen, die ein
organisches Lösungsmittel einschließen, die physikalische Maßnahme
seiner Fixierung die Handhabe zur Vorbeugung der Entmischung
solcher Emulsionen und damit der Herabsetzung ihres Wertes. Wert-
minderung durch chemische Umsetzungen erscheint hier angesichts
der Reaktionsträgheit der neutralen Stoffe von Art der Erdöl- und
Teerkohlenwasserstoffe ausgeschlossen.

Die Emulsionssysteme der organischen Lösungsmittelseifen sind
theoretisch sehr genau erforscht, denn meistens bildeten die Versuche, z. B. Benzol mit wäßriger Seifenlösung zu emulgieren, die Grundlage des Studiums dieser Beziehungen. Zahlreiche Beispiele zur Erzeugung
von WO- und OW-Emulsionen solcher Art bringt CLAYTON in seinem
theoretischen Werk (l. c.), so die oft zitierten Methoden zur Herstellung
von 99proz. Paraffinöl- oder Benzolemulsionen in 1 ccm Wasser nach
PICKERING, NEWMAN u. a. Hier müssen die praktischen Tatsachen
vorwalten.

---

[1] Z. angew. Chem. 1906, 1953.     [2] Z. angew. Chem. 1916, 265.

Man erzeugt technisch Lösungsmittelseifen zweierlei Art: Einerseits im Lösungsmittel, z. B. in Benzin lösliche Seifen, die im Gebrauch eine Emulsion von Seife mit Kohlenwasserstoff darstellen, und andererseits Benzinseifen, die in einer Seifengrundmasse Benzin emulgiert enthalten. Die ersteren verleihen dem Kohlenwasserstoff unter anderem (s. unten) die im Gewerbe der Trocken- (Chemisch-) Wäscherei unumgänglich nötige Wasseraufnahmefähigkeit, die Benzinseifen steigern die fett- und schmutzemulgierende Wirkung der normalen Seife zu einer Fettstoffe lösenden, und dadurch werden solche, namentlich Türkischrotölseifen, mit einem emulgierten Kohlenwasserstoff zu den wertvollsten Hilfsmitteln der Textilappretur- und -reinigungstechnik. Im Grunde sind natürlich Benzinseifen und benzinlösliche Seifen dasselbe, die Seifenmasse muß jedenfalls die Eigenschaft der Emulgierbarkeit mit Benzin besitzen. Das für Benzin als typisches Beispiel des meist verwendeten Kohlenwasserstoffes gesagte gilt natürlich ebenso für Benzol, Petroleum, Terpentinöl, die halogenisierten Paraffine und Olefine, zum Teil auch für den Alkohol in den Spiritusseifen. Zum Teil insofern, als in Alkoholseifen immerhin die Möglichkeit von chemischen Umsetzungen der Hydroxylgruppe mit manchen Seifen oder ihrer Füllungen gegeben ist. Es sei hier erwähnt, daß Seifen, deren Sud man vor beendigter Verseifung Oxydationsprodukte des fetten Senf- oder des Kolzaöles zusetzt, sich durch besonders hohe emulgierende Kraft gegenüber den ihren Lösungen einverleibten Ölen und Kohlenwasserstoffen auszeichnen sollen[1].

Eine Zeitlang wurden außer den Kohlenwasserstoffen selbst, wie erwähnt, die unentzündbaren Chlorprodukte der aliphatischen Kohlenwasserstoffe vom Typus des Tetrachlorkohlenstoffs, Trichloräthylens, Acetylentetrachlorids u. a. in Seifen eingeführt. Diese Reinigungsmittel, z. B. Hexoran, Tetrapol usw., mußten jedoch zum Teil bald wieder den Benzin-, Benzol- usw. Seifen weichen, da man inzwischen Mittel gefunden hatte, um die durch Anwendung brennbarer Kohlenwasserstoffe bedingte Feuersgefahr zu beheben, und aus dem nicht minder gewichtigen Grunde, weil man die trotz aller vorgeschlagenen Sicherungen und Behelfe doch nicht wegzuleugnende Gesundheitsschädlichkeit, insbesondere des Acetylentetrachlorids, und die stark aggressive, chlorierende Wirkung all dieser Chlorkohlenwasserstoffe auf eiserne Apparate und deren Bestandteile festgestellt hatte[2]. Die chlorierten Äthylene wirken zwar weniger zerstörend auf Metalle ein, da sie schwieriger Salzsäure abspalten als die halogenisierten gesättigten Kohlenwasserstoffe, die überdies alkaliempfindlich sind[3], immerhin sind auch jene in Gegenwart von Seife, Fettsäuren und Alkalien nicht genügend indifferent.

Man erzeugt solche Halogen-Kohlenwasserstoff-Seifen-Emulsionen von Art des „Hexorans" oder „Tetrapols"[4] durch Einrühren von Tetra-

---

[1] Franz. Pat. 587575.
[2] Chem. Rev. 1907, 142; vgl. Z. angew. Chem. 29, 246 (Ref.).
[3] Chem.-Ztg 1907, 1095.
[4] WENDEL, R.: Z. Text.ind. 18, 589 u. 601; vgl. Seifensieder-Ztg 1913, 369 u. 413.

chlorkohlenstoff oder Trichloräthylen, auch chlorierter Solventnaphtha[1] in irgendeine Fett- oder Harzsäureseife[2] etwa im Verhältnis 8 Seife zu 1 Tetra, stellt das ganze schwach alkalisch und erwärmt bis zur Erzielung völliger Wasserlöslichkeit des Produktes. Besonders schaumkräftige Seifen erhält man durch Einemulgierung einer Terpentin-Chlorkohlenwasserstofflösung in einen gewöhnlichen Seifenleim[3]. Oder man emulgiert den Chlorkohlenwasserstoff mit einer Seife, die, auf sein Gewicht bezogen, weniger als 10% Fettsäure enthält, jedenfalls zu seiner Lösung nicht genügt, und emulgiert nun die so erhaltene Emulsion mit der eigentlichen Seifenwaschlauge in solchem Verhältnis, daß Lösung eintritt[4]. Dadurch soll der sonst nötige weitere Zusatz von etwas Alkohol oder Essigäther[5] u. dgl. sich erübrigen.

Die besten derartigen Erzeugnisse erhält man jedoch durch Emulgierung von Monopolseife (s. S. 56, 109, 167) oder ähnlichen Türkischrotölprodukten mit Tri oder Tetra, auch Tetra- und Pentachloräthan[6], mit Petroleum oder Mineralölen anderer Art[7], vor allem mit Benzin, Benzol u. a. nicht chlorierten organischen Lösungsmitteln der Erdöl- oder Benzolreihe[8]. Solche flüssige oder pastose Seifen aus mit Lauge verkochtem Türkischrotöl in Emulsion mit Kohlenwasserstoffen (Tetrapol[9], Pertürkol, Verapol, Prosapol, Perkosal, Elektron usw.) sind mehr oder weniger, je nach der Bereitungsweise, beständig gegen hartes Wasser und sogar gegen verdünnte Säuren und finden ein weites Anwendungsgebiet in der Textil- und Lederindustrie, für Zwecke der Chemisch-Wäscherei und im Haushalt überall dort, wo es sich um Entfettung in wäßriger Lösung handelt und Textilmaterial und Farben auf das höchste geschont werden sollen[10].

In neuerer Zeit werden ferner durch Emulgieren von Seifen (-leim, -lösungen) mit Tetralin (extra), Dekalin, Tetralinessenz und anderen hydrierten Naphthalinderivaten[11], die sämtlich zwischen 160 und 207° sieden, Hydrokohlenwasserstoffseifen erzeugt[12], die sich für die verschiedensten chemischen Veredlungsprozesse der textilen Rohmaterialien sehr gut eignen. Sie geben mit Mineralölen, auch mit sauren und neutralen Türkischrotölpräparaten besonders wertvolle klare Öle[13], die man Wasch- und Textilseifen[14], Benetzungsbädern u. dgl. zusetzt. Auch hydrierte Phenole (Kresole) insbesondere das Hexahydrophenol (Cyclohexanol) werden ähnlich wie die Hydronaphthaline verwendet[15]. Diese „Hexalin"- (Methylhexalin-) Seifen, die den Wachsalkoholen gleichen, zeichnen sich durch hohes Emulgiervermögen aus, bilden mit einer leichtlöslichen Seifenbasis vereinigt einen beachtenswerten Türkisch-

---

[1] D.R.P. 327684.  [2] D.R.P. 255901.  [3] D.R.P. 445848.
[4] D.R.P. 294728.  [5] D.R.P. 246606.
[6] D.R.P. 304909.  [7] D.R.P. 159220.
[8] In Emulsionen dieser Art verhält sich das beim Kohleverflüssigungsprozeß erhaltene Benzin natürlich genau so wie das entsprechende Kohlenwasserstoffgemenge der Erdölaufarbeitung. S. Franz. Pat. 623964.
[9] D.R.P. 169930.  [10] KRÜGER, G.: Z. angew. Chem. 1908, 2121.
[11] BERGE: Seifensieder-Ztg 1922, 238ff.  [12] D.R.P. 312465.
[13] Seifensieder-Ztg 1922, 649.  [14] KRINGS: Seifensieder-Ztg 1922, 205.
[15] SCHRAUTH: Z. Öl- u. Fettind. 1921, 129 u. 795ff.

rotölersatz und eignen sich daher besonders als Textilwaschseifen. Die Hexalinseife[1] (Savonade[2]) und das ihr zugrunde liegende hexalinhaltige Hydrolinöl, das verseift die Savonade gibt, gilt als eines der besten und billigsten Emulgiermittel[3]. Ihnen entspricht hinsichtlich der ähnlichen Wirksamkeit als Emulgatoren zur Herstellung wasserlöslicher Lösungsmittelpräparate das Hydrohexalin bzw. Hydralin[4]. Man erhält z. B. aus Marseiller Seife (s. Textilseifen) von 60% Fettsäuregehalt mit 2—3% Methylhexalin eine Emulsion, die weiter mit 10—20% Benzin, Tetra u. dgl. emulgiert, Präparate liefert, die sich in Wasser klar lösen. Ebenso können durch bloßes Mischen von z. B. 1350 Teilen Cyclohexanol mit 1500 Teilen einer Ölkaliseife völlig klar in Wasser lösliche Präparate erzeugt werden. Sie sind befähigt, Benzin, Solventnaphtha, Tetralin u. dgl. ohne Trübung aufzunehmen und auch bei der folgenden Verdünnung mit Wasser in Emulsion zu halten. Gleicherweise emulgieren die Präparate (auch aus den Homologen des Cyclohexanols) schwere Mineral- und Teeröle evtl. zusammen mit organischen Lösungsmitteln zu klar in Wasser löslichen und weitgehend verdünnbaren Schmier- und Bohrölen, auch Avivier-, Netz- und Fleckentfernungsmitteln[5]. Kombinationen von besonders hoher emulgatorischer Wirksamkeit und völliger Hartwasserbeständigkeit liegen naturgemäß in den Emulsionen von Hexalin mit Türkischrotöl vor, dessen Sulfoölgehalt nach einer speziellen Angabe[6] 40% der Gesamtfettsäuremenge des Öles nicht unterschreiten soll.

Es gibt sehr zahlreiche derartige feste oder flüssige pastose salbenförmige Seifen mit Gehalt an flüchtigen Kohlenwasserstoffen und ihren Abkömmlingen, die man sämtlich, wie oben angedeutet wurde, durch Mischung, Emulgierung und gemeinsame Verseifung natürlich auf kaltem oder höchstens halbwarmem Wege, jedenfalls bei einer Temperatur herstellt, bei der keine Verdunstung der flüchtigen Lösungsmittel zu befürchten ist. Dementsprechend wählt man unter diesen solche aus, die möglichst hoch sieden, ohne dabei hinsichtlich ihrer sonstigen Eigenschaften, namentlich des Fettlösungsvermögens, wenigerwertiger zu sein als die niedrig siedenden Kohlenwasserstoffe, Alkohole und Äther.

Durch hohe Reinigungs- und Entfettungskraft soll sich unter den organischen Lösungsmitteln besonders das 1,4-Dioxan auszeichnen, das man, in Seifenlösung emulgiert, z. B. zum Entfetten roher und überdies mit Mineralöl getränkter Wolle, auch als wirksames Benetzungsmittel verwenden kann[7]. In neuerer Zeit wurde ferner vorgeschlagen, statt der Kohlenwasserstoffe (z. B. Xylol, Cymol, ihrer Abkömmlinge usw.) ihre Sulfonsäuren als Zusätze bei der Herstellung von antiseptischen harten Seifen zu verwenden, also statt der Emulsionen

---

[1] D.R.P. 365160.

[2] Siehe die Schlagworte: Cyclohexanol, Hexalin, Methylhexalin in Blüchers Auskunftsbuch für die chemische Technik. Berlin 1926.

[3] RASSER, E. O.: Ölmarkt 1926, S. 245. — Über die Kalkbeständigkeit der Hexalinseifen s. S. 109 im vorliegenden Text.

[4] ARNDT, W.: Kunststoffe 17, 4.       [5] Schweiz. Pat. 111767.

[6] D.R.P. 365160.       [7] D.R.P. 431249.

Lösungen zu erzeugen; die keimtötende Wirkung der Präparate soll hinter jener der Kohlenwasserstoffseifen nicht zurückstehen[1].

Von den zahlreichen Produkten dieser Art gibt es nicht weniger Übergänge aus den Reihen der fettlösenden Wasch-, Reinigungs- und Appreturmittel für das Textilgewerbe zu Seifenemulsionen, deren Verwendungsgebiete im Bereiche ganz anderer Industrien liegen, so wie man auch unter den Rohstoffen, die mit Seife emulgiert werden, nicht scharf abgetrennte Gruppen findet, da der Übergang z. B. vom Leichtbenzin über Schwerbenzin, Petroleum, Vaselin- und Schmieröle zum Paraffin, Pech und Asphalt ebenso unmerklich ist, wie jener vom Terpentinöl zu den ätherischen Riechstoffen und zum festen Campher. Es sind hier eben nicht chemische Unterschiede zwischen den zu emulgierenden Stoffen, die erfaßt werden könnten, sondern solche der Verwendbarkeit einer Emulsion aus ein und demselben Rohstoff auf Grund des physikalischen Verhaltens der Produkte. Nun ist aber außerdem in der Literatur, namentlich in den Patentschriften, das Verwendungsgebiet nicht oder nicht eindeutig gekennzeichnet, d. h. es findet sich meistens die Angabe, daß die betreffende Seife in fester, gallertiger, pastoser oder flüssiger Form, z. B. als Bohröl, Schmiermittel, Lederappretur, für Wasch- und Reinigungszwecke usw. Verwendung finden soll. Da nun die in der Emulsionstechnik gestellte Aufgabe wohl vorwiegend dahin lautet, daß aus einem gegebenen Rohstoff eine Seifenemulsion bereitet werden soll, wurden einige Beispiele zur Herstellung von Benzin-, Petrol-, Bitumen-, Terpentinölseifen usw. in Form einer Übersicht mit den zugehörigen Literaturangaben zusammengestellt, um eigene Versuche zu ermöglichen. Es sollen nicht Arbeitsvorschriften, sondern Anregungen gegeben werden, denn erfahrungsgemäß bieten Hinweise dem Fachmann viel und andrerseits sogar fertige Fabrikationsvorschriften dem Unerfahrenen gar nichts.

### Beispiele zur Herstellung von Lösungsmittelseifen.

#### *Benzinseifen.*

Paste aus je 1 Teil Wachs und Kolophonium, nebst 2 Teilen eingerührtem Benzin. Möbelreinigung. CALVERT, Dingl. Journ. Bd. 134, S. 310.

Kernseife aus 20 Olein, 13 Harz, 12 Natronlauge (40°); abgekühlt verrührt mit 12 Spiritus und 150 Benzin. Seifensieder-Ztg 1912, 1364.

Flüssige Seife aus 50 Olein, 12,5 Ammoniak (25%), 20 Wasser, 70 Sprit, 10 Benzin. Kalt verrührt und emulgiert. Seifensieder-Zg. 1911, S. 1308.

Soliferseife aus Cocos- oder Palmkernöl und Natronlauge kalt verrührt und emulgiert mit soviel Benzin (oder Terpentinöl), daß die gegossenen geriegelten Stücke 20% Wertstoff enthalten. Engl. Pat. 23013 (1909). — Ähnlich mit Perboratgehalt D.R.P. 296922.

Prestoseife aus gewöhnlicher Kernseife, in die man während des Kaltrührens Benzindampf einbläst. D.R.P. 104626.

---

[1] Am. Pat. 1531328 u. 1531324.

Benzinseife von hoher Lagerbeständigkeit aus geschmolzener Seife, 5% Fett oder Öl (unverseift), Benzin (Benzol usw.). Chem.-Zg. 1914, S. 132.

Kohlenwasserstoffseife aus Seifenleim, emulgiert mit Benzin oder wasserlöslicher Benzinseife, unter Lufteinleiten in die ständig gerührte eiskalte Masse, bis ein feines, jahrelang haltbares Benzinseifenmehl krystallinisch ausfällt. D.R.P. 310625/26.

### Benzol- (*Xylol-*, *Solventnaphtha-*) *Seifen.*

Paste aus Baumwollsamen- und Cocosöl mit Soda, kochend verseift, abgekühlt mit Benzol und Ricinusöl (bis zu lackmusneutraler Reaktion), evtl. unter Wasserglaszusatz emulgiert. Am. Pat. 1049495.

Wasserlösliche, mit 4—5% Kochsalz nicht aussalzbare Seife aus Seifenleim (Palmkernöl, Natron-, 5% Kalilauge) ausgesalzen, mit (auf Fettgewicht bezogen) 40% o-Xylol und etwas Pottasche bei 60—100° emulgiert. D.R.P. 267439. — Mit Naphthensäurenzusatz und allein für Lederschmieren, zur Seidecntbastung, Zusatz zu Färbe-, Avivier-. Walk-, Entfettungs-, Detachierbädern. D.R.P. 309574.

### Erdölseifen.

Petrolseife aus Kernseifenleim mit bis zu 100% Petroleum bei 106° emulgiert und kalt gerührt. D.R.P. 62556. — Evtl. mit einem aus Harz und Vaselinöl emulgierten Überzug gegen Verdunstung des Kohlenwasserstoffgemisches geschützt. Seifensieder-Zg. 1911, S. 813, 849, 873.

Feste Erdölseife aus neutralem Öl-Kalilaugesud, Mineralöl und gebrauchter fettstoffhaltiger Fuller- (Bleich-) Erde als Füllmittel. Am. Pat. 951155, auch 959820.

Butterartige Harz-Petrolseife aus 20 Kolophonium, 40 Petroleum und zur Harzverseifung ungenügender Natronlauge. D.R.P. 89145 und 90576. — Chem. Rev. 1907, S. 287.

Saponinpetrolseife durch schließliches Verkochen von Quillaja-extrakt, Palmöl, Petroleum und Sodalösung. Engl. Pat. 5786 (1911).

Erdölseife durch Verkochen des gemeinsamen Sulfonierungsproduktes von Fettstoff und Petroleum mit Lauge. Franz. Pat. 441440.

Terpipetrol durch Emulgieren einer Olivenölseife mit der Emulsion von Petroleum und Terpentinöl in der Wärme. A. GAWALOVSKY, Chem.-Zg. 1917, S. 89.

Mineralölemulsion aus Ölsäure, Ammoniak, Mineralöl und etwas Türkischrotöl; mit Ammoniak oder Magnesia neutral gestellt für Spinnereizwecke. E. JUNGINGER, Seifensieder-Zg. 1907, S. 337 und 358.

Desinfektionseife aus Monopolseife, Ölsäure, Formaldehyd und Mineralöl durch Verkochen bis zur Wasserlöslichkeit des Produktes. D.R.P. 309890.

Reinigungsemulsion. Dicke, sehr haltbare und in Wasser lösliche Reinigungsemulsionen von türkischrotölartiger Beschaffenheit werden durch Emulgierung von Erdölkohlenwasserstoffen mit Alkaliseifen der nicht sulfonierten hydroxylierten Öl- oder Stearinsäuren (z. B. D.R.P. 259191, 295657), auch der Ricinusölsäure, gewonnen (Franz. P. 577389).

Schaumkräftige Petrolseife: Monochloriertes Petroleum mit Ätznatron unter Druckvermeidung bei 2—300° verschmolzen. D.R.P. 327048.

Mineralölseife aus Harz-, Sulfoharz- oder Fettsäureseife und einer kleinen Menge Neutralalkalisalz einer Säure, z. B. Sulfit, Oxalat, Phosphat, Kochsalz, wodurch die Seife viel mehr Kohlenwasserstoff aufzunehmen vermag als ohne Zusatz. D.R.P. 306059.

Mineral- oder Teerölseife. Bei der Herstellung dauernd haltbarer wäßriger Emulsionen von Mineral- und Teerölen jeder Art in beliebiger Konzentration mittels Harzseife als Emulgiermittel verfährt man in der Weise, daß man das Harz (Kolophonium) zuerst mit etwa dem gleichen Gewicht, z. B. Petroleum, verschmilzt, die Lösung dann mit der auf das Ganze bezogen 10fachen Menge des Leuchtöles verdünnt und nun unter Luftrührung die zur Verseifung des Harzes nötige wäßrige Kalilauge zufügt. Die erhaltene dicke Seifenemulsion gibt dann weiter mit Petroleum verrührt eine Gallerte, die allein oder nach Zusatz organischer Lösungsmittel mit Wasser in jedem Verhältnis glatt emulgierbar ist. D.R.P. 352357.

### Teerölseifen.

Desinfektionsseife aus evtl. vorher nitriertem, chloriertem, sulfoniertem phenolkörperreichem Teeröl mit Leinöl, Kolophonium, Alkohol, bis zur Homogenisierung unter Rückfluß mit Alkalilauge verkocht. D.R.P. 52129. — Ähnlich: Teer, Harz, Olein, Lauge nach Seifensieder-Zg. 1911, S. 678.

Teerölseife aus Birkenholzteer und Monopolseife durch Verkochen mit Wasser und Abfiltrieren des unlöslichen braunen Rückstandes von der flüssigen Seife. D.R.P. 269261.

Naphtholseife aus Ricinusölseife (75 Öl, 10 Ätznatron, 100 Wasser), Terpentinöl oder Petroleum und Naphthol. Franz. Pat. 445053.

### Bitumenseifen.

Paraffin-, Ceresin- oder Montanwachsseife aus diesen Stoffen durch gemeinsames Verkochen mit Wollfett oder Wachs und Alkalilauge evtl. unter Zusatz von Persalzen bei mindestens 160° und 5 at Druck. Wasserlösliche salbenförmige Seifen für Kosmetik, Hartbrennstoffe, Schmiersalben. D.R.P. 308442.

Asphalt-, Pech-, Paraffin-, Erdwachsseifen aus in organischem Lösungsmittel gelöster Seife, dem Bitumen und Stärkekleister. D.R.P. 170133.

Bitumenseife aus Naphthensäuren-Ammoniakseifen durch Verkochen mit Asphalt-, Teer- oder Pech-Kolophoniumschmelzen. D.R.P. 248084 und 248793.

Montanwachsseife aus Kolophoniumseife und auf Harz bezogen 50% Montanwachs nebst der gleichen Menge Stearinsäure verkocht, vermag 200% Petroleum aufzunehmen. Für Lack- und Farbenanstrichentfernung. D.R.P. 247417.

Montanwachsseife aus rohem Montanwachs durch Verkochen mit Natronlauge und Seife unter Druck bis zur Emulgierbarkeit einer Probe mit kaltem Wasser. D.R.P. 335996. Unter Druck mit Lauge allein: D.R.P. 350622 und 352506. Mit Sodalösung. Druckluftdurchleiten: D.R.P. 334155.

### Benzin-(Benzol-)lösliche Seifen.

Antibenzinpyrin („Richterol") zur Herabsetzung der elektrischen Erregbarkeit des Benzins aus 3,2 Teilen Ölsäure und 2 Teilen Magnesiumcarbonat durch Erhitzen bis zur Beendigung der Kohlensäureentwicklung. Zusatz zum Benzin 0,1 %. D.R.P. 83048. Vgl. M. RICHTER, Z. angew. Chem. 1893, S. 218.

Flüssige in Benzin u. a. organischen Lösungsmitteln lösliche Seife durch Verrühren und Homogenisieren von 100 Mais- oder Leinöl, 62 Brennspiritus und 37 Kalilauge (50proz.); die selbsterhitzte Masse bleibt 24 Stunden stehen; gibt auch mit Wasser eine beständige Emulsion. Am. Pat. 895477.

Flüssige Seife durch Verrühren von 566 Teilen Olein mit 68 Teilen Salmiakgeist (0,91) oder 47 Olein, 20 Ammoniak (25proz.), 9 Brennsprit und 24 Wasser in der Siedehitze, bis sich eine Probe in Benzin löst. Auch als Waschseife für Teppiche, Möbel, Gewebe usw. brauchbar. Am. Pat. 954486. Vgl. Seifensieder-Zg. 1911, S. 483.

Pelztrockenwasch- und -färbebadseife aus einer Olein- (13) Ätzkali- (1) Sprit- (6) Seife, pro Liter mit dem Gemisch von 5 g Sprit, 10 g Olein und 5 g hochproz. Wasserstoffsuperoxyd emulgiert. D.R.P. 266515.

Saure Alkalioleatseife aus 2 Mol. Ölsäure und 1 Mol. Alkali; löst sich in siedendem Benzin, scheidet sich beim Erkalten gallertig ab (Saponoleine). Ebenso saure Seifen aus Marseiller Seife durch Kochen mit der berechneten Salzsäuremenge und Aussalzen, oder durch Erhitzen von Marseiller Seife mit Olein bis zur Bildung einer klaren Lösung. D.R.P. 92017.

Saure emulgierbare wasserlösliche Seife durch Sulfonierung einer Lösung von Stearinsäure (Stearin) in Benzol u. dgl. nach Franz. Pat. 628002. — S. auch S. 167.

### Terpentinöl- (Salmiak-) und Harzölseifen.

Textilseife durch Homogenisieren einer gewöhnlichen Seife mit Ätznatron, Pottasche oder Ammoniak nebst dem Gemisch von Terpentinöl und citronensaurem Ammon bei 45°. Für Wolle, auch als Fleckputzmittel und Toilettenseifezusatz. D.R.P. 58005. Mit Borax, Ammoniak und Terpentinöl: Franz. Pat. 141664.

Fleckseife aus Wasserglas-Harzkernseifenleim durch Einkrücken von Terpentinöl nach DEITES Handbuch.

Salmiakterpentinschmierseifen aus Cottonöl mit Talgzusatz, z. B. nach Seifensieder-Zg. 1907, S. 1031; 1912, S. 792; 1921, S. 499 u. v. a.

Ozoninbleichseife ist eine nach 48stündigem Stehen dünnflüssig werdende Gallerte aus Kolophonium-Terpentinöl-Lösung und alkalischwäßrigem Wasserstoffsuperoxyd. Pharm. Post 1911, S. 599.

Fleckputzseife aus der kalt bereiteten Mischung von Ölsäure, Kalilauge, Brennsprit und Terpentinöl; ebenso mit Benzin oder Tetra.
D.R.P. 255157.

Tropenbeständige, transparente Seife durch Zusammenpressen eines
Seifenpulver-Terpentinöl- (Petroleum-) Gemisches unter hohem Druck,
bis die Masse homogen zusammenschmilzt. D.R.P. 335725.

Desinfizierende Borneolseife aus mit Säure behandeltem Terpentinöl
und alkalischer Seife nach besonderer Arbeitsweise der zufolge die entstandenen Bornyl- und Fenchylester wieder verseift werden. D.R.P.
254129.

Benzin-Terpentinölseife durch Einrücken der Kohlenwasserstoffe
zugleich mit dem zur Kaltverseifung nötigen Alkali in das geschmolzene
Fett. D.R.P. 254469.

Pastose Seife durch Verkochen und Kaltrühren von 15 Wasser,
0,7 Pottasche, 4,8 gespantem Japanwachs und 12—15 Terpentinöl; die
Emulsion kann nur mit heißem Wasser verdünnt werden. Oder aus
Seife, Terpentinöl und Pflanzen-(Sichel-)Leim (alkalische Stärke). Farbe
u. Lack 1912, S. 393.

Harzölseife durch Einleiten von Druckluft oder Ozon in das kochende
Gemisch von Harzöl mit überschüssiger Natronlauge. D.R.P. 148168.

*Spiritusseifen.*

Sapal aus 11 wasserfreier Cocosnatronseife, 79 Brennspiritus und
10 Wasser evtl. mit Kresol und Füllmitteln (Sand, Marmorstaub).
Techn. Rundsch. 1905, S. 383.

Seifenspiritus durch Verseifen von 4,5 Olivenöl und 3,75 Sprit mit
1,6 Kalilauge (47°) bei 85°, Lösen der Seife in 20 Spiritus nebst 16 Wasser
und Filtration. E. RICHTER, Apoth.-Zg. 1910, S. 730; ferner ebenda
1909, S. 230 und 747, 1910, S. 210.

Auxolin ist die Lösung von 3 Ricinusöl und 0,75 Kaliseife in 60proz.
(parfümiertem) Alkohol. Apoth.-Zg. Bd. 28, S. 330ff.

Pastose bis feste hochschmelzende Spritseifen durch Lösen von
25—35% Seife in warmem Alkohol und Kaltrühren bis zur Salbenform,
bzw. von 11 wasserfreier Cocosnatronseife mit 80 Alkohol (96proz.)
und 9 Wasser. D.R.P. 134406 und 149793.

Benzylalkoholseife evtl. im Gemisch mit Benzin oder Solventnaphtha,
mit den Kaliseifen, z. B. von Tallölfettsäure oder Ölsäure; geeignet als
Lösungs- und Emulgiermittel für in Wasser unlösliche Stoffe. Franz.
Pat. 629852.

Auch Propyl- und Isopropylalkohol werden in neuester Zeit dem
Seifenleim als organische Lösungsmittel einverleibt oder z. B. in der
Menge von 2—3% dem Fettstoff- oder Fettsäure-Alkalisude evtl. neben
der 100—400fachen Benzolmenge zugesetzt. Österr. P. 109404/1925.

S. a. Hartbrennstoffe S. 366 und Desinfektionsseifen S. 193ff.

## Seifenemulsionen mit Fettstoffen und Fettsäuren.

Außer den überfetteten (siehe S. 147) Seifen gehören zu den Fett-
seifeemulsionen die meisten sog. Textilöle, denen sich die sauren und

normalen Textilseifen (Walköle bzw. Walkseifen) anschließen — zwei durchaus verschiedene Kategorien von Hilfsstoffen, die für alle Stadien der Faserverarbeitung unentbehrlich sind.

Jedes Textilöl ist ein Fettstoff, in dem Seife emulgiert ist, wodurch er selbst einerseits mit wäßrigen und seifehaltigen Flüssigkeiten und andererseits mit organischen Lösungsmitteln emulgierbar wird. Diese Schmälz-, Spick-, Spinnöle u. dgl. sind Schmiermittel, die das Gleiten des Fasermateriales durch die Kardenmaschine und das Haften des weich erhaltenen Fadens auf den Spindeln bewirken sollen; es müssen daher, da Seifenlösungen kein Einfettungsvermögen besitzen, mindestens zwei Dritteile der Textilölmasse in unverseifter Form vorliegen; der ganze Hilfsstoff muß aber ferner, was nicht minder wichtig ist, wenn er seinen Dienst getan hat, aus der Ware in der gewöhnlichen (Textil-) Seifenwäsche, ohne irgendeinen fettigen Rückstand zu hinterlassen, wieder entfernbar sein. Wenn demnach einem Textilöl aus anderen Gründen, z. B. zur Vermeidung der Selbstentzündlichkeit von mit Sauerstoff übertragenden Ölen geschmälzter Wolle, die an sich unverseifbaren Mineralöle oder Wollfettoleine[1] beigegeben werden, die ebenfalls oft bis zu 50% unverseifbarer Bestandteile enthalten, so dürfen diese Zusätze in dem Textilöl nur in wasserlöslicher oder mit ihm und Seifenlauge emulgierbarer Form vorliegen, d. h. sie müssen ebenfalls ohne Zuhilfenahme von Alkali aus dem Fasergut auswaschbar sein. Da aber dennoch zuweilen die Gefahr der Mineralölfleckenbildung bestehen bleibt, wodurch in einem folgenden Arbeitsvorgang, z. B. beim Bleichen und Färben des Gewebes, sehr unangenehme Störungen auftreten können, wurde mit Erfolg vorgeschlagen, dem Textilöl etwa 0,1% ölsaures Methylviolett oder einen anderen licht- und waschunechten Teerfarbstoff an Ölsäure gebunden zuzusetzen, der evtl. doch entstandene Mineralölflecken anfärbt und kenntlich macht, so daß man sie vor der Weiterbehandlung des Stückes durch Seifen entfernen kann[2].

In dieser Hinsicht der völlig rückstandfreien Entfernbarkeit der Textilöle aus den Geweben müssen die Präparate auch sonst entsprechen. Man verlangt demnach und prüft nach exakt ausgearbeiteten Methoden[3]: Hohen Fettgehalt, gute Emulgierfähigkeit und Verseifbarkeit des Fettstoffes, keine Neigung zur Oxydation (die zur Selbstentzündung der Wolle führen kann) und keine Neigung zur Verharzung, die das Klebrigwerden der Stoffe begünstigt, Neutralität, jedenfalls Abwesenheit von freier Säure und trocknenden[4] ferner von Ölen, die, wie das Olivenöl, reichlich ungesättigte Säure enthalten, wodurch die Möglichkeit fleckenbildender Schwermetallsalze mit den Apparatbestandteilen gegeben wäre[5]; schließlich prüft man auch auf besondere physikalische Eigenschaften des Textilöles, wie niedrigen Erstarrungspunkt, eine bestimmte Viscosität usw. Die Grund-

<hr>

[1] Z. Öl- u. Fettind. 1920, 662.      [2] D.R.P. 248522.

[3] HARTIG, R., Z. ges. Textilind. 23, 104 u. 112; E. WELWART, Z. ges. Textilind. 1921, 435 ff.

[4] WELWART, Seifensieder-Ztg 1907, 185.

[5] Ref. in Z. angew. Chem. 29, 463.

lage der **Bewertung** aller derartigen Erzeugnisse bildet demnach ihr Gehalt an verseifbarem, leicht entfernbarem Fettstoff, die Grundlage der **Arbeit** mit Textilölen, die Verwendung möglichst reinen Wassers, da Kalk, Eisen, Tonerde durch Bildung unlöslicher Seifen mit dem Fettstoff ebenfalls Anlaß zur Fleckenbildung geben.

Unter Beachtung dieser Darlegungen ist die Herstellung der Textilölemulsionen einfach. Man erzeugt sie meist in den Textilfabriken selbst, und zwar 1. als **Schmälz-** (Woll-, Spick-, Ring-, Spinn-) Öle, die der Wolle die für den Krempel- und Spinnprozeß nötige Geschmeidigkeit verleihen sollen, und 2. als **sulfonierte** Öle, das sind die Türkischrotölpräparate, vorzugsweise für Baumwollbehandlung[1].

Als Fettrohstoffe dienen, unter Berücksichtigung des oben über die Möglichkeit der Bildung von fleckenbildenden Schwermetallseifen gesagtem, das billige Talg- oder das Speckolein und die teuren aus Pflanzenfetten gewonnenen blonden Oleine (Oliven-, Rüb-, Kolza-, Baumwollsamen-, Sesamöl) mit einem Erstarrungspunkt von weniger als $10°$; ferner wurden auch auf kompliziertem Wege durch Lösungsmittelextraktion aus Wollfett gewonnene Fettstoffe[2] und das sog. Blacköl empfohlen, das man aus den Walkereiabwässern durch Ansäuern und Ausschmelzen des in einen Jutesack gefüllten Fettschlammes mit Dampf erhält. Soweit den Textilölen Seife in natura zugesetzt wird, verwendet man so gut wie ausschließlich die Kaltverseifungsprodukte des Cocosöles; als Verdickungsmittel dienen Carragheen oder andere Pflanzenschleime; zur besseren Emulgierung des Öles mit der vorzugsweise aus ihm in der Masse erzeugten Seife wurde der Zusatz von Stearinsäureamiden und -aniliden[3] (s. S. 113) vorgeschlagen, die auch selbst mit dem halben Gewicht Natronseife und geringem Mineralölzusatz in Wasser verkocht haltbare pastose Wollschmälzemulsionen darstellen sollen[4]. Diese „Duron"schmälzen (s. S. 113) dürften sich jedoch, nicht nur weil sie zu teuer sind, sondern vor allem deshalb nicht eingeführt haben, weil sie durch Ölsäure zersetzt werden und sich deshalb nur mit Neutralfetten verarbeiten lassen. Andere Zusätze zu den Textilölen, wie Glycerin[5] und Türkischrotöl, sollen ihre Auswaschbarkeit aus den Geweben weiter erhöhen.

Zur Herstellung eines Textilöles verfährt man etwa in der Weise, daß man in einen sodaalkalisch (12) wäßrigen (1000) Carragheenabsud (12) nach Zusatz von 8 Salmiakgeist (0,91) und 2,5 Natronlauge ($38°$) bei etwa $50°$ unter starkem Rühren 100 kg Olein (s. oben) in dünnem Strahle zufließen läßt und die klumpenfreie halbwarme Emulsion durch ein Filtertuch gießt. Nach anderen Angaben[6] löst man in $50—60°$

---

[1] Über Schmälz- u. sulfonierte Textilöle s. W. MÜNDER: Seifensieder-Ztg 54, 193 u. 211.      [2] D.R.P. 110634.

[3] Ein billiges Herstellungsverfahren des Stearinsäureanilids durch Einblasen von Anilindämpfen in $230°$ heiße Stearinsäure, sowie die Verwendung des Produktes als die Heißzähigkeit von Zylinderölen erhöhender Zusatz ist in Am. Pat. 1659149 beschrieben.      [4] KAPF, F. S.: Leipz. Text.-Ztg 1907, 56.

[5] THURM, C.: Dt. Färber-Ztg 1900, 8.

[6] FUCHS, F. u. F. SCHIFF: Chem. Rev. 1896, 31; ferner Seifensieder-Ztg 1912, 1009ff.

warmem Olein 3—4% seines Gewichtes Cocosnußölseife, fügt, ebenfalls auf das Oleingewicht bezogen, 15% wäßrige Ammoniak und 15% Olivenöl hinzu, homogenisiert die Masse und verdünnt sie gleichzeitig, bis eine Probe mit Wasser in jedem Verhältnis eine beständige Emulsion liefert.

Völlig andere Erzeugnisse sind die Textilseifen[1]. Sie dienen: 1. zum Waschen und Entschweißen (Entfetten) der rohen Wolle, 2. zur Beseitigung der Textilöle aus dem Garn oder Stück vor seiner Weiterbehandlung (Bleichen, Färben), und 3. als Walkmittel. In der Seidenindustrie werden sie den Entbastungsbädern der rohen, und den Färbebädern der gesponnenen und gewebten Seide zugesetzt, und bei der Baumwollverarbeitung braucht man die Textilseifen bei allen Manipulationen die zur Veredelung der Faser führen. Schließlich sind sie auch die Grundstoffe und Träger für Fleckseifen, denen man, je nach ihrem Verwendungszweck, Ochsengalle, Terpentinöl und Salmiak, andere Kohlenwasserstoffe, wie Benzin, Hexalin usw., einverleibt.

Bei der Auswahl der Rohstoffe für Herstellung der Textilseifen ist zu berücksichtigen, daß unter den Fettsäuren der Stearinsäure die walkende und filzende, der Ölsäure die waschende und reinigende Wirkung zukommt. Es wäre daher einfach, die Seifen nach ihrem Verwendungszweck aus den passenden Gemengen dieser Bestandteile zu erzeugen, wenn die Talgseifen nicht den Nachteil hätten, aus der gewalkten Ware mit hartem Wasser nur schwer auswaschbar zu sein, so daß die Filze nachträglich doch mit einer Oleinseife nachbehandelt werden müßten, da erfahrungsgemäß nur die Ölsäure, nicht die Stearinsäure, die Eignung besitzt, Kalk- und Eisenseifen zu lösen[2]. Wenn demnach keine allzu starke Walke erforderlich ist, setzt man der Talg- einen angemessenen Teil Oleinseife zu, die ihrerseits überwiegen soll, wenn man Kammgarnstoffe behandelt. Als Ersatzstoffe für die Oleine der Pflanzenöle können für gewöhnliche Textilfabrikate auch Tran-, Wollfett- oder Soapstock-Fettsäuren dienen[3], die man zur Erzielung leicht löslicher, neutraler und dicht schäumender Produkte zweckmäßig vorerst mit Pottasche verseift, worauf erst die Ätzlauge zugegeben wird[4]. Füllen soll man die Textilseifen nicht, namentlich muß jeder Harzzusatz vermieden werden, da die Produkte sonst klebrig werden und Anlaß zur Fleckenbildung auf der Ware geben können. Sie sollen ferner neutral oder alkalisch, auch geruchlos sein, mindestens 62% Fettsäure und höchstens 0,5% Unverseifbares enthalten[5] und ein günstiges Schlichteverhältnis zeigen, d. h. in der 8—10fachen Menge Wasser gelöst und erkaltet eine gallertige oder halbfeste Schlichte geben[6].

---

[1] ERBAN, F.: Chem.-Ztg 1911, 701 u. 713; A. KRAMER: Monatsschr. Textilind. 28, 20.

[2] CLOGHER, R. A.: Seifensieder-Ztg 37, 855.

[3] Seifensieder-Ztg 38, 141 u. 162.

[4] Seifensieder-Ztg 1908, 911.　　　　　[5] Z. angew. Chem. 1905, 1985.

[6] Vgl. Seifensieder-Ztg 54, 408: Die in der Textilindustrie vorwiegend verbrauchte Kaliseife soll ohne Füllung aus Talg, Palmöl und Hartfett allein gesotten sein.

Im einzelnen ist über die Herstellung der Textilseifen im Rahmen der Emulsionstechnik nichts weiter zu sagen, da sie im normalen Sud, wie alle Kern- und Schmierseifen, erzeugt werden. Erwähnenswert sind neuartige Textilmetallseifen, die als blaßgelbe sirupöse, bei $30-45°$ dünnflüssige Öle, in Gegenwart freier Säuren dicke Emulsionen geben. Sie werden durch Lösen von ölsaurem Chrom oder Aluminium in freiem Sulfolein und freier Sulforicinolsäure für Zwecke der Farblackbildung auf der Faser erzeugt[1]. Auch andere saure Seifen werden für solche Zwecke hergestellt, so die unter den benzinlöslichen Präparaten S. 163 genannten sauren Alkalioleate (,,Saponoleine"[2]), die als Gallerten mit kleinen Wassermengen geschüttelt bei schließlich, auf das Oleatgewicht bezogen, 12% Wasser völlig klare, weiteres Wasser abstoßende Lösungen geben[3].

Sehr bemerkenswerte Beobachtungen über solche saure Seifen wurden von K. SPIRO veröffentlicht[4]. Auf Grund der Tatsache, daß auch sauer gewordene Milch als Emulsion beständig bleibt (s. S. 231), weil das Casein gleich anderen Eiweißstoffen als Säure aufnehmender ,,Puffer" oder ,,Moderator" wirkt, versuchte SPIRO mit Erfolg auch die Herstellung technischer saurer Seifen mit Eiweißstoffen als Minderer der $p_H$-Konzentration. So wurde z. B. festgestellt, daß eine Ölsäureseife, der man durch Zusatz von saurem Phosphat einen Säuregrad $p_H = 5,6$ erteilte, bei Gegenwart von Casein nicht ausgefällt wird. Dies gilt jedoch nur für die Seifen der Ölsäure, die an sich mit wäßriger verdünnter Säure emulgierbar ist und in Form dieser Emulsion Fettstoffe und Fett- (Öl-) Säureseifen in den Verband aufzunehmen vermag.

Die Existenz solcher saurer Emulsionen wurde in neuerer Zeit einwandfrei nachgewiesen[5]. Sie entstehen stets, wenn man ein natürliches Öl nach Beseitigung der neutralen Anteile mit Natronlauge neutralisiert (wobei man die Bildung eines Gemisches von Neutralöl und Seife erwarten müßte), als Emulsionen von fettsäurehaltigem Öl mit mehr oder weniger weit hydratisierter Seife, also als Produkte der gleichen Art, wie sie in den Saponoleinen vorliegen. Daß den sauren Seifen in jeder Seifenlösung hinsichtlich deren Eigenschaften und des ganzen Verhaltens die größte Bedeutung zukommt, namentlich was die durch sie bewirkte weitgehende Herabminderung der Oberflächenspannung betrifft, zeigen auch die Untersuchungsergebnisse von P. EKWALL[6] über die Oberflächenaktivität der Natriumsalze hochmolekularer Fettsäuren. Als sog. saure Seifen kommen in neuester Zeit Fettsäurediaminverbindungen von Art des Diäthylaminoäthyloleylamins (als 10proz. wäßrige Lösung) unter dem Namen ,,Sapamin" in den Handel[7]. Es sind, je nach der gewählten Fettsäure, flüssige bis pastose, wasserfrei im hohen Vakuum unzersetzt destillierbare Massen, die in wäßriger Lösung nicht hydrolysiert sind, durch Alkali ausgefällt werden und sich durch

---

[1] D.R.P. 339009.
[2] Sie zählen nach H. POMERANZ: Z. ges. Textilind. 19, 320, zu den besten Emulgatoren für Vaselin, Paraffin u. a. wasserabstoßende Stoffe, s. S. 332.
[3] D.R.P. 92017.     [4] Festschr. f. Madelung, Tübingen 1916, 64.
[5] VIZERN u. GUILLOT: Ref. in Chem. Zentralblatt 1927, II, 2412.
[6] Ref. in Chem. Zentralblatt 1928, I, 1156.
[7] HARTMANN, M. u. H. KÄGI: Z. angew. Chem. 41, 127.

außerordentliche Schaum-, Reinigungs- und Emulgierkraft auszeichnen. Diese allerdings noch zu teuren, mit den S. 113 genannten Stearinsäureaniliden vergleichbaren neuen Produkte sind auch sehr gute Netzer (s. S. 314, Fußnote 1) und überdies als Salbengrundlage anwendbar, da sie wasseraufnahmefähig sind und sich durch bloßes Waschen von der Haut leicht wieder entfernen lassen.

Gegenüber solchen sauren sind die **Walkseifen** vorwiegend einfache neutrale oder alkalische Schmierseifen, die man meist in der Textilfabrik, z. B. durch Emulgieren und folgendes Verseifen von Olein (5), Soda (4) und Ammoniak (1,5) in 50—100 l Wasser, oder auf kaltem Wege z. B. in der Weise herstellt, daß man ein homogenisiertes Gemisch von Olivenöl und Natronlauge bis zu der unter Selbsterwärmung nach 1—2 Tagen beendigten Verseifung sich überläßt. In neuerer Zeit wurde auch eine alkalische Saponinlösung für sich oder im Gemisch mit Seife als Walkmittel empfohlen[1], das sicherlich den üblichen Walkseifen gegenüber keinen Vorteil bietet, jedoch wesentlich teurer ist.

## Wachsemulsionen.

**Emulgierte Wachspräparate** werden vor allem von der Industrie der Schuhcreme-, Holzpolitur-, Schallplatten- und Bohnermassenfabrikate, auch wohl von den kosmetischen und pharmazeutischen Präparaten gebraucht; Carnauba- oder Bienenwachs sind z. B. ausgezeichnete Vermittler bei der Herstellung pharmazeutischer Emulsionen, etwa von Paraffinöl mit wäßrigem Feigensaft[2]. Vorwiegend gelangen, dem größeren Angebot entsprechend, mineralische und Pflanzenwachse (auch Wollwachs) zur Anwendung, Insekten- (Bienen-) Wachs bildet vorzugsweise das teuere, örtlich vom Ritus als Rohstoff vorgeschriebene Material für Kerzen.

Vom Standpunkte der Emulsionstechnik spielen die grundlegenden Unterschiede der chemischen Beschaffenheit zwischen Fettstoffen und Wachsarten eine bedeutende Rolle: Wachse sind Ester von Fettsäuren, wie sie zum Teil auch in den echten Fettstoffen vorliegen, mit einwertigen hochmolekularen Alkoholen, die auch in den tierischen und pflanzlichen Fetten als **Cholesterin** bzw. **Phytosterin** zu 0,1—1% vorkommen. Wachse enthalten demnach kein Glycerin, werden nicht ranzig, sind überhaupt schwerer zersetzlich als Fette und Öle und schwieriger als diese verseifbar. Diese Unterschiede prägen sich am besten im Vergleich der (Durchschnitts-) Kennzahlen dieser Naturprodukte aus:

| | Sp. Gw. | Schm.-P.<br>% | J. Z.<br>% | Vers.-Z.<br>% | Säure-Z.<br>% | Un-<br>verseifbar<br>% |
|---|---|---|---|---|---|---|
| Bienenwachs | 0,964 | 64 | 10 | 83 | 20 | 53 |
| Carnaubawachs | 0,994 | 85 | 12 | 78 | 8 | 53 |
| Wollfett | 0,953 | 38 | 23 | 102 | 15 | 45 |
| Wollwachs | 0,912 | 52 | 46 | 140 | 20 | 37 |
| Montanwachs | 0,976 | 76 | 12 | 95 | 93 | 29 |
| Rindertalg | 0,948 | 45 | 40 | 198 | — | 0,17 |

---

[1] D.R.P. 314167.        [2] D.R.P. 411601.

Technische Bedeutung besitzen nur diese Wachsarten, zu denen vielleicht noch das chinesische Insekten-, das Candellilawachs und örtlich Walrat zu zählen wären; Hummel-, Baumwoll-, Torf-, Stroh-, namentlich das Schellackwachs würden sich für die Herstellung von Emulsionen zum Teil hervorragend eignen, wenn man sie in größeren Mengen erhalten könnte.

Im vorliegenden Abschnitte soll nur im allgemeinen von der Entstehung der Wachsemulsionen bei der Gewinnung und von ihrer Herstellung durch Verarbeitung der Naturprodukte gesprochen werden, die Beschreibung der einzelnen Präparate wird fallweise bei den einzelnen Industrien gebracht werden.

Alle Wachsarten sind in organischen Lösungsmitteln, auch in Fetten und Ölen, löslich und in diesen Lösungen, bis auf den unverseifbaren Teil, mit Alkali- auch mit Seifenlaugen leicht verseifbar, während man in nur wäßriger Umgebung nicht so einfach wie bei den Fettstoffen zum Ziele gelangt und dann bei andauerndem Kochen mit Alkalilauge schädliche Umsetzungen zu gewärtigen hat. Die Beständigkeit der Wachsarten äußert sich z. B. bei der Gewinnung des Schellackwachses aus dem Stocklack. Man kann diesem Rohstoff mit Alkohol, in dem das Schellackharz unlöslich ist, das Wachs (5%) entziehen, oder man kocht das Naturprodukt mit Sodalösung aus, wobei Harzseife entsteht, von der nach dem Erkalten das völlig unveränderte Wachs abgehoben werden kann. Es wird nur von Kalilauge zum Teil angegriffen, und erst beim Kochen des Stocklackes mit Sodalösung, der man, auf sein Gewicht bezogen, 30% konzentrierte Ätznatronlauge beigibt, erhält man ein Summeverseifungsprodukt, den sog. flüssigen Schellack. Walrat wird sogar durch Kochen des Naturproduktes mit verdünnter Alkalilauge gereinigt, und nur auf diesem Wege als weiße, perlmuttglänzende halbdurchsichtige Masse gewonnen. Eigenartig verhält sich auch das Candellilawachs beim Versuch, es zu verseifen und so in Emulsionen einzuführen, insofern, als aus der auf dem Kochwege mittels starker Alkalilauge gewonnenen Seife beim Erkalten Wasser aufrahmt, wenn man nicht gleichzeitig Harz oder Japanwachs (ein echtes Fett) mitverseift, also mit der Seifeherstellung die Erzeugung einer Emulsion mit Harz- bzw. Fettsäureseife verbindet[1]. Ebenso verfährt man bei der Verseifung des Schellackwachses zur Herstellung z. B. von Schuhcreme-Emulsionspräparaten[2]. Wie bei der Zerlegung des Stocklackes in Harz und Wachssubstanz, ist die Beständigkeit der Wachse gegen chemischen Angriff auch beim Bleichen des Carnaubawachses von Vorteil, da der im Bleichvorgang zu entfernende färbende Stoff Harzcharakter besitzt, daher leicht verseifbar ist, und aus dem Gesamtverseifungsprodukt des Wachses durch Kochen mit verdünnter Säure als unlöslich gewordener Harzbodensatz abgeschieden werden kann.

Alle technischen Wachsemulsionen werden daher auf Grund dieser Verhältnisse stets unter gleichzeitiger Mitverseifung verseifbarer Körper

---

[1] LJUBOWSKI, ST.: Seifensieder-Ztg 39, 578 u. 617. — NIEDERSTADT: Chem. Ztg 35, 1190.

[2] Farbe u. Lack 1912, 310. — ST. LJUBOWSKI: Seifensieder-Ztg 40, 127.

oder unter Zusatz von Seifen hergestellt, deren Wahl sich nach dem Verwendungszweck der Emulsion richtet. Man setzt z. B. 20—25% wasserlöslich gemachtes Mineral- oder Harzöl[1], Stearinsäureanilid[2], 20% in Stücke geschnittene Kernseife[3], Glycerin und Seife (gibt das weiche Glycerinwachs[4]), u. dgl. Stoffe zu; die Emulsion einer solchen Wachsseifenlösung mit flüssigem Lederleim unter evtl. Zusatz von Wasserglas mit Zinkweiß oder Talkum als Trübungsmittel[5] bildet z. B. einen Flaschenlack. Oder man arbeitet in organischen Lösungsmitteln, also mit gelöstem Wachs, was für viele Zwecke, so bei Herstellung der Politurwachs-, Schuhcreme- und mancher Bohnermassenpräparate, die ohnedies solche Lösungsmittel enthalten, von Vorteil sein kann. So vermag man mittels alkoholischer Kalilauge, auch in Terpentinöl oder anderen flüssigen und flüchtigen Kohlenwasserstoffgemischen, Wachsseifen herzustellen, die sich mit Wasser relativ klar emulgieren lassen; wirklich lösen kann man chemisch unverändertes Wachs in Wasser nicht.

Dagegen gelingt es unter Festhaltung besonderer Arbeitsbedingungen eine kolloide Wachslösung zu erzeugen, deren Sol resolubel ist, daher nach dem Eindampfen zur Trockne wieder in Lösung übergeführt werden kann. Man versprüht zur Herstellung jener Kolloidlösung nach den Angaben der Patentschrift[6] eine nahezu gesättigte alkoholische Wachslösung in mit einem Schutzkolloid, z. B. Gummiarabicum, versetztes siedendes Wasser, das stetig im Sieden erhalten bleiben muß, und sorgt dann durch Weiterkochen für restlose Abdampfung des Alkohols, da seine auch nur spurenweise Anwesenheit in der fertigen Lösung ihren kolloiden Zustand zerstören würde. Von diesem eigentümlichen Verfahren abgesehen, über dessen Nachprüfung in der Literatur keine Angaben gefunden wurden, gibt nur chemisch veränderte und dann fettstoffähnlichere, leichter verseifbare Wachssubstanz in Wasser klar lösliche Seifen und Emulsionen, die man allein oder in Mischung, verschiedenen technischen Erzeugnissen, namentlich kosmetischen Präparaten, zusetzt. So z. B. das sog. Weichwachs[7], das man durch andauerndes Einleiten von Luft oder Sauerstoff in geschmolzenes, gebleichtes Wachs erhält. Die aus unveränderter Wachssubstanz auf normalem Wege gewonnene Seife ist jedenfalls, auch als Emulsion, stets zugleich eine Suspension des unverseifbaren Wachsanteiles in ihr, was bei der Herstellung namentlich der kosmetischen Wachsemulsionen, -pasten und -cremes wohl zu beachten ist. — Die Emulsionen der den Wachsarten sowie den Fettstoffen ähnlichen Lecithins (s. S. 47) sollen später im Abschnitte über Nährmittel (s. S. 242) abgehandelt werden.

---

[1] D.R.P. 148168; 163387; 167847; Mineralöle: 122451.
[2] D.R.P. 188712. — Siehe auch die Bereitung einer Carnaubawachsemulsion in Wasser mit Alkalistearat als Dispersionsmittel nach Am. Pat. 1637475.
[3] REINICKE, W.: Techn. Rundsch. 1909, 4.
[4] Farb.-Ztg 17, 2821 u. 18, 53.
[5] D.R.P. 378821.
[6] D.R.P. 224489.
[7] D.R.P. 85513.

## Anhang: Seifefreie Fettstoff- (Mineralöl-, Bitumen-) Emulsionen.

Hierher würden zunächst die seifenartigen Fettlösungs- und Reinigungsmittel zu zählen sein, die in pulverisierbar trockener oder in Form von Seifenstücken erhalten werden, wenn man Kohlenwasserstoffe (Terpentinöl, Dipenten) oder, wenn lediglich Scheuerpasten u. dgl. erzeugt werden sollen, Sand, Kaolin usw. mit den S. 60 genannten Emulgiermitteln von Art z. B. der Isopropyl-, Butyl-, Cyclohexylnaphthalinsulfosäure und ihren Salzen emulgierend verknetet[1]. Diese neuartigen Rohstoffe der Emulgiertechnik zeigen völlig das Wesen von Fettsäuren bzw. Fettsäureseifen, und die fertigen Präparate können wegen der eben genannten eigentümlichen fettsäureartigen Beschaffenheit der Grundsubstanz ohne weiteres den gefüllten Seifen (vgl. S. 146) zugezählt werden.

Seife im engeren und im weiteren Sinne (s. S. 36) ist wie aus allem vorstehend Gesagten hervorgeht, wohl der beste, sie ist jedoch nicht der einzige Vermittler zur innigen Ineinanderverteilung von miteinander nicht mischbaren Flüssigkeiten. Die Seife ist sogar, so könnte man sagen, ein notwendiges Übel, ein Fremdstoff, der einem sonst völlig indifferenten Gemisch, z. B. von destilliertem Wasser und chemisch reinem Vaselin, ausgeprägten „Charakter" verleiht, und das um so mehr, je verdünnter das ganze System ist, je mehr Teilchen des z. B. fettsauren Salzes demnach in ihre Bestandteile dissoziiert sind. In dem gleichen Sinne ist aber auch eine seifefreie Emulsion eines natürlichen Esterfettes niemals ein chemisch indifferentes System, da, abgesehen davon, daß jedes natürliche Fett oder Öl freie Fettsäure enthält, allenthalben durch bakterielle Tätigkeit oder chemische Einflüsse aus dem nichtfetten Anteil der Emulsion heraus Gelegenheit zur Spaltung in Fettsäure und Glycerin gegeben ist. Die bisher besprochenen Emulsionen waren jedenfalls sämtlich unter Mitwirkung des Wechselspieles chemischer Kräfte zustande gekommen, sie stellen sich als ein Pendelsystem von alkalischer über neutrale zu saurer Reaktion und umgekehrt dar. Das ist natürlich auch bei allen seife- und fettstofffreien Emulsionen bis zu einem gewissen Grade der Fall, da auch in der ideal indifferenten Emulsion: Vaselin-Gelatine-Wasser, der Kohlenwasserstoff und der Eiweißkörper bei Gegenwart von Wasser und dem Sauerstoff sogar keimfreier Luft allmählich chemische Kräfte aufzutreten beginnen, die „Reaktion" und damit Störung des physikalischen Gleichgewichtes herbeizuführen vermögen.

Unter der praktisch gewiß zulässigen Ausschaltung dieser Möglichkeit sind solche indifferente Emulsionen jedoch technisch von großer Bedeutung, nicht nur wegen ihres neutralen Wesens, sondern auch deshalb, weil sie für Zwecke der kosmetischen und Nahrungsmittelindustrie konzentriert, als Salben, Pasten oder Gelees, angefertigt werden können, was mit Verwendung von Seife als Emulsionsvermittler nicht möglich wäre, es sei denn, man würde Geruch, Geschmack und

---

[1] Engl. Pat. 279877 (1927).

Wirkung der dann doch ebenfalls konzentrierten Seife mit in Kauf nehmen.

Diese seifefreien Emulsionen müssen aber auch physikalisch anders aufgefaßt werden als Seifen, die Fettstoffe, und als Fettkörper, die Seife emulgiert enthalten, von Art einerseits der überfetteten Seifen und andererseits der Textilöle. Diese Emulsionen haben, wie man sinnfällig sagen könnte, „Leben", denn sie bleiben bestehen und äußern ihre Wirkung im Gebrauch durch den fluktuierenden Ausgleich der elektrischen Ladungen zwischen den mit Fettsäureionen umhüllten Neutralseifenkernen und den sie umschwärmenden Alkaliionen. Die seifefreien Emulsionen kann man hingegen vielmehr als leblose Systeme betrachten, die aus einem indifferenten Grundstoff verschiedenen Flüssigkeitsgrades bestehen, z. B. Vaselin und Paraffinöl, in den die Teilchen der mit ihm nicht mischbaren, ihn chemisch nicht beeinflussenden Flüssigkeit oder Salzlösung fein zerteilt, suspendiert eingebettet sind. Ein besonderes Beispiel einer solchen „leblosen" Emulsion liegt in dem zur Wanzenvertilgung[1] vorgeschlagenen Gemisch der ineinander nicht löslichen, miteinander chemisch nicht reagierenden Flüssigkeiten Petroleum und Essigsäureanhydrid vor, die zur besseren Verteilbarkeit und zur Vermeidung von Verdunstungsverlusten mit Vaselin in Salbenform gebracht werden. Das Kennzeichen solcher emulsionsartiger Gemenge, z. B. auch des Unguentum neutrale oder einer Vaselin- oder Neutralfett-Gelatinegallerte, ist ihre sofortige Entmischung bei Zufuhr von soviel Wärme als genügt, um das Vaselin zum Schmelzen zu bringen. Ähnlich (s. S. 28) kann man eine zur Herstellung von (allerdings wenig durchsichtigen) Filmen bestimmte Emulsion von Nitrocellulose-Amylacetat-Lösung mit Wasser auffassen, dem man als Schutzkolloid Gelatine zusetzt[2]. Zu einer echten Emulsion kann ein derartiges System werden, wenn man die Gelatine gegen eine Seife, z. B. Natriumoleat, ersetzt, dessen Dissoziationskomponenten mit den beiden anderen Bestandteilen in chemische Wechselwirkung zu treten vermögen.

Aus dem Gesagten ergibt sich als Nutzanwendung für die Herstellung der seifefreien Präparate, daß sie nur dann beständig sind, wenn man sie in einem viscosen Medium, z. B. Pflanzenschleim, oder als Salben, Pasten oder Gelatinen erzeugt, in denen die indifferenten Teilchen durch die zähe Beschaffenheit ihrer Umgebung verhindert werden, sich miteinander zu vereinigen und aufzurahmen, während die Stabilität der echten Emulsion durch das Gleichgewicht der Energien von Phasen und Emulgator erhalten bleibt. Es ergibt sich weiter, daß diese leblosen Systeme als eine Art Kitte oder Klebstoffe gegebenenfalls stabiler sein können als Seifenemulsionen, und daß man bei der Dosierung ihrer Bestandteile viel freiere Hand hat als bei der Bereitung von Emulsionen mit Seifen als Vermittler, welcher Vorteil natürlich in dem Maße zu schwinden beginnt, als die Präparate flüssiger gewünscht werden. Schließlich sind jene Salben, Pasten und Gelatinen wegen der chemischen Indifferenz ihrer Grundlagen gegenüber den Seifenemulsionen

---

[1] D.R.P. 416982.     [2] Engl. Pat. 233367 (1923).

besser befähigt, als Träger für physikalisch und chemisch empfindliche Stoffe von Art der Metallhydrosole oder leicht spaltbarer Ester, Heilmittel u. dgl. dienen zu können.

Einige seifefreie Emulsionen:

Farbe u. Lack 1912, S. 198 und 206: Olivenöl (besser noch mit 10% Ricinusöl gemischt) mit 30% seines Gewichtes Gummiarabicum in der 4fachen Wassermenge. Oder (weniger zäh): Je 10 Teile Gummiarabicum und Tragant, 100 Glycerin, 400 Öl, 300 Wasser.

D.R.P. 139441 und 152179: Holzteeröl, Zinkchloridlösung; Luft einleiten.

D.R.P. 169493: Caseinsalzlösung, Steinkohlenteer oder Mineralölrückstände; sehr beständig, wird durch hartes Wasser nicht entmischt.

D.R.P. 250275: Sulfitablauge und Teeröl; gegen Salzlösungen physikalisch beständig.

Z. angew. Chem. 1907, S. 2265: Erdöl, Wasser, Kupfervitriol (PICKERING).

Alle Casein-, Norgin-, Stärke-, Gelatine- usw. -Hautcremepräparate (s. S. 178). Z. B. Wachs, Stärke, Gelatine, Wasser (Apoth.-Zg. 1909, S. 877); Gelatine, Glycerin, Honig, Wasser (ebenda S. 327), Kaloderma.

Seifensieder-Zg. 1912, S. 248: 160 Weizenmehl, 800 Glycerin, 10 Borax, 80 Wasser bei $90-100°$.

Chem.-Zg. 1912, S. 105: Stärke oder Leimlösung, Glycerin, Zinkoxyd (einfachste Creme Simon).

Seifensieder-Zg. 1912, S. 692, 717: Unguentum solubile aus wäßriger Tragantlösung, Sprit und Glycerin.

Apoth.-Zg. 1917, S. 175: Vaselin, Sprit, wäßrige Saleplösung.

Die meisten dieser seifefreien Emulsionspräparate gehören bereits den Gebieten der kosmetischen, Desinfektions- und Schädlingsvertilgungsmittel an, von denen in den folgenden Abschnitten die Rede sein soll.

## Emulsionen in der kosmetischen (Riechstoff-, Heilmittel-) Industrie.

Die drei genannten Gebiete berühren und durchdringen einander, sie sind hinsichtlich der hier in Betracht kommenden Emulsionspräparate untrennbar miteinander verbunden.

Die meist mit Wohlgerüchen versehenen kosmetischen Mittel und die selten parfümierten Träger für heilend wirkende Stoffe sind echte oder kolloide Lösungen oder Suspensionen oder Emulsionen[1] von Wasser, Alkohol, Ölen, Fetten, Wachs usw. mit oder ohne Seifenzusatz und indifferenten Stoffen. Die hier allein in Betracht kommenden Emulsionen und (im oben beschriebenen Sinne) Suspensionen für kosmetische Zwecke sollen entweder allein als die Körperhaut oder das Haar fettende oder trocknende, sonst indifferente Mittel wirken, oder sie erhalten Zusätze, wie Borax, Glycerin, anorganische und organische Stoffe,

---

[1] Siehe z. B. die Arbeit von J. AUGUSTIN über kosmetische Emulsionen und Suspensionen in Dt. Parf.-Zg. 1927, 299.

denen man spezifische Einflußnahme auf Haut und Schleimhäute, Zähne, Haar oder Nägel zuschreibt, und sind dann den Heilmitteln beizuordnen. Bis zu welchem Grade ist hier nicht von Belang, da lediglich die Träger in Betracht kommen.

Das erste und wichtigste Schönheitsmittel ist die Seife, die um so milder sein muß, je dünner und fettärmer die Oberhautschicht ist, und die um so reicher an chemisch wirkenden Stoffen sein kann, je mehr verhornte Zellen und je mehr Talgdrüsen sie führt. Die kosmetische Wirkung der Seifen ist jene der Fettsäuren, die um so milder wirken, je höhermolekular sie sind. Allerdings schäumen Stearin- und Palmitinseifen auch weniger als jene aus den hautreizenden niederen und ungesättigten Säuren, deshalb kompensiert man und läßt bei Herstellung der Haarwaschseifen die schaumgebenden, in Rasierseifen die milderen Fettsäuren vorwiegen. Wenn es auf leichte Löslichkeit ankommt, bevorzugt man Kaliseifen, z. B. für Zahnpasten, die aus nicht leicht ranzig werdenden, sehr reinen Fettstoffen (Talg, Olivenöl) unter Zusatz von Alkohol, Sapalbin oder anderen, die Hydrolyse der Seifen zurückdrängenden Mitteln bereitet werden[1]. Unter den Körperwaschseifen sind darum auch alle Erzeugnisse dieser Industrie vertreten, von den Kinder- und überfetteten Seifen an bis zu den Bimsstein- und Schwefelseifen für die Hände der Metall- bzw. Bleiarbeiter. Die Waschwirkung der Erzeugnisse nimmt nach Versuchen von A. SCHUKOFF und P. SCHESTAKOFF[2] in der Reihenfolge: Talg-, Pflanzenöl- und Olein-, Cocosöl-, Palmkernöl- bis zu den Harzseifen ab, und zwar erzielt man den besten Wascheffekt mit einer, auf Reinseife berechnet, 0,2—0,4 proz. Seifenlauge; bei niederen wie auch bei höheren Konzentrationen sinkt er. Die Benetzungsfähigkeit der Seifenlösung, ihr Eindringen in die Räume zwischen Haut und Schmutzteilchen und ihre mechanische, dieselben abstoßende Kraft, auch wohl die Verwandtschaft zwischen Seife und dem fettigen, alkalischen oder sauren Schmutz, ist um so größer, je weniger weit die Seife in ihrer Lösung hydrolytisch gespalten ist (s. S. 38), und um so größer ist auch ihre Fähigkeit, Ölteilchen an sich zu reißen und sie zu emulgieren, sie aufzulösen[3], ähnlich wie Blutserum und Leukocyten es mit den meist lipoidischen pathogenen Keimen tun, die in die Blutbahn gelangt sind. Bemerkenswert ist die Auffassung, derzufolge die bei der hydrolytischen Spaltung der Seife gebildeten sauren Seifen (s. S. 167) es sein sollen, die sich mit dem Schmutz vereinigen und mit seinen Teilchen beladen im Waschwasser abschwimmen.

Nach ausgedehnten Untersuchungen, die STIEPEL[4] angestellt hat, stehen Wasch-, Reinigungs- und Emulgierungsvermögen der Seifen zu ihrer Schaumkraft im geraden Proportionalitätsverhältnis, so daß die empirisch feststellbaren Schaumzahlen ein Maß für den Waschwert der Seifen bilden. Dabei wurden besonders die für die kosmetische

---

[1] Vgl. J. AUGUSTIN: Dt. Parf.-Ztg 13, 186.  [2] Chem.-Ztg 35, 1027.
[3] Nach S. U. PICKERING vermögen Seifen, feinzerteilt, wie sie im Waschvorgang vorliegen, sogar Paraffinöle zu lösen. — Vgl. A. REYCHLER: Z. angew. Chem. 27, 277.
[4] Seifensieder-Ztg 42, 1 ff.

Körperpflege wichtigen Beziehungen zwischen Seife und Waschwasser verschiedener Härtegrade aufgeklärt und mit Hilfe der Schaumzahlen Feststellungen über die Menge der Zusatzstoffe getroffen, die man dem harten Waschwasser beigeben muß, um mit den verschiedenen Seifen bestimmte Schaumzahlen, daher eine bestimmte Waschwirkung zu erzielen[1]. In neuerer Zeit gesellen sich zu den Seifen auf den verschiedensten Gebieten der Kosmetik die durch ihre besonderen Eigenschaften (s. S. 56, 109), namentlich hohe reinigende und schmutzemulgierende Wirkung ausgezeichneten türkischrotölartigen Fett- und Fettsäuresulfonierungsprodukte. Sie dienen übrigens in Form ihrer Alkali- oder Ammoniumsalze auch zur Emulgierung ätherischer Öle oder Riechstoffe mit Wasser bei Herstellung aromatischer Essenzen für kosmetische Zwecke[2]; s. a. neutrale Seifen S. 146.

Die Art der Wasch- und Badewasserzusätze ist vom emulsionstechnischen Standpunkt aus zum Teil recht bemerkenswert. Weniger sind es die anorganischen Hartwasserenthärter, wie z. B. die Gemische[3] von Borax (20), Bicarbonat (10) und Natriumphosphat (70), denen man zur Beschleunigung der Abscheidung der gebildeten Calcium- und Magnesiumphosphate und damit der Klärung des Wassers noch Carbonate oder Phosphate der alkalischen Erden zusetzen soll[4], als vielmehr die organischen Stoffe, die man dem harten Wasser nicht nur zu seiner Enthärtung, sondern auch zur Erhöhung der Netzfähigkeit, Schaum- und Reinigungskraft des Waschmittels beigibt.

Hinsichtlich der Saponine (S. 49, 142) als Wasch- (Bade)-wasserzusatz gilt, im Zusammenhang mit dem über die Schaumzahlen Gesagten, daß diese zwar mit der Konzentration der Saponinlösung steigen, doch mit einem Zusatz von Seife sinken, ebenso wie umgekehrt auch die Schaumzahl, also Waschwirkung, einer Seifenlösung sinkt, wenn man ihr Saponin beigibt. Die Gegensätzlichkeit zwischen Saponin- und Seifenlösungen tritt wohl am besten in der Tatsache zutage, daß man jene mittels freier Säuren (1,5—2%) unter Salz- (z. B. Salpeter-) Zusatz stabilisieren und ihre Reinigungskraft gleichzeitig erhöhen kann[5], während die gleichen Mittel Seifenlösungen ausflocken würden. Seifen für kaltes, weiches Wasser oder solche Waschwässer selbst sollen daher keinen Saponinzusatz erhalten, während wegen der Unbeeinflußbarkeit des Schaumvermögens von Saponinlösungen durch hartes Wasser, diesem zweckmäßig etwas Saponin beigegeben wird. Die Schaumkraft des Saponins und die Haltbarkeit der Schäume läßt sich übrigens beträchtlich erhöhen, wenn man es in einer kolloiden, z. B. Albuminlösung feinst zerteilt oder mit kolloidem Ton trocken verreibt und diese Gemische dann als Schaumerzeuger, auch z. B. in mit gashaltigem Wasser betriebenen Feuerlöschgeräten, verwendet[6]; vgl. S. 369. Dem Seifenwurzel-

---

[1] Vgl. Kolloid-Z. 1909, 161. — E. LUKSCH: Seifensieder-Ztg 40, 413 u. 444, auch Bayer. Ind.- u. Gew.bl. 102, 312 u. 321.

[2] D.R.P. 385309.

[3] D.R.P. 266512 } ein Eßlöffel voll Soda oder Bicarbonat zum Badewasser
[4] D.R.P. 267583 } dürfte dieselben Dienste tun.

[5] Schweiz. Pat. 117310 (1925)      [6] Engl. Pat. 263812 (1926).

u. dgl. Extrakt ähnlich sollen Schweinsgalle[1] oder 0,5—1 g Pankreatin pro 100 l Badewasser[2] wirken, insbesondere aber die Benetzbarkeit der Körperhaut steigern und so den Austausch der in ihr und im Badewasser vorhandenen Stoffe begünstigen. Es begegnen uns hier zum ersten Male Emulsionen, in denen die wäßrige Komponente der Menge nach so bedeutend gegenüber der anderen überwiegt, daß wohl im Sinne des S. 373 gesagten ebenso von einer kolloiden Lösung gesprochen werden kann, wie bei den aromatischen Wasch- und Badewasserzusätzen, die man als Gemische, z. B. von Borax oder Kochsalz mit 1—5% Kiefern-, Fichtennadel-, Eucalyptusöl usw., dem Bade (300 l) in der Menge von etwa 1—3 Eßlöffel voll beigibt[3].

Derartige kolloide Lösungen entstehen auch bei Anwendung der sog. Schönheitswasser- und Hautmilchpräparate, die aus alkoholischen Auszügen von wasserunlöslichen Heil- und Riechstoffdrogen oder z. B. von Mixturen aus Quillajatinktur, Eigelb, Glycerin, Sprit, Gurkenwasser, in zahllosen Abarten bereitet und in ähnlichen Mengen dosiert werden, wie die nicht minder zahlreichen Hautmilchseifen, die man z. B. durch Emulgierung von Ölseife, Rosenwasser, Walrat, Wachs und der kolierten milchigen Verreibung von zerkleinerten süßen Mandeln oder Pistazien mit Riechstoffwasser herstellt. Hierher gehört auch ein neuartiges kosmetisches Pastenpräparat, das man durch Homogenisieren eines im Wasserbade bis zur beginnenden Öltröpfchenabscheidung erwärmten wäßrigen Erdnußbreies mit mineralischem Füllstoff (Kaolin) und den üblichen Zusätzen erhält[4]. Die gute kosmetische Wirkung solcher auf Grund empirisch gewonnener Erfahrung bereiteter Wasch- und Badewasserzusätze auf die Körper- und Gesichtshaut ist zweifellos vorhanden. Sie kommt dadurch zustande, daß sich die Bestandteile der Wässer auf der Haut durch Ausflockung und Adhäsion anreichern und mit der gleichzeitig oder anschließend angewendeten Seife nebst den Hautsekreten Emulsionen geben, aus denen die Haut die Riech- und sonstigen Wertstoffe aufnimmt; allerdings werden dieselben nach ihrer recht schnell vorübergehenden Einwirkung mit dem seifigen Waschwasser wieder abgespült. Wenn man demnach mehr als den bloßen Wohlgeruch haben will, müssen jene auf der Haut angereicherten Emulsionen vor Anwendung der Waschseife daselbst eintrocknen oder wenigstens einige Zeit verbleiben. Dann ist der Effekt eine weitere u. U. sehr bedeutende Konzentrierung der Wertstoffe, die gegebenenfalls eine starke Beeinflussung der Drüsen und Gewebe bedeuten und, nehmen wir im Extrem das Vorhandensein von Soda oder Borsäure oder kolloidem Schwefel u. dgl. an, zu Hautschädigungen führen kann.

Es gehört daher zu den Obliegenheiten des Kosmetikers, nicht nur das Rezept oder Präparat, sondern auch die mindestens ebenso wichtige Anweisung über den Gebrauch des Mittels zu geben. Dies ist jedoch nur

---

[1] D.R.P. 311221.　　　[2] D.R.P. 283923.
[3] D.R.P. 334841; ferner z. B. H. Antony in Seifensieder-Ztg 1912, 846, 871; ebd. 1911, 446; 1905, 579; 1912, 1363 u. a. v. a. O.
[4] Am. Pat. 1522176.

auf Grund individueller Behandlung möglich, und da die Fabrikanten dieser Präparate und die Nichtärzte das wissen und sich vor Unannehmlichkeiten bewahren wollen, sind die weitaus meisten Handelspräparate für Allgemeinanwendung bestimmt und daher harmlose und wirkungslose wohlriechende Modeartikel. Dies gilt ganz allgemein für alle Erzeugnisse der kosmetischen Groß-, Klein- und Privatindustrie. Hinsichtlich der Harmlosigkeit mit der Einschränkung, daß der fortgesetzte Gebrauch aller Verschönerungs- und Verbesserungsmittel allmählich zur Herabsetzung des Tonus und der gesamten normalen Tätigkeit der Haut und ihrer Drüsengewebe und zu deren Erschlaffung führen muß. In höherem Maße, als bei der Anwendung der Wasch- und Badewasserzusätze, sollte der Gebrauch jener kosmetischen Präparate individuell der Kontrolle des Arztes unterstehen, die von vornherein konzentriert als Salben, Hautcremes u. dgl. verabreicht werden, oder die von Natur aus heilkräftige Wirkung ausüben sollen, wie z. B. die Gasbäder.

Die Herstellung der zu ihrer Bereitung dienenden Mittel ist emulsionstechnisch in mancher Hinsicht beachtenswert. Den Salzmischungen für Kohlensäurebäder setzt man sehr häufig organische Kolloide zu, wie Weizenstärke[1], Leim, Eiweißstoffe, Dextrin oder Gummiarabicum[2], auch Saponin[3], Gelatine oder Glycyrrhizin[4] u. dgl., denen es obliegt, die Kohlensäureentwicklung zu mäßigen und zu stabilisieren, die aber zugleich mit Seife emulgierbar sind und nach Beendigung der Gasentwicklung mit dem Spülbade vom Körper abgeschwemmt werden. Auch in den Präparaten für Sauerstoffbäder sind organische Kolloide, jedoch hier als Katalysatoren, vorhanden, die, wie z. B. Metallsaccharate[5], Eisenalbuminate[6], Moorbrei[7], Hämatogen[8], Blut[9], Hämoglobin[10], feinst zerriebene Bauchspeicheldrüse[11] u. a. Enzyme[12] dem Bade größere Viscosität verleihen, sich mit der Waschseife emulgieren, vor allem aber aus ihrem Gemisch mit den obligaten Perverbindungen den Sauerstoff freimachen. Als echte Emulsionen und Suspensionen von Seife und Huminen, Torfwachs, Kolloidsubstanzen nebst Pflanzengewebe resten kommen schließlich die natürlichen[13] und künstlichen[14] Moor- und Humus- (Zellpech-[15]) Bäder und manche Schwefelbäder zur Anwendung. Diese letzteren sind z. B. Emulsionen aus Schwefelleberlösung mit Seife, Sprit, Nadelholzdestillaten[16] oder mit Tanggummen von Art der Norgine[17], sonst aber auch andere Kolloidschwefel führende Erzeugnisse, die mit Emulsionen nichts zu tun haben.

Dagegen sind die Salben, Linimente (kalt verseifte $NH_3$-Spritseifen) und Hautcremepräparate[18] flüssige, butterartige oder dick-

---


[1] Seifensieder-Ztg 1911, 580.  [2] D.R.P. 206508.
[3] D.R.P. 214174 u. 219378.  [4] D.R.P. 225844.
[5] D.R.P. 179181.  [6] D.R.P. 223449.  [7] D.R.P. 224850.
[8] STEPHAN, A.: Apoth.-Ztg 27, 940.  [9] D.R.P. 216311.
[10] D.R.P. 237814.  [11] D.R.P. 258880.
[12] D.R.P. 235462 u. Münch. med. Wschr. 1911, 925.
[13] FOLLENIUS: Techn. Rundsch. 1906, 363.  [14] D.R.P. 316031 u. 173542.
[15] D.R.P. 297268.  [16] D.R.P. 149826 u. 249757.  [17] D.R.P. 248526.
[18] Die technische Herstellung der kosmetischen Hautcremepräparate beschreibt E. SCHIFTAU in Seifensieder-Ztg 1924, 879; vgl. W. HANNEMANN: Dt. Parf.-Ztg 11, 4.

pastose Emulsionen, und zwar vorwiegend von Wasser und wäßrigen krystalloiden oder kolloiden Lösungen in Fettstoffen bzw. von Fetten und Ölen in Seifen- oder anderen kolloiden Lösungen.

Die wesentlichste Bedingung, die alle Erzeugnisse dieser Art erfüllen müssen, ist ihre Wasseraufnahmefähigkeit; damit verbunden ist der ihnen stets eigene Wassergehalt[1]. Denn die Haut ist ein wasserreiches, wäßrige Flüssigkeit sekretierendes Gewebe, von dem ein absolut trockener Fettstoff abgestoßen und nur sehr langsam in dem Maße aufgenommen wird, als er aus der Umgebung Wasser anzieht, sich mit dem Hauttalg emulgiert und unter dem Einflusse der wäßrigen salzigen Hautsekrete Spaltung in Fettsäure und Glycerin erfährt. Insofern treten tierische und pflanzliche Fette und Öle, wenn auch langsam, so doch chemisch und physikalisch mit dem Organ und seinen Produkten in Wirkung, ja es kann sogar zur Erreichung bestimmter kosmetischer oder heilender Zwecke von Vorteil sein, vorgetrockneten Fettstoff allein oder mit wirksamen Zusätzen anzuwenden. Bekannt ist in dieser Hinsicht die außerordentlich günstige Beeinflussung katarrhalischer Zustände durch Aufstreichen von bis zur Entwässerung vorerhitztem, auf erträgliche Temperatur abgekühltem Oliven- oder Leinöl auf die oberen Nasen- und Brustpartien.

Völlig anders verhält sich als Grundlage von Salben, Linimenten und Hautcremes das unverseifbare Vaselin und Paraffinöl, wie alle anderen mineralischen Fettstoffe, und anders verhalten sich auch die jenen Mischungen häufig beigegebenen, technisch schon schwierig, unter den obwaltenden Bedingungen kaum verseifbaren Wachsarten. Man vermag für die Herstellung aller Erzeugnisse der genannten Art als obersten Grundsatz die Tatsache aufstellen: Alle chemisch nicht veränderten Mineralfettstoffe und bis zu jenem gewissen Grade auch die Wachsarten, sind für sich allein als kosmetische Hautpräparate wertlos und als Träger für in ihnen allein suspendierte Heil- und sonstigen Stoffe nicht genügend schmiegsam und verteilungskräftig; auch in Form von Emulsionen sind die Mineralfette nur als die Viscosität beeinflussende, verdünnende, fallweise auch wirkungsmildernde, die Haut gegen Luft und Wasser mechanisch abschließende Gleitmittel zu betrachten; wertig sind in diesem Falle nur die anderen Emulsionskomponenten mit der gegebenenfalls vorhandenen, z. B. heilkräftigen Füllung.

Warum verwendet man nun dann überhaupt Vaselin in dem bestehenden hohen Ausmaße für die Herstellung der Hautpräparate? Die Antwort auf die Frage lautet: Weil die gereinigten Mineralfettstoffe vom Typus des Vaselins billig sind (das ist für die Hersteller das wichtigste Moment), weil ihnen ferner wegen ihrer chemischen Indifferenz unbeschränkte Haltbarkeit und deshalb auch konservierender Einfluß auf die anderen Inhaltsstoffe, z. B. der Salbe, eigen ist und weil man

---

[1] Die Wasseraufnahmefähigkeit der Fettstoffe, gleichviel ob sie rein oder fettsäurehaltig sind, ist im allgemeinen recht gering; sie beträgt z. B. für Tran 23, Talg 11, Leinöl 6, Cocosfett 4%, und diese Mengen werden wohl auch nur wegen des Stearingehaltes der natürlichen Fette und Öle aufgenommen; vgl. BERNHARDT u. STRAUCH: Z. klin. Med. 1926, 722.

dem Vaselin schließlich durch Beiemulgierung von echten Fetten, Wachsarten oder Seifen oder durch chemische Veränderung auf 100 und mehr Prozent steigerbare Wasseraufnahmefähigkeit zu verleihen vermag. Deshalb bleiben jedoch chemisch unverändertes Vaselin, Paraffin- und Vaselinöl, abgesehen davon, daß dessen Wirkung auf die Haut nicht unbedenklich ist[1], lediglich Gleitmittel; zur Hautfettung sind sie absolut und zur Wirkungsvermittlung der in ihnen verteilten und mit ihnen emulgierten Stoffe relativ ungeeignet. Insofern, weil jede, allerdings frisch oder auf geringen Vorrat, zu erzeugende Tier- oder Pflanzenfettsalbe ihren Dienst viel besser versieht als das besthomogenisierte industrielle Vaselinprodukt. In dieser Hinsicht sei auf die seinerzeit als Speisefette empfohlenen „Blossom Food Preparations" (s. S. 237) verwiesen, deren auf der Zusammensetzung des menschlichen Gewebefettes aufgebaute Fettgrundlage sicherlich eine der besten kosmetischen Salbengrundlagen darstellt.

Die Mineralfetthautpräparate enthalten das Vaselin wie gesagt entweder chemisch verändert oder mit wasseraufnahmefähigen Stoffen emulgiert, wodurch die Salben Wasseraufnahmefähigkeit erlangen.

Die chemische Veränderung wird wohl nur durch kräftige Oxydation des Vaselins mit Chlorat in saurer Lösung oder mittels Perverbindungen oder durch Einleiten von Sauerstoffgas unter Druck in den erhitzten, zur Erhöhung der Reaktionsfähigkeit zweckmäßig mit etwas Ammoniak emulgierten, Kohlenwasserstoff erzielt. Die so erhaltene „Vaselinum oxygenatum"- („Vasogen"-) Salbengrundlage behält, in luftdicht verschlossenen Gefäßen aufbewahrt, jahrelang die Fähigkeit, sich mit Wasser zu emulgieren und in die Emulsion Körper mitzunehmen, die in Wasser unlöslich sind[2]. In analoger Weise versuchte man seinerzeit auch, wie hier vorgreifend schon gesagt sei, das Wasseraufnahmevermögen des rohen Wollfettes, zur Erzeugung des „Lanesins", durch Oxydation mit Permanganat oder Chlorkalk und Weiterverarbeitung des Produktes auf dem Wege der Lösungsmittelextraktion[3] zu erhöhen.

In weitaus den meisten neuzeitlichen Erzeugnissen liegen jedoch Emulsionsprodukte des Vaselins mit den verschiedenartigsten Stoffen aus den Reihen der echten Fette und Wachsarten vor. Die Literatur nennt u. a.: Ein homogenisiertes Gemisch von Festparaffin (Schmelzp. 64°), Paraffinöl und Ölsäure[4] im Verhältnis 6 : 3 : 2 (Graciolapräparate); Vaselinöl, Wollfett, Ceresin, Wasser (58 : 27 : 15 : 20), d. i. das erwähnte Unguentum neutrale[5]; ferner Wollfettalkohole, die man z. B. durch Extraktion des rohen Wollfettes mit Alkohol erhält und die, zu 1% dem Vaselin beigemischt, seine Wasseraufnahmefähigkeit auf 150—200% steigern[6], wodurch es befähigt wird, wäßrige Lösungen von Medikamenten oder kosmetischen Mitteln aufzunehmen und mit ihnen jahrelang haltbare Emulsionen zu geben. Solchen Prä-

---

[1] Salomon, O.: Münch. med. Wschr. 1917, 511.
[2] Lohr: Z. angew. Chem. 1894, 444; s. a. D.R.P. 193599: 24stündiges Erhitzen des Vaselins offen auf 180—200°.
[3] D.R.P. 42172.       [4] D.R.P. 243661.
[5] Apoth.-Ztg 31, 143.       [6] D.R.P. 167849.

paraten, die im einfachsten Falle aus Mischungen von gereinigtem Wollfett und Vaselin (60 : 40 oder 70 : 30 nebst 6% Wasser usw.) bestehen und als Fundal-, Novitan-, Valan- usw. Salbengrundlagen bekannt sind[1], wird um so bessere Eignung als Wertstoffträger zugeschrieben, je mehr der Kohlenwasserstoff in der Salbe als bloß ihre Geschmeidigkeit erhöhender Zusatz auftritt, der Wasser- und Heil- oder kosmetische Mittel in der Wollfettgrundlage gleichmäßig verteilt. In den billigen Salbengrundlagen und Linimenten sind die Kohlenwasserstoffgemische mit Seifen emulgiert. So besteht z. B. ein Vasogenersatz, die Nachahmung des Vasogenum spissum, aus der warm homogenisierten Emulsion von 100 Vaselinöl in einer alkoholischen Seife aus Olein und Ammoniak (25 : 50 : 25[2]); ein Linimentum ammoniatum aus der Seifenemulsion von „Fetron"[3], d. i. das auch bei Kochhitze nicht entemulgierende Schmelzprodukt von Stearinsäureanilid und Vaselin (10 : 90), mit Ammoniak und Kalkwasser nebst gelbem Vaselinöl[4]; eine Salbengrundlage, die mit Wasser und mit Wachsarten emulgierbar ist, aus einer Ölsäure-Alkohol-Kalilauge- (1 : 1) Seife (40 : 20 : 8) mit 100—200 Mineralöl und Ceresin, Wachs oder Paraffin und Wasser, die man homogenisiert, bis die Salbenkonsistenz erreicht ist[5]. Auch durch Zusatz von Pektin, das durch außerordentliche Wasserbindungsfähigkeit ausgezeichnet ist, zum Vaselin soll es gelingen, dessen Wasseraufnahmevermögen bei Bereitung von Salben beträchtlich zu steigern[6].

Nach Ausscheidung solcher vorwiegend oder doch größere Mengen Mineralfette enthaltenden Salben und sonstigen Hautpräparate hinterbleibt eine bedeutende Zahl von Erzeugnissen, die man in die beiden großen Gruppen der fettstoffhaltigen und der fettstofffreien oder -armen Linimente, Salben, Hautcremes, Emulsinen, Gelees, Pasten unterteilen kann. Emulsionen sind sämtliche Produkte, auch die fettstofffreien Cremes, und sei es auch nur deshalb, weil sie recht erhebliche Mengen Riechstoffe, also ätherische Öle, enthalten, die in die gelatinöse wäßrige, meist Seife führende Grundlage einemulgiert sind.

Wirklich fettstofffreie Präparate dieser Art gibt es nur wenige, so gewisse Hautfirnisse, z. B. eine Creme Simon, die nur Glycerin, Zinkoxyd und Stärkemehl enthält[7], oder ein Kaloderma, bestehend aus einer auf dem Wasserbade bereiteten Mischung von Glycerin, Honig und wäßriger Gelatinelösung[8], mit deren Anwendung man lediglich das Glycerin als wasseranziehendes Mittel zur Wirkung gelangen lassen will. Man beabsichtigt aber auch bei Herstellung der fettstoffarmen Hautmittel nicht, durch Ausschaltung des Fettes oder Öles (und ihrer Seifen) oder durch deren Zurückdrängung auf Kosten der übrigen Bestandteile, bestimmte Vorteile günstigerer Beeinflussung der Haut durch Fettmangel

[1] Apoth.-Ztg 27, 795; Dt. med. Wschr. 1922, 324; Apoth.-Ztg 1917, 228.
[2] ROCH, G.: Pharm. Zentr.h. 1900, 631; vgl. Pharm. Ztg 1908, 340.
[3] D.R.P. 136917; vgl. Dt. Seifenhandel (Verlag R. Körth) 1905, Nr 25 u. 1906, Nr 23.
[4] Pharm. Ztg 64, 54.        [5] D.R.P. 215140.
[6] PEYER, W. u. H. IMHOF: Apoth.-Ztg 43, 613.
[7] BÖDTCKER, E.: Chem.-Ztg 1902, 105.
[8] RICHTER, E.: Apoth.-Ztg 1909, 327.

zu erzielen, sondern der Konsum verlangt Präparate, die nach dem Verreiben, ohne Fettspuren zu hinterlassen, verschwinden und der Haut matten, stumpfen Glanz verleihen, die dabei festere, butter- und nicht schmalzartige Konsistenz haben, und deren Anwendung ebenfalls Pflege der Haut insofern bedeutet, als diese durch einen dünnen firnisartigen Überzug gegen äußere Einflüsse der Nässe und Kälte geschützt wird. Eine solche auf der Haut keinen Fettglanz hinterlassende Salbe wird z. B. durch Emulgierung einer 90% Wasser enthaltenden Tonerdehydratpaste mit Vaselin im Verhältnis 70 : 30 erzeugt[1]. Man muß in der kosmetischen Industrie überhaupt in viel geringerem Maße chemisch, sondern in erster Linie physikalisch denken, denn sonst wären die fettstoffarmen Hautpräparate als fettstoffreiche Erzeugnisse zu bezeichnen, da sie vorwiegend auf Grundlage des stearinsauren Natrons, d. i. der Hauptbestandteil der gewöhnlichen Talgkernseife, aufgebaut sind. Im Sinne der Kosmetik enthält eine Verkochung von Talg, Cocosöl, Ricinusöl, Zuckersirup und Natronlauge[2] oder ein Produkt aus Stearinsäure, Kakaobutter, Soda, Borax, Glycerin, Alkohol und Wasser[3] oder die Creme „Elcaya" des Handels, d. i. eine Emulsion von 15 Walrat und ätherischen Ölen mit der Suspension von 5 Stärkemehl in einer wäßrigen Glycerinlösung 60 : 20[4], keinen Fettstoff, da diese Fabrikate von der Haut völlig aufgenommen werden wie eine Fettcreme, dabei aber keine Spur abfettender öliger Substanz hinterlassen.

Die hierher gehörenden Natrium- oder Kaliumstearatcremes[5] erzeugt man ganz allgemein durch Verseifung von bei etwa 70° geschmolzenem Stearin mittels einer Glycerin und Sprit enthaltenden wäßrigen Pottaschelösung und Einemulgieren einer Wasser-Glycerin-Zinkweiß-Anschlämmung in die schaumige Seifenlösung, bis die ständig geschlagene oder gerührte Masse beim schließlichen Erkalten, nach inzwischen erfolgter Beimischung der wohlriechenden Öle, eine glatte sämige Creme darstellt. Speziell eine physikalisch gut haltbare Rasiercreme (s. S. 148) dieser Art erhält man durch Emulgieren eines mit wenig Wasser verschmolzenen Stearinsäure-Olivenöl-Gemisches mit soviel wäßrigem Ammoniak, als zur Absättigung der Fettsäure nötig ist[6]. Solche Präparate, die Gelatine oder Hausenblase, ferner Gummiarabicum oder sonstige Pflanzenschleime (Tragant-) enthalten, schließlich auch die Caseincremes, letztere ganz besonders, hergestellt z. B. aus einer Milcheiweiß-Borax-Verreibung als Grundlage, erhalten in den meisten Fällen einen Zusatz von Kakaobutter oder einem anderen Fettstoff, auch von Wachs, nebst Glycerin als wasseranziehendes Mittel, um das Schrumpfen der Erzeugnisse in den Tuben oder Tiegeln zu verhüten; oft wird zu demselben Zweck, auch um die Geschmeidigkeit der Salben (Cremes) und ihre glatte Struktur zu erhöhen, Seife, Eidotter oder Honig beigegeben, wenn nicht, wie in den sonst fettfreien Mandelpasten, das Fett (Mandelöl) schon im Rohstoff vorhanden ist. Ein solches Präparat, die

---

[1] D.R.P. 347399.  [2] Franz. Pat. 455139.  [3] Apoth. Ztg 1912.
[4] ROJAHN, C. A. u. F. HEIN: Apoth.-Ztg 40, 540.
[5] Z. B. H. MAÇON: Seifensieder-Ztg 1911, 677; 1913, 10 u. v. a. Jahrgänge.
[6] Engl. Pat. 281425 (1926).

honigartige, wie eine Fettsalbe beschaffene Verreibung von Eidotter mit Glycerin, soll sich durch besonders hohe kosmetische Wirkung auszeichnen.

Zu den völlig fettfreien Salben- und Hautcremegrundlagen zählen schließlich auch die ganz außerhalb des Bereiches der Fettstoffe und Seifen liegenden, als Träger für Heil- und kosmetische Mittel bestimmten Kolloide von Art der alkoholischen Celluloseacetatlösungen, denen man erweichende und die Lösung der Acetylcellulose unterstützende wohlriechende Öle zusetzt[1]; ferner Lactose, die die Eigenschaft besitzt, bei Gegenwart z. B. von Oleaten oder Sulforicinaten, mit sonst in Wasser unlöslichen Stoffen wasserlösliche oder mit ihm emulgierbare Mischungen zu geben[2]; endlich auch anorganische Gallerten, wie z. B. das kolloide Tonerdehydrat[3] („Lotional"-Salben) und Kieselsäuregel, das mit etwa 12% Kieselsäure befähigt ist, Glycerin, Paraffin, Vaselin oder Fettstoffe salbenartig zu binden[4]. Die hohe emulgierende Kraft des Kieselsäuregels wird bei der Herstellung kosmetischer Emulsionen in der Weise ausgenutzt, daß man Wasserglas mit wäßriger Boraxlösung ausfällt und das nasse Gel nach seiner völligen Entwicklung mit dem Öl oder geschmolzenem Fett durch Schütteln in Emulsionsverband bringt[5] (vgl. S. 34, 139).

Die fettfreien Hautcremes greifen natürlich den Teint stärker an als die Fettpräparate, namentlich wenn sie alkalisch wirkende Zusätze erhalten.

Diese nach neueren Angaben[6] am besten als sorgfältig bereitete Emulsionen von reinsten Fett- oder Wachsstoffen mit Stärkekleister bereiteten und verwendeten fetthaltigen Linimente, Salben und Hautcremes, die ursprünglicheren Erzeugnisse, unterscheiden sich als echte Emulsionen von Seifen oder Fettstoffen mit fetten bzw. wäßrig gelösten Stoffen grundlegend durch die Mitwirkung des Trägers bei der Beeinflussung der Haut.

An dieser Grenzfläche vollziehen sich die schon obenerwähnten zahlreichen chemischen und physikalischen Vorgänge zwischen der Substanz und den Sekreten der Epidermis mit dem aufgestrichenen und eingeriebenen Fettstoff und seinem Inhalt. Vorzugsweise entsteht dort eine Schicht einer neuen Emulsion, die den Stoffaustausch vermittelt und je nach Inhalt und Beschaffenheit Wasser aufnimmt oder abgibt, deren Bestandteile lösend oder ausflockend, fettspaltend oder ester- und seifenbildend wirken, wie die Zusammensetzung des Präparates und die Beschaffenheit der Haut es bedingen. Offenbar werden die artverwandten, z. B. tierischen, Fettstoffe leichter in die Haut eindringen und in ihrem Innern weitergeleitet und resorbiert werden, als die pflanzlichen oder gar mineralischen Öle, obwohl auch innerhalb dieser Reihen der Einfluß der physikalischen Zustände u. U. überwiegen muß, insofern, als z. B. Olivenöl als flüssiger Fettstoff sich besser zur Hauteinfettung

---

[1] D.R.P. 268489.
[2] Franz. Pat. 392478; vgl. D.R.P. 298627 u. 325863: Alkalilactate.
[3] Pharm. Ztg 61, 658.     [4] D.R.P. 329672.
[5] D.R.P. 384250.     [6] AUGUSTIN, J.: Seifensieder-Ztg 54, 191.

eignet als der hochschmelzende Rinder- oder Hammeltalg. In diesem Sinne sind die weichen schmalzartigen Tierfette, allen voran Wollfett, Butter und Schweineschmalz, den anderen Salbengrundlagen vorzuziehen, das erstgenannte abermals bevorzugt wegen seiner geringen Neigung zum Ranzigwerden.

Die Wollfettsalben[1] dürften ihre dominierende Stellung der Summenwirkung der Bestandteile des gereinigten Rohproduktes zu verdanken haben (s. S. 99). Denn es ist kennzeichnend, daß die ländliche Bevölkerung in Schafzuchtgegenden das rohe oder eingedunstete Waschwasser der Schafe als Hautheilmittel bei Verletzungen und Brandwunden verwendet, auch daß alle älteren Methoden der durchgreifenden Veränderung des Fettgemisches bei seiner Aufarbeitung verlassen wurden und die neuzeitlichen Verfahren der bloßen Reinigung des Rohproduktes durch Schleudern oder Vakuum-Heißdampfdestillation so gut wie ausschließlich ausgeübt werden (s. S. 325). Das so gewonnene Erzeugnis, bestehend aus festen und flüssigen Fettsäuren im Gemisch mit 16—33% unverseifbaren Wachsalkoholen, darunter vorwiegend Cholesterin (der stetige Begleiter aller tierischen, so, wie das isomere Phytosterin aller pflanzlichen Fette, s. S. 32), kann in der Tat als natürliche Heilsalbe bezeichnet werden, als eines der wertvollsten Naturprodukte der Öl- und Fettreihe, das wie Säugetiermilch und Kautschuklatex und viele andere nur verlieren kann, wenn man es durchgreifender chemischer oder physikalisch-chemischer Behandlung unterwirft.

Man muß allerdings im vorliegenden Falle die Einschränkung gelten lassen, daß solche Eingriffe beim Lanolin, dem bloß gereinigten Summenwollfett für Herstellung völlig geruchloser Präparate, nötig sind, da dem Wollfett sonst ein auch durch starke Parfümierung nicht überdeckbarer unangenehmer Eigengeruch verbleibt. Überdies wünscht man auch, in Erkenntnis ihrer vielseitigen Verwendbarkeit, die Wollfettalkohole für sich zu gewinnen, was natürlich ebenfalls Zerstörung des ursprünglichen Stoffgemisches bedeutet.

Im einzelnen arbeitete man früher zur Abtrennung der echten Fett- von den Wachsstoffen des Wollfettes in der Weise, daß man der mit Säure zersetzten Seifenmasse, nach der Bleichung, Reinigung und teilweisen Entwässerung, mittels organischer Lösungsmittel die leichter löslichen Fette und Fettsäuren entzog und so über schwierig oder kaum zerlegbare Emulsionen in schlechten Ausbeuten Wollwachse und Wollfette für sich erhielt[2]. Heute friert man das Fett-Fettsäure-Wachs-Gemisch wesentlich rationeller aus oder destilliert es[3] und gewinnt so hochschmelzendes Wollwachs und niedrigschmelzende Fettstoff-Fettsäure-Gemische. Diese Rohprodukte geben dann weiter mit Chemikalien oder auf physikalischem Wege behandelt die Summenprodukte des Handels, einerseits „Lanolin" und anders gereinigte Handels-Wollfett-

---

[1] Über die Bedeutung des Lanolins für die kosmetische Industrie s. W. OBST: Z. med. Chem. 5, 118.

[2] Z. B. D.R.P. 76613; 185987 u. a.

[3] Z. B. D.R.P. 287741; s. Eulanin S. 149, Fußnote 1; auch D.R.P. 404709 u. a.

präparate (Lanogen, Alapurin usw.) und andererseits Wollwachs, beide wertvolle Rohstoffe namentlich für die Technik der kosmetischen Seifen, Emulsionen und sonstigen Präparate. Die emulsionstechnisch so überragenden Eigenschaften des Wollfettes und der Wollfettalkohole (Cholesterine) finden ihre Erklärung in der Veränderlichkeit dieser Stoffe. Nicht nur des Wollfettes im ganzen während des Wachsens der Wolle[1], sondern auch des durch Umkrystallisieren aus Amylalkohol gereinigten Wollwachses[2] während der Lagerung, in deren Verlauf die durch das Umkrystallisieren scheinbar völlig beseitigten Chole- und Oxycholesterine allmählich wiederkehren und sich, namentlich an der Oberfläche der Präparate, scharf nachweisen lassen[3].

Das Cholesterin oder Gallenfett, ein Alkohol, wahrscheinlich von der Zusammensetzung:

$$HO \cdot CH \underset{CH_2}{\overset{CH_2}{<}} C_{17}H_{26} \underset{CH = CH_2}{\overset{CH_2 \cdot CH_2 \cdot CH(CH_3)_2}{<}},$$

findet sich im Blut, Tran, Wollschweiß, in der Galle (zu 90% in Gallensteinen) und im Hauttalg, namentlich im Striegelmehl der Pferde, aus dem es, arm an leicht mit Soda entfernbaren Fettsäuren, wie aus den Gallensteinen, durch Extraktion mit organischen Lösungsmitteln[4], gewonnen werden kann. Der Alkohol bildet Krystalle vom Schmelzp. 148°, ist unlöslich in Wasser, leicht löslich in organischen Lösungsmitteln und dient in dieser reinen Form therapeutisch zum Schutze der roten Blutkörperchen vor hämolytischer Spaltung durch Toxine, ferner technisch zur Entgiftung von saponinhaltigen Abwässern. Hier ist jedoch wichtiger, daß das Cholesterin, in der Menge von 5% mit Schweineschmalz verrieben dessen Wasseraufnahmefähigkeit beträchtlich zu steigern und seine Emulgierbarkeit z. B. mit, auf sein Gewicht bezogen, der 30fachen Menge Quecksilber zu vermitteln vermag, ohne daß dadurch die weitere Einverleibung von Fett oder sogar Vaselin in die Salbe verhindert würde[5].

Diese „graue Salbe" entsteht zwar auch ohne Vermittler als bloße Suspension der während des Verreibens entstehenden Quecksilberkügelchen in dem Schweinefett, doch bleibt dieses System bei Verwendung reinster Rohstoffe, namentlich säurefreien Fettes, mangels der Möglichkeit des Ionenaustausches ebensowenig stabil, wie wenn man den Metalldampf in das geschmolzene Fett einbläst[6]. Feststehend ist, daß haltbare Emulsionen zwischen Fettstoff und Metall nur zustande kommen, wenn es „abgetötet", d. h. seines metallischen Charakters dadurch beraubt wird, daß man durch Anwendung oxydierten Fettes das Quecksilber „anätzt" und so spurenweise Quecksilberoxyd erzeugt oder dieses der Salbenmischung in Substanz zusetzt. Es bildet dann in Wechselwirkung mit ebenfalls beigegebenem Cholesterin das Milieu, unter dessen Mitwirkung die Emulsion ihre Beständigkeit erlangt[7]. —

[1] Näheres in Z. physiol. Chem. 110, 29.          [2] D.R.P. 76613.
[3] LIFSCHÜTZ, J.: Z. physiol. Chem. 1924, 146.          [4] D.R.P. 312825.
[5] FONTÈS, G.: Chem. Zentralblatt 1920, II, 787.          [6] Am. Pat. 1509824.
[7] Vgl. A. ASTRUC u. Mitarbeiter. Ref. in Chem. Zentralblatt 1925, I, 2247.

Es sei erwähnt, daß bei der Herstellung der grauen Salbe durch Anwendung indifferenter mineralischer statt der sonst üblichen Pflanzen- und Tierfette die Bildung von Quecksilberseifen vermieden werden soll, da diese Seifen lipoidlöslich sind und daher giftig wirken[1]. In diesem Sinne sei der Vorschlag erwähnt, das Quecksilber mit Talkum anzureiben und dadurch in so feine Zerteilung zu bringen, daß beim folgenden Zutropfen von Wasser und ständigem Rühren eine Salbe, also eine, und zwar wie erwünscht, fettstofffreie, emulsionsartige Suspension entsteht[2].

Für kosmetische und Zwecke der Salbengrundlagebereitung wird das Cholesterin nicht rein dargestellt, sondern man reichert entweder die Alkohole durch Behandlung der Wollfett-Benzinlösung mit ausgeglühter Knochenkohle in ihr an, um ihr das Oxycholesteringemisch folgend mit Spiritus zu entziehen (das „Eucerin" des Handels[3]), oder man scheidet aus dem Wollfett durch Spaltung und folgende Destillation, das bereits als Seifenüberfettungsmittel S. 149 genannte „Eulanin" ab, ein Gemisch von Wollfettalkoholen, die man einzeln oder in Gruppen neben Fettsäuren auch durch Ausfrieren[4] des roh gereinigten Wollfettes erhalten haben will. Auch diese Gemenge und das Wollfett (Lanolin) selbst, ferner Lecithin (s. S. 242) wirken in gleicher Weise, so bei der Erhöhung der Wasseraufnahmefähigkeit des Vaselins (s. oben S. 178); ein geringer Prozentsatz Cholesterin vermag sogar Vaselin und eine wäßrige Heilstofflösung ohne weiteren Fettzusatz in eine zarte, von der Haut leicht resorbierbare Salbe zu verwandeln[5], und zwar auf Grund der wichtigen Eigenschaft dieser Vermittler, kolloide Stoffe gegen Ausflockung zu schützen[6]. Ganz besonders kommt diese Eigenschaft dem Metacholesterin[7] und dem Blut- oder Gehirnfett zu, aus denen man es durch Extraktion mit organischen Lösungsmitteln[8] als das leichter lösliche Isomere neben dem zuerst ausfallenden Cholesterin gewinnt. Auch aus diesem entsteht durch gelinde Oxydation das Metacholesterin[9], das man, ebenso wie das rohe Organfett, dem Vaselin zusetzt, um seine Wasseraufnahmefähigkeit nach den Angaben der Patentschrift[10] auf das 500fache seines Gewichtes zu steigern. Weiter versuchte man durch Behandlung des Lanolins mit Formaldehyd[11] oder durch Überführung des Metacholesterins in kolloid gelöste Form[12] mit Wasser und einem nachträglich zu verdunstenden organischen Lösungsmittel, auch durch die schon S. 179 erwähnte Oxydation des Wollfettes mit Permanganat oder Benzoylsuperoxyd[13] zur Gewinnung eines

[1] Ref. in Chem. Zentralblatt 1925, II, 956.     [2] D.R.P. 392714.
[3] D.R.P. 185987; vgl. K. Ebert: Apoth.-Ztg 1909, 578.
[4] D.R.P. 81552.
[5] Arellendorf u. Kopf: Seifensieder-Ztg 1904, 300.
[6] Keeser, E.: Ref. in Chem. Zentralblatt 1925, II, 11, 12; vgl. ebd. I, 1167: Stabilisierung des Cholesterinsols durch Alkohol.
[7] D.R.P. 318900, 318901.     [8] D.R.P. 329605.
[9] Herstellungsvorschrift bei Bernhardt u. Strauch, Z. klin. Med. 1926, 759.
[10] D.R.P. 324012.     [11] D.R.P. 116310: Lanoform.
[12] D.R.P. 335603, vgl. D.R.P. 295164: Wollfett in wasserlöslicher Form durch Heiß-Druckwasserbehandlung mit Spuren Soda als Schutzkolloid.
[13] D.R.P. 318223.

Oxycholesterins, schließlich durch Erwärmen des Fettes mit Phosphor-säureanhydrid[1] usw., die an sich guten Eigenschaften des Wollfettes und seiner Komponenten als Salbengrundlage, Seifeneingangsmaterial, Emulsionsvermittler und -bestandteil weiter zu steigern.

In neuerer Zeit sind Kunstprodukte von cholesterinartigem Charakter hergestellt worden, die die Cholesterinreaktion geben und dazu dienen sollen, Salbengrundlagen erhöhte Wasseraufnahmefähigkeit zu verleihen. Man erhält diese Erzeugnisse von durchaus wollfettähnlichen Eigenschaften durch Behandlung von Fettstoffen, Harzen oder Wachsen mit Aldehyden oder Ketonen unter Mitwirkung metallischer oder metalloxydischer Katalysatoren (z. B. Nickel oder Eisen) als Massen, die, auch dem Aussehen nach, Körpern der höheren Alkoholreihe gleichen; man kann sie den Salbengrundlagen, zusammen mit 100—250% Wasser, direkt zuemulgieren. Man erhitzt z. B.[2] Rüböl und Carnaubawachs mit Aceton bei Gegenwart von 1% oxydischem Eisenkatalysator unter Druck 3—4 Stunden auf Wasserbadtemperatur und erhält ebenso wie aus Bienenwachs und Vaselin evtl. auch noch mit Aceton oder aus Ricinusöl und Paraformaldehyd usw. dickflüssige Massen von hoher Wasseraufnahmefähigkeit. Den Wollfettalkoholen gleichen ferner hinsichtlich ihrer Eigenschaft die Bildung von Emulsionen vermitteln zu können, die hochmolekularen Alkohole des Braunkohlenbitumens von Art des Montanwachses[3], das übrigens völlig den Charakter des Bienenwachses annimmt, wenn man es entharzt oder als Rohwachs mit Chromsäure oxydiert[4]. Schließlich sei ein älteres Verfahren erwähnt, demzufolge man „cholesterinähnliche" Stoffe erhält, wenn man Wachs mit Ammoniakwasser auf 90—100° erwärmt (Seifenbildung tritt hierbei nicht ein, s. S. 169) und das Eindampfungsprodukt mit Vaselin emulgiert.

Das Wollfett (Lanolin) ist bereits eine Emulsion von Fettsäuren, Alkoholen und Wasser. Es wird geradezu zum Typus einer echten Emulsion, wenn man, wie es bei Herstellung der meisten Salben und Hautpräparate auf Wollfettgrundlage geschieht, die Fettsäuren durch Zusatz alkalisch wirkender Mittel in Seifen verwandelt, die dann die Alkohole, als wirksame Bestandteile, einschließen und für alle weiteren Zusätze als Träger und Vermittler dienen. In diesen Funktionen begegnen wir darum dem Wollfett sowie den abgeschiedenen Wollfettsäuren (als Seifenbildner) und -alkoholen in der Mehrzahl aller handelsüblichen Hautcremes und Heilmittelsalben. Alle Werke über die Herstellung kosmetischer Mittel sind erfüllt mit Vorschriften zur Erzeugung von Creme- und Hautschutz- (Hautbleich-) Präparaten, Frostsalben, Lippenpomaden, Mitteln gegen Hautröte, aufgesprungene Hände u. dgl. auf Wollfettgrundlage. Darum sollen hier nur einige Heilmittelsalben erwähnt werden, zumal deren Bereitung in emulsionstechnischer Hinsicht die besonders günstigen Eigenschaften des Lanolins als Heilmittelträger erkennen läßt.

---

[1] D.R.P. 313617.  
[3] D.R.P. 409690.

[2] D.R.P. 456351.  
[4] D.R.P. 409420.

Es handelt sich vornehmlich um die Salben, die Organosole der Edelmetalle, diese demnach in sehr wirkungsvoller Form für Behandlung von Hautkrankheiten enthalten. Nur die spezifischen Eigenschaften des Wollfettes oder der Wollfettalkohole ermöglichen die relativ einfache Erzeugung dieser Präparate, die etwa in der Weise erfolgt[1], daß man eine möglichst konzentriert wäßrige oder salzsaure Lösung von Gold- oder Platinmetall-, z. B. Palladochlorid, mit erwärmtem Wollfett emulgiert, in dieser Emulsion durch Zusatz von wäßriger Alkalilösung kolloides Palladium- (Osmium-, Rhodium- usw.) Hydroxyd, bzw. durch weitere Beiemulgierung von wäßrigem Formaldehyd kolloides Gold abscheidet und die erhaltene Salbe nach Entfernung aller Nebenbestandteile durch Auswaschen und Trocknen bei gelinder Wärme zu dem fertigen Erzeugnis entwässert, das die typische, z. B. blau- oder rotviolette Färbung des kolloiden Edelmetalles zeigt. In den Patentschriften sind dann noch weitere Vorkehrungen beschrieben, die zur Erzielung unbegrenzt haltbarer Salben dieser Art führen, hier sei jedoch nur auf die ausgeprägt schutzkolloidische Eigenschaft der Wollfettemulsion verwiesen, um ihre besondere Eignung auch für alle anderen emulsionstechnischen Arbeiten zu betonen. Sie äußert sich auch bei der Herstellung der Persalz- u. a. Salben, die, wie z. B. die Gletscherbrandpräparate, leicht zersetzliche bzw. empfindliche Stoffe enthalten. Perborat-, Zinkperhydrol-, Ektogan- u. ä. Salben sind überhaupt nur als haltbare Erzeugnisse herstellbar, wenn man sie in eine Umgebung von glycerinfreiem oder nicht verseifbarem Fettstoff, z. B. Wollfettpräparat, evtl. auch Kakaobutter, einbettet. Es ist beachtenswert, daß man aus den mit Hilfe organischer Lösungsmittel getrennten Wollfettkomponenten, und zwar aus den Fettsäuren sowie aus den Alkoholen, durch Sulfonierung hervorragende Emulgiermittel erzeugen kann[2]. Diese Emulsionen, z. B. mit Wasser und organischen Lösungsmitteln, sollen in der Textil- und Lederindustrie Verwendung finden[3].

Mit dem oben Gesagten erübrigt sich die weitere Anführung von Beispielen zur Herstellung von Salben und Hautschutzpräparaten mit anorganischen oder organischen, heilend oder kosmetisch wirkenden Zusätzen. In jedem Falle, ob man nun fetthaltige oder fettfreie Stoffe, z. B. Kollodium, Stärkekleister, kolloide Kieselsäure oder ein anderes Anorgano- oder Organogel als Träger für die Zusatzstoffe, stets natürlich unter dem Gesichtspunkt der gegenseitigen chemischen und physikalischen Unbeeinflußbarkeit, wählt, sind die erhaltenen seifefreien oder wenig oder schwer dissoziierbare Seifen enthaltenden Salben und Hautschutzemulsionen den Seifen und Linimenten durch ihren Charakter als, wie wir oben S. 172 sahen, „leblose" Stoffmischungen überlegen, die ineinander suspensionsartig verteilt sind. Seifenlösungen hingegen, in denen sich wegen ihrer Dissoziierbarkeit fortgesetzt Ionen im Wechsel-

---

[1] D.R.P. 268311, 289620, 284319; Neuere Verfahren zur Herstellung von kolloiden Metallösungen (Silber, Gold u. Platinmetalle) in Fettstoffen bringen die D.R.P. 432717 u. 446353: Wasserstoffeinleiten in die Lösung, z. B. von Palladiumchlorür in einer 100° warmen Kolophonium-Erdnußölschmelze.

[2] Am. Pat. 1543157 u. 1543384.  [3] Franz. Pat. 591658.

spiel befinden, zeichnen sich vor jenen Präparaten durch ihre Schaum- und Reinigungskraft, durch hohes Benetzungs- und Durchdringungsvermögen aus, und darum begegnen wir ihnen mehr als den der ärztlichen Verordnung überlassenen Salben bei der Herstellung der meisten Emulsionen, die zur Pflege der Kopfhaut und des Haares dienen.

Die Mittel, derer sich die Haarpflege bedient, sind entweder flüssige Präparate, Lösungen, Linimente und Emulsionen, die man summarisch als Haarwässer zu bezeichnen pflegt, oder salbenförmige Fett- oder Klebstoffpasten, die Haarpomaden heißen. In beiden Reihen gelangen die Grundkörper als Träger der reinigenden, schäumenden, desinfizierenden, einfettenden oder Fett lösenden, färbenden oder bleichenden, meist parfümierten Mittel zur Anwendung. Spezialerzeugnisse, die zur Haarwuchsbeförderung, zur Verhütung des Haarausfalles oder zur Enthaarung dienen sollen, enthalten, ebenfalls in Lösung oder Suspension, Arznei- bzw. haarzerstörende Chemikalien.

Im Grunde genommen stellt demnach die Herstellung dieser Präparate emulsionstechnisch keine anderen Aufgaben als die Erzeugung der zur Pflege der Körperhaut bestimmten Waschwässer und Salben, mit der Einschränkung, daß die Behandlung der Kopfhaut zugleich einen Angriff auf die Substanz des Haares und seine von reichlich sekretierenden Drüsen umgebene Papille bedeutet. Daraus ergibt sich zunächst die Tatsache, daß die Anwendung der Haarwässer und -pomaden stets und viel mehr noch als jene der Teintmittel (s. oben) einer Emulsionsbildung zwischen deren Bestandteilen und den Kopfhautsekreten gleichkommt, bei der, individuell verschieden, spärlich oder reichlicher gebildet, viel stabilere, schwerer entmischbare und auswaschbare Systeme von Fettstoffen und wäßrigen Flüssigkeiten entstehen, als bei der Behandlung der glatten Körper- und Gesichtshaut. Diese in stets warmer Umgebung gebildeten zähen Gemische, bestehend aus der schon ursprünglich auf der Kopfhaut vorhandenen Emulsion und Suspension aus Haartalg, Schweiß, Staub einerseits und den Komponenten des kosmetischen Mittels andererseits, sind ein Treibhausboden für Keime aller Art, und daraus ergibt sich weiter die Notwendigkeit für dessen Sterilisierung und ferner für Entfernung jener neugebildeten zähen Emulsion zu sorgen und so das einzelne Haar freizulegen. Schließlich wird man einem von Natur aus fettarmen Haar und seinem Boden nach reichlicher Wäsche und nicht allzu rascher Trocknung des Haares zur Ernährung seiner nunmehr talgfreien Wurzelumgebung und zur Vermeidung seines Sprödwerdens möglichst arteigenes, geschmeidig machendes Fett, jedoch nur in geringen Mengen, zuführen müssen.

Dementsprechend muß das Kopfhaut- und -haarkosmeticum mit seinen einzelnen oder vereinigten Bestandteilen reinigende und entfettende (Schaumseife, gelindes Alkali), desinfizierende, sterilisierende (Alkohol, Petroläther, Eugenol oder andere Chemikalien) und einfettende (Öl- oder Fettstoff) Wirkung ausüben. Die Anwendung eines solchen entsprechend modifizierten Haarwassers (s. oben) muß sich auch an die Behandlung des Haarbodens mit Haarpomaden anschließen, die arzneiliche Wirkung zu übertragen oder als Klebstoffpasten oder -flüssigkeiten das Haar eine Zeitlang zu fixieren haben. Das Problem der Herstellung einer schnell entfettenden kosmetischen Haarwaschseife ist noch nicht gelöst, denn alle gebräuchlichen Haarentfettungsmittel wirken entweder zu langsam oder sind unhygienisch (Haarpuder), oder sie wirken hautreizend und schädlich, wie z. B. Petroläther- und Alkoholhaarwässer (letztere mit Pottaschezusatz) oder wie manche Kernseifeemulsionen mit 5—10% Cyclohexanol und Benzin. Am geeignetsten sind die allerdings nur auf kompliziertem Wege erhaltbaren festen aus Laurin-, Olein- oder Stearinsäure gesottenen Natronseifen mit Alkoholzusatz[1].

Emulsionstechnisch bietet die Herstellung der einfachen Haarwässer einige bemerkenswerte Einzelheiten. So begegnet uns hier der besondere Fall: der Entmischung einer sonst unter keinen Umständen haltbaren Emulsion vorbeugen zu müssen, wenn man bei der Bereitung eines seifefreien Haarwassers durch Lösen von Ricinusöl (als spritlöslicher Fettstoff) in Alkohol (als Desinfizienz) nachträglich Wasser zusetzen will, um die Lösung nicht nur aus wirtschaftlichen Gründen, sondern auch deshalb zu verdünnen, weil die konzentrierte Flüssigkeit, auf die Kopfhaut gebracht, Brennen verursachen würde. Wenn dieser Wasserzusatz auch sehr vorsichtig, tropfenweise geschieht, kommt schließlich doch der Punkt, an dem bei eintretender Trübung rasches Aufrahmen des Öles erfolgt, das durch Schütteln nicht verhindert werden kann, sondern eher vermehrt (s. S. 22, 24), und nur rückgängig gemacht wird, wenn man frischen Alkohol hinzufügt. Dagegen läßt sich der Entmischung dadurch, allerdings nicht bis zur Lagerbeständigkeit, vorbeugen, daß man bei beginnender Trübung 1—2 Tropfen Ammoniak hinzufügt, also spurenweise Seifenbildung anregt; wirklich haltbar sind derartige Haarwässer nur, wenn sie einen Emulsionsvermittler oder Stabilisator enthalten. Aus naheliegenden Gründen wird man hierzu bei einem Haarwasser Eiweißstoffe (Leim, Casein usw.) oder Stärkemehl, Gummen und ähnliche Schutzkolloide nur wählen, wenn dem Kosmeticum gleichzeitig haarfixierende Eigenschaften verliehen werden sollen; vorzugsweise werden fertige oder im Gemisch gebildete Seifen oder saponinhaltige Auszüge die emulsionsartige Bindung der übrigen Haarwasserkomponenten übernehmen müssen. Man gelangt so zu der großen Zahl derartiger Handelsprodukte, die zum Teil einfache und schäumende Haarwässer sind, häufig aber gleichzeitig Drogenextrakte oder Mittel enthalten, denen man günstigen arzneilichen Einfluß auf Kopfhaut und Haarwuchs zuschreibt.

Die nur schäumenden sog. Shampoon waters bestehen im einfachsten Falle aus einer Lösung oder Emulsion von Riechstoffölen in Weingeist enthaltender, mit Pottasche, Bicarbonat, Soda oder Ammoniak, und zwar meist recht erheblich „überalkalisierter" Seifenlauge[2]. Andere dieser bei der Verreibung auf dem Haarboden einen dichten Schaum bildenden Präparate schließen z. B. in einer wäßrigen Fett- (Talg-) Riechstoffemulsion Seifen- und Chinarindenauszug nebst

---

[1] Thieme, A.: Pharm. Ztg 73, 554; vgl. ebd. 72, 1027 (R. Falck).
[2] Siehe z. B. Seifensieder-Ztg 1912, 392; 1913, 150 u. v. a.

Alkohol ein[1] oder sind wäßrig-alkoholisch-alkalische Seifelösungen mit beiemulgiertem Kamillenextrakt, dem mit Recht besonders günstiger Einfluß, namentlich auf blondes Frauenhaar, zugeschrieben wird[2]. Die berühmten schäumenden Bay-Öl-Kopfwaschflüssigkeiten schließlich, mit Eugenol als wirksam desinfizierendem Agens, werden durch Mischen einer Bicarbonat-, Pottasche-, Salmiakgeist- oder Kalilösung enthaltenden Glycerinseifenlauge mit der alkoholischen Lösung von Bayöl, Pimentöl und Rumessenz dargestellt[3]. In mehr oder minder weitgehendem Maße sind auch die Haarwässer gegen Haarausfall von Art des „Pixavons“, „Pisaptans“ u. dgl. solche Lösungen oder Emulsionen von Seifenlösungen und ätherischen oder Teerölen, Stein- und Holzteerphenolen (Anthrasol, Euresol), meist mit Zusatz von Alkohol, Petroläther, Benzin, Campherspiritus, Drogenextrakten oder Pflanzensäften (Birke, Klettenwurzel, Lorbeerblätter, Brennessel) u. dgl., deren Herstellung emulsionstechnisch nichts Neues bietet. Dasselbe gilt von den Haarfixiermitteln, die im einfachsten Falle parfümierte dünnwäßrig-alkoholische Pflanzenschleimlösungen oder Emulsionen, z. B. von Tragantschleim, einer alkoholischen Ricinusöllösung und etwas Äther sind[4], und völlig aus dem Bereich der Emulsionen heraus fallen die Haarfärbemittel als bloße Lösungen von Metallsalzen oder organischen Basen (Phenylen-, Toluylendiamin), alkoholischen oder wäßrigen Drogenextrakten (Henna, Galläpfel, Nußschalen), Huminkörpern u. dgl.

Andererseits unterscheiden sich auch die Haarpomaden in keinem besonderen Merkmal der Herstellung von den Salben, wenn man davon absieht, daß sie entsprechend dem Zweck, dem sie zu dienen haben, nämlich als wohlriechende Haarbefestigungsmittel, auf Wachsgrundlage aufgebaut sind und oft erhebliche Mengen ätherischer Wohlgeruchöle, auch Färbemittel, enthalten. Als Grundpomade dient z. B. das Schmelzprodukt von Ceresin und Vaselin mit einem Schweineschmalz-Borsäure-Gemisch, als Frisiercreme die Emulsion von wäßriger Seifen- und Dextrinlösung mit der kaltgerührten Schmelze von Bienenwachs, Walrat und Glycerin[5], und die Haaröle schließlich werden lediglich durch Mischen und Lösen von Wohlgerüchen mit Fettkörpern (Talg, Schweinefett, Mandelöl usw.) erzeugt. Den Haarpomaden stehen hinsichtlich der Herstellung und Verwendung die Bartwichspräparate, den dünneren fettreichen Salben die Bartbrillantinen nahe. Auch sie dienen der Befestigung des Bartes in bestimmter Form bzw. dazu, die Barthaare glänzend, weich und geschmeidig zu machen. Dagegen kommen unter den Haarentfernungsmitteln fallweise dickflüssige bis salbenförmige Emulsionen vor, da in diesen Erzeugnissen die wirksame Substanz (Calcium-, Strontiumsulfid) am Eintrocknen verhindert und zugleich eine Zeitlang auf der zu enthaarenden Körperstelle fixiert werden soll. Man verwendet dann als Träger z. B. eine Emulsion aus Seifenleim und dicker Gummiarabicum-Lösung, der man Zucker oder

---


[1] Seifensieder-Ztg 1912, 983.

[2] D. Amerik. Apoth.-Ztg 1911, 130; Seifensieder-Ztg 1911, 1260.

[3] Seifensieder-Ztg 1912, 270, 577; 1913, 936.

[4] D.R.P. 329794.　　　　　[5] Seifensieder-Ztg 1912, 207.

Zinkoxyd beirührt[1], oder eine Salbe aus Bariumsulfhydrat, Schlemmkreide, Glycerin, Spiritus und wäßrigem Tragantschleim[2], aus Vaselin, Lanolin, Zinkoxyd, Thalliumacetat (als wirksame Substanz) nebst Rosenwasser[3] usw.

Unter den kosmetischen Mitteln zur Zahn- und Mundpflege erscheinen die Mundwässer als alkoholische Lösungen von ätherischen Ölen; sie geben dementsprechend in Wasser getropft milchige Trübungen, die beim Gebrauch mit dem Erfolg entemulgiert werden, daß sich die Öltröpfchen auf Zähnen, Zahnfleisch und Mundschleimhaut niederschlagen, im Munde erfrischenden Geschmack erzeugen und örtlich, je nach ihrer chemischen Eigenart, keimtötende oder die Ansiedlung von Keimen verhindernde Wirkung entfalten. Die Bildung jener bekannten milchigen Odol-Wasseremulsion kann als Vorbild für alle ähnlichen Dispersionen gelten, die man durch Eingießen oder Eintropfen alkoholischer oder alkoholisch-ätherischer Lösungen von in Wasser unlöslichen Stoffen (z. B. Harz oder Lecithin) in ständig bewegtes Wasser herstellt. Bedingung für die Haltbarkeit des Systems ist jedenfalls die Mischbarkeit des Lösungsmittels mit Wasser. Wenn man demnach Äther wählt, so muß die ätherische Lösung des organischen Festkörpers vor dem Eingießen in Wasser mit so viel Alkohol versetzt werden, daß eine mit Wasser mischbare Flüssigkeit entsteht[4]. Man kommt mit geringen Mengen des organischen mit Wasser mischbaren Lösungsmittels, z. B. auf zu emulgierendes Citronenöl bezogen, dem gleichen Gewicht Aceton aus, wenn man diese Lösung mit der etwa 30fachen Wassermenge in einer Kolloidmühle emulgiert, doch wird empfohlen zur Erhöhung der Haltbarkeit eines solchen wasserlöslichen alkoholfreien Parfüms, auf das Ganze bezogen, noch einige Hundertteile Türkischrotöl, Sulfitablauge oder eines anderen Schutzkolloides beizumischen. In allen diesen Fällen, insbesondere wenn man der Emulsion auch Ambra oder andere Festkörper einverleiben will, ist für Fernhaltung von Elektrolyten zu sorgen, also destilliertes Wasser und auch sonst salzfreies Material zu verwenden[5].

Die Zahnpasten[6] sind hingegen vorzugsweise neutrale Seifensalben in Tubenkonsistenz, die beim Gebrauch mittels der Zahnbürste mechanisch wirken insofern, als sie die Fremdkörper mit Schaum umhüllen, der beim folgenden Spülen mit seinem Inhalt entfernt wird und chemisch dadurch, daß die Seifen mit ihren Zusätzen (meist Schlemmkreide) vorhandene Säuren neutralisieren und, insbesondere bei Anwendung warmen Wassers, die Zahnumgebung auch sterilisieren. Wie bei den Mundwässern ist also auch bei Anwendung der Zahnpasten auf Seifengrundlage die Bildung von Emulsionen aus den Bestandteilen des Kosmeticums und den Fremdkörpern, Schleimsekreten, Zahnsteinteilchen u. dgl. des Mundes im Gebrauch vom Standpunkt der Emulsionstechnik allein bemerkenswert, die Herstellung der Präparate

---

[1] D.R.P. 152954.   [2] Seifensieder-Ztg 1911, 677.
[3] Apoth.-Ztg 1912, 214.   [4] D.R.P. 388023.   [5] D.R.P. 405397.
[6] Über die Herstellung der Zahncreme- und -seifenpräparaten s. J. AuGUSTIN in Seifensieder-Ztg 1927, 952 und J. DUBENHORST, D. Parf.-Ztg 1927, 374.

gleicht jener der Salben und Pasten mit Verwendung von Seife statt Fettsubstanzen. Es ist lediglich Sache der wissenschaftlichen Feststellung und empirischen Erfahrung, die Mischungen und Emulsionen so anzusetzen, daß ihre Einzelkomponenten, insbesondere bei Mitverarbeitung der neuzeitlich vorwiegend zugesetzten sauerstoffabgebenden Körper, sich gegenseitig nicht ungünstig beeinflussen.

Neuartig und zweifellos beachtenswert ist die Mitverwendung von (etwa 8%) Cholesterin als Träger und Überträger von Heilmitteln (z. B. 1,5% Jod) in Mundpflegepräparaten, deren übrige Bestandteile (Honig, Wintergrünöl, Thymol, Menthol usw.) der Wachsalkohol überdies im Emulsionsverbande hält und deren Emulgierung mit der Speichelflüssigkeit er vermittelt[1]. Ferner soll man außer gewöhnlichen Fettsäureseifen Zahnpastengrundmassen nach neueren Angaben die Natrium- oder Ammoniumsalze sulfonierter Fettsäuren (Türkischrotöl[2]), also z. B. Natriumricinoleat[3] zusetzen, dem besondere bactericide Wirkung zugeschrieben wird. In derselben Absicht will man den Zahncremepräparaten (Seife, Calcium- und Magnesiumbicarbonat, Mineral- und ätherische Öle) als bactericide Chemikalien Tetrachlorkohlenstoff oder andere halogenisierte Paraffine beiemulgieren[4]. Auch phenolsulfosaures Natron soll einer aus medizinischer Seife, Talkum, Glycerin und Riechstoffen bestehenden Zahnpaste als wirksamer Bestandteil zugesetzt werden[5]. — Wie man sieht, besteht auch auf diesem Gebiete die Neigung, sich die hohe netzende und emulgierende Kraft der sulfosauren Salze zunutze zu machen; vgl. S. 56.

## Emulsionen in den Industrien der Desinfektions-, Schädlingsvertilgungs- und Staubbekämpfungsmittel.

Desinfektion (Entseuchung) ist der Kampf gegen pathogene Keime. Sie bedient sich zu deren Vernichtung antiseptischer Mittel und zur Unschädlichmachung ihrer giftigen Stoffwechselprodukte gegengiftig wirkender Chemikalien. Ihr Ziel ist die Sterilisierung der Bakteriennährböden und die Erzeugung aseptischer Umgebungen durch Keimfernhaltung. Desinfektion ist häufig zugleich Desodorisation, doch bleibt diese heute auf Latrineninhalt u. dgl. beschränkt; in dem Maße als in den Krankenhäusern die Asepsis Boden gewann, verschwand die Notwendigkeit, faulige Gerüche vernichten oder doch übertäuben zu müssen. — Die Mittel der Schädlingsvertilgung wenden sich gegen mikro- und makroskopische Lebewesen, die als Feinde der Nutzpflanzen auftreten, ferner gegen Mensch- und Tierparasiten, Ungeziefer und Wohnungsschädlinge, bis hinauf zum Raubzeug.

Aus diesen Aufgaben ergibt sich, daß es in beiden Fällen darauf ankommt, Chemikalien mit dem befallenen Objekt in möglichst innige Berührung zu bringen und diese gegen Bakterien, Parasiten usw. anzuwendenden Gifte feinst zerteilt in einem die Unterlage gut benetzen-

---

[1] Am. Pat. 1484415.        [2] Franz. Pat. 622184.        [3] Am. Pat. 1633336.
[4] Am. Pat. 1645791 u. 1645852.
[5] Am. Pat. 1643618.

den und durchdringenden Medium, demnach am zweckentsprechendsten
in emulgierter Form, zur Wirkung gelangen zu lassen, häufig auch
dann, wenn die Herstellung echter oder kolloider Lösungen jener Chemikalien
möglich wäre. Emulsionen umhüllen die Schädlingsgifte und
halten sie länger, vom Regen schwieriger auswaschbar, fest, in Lösungen
liegen die Teilchen der wirksamen Substanz frei, sie sind als bloße
Seifenlaugen billiger und haltbarer — es wird von Fall zu Fall entschieden
werden müssen, welches System im vorliegenden Falle den
Vorzug verdient. Die Anwendung von Emulsionen auf dem Gebiete
der Erzeugung von Desinfektions- und Schädlingsvertilgungsmitteln
ebenso wie jene der Lösungen wird aber in Zukunft das jetzige Ausmaß
kaum überschreiten. Denn abgesehen davon, daß die wichtigsten Emulsionen
des Desinfektionsmittelbereiches, die Phenol-, Kresol-, Naphtholseifen
und ähnliche Erzeugnisse, wie bereits oben und S. 52 gesagt
wurde, mit dem Vordringen der Erkenntnis vom Werte der Asepsis
kaum mehr so stark gebraucht werden wie früher, wird die Auffassung
vom Wesen der Bekämpfung der Krankheitserreger und Schädlinge
immer einfacher und einheitlicher. Wenn auch die Bestrebungen aller
Kulturstaaten in gemeinsamer Arbeit gegen die Krankheiten und
Zerstörer der Zuchtpflanzen vorzugehen erst im Beginn der Entwicklung
stehen, kann man doch bereits erkennen, daß die Methoden der Bestäubung
der Felder, etwa vom Flugzeug aus, bzw. der Räucherung in
Mühlen, Speichern und Lagerhäusern sich auch dort durchsetzen werden,
wo bisher das „Spritzen" von Giftlösungen auf den kleineren Kulturen,
wie Weinbergen und Obstplantagen, üblich ist. Denn bei diesen Verfahren
ist die Anwendung von Emulsionen eingeengt, da ihre Vermittler,
z. B. Seifen, und die Träger der Giftsubstanzen als Klebstoffe die Poren
der Blätter verschließen und den Stoffaustausch verhindern.

Für die Emulsionstechnik sind jedoch die älteren Vorschläge zur Herstellung
klebriger emulgierter Gemische für die Keim- und Schädlingsbekämpfung
von einigem Wert, da in diesen Methoden manche Anregung
von allgemeiner Anwendbarkeit enthalten ist. Oft können die Präparate
überdies, in der Zusammensetzung abgeändert, mehreren Zwecken
dienen, und wir begegnen ihnen dann auf den verschiedensten Gebieten
der chemischen Technik. So eignet sich z. B. die Emulsion der Benzinlösung
von Formaldehyd mit alkoholischer Seifenlauge gleichermaßen
als wirksames Desinfektionsmittel wie auch für Zwecke der chemischen
Wäscherei[1], oder eine salbenförmige Emulsion, die man z. B. durch
Emulgierung eines aus Stearinseife und Formaldehyd in der Wärme
erhaltbaren flüssigen Schaumes mit Stearinkaliseife und wäßriger Boraxlösung
bei 50° erhält[2], eignet sich wegen ihrer leichten Resorbierbarkeit
nicht nur für allgemein desinfektorischen, sondern auch für kosmetischen
Gebrauch. Andererseits ist die Bereitung solcher Grundemulsionen
mit dem stark riechenden und chemisch aggressiven Aldehyd

---

[1] D.R.P. 84338.

[2] D.R.P. 385305; vgl. D.R.P. 368109: Transparente (ohne Alkohol- oder
Zuckerzusatz, s. S. 133) Schmierseife durch Emulgierung einer evtl. glycerinhaltigen
Ricinolsäure-Ölsäure-Kaliseife mit Formalin.

als Wertbestandteil deshalb bemerkenswert, weil anzunehmen ist, daß derartige Kompositionen wegen ihrer Beständigkeit chemisch weniger reaktionsfähige Stoffe erst recht dauerhaft binden, verteilen und zur Wirkung bringen werden. Man vermag z. B. nach neueren Angaben[1] die bactericide Kraft des Formaldehyds beträchtlich zu steigern, wenn man ihn 2proz. in einer 10proz. wäßrigen Lösung des Natrium-Ammoniumsalzes der Laminarsäure (s. S. 51) verteilt, wodurch eigenartige Gemische entstehen, die schon vordem als sehr wirksame Vermittler bei der Herstellung von Öl- und Fettemulsionen für Appretur- und Schmiermittel, auch Bohröle u. dgl. vorgeschlagen wurden[2]. Oder man bildet Emulsionen aus dem Phenol-Formaldehyd-Kunstharz-Bildungsgemisch (s. S. 272) mit Fettstoffen, Wachsarten, hochmolekularen Fettsäuren, Harzen, Balsamen oder Teerarten[3] oder emulgiert das bei Gegenwart von Salzsäure im Wasserbade gebildete flüssige Kresol-Formaldehyd-Kondensationsprodukt mit Alkalilauge und organischen Lösungsmitteln[4], findet demnach im Formaldehyd und in vielen seiner Kondensationsprodukte von Art mancher Kunstharze und Kunstgerbstoffe oder ihrer Bildungsgemische Stoffe, die Emulgatoren sind. Dies erscheint wegen der Beziehungen, die den Aldehyd mit den Zuckern und mit jenen hochmolekularen Produkten verbinden, verständlich, und es wäre darum gewiß interessant zu untersuchen, wie sich andere charakterisierbare Großmoleküle, die die Aldehyd-, auch die Ketongruppe enthalten, z. B. im Kern alkylsubstituierte Benzophenone oder Phthaleine und Anthrachinonfarbstoffe in emulgatorischer Hinsicht verhalten.

Von diesem Gesichtspunkt aus, nämlich der Bewertung des Formaldehyds und der mit ihm erzeugten Stoffe als Emulsionsvermittler mögen einige der bekannten Desinfektionsmittel hier angesehen werden, so das „Porasol“ und „Parisol“, das sind Emulsionen von Kresolseifen- und Formaldehydlösung bzw. alkoholische Kaliseifen, die außer dem Aldehyd noch Menthol und ein organisches Lösungsmittel (z. B. Benzin) enthalten[5]; „Morbicid“, das man durch Emulgieren von Harzseife, Kresol und Formaldehyd erzeugt[6]; „Septosan“ ist die Emulsion von Kaliseife, Sprit, Vaselin und Formaldehyd; „Lysoform“ und ähnliche Präparate gewinnt man durch Homogenisieren der wäßrigen Aldehydlösung mit Kali-Schmierseife oder Cocosnatronseife[7], Ölsäure[8], stearinsaurem Natron[9] und erhält so flüssige Produkte, die befähigt sind, weiterhin Kohlenwasserstoffe der aliphatischen und aromatischen Reihe in haltbarer Emulsion zu binden usw. In desinfektorischer Hinsicht dürften die Erzeugnisse zum Teil überholt sein; neuere Versuche[10] ergaben z. B. die Minderwertigkeit der Formaldehydseifen, z. B. des Lysoforms, in 3proz. Lösung gegenüber 1proz. Lysollösung.

[1] D.R.P. 322739.

[2] D.R.P. 231449; vgl. D.R.P. 182827: Herstellung der Tangate.

[3] D.R.P. 254411 u. 269659, vgl. D.R.P. 281939: Kolophonium-Formaldehydharz.        [4] Engl. Pat. 1330 (1908).

[5] Z. angew. Chem. 1908, 2464.        [6] Chem.-Ztg Rep. 1911, 586.

[7] D.R.P. 141744 u. 189208.        [8] D.R.P. 230980.

[9] D.R.P. 163323.        [10] PRAUSNITZ, W.: D. prakt. Desinfektor 16. 2.

Beachtenswert sind eigenartige Lösungen von Äthern der Zusammensetzung: Alkyl.O.CH₂. Halogen (oder Säurerest) in Ölen oder Fettstoffen, die mit Wasser geschüttelt unter Vermittlung dieser Äther gute Emulsionen geben, aus denen sich, von dem Fettstoff geschützt, langsam und stetig Formaldehyd bildet, während ebenso allmählich in dem Maße der gleichzeitig erfolgenden Säureabspaltung Entemulsionierung stattfindet. Sie tritt nicht ein, wenn man durch allmählichen Zusatz der berechneten Alkalimenge für Abstumpfung der gebildeten Säure sorgt[1]. Wir haben hier den seltenen eigentümlichen Fall der Bildung einer Emulsion unter Mitwirkung eines Vermittlers, dessen chemische Zersetzung in zwei Spaltungsstücke die Bildung einer neuen Emulsion mit dem einen herbeiführt, wenn man das zweite im Entstehen beseitigt. Durch schließliche Überneutralisation (s. S. 148) mit Alkali entsteht dann aus der zweiten Formaldehyd-Fettstoff-Alkalisalz-Emulsion eine dritte, nämlich die Formaldehyd-Seifenlösung.

Von außerordentlicher Haltbarkeit und andauernder Desinfektionswirkung sind die Emulsionen, die man aus nahezu neutralisiertem Türkischrotöl, Caseinatlösung und Harzöl durch Einleiten von Formaldehydgas gewinnt[2]. Sie dürften auch als dünner desinfizierender Anstrich den Aldehyd, ohne sich zu entmischen, ebenso langsam abgeben und wirkungsstark bleiben wie die Emulsionen, die man aus Zementbrei, phenolreichen Teerölen, vor allem Xylenol, und Formaldehyd erzeugt, um sie z. B. auf Flächen zu streichen, die der Verunreinigung durch Hunde ausgesetzt sind[3]. Schließlich sei noch die feste tablettier- oder brikettierbare „Festoform"-Formaldehydseife genannt, eine Art Hartspiritus- oder Hartpetroleumemulsion (s. S. 366), die beim Erhitzen oder im Gemisch mit Permanganat mit Wasser übergossen, das Aldehydgas in gleichmäßigem Strom entwickelt und deshalb zur Raumdesinfektion (Räucherung) vorgeschlagen wurde[4].

Der Formaldehyd (in neuerer Zeit auch das mit wäßriger Leimlösung leicht emulgierbare, für Zwecke der Schädlingsvertilgung empfohlene Furfurol[5]) spielt jedoch auch auf anderen Gebieten der Emulsionstechnik eine Rolle, und zwar auf Grund seiner Verwandtschaft zu Eiweißkörpern und seiner Indifferenz gegenüber Fettstoffen. Wie schon S. 25 erwähnt wurde, kann er daher in manchen Fällen als rasch und sicher wirkendes Mittel zur Trennung von Emulsionen dienen[6], die, z. B. aus frisch gepreßtem Leinöl und wäßriger Flüssigkeit, unter Vermittlung der Eiweißschleimkörper des Ölsaatpreßkuchens zustande kommen. Mit dieser eiweißbindenden Kraft des Aldehyds dürfte im Zusammenhang stehen, daß man auch Kautschukmilchsaft durch Zusatz von Formaldehydabkömmlingen wesentlich verbessern kann[7]. Da nun Formaldehyd-Eiweiß-Verbindungen oder -Anlagerungsprodukte albumoseartige Eigenschaften zeigen (s. S. 46) und daher durch Wärme,

---

[1] D.R.P. 231057.      [2] D.R.P. 240482.
[3] D.R.P. 317967; vgl. D.R.P. 439784: Phenolteeröl(-Sulfosäuren)-Formaldehyd Alaun- (Sprit-, Seife-) Emulsion zur Hausschwammbekämpfung.
[4] D.R.P. 163323.      [5] D.R.P. 448446.
[6] D.R.P. 251848, insbesondere D.R.P. 269195.
[7] D.R.P. 256904, Zus. zu D.R.P. 254196.

wie sie z. B. bei der Selbstverseifung warm gerührter, bis zum Verband sich selbst überlassener Cocosölseifen auftritt, nicht koaguliert werden, wurde auch vorgeschlagen, Eiweißseifen mit Hühnereiinhalt herzustellen, der vorher mit etwa 3% Formaldehyd behandelt worden war; das Eiweiß, dessen Abscheidung als zähes, gelatinöses Alkalialbuminat dadurch verhindert wird, soll nach den Angaben der Patentschrift[1] in seinen Eigenschaften und beim Gebrauch der Seife als alkalibindendes Mittel unverändert bleiben.

So wie in den obengenannten Formaldehyderzeugnissen der Aldehyd, beteiligen sich in den Phenolkörper-Desinfektionsemulsionen die Phenole zusammen mit Seifen als Emulgatoren an der Bildung der Emulsion (s. S. 51). Solche Seifenpräparate waren und sind auch heute noch vorwiegend im Gebrauch, denn sie sind wasserlöslich oder mit wäßrigen, auch Salzlösungen emulgierbar, benetzen gut und zeigen hohes Durchdringungsvermögen. Ein Hauptübelstand bei der Anwendung dieser Erzeugnisse, namentlich im großen, in Krankenhäusern, war stets ihr ausgeprägter, anhaftender Eigengeruch, der sich bei voller Aufrechterhaltung der desinfektorischen Wirkung nicht beseitigen, höchstens übertäuben läßt. So ermöglicht z. B. die hohe Emulgierbarkeit der Terpene, insbesondere des Terpinolens, mit Harzseife die Erzeugung von Phenol-Desinfektionslösungen, deren Eigengeruch gegenüber jenem des ätherischen Öles völlig verschwindet; eine mit Wasser emulgierbare Emulsion, z. B. aus Kolophonium- (100) Seife, Phenol (50) und Terpinolen (200) riecht angenehm und läßt den Phenolgeruch in keiner Weise vordringen[2]. Es wurde aber weiter auch noch festgestellt, daß die Desinfektionswirkung, z. B. der Kresole, bei längerer Lagerung in alkalischer Seifenlösung immer mehr sinkt, je mehr der Phenolkörper in ihr an Alkali gebunden wird[3], und daß im gleichen Maße auch deren Löslichkeit bzw. Emulgierbarkeit sowie die Stabilität der Handelspräparate, und zwar in Abhängigkeit von der Natur der betreffenden Seife, allmählich wesentliche Minderung erfahren. Was die Seifenart betrifft, die zur Bereitung von bei Zimmertemperatur homogen bleibenden Kresolseifen dienen sollen, gilt, daß nur solche fettsauren Salze leicht lösliche Produkte geben, die bei der betreffenden Temperatur und bei Gegenwart von Wasser als flüssige Systeme Wasser-gelöst-in-Seife vorliegen. Demzufolge sind, vom Alkalistearat und -palmitat zum -caprat fallend (1 : 17 bis 1 : 12) immer geringere Mengen Fettsäureanhydrid nötig, um den Phenolkörper in dem homogenen System einer Kresolseife festzuhalten, und diese Mengen Fettsäure und Kresol stehen untereinander etwa im Molekularverhältnis[4]; vgl. S. 36. Praktisch sollen sich als Phenolträger besonders jene Seifen eignen, die man durch Verkochen von bei der Oxydation von Paraffin erhaltenen Säuren mit Alkalilauge erhält. Diese Seifen sind besser als Schmierseife geeignet, auch rohe, kohlenwasserstoffhaltige Kresole des Teers und Urteers in emulgierte bzw. leicht wasserlösliche Form überzuführen[5].

---

[1] D.R.P. 112456 u. 134933, dazu D.R.P. 122354.
[2] Franz. Pat. 627664.   [3] Hailer, E.: Gesundheitsamt 1919, 556.
[4] Jenčič, S.: Kolloid-Zg. 42, 69.   [5] D.R.P. 410880.

Wenn nun auch die Träger der Phenolkörper bei der Herstellung dieser Desinfektions- und Schädlingsvertilgungsmittel, wie man sieht, eine wesentliche Rolle spielen, so unterscheiden sich doch die neuzeitlichen Erzeugnisse vor allem hinsichtlich der Wahl der **wirksamen Substanz**, die man der fertigen Seife einverleibt oder in ein Seifenbildungsgemisch einführt, wobei häufig auch gewisse Mengen eines organischen Lösungsmittels zugesetzt werden, um die Emulsionen zu stabilisieren und ihre Durchdringungskraft zu erhöhen.

Man verarbeitet z. B. komplexe wasserlösliche Verbindungen der Phenole, insbesondere ihrer chlorierten Abkömmlinge oder der Xylenole[1], etwa saures p-Kresolkalium oder das Kaliumsalz des chlorierten Xylenolgemisches mit Ricinusöl und Alkohol, und erhält so flüssige, sehr weiche salbenförmige, durchscheinende Massen, die sich in Leitungswasser milchig, unter Zusatz von Seife, klar lösen sollen[2]. Diese, auch die schwach riechenden mit ar-Tetrahydronaphtholen[3] hergestellten Präparate, z. B. Parol[4], Eusapyl[5], Grotan[6] u. a., übertreffen an Wirksamkeit alle anderen Phenolkörper-Desinfektionsmittel. Andere Emulsionsvermittler zwischen Kresolen, Chlorkresolen, Xylenolen und Wasser wurden zwar vorgeschlagen, so z. B. Saponin[7] oder Sulfitablauge, letztere zusammen mit Kochsalz, Sulfat, Natriumfluorid oder -formiat[8], doch dürften sich die Erzeugnisse nicht eingeführt haben, obwohl die Sulfitablauge-Kresolemulsionen mit Zusatz von fett- oder naphthensaurem Alkali[9] sicherlich sehr haltbar, wirksam und billig sind. Physikalisch besonders haltbar soll eine desinfektorisch wirksame Emulsion von phenolhaltigem Teeröl, Tetrachlorkohlenstoff und wäßriger Seifenlösung (1 : 2) sein, der man evtl. noch zur Erhöhung des geschmeidigen Zusammenhaltes Glycerin zusetzt[10], und ferner eine Seife, die man durch Schütteln von Phenolkörperlösungen mit den Alkalisalzlösungen der durch hohe Emulgierkraft ausgezeichneten Chlorabkömmlinge von Naphthensäuren erhält[11]. Durch sehr gute Stabilität zeichnen sich gewiß auch die in Vorschlag gebrachten Emulsionen von Phenolkörpern mit der wäßrigen Lösung des Salzes einer aromatischen Oxycarbonsäure[12] und eines Emulsionsvermittlers, z. B. Seife, oder die Gemische aus, die man durch Vereinigung von komplexen schwer löslichen Phenol-Alkalisalz-Doppelverbindungen der obengenannten Art mit solchen organischen Säuresalzen erzeugt, die Phenole zu lösen vermögen[13]. Hochwertige Desinfektionsemulsionen dieser Art entstehen ferner, wenn man, gegebenenfalls (zur Erhöhung der Beständigkeit der Emulsionen, s. S. 57) sulfonierte Naphthensäuren zur Neutralisation von Braunkohlenteerkreosotlaugen verwendet und dieses 30% der Phenollaugen enthaltende Gemisch mit

---

[1] LAUBENHEIMER, K.: Z. angew. Chem. 1909, 1643.
[2] D.R.P. 247410 u. Zus. 300321, 302013, 303083.  [3] D.R.P. 302003.
[4] ANGERER, v.: Münch. med. Wschr. 1918, 792.
[5] D.R.P. 244827; vgl. GOTTSCHALK: Pharm. Zentralhalle 1911, 910.
[6] SÜPFLE, K.: Münch. med. Wschr. 1917, 35.
[7] D.R.P. 268628.    [8] D.R.P. 336798 u. 339154.
[9] D.R.P. 340374.    [10] D.R.P. 354593; vgl. D.R.P. 365458.
[11] D.R.P. 363302.    [12] D.R.P. 315016.
[13] D.R.P. 331583; vgl. Arch. Hyg. 12, 359 (H. HAMMER).

Wasser verdünnt[1]. Schließlich sei noch erwähnt, daß man natürlich auch andere sulfonierte Mineral-, Harz-[2] und Pflanzenöle (Türkischrotöl-produkte[3]) als Emulsionsvermittler zwischen wäßrigen Flüssigkeiten und Phenolen oder Naphtholen vorgeschlagen hat. Unter den letzteren werden 1-Naphthol und seine Halogenabkömmlinge mit höchstens 4 Chloratomen den weniger wirksamen und giftigeren 2-Naphtholen vorgezogen[4]. Desinfektorisch besonders wertvoll sind die allerdings in Wasser unlöslichen Halogenphenolkörper von Art des Tribrom-2-naphthols. Um es in lösliche oder mit wäßrigen Flüssigkeiten emulgierbare Form überzuführen, bedient man sich der Alkalisalze ungesättig-ter, hydroxylhaltiger Fettsäuren, z. B. der Türkischrotölpräparate, gewisser Seifen aus geblasenem Rüb- oder Ricinusöl u. dgl. mit oder ohne Zusatz von Phenol oder Pyridinbasen oder organischen Lösungsmitteln[5].

Den Phenolen reihen sich auf diesem Gebiete der Erzeugung von in Wasser löslichen oder mit wäßrigen Flüssigkeiten emulgierbaren Desinfektions- und Schädlingsvertilgungsmitteln die aliphatischen und aromatischen Alkohole an. Unter jenen ist es naturgemäß der am leich-testen zugängliche gewöhnliche, reine oder denaturierte Spiritus, dessen stark bactericide Wirkung, insbesondere in etwa 70proz., d. i. in der Konzentration ausgenützt wird, die das Maximum seiner koagulierenden Wirkung auf trockenes Eiweiß bedeutet[6]. Sie wird durch Zusatz von Seife wesentlich verstärkt[7], so daß 20 g einer Alkoholpaste mit fett-saurem Natron, die „Chiralkol"-Seife des Handels, die man aus 86 g abs. Alkohol und 14 Kernseife herstellt, während 5 Minuten in die Hände verrieben, die gleiche Desinfektionskraft äußern soll, wie 150 ccm abs. Alkohols[8]. Weitere Steigerung der Wirkung auf Keime wird er-zielt, wenn man von Jodalkohol ausgeht[9], oder wenn man in der Seife oder auch in einem Hartspirituspräparat (s. S. 367) noch 1% Kalium-quecksilberjodid suspendiert oder ihr Chlor-m-Kresol oder 0,3% Ammo-niak beiemulgiert. Bei der Herstellung solcher Seifen ist zu beachten, daß sich die Kali(Schmier-) Seife der Ricinusölsäure am leichtesten, jene der Stearinsäure am schwersten in Alkohol löst[10]. Es sei erwähnt, daß Kölnisches Wasser den Alkohol gleicher Konzentration in keim-tötender Wirkung um so mehr übertrifft, je länger es abgelagert ist; Kölnisch-Wasser-Seifen sind in dieser Hinsicht demnach besonders wert-voll. S. a. Seifenemulsionen mit organischen Lösungsmitteln, S. 154.

Zur Händedesinfektion eignen sich ferner „Seifol", eine 75% Sprit enthaltende Ricinusöl-Seifenemulsion[11], Aceton-[12] und Sublimatspiritus

---

[1] D.R.P. 416599.                    [2] D.R.P. 76132 u. 80260.
[3] Vgl. D.R.P. 240482 (s. oben) u. 273983.    [4] D.R.P. 232948, vgl. 164793.
[5] D.R.P. 452183.                    [6] FREY, E.: Dt. med. Wschr. 1912, 1633.
[7] Wien. med. Wschr. 1910, 1563.
[8] PÖHLMANN, K.: Hyg. Rundsch. 30, 449. — J. SEEDORF: Ber. Physiol. 2, 352; vgl. G. WOLFF, Chem. Ind. 1911, 553.
[9] BEYER, A.: Z. Hyg. 1911, 225.
[10] FREUNDLICH, J., Chem. Rev. 1908, 133.
[11] Z. Hyg. 88, 120; vgl. A. KÖLLIKER: Chem.-Ztg 1921, 649 u. Dt. med. Wschr. 1918, 703.
[12] HERFF: Ther. d. Geg. 1909, Dezemberheft.

bei Gegenwart von Seife usw. In neuerer Zeit werden an Stelle des Äthyl-
alkohols die Propylalkohole, ebenfalls zweckmäßig in Seifenemulsion,
für denselben Zweck propagiert[1], während früher[2], vorzugsweise für
Desinfektion und Schädlingsvertilgung, unter den Heptyl- und Octyl-
alkoholen jene empfohlen wurden, die die Hydroxylgruppe am ersten
oder zweiten Kohlenstoff tragen. Diese Alkohole müssen in Seifenlösungen emulgiert angewendet werden, da sie in Wasser unlöslich sind.
Der gleichen, eben genannten Doppelverwendung sollen Emulsionen
von Ricinus- oder Sesamöl- auch Harzseife mit Benzyl- oder Fenchyl-
alkohol[3] oder ihren Halogenabkömmlingen und ferner Dibenzyl-, Chlor-
benzyl-, Xylylphenyläther u. a. z. B. in Seifenemulsion[4] dienen.

Unter den Kohlenwasserstoffen und ihren Abkömmlingen
zeichnen sich hinsichtlich ihrer keimtötenden und für Pflanzenschäd-
linge giftigen Wirkung neben den unsubstituierten Benzinen und Benzolen vor allem die Halogenkohlenwasserstoffe aus, die uns bereits als
Seifenzusätze begegnet sind (s. S. 156). Hier ist noch das Dichloräthylen
zu nennen, dessen desinfektorische Kraft jene der gesättigten Körper
dieser Art bei weitem übertrifft. Man emulgiert es zur Erzeugung von
Präparaten, die seinerzeit zur Sterilisation der Hände und des Operationsfeldes vorgeschlagen wurden, mit der gleichen Gewichtsmenge
einer Seife, insbesondere jener des Ricinusöles, und erhält so Produkte,
die sich in Wasser klar lösen[5]. Unter den hydrierten Kohlenwasserstoffen dient das Tetrahydronaphthalin mit Kaliseife emulgiert als verdünnte Lösung versprüht zur Motten- und Käfervertilgung[6], Terpen-
kohlenwasserstoffe und ihre Abkömmlinge, namentlich Terpineol[7] und
seine Emulsion mit Petroleum und Ölsäure-Kaliseife, das sog. Terpipetrol[8], ferner Fenchon[9], Terpentinöl und seine mittels Bor- oder Essigsäure erhaltenen Ester-Spaltungsprodukte[10] (vgl. Terpentinölseifen,
S. 162) usw., wurden mit Seifenlösungen emulgiert nicht nur als Des-
infektions- und Schädlingsvertilgungsmittel, sondern auch vereinzelt
zur Flecken-, Lack- und Anstrichentfernung, als Bäderzusatz u. dgl.
vorgeschlagen.

Wichtiger als diese Erzeugnisse und die Desinfektionsemulsionen
mit Pyridin[11], Chinolin[12], dessen Gemisch mit Trikresol („Kresochin"[13]),
ferner mit einem aus Benzol- und Teerölreinigungs-Abfallaugen und
-säuren gewonnenen Pyridin-Phenol-Gemisch[14], wären die im Kampf
gegen Keime, Schädlinge und Parasiten verwendeten Emulsionspräparate,
die in einer Seifengrundlage oder Mischung der beschriebenen Art solche
(kolloide) Metalle (s. S. 153), Metallsalze (-verbindungen) oder Metalloide gelöst, emulgiert oder suspendiert enthalten, deren bactericide
Eigenschaften, z. B. als Suspensionen in Seifenlösungen, besser zur Wir-

[1] Chem.-Ztg 1922, 141 u. J. Christiansen: Dt. med. Wschr. 1922, 358.
[2] D.R.P. 237,408.     [3] D.R.P. 297667.     [4] D.R.P. 333327.
[5] D.R.P. 263332 u. 271732.     [6] D.R.P. 324757.
[7] D.R.P. 207576.     [8] Doenhardt, M.: Pharm. Ztg 1913, 266.
[9] D.R.P. 246123.     [10] D.R.P. 254129.
[11] D.R.P. 116358—116360; mit Schwefelzusatz: D.R.P. 323925.
[12] Donath, J.: Ber. 1881, 178 und 1769.     [13] Vgl. D.R.P. 88520.
[14] D.R.P. 316998.

kung gelangen könnten, als wenn man diese Stoffe in wäßriger Lösung oder Suspension oder in Pulverform anwendet. Doch tritt auch hier (s. S. 152), im Maße der Feinzerteilung des Wertstoffes steigend, die Gefahr seiner schädlichen Beeinflussung durch die Seife und ihre Dissoziationsprodukte auf, so daß man wohl in den meisten Fällen auf diesen bequem anwendbaren und billigsten aller Träger und Emulgatoren verzichten und indifferente Stoffe von Art des Caseins[1] oder der Tier- und Pflanzenleime (-gummen) wählen muß, wenn es erwünscht ist, einem derartigen Präparat z. B. größere Haftfähigkeit auf Weinstöcken u. dgl. zu verleihen. Man verfährt dann bei Herstellung solcher Pflanzenschutzmittel in der Weise[2], daß man das feinst gemahlene Metallpulver (Aluminium, Zink, Magnesium) weiter mit einem indifferenten Zusatzstoff vermahlt und das unfühlbare Mehl mit Leim-, Gelatineoder Caseinlösung angeteigt in entsprechender Verdünnung aufspritzt. Analog sollen auch mit Ammoniak in kolloide Form übergeführtes Schweinfurtergrün in Mischung mit wäßriger Dextrinlösung[3] oder Kupferkalkpräparate verwendet werden, deren Bestandteilen man während des Kalklöschens Paraffin, Ceresin od. dgl. zusetzt, und die man statt mit Wasser ebenfalls mit Dextrinlösung in spritzbare Form überführt[4]. Auch Saponin läßt als im Gegensatz zu Seife indifferenter Stoff Quecksilberchlorid unbeeinflußt und soll dementsprechend einer Sublimatlösung in geringer Menge zugesetzt die Wirksamkeit des Salzes stark erhöhen[5]. Silbersalze lassen sich hingegen auch in Alkali- oder Ammoniumseifenlösungen verwenden, wenn man denselben überschüssiges Ammoniak zugibt. Solche Emulsionen zeigen sogar gegenüber jenen, die man sonst aus fettsaurem Silber bereitet, den Vorteil, daß sie nicht zum Absetzen neigen; auch die Haftfähigkeit des unlöslich abgeschiedenen Metalles auf den Pflanzenteilen soll größer sein[6]. Erwähnt sei noch die Herstellung einer, und zwar durch Verkochen von Antimonoxyd und konz. Kalilauge mit überschüssiger Ölsäure erzeugten sauren Antimonseife, die zum Imprägnieren von gegen Mottenfraß zu schützenden Wollsachen dienen soll[7].

Alles in allem sind jedoch echte Emulsionen, insbesondere Seifen mit Metallen und Metallsalzen als Wertinhalt, aus dem oben angeführten Grunde kaum im Gebrauch, wie deren Verwendung für Zwecke der Desinfektion, Schädlings- und Parasitenvertilgung überhaupt auf wenige Salze des Kupfers, Bleis und Quecksilbers beschränkt geblieben ist, die, wie z. B. das Kupfervitriol in Form der Kupferkalkbrühe und Sublimat mit einigen anderen Quecksilberverbindungen (z. B. Mercurophen) als Lösungen unbestritten dominieren. So wurden z. B. in neuerer Zeit Emulsionen des fett- z. B. ölsauren Kupfers mit Paraffin- oder Vaselinöl und evtl. auch Aceton oder Tetralin als Verdünnungsmittel zur Parasitenvertilgung vorgeschlagen[8].

---

[1] D.R.P. 318710: Kupferkalkbrühe mit Alkalicaseinatzusatz.
[2] D.R.P. 311883.  [3] D.R.P. 243252; vgl. D.R.P. 281752.
[4] D.R.P. 282259.  [5] D.R.P. 268628.
[6] D.R.P. 250101.  [7] D.R.P. 416706.
[8] D.R.P. 404413.

Im Zusammenhang mit dem oben über die Wahl des Giftstoffträgers Gesagten sei erwähnt, daß es bei Verwendung von Seifenlösungen als Vehikel für Schädlingsvertilgungsmittel von Art der Bleiarseniate nicht gleichgültig ist, von welchem Fettstoff die Seife herstammt. Bei Homogenisierung von Bleiarseniat mit Stearinseifenlaugen entstehen Bleiseifen, und Natriumarseniat wird frei, das auf die Pflanzenteile stark ätzend einwirkt, während Ölsäureseifen zwar geringere Mengen des Giftstoffes lösen, jene Zerlegung des Salzes jedoch in wesentlich geringerem Maße bewirken[1].

Soweit speziell bei der Schädlingsbekämpfung andere, nicht Metalle oder Metallverbindungen enthaltende Mischungen in Emulsionsform verwendet werden, handelt es sich vorwiegend um bactericide Stoffe und Parasiten- (Insekten-, Nagetier-) Gifte von Art des Schwefels und Schwefelkohlenstoffs; in der organischen Reihe sind es Nitrokörper, Phenole und Basen, insbesondere das Nicotin u. a. Alkaloide, die man, ebenfalls in Seifenlösungen emulgiert, in spritzbare, netzfähige (Türkischrotöl oder kolloide Kieselsäure[2]), schleimige (Salze aromatischer, z. B. Naphthalinsulfonsäuren[3]), gut haftende (ammoniakalische Zellstoffablaugefällungen[4]) Form bringt. Der leichtflüchtige Schwefelkohlenstoff wird am besten durch Schütteln mit einer etwas Erdöl enthaltenden Lösung von 150 g Seife im Liter Wasser oder mit einer wäßrigen Dextrin-[5] oder Leimlösung emulgiert[6], welch letztere auch dazu dient, um kolloiden Schwefel[7] und Polysulfide[8] fein zu verteilen (s. S. 153).

Analog verfährt man auch bei Herstellung einer Spritzbrühe gegen Pflanzenparasiten[9] aus Acetyldinitrophenol (3 Teile), Leinöl (10) und 10proz. Seifenlauge (1000), oder bei Bereitung der Nicotin- (Tabakabsud-), Quassia- und Pyrethrumseifen[10], und einer Saatgutbeize mit Teerölbasen[11], auch mit Paraffin-, Kreosot-, Anthracenölen u. dgl., deren Seifenemulsionen übrigens, insbesondere mit Gelatine als Emulgiermittel, als Spritzbrühen wesentlich beständiger bleiben, wenn man sie heiß bereitet[12]. Weitere Beispiele: Emulsionen von Fettstoff, Soda oder Kalk und Karbolineum sollen sich als Mittel gegen die Blutlaus bewährt haben[13]; weiter wurden Rückstandwaschöle[14], Cumaronharze[15], ferner die Kupferverbindungen der Xanthogensäure (ausgezeichnet durch ihre äußerst geringe Dissoziation in Lösungen[16]) emulgiert mit Seifenlösungen u. dgl. zur Schädlingsvertilgung ·vorgeschlagen; eine sehr beständige Insektenvertilgungsemulsion wird aus Petroleum und einer wäßrigen emulgierten Mischung von Naphthenseife, Fichtenharz, Rohkresol und Alkalilauge erhalten[17] usw. Erwähnt seien weiter die

---

[1] Pickney, R. M.: Chem. Zentralblatt 1925, I, 159.
[2] Franz. Pat. 577767 bzw. Franz. Pat. 562213.          [3] D.R.P. 416899.
[4] D.R.P. 416800.          [5] D.R.P. 161266.          [6] D.R.P. 283311.
[7] D.R.P. 290610.          [8] Am. Pat. 1338678.          [9] D.R.P. 289220.
[10] Seifensieder-Ztg 1911, 33.          [11] D.R.P. 320919.
[12] Woodman, R., Ref. in Chem. Zentralblatt 1927, II, 1197.
[13] D.R.P. 405152.     [14] D.R.P. 439077.     [15] D.R.P. 439365.     [16] D.R.P. 439235.
[17] Am. Pat. 1502956; s. a. Am. Pat. 1527246: Fischölkalkseife-Petroleumkaliseife-Emulsion.

speziell für die Saatgutbeize bestimmten Emulsionen von Sulfitablauge mit Mineral-, Teer-, Pflanzen- oder Tierölen, deren Herstellung jedoch auch emulsionstechnisch ebensowenig Anregung bietet[1], als jene der ungemein zahlreichen anderen Mittel dieser Art, die in der Neuzeit die Patentliteratur füllen.

Die Zahl der Schädlingsvertilgungsmittel vermehrt sich täglich, jedoch nur hinsichtlich der neu in Vorschlag gebrachten insekticiden Chemikalien, kaum was die Art ihrer Bindung in Form von Emulsionen betrifft. Genannt sei eine Methode[2], nach der man die Mittel in der Form eines längere Zeit haltbaren Schaumes aufspritzt bzw. den Schaum aus giftig wirkenden Lösungen erzeugt und ihn gegebenenfalls außerdem mit Giftgasen füllt. Ferner ein Verfahren[3] zur Emulgierung des Giftstoffes, z. B. Naphthalin mit Benzol und wäßriger Gummiarabicum-Lösung in einer Kolloidmühle.

Aus dieser Masse aller neuzeitlich bekannt gewordenen Schädlingsvertilgungsmittel heben sich, auch in emulsionstechnischer Hinsicht, die sehr einfach zusammengesetzten und billig herstellbaren Präparate von Art der im Handel erscheinenden „doppelt destillierten Cocosnußfettsäure" vom Schmelzpunkt 27° heraus. Es ist sehr beachtenswert, daß auch die Emulsionen der gleichartigen Capryl- oder Capron-Fettsäure mit Kohlenwasserstoff, z. B. Benzol, und mit Leim (2:2:1), letzterer als wäßrige Lösung 1:5, im ganzen auf $1^0/_{00}$ mit Wasser verdünnt, im Hinblick auf ihre insekticide Wirkung jene der wäßrigen Nicotinsulfatlösung erreichen und, was hier wichtiger ist, in dieser Form verkocht und gut durchgeschüttelt als Emulsionen stabil bleiben[4], obwohl dieselben saure Systeme und dazu nicht einmal nach Art der sauren Kaliumoleate (Saponoleine, s. S. 167) Seifen sind. Diese einzigartige Erscheinung findet jedoch ihre Erklärung durch die Tatsache, daß sich zur Erzeugung solcher Emulsionen unter den Fettsäuren, aufwärts steigend, erst die Capron-, Capryl- oder Caprinsäure eignen, deren Alkalisalze, wie S. 36 gesagt wurde, eben beginnen Seifencharakter zu zeigen. Dazu kommt, daß sie als immerhin noch „niedere" Fettsäuren befähigt sind, Leim bei Siedehitze zu hydrolysieren und mit den Spaltungsprodukten seifenartige Verbindungen zu liefern, die den Zusammenhalt der Emulsionen von Fettsäure und Kohlenwasserstoff bewirken. Die Grenzstellung der Capryl- ($C_8$) und Capronsäure ($C_6$) zwischen den niederen Fettsäuren (beide, in der Ziegenbutter vorhanden, riechen noch schweißartig) und der Stearin- (Palmitin-, Öl-) Säure (sie geben bereits Seifen) ist sehr bedeutsam; mit dem Caprylrest substituierte Naphthalinsulfosäuren müßten z. B. hervorragende Emulgatoren sein (vgl. S. 59). Da der Caprylalkohol von der Ricinusölkaliseife aus ebenso leicht zugänglich ist, wie die Caprylsäure von der Cocosfettseife und die Capronsäure als Nebenprodukt der Buttersäuregärung, dürfte diese Körperklasse wohl dazu berufen sein, künftig in emulsionstechnischer Hinsicht eine größere Rolle zu spielen als bisher.

---

[1] D.R.P. 423646.      [2] D.R.P. 380784.      [3] D.R.P. 377861.
[4] Vgl. E. H. SIEGLER u. C. H. POPENOE: Ref. in Chem. Zentralblatt 1925, I, 2111.

Anhangsweise seien noch die Emulsionspräparate zur Staubbekämpfung erwähnt. Während die ursprünglich vorgeschlagenen Methoden der Straßenbehandlung mit Emulsionen aus den Lösungen wasseranziehender Salze und Teer- oder Bitumenstoffen oder aus Roherdöl, Kaliseife und Ammoniak (Westrumit) der mit dem Straßendeckenbau verbundenen Schotterteerung weichen mußten (s. unten), haben sich für die Staubbekämpfung in Tanz- oder Turnsälen, auch in gewerblichen Innenräumen, wie Schriftsetzereien, in denen gesundheitsschädlicher (bleihaltiger) Staub entsteht, Staubbindeöle[1] erhalten, die zumeist echte Emulsionen von Pflanzen- oder geruchlosen Teerölen mit wäßrigen Lauge- oder Seifenlösungen sind, oder nach einem wirtschaftlich kaum ausführbaren Verfahren Milch- oder Blut-Bitumen-Wasser-Emulsionen[2] sein sollen. Weitere Zusätze dienen zur Minderung der Glätte des Bodens, evtl. auch zur Parfümierung der Präparate. Von den unvermischten Mineralölen abgesehen, die diesem Zweck dienen, kann man unter den Erzeugnissen die wasserlöslichen von den unlöslichen Staubbindeölen unterscheiden. Die ersteren, häufiger angewendeten Öle sind Emulsionen von leichtflüssigen Mineralölen mit der Viscosität nicht über 1,5 bei 50°, raffiniertem Harzöl, Destillatolein (etwa im Verhältnis 200 : 20 : 20) und 38gräd. Ätznatronlauge (7,5), gegebenenfalls unter Zusatz von denaturiertem Sprit und Formaldehyd. Von der völlig homogenisierten Mischung, die auch nach langem Stehen nicht aufrahmen darf, setzt man dem Scheuerwasser 10—20% zu, läßt eintrocknen und bohnert den Boden blank. Ein wasserunlösliches Staubbindeöl, das für sich in den Bodenbelag eingerieben wird, ist z. B. eine bei 80° bereitete Lösung von Nitronaphthalin (9) in amerik. Spindelöl (100), homogenisiert mit weißem Vaselinöl[3]. — S. a. die Fußbodenlack- und -anstrichemulsionen, S. 298.

In neuerer Zeit mehren sich die Vorschläge zur Herstellung besonders zusammengesetzter Bindemittel für Straßenbau-Steinschlag an Stelle des rohen oder präparierten Teeres, wohl als Folge der naturgemäß erst im Laufe von vielen Jahren gewonnenen Erfahrungen über die Beschaffenheit der Straßendecke als Folge der Wahl des Bindemittels für die mineralischen Bestandteile. Insbesondere hinsichtlich der Asphaltdeckengemische gibt es viel neues, aber wohl wenig verwertbares Patentmaterial, aus dessen Fülle einige Beispiele gewählt wurden, die dem Gebiete der allgemeinen Emulsionstechnik einige Anregung bringen könnten. So soll man z. B. zur Vermittlung der Bildung von Asphalt-Alkali- oder Alkalisalzemulsionen Gemische und Emulsionen von Kohlenwasserstoffen mit ihren Oxydationsprodukten (Säureanhydride, Lactone, Alkohole, Ester usw.[4]), mit Blut, Molke u. dgl.[5], vor allem

---

[1] Über Fußbodenöle (Mineralöle, 0,870—0,885 mit 10% Terpentinöl und 5—8% Ceresin, Stearin usw. als Glanzmittel) schreibt W. Obst im Allg. Öl- u. Fettztg 1927, 669.

[2] Engl. Pat. 225587 (1923).

[3] Farbe u. Lack 1912, S. 318; vgl. F. C. Krist: Seifensieder-Ztg 1913, 879 u. D.R.P. 143620.

[4] Franz. Pat. 576336; vgl. Franz. Pat. 588886.

[5] Franz. Pat. 581996 u. 582101.

auch Kolloidton[1] verwenden. Bitumenemulsionen von großer Beständigkeit, für Straßenbau, Anstrich oder Imprägnierung bestimmt, erhält man ferner durch Emulgierung von geschmolzenem, z. B. mexikanischem Asphalt mit 2—5% Casein allein oder zusammen mit Ölsäure und Stärkemehl in heißer Alkalilauge[2], am häufigsten wohl mit wäßriger Seifenlösung als Emulgator in der Wärme[3]. Eine Seife, die durch Verkochen von Leinöl mit 25% Soda bei Temperaturen bis zu 325° gewonnen wird[4], soll die Erzeugung einer besonders kältebeständigen Emulsion ermöglichen, während andererseits Glycerin oder leichte Mineralöle beigegeben werden, um die Viscosität von Asphaltemulsionen für Straßenbelag zu verstärken und ihrer Entmischung während der Vermengung mit Steinschlag vorzubeugen[5]. Zu diesen Methoden der Erzeugung einer geschmeidigeren Masse, z. B. für den Straßenbau, ist emulsionstechnisch nichts zu bemerken[6]; es sind einfache Mischungsvorgänge, in deren Verlauf der größte Teil des mit der Seifenlauge zugesetzten Wassers verdampft (s. a. die Bitumenemulsionen zur Betonimprägnierung, S. 383).

# Emulsionen in den Lebens- (Futter-) mittelindustrien.

## Allgemeines.

Unter den der menschlichen und tierischen Ernährung dienenden Rohstoffen gibt es, von wenigen Beerenfrüchten und vom Kartoffelmehl abgesehen, keinen einzigen, der völlig frei von Fettstoffen, also von mit Wasser nicht mischbaren Substanzen ist, und es gibt andererseits keine Art der Nahrung, bei deren Aufnahme nicht Wasser zugegen wäre. Jede Speise enthält demnach, auch wenn man ihr bei der Zubereitung keine Fettstoffe zusetzt, die Bestandteile einer echten Emulsion, die entweder schon in ihr fertig vorliegt oder deren Entstehung während des Kauaktes zumindest eingeleitet, im Magen aber mit Sicherheit beendet wird; die weitere Verdauungsarbeit ist physikalisch eine Zerstörung von Emulsionen. Da nun die sehr fettarmen Futter- und Nahrungsmittelrohstoffe stets im Gemisch mit Fettstoffen verfüttert bzw. zubereitet werden, sind Futtermittellehre und Kochkunst physiologisch, und Kunstfuttererzeugung sowie Lebensmittelherrichtung technisch, weite Gebiete der Verwertung emulsionswissenschaftlicher Forschungsergebnisse und emulsionspraktischer Erfahrungen. Als Emul-

---

[1] D.R.P. 442010.

[2] Engl. Pat. 230177 (1923); vgl. Engl. Pat. 202231 (1922, 23) u. Franz. Pat. 591040: Stabilisierung solcher Bitumenemulsionen mit Hilfe von Alkohol oder Zuckerlösungen.

[3] Z. B. D.R.P. 368233.          [4] Am. Pat. 1640544.

[5] Engl. Pat. 277356; s. a. Engl. Pat. 255074 (1926) u. 280930 (1927): Petroleum-(destillat-)emulsionen mit Alkoholen (Glycerin) und Schutzkolloiden (Leim) als Straßenbelag- oder Imprägnierungsmassen. — S. a. die Bitumenemulsionen nach Am. Pat. 1663652, 1665881; Engl. P. 243398/1924, 244561 u. v. a.

[6] Vgl. A. v. Skopnik: Petroleum 23, 476. — Über das Asphaltieren von Straßen nach dem Kaltverfahren mit einer 50proz. wäßrigen Bitumenemulsion s. E. Pyhälä, Asph. Teerind.-Ztg 28, 418.

sionsbildungsvermittler treten die Seifen vorwiegend in der physiologischen Richtung auf, insofern als ihre Bildung dem Organismus obliegt, während die Technik der Nahrungsmittelemulsionen sich der vermittelnden Wirkung organischer Kolloide von Art der Eiweißstoffe und Stärkemehlkleister, auch der Zucker-, Saponin-, Gummenlösungen bedient, um Emulsionen zu erzeugen oder ihre Bildungsgemische vorzubereiten. In beiden Richtungen aber ist die Mitwirkung einer bisher nur allgemein (S. 150) und beim enzymatischen Fettspaltungsvorgang (S. 102) genannten Klasse von Emulsionsvermittlern, nämlich der Fermente, unentbehrlich.

Die heutige Auffassung erkennt in ihnen von der lebenden Substanz geschaffene Kontaktstoffe, von denen u. U. äußerst geringe Mengen genügen, um den Aufbau und Abbau organischer Verbindungen zu beschleunigen (positive) oder zu verzögern (negative Fermente), ohne selbst dabei verändert zu werden. Man unterscheidet in ihrer spezifischen Wirkung: die kohlenhydratspaltenden Saccharasen, von den Fettstoffe zerlegenden Lipasen und den eiweißspaltenden Proteasen, die sämtlich in ihrer Tätigkeit durch das Wirken der Oxydasen ergänzt werden, denen u. a. die Ausführung der hydrolytischen Spaltungen obliegt. Emulsionstechnisch sind alle 4 Klassen bedeutungsvoll, da bei jeder dieser Verrichtungen Stoffe entstehen können, die in Emulsionen einzutreten oder dieselben zu vermitteln vermögen (vgl. die Bildung von Aminosäuren, S. 43). Die Technik hat die physiologischen Forschungsergebnisse verfolgt und namentlich bei Herstellung der Nährpräparate (s. a. S. 150 Pankreatin) nutzbar gemacht. Auch manche, namentlich die fettlöslichen Vitamine dürften an der Emulsionenbildung in den Nahrungsmittelrohstoffen in gleich hohem Maße beteiligt sein wie im Organismus.

## Getreide- (Leguminosen-) mehlerzeugnisse. — Marzipan.

Die Getreidekörner und -mehle enthalten, die letzteren nach dem Grade der Ausmahlung, in abgerundeten Zahlen

|  | Wasser | Fett | Eiweiß |
|---|---|---|---|
| Roggenkorn . . . . . . . . . | 12 | 2 | 12 |
| Roggenmehl . . . . . . . . . | 11—13 | 0,5—4 | 8—15 |
| Weizenkorn . . . . . . . . . | 13 | 2 | 13 |
| Weizenmehl . . . . . . . . . | 11—13 | 0,8—4 | 11—18 |

in Form von Emulsionen besonderer Art insofern, als die Natur der vermittelnden Eiweißkörper von ausschlaggebender Bedeutung für das fernere Verhalten der Mehle bei ihrer Weiterverarbeitung ist. Diese Tatsache erscheint um so beachtenswerter, als man im allgemeinen bei der Herstellung technischer Emulsionen die Eiweißstoffvermittler wohl nach ihrer Herkunft und Verwendbarkeit, etwa als tierischer Knochenleim, Eiereiweiß, Milchcasein usw., zu kennzeichnen, nicht aber die feineren Unterschiede zu machen pflegt, die z. B. zwischen Lab- und Säurecasein bestehen. So, wie erwiesenermaßen die mit diesen beiden Caseinen bereiteten Lebertranemulsionen, bei sonst gleicher Arbeitsweise, verschiedenes Verhalten insbesondere hinsichtlich der physikalischen Haltbarkeit und physiologischen Bekömmlichkeit zeigen, dürften auch in vielen anderen Fällen Unterschiede der genannten Art das Arbeitsergebnis beeinflussen. Man kann wohl sagen, daß die heutige Emulsionstechnik in dieser Hinsicht noch viel zu wenig differenziert (s. oben die Art der Seifen in Desinfektions- und Schädlingsvertilgungsmitteln). Aus diesem Grunde soll der vorliegende Fall ausführlicher besprochen werden; auch deshalb, weil solche in überwiegend große Massen fester Substanz eingebettete Wasser-Fett-Eiweiß-Systeme bisher noch wenig beachtet wurden.

Das die Bildung der im Getreidemehl vorhandenen Fettstoff-Wasser-Emulsion vermittelnde Klebereiweiß enthält neben Conglutin die beiden anderen Eiweißstoffe Gliadin und Glutenin im Verhältnis von etwa 75 : 25. Das letztere wirkt bei der Brotgärung im wesentlichen nur mechanisch und befördert infolge seiner Zähigkeit die Wasserbindung des Teiges. Das Gliadin hingegen bedingt die Backfähigkeit der Mehle in so hohem Maße, daß dieselbe schon durch seinen Mindergehalt von 2% herabgesetzt wird, weshalb auch das gliadinreiche Weizenmehl die beste, die an diesem Eiweißstoff armen Roggen- und Gerstenmehle jedoch geringere bzw. gar keine Backfähigkeit aufweisen[1]. Namentlich während des Krieges versuchte man nun den Roggen- und Gerstenmehlen das fehlende Klebereiweiß durch Zusatz anderer (Eiweiß-) Substanzen einzuverleiben und stellte fest: Eieralbumin und Gelatine geben flüssige, nicht knetbare, im ersteren Falle gut, mit Gelatine und auch mit Pektin schlecht aufgehende Teige. Casein führt zu zusammenfallenden Broten, Lecithin vergrößert das Teigvolumen, Leinsamenschleim, auch lösliche Kohlehydrate wie Dextrin oder Gummen, verringern die Backfähigkeit, wenn auch solche Stoffe, insbesondere Traganth in feinster Verteilung dem Mehl beigemischt, zu hellem, gutem Brot führen sollen[2]. Da aber Roggen- und Weizenmehl im Durchschnitt etwa die gleichen Mengen Fett und Wasser enthalten, und da ferner die Art ihrer Emulgierung, wie auch die Verbreitung der Emulsion in der Masse während der Bereitung des Teiges, von entscheidendem Einflusse auf seine Konsistenz, Knet- und Standfestigkeit, wie auch auf sein Aufgehen, in Summe daher auf seine Backfähigkeit sein dürfte, liegt hier ein solcher Fall von der bedeutenden Abhängigkeit der Beschaffenheit einer Emulsion von der Natur des Vermittlers sogar innerhalb enger chemischer Zugehörigkeitsgrenzen vor, oder ins Technische übertragen: ein Beispiel für die mögliche Verschiedenheit der Eigenschaften zweier Emulsionen, wenn man die eine z. B. mit Säure-, die andere mit Labcasein als Vermittler erzeugt.

Mit dieser Auffassung, daß die Art der Fett-Wasser-Emulsion in den Getreidemehlen zumindest mitbestimmend für deren Backfähigkeit

---

[1] Chem. Zentralblatt 1920, IV, 651; vgl. das Ref. über eine Arbeit von Marchadier u. Goujon in Z. angew. Chem. 28, 406 u. E. Berliner u. J. Koopmann: Z. f. Mühlenwes. 3, 168; Chem. Zentralblatt 1927, I, 1904.

[2] Am. Pat. 1524783.

und Ergiebigkeit ist, dürfte auch die erwiesene Verbesserung dieser Eigenschaften durch die Vorerwärmung der Mehle (evtl. im Vakuum) auf 75—80° und folgende rasche Abkühlung auf 40 bzw. 0° zusammenhängen[1]. Daß hierbei nicht nur die vorhandenen Enzyme beeinflußt werden, geht aus der Erhöhung der günstigen Wirkung dieser Vorgänge hervor, wenn man sie wiederholt[2], denn die öftere Erhitzung und Abkühlung bedeutet eine weiter fortschreitende Verbreitung der Emulsion in dem Stärkemehl und bessere Homogenisierung, als wenn der Vorgang nur einmal mit der Masse vollzogen wird, in der die sonst wohl noch beabsichtigte Sterilisation und Veränderung der Fermente doch nach einmaliger Erwärmung bereits vor sich gegangen sein müßte.

Daß jene natürliche Fett-Wasser-Emulsion des Mehles auch den weiteren Verlauf der Brot- und Gebäckbereitung beeinflußt, geht daraus hervor, daß man aus fett- und eiweißfreiem Stärkemehl nur gebackenen Stärkekleister (z. B. Mazzen), aber keine der sonst üblichen Backwaren erzeugen kann. Ferner aus dem Verhalten des vom Stärkemehl befreiten Klebers bei seiner Verarbeitung auf Aleuronat- (Diabetiker-) Nahrung. Man gewinnt den Weizenkleber, die oben bereits erwähnte Masse der drei Eiweißstoffe Glutenin (Caseinkleber, trocken zerreiblich, alkoholunlöslich), Conglutin (in 70° warmem alkalischen Alkohol löslich) und Gliadin (in Wasser und in 40—90proz. Alkohol leicht löslich) aus dem gequellten, geschroteten Korn oder aus dem Mehl mechanisch durch Auswaschen der Stärke mittels großer Wassermengen als zähen, das gesamte Fett des Kornes enthaltenden Eiweißteig. Er läßt sich, zum Unterschied von der Stärke, unter Zusatz von 5% Mehl getrocknet, gekörnt und gemahlen zu einem haltbaren Gebäck verbacken, das im Inneren, wie das übliche Brot, große, jedoch nicht mit feinlöchriger Krume, sondern mit einer häutigen Masse erfüllte Blasenräume enthält und im ganzen das Aussehen eines gewöhnlichen, jedoch derberen Mehl-Butter-Gebäcks von spekulatiusartiger Beschaffenheit zeigt. Verknetet man nun feuchten ausgewaschenen Kleber mit Fett, so vereinigen sich beide, „vermutlich wegen einer chemisch-physikalischen Anlagerung der Fett- an die Eiweißmoleküle" (K. Mohs[3]), zu einer geschmeidigen, überaus dehnbaren echten Emulsion, die, wie Fettsalbe oder Butter vorherrschend Fettstoff, hier umgekehrt der Hauptmenge nach Eiweißsubstanz enthält, mit der Fett und Wasser emulgiert sind — und dieser Rohstoff liefert verbacken eine Art, man könnte sagen, „konzentriertes", sehr nahrhaftes Buttergebäck, dem nur die Stärkekleistererfüllung fehlt. das im übrigen aber völlig einer Ware gleicht, die man aus Weizenmehl und 15% Butter oder Butterschmalz erzeugt.

Man erkennt aus diesen Angaben den vorherrschenden Einfluß der Emulsionenbildung bei der Herstellung von Gebäck und auch von gewöhnlichem Brot, dessen Bereitung im ersten Kaltprozeß der Teigzustellung ebenfalls über die Entstehung einer Emulsion von Fett-Wasser in dem hier vorherrschenden Milieu von Stärkekleister führt, der aus dem wäßrigen Stärkemehlteig durch fermentative Wirkung entsteht.

---

[1] D.R.P. 312528, 335406.    [2] D.R.P. 330694.    [3] Z. Getreidewesen 7, 218.

Mit ihr beginnen die chemischen Prozesse, die im weiteren Verlaufe der Brot- und Gebäckherstellung unter Mitwirkung der Teigzusatzstoffe, insbesondere der Hefe bzw. des in der Backhitze aus den beiden Systemen Fett-Wasser in Eiweiß und Fett-Wasser in Stärkekleister frei werdenden, weit über 100° heiß werdenden Fettstoffes, außerhalb des Rahmens der Emulsionstechnik, zu dem fertigen Erzeugnis führen.

Inwieweit die eben erwähnten Zusatzstoffe mit ihrem Gehalt an Fett (Eidotter oder Zusatzfett), Albuminen (Eiinhalt, Casein, Hefesubstanz, Fermente usw.), Wasser, Salzen (Kochsalz, Backpulver) und Gewürzen im Kaltprozeß der Teigbereitung (der Backvorgang schaltet hier wie gesagt völlig aus) sich verändern, einander beeinflussen, in Emulsionen eintreten oder entemulsionieren, ist im einzelnen nicht verfolgbar und ist auch belanglos, da die Feststellung genügt, daß Emulsionenbildung vom Beginn der Rohstoffverarbeitung an deren ganzen Gang in weit höherem Maße beeinflußt, als man anzunehmen pflegt. Es sei nur noch erwähnt, daß die dem Mehl auch sonst bei der Teigbereitung zugesetzten Fettstoffe, insbesondere wenn man sie in Form einer wäßrigen Emulsion zusetzt, als Schutzkolloide für den Kleber wirken und so, wenn auch bei verlangsamter Teiggärung, zur Entstehung eines voluminösen Gebäcks beitragen, das beim Aufbewahren langsamer austrocknet als ohne Fettstoff bereitete Backware[1]. In welch hohem Maße Emulsionsvorgänge bei der Brotbereitung eine Rolle spielen, geht auch aus einem Verfahren hervor[2], nach dem man ein nicht krümelndes Brot erhält, wenn man dem Weizenmehl bei der Teigbereitung Kleie (s. S. 244 reich an Nichtstärke) und Fett in Form von gemahlenem Leinsamenmehl zuknetet, der Masse also emulgierende Zusätze beigibt.

Der zunehmenden Erkenntnis von der Bedeutung kolloidchemischer und emulsionstechnischer Vorgänge bei der Brotbereitung ist es wohl zuzuschreiben, daß in manchen neuzeitlichen Verfahren auch die anderen Zusatzstoffe, z. B. bei Herstellung des Calciumbrotes[3] das Calciumchlorid, der Teigmasse in emulgierter Form (Olivenöl, Zucker, Gummiarabicum, Wasser) beigegeben werden, um der Zerstörung der im Mehl und Teig vorhandenen ursprünglichen Fett-Wasser-Emulsion durch das nackte Salz vorzubeugen. Vielleicht würden auch die trotz ihres hohen Nährwertes als häuslich zubereitete Mehlnahrung unbeliebten Hülsenfruchtmehle durch Kolloidmahlung und Beiemulgierung von Fettstoffen zu dem Erbsen-, Linsen- und Bohnenmehl bekömmlicher und wohlschmeckender werden und in Form solcher Handelsprodukte Eingang auch in die Haushaltungen finden, während man sie bisher der Hauptmenge nach zur fabrikatorischen Verarbeitung auf in der gleichen Weise zubereitete, weit über den Wert bezahlte Suppenwürfel verwendet.

Bei der Herstellung von Kraftfuttermitteln aus Abfällen der Müllerei spielen Emulsionen der genannten Art eine noch bedeutendere Rolle als bei der Bereitung des Brotes und der Backwaren, da diese Abfälle fettreicher sind als die Edelprodukte. Dies erklärt sich durch

---

[1] Vgl. das Ref. in Chem. Zentralblatt 1927, I, 959.
[2] Am. Pat. 1603709.          [3] D.R.P. 334766.

die Art des Getreidekornaufbaues und die Gepflogenheit, das Ausmahlen
des Getreides zu normalen Zeiten und für übliches Brotmehl nur bis
zu einer gewissen Grenze zu treiben. Das Innere des Kornes enthält nämlich vorwiegend Stärkemehl, während die wichtigen nährenden und auf-
bauenden Bestandteile, Fett, Eiweiß und phosphorsaurer Kalk sich in den
der Hülle benachbarten Schichten angereichert finden und zum Teil mit
in die Kleie gehen. Kleie- und Vollkornbrote sind daher nährstoffreicher,
jedoch für den menschlichen Organismus schwerer verdaulich, während
der auf Celluloseaufschließung eingerichtete Haustier-Verdauungskanal
die Kleie abzubauen und ihre Begleitstoffe voll auszunützen vermag.
Da nun die Weizen- und Roggenfuttermehle 4—5, Haferfuttermehle
bis zu 6% Fett und bis zu 20% Rohprotein mit nur 3—7% unverdau-
licher Rohfaser und 12—20% Wasser führen, demnach gegenüber den
zugehörigen Brotmehlen reicher an emulgiertem Fettstoff sind, übertreffen diese Kraftfutter die entsprechende menschliche Nahrung
hinsichtlich ihrer Eigenschaft, die Emulgierung des Chymusbreies zu
fördern. Ähnliches gilt für die Kleien, namentlich wenn man sie nicht
roh verfüttert, sondern nach einem neueren Verfahren[1] vorher durch
Kochen mit Schwefel- oder Salzsäure aufschließt, dadurch die beim
Schroten unverändert gebliebenen Aleuronzellen zum Platzen bringt
und so ihren Fett- und Eiweißinhalt frei legt. — Hierher gehören auch
die noch nicht zu den Ölfrucht-Futtermitteln (s. S. 245) zählenden
Produkte der Schlempentrocknung, die je nach ihrer Herkunft neben
sämtlichen Bestandteilen des betreffenden Rohstoffes von 2 bis 22% (in
der Maisbrennerei-Trockenschlempe) Rohfett enthalten; es entstammt
den ölreichen (Mais-) Keimen, die, durch Entkeimung der betreffenden
Samen abgeschieden, für sich als fettreiche Zusätze zu Magerkraft-
futtern dienen.

Unter den zahlreichen mit oder ohne Getreidemehl zubereiteten
Zuckergebäcken bzw. -waren begegnet uns als wichtigstes Erzeugnis
der Marzipan als echte, wenn auch labile (s. unten) Emulsion von
Wasser (17%) und Zucker (35%) mit fettem Mandel- (Aprikosen-, Pfir-
sichkern-[2]) und ätherischem (Rosen-) Öl, die die schwammartige Masse
geschabter Mandeln durchtränkt. Weitere (auch färbende, riechende
oder schmeckende) Zusatzstoffe werden zur Erzielung besonderer Vorteile, so Stärkesirup oder Glycerin zur Frischerhaltung, Zucker zur Ver-
billigung, Getreidestärkemehl zur Verfälschung oder zwecks Herbeiführung bestimmter enzymatischer Vorgänge, beigegeben, ferner Tragantschleim[3] statt Wasser, um die Bestandteile besser zu binden und während
des heißen Walzens der bittere Mandeln enthaltenden feuchten Masse
die Bildung und Zersetzung des aus dem Emulsin und Amygdalin
primär entstehenden Benzaldehydcyanhydrins in Glucose, Benzaldehyd
und flüchtig gehende Blausäure zu beschleunigen. Insbesondere wird
ein Zusatz von 0,5% Kartoffelstärke und 3,5% Stärkesirup zur Marzipan-
masse, allgemein üblich, zur Förderung des Zusammenhaltes der Ware

---

[1] D.R.P. 324122.
[2] LEHMANN, K. B.: Chem.-Ztg 39, 573.
[3] D.R.P. 302252 u. 319371.

nicht zu beanstanden sein[1]. Ob man nun noch weiter ein fettes Pflanzenöl beiemulgiert[2] oder völlig andere Rohstoffe verwendet, so als grobes Surrogat für Mandeln, das bis zu 20% Fettstoff enthaltende Mehl der rohen oder gerösteten Sojabohnen oder der Erdnüsse u. dgl., stets kommt bei der Marzipanbildung eine Emulsion aus Fett-Wasser-Zucker in einem proteinreichen Zellgewebeschwamm zustande, deren Stabilität allerdings durch den Zucker allein nicht gewährleistet erscheint, so daß Dauerware jene genannten schutzkolloidischen Zusätze erhalten muß. In diesem Sinne bildet dieses System den Übergang zu den bald (S. 241) zu besprechenden emulsionsartigen Adsorptionsverbänden (s. Allgemeiner Teil, S. 30), als welche man manche schwammartig, und zwar mit Fettstoffen durchtränkte wasserreiche Proteingerüste von Art der Ölkuchen bezeichnen könnte. Mit dieser Zwischenstellung des Marzipangebildes dürfte das bekannt rasche Eintrocknen der Masse zusammenhängen. Wasserverdunstung ist hierfür nur in geringem Umfange die Ursache, sondern vielmehr scheinen Gefügeänderungen neben vielleicht auch chemischen Umsetzungen Schuld zu tragen, da das Erzeugnis, ebensowenig wie Brot vor dem Altbackenwerden, durch Aufbewahrung in feuchter Atmosphäre dauernd vor dem Verhärten zu behüten ist.

## Milch und Molkereiprodukte.

Die Säugetiermilch ist die typische Emulsion von Fett in eiweißhaltiger wäßriger Flüssigkeit — in dieser Hinsicht wurde sie als Vorbild bereits im einleitenden Teil des vorliegenden Buches gewürdigt. Im einzelnen soll nun versucht werden einen Überblick über die technischen Methoden zu bringen, die dazu dienen, diese Emulsion unverändert zu erhalten oder sie zu zerlegen, um ihre Bestandteile — größtenteils wieder als Emulsionen — zu gewinnen.

### Milcherzeugnisse mit der ursprünglichen Emulsion.

Die Kuhmilch (ähnlich Frauen-, Schafs-, Kamel-, Ziegen-, Eselsmilch) ist nicht nur der Typus einer dünnen technischen, sondern auch das Vorbild einer empfindlichen „lebenden" (s. S. 18) Emulsion, deren physikalischer Bestand in dem Augenblick der Entnahme dieses Organsekretes aus dem Säugetierkörper bereits dadurch gefährdet ist, daß innere und von außen kommende mechanische und chemische Einflüsse in das System einzugreifen beginnen.

Mechanisch wirkt die Schwerkraft, indem die relativ großen 0,01—0,0016 mm messenden Kügelchen (100 Mill. pro Kubikzentimeter) des spez. leichten Milchfettes nach einigem Stehen der sich selbst überlassenen Milch zu größeren Tropfen vereinigt aufzurahmen beginnen[3]. Das Aufrahmen der Milch erfolgt als Ergebnis der elektronegativen Ladung der Fettkügelchen, durch deren Umhüllung mit den an der

---

[1] KELLER, O.: Z. Unters. Nahrungsmitt. 54, 78.          [2] D.R.P. 162454.
[3] Die Größe der Fettkügelchen ist übrigens in den einzelnen Milcharten verschieden, sie steigt bei Stallfütterung mit der Menge des dargereichten Kraftfutters und nimmt mit der Dauer der Lactation ab. (MOHR, Landw. Jahrb. 66, Erg.-Bd. I, 155.

Oberfläche der Flüssigkeit verdichteten, die Spannung dort herabsetzenden Proteinmolekülen, und zwar in beschleunigtem Aufstieg, da sich die Fetttröpfchen auf ihrem Wege nach oben zu größeren Aggregaten zusammenlagern[1]. Diese Erscheinung pflegt ganz allgemein in Öl-in-Wasser-Emulsionen einzutreten, wenn an der Grenze zwischen mikroskopischer und ultramikroskopischer Sichtbarkeit die Größe der Ölteilchen nicht unter 500 $\mu\mu$ liegt. Dabei bleibt das zurückbleibende kolloide System von Calciumphosphaten mit Milcheiweiß als Schutzkolloid ungestört, da dessen Teilchen, zu 3—6 Milliarden im Kubikzentimeter Kuhmilch enthalten, außerhalb des Bereiches mikroskopischer Sichtbarkeit, in der Lineargröße von nur 150 $\mu\mu$ vorliegen. Sie sind aber dennoch genügend groß, um bei der Filtration von entfetteter Magermilch durch Tonzellen in diesen zurückgehalten zu werden, jedenfalls wesentlich größer als die kolloiden Eiweißteilchen der Frauen- (und auch der Esels-) Milch, worauf wegen der Herstellung von zur Säuglingsernährung bestimmten Milchpräparaten hier schon hingewiesen sei (s. S. 218).

Schnell und vollständig erfolgt die Abtrennung des Milchfettes bei mechanischer schlagender oder stoßender Bewegung, der man die Milch aussetzt; sie wird „ausgebuttert", und das Resultat ist: 1. der Butterklumpen, ebenfalls eine, jedoch fettreiche Emulsion von etwa 85% Fett und 15% wäßriger Lösung, und 2. die Magermilch, die je nach dem Butterungsverfahren (geschlagen oder zentrifugiert) eine Emulsion von 1 bzw. 0,1% Fett in einer wäßrigen Lösung darstellt. Nach dem alten DEVONSHIRE- und dem ebenfalls noch ausgeübten SWARTZ-Verfahren bewirkt man die Trennung der Milchemulsion nicht durch mechanische Störung des Gleichgewichtes, in dem sich das System befindet, sondern durch Förderung der Aufrahmung, und zwar in der Weise, daß man nach der ersteren Methode die Milch nach 12stündigem Stehen fast zum Sieden erhitzt, nach weiteren 12 Stunden die zähe Rahmmasse von der fast fettfreien Magermilch abhebt und in Wasser zu Süßrahmbutter ausknetet; nach dem SWARTZ-Verfahren durch Einpacken der Milchsatten in Eis und ruhiges Stehenlassen, so daß sich nach etwa 24 Stunden das gesamte Milchfett von der Oberfläche der auf Käse verarbeitbaren süßen Magermilch abheben läßt.

Chemisch beginnen auf die Milch sofort nach ihrer Gewinnung fermentative Einflüsse einzuwirken, denn sie ist von Natur aus nicht nur für den Menschen, sondern auch für Keime aller Art die ideale Nährflüssigkeit, die, an freier Luft sich selbst überlassen, insbesondere bei Sommertemperatur der sauren und fauligen Gärung anheimfällt. Chemische Veränderung der Bestandteile des Systems führt aber auch zur mechanischen Störung seines Gleichgewichtes, es findet also auch in diesem Falle Entemulsionierung statt. Alle Verfahren, deren Ziel es ist, die Milchemulsion haltbar zu machen, müssen daher Homogenisierungs-, Keimfernhaltungs- und Entkeimungsmethoden sein.

---

[1] Vgl. B. VAN DER BURG: Ref. in Chem. Zentralblatt 1927, 757 und O. RAHN: Kolloid-Ztg 30, 110.

Die Milchhomogenisierung (s. S. 21), d. i. Zerkleinerung der Fetttröpfchen auf die Lineargröße von etwa $250-150\ \mu\mu$ (s. oben), geschieht in den S. 73 beschriebenen Apparaten, durch Einblasen der auf etwa $60°$ vorgewärmten Milch unter dem hohen Druck von $80-100$ at in den engen Zwischenraum, der entsteht, wenn ein rotierender abgestufter Kegel sein etwas erweitertes ähnlich geformtes Gehäuse nicht fugenlos ausfüllt (s. Abb. 33/34). Homogenisierte Milch (s. Einleitung, S. 22) zeigt nach 72stündigem Stehen zwischen unten und oben einen Fettgehaltsunterschied von (2,3 bzw. 2,9) 0,6%, rohe Frischmilch hingegen von (0,3 bzw. 8,5) 8,2%. Sie läßt sich nicht verbuttern, auch durch Schleudern kaum entrahmen und nicht oder nur unter Tragantzusatz zu Schaum (Schlagrahm) schlagen. Derartige in der Teilchengröße vereinheitlichte Milch, deren Caseingehalt gegenüber jenem der nicht homogenisierten Emulsion in der mehr als 10fachen Menge (25 gegen 2%) als feste Adsorptionsverbindung vorliegt, gleicht mit ihrem ursprünglichen Fettgehalt von 4% im Aussehen einem 8% Fett enthaltenden Rahm, schmeckt gehaltvoller und ist wegen ihrer leichten Verdaulichkeit ein ideales Kindernährmittel. 8proz. Rahm sieht aus wie ein 25% Milchfett einschließendes Produkt, das in dieser Form zur Eiscremebereitung verwendet wird. Jede Milch, die für kurze Lagerdauer auf Flaschen gezogen oder zur Herstellung von Dauerware sterilisiert und konserviert werden soll, muß vorher homogenisiert werden, um der Aufrahmung des Milchfettes in den Transport- bzw. Lagergefäßen vorzubeugen, auch die Erzeugung verschiedener Vollmilchpräparate (s. unten) ist erst durch die hohe Entwicklung der Apparatetechnik auf diesem Gebiete möglich geworden. Dagegen soll zur Erzeugung von Trockenerzeugnissen bestimmte Milch (s. unten) nicht homogenisiert werden, da die ungünstigen Veränderungen der Festemulsion dem oxydativen Einflusse der Luft zuzuschreiben ist und diese natürlich um so wirksamer angreift, je feiner man das Milchfett zerteilt[1]. Man beugt dann dem Aufrahmen der Vollmilch in der Weise vor, daß man ihr Fettstoff anderer Art beiemulgiert. Von diesem Mittel wird z. B. bei Herstellung eines Trockenpräparates aus Milch und Kakao Gebrauch gemacht, da er soviel Fett enthält, daß dieses genügt, um die Milchfettkügelchen mit einer das Aufrahmen verhindernden Schutzhaut zu überziehen[2].

Die Milchsterilisierung, d. i. Lähmung, teilweise oder völlige Abtötung der in ihr vorhandenen Keime, geschieht durch Kälte- bzw. Wärmebehandlung. Die Wahl der Methode bzw. der Wärmegrade und Wärmeeinwirkungsdauer hängt davon ab, wie lange Zeit der physikalische und chemische Zustand der Milch erhalten bleiben soll, ob auf Stunden (Haushalt), Tage (Stadtversorgung) oder Jahre (Milchdauerpräparate). Die Methode muß aber, von wirtschaftlichen Momenten abgesehen, auch die Bedingung erfüllen, daß ihre Anwendung das Naturprodukt in seiner äußeren und inneren Beschaffenheit möglichst wenig verändere, eine Forderung, der von den Wärmeverfahren nur zum Teil entsprochen werden kann, da Zufuhr von Wärme in der zur Keimabtö-

---

[1] LENDRICH, K., Ref. in Chem. Zentralblatt 1925, I, 1028.
[2] D.R.P. 402256.

tung nötigen Höhe gleichbedeutend ist mit der Vernichtung von Enzymen, deren Vorhandensein den physiologischen, insbesondere den Geschmackswert der Milch bedingt. In dieser Hinsicht ist die Homogenisierung der über Körpertemperatur vorerwärmten Milch bereits eine Schädigung ihrer biologischen Eigenschaften.

Chemisch völlig unverändert bleibt die sauber nach neuzeitlicher Erkenntnis unter möglichst weitgehender Fernhaltung von Schmutz und Keimen gemolkene Milch während mehrerer Tage, unter dem Gewitter Stunden, im guten Keller der Haushaltungen, bzw. in den künstlich auf Temperaturen unter 10° gekühlten Bottichräumen der Großmolkereien, physikalisch tritt jedoch schon nach wenigen Stunden Veränderung durch Aufrahmung statt. Tiefkühlung bis zum Gefrieren der Milch hat sich nicht eingeführt, denn diese Methode bedeutet völlige Entemulsionierung, da Eis auskrystallisiert. Mit ebenfalls negativem Erfolg wurde vorgeschlagen, diesen Prozeß zu einem Milchkonzentrierungs- bzw. -konservierungsverfahren auszubilden in der Weise, daß man den gefrorenen Milchblock zerkleinert, Serum und Fett von den Eisteilchen abschleudert und jene durch weitere Entwässerung (Trocknung) verdickt[1], bzw. dadurch, daß man einen Teil der Milch gefrieren läßt, die Eisstücke dem anderen Teil zusetzt, ihn so durch Kältezufuhr konserviert und gleichzeitig durch den langsam vor sich gehenden Auftauvorgang die Rahmabscheidung verhindert[2]. Es ist offenbar auf diesem Wege keine reinliche Scheidung von Milch und Wasser zu erzielen; vielleicht aber dadurch, daß man die Milch in Gefrierzellen auf genau 2° unter Null abkühlt, denn dann soll nicht die ganze Milch zu einem Eisklumpen erstarren, sondern nur das Wasser in schneeartigen Flocken gefrieren, die sich leicht von dem sämigen, weiter eindickbaren Milchinhalt durch Schleudern abtrennen lassen. In neuerer Zeit wurde vorgeschlagen, den von der Milch abgetrennten, gewaschenen Rahm gefrieren zu lassen und die wieder aufgetaute, nunmehr leicht in die Bestandteile trennbare Masse durch Schleudern zu konzentrieren[3]. Von der Einführung dieses Verfahrens[4] ist jedoch ebensowenig bekannt geworden, wie von jener einer originellen Methode, derzufolge man frischer Milch durch eingelegte Gelatinekugeln das Wasser durch Quellungsaufnahme zugleich mit Milchzucker und -salzen (s. S. 45) entziehen soll[5].

Dagegen bildet das Verfahren der Abkühlung eines Gemisches von Vollmilch oder Rahm mit Fruchtsäften, Mandel- oder Nußkernmilch (s. S. 220) nebst Zuckerlösung u. dgl. die Grundlage der Speiseeisbereitung. In diesem Vorgang erzeugt man durch fortgesetztes Rühren der im Metallgefäß von einer Kältemischung umgebenen Masse eine Suspension von Eiskryställchen in Milchfett-Casein-Emulsion, die um so feinkörniger, emulsionsartiger wird, je besser man homogenisiert. Ein Zusatz von Gelatine als Schutzkolloid ist insofern von Vorteil, als er die Bildung scharfkantiger Eiskrystalle verhindert und zugleich

---

[1] D.R.P. 89630.  [2] D.R.P. 77258.
[3] Ref. in Chem. Zentralblatt 1925, II, 1109.
[4] Bayr. Ind.- u. Gew.bl. 1912, 408.  [5] D.R.P. 303671.

dadurch, daß er die Gerinnung des Caseins im Magen verhütet, das Sahneneis verdaulicher macht[1]. Je vollwertiger übrigens die zur Speiseeisbereitung verwendete Milch hinsichtlich ihres Fettgehaltes ist, umso haltbarer bleibt die Emulsion, auch wenn man dem Gemisch wenig oder keine Gelatine zusetzt. Das Milchfett verhindert allein, besser noch in einiger Homogenisierung mit dem Milcheiweiß, nicht aber dieses allein, Entemulsionierung des Speiseeises unter Bildung von Eiskrystallen[2].

Die in steigenden Mengen auch bei uns nach amerikanischem Vorbild hergestellte Eiscreme ist mit Schmeck- und Würzstoffen vermischte 10% Fett enthaltende homogenisierte und dann einem Frierprozeß bei −25° unterworfene Milch[3]. Für das Zustandekommen eines guten haltbaren Produktes ist beste Homogenisierung (s. S. 22) ebenso Bedingung wie die Kältebehandlung, die eine gewisse Schwellung des Erzeugnisses hervorruft, als Folge der Volumvermehrung des gefrierenden Wassers; seine Zerteilung ist jedoch so fein, daß die Eiskryställchen sich nicht bemerkbar machen. Die passend zugeschnittenen Stücke der gefrorenen Emulsion werden dann meist in geschmolzene Schokolade-Couverture getaucht und mit dieser Schutzhülle 2−5° kalt gelagert. Eiscreme sollte, allein wegen ihres durch den hohen Fettgehalt bedingten Nährwertes mehr konsumiert werden; sie übertrifft das häufig recht minderwertige im Kleinbetrieb erzeugte Speiseeis auch durch die wesentliche hygienischere Art der fabrikatorischen Herstellung.

Die Wärmebehandlung der Milch bei verschiedenen Temperaturen geschieht auf Grund folgender Erkenntnisse: Zunächst bedeutet die bloße Erwärmung der Milch sogar auf nur 56° während 30 Minuten und mit der Temperatur wachsend Minderung ihrer Wasserstoffionenkonzentration, ihr Kochen die Zerstörung der löslichen Albumine und die Pasteurisierung, wenn auch nicht die Vernichtung, so doch bedeutende Schwächung der Milchfermente[4]. Weiter tötet zwar 1−3 Minuten dauerndes Erhitzen auf 70−85° alle Keime bis auf 0,1−0,2%, verursacht jedoch einen eigenartigen, den sog. Kochgeschmack der Milch, setzt ihre Aufrahmungsfähigkeit herab und macht sie, auch als Beimischung, zur Säuglingsernährung ungeeignet. Ebenso verändert auch Rahm seine Eigenschaften bei dieser Behandlung der Hochpasteurisierung. Er enthält, wie wenn er zu warm abgeschieden wurde, das Fett in anderer Verteilung und gibt geringere Butterausbeute als roher oder dauererhitzter Rahm, er scheidet auch zum Unterschiede von diesem beim Stehen eine feste butterartige Schicht ab[5].

Zum Unterschiede von dieser Methode der kontinuierlichen Pasteurisierung bewirkt 30−40 Minuten währendes Erwärmen auf 62−64°, die Dauerpasteurisierung, ohne jene Nebenerscheinungen

---

[1] ALEXANDER, J.: Kolloid.-Ztg 1909, 101.

[2] DAHLBERG, A. C.: Ref. in Chem. Zentralblatt 1925, II, 1818.

[3] Ref. in Chem. Zentralblatt 1927, I, 2373.

[4] Ref. in Chem. Zentralblatt 1925, I, 1374. — Über die weitgehende Veränderung, die die Milch beim Erhitzen erleidet, s. a. MAGEE u. HARVEY: Ref. in Chem. Zentralblatt 1927, I, 373.

[5] RAHN, O., u. W. MOHR: Milchwirtsch. Forsch. 1, S. 363.

herbeizuführen, Herabminderung der Keimzahl auf die praktisch hinreichende Höhe von 0,9%. Wenn man schließlich Sorge trägt, daß die Milch als feiner Nebel unter mehreren Atmosphären Druck mit plötzlicher Entspannung (Biorisieren) oder vorgewärmt als feiner Flüssigkeitsschleier (Degermieren), in beiden Fällen möglichst kurze Zeit, auf etwa 72° erhitzt und, was gleich wichtig ist, ebenso schnell abgekühlt wird, erhält man ein der Rohmilch in allen Eigenschaften (bis auf die Erhaltung der Enzyme) gleichendes Produkt, das sich wegen seiner Keimarmut, ebenso wie die pasteurisierte Milch, einige Tage hält und nicht die unwillkommenen Kennzeichen der gekochten Milch besitzt. Bei Anwendung dieser drei bzw. vier Verfahren, ebenso auch bei der Kondensmilchherstellung durch Eindampfen pasteurisierter Milch im Vakuum bleibt die vorher homogenisierte Emulsion physikalisch erhalten.

Kondensmilch bildet sogar, namentlich wenn man ihr Zucker zusetzt, ein noch wesentlich stabileres, auch nach Jahren in den Büchsen nicht entmischendes, jedoch gegenüber der Frischmilch wesentlich anderes Emulsionssystem. Es ist ein „Kochprodukt", das bei der Sterilisierung des Inhaltes der zugefalzten Blechbüchsen durch deren Erhitzen auf 120° im gespannten Dampf entsteht, als Nahrungsmittel wertvoll, jedoch keine Milch mehr, sondern ein aus koaguliertem, wahrscheinlich auch chemisch verändertem Casein und Butter (mit Salzen und Nebenbestandteilen) zubereitetes teigiges Milchpräparat. Versuche an Mäusen ergaben dementsprechend auch, daß kondensierte gezuckerte Milch, wohl wegen des Fehlens der Vitamine, nicht als vollwertige Nahrung für den wachsenden Organismus angesehen werden kann[1].

Noch weitergehend verändert sind die festen Emulsionen, die man als Trockenmilcherzeugnisse[2] kennt. Man gewinnt sie auf den seinerzeit von JUST-HATMAKER vorgeschlagenen, inzwischen vielfach abgeänderten und verbesserten Walzentrocknern oder nach einem der vielen Zerstäubungsverfahren durch rasches Eintrocknen eines Milchnebels in einem 100° warmen Luftstrom, z. B. in den Apparaten von KRAUSE[3], MEISTER u. a. Die Verwirklichung des Gedankens, Vollmilch zu einem Festkörper einzutrocknen, der sich in Wasser rückstandfrei zu einer Flüssigkeit von ursprünglicher Beschaffenheit löst, bietet heute noch kaum überbrückbare Schwierigkeiten. Denn das Problem ist doch folgendes: Es soll eine dünnflüssige echte Emulsion von Fett in wäßrig-kolloider, salzhaltiger Eiweißlösung in ein Pulver verwandelt werden. Um diese Veränderung des Aggregatzustandes im kontinuierlichen Betriebe zu erreichen, muß man zur möglichst raschen Verdampfung des Wassers Temperaturen von mehr als 85° (s. oben die chemischen und geschmacklichen Veränderungen bei der Pasteurisierung) anwenden, dabei aber Sorge tragen, daß das Trockenprodukt noch Feuchtigkeit

---

[1] DUBISKI, J.: Ref. in Chem. Zentralblatt 1925, I, 1142.
[2] Über Milch(serum)trocknung s. Chem.-Ztg 1924, 621 u. 941.
[3] Siehe Abb. 142, S. 342 in LANGE, Chem. Techn. in leichtfaßlicher Form, Leipzig 1927.

enthält, um nicht völlig irresolubles Kolloideiweißgel zu erzeugen. 5—10% Wassergehalt, die ein Stoff höchstens haben darf, um pulvrig zu sein, genügen jedoch nicht, um völlige Löslichkeit des festen Milchinhaltes in Wasser zu bewirken, sie reichen dagegen wieder hin, um die chemische Haltbarkeit der trockenen Emulsion von etwa gleichen Teilen Fett und Eiweiß (3,5 + 3,5) in Wasser (z. B. 7) nebst Salzen stark herabzusetzen. In der notwendigerweise luftdicht abschließenden Packung werden Vollmilchpulver daher nach höchstens 3—4monatlicher Lagerung ranzig[1] und enthalten zum Teil auch faulig zersetztes oder mindestens geschmacklich verändertes Eiweiß und auch Magermilchpulver, deren Erzeugung aber gewiß ursprünglich nicht angestrebt wurde, sind auf Grund von Zersetzungen des Caseins und der in Spuren stets noch vorhandenen Fettreste nach etwa einem Jahre verdorben. Keines der an sich durch den wenn auch noch so kurzen Erhitzungsvorgang chemisch und enzymatisch veränderten Fabrikate löst sich jedoch, auch im frischen Zustande nicht, rückstandfrei in lauwarmem Wasser zu einer der Naturmilch gleichenden Flüssigkeit — sie sind, wie die Kondensmilch, Erzeugnisse von hohem Nährwert, der jedoch nur auf Umwegen, etwa durch Kolloidmahlung der Pulver und folgende Lösung, z. B. in Nährpräparaten, voll ausgenutzt werden kann.

## Milchpräparate.

Der Kondens- und Trockenmilch schließen sich andere flüssige oder feste Erzeugnisse an, die, soweit man bei ihrer Herstellung von der Vollmilch ausgeht, sämtlich ebenfalls als Emulsionen von Milchfett in wechselnden Kolloidmischungen von verändertem oder unverändertem Casein mit Stärkemehlkleister, Zuckerlösungen, Pflanzengummen u. dgl. aufzufassen sind. So vermag man z. B. der Milch eine größere als die in ihr vorhandene Menge Eiweiß einzuverleiben, wenn man sie gesäuert mit Labcasein und mit Traubenzucker als Vermittler emulgiert. In den Versandgefäßen sterilisiert, erhält man so ein kunstmilchartiges Eiweißnährpräparat[2] (s. unten). Andere Systeme entstehen, wenn man von der Magermilch ausgeht und sie, oder Molkenflüssigkeit, mit Fett allein oder zugleich mit Stärkekleister usw. emulgiert. Und schließlich gibt es eine dritte Reihe von Milchpräparaten, die, wie z. B. alle Kindermehle, Malzsuppen, Butter-mit-Mehl- und Buttermilchmischungen und -emulsionen Milch nur noch als gegenüber den anderen Komponenten zurücktretenden Gemengebestandteil enthalten. Hierher zählen auch die Malzmilch- und gewisse fleischextraktähnliche, ferner viele Erzeugnisse der Kochkunst von fester oder cremeartiger Beschaffenheit aus Milch, Mehl und Eiinhalt und schließlich die Kunstmilchsorten, d. s. natürliche oder künstliche Emulsionen pflanzlicher Herkunft von Art der Mandel- oder Sojamilch.

Die ursprünglichsten, zum Teil im Haushalt oder Kleinbetrieb ohne maschinelle Hilfsmittel hergestellten Milchtafeln oder -pulver waren

---

[1] Vgl. K. LENDRICH, Milchwirtschaftl. Forschgn. I, 251: Chem. Zentralblatt 1925, I, 1028.
[2] Franz. Pat. 572482.

Pfanneneindampfprodukte von Milch und Zucker mit oder ohne Zusatz von Bicarbonat[1], Trinatriumcitrat[2], auch Calciumsaccharat[3]; nach anderen zum Teil neuzeitlichen Verfahren soll man haltbare Vollmilch-Trockenpräparate erhalten können, wenn man Magermilch (-pulver) mit einem Fettstoff (Baumwollsamen-, Mais-, Cocosöl) in der Wärme im Vakuum emulgiert und eindampft[4] oder Magermilchpulver nur mit Butter kalt anrührt[5]. Von größerer Bedeutung sind die ebenfalls noch im Bereiche der Emulsionen mit unveränderter Milch liegenden Stärkemehl-Milchsuppen — d. s. vorwiegend Kindernährpräparate. Für diesen Verwendungszweck muß bei der Fabrikation als Richtschnur gelten, daß der Säuglingsmagen kein stärkelösendes Enzym enthält und jedes Getreide- oder Leguminosenmehl daher vor oder während der Emulgierung mit Milch abgebaut, dextriniert werden muß. Man bewirkt diese Dextrinierung entweder, wie bei Herstellung der Malzsuppe von KELLER[6], durch Verkochen der Emulsion von Vollmilch und Weizen- oder Leguminosenmehl- (160 : 16) -kleister mit Gerstenmalz (16) unter Zusatz der gleichen Menge 18proz. wäßriger Bicarbonatlösung oder, wie bei der Erzeugung der Butter-Mehl-Nahrung[7], durch Einbrennen des Mehles in siedende Butter bis zur Bräunung des Gemisches (5 : 5); die Einbrenne wird dann in Wasser (70) gelöst und die Lösung mit Zucker (4) im Verhältnis 2 oder 1 : 1 oder 3 : 2 mit abgekochter und wieder erkalteter Milch emulgiert.

Andere, nicht nur für Säuglinge und heranwachsende Kinder, sondern vielmehr als allgemeine Nährmittel bestimmte Emulsionen sind Malzmilchpräparate, so der Löflund-Extrakt, verkochte, evtl. zur Sirup- oder Butterkonsistenz eingedampfte, emulgierte Gemische von Milch und mit Soda neutralisiertem Malzextrakt[8] oder Milchsuppenpulver, die man als Trockenpräparate durch gemeinsames Vermahlen von Trockenmilch und gedarrtem Cerealienmehl[9] oder als sog. Buttermilchbrei durch Verkochen von Buchweizen- oder Weizenmehl mit Buttermilch erzeugt[10]. Sie sind fettarm und kaum mehr als Emulsionen aufzufassen, zum Unterschiede von den bereits in das Gebiet der Küche reichenden abgequirlten oder fabrikatorisch homogenisierten Milch-Eigelb-Mischungen, in denen Milchfett und Eidotteröl mit Casein in so haltbarer Emulsion verbunden sind, daß das Erzeugnis auch beim Erhitzen als Emulsion stabil bleibt[11]. Die Bedeutung von Produkten dieser Art liegt weniger in ihrer Eigenverwendung, im vorliegenden Falle als haltbare, aufkochbare Trinkmilch, sondern sie ist in erster Linie durch die Tatsache begründet, daß Schutzkolloide, z. B. von Art der

---

[1] Pharm. Zentralhalle 1873, Nr. 19.    [2] D.R.P. 123622.
[3] D.R.P. 193264.    [4] Engl. Pat. 1409 (1914); vgl. D.R.P. 304445.
[5] HILGER, H.: Molkereiztg 1921, 1535.
[6] Techn. Rundsch. 1908, 137, vgl. D.R.P. 202467, auch 289294.
[7] OCHSENIUS, K.: Münch. med. Wschr. 66, 962. — M. TÜRK: Dt. med. Wschr. 45, 521. — H. KLEINSCHMIDT: Berl. klin. Wschr.: 56, 673.
[8] D.R.P. 27978; vgl. D.R.P. 184482 u. 202467.
[9] D.R.P. 289294.
[10] FILIPPO, J. D.: Chem. Zentralblatt 1919, II, 683.
[11] D.R.P. 91727 u. 148096.

Eidotterbestandteile, geeignet sind, die Ausflockung des Milcheiweißes völlig oder doch in grobflockiger Form zu verhindern. Dies aber ist der Zweck aller Bestrebungen, die dahin gehen, Kuhmilch der Frauenmilch ähnlicher und dadurch als Säuglingsnahrung geeignet zu machen.

In der Frauenmilch stellt sich das Verhältnis von Albumin zu Casein wie 1:1, in der Kuhmilch wie 1:6, letzteres gerinnt aus den oben (s. S. 211) genannten Gründen in der Frauenmilch feinflockig, während das Kuhmilchcasein klumpig ausfällt. Es handelt sich hier also um feinere chemische Unterschiede zwischen den sonst im ganzen als Milcheiweiß bezeichneten Vermittlern der Milchfett-Wasser-Emulsion, wodurch die Systeme völlig andere physikalische Eigenschaften erhalten — ein neuer Beweis für die S. 206 betonte Notwendigkeit, bei der technischen Herstellung von Emulsionen auf die feinere Auswahl der Vermittler, sogar im Bereiche chemisch zusammengehöriger Stoffe, bedacht sein zu müssen. Denn die anderen Unterschiede in der Zusammensetzung von Kuh- und Frauenmilch sind insofern belanglos, als man das Minus der Kuhmilch an Milchzucker und Mineralbestandteilen (Asche), ferner an Öl-, Capryl- und Capronsäure und ihr Plus an Buttersäure durch die entsprechenden Zusätze zur Frauenmilch leicht auszugleichen vermag.

So ist z. B. die bei der Käsebereitung abfallende entsäuerte und auf 33% des Urvolumens eingedampfte Molke eine dem Frauenmilchserum nahezu isodyname Flüssigkeit mit 1,06% (Frauenmilch 1,03) Eiweiß (überdies als wasserlösliches Albumin und Globulin, Frauenmilch zu 50—80% als Casein), die man nur mit der nötigen Fettmenge zu emulgieren braucht, um zu einer der Frauenmilch völlig gleichenden Säuglingsmilch zu gelangen[1]. Ein der Frauenmilch hinsichtlich der Resorbierbarkeit seitens des Säuglingsmagens gleichendes Präparat soll man auch erhalten können, wenn man auf $^1/_3$ ihres ursprünglichen Volumens eingedampfte Kuhmilch zur Entfernung der Mineralbestandteile dialysiert und mit den auf die Zusammensetzung der Muttermilch berechneten Mengen Kuhmilchsahne und einer wäßrigen Milchzuckerlösung emulgiert[2].

Ferner gewinnt man ein für Kinderernährung geeignetes milchähnliches Präparat durch Emulgieren eines Fettgemisches von Talg, Talg- und Cocosnußöl, Lebertran und Cocosnußpflanzenbutter (wie es hinsichtlich der Mengen fester und flüssiger Triglyceride dem Frauenmilchfett angepaßt wird) mit den entsprechenden Mengen Milchzucker, -salzen und -eiweißstoffen, Vitaminen u. dgl.[3]

Jener tiefgreifende Unterschied zwischen den Milcheiweißarten (s. a. bei Käse, S. 223) ist jedoch mangels der Kenntnis von ihrem chemischen Aufbau nicht ausgleichbar, und darum kann Kuhmilch allein niemals die Frauenmilch ersetzen. Man kann den Unterschied jedoch

---

[1] RASCH, E. F.: Milchw. Zentralblatt 49, 17. — Es sei übrigens erwähnt, daß die Milch von Kühen, deren Eierstöcke man operativ entfernt hat, der Zusammensetzung nach der Frauenmilch fast gleich sein soll (vgl. Franz. Pat. 574765).

[2] Am. Pat. 1511808.        [3] Franz. Pat. 559152.

mildern und der Kuhmilch dadurch ihr wichtigstes Verwendungsgebiet wenigstens als Bestandteil der Säuglingsernährung erschließen.

Die dahin zielenden Bestrebungen gehen in zwei Richtungen. Einerseits versuchte man die im Säuglingsmagen grobflockig erfolgende Ausscheidung des Kuhmilchcaseins durch Zusatz von Schutzkolloiden in eine feinflockige Fällung zu verwandeln, emulgierte demnach die verdünnte abgekochte Kuhmilch, so wie im obigen Verfahren mit Eidotter, hier mit nicht koagulierbarem (s. S 47) Albumoseneiweiß[1], Lactalbumin[2] und aus ihm erzeugten Eiweißpräparaten[3], oder mit pyrophosphorsaurem Natrium[4]. Dieser Zusatz bewirkt jedoch bereits, was andererseits die zweite Reihe der Milchverarbeitungsverfahren anstrebt, nämlich die Zerstörung oder Veränderung der ursprünglichen Emulsion „Milch" durch Ausfällung des überschüssigen Milcheiweißes bzw. Wiedervereinigung künstlich erzeugter feinflockiger Caseinfällungen mit der bereit gehaltenen Sahne-Serum-Emulsion und Homogenisierung des Ganzen.

### Milch(-ersatz-)erzeugnisse aus den Bestandteilen der Emulsion. Käse- (Casein-), Sauermilcherzeugnisse.

Nach einem neuzeitlichen Verfahren[5] der (s. oben) Pyrophosphatmethoden[6] erhitzt man mit Fett angereicherte und mit 0,3 % eines Alkalipyrophosphatgemisches verrührte frische Kuhmilch zwecks Ausfällung von überschüssigem, schwer löslichem Calciumcaseinat, schleudert es ab und vermischt die alle verdaulichen Milchbestandteile enthaltende Flüssigkeit mit wäßriger Milchzuckerlösung, oder homogenisiert einfacher das aus Magermilch mit Pyrophosphat feinflockig ausgefällte Milchcasein mit homogenisiertem Rahm[7], Wasser und Maltose. Andere Fällungsmittel, vor allem Kohlensäure[8], dienen zur partiellen oder völligen Caseinbeseitigung als klumpige Masse, die sämtliche Fremdkörper der Milch einhüllt, so daß durch Filtration eine dem Frauenmilchserum sehr ähnlich zusammengesetzte Molke (s. oben) resultiert. Caseinarme oder -freie Milchpräparate kann man auch in der Weise herstellen, daß man Magermilch gerinnen läßt, das Gerinnsel abschleudert und die evtl. pasteurisierte Flüssigkeit mit dem ebenfalls sterilisierten Rahm homogenisiert, um das Produkt schließlich als Kindernährmittel auf Frischmilchkonsistenz einzudampfen[9]. Einer weitgehenden Veränderung des Systemes „Milch" kommt schließlich der Abbau des Caseins mittels mancher Enzyme gleich. Die hierher gehörenden Verfahren unterscheiden sich von einer alten Vorbildmethode[10] der Peptonisierung des Milcheiweißes mittels der Milch

[1] D.R.P. 60239, vgl. 85571, 93002 u. 121907: Eidotterölzusatz.
[2] D.R.P. 205065.       [3] D.R.P. 210130, 215690, 219581, 299958.
[4] D.R.P. 190838.       [5] D.R.P. 319022.
[6] D.R.P. 190838, 298696, 301867.
[7] D.R.P. 225080. — Im Engl. Pat. 253554 (1926) ist übrigens die Pyrophosphorsäure nebst ihren Salzen ganz allgemein als Emulgiermittel z. B. für Waschund Reinigungszwecke geschützt.
[8] D.R.P. 179185, 170637.       [9] Schwed. Pat. 117345 (1926).
[10] D.R.P. 19777, vgl. A. GABATHULER: Z. Fermentforschg. 3, 81.

zugesetzten Pankreasfermentes nur durch die Ausführung und die Wahl des Enzyms, ob man also Lab[1], evtl. im Gemisch mit Trypsin[2], dieses allein[3], oder Papayotin[4], Oxydase- und Katalasepräparate, zusammen mit einem caseinlösenden, proteolytischen und einem bakteriolytischen Ferment, evtl. unter Labzusatz, verwendet, bzw. ob man mit Voll- oder Magermilch arbeitet und im letzteren Falle das Produkt nachträglich mit Rahm homogenisiert, die Peptonisierung des Caseins bis zur Gerinnung treibt und die Masse dann mechanisch in Feinflockenform bringt usw. Stets, auch bei der Erzeugung fleischextraktartiger Milchpräparate[5] aus gleichartig z. B. mit Trypsin abgebautem Casein durch Vergärung mittels Bierhefe, entstehen gegenüber der Milch völlig veränderte Produkte, die in der letztgenannten Kategorie auch kaum mehr als Fettstoffemulsionen anzusprechen sind, da man bei der Herstellung der Fleischextraktsurrogate von Magermilch oder Molken auszugehen pflegt. Fallweise[6] emulgiert man allerdings, z. B. vom Milchzucker befreite, mit Pflanzeneiweiß und Stärkemehl homogenisierte Molke nachträglich zur Erzeugung von Nähr- oder Nahrungsmitteln, die fleischartig schmecken sollen, mit Fett und erhält so Kunstprodukte, die in dieser Form von echten Emulsionen vielfach als Beigaben zur Kirne in der Margarinefabrikation vorgeschlagen wurden.

Als Rohstoffe für solche „Kunstmilch‟-Emulsionen kommen außer der oben erwähnten breiigen Magermilchpulver-Butter-Mischung und neben, namentlich für Bäckereiverbrauch erzeugten, milchartigen Emulsionen aus Sesamöl, Eiweiß, Invertzuckerlösung und Wasser[7], vor allem die beiden verschiedenen Pflanzenmilchsorten in Betracht, die als natürliche Emulsionen einerseits durch Pressen von Mandel- oder Paranußkernen gewonnen werden, andererseits, wie die Sojamilch, pflanzlichen Milchsaftgefäßen entstammen. Diese Produkte, sogar der kautschukartige und als Ersatz für Pontianac- und Chiclegummi aufarbeitbare Milchsaft des Kuhbaumes der Kordilleren (Galactodendron utile[8]) sind Nährstoffmischungen von besonderem, zum Teil selbständigem Wert, deren Konsum allerdings meist auf die Örtlichkeit der Herkunft· des betreffenden Rohstoffes beschränkt ist.

Die Herstellung der Kunstmilch ist stets ein typischer Emulgierungsprozeß, der in seinen Einzelheiten vielfache Anregungen allgemeiner Art für die Bereitung technischer Emulsionen bietet, weshalb die Lektüre der zitierten Originalliteratur sehr zu empfehlen ist. Alle Achtsamkeit ist bereits auf die Gewinnung der ersten, natürlichen Emulsion, z. B. aus Sojabohnen, Erdnüssen oder Sesamsamen zu verwenden. Man läßt das fein zerriebene Material (10 kg) mit der 10fachen Menge an reinem enthärtetem Wasser unter Zusatz von 5 g Soda etwa eine Stunde quellen, kocht mittels eingeleiteten niedrig gespannten Dampfes eben einmal auf, kühlt möglichst schnell auf 50° ab und filtriert. In

---

[1] MEYER, L. F.: Dtsch. med. Wschr. 1910, 1105; D.R.P. 116882 u. 240423.
[2] D.R.P. 92246.              [3] D.R.P. 231923.
[4] D.R.P. 152983.             [5] D.R.P. 148419, 280446.
[6] D.R.P. 267973.             [7] RACINE, R.: Z. öff. Chem. 1906, 167.
[8] Chem. Zentralblatt 1920,, IV, 17.

dieser milchigen, zweckmäßig durch Schleudern entfetteten[1] Emulsion löst man nun außer 6 g Kochsalz und 60 g Soda 2,4 kg Milchzucker und emulgiert die Lösung mit 2 kg eines geeigneten Fettstoffes oder Fettgemisches, dessen Wahl sich nach der gewünschten Beschaffenheit des Endproduktes (Kuh- oder Säuglingsmilchersatz) richtet; mit den genannten Stoffmengen resultiert ein der Kuhmilch gleichendes Getränk[2], das wie sie neben je 3,5% Fett und (Pflanzen-) Eiweiß 4% Zucker und 0,6% Salze enthält.

In Ostasien wird die aus dem Brei gequellter Sojabohnen abgepreßte, zur Entkeimung aufgekochte und dann leicht gesäuerte (s. S. 225, Kumys usw.) Emulsion trotz ihres eigenartigen Bohnengeschmacks als sehr nahrhaftes Getränk genossen; die Milch dient als Säuglingsnahrung, wird vergoren, eingetrocknet, in der Küche, kurz zu allen Zwecken verwendet, denen sonst die Kuhmilch dient[3]. Nach einem neueren Verfahren werden die nicht zerkleinerten Sojabohnen durch aufeinanderfolgende Behandlung mit 0,2proz. Salzsäure und der wäßrigen Lösung von 0,25% Soda und 0,07% Natriumnitrit (als Oxydationsmittel) oder Formaldehyd in der Wärme von eigenschmeckenden Nebenbestandteilen befreit, worauf man das gut gewaschene, gequellte, schwach alkalische Material im Dampfstrom, jedoch bei höchstens 60°, zum Brei mahlt, diesen mit sehr dünner wäßriger Sodalösung verrührt und, ebenfalls 50—60° warm, schleudert. Die so erhaltene Sojamilch wird dann mit Phosphorsäure genau neutralisiert, zur Entfernung von Geruchstoffen mehrere Stunden gekocht und schließlich mittels der entsprechenden Zusätze auf den gewünschten Zucker- und Salzgehalt eingestellt[4].

Speziell zur Verwendung in der Margarineindustrie sind Kunstmilcherzeugnisse bestimmt, die aus der filtrierten wäßrigen Emulsion von Erd-, Zirbel-, Piniennuß- oder Palmkernmehl durch Emulgierung mit Fett- und Zusatzstoffen (Malzdextrin) und folgende Milchsäurevergärung[5] oder aus dem gleichen Material in der Weise gewonnen werden, daß man ihm aufeinanderfolgend mit Alkohol und wäßrigem Alkali die Fett- und Eiweißstoffe, auch das Lecithin u. a. Bestandteile, entzieht und die vereinigten entspriteten Lösungen, evtl. nach vorangegangener Milchsäurevergärung, mit anderen Fettstoffen, Salzen, Zucker u. dgl., zu einem rahmartigen Erzeugnis emulgiert[6].

Als Kunstrahm soll auch die mit Sauerstoff oder Ozon behandelte pasteurisierte Emulsion aus Milch, Pflanzenöl und Casein oder Stärke als Vermittler dienen[7], ferner die sog. Marylebonesahne aus verdünnter Milch, emulgiert mit Lein- und etwas Mandelöl nebst einer Ab-

---

[1] D.R.P. 289929.    [2] D.R.P. 268536.

[3] PRINSEN-GEERLIGS, H. C.: Z. angew. Chem. 30, III, 256; Milchw. Zbl. 48, 94.

[4] D.R.P. 393454. — Ein ähnliches Verfahren der Sojamilcherzeugung mit vorheriger Heißwasserlaugung der Bohnen, die man dann nach einer weiteren Methode vor der Vermahlung keimen läßt, ist in D.R.P. 374746 bzw. 378180 beschrieben. — Über die Gewinnung von Sojamilch durch Naßmahlung der geschälten Bohnen s. a. Am. Pat. 1541006.

[5] Engl. Pat. 13903 (1915); vgl. Engl. Pat. 24572 (1913).

[6] D.R.P. 319985.    [7] Am. Pat. 1190369.

kochung von isländischem Moos[1]. Ferner ein Präparat[2] das man durch
Emulgieren von Wasser, Milchfett und Gummiarabicum- oder einer
anderen Gummenlösung im Verhältnis der in der Naturmilch vorhandenen Stoffmengen (Gummi gleich Milcheiweiß gesetzt), oder durch
Emulgieren gleicher Teile Milchfett und Trockenmilch, ferner von Milchfett und Vollmilch und Vereinigung beider in der Homogenisiermaschine
mit Frischmilch bis zur Rahmkonsistenz[3], darstellt. Solche Kunst-
rahmemulsionen, z. B. aus Milchfett und einer Magermilch, die man
konzentriert, abkühlt und vom ausgeschiedenen Milchzucker abschleudert, können auch als Grundstoff für die neuzeitliche Eiscremebereitung
gebraucht werden[4] (s. S. 214).

Durch Emulgierung von Magermilch mit der dem ursprünglichen
Milchfettgehalt entsprechenden Menge Cocosöl oder eines anderen
pflanzlichen Fettstoffes soll man ebenfalls eine haltbare, gut verdauliche
Voll-Kunstmilch erhalten können[5], und ähnliche Kunstmilchpräparate
aus natürlichen Milchbestandteilen werden in der Weise erzeugt, daß
man geschmolzenes Milchfett mitt Trockenmilch innig vermischt, unter
allmählichem Zusatz von warmem Wasser solange emulgiert, bis die
Fettkügelchen die Größe jener der Naturmilch erreicht haben[6]. Solche
Präparate aus Magermilch oder Trockenmagermilch und säurefreiem
Cocosnuß- oder Milchfett können je nach der Arbeitsweise als Kondens-
oder Frischmilchersatz erzeugt werden. Im ersteren Falle emulgiert
man die Komponenten im Dampfstrahl bei etwa 100°, dampft die
Emulsion im Vakuum zur cremeartigen Dicke ein, homogenisiert das
Erzeugnis, kühlt es rasch auf 4—5° ab, füllt es in Büchsen und sterilisiert
ihren eingelöteten Inhalt[7]. Wenn man auf Flaschen ziehbaren Frischmilchersatz von normaler Aufrahmungsfähigkeit herstellen will, emulgiert
man zunächst Magermilch (-pulver) mit Milchfett zum künstlichen Rahm
von der Zusammensetzung der Natursahne, kühlt ihn auf 2°, rührt langsam mehrere Stunden, bis er auch nach längerem ruhigen Stehen an der
Oberfläche keine harte Kruste von erstarrtem Fett mehr bildet, und
setzt nun unter vorsichtigem Rühren die zur Erzielung einer Milch von
normaler Konsistenz nötige Menge ebenfalls abgekühlter Magermilch
(wäßrig gelöstes Magermilchpulver) zu[8].

Schließlich wurde auch eine der Kuhmilch in jeder Hinsicht gleichende, besonders auf Kefir oder Yoghurt verarbeitbare, Kunstmilch
aus Weizenkleber hergestellt. Nach den Angaben der Patentschrift[9]
verflüssigt man den Kleber durch Verrühren mit alkoholhaltiger sehr
verdünnter Kalilauge, löst in der milchigen Flüssigkeit die nötige Menge
der Mineralsalze nebst Zucker und emulgiert das Ganze unter gleichzeitiger Erwärmung bis 100° mit Fettstoff zur Kunstmilch, deren
wesentliches Kennzeichen sein soll, daß sie beim Stehenlassen an der
Luft, gleich der Kuhmilch, jedoch viel feinflockiger, also wie Frauen-
oder Eselsmilch gerinnt, sich demnach in der richtigen Zusammen-

---

[1] Chem. Zentralblatt 1919, II, 683.        [2] Am. Pat. 1509083.
[3] Am. Pat. 1534539.                [4] Ref. in Chem. Zentralblatt 1927, I, 2373.
[5] Franz. Pat. 571060.                [6] Am. Pat. 1525251.
[7] D.R.P. 398502.                [8] D.R.P. 395332.                [9] D.R.P. 295351.

setzung nicht nur zur Bereitung aller Mehl- und Milchgerichte, sondern auch als Zusatz zur Säuglingsnahrung eignet.

Die letzten Milchpräparate, die in diese Reihe der Erzeugnisse aus der veränderten ursprünglichen Emulsion gehören, sind die Käsesorten. Das Milchserum enthält in echter Lösung Milchzucker (4—5%) und Salze (0,7%), in Suspension einen Teil dieser letzteren Krystalloide, in kolloider Lösung, also feiner zerteilt (dispergiert) als das emulgierte Fett es war, Eiweißstoffe, und zwar von diesen im Zerteilungsgrad viel weiter als das emulgierte Fett vorgeschritten, Albumin und Globulin, beide in echt kolloidaler Lösung, im Zerteilungsgrad zwischen diesen und dem Fett stehend das Casein oder Milcheiweiß. Der Menge nach sind in der Kuhmilch etwa ebensoviel Eiweißstoffe (Casein 3, Globulin, Albumin 0,5, zusammen 3,5%) vorhanden als Fett (3—4%).

Käse ist eine durch Einwirkung bestimmter Bakterien geschmacklich veränderte Emulsion von viel (Voll- oder Fettkäse) oder wenig Fett (Magerkäse), in dem durch Säure- oder enzymatische (Lab-) Fällung aus Voll- oder Magermilch gewonnenen wasserhaltigen „Bruch“, das ist die Summe der Milcheiweißstoffe. Im weiteren Sinne gehören zu den Käsesorten auch die Sauermilcherzeugnisse, das sind Suspensionen von gallertigem verändertem Milcheiweiß in der Emulsion von Milchfett mit der milchsauren wäßrigen Lösung der Milchsalze.

Beim bloßen Kochen wird die Emulsion „Milch“ bekanntlich nicht zerstört, sondern als Folge der Veränderung des Milcheiweißgemisches nur geschmacklich verändert, s. oben Kochgeschmack der Milch. Läßt man rohe Milch an freier Luft stehen, so gerinnt sie (s. unten) und fällt dann allmählich der fauligen Gärung anheim, während in abgekochter, ebenso behandelter Milch der Milchzucker unter dem Einflusse des in der Luft vorhandenen Bac. acidi lactici Umwandlung zu Milchsäure erfährt, die, gleich der durch Milchimpfung mit Reinkulturen des Bac. Delbrücki erzeugten reinen Gärungsmilchsäure, durch Zerstörung der Milcheiweiß-Calcium-Verbindungen Casein ausfällt. Dieses meist stark aufgerahmte Produkt ist die dicke oder gestockte Milch der Haushaltungen. Ähnliche Sauermilcherzeugnisse von Art des Kumys, Kefirs, Yoghurts entstehen aus Stuten-, Esels-, Schafs-, Büffelmilch unter dem Einflusse bestimmter ebenfalls Milchsäure produzierender, örtlich vorkommender Fermente (s. unten). Wenn man schließlich die rohe, nicht gekochte Milch mit Lab (Chymase, Chymosin), dem Enzym der Magenschleimhaut saugender Kälber, behandelt (auch andere proteolytische Fermente sind geeignet, vgl. S. 150), so erfolgt Spaltung des Milcheiweißes. Dabei fällt die Calciumverbindung des Paracaseins aus[1], das bei längerer Einwirkung des Enzymes unter Mitwirkung von Bakterien, Hefen und Pilzen in dem fäulnisartigen Gärungsvorgang der sog. Käsereifung in dem Maße weitergespalten wird, als die ursprünglich auch hier entstehende Milchsäure unter der Einwirkung von Schimmel-

---

[1] Die Milchgerinnung durch Labzusatz scheint übrigens nach neueren Forschungsergebnissen lediglich eine Erscheinung physikalischer Molekularadhäsion zu sein, und Paracasein wäre dann nichts anderes, als aus seiner Calciumverbindung frei gesetztes Casein; vgl. hierüber das Ref. in Chem. Zentralblatt 1925, I, 445.

pilzen und Ammoniak bildenden Bakterien zerstört bzw. neutralisiert wird und allmählich verschwindet. Dies geschieht schneller bei den Weichkäsen, langsamer und gleichmäßiger bei den an sich milchzucker- und daher auch milchsäurearmen Hartkäsen.

Den genannten vom Standpunkte der Emulsionentechnik wichtigen Erzeugnissen stehen die Casein-Nährpräparate gegenüber, die keine Emulsionen; sondern recht mannigfaltige Kranken- und Schwächlingskost aus fettfreiem, festem, unlöslichem (Plasmon) oder mit Alkali kolloid gelöstem (Nutrose, Sanatogen) Milcheiweiß sind, das, ebenso wie das Casein für industrielle Zwecke (Galalith), durch Fällung der sorgfältig entfetteten Magermilch mit Lab oder Säuren gewonnen wird. Man kann aber auch umgekehrt verfahren und die saure oder Magermilch mit überschüssiger Kalkmilch verrühren, wobei sich eine klare Calciumcaseinatlösung bildet, deren Abtrennung von dem unlöslichen Niederschlag aus Calciumfettseifen und Calciumlactat keine Schwierigkeiten bereiten soll[1]. Manche dieser Erzeugnisse wurden wohl auch zur Gewinnung anderer Nährpräparate nachträglich mit Fettstoffen, zum Teil bei höherer Temperatur[2], emulgiert, oder man homogenisierte eine kolloide Caseinlösung mit Wasser und Milch oder Rahm zu einem Kunstkäse[3] von ähnlicher Beschaffenheit, wie man ihn auch aus Sojamilch (s. oben) als echte Pflanzenfett-Käse-Emulsion[4] in Ostasien massenhaft erzeugt (s. a. den Natto-Sojapflanzenkäse nach Mitteilungen von S. MURAMATSU[5]), doch haben jene obenerwähnten Emulsionen keine Bedeutung erlangt. Das gleiche gilt von den Kunst-Fettkäsen, das sind durch Einemulgierung von Schweineschmalz oder einem anderen Fettstoff in Magerkäsebruch erhaltene Surrogate für echten Vollmilch-Fettkäse; sie vermögen höchstens physiologisch einen Ersatz zu bieten, können es jedoch wirtschaftlich nicht, angesichts der relativen Wohlfeilheit der Naturfettkäse, und hinsichtlich der Bekömmlichkeit und des Wohlgeschmackes erst recht nicht, da das Butterfett im Reifungsvorgang wie das Milcheiweiß geschmacklich günstig verändert, aromatisiert wird, während nachträglich beiemulgierter Fettstoff in dieser Hinsicht unverändert bleibt[6], ja sogar zum Ranzigwerden neigt.

Für die Emulsionstechnik bietet die Käsebereitung kaum eine Anregung. Der Bruch schließt im Entstehen das Milchfett der Voll- oder Magermilch in sich ein, so daß die Emulsionsbildung außer der evtl. vorhergehenden Homogenisierung der Milch keinerlei Nachhilfe braucht. Was dann mit der Fettemulsion in dem gesalzenen und gewürzten abgepreßten Bruch während der 3 und 4 Wochen (Weichkäse) bis zu 12 und 24 Monaten (Hartkäse, Parmesan) dauernden Reifung der Erzeugnisse geschieht, ist wenig erforscht und für die vorliegende Aufgabe auch belanglos. Das Ergebnis ist in jedem Falle ein Rahm-, Fett-, Halbfett- oder Magerkäse, bestehend aus (in abgerundeten Prozentzah-

---

[1] Schweiz. Pat. 105002 (1923), Ref. in Chem. Zentralblatt 1925, I, 1031.
[2] D.R.P. 94406.          [3] D.R.P. 208032.
[4] Siehe H. C. PRINSEN-GEERLIGS (l. c.).     [5] Chem. Ztg 1912, 1311.
[6] KLENZE, H. v.: Milchztg 1885, 369 u. 641 u. frühere Angaben ebd. 1882, 519 u. 1883, 533, 773.

len) einer Lösung von 42—43 Wasser, 0,2—4 Milchzucker und 1—5 Mineralbestandteilen, in der 14—36 Eiweißstoff, kolloid gelöst und suspendiert, die vorhandenen 42—12% Fettstoff in sehr zäher Emulsion unentmischbar festhalten. Erwähnt sei nur noch, daß die Beständigkeit der Käseemulsionen nicht nur dem veränderten Milcheiweiß, sondern, und zwar in erster Linie, der vermittelnden substantiellen Wirkung aller bei der Reifung entstehender Mikroorganismen, ihrer Hüllen, Stoffwechsel- und Umwandlungsprodukte zuzuschreiben ist. Der Beweis hierfür ist u. a. darin zu erblicken, daß der Edamer Käse seine, sonst auch noch z. B. den sog. Schweizerkäsen eigene kautschukartige Beschaffenheit (s. S. 249, 252 und 256, im Abschnitt „Kautschuk") dem besonders vorbereiteten Rohstoff, nämlich einer Milch verdankt, die mit den reingezüchteten, in Käsereien sonst gefürchteten schleimbildenden Bakterien geimpft wurde. Zur Verkäsung gelangt demnach hier von vornherein Milch im Gemisch mit der. außerordentlich fein dispergierten Kolloidlösung einer die Emulsionsbildung vermittelnden Substanz von der Konsistenz der Pflanzengummen und -schleime (s. S. 50); sie ist der Frischmilch auch darin überlegen, daß sie deren Bestandteile in durch die Bakterientätigkeit bereits abgebauter Form enthält. Ebenso ist die neuartige Methode der Herstellung vitaminreicher Käse durch warmes Verkneten, z. B. von reifem oder halbreifem, pasteurisiertem Schweizerkäse mit evtl. abgebauter oder verflüssigter, ebenfalls fremdkeimfreier Hefe auch emulsionstechnisch beachtenswert, da dieser Vorgang eine weitere Stabilisierung der ursprünglichen Emulsion bedeutet, die vielleicht zu einer völligen Verfestigung der homogenisierten Masse führen kann, zumal sie nach den Angaben der Patentschrift[1] warm verpackt werden soll.

Zu den käseartigen Milcherzeugnissen könnte man schließlich noch die in der Neuzeit wichtig gewordenen Kaupräparate zählen. Sie sind zum Teil Emulsionen, z. B. aus einer durch Verkochen plastifizierten Kautschuk-Stärke- oder -Zucker-Mischung mit einer Emulsion von Wintergrünöl in Kuhmilch oder alkalischer Caseinlösung[2], homogenisierte Knetgemische von Butter, Milch, Asphalt und Kautschuk[3], Emulsionen von Vaselin, geschmolzenem Kolophonium und Wasser[4] u. dgl.

Weniger noch als der Käsereiprozeß bietet die Bereitung der Molkengetränke und Sauermilcherzeugnisse emulsionstechnisch Bemerkenswertes. Sie berührt das Gebiet der Emulsionen nur so weit, als man von Vollmilch ausgeht und das Fertigerzeugnis ihre Bestandteile noch enthält. Saure Flüssigkeiten, die mit anderen (hier mit dem flüssigen Milchfett) nicht mischbar sind, bilden überwiegend, man könnte sagen, „gekünstelte" Emulsionen, die ihr Bestehen entgegen der Zerstörungstendenz der die Oberflächenspannung erhöhenden Säuren nur der Feinzerteilung der Fettkomponente und der Haftfähigkeit ihrer Teilchen an den suspendierten Flocken des Milcheiweißes verdanken. Es liegt in einem solchen aus Vollmilch bereiteten, übrigens leicht auf-

---

[1] D.R.P. 437026.
[3] Am. Pat. 969458.

[2] Am. Pat. 1526039.
[4] Vgl. Seifensieder-Ztg 1911, 1261.

rahmenden Kumys-, Kefir- oder Yoghurtpräparat ein Zustand grober Dispersion vor, in dem die Fetteilchen, etwa wie im sauren Abwasserschlamm an dessen Suspensionskolloiden, hier am suspendierten Milcheiweiß adsorptiv oder in ihm capillar festgehalten werden[1] (vgl. S. 24). Dazu summiert sich wohl auch noch die emulsionsvermittelnde Wirkung des betreffenden Gärungserregers und seiner Stoffwechselprodukte, unter denen der in diesen Getränken häufig mitgebildete Alkohol dem Aufrahmen vorbeugt, während die frei werdende Gärungskohlensäure mechanisch zur Entmischung beiträgt. Daß, im ganzen genommen, die Sauermilch- und Molkengetränke dennoch den Eindruck emulsionsartiger Gemische von Fett in der sauren Ferment-Milcheiweiß-Suspension erwecken, ist schließlich auch dem Umstande zuzuschreiben, daß das saure Medium durch Milchsäure, also eine Oxycarbonsäure, erzeugt wird, die und deren Salze wir als schaumkrafterhöhende, die Bildung von Emulsionen fördernde Substanz kennengelernt haben (s. S. 48).

### Speisefette und -öle.

Echte, und zwar typische Emulsionen (s. S. 1, 18 Einleitung) sind unter den Speisefetten nur Butter und ihr Ersatz, die Margarine, als salbenförmige Systeme von wäßriger Flüssigkeit in Fett; so gut wie alle anderen der Ernährung dienenden Fettstoffe, z. B. Olivenöl, Schweineschmalz, Rindertalg, Butterschmalz und Schmelzmargarine, dann die Pflanzenfette von Art des Palmins, sind völlig oder nahezu wasserfrei. Emulsionenbildung tritt bei ihnen evtl. während der Gewinnung (s. S. 97), ferner im küchenmäßigen Gebrauch und physiologisch im Verdauungskanal und schließlich, wie auch bei Butter und Margarine dann auf, wenn sie verderben, ranzig werden. Erwähnt sei noch, daß vereinzelt bei der Konservierung natürlicher Ölfrüchte Emulsionen- bzw. Seifenbildung künstlich hervorgerufen wird, so wenn man Oliven, um sie während Transport und Lagerung vor dem Ranzigwerden zu bewahren, mit Alkohol oder Äther-Alkohol vorbenetzt und folgend durch Behandlung mit der dann leichter eindringenden Alkalilösung mit einer dünnen Seifenhaut überzieht[2].

Das Ranzigwerden[3] der Speisefette und -öle mag in seinen Einzelheiten noch nicht völlig aufgeklärt sein, soviel ist sicher: daß der Vorgang nur bei Gegenwart von Wasser, Licht und Luft verläuft und sich chemisch als oxydative und fermentative Spaltung der Fettstoffe nebst Weiterumwandlung der Spaltungsstücke, physikalisch darin äußert, daß Emulsionen von wäßrigen Lösungen der Zersetzungsprodukte in verändertem oder unverändertem Fettstoff entstehen. Weder durch Hydrolyse noch durch Oxydation allein wird die Ranzidität hervorgerufen, auch die bloße Ansiedlung von zum Teil sogar pathogenen Keimen in den Speisefetten

---

[1] Vgl. Zsigmondy: Kolloidchemie, Leipzig 1925, 88, 89.

[2] Franz. Pat. 627530.

[3] Zur Ranzidität der Fettstoffe schreibt H. E. Fierz-David in Z. angew. Chem. 38, 6 und ferner G. Knigge in Öl- u. Fettztg 22, 447. — Neue Forschungsergebnisse über das Ranzigwerden der Fette bringt J. Pritzker in Schweiz. Apoth.-Ztg 66, 73ff.

ist für deren Ranzigwerden nicht verantwortlich zu machen, sondern es muß eine Summe von Einflüssen sein, die gleichzeitig oder aufeinanderfolgend Geruch, Geschmack, Farbe und physikalische Struktur der Fette bis zur Ungenießbarkeit verändern. Daß das Ranzigwerden der Fette nicht lediglich ein unter Mitwirkung von Keimen zustande kommender Zersetzungsvorgang ist, geht aus Untersuchungen von W. u. M. Husa[1] hervor, die das Ranzigwerden von süßem Mandelöl durch Zusatz von Benzoe-, Salicylsäure oder ähnlichen gebräuchlichen Mitteln nicht verhindern und durch Beigabe von 0,5% Hydrochinon nur um 50% verzögern konnten. Bemerkenswert ist die Feststellung, daß jenes Öl in verzinnten Eisenbehältern schneller ranzig wird als in Gefäßen aus anderem Material. Jedenfalls sind die sehr reinen durch Härtung der Öle erzeugten Festfette, ferner die Paraffin- oder Stearintafeln gleichenden Pflanzenfette, aber auch Lebertran und Kakaobutter, trotz ihres Gehaltes an bis zu 10% freien Fettsäuren lange Zeit zum Teil sogar nahezu unbegrenzt haltbar, auch wenn sie unter Bedingungen gelagert werden, unter denen andere gegebenenfalls fettsäurefreie Speisefette in kurzer Zeit ranzig würden.

In nicht allzu weit vorgeschrittenen Stadien sind ranzige Speisefette „renovierbar", sie lassen sich in genußfähige Substanzen rückverwandeln. Diese Verrichtung stellt sich in ihrem ersten Teil als Entemulsionierung mit Beseitigung der unangenehmen Riech- und Schmeckstoffe und Neutralisierung der Fettsäuren dar. Man erhitzt das Fett bis zur Entfernung des Wassers im Dampf- oder besser noch im Kohlensäurestrom[2], die gleichzeitig die flüchtigen Riech- und Schmeckstoffe mitnehmen, und verseift die titrimetrisch bestimmten freien Fettsäuren durch Zusatz der berechneten Menge Soda, Kalkwasser oder auch Natronlauge, in welch letzterem Falle jedoch gleichzeitig zur Verhütung der Bildung einer kaum entmischbaren Seifenemulsion mit Kochsalz ausgesalzen werden muß[3]. Nach neueren Vorschlägen werden die mit offenem Dampf gekochten ungenießbaren Fette mit konz. wäßriger Alaunlösung[4] behandelt oder man verestert die freien Fettsäuren mit Glycerin oder Glykol[5] unter gleichzeitigem Einleiten eines indifferenten Gasstromes[6] in das im Vakuum geschmolzene heiße Fett. Ein sonderbares Butterrenovierungsverfahren soll in der Weise ausgeführt werden, daß man die ranzige Butter mit Frischmilch auf 82° erwärmt, bei etwas niedrigerer Temperatur emulgiert, die Emulsion durch Schleudern trennt, nun aber Sahne und Magermilch wieder vereinigt und dieses homogenisierte Gemisch mit reiner Buttersäure vermischt zwischen Walzen verknetet[7]. In jedem dieser Fälle, natürlich auch dann, wenn man die verdorbene Butter, wie es im Hausgebrauch geschieht, mit Holzkohlenpulver, Zwiebel oder Scheiben roher Kartoffel auf höhere

---

[1] Ref. in Chem. Zentralblatt 1928, I, 2675.

[2] Pick, P.: Seifensieder-Ztg 1904, 983 u. 1003; vgl. A. Schmid: Z. anal. Chem. 1898, 301.

[3] Huth, P.: Z. angew. Chem. 1901, 166.

[4] Lach, B.: Z. Öl- u. Fettind. 1919, 363 ff.

[5] D.R.P. 315222.  [6] Am. Pat. 1357836.

[7] Engl. Pat. 226537 (1924).

Temperatur, jedoch nicht bis zur Bräunung erhitzt, resultiert ein indifferent riechendes und schmeckendes, entsäuertes, wasserfreies Produkt, das man nun zur Rückverwandlung in ein der ursprünglichen Butter gleichendes Erzeugnis mit der nötigen Menge Magermilch oder wäßriger Lösung emulgieren muß, die Salze, Milchzucker, Aromastoffe, Konservierungsmittel u. dgl. enthält. Im übrigen können zur Verbesserung verdorbener und zur Konservierung frischer Speisefette alle Methoden, die zur Behandlung technischer Fette und Seifen dienen (s. S. 104), herangezogen werden, soweit dieser spezielle Verwendungszweck es zuläßt.

Dasselbe gilt für die Gewinnung, Läuterung und Bleichung der Speisefette und -öle, mit der Erweiterung, daß die Erzeugnisse, zum Unterschiede von den technischen Fettstoffen auch allen Anforderungen genügen müssen, die sich auf Farbe, Aussehen, Erhaltung der natürlichen und ihren Ersatz durch künstliche Aromastoffe, ferner auf Beseitigung der Ursachen erstrecken, die in der kälteren Jahreszeit Trübung der Öle hervorrufen. Schließlich ist, seit die Giftwirkung mancher zur Margarinefabrikation dienenden natürlichen Fettstoffe seinerzeit Opfer gefordert hat[1], die physiologische Prüfung unbekannter Fettstoffe und ihre evtl. Entgiftung unerläßlich. In emulsionstechnischer Hinsicht ist dem S. 103 über Gewinnung, Reinigung, Bleichung usw. der Fettstoffe hier kaum mehr hinzuzufügen, so daß nur an dem einen praktischen Beispiel der Reinigung eines in großen Mengen verbrauchten Speisefettstoffes, des Baumwollsamenöles, die Art der Methoden gezeigt werden möge.

Nach dem von TOMPKINS beschriebenen Verfahren wird das Cottonöl sofort nach der Pressung bzw. Extraktion mit 4% einer 6gräd. Lauge emulgiert (ältere Öle brauchen 10% und mehr einer 15- und höhergrädigen Ätznatronlösung). Man erwärmt dann die Emulsion unter ständigem Rühren auf 55°, bis Probefiltrationen die Ausscheidung brauner Flocken ergeben, läßt absetzen, wäscht das abgezogene hellstrohgelbe klare Öl in einem zweiten Gefäß mit Salzwasser, hebt es ab und filtriert es nach dem Trocknen durch eine Filterpresse. Nebenprodukte der Raffination des Cottonöles u. a. Öle sind die sog. Soapstocks, Emulsionen z. B. von rund 21 Neutralfett, 5 Fettsäuren und 25 Unverseifbarem mit 29 Wasser (neben Asche und Verunreinigungen); ihre Zusammensetzung ermöglicht demnach die Spaltung und Abscheidung der Fettsäuren in reiner Form[2]. Man kann aber auch die Neutralöle aus den Soapstocks, und zwar in der Weise gewinnen, daß man die Beständigkeit dieser Emulsionen durch Erwärmen mit wäßrigen sauren oder alkalischen Mitteln herabmindert, sie dann schleudert und den die Hauptmenge des Neutralöles enthaltenden Überlauf aussalzt. Es gelingt so, z. B. aus dem bei der Entsäuerung des Baumwollsaatöles mit Natronlauge erhaltenen Seifenrückstand, Neutralöl mit nur 0,1—1% Säuregehalt abzuscheiden[3].

---

[1] Z. B. das Kardamonenfett in der früher im Handel gewesenen Backa-Margarine; vgl. J. HERTKORN: Chem. Ztg 35, 9 und 29.

[2] KNIGGE, G.: Seifensieder-Ztg 52, 455 u. 476.

[3] D.R.P. 379892.

Aus dem raffinierten Cottonöl vermag man durch Nachbleichen in Sonnenlicht noch hellere Öle zu erzeugen, doch neigen diese Produkte bei längerer Lagerung zur Stearinabscheidung. Solcher „Entmargarinisierung" auch anderer Öle, z. B. des Olivenöls im Winter, also der Bildung von Suspensionen der hochschmelzenden Fettsäureglyceride, kann dadurch vorgebeugt werden, daß man das Öl auf etwa 3—6° abkühlt und schleudert; es resultiert so ein klarbleibendes Speiseöl und ein zur Seifenfabrikation bzw. Fettspaltung gehendes Gemisch fester Fette.

Handels- und Gebrauchsemulsionen sind außer den weiter unten zu beschreibenden Lebertranemulsionen, wie gesagt, nur Butter[1] und Margarine.

Margarine kann ein OW-System sein, Butter ist jedoch stets eine typische WO-[2], nämlich die salbenförmige Emulsion einer wäßrigen[3] Lösung von 0,6—0,8% Eiweiß, 0,6—1% Milchzucker und 0,2% Salz, also der Magermilch, in 82—85% Butterfett, das ist ein Gemisch der Glyceride von 40% Palmitin- und Ölsäure und je 10% Myristin- und höherer Fettsäure, nebst 3—4% Buttersäure, deren Vorhandensein in der Butter ihr allein zum Unterschiede von allen anderen natürlichen Speisefetten die kennzeichnenden Eigenschaften verleiht. Wie wesentlich die Buttersäure als für Geschmack und Bekömmlichkeit notwendiger Bestandteil der Butter ist, geht daraus hervor, daß man anderen Speisefetten in dieser Hinsicht butterartige Beschaffenheit zu verleihen vermag, wenn man sie mit Buttersäure erhitzt[4], oder wenn man der Margarine sämtliche Fettsäuren beiemulgiert, die in der Butter enthalten sind[5]. Auch alle anderen natürlichen Speisefette verdanken den ihnen eigenen Geschmack der Gegenwart von in Summe 2—5% anderer freier Fettsäuren; wenn sie fehlen, schmeckt das Fett fade; ebenso, wie der rohen Butter und Margarine, etwa als Brotaufstrich, jeder charakteristische Geschmack abgeht, wenn ihnen jene 15% Magermilch entzogen werden. Diese Entziehung, die durch Erhitzen der Fette bis zur Entfernung des Wassers geschieht, führt zum Butterschmalz[6] und zur früher ebenso erzeugten Schmelzmargarine (die heute anders hergestellt wird, s. unten), sie bedeutet gleichzeitig eine Entemulsionierung.

Die wesentlichsten praktischen Unterschiede zwischen den beiden Emulsionssystemen: der flüssigen Milch und der salbenförmigen Butter, liegen demnach in ihrem verschiedenen Verhalten bei Wärmezufuhr, und weiter, als Folge der Aggregatzustände, in ihrem verschiedenen Verhalten bei der Abkühlung und beim Angriff von chemischen und enzymatischen Einflüssen: Die Milchemulsion entmischt nicht, wenn sie

---

[1] Zur Theorie der Butterbildung siehe die Ausführungen von O. Rahn in Milchw. Forschgn. 1926, 519; Ref. in Chem. Zentralblatt 1927, II, 989.

[2] Clayton: Z. Öl- u. Fettind. 1926, 46, 321; vgl. hingegen Bernhardt u. Strauch: Z. klin. Med. 1926, 726ff. — S. a. „Milchöl", S. 232.

[3] Über den Wassergehalt der Butter s. O. Rahn: Ref. in Chem. Zentralblatt 1925, I, 1028.

[4] D.R.P. 407180.     [5] D.R.P. 436228.

[6] Über Herstellung von Schmelzbutter als lange Zeit haltbares Speisefett s. a. Milchwirtsch. Zentralbl. 53, 87.

gekocht wird, tiefgekühlt findet Entmischung durch Eisbildung statt, Keime und Enzyme zerstören die Emulsion durch teilweise oder vollständige Ausflockung des Eiweißes. Die Butteremulsion hingegen entmischt beim Erwärmen bis zum Siedepunkt des Wassers, in der Kälte bleibt sie unverändert, Keime und enzymatische Einflüsse greifen nur langsam in das physikalische System ein, ihre Tätigkeit läßt sich durch Konservierungsmittel wirksam und auf längere Zeit unterbinden. Kennzeichnend für die Butter ist aber ferner noch die ihr beiemulgierte Summe der färbenden und insbesondere der Aromastoffe, die als Produkte des Gedeihens aller in der Milch lebenden Mikroorganismen an der Emulsionsbildung in hohem Maße beteiligt sein dürften (vgl. S. 225). Ihre Art und Zahl ist ihrerseits wieder ebenso wie Farbe und Konsistenz der Butter abhängig von der Fütterungsart des Milchviehs. Raps- und Palmkernölkuchen führen zu weißer, leicht formbarer, bei 18° fester Butter, während bei Hefefütterung das gebutterte Milchfett gelb und, so wie bei Rapskuchenernährung, bei 18° wesentlich weicher ist. Schließlich sind an der Bildung der Butteremulsion, außer dén Aromastoffen, die als äther- und esterartige Verbindungen von Fettsäuren, Glycerin und den Bestandteilen der Magermilch aufzufassen sind, auch noch Seifen beteiligt, deren anorganische Komponenten in erster Linie aus dem bei der Butterbereitung verwendeten Wasser stammen. Allen diesen Faktoren verdankt die Butter außer dem Geruch und Geschmack noch die Eigenschaften der hervorragenden Streichbarkeit, Formbarkeit und des hohen Zusammenhaltes, die sämtlich auch der Margarine eigen sein und der rohen Fett-Milch-Emulsion (s. unten) daher künstlich erteilt werden müssen-, wenn das Erzeugnis die Bezeichnung als Butterersatzprodukt führen soll.

Zwischen Milch und Butter steht der Rahm, eine Anreicherung von Fett in der Milchemulsion auf mindestens 10% ihres Gewichtes[1]. Diese Konzentrierung des Milchfettes erfolgt, wie bereits S. 210 erwähnt wurde, freiwillig, beim Stehenlassen der Vollmilch in 15° kühlen Räumen durch den Auftrieb der durch Vereinigung kleiner Fetttröpfchen entstehenden größeren Ansammlungen. Diese Aufrahmung kann durch Anwendung besonderer flacher Gefäße, der sog. Satten, ohne Wärmezufuhr (holländisches Verfahren) oder durch Erhitzung der Milch nach 12stündigem Stehen zum Sieden (Devonshire-Methode), in jedem Falle durch die moderne Art der Schleuderung unterstützt werden. Die körperwarme Milch fließt in den sog. Separatoren (s. Abb. 63 S. 94) durch ein Mittelrohr in das Innere der Zentrifugentrommel ein, in der sich innerhalb mehrerer durch senkrechte Räume gebildeter Räume dem Rohre benachbart[2] die fetteste, an der Peripherie die magerste Milch absondert; durch zwei getrennte Abflußrohre fließen die nur noch etwa 0,1% Fett enthaltende Magermilch und der Rahm mit 10—30% Fettgehalt ab. Süßrahm ist das Erzeugnis aus frischer, gleich nach dem Melken geschleuderter, Sauerrahm jenes aus natürlich oder künstlich gesäuerter Milch.

---

[1] Vgl. zur Kenntnis des Rahmes A. Burr u. Cl. Lindemann in Molkerei-Ztg 1921, 1229ff.

[2] Siehe Abb. 143, 348 in Lange, „Chemische Technologie", Leipzig 1927.

Dieser Unterschied ist im Zusammenhang mit dem S. 225 über Sauermilchprodukte Gesagten emulsionstechnisch besonders bemerkenswert. Man arbeitet heute im Großmolkereibetriebe hauptsächlich auf Sauerrahm in der Weise, daß man durch Impfung pasteurisierter Magermilch mit etwa 4% käuflicher Milchsäurebakterien-Reinkultur (Streptococcus lacticus) und eintägiges Stehenlassen des Gärungsansatzes bei 30° zunächst eine Muttersäure erzeugt, von der man 4—6% dem abgeschöpften, pasteurisierten und stark abgekühlten Rahm zusetzt. Dadurch wird die nach der alten Methode unvermeidliche Mitentwicklung anderer Keime vermieden, die durch Bildung übler Geruchs- und Geschmacksstoffe den Wert des Rahmes und der Butter herabsetzen und die Haltbarkeit der letzteren mindern. Mit 20% Sauer geimpfter Rahm ist im Sommer bei 8—10° stehengelassen in etwa 24 Stunden reif, zeigt dann einen Gehalt von 30 Säuregraden (30 × 1 ccm $^1/_4$-Natronlauge in 100 ccm, mit Phenolphthalin als Indicator) und ist zur Verbutterung geeignet, d. h. die Milcheiweißstoffe als Träger und Hüter der Emulsion sind soweit verändert, daß die Verbutterung nun leicht vonstatten geht. Sauerrahm ist eine saure Emulsion von Fett in einer Suspension von sauer-wäßrigem Milcheiweiß, er ist daher, abgesehen von seiner schnelleren Reifung bei niederer Temperatur, viel glatter und leichter abscheidbar als Süßrahm, das ist eine fettreiche Magermilchemulsion; sie muß von einer fettarmen Emulsion der gleichen Art offenbar schwieriger abtrennbar sein. Der gleiche Unterschied tritt auch beim Butterungsprozeß zutage: die Abtrennung des Milchfettes aus der sauer zerstörten Emulsion erfolgt glatter als aus amphoterem Verbande. Der kaum kenntliche Vorteil des besseren Wohlgeschmackes der Süßrahmbutter, auch des höheren Wertes der zugehörigen Magermilch, wird durch die bessere Ausbeute an Sauerrahmbutter, ihre größere Haltbarkeit, gleichmäßigere Konsistenz und die Einheitlichkeit der Lieferungen aller einzelnen Sauerrahm verbutternden Meiereien an eine Zentrale reichlich überholt, ganz abgesehen davon, daß viele pathogene Keime, die im Süßrahm gedeihen, im Sauerrahm zugrunde gehen, Sauerrahmbutter daher hygienisch einwandfreier ist.

Es ist bezeichnend, daß man gesäuerten Rahm nicht, z. B. mit Kalkmilch, entsäuern kann, sondern erst die aus ihm kleinkörnig (etwa bis zur Größe von Weizenkörnern) geschlagene Butter durch deren erschöpfendes Auswaschen unter Erhaltung der Kornvergrößerung. Diese Butter ist dann zwar wohlschmeckend, jedoch höchstens 24 Stunden haltbar[1]. Dagegen wird in einem amerik. Pat. eine eigentümliche Methode zur Reinigung des Rahmes vorgeschlagen: Er schließt Eiweißstoffe und Salze ein, die das Ausbuttern sowie sein Eintreten in irgendeinen z. B. in den Emulsionsverband der Margarine erschweren. Man kann diesem Mißstand dadurch begegnen, daß man ihn mit der Menge Wasser emulgiert, die jener Menge Magermilch entspricht, mit der er in der Milch emulgiert war, und das Gemisch nun abermals schleudert, den Rahm also auswäscht[2]. Noch weiter gehend, vermag

---

[1] CHOLLET, A.: Ref. in Chem. Zentralblatt 1927, II, 343.
[2] Am. Pat. 1509084.

man auch einen aus reinem Milchfett bestehenden, wie den natürlichen schlagbaren, künstlichen Rahm dadurch zu erzeugen, daß man eine Kunstmilch (z. B. ein emulgiertes Gemisch von Milchfett, Wasser und Trockenmagermilch) wie Naturmilch durch Schleudern entrahmt[1].

Die Entemulsionierung der Emulsion „Rahm"[2] wird im Großbetriebe mechanisch, jedoch nicht mehr wie früher in Stoß- oder Sturzbutterfässern, sondern in hölzernen Rollgefäßen vollzogen, die, ähnlich gebaut wie die Transportfäßchen für lebende Forellen, um ihre horizonte Achse drehbar sind und pro Sekunde etwa eine Umdrehung machen, wobei ein inneres Knetwerk innerhalb der etwa halb- bis ganzstündigen Dauer des Prozesses die Zusammenballung der Fetteilchen zum Butterklumpen unterstützt. Die Butter ist in diesem Stadium der Bereitung eine Emulsion von Buttermilch (d. i. eine Emulsion von wenig Fett in wäßriger 0,1—0,6 proz. Milchsäure) in viel Fett, schmeckt daher säuerlich und besitzt nur geringe Haltbarkeit. Erst dadurch, daß man aus der Emulsion die Buttermilch durch Verkneten des Klumpens mit abgekochtem, weichem (s. oben Seifenbildung!) Wasser und für Dauerware mit 3, höchstens 5% Kochsalz verdrängt, entsteht das Handelsprodukt, das in Stücken von möglichst kleiner Oberfläche (am besten wäre die Kugelform[3]) in sterilem Material luftdicht verpackt die im Güteraustausch für Transport und Lagerung nötige Haltbarkeit besitzt. Sehr haltbar, jedoch keine Naturbutter ist ein nach dem Vorbild der Kunstmilcherzeugung (s. S. 220) gewonnenes künstliches Erzeugnis, das man durch Emulgieren von Milchfett, Wasser und einem Gummenverdickungsmittel (gleichzusetzen dem Milcheiweiß) in den der Naturbutter entsprechenden Mengenverhältnissen erhält[4]. Oder man emulgiert bei Wasserbadtemperatur geschmolzenes Milchfett, Trockenmagermilch und Wasser im gleichen Mengenverhältnis, kühlt die Paste ab und preßt sie zur Vereinigung der Fettkügelchen und zur Entfernung der Buttermilch zu Klumpen butterartiger Konsistenz[5].

Es ist hier übrigens auf einen Unterschied hinzuweisen, der selten beachtet wird, nämlich auf die Verschiedenheit des Erzeugnisses „Butter" von dem reinen Milchöl oder -fett, d. i. der fremdstoff-, demnach auch magermilchfreie natürliche Fettstoff, bestehend aus den Esterverbindungen des Glycerins mit einer Summe niederer und höherer Fettsäuren (s. Butter S. 229). Das Milchöl ist aber nicht nur keine Butter, sondern es ist auch verschieden von dem wasserfreien Butterschmalz (s. S. 229). Dieses unterscheidet sich als Schmelz- und Eintrocknungsprodukt der Butter von ihr (ebenfalls geschmacklich erkennbar) durch veränderte Enzyme wie die gekochte von der rohen Milch, und vom Milchöl durch

---

[1] Am. Pat. 1509085; s. a. das ähnliche Verfahren des Am. Pat. 1513331: Emulgieren des aus saurer Sahne herausgebutterten gewaschenen Milchfettes mit Milch, Pasteurisieren dieser reinen „Kunstmilch" und Ausbuttern wie süße Sahne.
[2] Vgl. W. CLAYTON: Seifensieder-Ztg 1921, 11.
[3] REISS, F.: Milchw. Zentralblatt 1921, 91.
[4] Am. Pat. 1509082.        [5] Am. Pat. 1509086—088.

seinen Gehalt an Umsetzungsprodukten der in dem Schmelzrohstoff „Butter" vorhandenen Magermilch.

Die Entemulsionierung des Rahmes zur Gewinnung von reinem Milchöl kann in der Weise erfolgen, daß man ihn kühl in einer Maschine mit großer Tourenzahl zu Schaum (Schlagsahne) schlägt und nun die 20—30fache Menge 70° warmen Wassers zusetzt. Bei niederem Säuregehalt des Rahmes bleibt das Casein in Lösung, aus Sauerrahm von hohem Säuregehalt wird es koaguliert, in beiden Fällen steigt jedoch das Milchöl auf und kann in sehr reiner Form abgeschöpft werden. Es soll mit Magermilch emulgiert zur Speiseeis- oder Butterbereitung dienen[1].

So wie der Rahmungs- und Butterungsprozeß das Bild einer typischen Emulsionszerstörung bietet, kann man in dem umgekehrten, von L. PAUL[2] ausgearbeiteten Verfahren der Erzeugung von streichbarer Butter aus geschmolzenem, mit Kochsalz konserviertem Milchfett, gleichermaßen wie im Margarineprozeß, den Typus einer Emulsionsbildung erblicken.

Die Methode stellt sich als ein kombiniertes Konservierungs-Renovierungs- (s. oben) Verfahren dar, nach dem man im Wasserbade unter Zusatz von entwässertem Kochsalz bei höchstens 45° geschmolzene, evtl. zu renovierende Butter warm filtriert und steril auf dunkelglasige Flaschen zieht, deren Inhalt dann bei Bedarf mit 15% Milch durch Schütteln emulgiert wird, worauf man die Emulsion in dünnem Strahle auf Eisstückchen gießt, um die sofort erstarrte Butter schließlich zum Klumpen zu kneten. Das bei richtiger Ausführung ausgezeichnete Verfahren bot während des Krieges vielen Haushaltungen und Kleinbetrieben die Möglichkeit, örtlich noch vorhandene Buttervorräte vor dem Verderben geschützt auf längere Zeit zu verteilen. Sein Vorbild war der Margarineprozeß[3].

Die Margarine unterscheidet sich von der Butter, deren physikalische, chemische und physiologische Eigenschaften sie nachahmen soll, lediglich dadurch, daß ihr Fettgehalt nicht allein aus Milch stammt. Da man es demnach in der Hand hat, dem Milchfett gegenüber wohlfeilere, in Massen anfallende Fettstoffe von Art des Rindertalges, der Pflanzenfette und der gehärteten Öle zu verarbeiten, die an sich den gleichen Nähr- wenn auch nicht Geschmackswert besitzen wie Milchfett, vermag man, unabhängig von Örtlichkeit und Jahreszeit, industriell ein stets gleichmäßiges, billiges Volksnahrungsmittel zu liefern. Die Gleichmäßigkeit der Margarineemulsion ist ein wesentlicher Vorteil gegenüber der wechselnden Zusammensetzung der Marktbutter, in die seitens der Erzeuger vielfach in betrügerischer Absicht zur Gewichtsmehrung übermäßige Wassermengen eingeknetet werden[4].

Unter den Fettrohstoffen der Margarinefabrikation nimmt als inländisches Material die erste Stelle das Oleomargarin ein. Es ist ein Rindertalgprodukt, das man durch Schmelzen des Talges bei 50°, Reinigen und Trocknen der Schmelze, ihr langsames Erstarrenlassen

---

[1] D.R.P. 398907.    [2] Chem.-Ztg 1917, 15.
[3] Siehe die Bücher von H. FRANSEN und G. LEBBIN, beide Leipzig 1926.
[4] Über den Wassergehalt der Margarine siehe K. BRAUER in Chem.-Ztg 1923, 113.

(Abscheidung des bei 25° ausfallenden „Premier jus") und Abpressen des flüssig gebliebenen palmitin- und oleinreichen Anteiles von dem erstarrten Stearin-Preßtalg (für Seife und Kerzen) gewinnt. Dem Oleomargarin reihen sich in unserer Zeit die gehärteten Öle und Trane an, die emulsionstechnisch dadurch gekennzeichnet sind, daß sie gegenüber den natürlichen Festfetten erheblich größere Wassermengen aufzunehmen und festzuhalten vermögen. Das hängt allerdings mit dem Härtungsgrade zusammen und abhängig von ihm mit der Krystallbildung und anderen Eigenschaften des erstarrten Gemisches von Stearin und Olein. Bei manchen, namentlich bei Pflanzenölen, kann man diesem Nachteil dadurch begegnen, daß man die Härtung nur bis zur Schmalzkonsistenz treibt, Trane jedoch müssen durchaus gehärtet werden, da sie nur dann völlig geruchlos und frei von fischigem Geschmack sind[1]. Nach einem neueren Verfahren[2] schleudert man den voll gehärteten Waltran nach dem Schmelzen bei einer bestimmten Temperatur und erhält so, wie bei Rindertalgaufarbeitung (s. oben), schwer schmelzbares Stearin und für die Margarinefabrikation die niedrig schmelzenden, flüssig bleibenden Anteile. Sonst dienen Cocos- und Palmkernfett, örtlich auch Baumwollsamen-, Erdnuß-, Sonnenblumenöl, nach gesetzlicher Verordnung auch (zwecks leichter Unterscheidbarkeit von Butter und Kunstbutter durch Farbreaktionen) 10% des Gesamtfettgewichtes Sesamöl, als leicht emulgierbare Fettrohstoffe der Margarinefabrikation. Einen speziell für die Margarinebereitung bestimmter Fettrohstoff, der zugleich Emulgiermittel ist, erzeugt man durch weitgehende Oxydation verseifbarer Öle in der Weise, daß man in gleiche Teile zweier oder mehrerer Fettstoffe von hoher und niedriger Jodzahl, z. B. Soja- und Cocosöl, bei 180° so lange Luft einleitet, bis eine auf 50° abgekühlte Probe die Viscosität von 400 Engler-Graden zeigt. Nach Zusatz von einigen Tausendteilen Calciumhydroxyd unterwirft man das Öl noch der Wasserdampfdestillation im Vakuum[3].

Der einfachen Fettkomponente der Emulsion steht ihr wesentlich komplizierter zusammengesetzter zweiter Teil, die Milch, als fertige Naturemulsion gegenüber, die nicht nur als Vermittler bei der Homogenisierung der Masse, sondern zugleich als Träger für Zusatzstoffe dient, die, soweit sie der Kirne nicht gesondert beigegeben werden, zur gleichmäßigen Verteilung mit der Milch emulgiert sein müssen.

Diese Zusatzstoffe sind von vielerlei Art und Zweckbestimmung. Zur Konservierung verwendet man 2% Kochsalz, für Export- und Dauerware auch Salpeter, Benzoesäure, Halogene; zum Färben dienen Carotin oder Möhrensaft, Orleans, Curcuma; zur Erkennung statt des Sesamöles (s. oben) örtlich Phenolphthalein oder Kartoffelmehl (Jodkalium-Stärkekleisterprobe); nun aber vor allem zur Erzeugung und Fixierung des künstlichen Butteraromas milchsaure[4] und die Alkali-, Erdalkali- oder Magnesiumsalze anderer Oxyfett- und Fettsäuren, z. B. Magnesium-

---

[1] BRAUER, K.: Seife 1917, Nr. 28 u. 30; vgl. J. KLIMONT und K. MAYER: Z. angew. Chem. 27, I, 645.

[2] Norw. Pat. 30749.  [3] D.R.P. 396426.

[4] D.R.P. 300221—222.

formiat[1], die alle aus der gesäuerten Milch stammenden aromabildenden Keime im Wachstum fördern, jenes der schädlichen hemmen sollen[2]; ferner diese Aromastoffe selbst, soweit man ihre Beschaffenheit erkannt hat, auch Cumarin, Duftstoffe des Heus[3] usw. und schließlich Zusatzstoffe, die den Emulgierungsprozeß begünstigen[4] und das Schäumen und Bräunen der Margarine beim Erhitzen bewirken sollen, z. B. Lecithin[5], Cholesterin[6], Casein u. a. Eiweißkörper[7], auch die alkoholunlöslichen Abfälle der Sojaölgewinnung in wäßriger Emulsion[8], vor allem Eidotter[9]. Die Zahl der genannten Stoffe ließe sich nach Belieben vermehren, denn es gibt wohl keine genießbare Substanz, die in den Laboratorien der Großbetriebe nicht auf ihre Verwendbarkeit in der oder jener Richtung geprüft worden wäre; ihre Art und Herkunft ist auch belanglos, nur soweit bei ihrer Bereitung emulsionstechnische Einzelheiten bemerkenswert sind, sollen einige Beispiele gebracht werden.

So emulgiert man z. B. zur Erzeugung eines butteraromaartigen Fruchtester-Geschmackstoffes frisches Eiereiweiß mit Ananassaft, und dieses während 12 Stunden bei 40° gereifte Gemisch weiter unter Zuckerzusatz mit Eidotter[10]. Oder man emulgiert Eigelb mit Traubenzuckerlösung[11]; Sesam- oder ein anderes Pflanzenöl mit den wäßrigen Extrakten aus Roggen-, auch Weizenkorn oder Brot[12]; die Milch-Wasserdampf-Destillationsprodukte mit den Aldehyden der Butter- und Capronsäurereihe[13]; Cholesterin mit Magermilch oder einer anderen dünnen Eiweißkörperlösung[14]; alkalische, milchsauer vergorene Pflanzenextrakte mit Öl[15] usw. Nach verschiedenen Angaben[16] sollen sich weitgereifte Kefirmilch[17] und Cholesterin am besten bewährt haben, doch sind über die neuzeitlich verwendeten Margarine-Zusatzstoffe kaum irgendwelche Literaturangaben zuverlässig, da diese für die Beschaffenheit des Endproduktes ausschlaggebenden Einzelheiten von den Betrieben naturgemäß als streng behütetes Geheimnis bewahrt werden. Emulsionstechnisch bemerkenswert ist ein Verfahren der Margarinearomatisierung mit der Summe von Fettsäuren, die man durch Spaltung einer aus Naturbutter und Alkalilauge gewonnenen, gut gereinigten Seife mittels Säuren erhält[18].

Fettkörper, ferner Milch-Zusätze-Emulsion und Zusatzstoffe für sich werden in Apparaten, wie sie S. 68 ff. beschrieben sind, gekirnt, d. h. durch Schlagen, Rühren oder Homogenisieren in Form einer Emulsion gebracht. Es ist zu beachten, daß bei der Zumischung empfindlicher

---

[1] D.R.P. 322919.  [2] Z. B. höhere Fettsäuren nach D.R.P. 298712.
[3] D.R.P. 382451.
[4] Als Homogenisierungszusatz z. B. flüssiges Eiereiweiß und phosphorsaure Salze nach D.R.P. 298688.
[5] D.R.P. 221698.  [6] D.R.P. 127376.
[7] D.R.P. 113382 u. v. a.  [8] D.R.P. 408911.
[9] D.R.P. 142397; vgl. G. FENDLER: Chem. Rev. 1904, 122.
[10] D.R.P. 295351.  [11] D.R.P. 97057.
[12] D.R.P. 115729.  [13] D.R.P. 135081.
[14] D.R.P. 305220.  [15] Norw. Pat. 30855.
[16] Z. B. P. PICK: Chem. Rev. 10, 175. — P. POLLATSCHEK: ebd. 1903, 53.
[17] SCHERMESSER, W.: Pharm. Ztg 57, 977 und D.R.P. 140941.
[18] D.R.P. 436228.

Zusatzstoffe die Anwendung von schnellaufenden Homogenisiermaschinen zu vermeiden ist, wenn die Zusätze z. B. Lebertran[1], vitaminreich sind, da die Vitamine, auch wenn man zu ihrem Schutz den Tran in Olivenöl gelöst beigibt, durch starke Reibung zerstört werden. Meist kirnt man warm, bei 45° Innentemperatur der Masse beginnend und nach etwa einer Stunde bei 25° endigend, doch wurde in neuerer Zeit auch vorgeschlagen, die mechanisch zu einer homogenen Masse verarbeiteten Fettstoffe mit kalter Milch, Rahm und den Zusätzen ohne Wärmezufuhr zu emulgieren[2]. Die Margarine wird um so besser, je mehr Milch man durch geschicktes Kirnen in sie einführt. Zur Erzeugung eines der Naturbutter im Geschmack möglichst gleichenden Erzeugnisses ist es nötig, mindestens 50% vom Fettgewicht Milch zu verwenden. Nach einer praktischen Vorschrift kommen auf 500 Oleomargarin, 25 Premier jus (beste Sommerware ohne jus) und 50 Sesamöl, in Summe rund 500 Teile Vollmilch, wobei es für die Homogenität des Endproduktes gleichgültig ist, ob man von süßer oder saurer Milch ausgeht (s. oben bei Butter). Die Süßmilch läßt sich schwieriger einmischen und wird zwischen den Quetschwalzen leichter ausgedrückt als die saure, dagegen ist Süßmilchmargarine wohlschmeckender und haltbarer, während Sauermilchmargarine bei mangelhafter Waschung zuweilen zu Zersetzungen neigt und daher zweckmäßig mit Kochsalz konserviert wird. In jedem Falle soll man die Milch sofort nach der Gewinnung pasteurisieren und schleudern, den Rahm für sich kühl aufbewahren und nachträglich erst der fertig gekirnten Masse wieder zusetzen. Sie wird dann, wie es beim Buttern geschieht, durch Schlagen oder Schütteln unter gleichzeitiger Kühlung, z. B. durch Entgegenblasen eines kalten Luftstromes oder Wassernebels oder auf Kühlflächen zum körnigen Erstarren gebracht, worauf man die Masse zur Entfernung des Wasserüberschusses und um ihr Streichbarkeit zu verleihen, evtl. unter Zusatz von Konservierungsmitteln[3] (Kochsalz), zwischen Hartholz- oder Porzellanwalzen durchgehen läßt oder sie in Knetmaschinen behandelt. Schließlich wird die fertige Margarine mit höchstens 16% Wassergehalt maschinell in Würfelform gebracht, gleich der Butter in Pergamentpapier verpackt oder in Holzkübel geschlagen[4].

Diesem Margarineprozeß gliedert sich eine ganze Reihe von Verfahren an, deren Ziel es ist, der Naturbutter noch ähnlichere Erzeugnisse zu bereiten. So erhält man z. B. eine Kunstbutter durch Verschmelzen von Rindertalg mit Butter, Emulgieren des Öles mit Trockenmilch, Abkühlen und Pressen der erstarrten Masse bis zu ihrer Homogenisierung[5]. Die Schwierigkeit liegt natürlich, von allem anderen abgesehen, nur emulsionstechnisch, im zweiten Teil des Vorganges zur Erzielung einer genügend weitgehenden Zerteilung der Trockenmilch in dem Öl ohne Wasserzusatz. Andere ohne Milchzusatz erzeugte Kunst- und Ersatzspeisefette, so z. B. die Schmelzmargarine und

---

[1] D.R.P. 428897.

[2] D.R.P. 334321; vgl. das Vorbild D.R.P. 88522.

[3] JACOBSEN, A. C.: Chem. Zentralblatt 1919, II, 604; vgl. B. LACH: Seifenfabr. 34, 377 u. 407; A. ZOFFMANN u. P. POLLATSCHEK: Chem. Rev. 1904 u. Jg. 10, 200; ferner K. B. LEHMANN: Chem. Ztg 35, 1297 u. 1314.

[4] KRAUS, A.: Gesdh.amt 1904, 293.      [5] Am. Pat. 1530511.

schweineschmalzähnliche Zubereitungen sind keine Emulsionen, sondern werden etwa nach Art der Salbenherstellung durch Homogenisieren der geschmolzenen Fett- und Zusatzstoffe und Erstarrenlassen der zur Erzielung ihrer Streichbarkeit durch rotierende Lochscheiben getriebenen oder mit Druckluft behandelten Massen gewonnen. Sie kommen daher hier nicht in Betracht, wenn man von manchen Sondererzeugnissen absieht, z. B. von einem Schweineschmalz-Ersatzspeisefett, das man durch Erhitzen einer Cocosfett-Mager- oder Buttermilch-Emulsion bis zum Verdampfen des Wassers und zur Bräunung der Milchbestandteile erhält[1].

Vereinzelt wurde versucht nach Art der Soja- oder Erdnuß-Kunstmilcherzeugung, und zwar durch bloße Feinmahlung des Materiales, Pflanzenbutter zu erzeugen. Die Sojabohnen eignen sich ihres Eigengeschmackes wegen weniger als Erdnüsse, doch ist es in diesem Falle nötig, dem Rohstoff vor dem Mahlen zur Verhinderung der Entmischung und des Aufrahmens von flüssigem Erdnußöl das gleiche Öl in gehärtetem Zustande oder ein anderes bei Zimmertemperatur festes Fett zuzusetzen, das das flüssige Arachisöl im Emulsionsverbande mit der feuchten Proteinmasse festhält[2]. Zu erwähnen wären hier auch noch die fabrikatorisch erzeugten Sardellenbutteremulsionen aus 4 Teilen Butter und 6 Teilen wasserhaltiger Sardellenmasse[3] und die Blossom Food Preparations aus wasserhaltigen Fettgemischen von der Zusammensetzung des Menschenfettes (1,93% Stearin, 7,83% Palmitin und 86,21% Olein). Diese Erzeugnisse, denen man in Form von Salatöl oder Speisefetten besonderen Nährwert und leichte Resorbierbarkeit zusprach, erhielt man, weniger gut als durch Mischen der Fettstoffe in jenem Verhältnis, aus natürlichen Fetten durch Entziehung der überschüssigen und Beiemulgierung der fehlenden Bestandteile[4]; sie kamen in hoher Reinheit in den Handel, aus dem sie übrigens längst wieder verschwunden sind. Echte Emulsionen waren hingegen die zahlreichen Salatölpräparate des Krieges, die, von den Schwindelerzeugnissen abgesehen, als Mineralöl-Pflanzenschleim-Emulsionen ihren Zweck, die Gleitfähigkeit der Nahrung zu erhöhen, zum Teil recht gut erfüllten, ohne bei Verwendung von reinsten hochsiedenden, geschmack- und geruchlosen Vaselinölen schädlich zu sein, da sie vom Organismus unverändert wieder ausgeschieden werden[5].

Das Vorbild einer echten Emulsion ist die Mayonnaise. Ihre Herstellung aus Speiseöl[6], Eidotter und Würzstoffen erfolgt im Großbetriebe in Schlagrührwerk- oder Homogenisiermaschinen, küchenmäßig durch Eintropfenlassen des Öles in das in einer Schale evtl. zusammen mit Würzstoffen ständig gerührte Eidotter. Dagegen verfährt man bei der Herstellung von therapeutischen Emulsionen aus zwei mitein-

---

[1] D.R.P. 273069; siehe auch D.R.P. 337169: Das Erhitzungsprodukt von Fettstoffgemisch und Trockenhefe.

[2] D.R.P. 394516.

[3] Konserven-Ztg 1910, 39 und Z. f. Unters. d. Nahrungsmitt. 24, 676.

[4] D.R.P. 168925.          [5] Vgl. E. GRAEFE: Petroleum 12, 69.

[6] Über die Beschaffenheit des Öles, das zur Herstellung von Mayonnaisen dienen soll, siehe das Ref. in Chem. Zentralblatt 1928, I, 767.

ander unvollständig oder nicht mischbaren Ölen, z. B. Ricinus- und Paraffinöl, in der Weise, daß man sie gleichzeitig in ständig bewegte 30proz. wäßrige Akaziengummi- oder 5proz. Pektinlösung einfließen läßt[1]. Bemerkenswert ist die 6fach stärkere emulgierende Wirkung der Pektinsubstanz! Solche Emulsionen mit Gummen werden ganz allgemein nach dieser sog. kontinentalen oder weniger gut nach jener englischen oder Mayonnaisenmethode hergestellt. Nach dem kontinentalen Verfahren durch Verreiben oder Schütteln[2] des Gummiarabicums mit dem Öl und folgendes Beiemulgieren des zur Lösung des Emulgators nötigen auf einmal zugegebenen Wassers, nach dem Mayonnaisenverfahren durch Emulgierung des Öles mit der fertigen wäßrigen Gummiarabicum-Lösung. In beiden Fällen empfiehlt es sich, Rühr- bzw. Schüttelpausen eintreten zu lassen, um dem Öl Gelegenheit zu geben, sich auf der Oberfläche des Flascheninhaltes auszubreiten. Beim folgend abermaligen Schütteln findet es dann leichteren Eintritt in die bereits zum Teil homogene Mischung (vgl. S. 23).

Ebenfalls in beiden Fällen vermag man die Dauer des Emulgiervorganges dadurch zu verkürzen, daß man dem Gemisch feste, die Berührungsoberflächen der Phasen vergrößernde Stoffe, also dem Dotter im Falle der Mayonnaisenbereitung z. B. Kräuter, gehackte Kapern, oder auch Senf- und andere Substanzen zusetzt, die gleich dem zu diesem Zweck ebenfalls verwendbaren Citronensaft Wasser enthalten oder wie feste gepulverte Citronensäure von Wasser zunächst benetzt und dann gelöst werden[2]. Auch Mehlkleister, dessen Vorhandensein (bis zu 10%) in käuflichen Mayonnaisen nur insofern als Verfälschung zu betrachten ist, als das Gewicht der Ware, auch durch erhöhte Wasseraufnahmefähigkeit, bedeutende Steigerung erfährt, fördert den Zusammenhalt der Emulsion durch seine schutzkolloidische Wirkung[3]. Nach anderen Anschauungen ist jedoch eine Mayonnaise, der man mehr als 30% Wasser beiemulgieren will, nur bei Gegenwart von Mehlkleister haltbar[4], er ist demnach der Träger des zur Gewichtsvermehrung zugesetzten Wassers und in dieser Hinsicht zu beanstanden. Ob so oder so, jedenfalls fördern solche Zusatzstoffe, z. B. Tragantschleim[5], Pektinsubstanzen[6] u. dgl. die physikalische Haltbarkeit des Systems und sein Zustandekommen wesentlich. Dies geht z. B. daraus hervor, daß man durch bloßes Verrühren einer unter Zusatz von Senf bereiteten Eidotter-Würzstoffmasse mit Öl, sogar erst vor dem Gebrauch, eine beständige Mayonnaise erzeugen kann[7]. Es ist bemerkenswert, daß die Emulgierfähigkeit des Eidotters mit alkalischen Flüssigkeiten mit der Dauer der Aufbewahrung der Eier steigt, ganz im Zusammenhang mit dem analytischen Befund, der ergab, daß der Ölsäuregehalt 2 Jahre alter Eidotter gegenüber jenem des Frischeies von 1,7 auf 5,2% gestiegen war[8].

---

[1] Engl. Pat. 252476 (1925).
[2] Briggs, T. R. u. Mitarbeiter: Chem. Zentralblatt 1920, IV, 764.
[3] Behre, A. u. Mitarb.: Z. f. Unters. d. Nahrungsm. 1922, 240.
[4] Vgl. J. Fiehe: Z. f. Unters. d. Nahrungsm. 49, 41.
[5] Franz. Pat. 583568.          [6] Franz. Pat. 581790.
[7] D.R.P. 175334.          [8] Chem. Zentralblatt 1925, I, 176.

Die Mayonnaisen- und die Kontinentalmethode zur Herstellung von Emulsionen sind allgemeinster Anwendung fähig, bilden daher die Grundlage der pharmazeutischen und den Anfang jeder Emulsionstechnik insofern, als sie im Vorexperiment den Weg für die Übertragung der Ergebnisse in den halbtechnischen Versuch und in den Großbetrieb weisen. Wenn durch bloßes Schütteln bzw. Verreiben der Komponenten eine haltbare Emulsion zustande kommt, kann man sicher sein, daß die gefundenen Mengen der Bestandteile sich in der wesentlich wirksameren Maschine gewiß unentmischbar vereinigen lassen werden[1].

Schließlich gehören hierher noch die echten Emulsionen, die man aus dem durch seinen Vitaminreichtum ausgezeichneten Lebertran mit Hilfe der verschiedenartigsten Emulgiermittel (Tragant, Gummiarabicum, Casein, Eigelb, Zuckersirup usw.), oft unter Zusatz anderer Stoffe, vornehmlich Glycerin und Alkohol, erzeugt. Die Emulsionen bilden sich leicht, da der durch freiwilliges Ausfließen aus den hochgeschichteten Lebern, höchstens durch geringe Pressung gewonnene, durch Kühlung entsteariniere Medizinaltran, wegen dieser schonenden Behandlung, neben den unveränderten antirachitisch wirkenden Vitaminen, wohl noch Stoffe unbekannter Art enthält, die Emulgiermittel sind. Der Prozeß der Entstearinierung des Lebertranes soll sich übrigens dadurch umgehen lassen, daß man die Lebern im gefrorenen Zustande auspreßt[2]. Schwieriger ist es, die Emulsionen, die ja stets aus vorwiegendem und überdies flüssigem Fettstoff bestehen, lagerstabil zu halten. Die Vorkehrungen, die zu diesem Zweck getroffen werden, bilden natürlich Betriebsgeheimnis der Hersteller, doch ist soviel bekannt, daß z. B. aus Butterfett oder dem Tran selbst erzeugte Seifen zugesetzt werden[3]. Die off. Lebertran-Phosphoremulsionen, die aus Lebertran, Phosphoröl und einem Konservierungsmittel angesetzt werden, sind übrigens auch chemisch nicht haltbar (nach 4—6 Wochen freier Phosphor kaum mehr nachzuweisen), sollen daher nicht auf Vorrat erzeugt werden[4].

Besonders beständige Lebertranemulsionen mit unverändertem Vitamingehalt soll man dann erhalten können, wenn man bei ihrer Herstellung die Wirkung des Luftsauerstoffes ausschließt, also im mit Kohlensäure gefüllten Emulgiergefäß arbeitet[5]. Emulsionstechnisch ist diese Methode sehr beachtenswert, denn der normale Emulgiervorgang ist seiner ganzen Natur nach als verstärkter Misch- und Homogenisierungsprozeß geeignet, die oxydative Wirkung der mitgerissenen und in das Emulgiergemisch eingehämmerten Luftteilchen zu übertragen und mechanisch zu verstärken. Viele Mißerfolge bei der Herstellung von Emulsionen aus sauerstoffempfindlichen Komponenten dürften dieser bisher nicht beachteten Tatsache zuzuschreiben sein. — Hinsichtlich der

---

[1] BRIGGS: Z. Öl- u. Fettind. 1922, 395 u. 413; ferner LIESEGANG, ebd. 1920, 501 ff.; CLAYTON: Seifensieder-Ztg 1920, 875 u. 915 und 1921, 10 u. 29.

[2] Am. Pat. 1519779.

[3] Siehe z. B. O. RICHTER: Apoth.-Ztg 1912, 213 und aus neuerer Zeit W. OBST: Allgem. Öl- u. Fettztg. 22, 463 u. 479; ferner BODINUS in Kons.-Ind. 12, 279: Lebertranemulsion mit Vitamin-A- u. E-Gehalt.

[4] BOHRISCH, P.: Pharm. Ztg 73, 778.

[5] Ref. in Chem. Zentralblatt 1917, II, 2619.

pharmazeutischen Wirkung ist die Lebertranemulsion dem natürlichen Lebertran gleichwertig, wenn sie bei niederer Temperatur unter
Ausschluß von Licht und Sauerstoff (vgl. S. 23) richtig bereitet wird[1].
Lebertran- (ferner Ricinusöl-) Emulsionen können auch in fester Form
als Kugeln oder Pillen gewonnen werden, wenn man den Fettstoff mit
einer starken, etwa 25proz. wäßrigen Gelatinelösung emulgiert und die
erhaltene Milch z. B. in gekühltes Benzol tropfen läßt, in dem die Tropfen
kugelförmig erstarren[2]. Auch hier haben wir es, wie S. 155 gesagt wurde,
mangels der Mitwirkung eines Emulgiermittels nicht mit einer technischen Emulsion, sondern mit einer Suspension von Fetttröpfchen in
einem zähen indifferenten Milieu zu tun, in dem sie rein mechanisch
verhindert werden, aus der viscosen Flüssigkeit aufzurahmen.

### Ei, Eiprodukte und Eiweißstoffpräparate.
#### (Ölkuchen-Kraftfutter und Nährmittel.)

Das Hühnerei im Gewichte von 30—72 g enthält 50—56% Eiweiß
als wäßrige Kolloidlösung und 30—40% Eidotter als wäßrige Eieröl-
Globulineiweiß-Emulsion; der gesamte Eiinhalt führt 73—74% Wasser,
12—13% Eiweißstoffe und rund 12% Fett. Durch Verquirlen von
Eiweiß und Eidotter für sich oder mit Milch, Öl (s. oben Mayonnaise)
oder geschmolzenem Fett, auch durch Verkneten mit Mehl, entstehen
die Küchenzubereitungen, durch Trocknen des verquirlten Eiinhaltes
die zum Teil oder vollständig (je nach der Arbeitsweise, namentlich
nach Art der zugesetzten Konservierungsmittel) resolublen Trockenemulsionen als Eidauerware, schließlich durch Abtrennung des Dotters
vom Eiweiß und deren Weiterbehandlung im technischen Betriebe
Eiweißpräparate, z. B. Eialbumin, die für zahlreiche industrielle und
Zwecke der Nährmittelerzeugung bestimmt sind.

Emulsionstechnisch ist während der Gewinnung der Eiweißstoffe,
auch jener des Blutes, der Hefe, der Pflanzenproteine, nur die Tatsache
bemerkenswert, daß die in ein und demselben Rohstoff vorhandenen,
für sich abzuscheidenden Eiweißstoffe untereinander zur Bildung von
Emulsionen neigen (so der Eiinhalt beim bloßen Schütteln, Schlagen
oder Quirlen), und daß daher Vorkehrungen getroffen werden müssen,
um deren Zustandekommen zu verhindern oder gebildete Mischungen
zu zerstören. Bei der Aufarbeitung des Eiinhaltes verfährt man zu
dem Zweck in der Weise, daß man das schon während des Aufschlagens
der Eier tunlichst vom Dotter getrennte Eiweiß, nach dem Absetzenlassen und nach der Abfiltration feiner in der Masse vorhandener Häutchen, in hohen Zylindern schwach essigsauer stellt und ihm, unter
Vermeidung der Schaumbildung, seine eigene Menge Terpentinöl beimischt. Das ätherische Öl reißt, sich allmählich entmischend und aufsteigend, mechanisch alle Dotterreste an sich, wird nach 24—48 Stunden
abgezogen und zur Rückgewinnung destilliert; das völlig klare Eiweiß
kann dann durch Einsenken und Herausheben warmer Platten oder

---

[1] BACHEM, C.: Südd. Apoth.-Ztg 68, 44.
[2] D.R.P. 454386.

durch Versprühen gegen einen warmen Luftstrom, stets zur Vermeidung der Gerinnung unter 50°, getrocknet und in der bekannten Form gelblich gefärbter muscheliger Schüppchen gewonnen werden.

Bei der Bluteiweißgewinnung liegen die Verhältnisse insofern anders, als das frisch aufgefangene Schlachtviehblut von Natur aus eine Emulsion von Lecithin und Cholesterin enthaltendem Stroma (Hämoglobin-Gerüsteiweißstoff) in wäßriger Serumalbuminlösung darstellt, die beim Stehenlassen in Schüsseln oder beim Schlagen mit Ruten (Umwandlung des Fibrinogens in Fibrin) entmischt, so daß sich der dunkle Blutkuchen und das gelbe, höchstens blaßrötliche Serum scheiden. Sie bleiben jedoch emulgierbar; die Masse muß daher ohne sie zu schütteln weiterbehandelt werden. Dies geschieht am besten durch Schleudern, wobei man das Serum in besserer Ausbeute als beim Abgießen oder Filtrieren vom Blutkuchen gewinnt; es wird dann ebenfalls der Terpentinölbehandlung unterworfen. Es sind zahlreiche andere Verfahren zur sog. Bleichung des Gesamtblutes mit Oxydations- und Reduktionsmitteln bzw. zur Gewinnung des löslichen (nicht koagulierten), farb-, geruch- und geschmacklosen Serumalbumins vorgeschlagen worden, die jedoch kaum besondere Bedeutung erlangt haben und überdies keinerlei Anregung für die Emulsionstechnik bieten.

Von wesentlich größerer Bedeutung in dieser Hinsicht ist jedoch die Gewinnung der Pflanzeneiweißstoffe, die in der Natur so gut wie ausschließlich innigst vergemeinschaftet mit Fettstoffen vorkommen und in ihnen (vgl. Mandel- und Sojamilch, S. 220) sowie in Zwischen- und Nebenprodukten der Öl- und Fettabscheidung, so namentlich in den Ölkuchen, als echte Emulsionen und emulsionsartige Adsorptionsverbände auftreten.

Dieser letztere Begriff möge, wie bereits S. 29 gesagt wurde, auf feste physikalische Systeme angewendet werden, in denen ein wasserhaltiges, z. B. Cellulose-Eiweißstoff-Gerüst (vergleichbar mit dem Blutstroma, s. oben), wie ein Schwamm von Fettstoff durchtränkt und mit ihm so innig vergesellschaftet ist, daß die mechanischen Verfahren zur Trennung der Komponenten nicht, wie etwa beim wäßrigen Cellulosebrei oder bei einer Schlamm-Suspension, zu einer völligen reinen Scheidung, sondern, ähnlich wie beim Schleudern der Milch, also einer echten Emulsion, zu lediglich in einer Richtung angereicherten Bestandteilen führen. Dem fettreichen Rahm und der wasserreichen Magermilch entsprechen in diesem Sinne das fettreiche mit trübenden Eiweißstoffen erfüllte, aus zerquetschter Ölsaat abgepreßte oder -geschleuderte Leinöl bzw. das proteinreiche fettarme Ölkuchenmehl. Zu den echten Emulsionen zählen solche miteinander nicht mischbare in ein und demselben Gerüst benachbarte Flüssigkeiten wie Fett und wäßrige Eiweiß- oder Gerüstsubstanz deshalb nicht, weil man ihnen, zum Unterschiede von der Milch, mittels organischer Lösungsmittel oder durch Kochen (mit Wasser) den Fettstoff entziehen kann, während Milchfett, wie schon erwähnt wurde, sich nicht ausäthern läßt und bei Siedetemperatur nicht den Emulsionsverband verläßt. Zur gesonderten oder vereinigten Abtrennung der Eiweiß- bzw. Fettstoffe aus Pflanzenteilen dienen darum

auch alle kombinierten Verfahren, die zur Scheidung der Bestandteile
ebensowohl von Suspensionen als auch von Emulsionen verwendet
werden, demnach die mechanischen Mittel des Pressens, Schleuderns,
Ausschmelzens oder der Extraktion einer, und zwar der Fettkomponente,
und überdies chemische Eingriffe. Mit Hilfe von Chemikalien vermag
man die dann im Gerüst noch verbliebenen Reste der Fettstoffe durch
Verseifung in kolloid wasserlösliche oder die Proteine durch künstliche
Verdauung in verdünnt alkalilösliche Form, die Albumine in durch
Wärmezufuhr nicht mehr koagulierbare Albumosen überzuführen.

Damit befinden wir uns bereits in dem ausgedehnten Gebiete der
industriellen Bereitung von Nährmitteln, das sind namentlich für
die Krankenpflege bestimmte von Ballaststoffen befreite Nahrungsmittel. Die Herstellungs- oder Abscheidungsart der Präparate bzw.
Naturrohstoffe, sowie ihre Zweckbestimmung und Anwendung erfordert
häufig, nämlich immer dann, wenn sie gleichzeitig Fett und z. B. Eiweiß
enthalten, Durchführung emulsionstechnischer Methoden. Es ist
dabei gleichgültig, ob man aus Fett, Eiweiß und Kohlehydrat enthaltenden pflanzlichen oder tierischen Rohstoffen jene drei Wertstoffe einzeln
oder vereinigt gewinnt, oder ob man die unwertigen Ballaststoffe abtrennt,
oder ob man schließlich künstliche Gemische aus Fett, Eiweiß und
dextrinierten Kohlehydraten herstellt, wie es bei der Fabrikation der
Kindermehle geschieht (s. S. 217). Die Technik der Emulsionen ist
aber auch weiterhin an der Herstellung der Nährpräparate insofern beteiligt, als die Fettstoffe enthaltenden oder fettstoffreien Handelsprodukte die Bedingung erfüllen müssen, daß sie sich als wasserunlösliche Pulver mit Wasser, Aufgußgetränken oder fetthaltigen Nährflüssig-
keiten, wie Fleischsuppe, namentlich aber Milch homogenisieren lassen,
ohne daß dazu andere als die haushaltüblichen Mittel des Rührens
oder Quirlens nötig wären. Bei den Getreide- oder Leguminosenmehl
enthaltenden Präparaten von Art der Kindermehle und Suppenwürfel
ist diese Forderung leicht erfüllbar, da die mit heißem Wasser quellenden,
verkleisternden oder in ihm kolloid löslichen (Dextrine) Kohlehydrate
vorhandenes Fett in ihren Verband aufnehmen, sonst ist es nötig, den
Nährpräparaten andere Emulsionsvermittler zuzusetzen oder ihre
Bestandteile physikalisch, z. B. durch Kolloidmahlung, oder chemisch,
etwa durch Verseifung der Fette oder hydrolytische Spaltung der
Eiweißkörper, umzuwandeln, so daß sie in jener Hinsicht entsprechen.
Aus den langen Reihen der hierher gehörenden Verfahren können auch
nach Ausschaltung der in emulsionstechnischer Hinsicht wenig bemerkenswerten Methoden hier nur einige Beispiele gebracht werden, die
bisher noch wenig beachtete allgemeinerer Anwendung fähige Einzelheiten enthalten.

Von besonderem Interesse ist in dieser Beziehung die Gewinnung
der Lecithine und Phosphatide (s. S. 47) pflanzlicher und tierischer
Herkunft. Die chemischen Unterschiede dieser beiden Stoffklassen[1]

---

[1] WINTERSTEIN, E.: Z. physiol. Chem. 47. 496; vgl. Z. angew. Chem. 1918,
74. — Über die bisher bekannten Lecithine, ihre Abscheidung und die Eigenschaften der zum Teil industriell gewonnenen Produkte findet sich das Referat einer

sind für die vorliegende Aufgabe von geringerer Bedeutung als die Beziehungen, die zwischen den fett- oder wachsartigen Lecithinen und
Phosphatiden des Gehirns, Eigelbs, der Blutkörperchen und Nerven-
substanz, ferner der Lupinen- und Hülsenfruchtsamen, als an Fettsäuren
und Cholin gebundene Glycerinphosphorsäuren einerseits und den
Eiweißstoffen der Nucleinreihe andererseits bestehen. Diese enthalten
neben den Bestandteilen einfacher Eiweißkörper Nucleinsäuren, das sind
gleich den Lecithinen phosphorreiche Verbindungen, deren Salze sehr
zur Bildung von Gallerten neigen, ebenso wie auch die Lecithine und
Phosphatide aus ihrer kolloid wäßrigen Lösung gelartig zur Abscheidung
gebracht werden können. Lecithine und Nucleine (die letzteren z. B.
herstellbar aus geschleudertem, frischem Hefebrei mit Alkali) sind
demnach, die einen als Fett-, die anderen als Eiweißkomponenten, zum
Eintritt in bzw. zur Vermittlung der Bildung von Emulsionen hervorragend befähigt[1] und in dieser, aber auch in manch anderer Hinsicht
vergleichbar mit den in allen natürlichen tierischen und pflanzlichen
Fetten vorhandenen typischen Emulsionsvermittlern Cholesterin
(s. S. 184) und Phytosterin. Jene sind auch, wie aus ihrer Herkunft aus
den „Lebensmittelmagazinen" zu folgern ist, die von der Natur in Samen
und Tierorganen für die lebende Substanz angelegt werden, prädestiniert
zur Verwendung als Nährmittel oder Nährmittelbestandteile. Im
Hinblick auf die wahrscheinliche Mitbeteiligung des Cholinteiles im
Molekül des Lecithins (s. S. 32) an dessen Wirkung als Emulgiermittel
ist ein Verfahren bemerkenswert, demzufolge man besonders haltbare
Bitumenemulsionen mit Hilfe eines Emulsionsvermittlers (z. B. einer
Seifenlösung) herstellt, dem Trimethylamin beigegeben wird[2]. Über
das Verhalten solcher Basen in Emulsionen, natürlich bei Abwesenheit
von Säure, ist sonst kaum etwas bekannt, es wäre darum gewiß wün-
schenswert zu erfahren, ob sie bloß als Öle in Emulsionen eintreten
oder ob ihnen unter gewissen Bedingungen auch vermittelnde Wirkung
zukommt.

Zusammengefaßt ergibt sich im Hinblick auf das S. 206 bei Besprechung der Backfähigkeit der Mehle (s. a. S. 218) gesagte: Eine verfeinerte Emulsionstechnik der Zukunft wird bei Herstellung von Emulsionen, die in Form von kosmetischen oder Nährmitteln, jedenfalls
zur Anwendung auf lebende Organe dienen sollen, in den Stoff-
gruppen der Lecithine, Nucleine und Chole-(Phyto-)sterine und in
den Rohstoffen, denen sie entstammen, sowie in den irgendwie mit ihnen
verwandten Drüsensekreten und Enzympräparaten (s. S. 219) die wertvollsten Hilfs- (Vermittlungs-) und Baustoffe (Emulsionskomponenten)
finden. Dafür ist die Tatsache kennzeichnend, daß man mit bestem
Erfolge Lecithin mit Cholesterin als Vermittler (oder umgekehrt),

---

ausführlichen Abhandlung von J. SONOL in Chem. Zentralblatt 1925, II, 700 und
1927, II, 2020.

[1] Über die Herstellung von wäßrigen Lecithin- oder Cholesterin-, Campher-
oder anderen Heilmittel- (Fettsäure-Schwermetallsalz-) Emulsionen siehe auch
D.R.P. 330673 u. 373303.

[2] Engl. Pat. 229361 (1923).

jedenfalls zwei an sich als Emulgatoren geeignete Substanzen, durch bloßes Schütteln ihrer ätherischen Lösungen mit Wasser in haltbare Emulsion zu bringen vermag[1].

Die Art der Abscheidung des Handelslecithins richtet sich nach der Bindung oder Vergesellschaftung des Phosphorsäurekomplexes in den Tier- und Pflanzenorganen. Die Eidotteremulsion zerstört man mit Hilfe von organischen Lösungsmitteln, die entweder die Fettstoffe (Eigelböl und Cholesterin) aufnehmen (Aceton[2], Essig- oder Buttersäurealkylester[3]) oder Lecithinsubstanz lösen, wie Äthyl[4]- oder Methylalkohol[5]. Hülsenfrüchten, Samen, Knollen oder Ölkuchen soll man hingegen die organische Phosphorverbindung fettfrei mittels verdünnter organischer[5] oder anorganischer Säuren[6] entziehen können. Bemerkenswert ist der in einer neueren Patentschrift[7] gemachte (S. 208 bereits in anderem Zusammenhang erwähnte) Vorschlag bei der Verarbeitung der Hülsenfrüchte oder Körnersamen, nur die Hülsen und Schalen nebst dem an ihnen befindlichen Mehl zu extrahieren, da diese Teile z. B. bei Erbsen drei-, beim Mais 6—12 mal soviel Lecithin enthalten, als das durch diese Abtrennung auch besser verwertbare Korninnere. Die meisten der auf einem der Extraktionswege gewonnenen Lecithine enthalten noch Fettreste, Bitterstoffe und andere Verunreinigungen und werden dann durch abermalige Behandlung mit Lösungsmitteln[8], verdünnten Säuren[9], Wasserstoffsuperoxyd[10] gereinigt bzw. haltbar gemacht; zur sehr gesteigerten Erhöhung der Emulgierfähigkeit dieser reinen Präparate mit wäßrigen oder alkoholischen Flüssigkeiten löst man sie statt in Wasser in Glycerin[11]. Besonders leicht emulgierbar sind auch die pharmazeutisch verwendeten Citronen- und Glycerinphosphorsäureverbindungen des Handelslecithins[12].

Weitaus häufiger als diese Reinlecithine erzeugt man jedoch Summennährpräparate aus den ganzen Tier- oder Pflanzenorganteilen, nach vorhergehender Lösung des Verbandes, in dem sich das Lecithin im Rohstoff befindet, oder durch Beseitigung der zur Ernährung unbrauchbaren Ballaststoffe. Solche Erzeugnisse sind dann, wenn der Rohstoff fetthaltig war, Emulsionen z. B. von Eidotterspaltungsstücken mit Zucker und Kakao- oder Schokoladenpulver[13], auch eingetrocknete und gemahlene Teige von Eidotter und Cerealienmehl[14], oder überhaupt Zubereitungen, die sich in ihren Ausläufern von den Erzeugnissen der Küche und Konditorei nur durch ihre mehr oder minder große Haltbarkeit unterscheiden. In besonderer Weise werden nach einem neuzeitlichen Verfahren[15] Proteinlösungen zusammen mit Alkali und Fettsäuren zur Bereitung von Nährmittel- und auch von kosmetischen Emulsionen

---

[1] D.R.P. 373303; vgl. D.R.P. 330673.
[2] D.R.P. 147184.        [3] D.R.P. 223593.
[4] D.R.P. Anm. F. 28568, Kl. 12g; D.R.P. 261212.
[5] D.R.P. 159749.     [6] D.R.P. 147968.       [7] D.R.P. 304889.
[8] D.R.P. 200253, 210013, 236605, 291494.     [9] D.R.P. 315941.
[10] D.R.P. Anm. K. 45684, Kl. 53i und D. 26130, Kl. 12q.
[11] D.R.P. 231233.
[12] D.R.P. 268103; vgl. Laboschin: Pharm. Ztg 59, 63.
[13] D.R.P. 286907.    [14] Z. B. D.R.P. 202741.    [15] Engl. Pat. 280096 (1926).

benutzt. So erhält man z. B. eine vitaminreiche Nährmittelcreme durch Homogenisieren von 31,5 g Kleieextrakt, 0,5 g n-Natronlauge und 10 Tropfen Ölsäure und weiteres Emulgieren der Masse mit 63 g Lebertran oder Olivenöl und 20 Tropfen jener Natronlauge. Eine transparente Emulsion resultiert beim Vakuumeindampfen einer homogenisierten Mischung von Eidotter, Fettsäure, Ricinusöl, Natronlauge und Zuckersirup. Man kann ferner Orangensaft, Glycerin oder Honig, für kosmetische Zwecke Borax u. dgl. beiemulgieren, Casein, Gelatine oder andere Eiweißstoffe verwenden und die Fettsäuren gegen Paraffin ersetzen, wenn die Bildung härterer Produkte angestrebt wird. Hierher gehören auch die aus der ganzen bis zu 20% Fettstoff enthaltenden Sojabohne durch Fermentierung von Sojamehlteigen hergestellten Nahrungs-, Nähr- und Würzmittel Ostasiens[1] und die etwa 6—7% Fett und 45—47% Protein enthaltenden Präparate aus nach den Methoden von Kellner[2] oder Brauer[3] entbitterten Lupinensamen[4]. In den meisten Fällen werden dieselben übrigens, ebenso wie die zur Erzeugung von Nährmitteln bestimmten Getreidekeime, während oder nach der Beseitigung des dem Keimmaterial eigenen bitteren Geschmackes[5] mittels organischer Lösungsmittel[6] oder durch Verseifung[7] entfettet, obwohl auch aus dieser Reihe Fettstoff-Protein-Nährmittel (z. B. Materna) im Handel vorkommen, während die für Menschenernährung bestimmten Pflanzeneiweiß- (Lecithin-) Fabrikate aus Ölkuchen stets fettfrei sind[8]. Nicht so die zu den wertvollsten Viehmastmitteln zählenden Ölkuchen-Kraftfutter.

Ölfrucht-Preß- und Extraktionsrückstände, die nur zum geringen Teil der heimischen Lein-, Raps-, Mohnsamen- usw. Ölmüllerei entstammen und in weitaus größter Menge als Kuchen der Pressung oder Extraktion von Baumwollsamen, Erdnüssen, Palmkernen u. dgl. eingeführt werden müssen, sind physikalisch jene schwammartigen Systeme (s. oben S. 241), die in einem wasserhaltigen fasrigen Proteingerüst Fettstoffe adsorptiv, emulsionsartig gebunden, jedenfalls in einer Form enthalten, die volle Ausnützung des Wertinhaltes durch den tierischen Verdauungskanal zulassen. Die Preßkuchen sind natürlich stets rohfettreicher als die Extraktionsmehle, aber auch dem Ranzigwerden mehr ausgesetzt und erfüllt mit schwer verdaulichen harzigen, färbenden, bitteren und schleimigen Stoffen, die der zur Extraktion meist verwendete Schwefelkohlenstoff bei der Entfettung ebenfalls zum größten Teile löst. Dazu kommt als weiterer Vorzug des Extraktionsgutes seine lockere Beschaffenheit, die es der vorhergehenden Feinzerteilung der Ölfrüchte

---

[1] Prinsen-Geerligs, H. C.: Z. angew. Chem. 30, III, 256; vgl. auch Franz. Pat. 452082; Engl. Pat. 14505 (1912).

[2] Voss, H.: Z. Spirit.ind. 43, 129.

[3] Gonnermann, M.: Chem.-Ztg 1918, 296 und Z. angew. Chem. 1922, 192.

[4] Vgl. H. Trillich: Die Lupinen in der Röstwarenindustrie, Hamburg 1921.

[5] Z. B. nach D.R.P. 256919 mittels strahlender Wärme.

[6] Z. B. D.R.P. 179591; 298373.

[7] D.R.P. 301365; auf Nuß- und Mandelkerne angewandt: D.R.P. 309144.

[8] Entfettung meist durch Verseifung (Seife als Nebenprodukt, vgl. „Seife“, 1917, 1, Nr. 29), z. B. nach D.R.P. 291032 oder Am. Pat. 1169634 u. v. a.

und dem aufschließungsartigen Vorgange verdankt, der stattfindet, wenn das entfettete Mehl zur Austreibung der Lösungsmittelreste mit gespanntem Dampf behandelt wird. Trotzdem werden die Preßkuchen für Mastzwecke vielfach, nicht nur wegen ihres hohen Fettgehaltes, sondern auch deshalb den Extraktionsmehlen vorgezogen, weil diese stets noch riechende und schmeckende Spuren des Lösungsmittels einschließen und weil man jenen harzigen usw. Beimengungen von zum Teil Vitamincharakter, die der Schwefelkohlenstoff dem Gute entzieht, doch größeren Wert für die Viehernährung zuspricht als Unwert hinsichtlich der Verdaulichkeit.

Man will sogar einer von einem ungarischen Mustergute stammenden Privatmitteilung zufolge beste Mastergebnisse und zugleich ein hervorragend klares Öl nach einem auch emulsionstechnisch bemerkenswerten Verfahren[1] erzielt haben, demzufolge man der Ölsaat (Kürbiskernen) trockenes Kochsalz in der Menge zusetzt, die dem sonst nötigen Viehsalz entspricht und dem Gemische während der Zerkleinerung so hoch überhitzten Dampf zuführt, daß keine wäßrige Salzlösung entsteht. Man kann dann, ohne die Beschaffenheit des Öles zu gefährden, bei höherer Temperatur (etwa 70°) und in kürzerer Zeit als sonst pressen und gewinnt Kuchen, die sämtliche Nichtfettstoffe des Rohstoffes enthalten, offenbar als Folge der durch den Kochsalzzusatz bewirkten Zerstörung der ursprünglich vorhandenen emulsionsartigen Adsorptionsverbindung von Fett und wasserhaltigem Eiweiß, das als geronnene Masse den Ölkuchen durchsetzt. Dieses Verfahren ist natürlich als Anreicherungsmethode aller nichtfetten Ölgutbestandteile im Kuchen nur anwendbar, wenn sich unter ihnen keine giftigen Stoffe finden[2], die, wenn überhaupt, dem Emulsionsverbande, in dem sie von Natur aus eingeschlossen sind, oder in dem sie sich während der Lagerung und des Transportes der Kuchen bilden (z. B. Senföle durch enzymatische Spaltung von myronsaurem Kali), nur schwierig entzogen werden können, so daß man vielerorts von der Verfütterung solcher Kuchen völlig absieht. Von solchen Ausnahmen abgesehen, bilden jedoch Ölpreßrückstände, wie gesagt, eines der wertvollsten Kraftfutter[3], nicht nur im Rohzustande mit durchschnittlich 8—12% Wasser, 18—50% Rohprotein, 6—20% Rohfett, 3—40% Rohfaser, 20—40% stickstofffreier Substanz, 4—10% Asche als Beifütterung, sondern auch zubereitet, z. B. durch Behandlung der zerkleinerten Kuchen mit Ätzkalk (Aufschließung der Eiweißstoffe und Kohlehydrate, Fettseifenbildung), Zuckerzusatz zum Extrakt, Eindicken im Vakuum zum haltbaren, mit Wasser leicht emulgierbaren Sirup, als Magermilchersatz für Jungvieh[4].

---

[1] D.R.P. 275450.

[2] Ricin im Ricinusölpreßkuchen (Z. angew. Chem. 1902, 816), Senföl im Rapskuchen (Zbl. Agrik.chem. 1900, 801; D.R.P. 247427; Z. angew. Chem. 31, 127); Fagin in Bucheckern (Chem. Rev. 1905, 11); Saponin in Bassiesamen (D.R.P. 250144, 318413) usw.

[3] Vgl. H. Brand: Seifensieder-Ztg 42, 597 und J. Hansen: Landw. Jahrb. 47, 1; ferner A. Morgen u. Mitarbeiter: Zbl. Agrik. Chem. 1904, 42.

[4] D.R.P. 162480.

Damit wären die für die Emulsionstechnik wichtigen Eiweißnähr- und Kraftfuttermittel erschöpft, denn die Fleischsäfte und -extrakte von LIEBIG, KEMMERICH, KOCH, ferner Somatose, Bios; Pepton-, Albumosen-, Casein- und Hefepräparate u. a. enthalten größtenteils nur Fettmengen unter 1% mit Ausnahme der aus Vollmilch bereiteten Erzeugnisse von Art des Galactogens, Eulactols u. a., die dann aber den bereits beschriebenen Milchpräparaten (Kondens- oder Trockenmilch, s. S. 215) beizuzählen sind. Dasselbe gilt für die Kraftfuttermittel aus Schlempen (mit höchstens 1% Fett), Brauerei- und Brennerei-, auch Stärke- und Zuckerfabrikationsrückständen, aus abgepreßter oder geschleuderter, entbitterter Bierhefe (72 Wasser, 14 Eiweiß, 12 Stickstofffrei, 1—2 Asche und nur 0,12 Fett) u. dgl., soweit all diese zahllosen Erzeugnisse nicht Gemische mit fetthaltigem Material sind oder in Fettemulsionen eingeführt werden, in welchen Fällen kaum irgendwelche emulsionstechnisch bemerkenswerte Einzelheiten zu verzeichnen wären.

Im Muskelfleisch der Land- und Seetiere und in ihren Fettspeichern liegen die Fettstoffe, wie der mikroskopische Befund erweist, stets als gesonderte Ablagerungen und niemals als Emulsionen vor. Diese erscheinen nur im Aufbau und Abbau der Organe, und das Ergebnis ist stets das Auftreten des Fettstoffes als Komponente einer zerstörten Emulsion. Die Bildung der Fette im fettfrei ernährten Pflanzen- und Tierorganismus durch Umwandlung von Kohlehydraten und Spaltung von Eiweißstoffen im Aufbau und anderer im Abbau bei der Zersetzung des Eiweißes durch Fäulnis (Leichenwachs) oder bei Darreichung gewisser Gifte (fettige Degeneration der Gewebe bei Phosphorvergiftung) beanspruchen lediglich physiologisches, jedoch kein technisches Interesse. So verbleibt für den vorliegenden Versuch, die sämtlichen bei der industriellen Herstellung und Verwendung der Lebensmittel vorkommenden Emulsionen zu erfassen, nur noch die Besprechung gewisser alkoholischer und mancher Aufgußmischgetränke übrig, die echte Emulsionen, also homogene Gemische von miteinander nicht mischbaren Flüssigkeiten sind. Auch dieses Kapitel ist kurz, denn es kommen eigentlich nur der Eierlikör, der Milchkaffee und die Kakaopräparate (Schokolade) in Betracht, wenn man davon absieht, daß manche an ätherischen Ölen reiche Spirituosen, so z. B. der Absinth, beim Eingießen in Wasser milchige Emulsionen geben und daß ferner manche Kwaß- sorten[1] zuweilen teilweise vergorene emulsionsartige Mischungen von fetthaltigen Getreidemehlextrakten mit eiweißhaltigen Lösungen sind.

Der Eierkognak und die Eierliköre sind im Hausgebrauch durch Schütteln, im industriellen Betriebe durch Homogenisieren von Weinbrand bzw. verdünntem Alkohol und Auszügen aromatischer Pflanzenteile (Fruchtsäfte oder Essenzen) mit Eidotter erzeugte Emulsionen, die im ersteren Falle im Liter mindestens 240 g Ei enthalten und 18 Vol.-Proz. alkoholisch sein sollen. Zusätze, die der nicht besonders haltbaren Emulsion als Schutzkolloide beigegeben werden (z. B. Gummi-

---

[1] KOBERT, R.: Der Kwaß und dessen Bereitung, Halle 1896; ders. Der Kwaß, ein unschädliches Volksgetränk, Halle 1913; vgl. H. FISCHER u. E. HÄUSSLER: Z. öff. Chem. 1917, 276 bzw. 242.

arabicum), sind verboten, finden sich aber dennoch in manchen Handelsprodukten.

Der häuslich bereiteten Emulsion von heißem, Kaffeeöl enthaltendem Röstkaffeemehl-Wasserabsud mit Sahne oder Milch sind gewisse Präparate zur Seite zu stellen, die insbesondere zu Anfang des Krieges durch inniges Vermahlen von Röstkaffeemehl, Zucker und Trockenmilch hergestellt und ins Feld geschickt wurden. Sie sollten mit heißem Wasser direkt genußfähige Milchkaffee-Emulsionen geben, waren jedoch unter dem damals herrschenden Zeichen der Gewissenlosigkeit vieler Pseudofabrikanten meist so minderwertig, daß sich jeder Empfänger wohl heute noch nur ungern an diese Erzeugnisse erinnert.

Wesentlich wichtiger sind die bei der Verarbeitung der entfleischten und gerösteten Kakaobohnen auftretenden Emulsionen. Die Röstbohnensubstanz ist an sich eine Emulsion von anderen Stoffen mit etwa 5—7% Wasser in 46—50% Kakaobutter; beim Mahlen der Bohnen in Kollergängen entsteht unter dem Einflusse der entwickelten Wärme ein dickflüssiger Brei, ·der als fettreiche Kakaomasse zur Schokoladefabrikation geht, für den Konsum jedoch durch hohen Preßdruck teilweise (bis auf 15, früher 30%) entfettet als entölter Kakao in den Handel gelangt. Es wurde auch vorgeschlagen, das flüssige Preßgut aus Kakaobohnen zur Beseitigung des Fettes zu schleudern, die Flüssigkeit mit Zucker einzudampfen und den Rückstand zusammen mit ganz oder teilweise entfetteter Kakaomasse auf Schokolade zu verarbeiten[1]. Emulsionstechnisch von größerer Bedeutung ist jedoch die Erzeugung des aufgeschlossenen Kakaos, den man großtechnisch in der Weise herstellt, daß man evtl. vorgeröstetes Rohbohnenmaterial oder entöltes Kakaopulver, mit Soda- oder Pottaschelösung emulgiert, bei etwa 140° röstet. Durch diese Behandlung werden die Eiweißstoffe zum Teil in lösliche Form übergeführt, die Cellulosefasern gelockert und die Fettstoffe teilweise verseift, so daß ein gegenüber dem Ausgangsmaterial wesentlich bekömmlicheres Produkt resultiert, dessen mit Milch oder Wasser siedend bereitete Emulsion, das Kakaogetränk, sich durch hohen Nährwert und besonders gute Verdaulichkeit auszeichnet. Auch Schokolade als feste, mit heißer Milch weiter emulgierbare Emulsion von Kakaomasse mit riechenden und schmeckenden ätherischen Ölen, Würzstoffen, unter Zusatz von Mandeln, Zucker u. dgl. ist wie der Kakao eines der konzentriertesten Nahrungsmittel. Nicht minder gilt dies von den Schokolade und Kakao enthaltenden, mit Rahm, Eiern und Mehl konditorei- und küchenmäßig hergestellten Zubereitungen. Der Kuriosität wegen sei noch ein seltsames Verfahren[2] zur Herstellung von Schokoladegetränken erwähnt, das als Entemulsionierungsmethode gedacht sein dürfte, in Wirklichkeit aber wohl zu einer völlig unentmischbaren Masse führen muß: Man erhitzt eine wäßrige Anschlämmung des Mehles natürlicher (doch wohl gerösteter), 46—50% Fett enthaltender Kakaobohnen bis zur Verkleisterung der vorhandenen rund 7—8% Stärke, hydrolysiert sie zu Zucker, läßt die Masse nun „genügend

---

[1] Am. Pat. 1654548.
[2] Am. Pat. 1650355—356.

lange" stehen und will dann von dieser wohl noch nach Wochen beständigen Emulsion das Fett abschöpfen und die das fertige Getränk bildende Flüssigkeit vom Rückstand durch Filtration trennen!

Anhangsweise sei noch die für die Ernährung wichtigste Küchenemulsion, die **Mehl-Fett-Einbrenne** (s. S. 216), als Grundlage aller verdickten Suppen, Soßen und Ragouts erwähnt. Durch Einrühren von Weizenmehl in zerlassene warme oder in siedende sich bräunende Butter erhält man eine dünn- bis dickteigige, mit viel Mehl eine bröckelige Masse, die bei niederer Temperatur unverändertes, in siedendem Fettstoff braunes dextriniertes Stärkemehl enthält. Wenn man nun allmählich unter fortgesetztem Rühren auf der Flamme Wasser oder Bouillon zugießt und vor jeder abermaligen Zugabe abbinden läßt, entstehen jene dünnflüssigen oder dickteigigen, bei richtiger Bereitung unentmischbaren Emulsionen von **Fett und Klebereiweiß in Stärke-** bzw. Dextrinkleister, die, überdies noch nach einigem Abkühlen mit **Eidotter** verquirlt, alle Nährstoffe in ausgezeichnet resorbierbarer Form enthalten und eine konzentrierte Mischung darstellen, die hinsichtlich ihres Nährwertes wohl von keinem Nahrungsmittel übertroffen wird.

# Emulsionen in der Kautschuk-, Harz-, Firnis-, Lack-, Farben-, Anstrichindustrie.

## Kautschuk.

Der **Kautschuklatex** ist eine Pflanzenmilch, deren weitgehende Ähnlichkeit mit der Säugetiermilch bereits im Abschnitte über Nahrungsmittelemulsionen besonders sinnfällig durch Zitierung der Tatsache betont wurde, daß der auch als Ersatz für Pontianac- und Chiclegummi (Kautschukwarenrohstoff) dienende Milchsaft des Kuhbaumes der Kordilleren, örtlich wegen seines hohen Nährwertes genossen wird. Der Kautschuklatex ist eine wäßrige Milch, in der Eiweißstoffe, Zuckerarten, Harze, Mineralsalze, geringe Mengen Lipoide (Lecithin) und Alkohole (Phytosterol, abgeleitet vom Phytosterin, vgl. S. 184) echt und kolloidal gelöst und, weitaus gröber dispergiert, die Teilchen des Kohlenwasserstoffes emulgiert sind[1]. Von größtem Einfluß auf die Beschaffenheit dieser „lebenden" Emulsion (s. S. 18) ist, wie bei der Säugetiermilch (s. die Unterschiede zwischen Frauen- und Esels- von der Kuhmilch, S. 218) die Abstammung, Gewinnung und Weiterbehandlung des Drüsensekretes, hier die botanische und geographische Herkunft der wildwachsenden oder in Plantagen gezüchteten Pflanze und die Art der Konservierung des Latex und seiner Koagulierung sofort nach der Gewinnung des Sekretes oder später. Auch gewisse Endprodukte, die man aus den beiden Emulsionen erzeugt, der Käse bzw. das Weichkoagulat, zeigen gewisse Ähnlichkeiten.

---

[1] Siehe die ausführliche Abhandlung von H. FREUNDLICH u. E. A. HAUSER in Kolloid-Ztg 36, Erg.-Bd. 15. — Über Eigenschaften und industrielle Anwendung der Kautschuklatex schreibt F. A. v. ROSSEM in Gummiztg 39, 611, 641.

Um die neuzeitliche Auffassung vom Wesen des Kautschuks und des physikalischen Verteilungssystems der Kautschuksubstanz in ihrer Umgebung kennenzulernen, seien einander die Ansichten eines alten und eines neuzeitlichen Meisters der Erforschung des Gebietes gegenübergestellt. WEBER nahm an, die Kohlenwasserstoffsubstanz fände sich im Latex ursprünglich emulgiert in Form von Öltröpfchen; sie wird bei der Koagulation polymerisiert, d. h. die kleineren Molekülgruppen lagern sich unter chemischer Neubindung zu größeren Komplexen in den festen elastischen Kautschuk um. Wie in der Säugetiermilch das Butterfett in der schützenden Hülle der kolloid gelösten Caseinteilchen, so würde auch hier die Vereinigung der Kohlenwasserstofftröpfchen zu den größeren Aggregaten, dann jedoch polymerisierter Substanz, bis zur Koagulation der umgebenden Eiweißkörper-Kolloidlösung wirksam verhindert. HARRIES hingegen läßt nur physikalische Veränderungen des Systems gelten; nach seiner Auffassung ist das Kautschukmolekül in den verschiedenen Milchsäften fertig vorgebildet, und die Umwandlung des Öles in das feste Ausscheidungsprodukt der Koagulation bedeutet lediglich eine Modifikationsänderung der Substanz unter Beibehaltung ihrer Molekelgröße, verbunden mit dem Auftreten abweichender physikalischer Eigenschaften[1]. Die Theorie von WEBER wird durch neuzeitliche Arbeiten gestützt, deren Ergebnisse es wahrscheinlich machen, daß die Kautschukteilchen, bestehend aus viscoser, in Benzol schwer löslicher Schichtsubstanz und weniger zähem, leichter löslichem Inhalt, ein Zweiphasensystem darstellen[2]. Nach I. BEHRE[3] besitzt die flüssigere Phase des Inneren der Kautschukteilchen einen bestimmten Gehalt an Eiweißstoffen, die den Film (s. S. 13), die feste Umhüllung erzeugen und bei der Koagulation des Latex das Gerüst bilden. Im Walz- (Misch-) Prozeß zerreißt die Umhüllungshaut, und der flüssige Inhalt wird für die Homogenisierung mit den Mischbestandteilen frei.

Für die Praxis der Emulsionszerlegung und -erzeugung ist nun die Frage nach der chemischen Veränderung des Kautschukmoleküls während der Koagulation des Latex von nicht geringerer Bedeutung, als die Erfassung der Struktur seiner Umgebung im Vergleich mit dem physikalischen System der Kuhmilch.

Beide unterscheiden sich dadurch voneinander, daß im Latex nicht Fettkörper mit aktiven Molekülenden (s. S. 7), sondern Kohlenwasserstoffe als disperse Phase in wäßriger Flüssigkeit emulgiert sind, ein Unterschied, der recht wesentlich ist, soweit bei der Emulsionsbildung der Chemismus aller Emulsionsbestandteile eine Rolle spielt. Physikalisch liegen jedoch sehr ähnliche Systeme vor, denn es gibt Kautschukabscheidungsverfahren, die mit jenen, die man bei der Kuhmilch anwendet, so gut wie identisch sind. Auch hier wird der Latex abgeschleudert und der Klumpen gewaschen, oder man schlägt den mit etwas käsig gewordener Kautschukmilch versetzten frischen

---

[1] Vgl. auch P. BARY: Ref. in Chem. Zentralblatt 1927, I, 1234.

[2] HAUSER, E.: Ref. in Chem. Zentralblatt 1925, II, 1097.

[3] Kautschuk 1926, 278.

Ficussaft mit Ruten, ja die Analogie geht so weit, daß manche Latexsorten durch bloßes Stehenlassen „aufrahmen", genau wie die Kuhmilch es tut, wobei ebenfalls von Süß- oder Sauerrahmkautschuk[1] gesprochen werden könnte, je nachdem, ob die mit der Kohlenwasserstoffsubstanz emulgierte Flüssigkeit ihren ursprünglichen Zustand bewahrt hat oder durch bakterielle Tätigkeit chemisch verändert wurde. So wie die Aufrahmung des Milchfettes wird nämlich auch die Koagulation der Kautschuksubstanz durch Außerdienststellung des schützenden Eiweißes, hervorgerufen z. B. mit Hilfe eiweißverdauender Fermente (Trypsin), begünstigt[2]. Die Ähnlichkeit der beiden Gebilde geht aber noch weiter. Man vermag z. B. rohe, vulkanisierte oder koagulierte Kautschukmilch genau so wie Kuhmilch und in ähnlich gebauten Vorrichtungen[3], z. B. durch Zerstäuben gegen warme Luft oder auf einer Trockentrommel[4], zu einem Produkt einzutrocknen, das noch einige Zeit seine Plastizität behält und dann geformt oder auf den Mischwalzen weiterverarbeitet wird. Es sind sogar Methoden bekannt, um in gleicher Weise wie Kunstmilch (s. S. 220) Kunstlatex zu erzeugen. Man quellt zu diesem Zweck Kautschuk in organischen Lösungsmitteln, z. B. Benzol (1 : 9), fügt 2% Türkischrotöl, Fett-, Harz-, Naphthensäuren, Glycerin, Phenolate oder dgl. zu und homogenisiert die Mischung, zusammen mit der gleichen Menge Wasser, evtl. unter Zusatz von 1—2% Casein, in der Kolloidmühle[5]. Eine Art Kunstlatex entsteht ferner durch heißes Verkneten einer hochviscosen wäßrigen Leim-, Gummen- oder Caseinlösung mit Kautschuk, der vorher zweckmäßig durch Paracumaronzusatz erweicht wurde, unter Ersatz des verdampfenden Wassers. Das 80% Kautschuk enthaltende Produkt soll wie Latex Imprägnierungszwecken dienen[6].

Dagegen lassen manche Beobachtungen doch recht erhebliche Unterschiede erkennen. So scheidet sich der Latexrahm aus der mit Ammoniak (s. unten) versetzten Kautschukmilch freiwillig erst nach langem Stehen und dann arm an Serum mit 70—76% Kautschuksubstanz ab, während man durch Schleudern einen höchstens 60proz. Rahm erhält und sein Serum mit noch 5% Kautschuksubstanz abfließt. Jenes konzentrierte Produkt muß jedoch zur Weiterverarbeitung im Verhältnis etwa 1 : 1 mit Wasser verdünnt werden, da der Dickrahm mit Essigsäure nur unvollständig koaguliert und für sich verarbeitet harten, brüchigen Kautschuk liefert[7]. Dieses gegensätzliche Verhalten zwischen Kuhmilch und Latex hinsichtlich der Dicke der beiden Aufrahmungsprodukte wird verständlich, wenn man die Zusammensetzungen der beiden Flüssigkeiten vergleicht. Es enthalten durchschnittlich:

---

[1] Die Aufrahmung aus gesäuertem Latex ist irreversibel; vgl. O. VRIES u. N. BEUMÉE-NIEUWLAND: Ref. in Chem. Zentralblatt 1927, I, 954.

[2] FREUNDLICH, H. u. E. A. HAUSER, Ref. in Chem. Zentralblatt 1925, II, 1315: ferner Am. Pat. 1612780.

[3] Engl. Pat. 220341 (1923).     [4] Franz. Pat. 575390.

[5] Franz. Pat. 580088.     [6] Am. Pat. 1668879.

[7] VRIES, O. DE und N. BEUMÉE-NIEUWLAND: Ref. in Chem. Zentralblatt 1927, II, 2720.

|  | Wasser | Fett bzw. Kohlen-wasserstoff | Stickstoff-substanz | Zucker, Minerale, alkohollösl. Stoffe |
|---|---|---|---|---|
| Kuhmilch . . . . . | 88 | 3—4 | 3—4 | 5 |
| Hevealatex . . . . . | 56 | 32 | 9 | 3 |

Daraus geht hervor, daß der natürliche Latex, wenn man zunächst
weiterhin dem Milchfett die Kohlenwasserstoffsubstanz substituieren
will, einem Rahm mit 30% Fettgehalt, oder, wenn man die Summe der
Festkörper zugrunde legt, einem stickstoffarmen Halbfettkäse gleicht,
daß also die Ausfällung der nichtwäßrigen Latexbestandteile durch
Aufhebung des Emulsionsverbandes zu einem zähfesten teigartigen
Produkt führen muß. Weiter äußert sich die Verschiedenheit der beiden
Milcharten als Folge der Zugehörigkeit ihrer Hauptsubstanz einmal
zur Klasse der höheren aliphatischen, seifebildenden Fettsäuren, das
andere Mal zu den gegen verseifende Agenzien indifferenten, sich mit
ihnen emulgierenden Kohlenwasserstoffen, dadurch, daß sauere
oder alkalisch reagierende Chemikalien in beiden Systemen verschiedene
Veränderungen hervorrufen. Schließlich reagiert frische Kuhmilch
amphoter, Latex jedoch sauer.

Diese Unterschiede prägen sich in den beiden Vorgangreihen der
Latexkonservierung und der Kautschukkoagulierung, ver-
glichen mit den im vorstehenden Abschnitt beschriebenen gleichartigen
Prozessen bei der Verarbeitung der Säugetiermilch, deutlich aus.

Wie bereits oben gesagt wurde, läßt sich die Kautschuklatexkoa-
gulation oberflächlich wohl mit der Käseerzeugung oder mit der Bildung des Hartpetroleums mittels Caseins (s. S. 367) vergleichen. In
beiden Fällen wird das Fett bzw. der Kohlenwasserstoff in einem
künstlich hergestellten schwammartigen Gerüst, hier, wie im Käse,
aus geronnenem Eiweiß bestehend, demnach in einem emulsionsartigen Adsorptionsverbande (s. S. 241), festgehalten. Dieses System,
in dem sich das Latexkoagulat befindet, übertrifft den normalen
Emulsionsverband um so mehr an Beständigkeit, als das (polymerisierte, s. oben) Kautschukmolekül auch noch alle anderen Bestandteile des Milchsaftes ausschließt, unter denen die sog. Kautschukharze als klebende, verkittend wirkende Substanzen die wichtigste
Rolle spielen. Dazu kommt ferner, daß die Methoden der Koagulation
zugleich weitgehende Entwässerung der Masse bewirken. Damit hört
auch der Emulsionszustand auf; das z. B. geräucherte Koagulat (sieh
unten), in den besten Sorten mit nur 0,5—1% Wassergehalt, ist eine
feste Lösung, ein Gemisch von Gelen, die gleich den Mischkrystallen
von Stoffen gebildet werden, die nicht nur in Lösung sondern auch im
festen Zustande, innerhalb bestimmter Grenzen, in jedem beliebigen
Verhältnis miteinander mischbar sind. Ihre Stabilität erleidet keine
Einbuße, wenn einzelne Knotenpunkte des Schwammgitters durch den
einen oder anderen der miteinander Mischgele bildenden Stoffe besetzt
werden, und so erklärt es sich, daß die untereinander sehr verschieden-
artig zusammengesetzten Latexsorten unter dem Einflusse sehr ver-
schiedenartiger Koagulationsmittel innerhalb gewisser Grenzen gleich-

artigen Kautschuk geben. Die Latexkoagulation stellt sich demnach als Emulsionszerstörung und Verdichtung sämtlicher Bestandteile zu einer festen Lösung dar.

Die Mittel zur Ausführung der Latexkoagulation wechseln mit den Ursprungsländern. In Mexiko und Westafrika wird der Milchsaft gekocht, in Angola gießt man ihn zur Verdunstung oder Versickerung des Wassers in flache Schalen bzw. in Erdgruben mit saugendem Boden, am Kongo bringen die Eingeborenen den Latex auf ihrem nackten Körper zur Gerinnung, in Bahia wird die Emulsion mit Wasser verdünnt, der Niederschlag filtriert und gepreßt, auf Ceylon schleudert man den Milchsaft, an vielen Gewinnungsorten zerstört man die Emulsion durch Räuchern dünner mittels eines ruderartigen Holzes geschöpfter Latexschichten im Qualm schwelender Nüsse gewisser Palmenarten oder durch Zusatz von Chemikalien, und zwar vorwiegend saurer Natur, selten sind es, aus wirtschaftlichen Gründen, organische Lösungsmittel. In einer zusammenfassenden Arbeit kommt O. DE VRIES[1] zu dem folgenden Ergebnis: Unter den Koagulationsmitteln geben Salz- und Ameisensäure, letztere namentlich wenn sie Formaldehyd enthält, schlechte Resultate, Essigsäure aus Holz liefert ebenso wie der sauer vergorene Saft des Kaffeefruchtfleisches dunkle, Essigsäure aus Alkohol, so wie gegorenes Cocosfruchtfleischwasser, gute Produkte. Dasselbe gilt für Milchsäure, aber auch nur, wenn sie in Form von Pflanzensäften verwendet wird. Schwefelsäure ist ungeeignet, da bei Überdosierung die Vulkanisationszeit der Koagulate zu stark verkürzt wird und die Güte der Produkte leidet; 0,3—1,2% Alaun geben befriedigende Ergebnisse. Als eines der besten Gerinnungs- und zugleich Reinigungs- und Konservierungsmittel gilt der aus wirtschaftlichen Gründen jedoch nur zu Versuchszwecken verwendbare Alkohol[2] (s. u.). Manche dieser weitgehend geprüften und abgeänderten Methoden bieten auch für die allgemeine Praxis der Emulsionen einige bemerkenswerte Einzelheiten.

Zunächst gilt, daß die Gerinnung des Milchsaftes, also die Zerstörung der wäßrigen Kohlenwasserstoff-Eiweiß-Harz-Emulsion durch Zusatz alkalisch und konservierend wirkender Mittel, vermutlich wegen der Bildung schutzkolloidisch wirkender Harzseifen und Albuminate, verhindert werden kann. Das beste alkalische Latex-Konservierungsmittel ist Ammoniak[3], und ebenso stabilisieren auch Blut und seine Bestandteile die Latexemulsion, so daß sie beim bloßen Rühren nicht, sondern erst nach Zugabe von Säuren koaguliert[4]. Außer Ammoniak verwendet man auch wohl Pyridin[5] oder schwefligsaure Alkalisalze[6], um die Koagulation der mit Leim, Casein, Eiweiß (-spaltungsprodukten) oder anderen Schutzkolloiden versetzten Kautschukmilch, nicht nur während der

---


[1] Chem. Zentralblatt 1920, 344.

[2] Vgl. A. ZIMMERMANN: Der Pflanzer 7, 742 und Engl. Pat. 10056 (1910).

[3] Nach Angaben von R. DITMAR verhält sich hingegen mit Ammoniak konservierter Latex bei der Verarbeitung weniger gut als wie üblich abgeschiedene Kautschuksubstanz. Vgl. das Ref. in Chem. Zentralblatt 1925, II, 1315.

[4] Engl. Pat. 279336 (1927).          [5] Engl. Pat. 214583 (1924).

[6] Engl. Pat. 213886 (1924).

Aufbewahrung, sondern auch beim Eindampfen zur Latexkonzentrierung zu verhindern. Weniger geeignet ist Natronlauge, wie aus Untersuchungen von O. DE VRIES und N. BEUMÉE-NIEUWLAND[1] hervorgeht. Emulsionstechnisch bemerkenswert sind in diesen Mitteilungen die Angaben, die sich auf die Förderung der Aufrahmung des Kautschuks aus dem Latex unter dem Einflusse der Natronlauge (Zerstörung der emulgierenden Proteinstoffe) beziehen.

Auf der Möglichkeit, den Latex mit verhältnismäßig einfachen Mitteln konservieren zu können, beruhen die neuzeitlichen Bestrebungen unter Ausschaltung der verschiedenartigen primitiven Koagulationsmethoden auf den Plantagen, eine konzentrierte haltbare Flüssigkeit stets gleichartiger Beschaffenheit zu gewinnen, die nach den Industrieländern verfrachtet werden kann, woselbst man sie nach einheitlichen Verfahren aufarbeitet. Diese Verarbeitung geschieht auf verschiedene Weise, nach den neuesten Angaben meist durch Beimischung des Vulkanisationsschwefels und der Füllstoffe, folgendes Koagulieren und gleichzeitiges Vulkanisieren der geformten Stücke. Man kann aber auch die Vulkanisation der Kautschuksubstanz vor der Gerinnung des Latex herbeiführen und soll so Waren erhalten, die bessere Eigenschaften zeigen als die aus vorher oder in den Ursprungsländern koaguliertem Latex.

In jedem Falle ist die primäre Verrichtung der Eindickung des Milchsaftes an Ort und Stelle seiner Gewinnung wichtig zur Vereinheitlichung, Sterilisierung und Entwässerung des Produktes im Hinblick auf seinen weiten Transport, der häufig unter recht ungünstigen, durch das Tropenklima und primitive Hilfsmittel bedingten Umständen, erfolgen muß. Die Konzentrierung des mit Konservierungsmitteln versetzten Milchsaftes kann auf verschiedene Weise bewerkstelligt werden. Man vermag, wie oben bereits gesagt wurde, durch Trocknen eine „Kondensmilch" mit nur noch 5—10% Wasser, also besser gesagt eine Art „Trockenmilch" (s. S. 215), zu erzeugen[2], eine Paste, die sich mit Wasser verdünnen und im übrigen mechanisch leicht bearbeiten, mischen und im achten Teil der normalen Zeit vulkanisieren läßt. Es gelingt aber auch den Latex unter Zusatz von Schutzkolloiden, die sich aus den Bestandteilen des Milchsaftes bilden sollen wenn man ihn mit Kalilauge auf bis zu 80° erwärmt[3], einfach einzudampfen oder die Konzentrierung des Latexinhaltes durch Summenausfällung der Bestandteile, also Zerstörung der Emulsion, in der Weise zu bewirken, daß man den Milchsaft mit bestimmten Pflanzensäften[4] zu einem Rahm verrührt, der bis zu 80% (im Durchschnitt 60%) Kautschuksubstanz, das ist das Kohlenwasserstoff - Harz - und -Eiweißkörper - Gemisch (entsprechend dem Käsebruch aus Vollmilch, s. S. 223), enthält; die Masse läßt sich in dieser Form völlig entwässern und auf geformte Stücke verarbeiten[4].

---

[1] Ref. in Chem. Zentralblatt 1925, II, 2299.
[2] GOTTLOB, K.: Gummiztg 1924, 326.
[3] Engl. Pat. 250640 (1924); vgl. Engl. Pat. 213886.
[4] TRAUER, J.: Gummiztg 1924, 434.

Die Entemulsionierung der Kautschukmilch kann auch durch Zusatz von Gelatine, Pektin, Pflanzenschleim- oder -gummenlösung, Islandmoos oder anderen nicht hydrolysierten Pflanzenkolloiden erfolgen, die sonst in konz. wäßriger Lösung als Emulgiermittel für Wasser-in-Öl-Systeme gelten. Die hydrophilen Kolloide nehmen den wäßrigen Teil der Latexemulsion als Quellwasser auf, die konzentrierte Kautschukmilch scheidet sich ab und kann von der Oberfläche der wäßrigen Flüssigkeit als 50—55 proz. Latexrahm abgehoben werden[1]. Diese Art der Entwässerung von Emulsionen ist vergleichbar mit den das gleiche Ziel verfolgenden Methoden des Absaugens der wäßrigen Flüssigkeit mittels poröser Filter[2] oder Gefäße (s. S. 24) oder der chemischen Bindung des Wassers mit Hilfe entwässerter sonst wasserreicher Salze als Krystallwasser[3] und schließlich auch mit der Milchentwässerungsmethode mittels trockener Gelatine (s. S. 213), die in genau derselben Weise das Wasser zur Quellung an sich zieht. Der Latexrahm wird dann, nach Entfernung des Serums, zur Herabminderung seiner bedeutenden Viscosität evtl. mit Zusatz von Seife, Saponin oder anderen Schutzkolloiden, durch Erwärmen auf 80° hydrolysiert[4].

Auch manche andere Art der Verarbeitung des nicht gleich nach der Gewinnung koagulierten Milchsaftes bietet der Emulgierungstechnik nicht nur ein weites Arbeitsfeld, vergleichbar mit der Industrie der Molkereierzeugnisse und Milchpräparate, sondern zum Teil auch eine Fülle von Anregungen, vorausgesetzt, daß die hierzulande kaum nachprüfbaren Angaben der meist aus dem Auslande stammenden Patentschriften vollinhaltlich stimmen. So soll z. B., was vielleicht bezweifelt werden könnte, ein „völlig" in Wasser lösliches Kautschukprodukt dadurch erhaltbar sein, daß man den Milchsaft mit nur 5% einer Kaliumoleatseifen-Dekahydronaphthalin-Emulsion verrührt und dieses Gemisch im Vakuum eindampft[5]. Bemerkenswert sind ferner die Verfahren der Latexvulkanisation vor der Koagulation insofern, als hier ein Emulsionsverband unter Bedingungen stabil bleibt, die in jedem anderen nicht Kautschuk enthaltenden System unfehlbar zur Entmischung führen würden. Man verfährt z. B. in der Weise, daß man wäßrigen, etwa 30 proz. Latex zur Verhütung der Gerinnung mit etwas Ammoniak versetzt, nun die wäßrige Emulsion bzw. Suspension von Piperidin (als Beschleuniger), Schwefel und Zinkoxyd[6] oder auch diese Stoffe zusammen mit Tierleimlösung[7], in diesem Falle auch mit öligen Weichmachungsmitteln u. dgl., beimischt und das homogenisierte Gemisch dann wie üblich unter Druck bei erhöhter Temperatur vulkanisiert. Das Resultat ist eine nicht geronnene wäßrige Vulkanisatemulsion, die man z. B. in der Menge von 1% einer mit Harzmilch versetzten Papiermasse zusetzen kann, um durch Alaunzusatz Harzleimbildung (s. S. 265) und Latexkoagulation in einem Vorgang herbeizuführen

---

[1] Engl. Pat. 226440 (1924).     [2] D.R.P. 286428 u. 316857.
[3] D.R.P. 154732; vgl. auch D.R.P. 323908: Entwässerung mittels Kieselsäuregallerte; siehe auch D.R.P. 325396.
[4] Engl. Pat. 268299 (1927).     [5] D.R.P. 432894 Zus. zu D.R.P. 419658.
[6] D.R.P. 426895.     [7] Vgl. Engl. Pat. 231988 (1924).

(gibt wasserdichtes Papier von besonders hoher Zerreißfestigkeit), oder die man koaguliert und, etwa durch Zerstäuben gegen heiße Luft[1], eintrocknet, um das körnige Produkt auf den Mischwalzen weiterzuverarbeiten[2]. Kennzeichnend für derartige Erzeugnisse soll ihr hoher Gehalt an Protein und wasserlöslichen Substanzen sein.

Es sei noch erwähnt, daß man mittels des Milchsaftes, etwa zur Herstellung der porösen Kautschukschwämme, in eine wasserfreie, weiche, ölige Grundmischung bedeutende Mengen Wasser und Luft einzuführen und so Emulsionen zu erzeugen vermag, in denen der Latex sofort koaguliert, nachdem er als Träger der die Aufblähung der Masse herbeiführenden Wasser- und Luftbläschen bewirkt hat[3].

In jedem Falle müssen bei Herbeiführung der Gerinnung des Latex (ebenso wie bei der Bereitung der Fettkäse aus mit Lab- oder Säurefällung erzeugtem Bruch, s. S. 223) fremde fermentative Einflüsse auf das Koagulat ausgeschaltet werden. So wenig man sonst über die Natur der Begleitstoffe der Kohlenwasserstoffsubstanz im Milchsaft weiß, gilt doch als feststehend, daß die Proteine, Zucker-, Nichtzucker- und sonstigen Substanzen im Latexserum der Zersetzung durch Keime ausgesetzt sind, worauf die sog. „Krankheiten" des Kautschuks, sein Fleckig- und Klebrigwerden, Rosten u. dgl., zurückzuführen sind. Vorbeugend wird nach dem allgemein befolgten, beim Räucherungsprozeß (Phenolbildung) am deutlichsten in Erscheinung tretenden Grundsatz verfahren, daß jedes chemische Koagulierungs- zugleich ein Konservierungsmittel sein muß. Nach vollzogener Zerstörung der Emulsion wird dann weiter noch das Koagulat bis auf einen Wasserinhalt von höchstens 0,5% getrocknet und dadurch seiner Eigenschaft, Nährboden für Keime zu sein, beraubt.

Durch Zusammenfassung des Gesagten ergibt sich, daß die Praxis der Rohkautschukgewinnung und -verarbeitung der Emulsionstechnik nur während des Bestandes der unveränderten Latexemulsion nahesteht. Der Milchsaft gleicht der Säugetiermilch in den zum Vergleich herangezogenen Eigenschaften des Aufrahmens, der Entwässerbarkeit durch Schleudern, Eindampfen oder Trocknen (s. oben) zu Produkten, die dem Aussehen nach der Kondens- oder Trockenmilch gleichen, auch in der Ausfällbarkeit aller Festbestandteile zu einem käseartigen Erzeugnis. Aber von diesem Punkte an liegen zwei Reihen physikalisch völlig verschiedener Substanzen vor: Die Fettkäse sind echte Emulsionen von Milchfett in wasserhaltiger kolloider Eiweißlösung, die harzfreien oder -armen Kautschuksorten hingegen sind feste Mischgele, deren Weiterverarbeitung z. B. durch Vulkanisation, oder auch auf kaltem Wege mittels organischer Lösungsmittel zum Zwecke der Reinigung oder Verbesserung des Rohproduktes, stets zu kolloiden Lösungen und niemals zu Emulsionen führt.

---

[1] D.R.P. 434725.　　　　　　　　　　[2] D.R.P. 435444.

[3] D.R.P. 434526. — In neuerer Zeit wurde übrigens vorgeschlagen, Kautschukschwämme aus fettigen Gummimischungen und flüssigen Blähmitteln seifenartiger Beschaffenheit, also aus Emulsionen zu erzeugen, die bei der Homogenisierung der Masse aus den dem Kautschuk beigegebenen fetten Ölen und den Seifenzusätzen entstehen (D.R.P. 454104).

So bewirkt Alkohol (eine Eigenschaft, die er mit Wasser und Aceton teilt) starke Quellung des kolloid-wabenartigen Koagulatgebildes, die so weit geht, daß es mehr als 100% seines Gewichtes absoluten Alkohol aufzunehmen vermag (Wasser bis zu 26%) und mit ihm eine im Volumen bis zu 10% vergrößerte feste Lösung bildet. Diese sowie die Acetonquellung des Kautschuks ist insofern bemerkenswert, als sie eine andere Lösung, nämlich jene der zum Unterschiede von der Kautschuksubstanz in Alkohol und Aceton löslichen Kautschukharze (1,5% im Para-, bis zu 64% in manchen Afrikakautschuksorten) einschließt. Als feste Lösungen und nicht als Emulsionen sind auch latex-(kunstmilch-) artige, zwischen den Mischwalzen erzeugte, für die Gewebeimprägnierung bestimmte Gemenge aus Kautschuk (-koagulat) und einer wäßrigen Leim-, Casein- oder Gummenlösung[1] aufzufassen. An sich haben diese Zustände wie gesagt nichts mit Emulsionen zu tun, doch gewinnen sie für dieses Gebiet Interesse, wenn man eine solche mit alkoholischer Harzlösung gefüllte Quellung mit einem organischen Lösungsmittel zusammenbringt, das, wie z. B. Benzol oder Benzin, mit Alkohol nicht mischbar ist, jedoch die Kautschuksubstanz kolloid löst. Denn dann treten diese und das echt gelöste Harz als Emulsionsvermittler auf, und es entsteht z. B. eine Benzin-Alkohol-Emulsion, die, ohne entmischt zu werden, auch noch andere Stoffe, sogar die Seifen, zu tragen vermag, die man in der Emulsion aus den Kautschukharzen durch Zusatz verseifender Agenzien erzeugt. Man gelangt so zu Emulsionen und Lösungen, die für die Industrien der Kautschuklacke (s. S. 276) und kautschukimprägnierten Gewebe (vgl. S. 337) Bedeutung besitzen.

Jene Kautschuklösungen, z. B. in Schwefelkohlenstoff oder seinem Gemisch mit 6% absolutem Alkohol, in 90er Benzol, Xylol, Benzin, Petroleum, auch Quellungen des Kautschuks in Leinöl-Terpentinöl, sind auch mit vielen anderen Stoffen und Stoffgemengen mischbar und geben mit manchen krystalloiden und kolloiden Lösungen echte Emulsionen, in denen die Summe: Kautschuk + Lösungs- bzw. Quellungsmittel als einheitlich erscheinende Komponente auftritt. So ist beispielsweise eine unter Zusatz von Tetrachlorkohlenstoff hergestellte Emulsion von Kautschuklösung mit wäßriger Gelatine-, Dextrin- oder Gummiarabicum-[2], auch Hausenblase- oder Leimlösung[3] als Kitt bzw. Klebstoff empfohlen worden, andere derartige Kompositionen sind Bestandteile von Imprägnierungs-, Isolier- und Kunstmassen (s. S. 365); stets ist kolloide Kautschuklösung der eine, wäßrige Lösung der andere Bestandteil der Emulsion. Dieser sonst üblichen Art Kautschuk-Wasser-Dispersionen zur Imprägnierung von Faserstoffen, auch bei Herstellung von Kunstleder, Kitten und Kunstmassen durch Homogenisieren einer Kautschuklösung mit Seifen- oder Saponinlösung[4] zu erzeugen, gliedert sich eine neue Methode an, nach der man den Kautschuk, ohne ihn vorher zu lösen oder zu quellen, in einer Knetmaschine evtl. unter Zusatz von Dispersionsmitteln so lange mit Wasser verarbeitet, bis eine einheitliche, stabile wäßrige Emulsion entstanden

---

[1] Am. Pat. 1513139.  [2] Franz. Pat. 443018.
[3] Österr. Pat. Anm. 4829 (1908).  [4] Am. Pat. 1621468.

ist, die man dann direkt in dem genannten Sinne verwenden kann[1]. Es gelingt, auch vulkanisierten Kautschuk in mit Wasser emulgierbare Form überzuführen. Man erwärmt die zerkleinerten Abfälle (s. unten Regenerierung) mit Petroleum, Fettstoffen, Terpentinöl oder einem anderen Lösungsmittel für nicht vulkanisierten Kautschuk und emulgiert die erhaltene Lösung, z. B. in einer Kolloidmühle mit Wasser und Seife, Leim, Casein oder einem anderen Schutzkolloid. Auch solche Emulsionen sollen zum Wasserdichtmachen von Geweben dienen[2]. Analog ist ein Verfahren zur Bereitung von wäßrigen Chiclegummiemulsionen für Lackierung, Leimung, zum Siegeln u. dgl. (je nach der Konsistenz der Massen) mit Hilfe von Seife oder anderen Schutzkolloiden unter Mitverwendung von Wachs, Fettstoffen oder Harz[3]. Zur Oberflächenverzierung fertiger Kautschukgegenstände werden in neuester Zeit[4]) Emaillacke empfohlen, die man durch Emulgierung (oder besser wohl durch Verkneten) von Benzol oder Benzin und dem zwischen den Walzen homogenisierten Gemisch von Hevea Crêpes, Titanweiß und Bienenwachs erzeugt. Die Lacke sind schneeweiß, oder, wenn man der Masse Farbkörper zusetzt, entsprechend gefärbt und nach dem Vulkanisieren der Emailschicht gut haltbar.

Dem oben Gesagten entsprechend, haben auch die praktisch gebräuchlichen Altkautschuk-Regenerationsverfahren[5] mit der Technik der Emulsionen nur insofern etwas zu tun, als man ihre Bildung vermeiden muß, um, je nach der Methode, gute Scheidung einmal der Lösung von Kautschuksubstanz in organischen Lösungsmitteln von den nicht gelösten Verunreinigungen, das andere Mal jene der Gewebereste, des Schwefels, der Füllstoffe u. dgl. (z. B. in Alkalilauge) von der ungelösten Kautschuksubstanz zu erzielen. Das Altmaterial ist verbrauchte Ware, das ist (z. B. Fahrzeugreifen oder Kautschukschläuche) eine mit Geweben vereinigte homogene Mischung von chemischen Verbindungen (z. B. das in der Heiß- oder Kaltvulkanisation geschwefelte Kautschukmolekül) in fester Lösung (geschwefelter und unveränderter Kautschuk), die mit krystalloiden und kolloiden suspendierten Teilchen verschiedenen Dispersionsgrades durchsetzt ist. Nach Entfernung des größten Teiles der Gewebereste aus dem zerrissenen Gut, z. B. durch Windsichtung, wird das zerkrümelte Material mit Chemikalien oder Lösungsmitteln (z. B. Petroleum) oder mit beiden behandelt, von denen manche in einem rein physikalischen Vorgang den überschüssigen, in der Masse verteilten Schwefel des Vulkanisates, andere wieder anorganische oder organische Substanz lösen. Zum Teil wirken diese Mittel in der Hitze unter Druck auch abbauend in der Weise, daß das große Vulkanisatmolekül unter teilweisem Verlust des gebundenen Schwefels depolymerisiert wird, worauf die abgeschiedene reine Kautschuksubstanz gegebenenfalls auch ganz oder teilweise in Lösung geht. Neben diesen beiden entstehen noch Lösungen der Füllstoffe, Gewebereste und sonstige Verunreinigungen.

---

[1] D.R.P. 443214.       [2] Franz. Pat. 606353.       [3] Am. Pat. 1624088.
[4] DITMAR, R.: Chem. Ztg 52, 506.
[5] Vgl. hierüber das Ref. über eine Arbeit von H. WINKELMANN in Chem. Zentralblatt 1927, I, 1236.

Offenbar muß, wenn diese Möglichkeiten nicht berücksichtigt werden, ein untrennbares Gemisch von Emulsionen entstehen, und tatsächlich sind auch, aus diesem Grunde allein, die meisten der zahllosen patentierten Regenerationsverfahren, zumal vorherrschend unter Druck und bei erhöhter Temperatur gearbeitet werden soll, wertlos. Als Beispiel sei eines der zahllosen Kautschukregenerierverfahren erwähnt, zu dessen Ausführung der mit Wasser emulgierte rohe, von Natur aus wasserhaltige Teer (s. S. 122) als Lösungsmittelmischung für den Schwefel sowohl als auch die Kautschuksubstanz dienen soll. Unter Druck gekocht scheidet sich nach dem Erkalten die wäßrige von der organischen Schicht[1].

Die drei praktisch ausgeführten Methoden 1. des Homogenisierens der zerkleinerten, mechanisch vorgereinigten Abfälle mit öligen Stoffen zwischen den Mischwalzen und 2. des Herauslösens des Großteiles der Nichtkautschuksubstanz aus dem Material mittels Natronlauge unter Druck in der Wärme oder 3. der Extraktion der Kautschuksubstanz mittels organischer Lösungsmittel bewirken keine Emulsionenbildung, kommen daher hier nicht in Betracht.

Dagegen wäre das weite Gebiet der Kautschukersatzstoffe ein umfassendes Arbeitsfeld für die Technik der Emulsionen, wenn nicht fast 100jährige Arbeit, von GOODYEARS, des Erfinders der Kautschukvulkanisation, Zeiten an bis zum heutigen Tage, erwiesen hätte, daß es einen Ersatzstoff für den Naturkautschuk nicht gibt, wenn man unter „Ersatz" Nachahmungen versteht, die dem Vorbilde zumindest in den kennzeichnenden Eigenschaften, hier die Elastizität und Nervigkeit, gleichen. Die unübersehbare Reihe von Verfahren und Vorschlägen zur Herstellung von Weichvulkanisatsurrogaten enthält eine beträchtliche, vielleicht die überwiegende Zahl von Methoden, die von Emulsionen mit Verwendung von Kohlehydrat-, Gummen- oder Caseinlösungen oder -quellungen und öligen Stoffen und Seifen ausgehen. Bei strenger Prüfung der Produkte auf ihre Beständigkeit gegen Wasser und Chemikalien und hinsichtlich ihrer Festigkeits- und Elastizitätseigenschaften würde jedoch wohl keines dem Vergleich mit dem Naturkautschuk standhalten, und wenn man andererseits die Erzeugnisse überblickt, die ihn für gewisse Verwendungszwecke ersetzen können, so findet man unter diesen Buchdruckwalzenmassen, das sind Leim-Glycerin-Kolloidgele, und Faktissen[2], das sind geschwefelte (zum Teil auch gechlorte) Fettöle (s. S. 113), kaum Emulsionen, wenn man von der Herstellung eines eigenartigen Faktisproduktes durch Schwefelung einer Öl-Lederabfallmehl-Emulsion absehen will, über das R. DITMAR[3] berichtet.

Bester Naturkautschuk (Euphorbiaceensekret) ist seiner chemischen Zusammensetzung nach vorwiegend Kohlenwasserstoff mit geringen Mengen (s. oben) sauerstoffhaltiger Harze. Dagegen finden sich dieselben in der Menge von bis zu 20 % im Sapotaceensekret „Guttapercha" und

---

[1] Am. Pat. 1602062.

[2] Über Faktisherstellung nach neuzeitlichen Methoden siehe W. OBST: Allgem. Öl- u. Fettztg 1928, 123.

[3] Gummiztg 42, 804.

bis zu 80% im Mimusopssekret „Balata“. Zwischen beiden stehen gewisse Afrikakautschuksorten mit bis zu 64% Harzgehalt. Die Reihe geht dann weiter über die Sekrete von Rhus- (Japanlack) und Ficusarten (Stocklack) zu den Ausscheidungen der Coniferen, den Balsamen und Harzen, und zu den ungesättigten Fettsäuren (Linolen-, Linol- und Ölsäure) mit drei, zwei und einer Doppelbindung, das sind sämtlich sauerstoffhaltige Körper mit in dieser Folge steigendem Wasserstoffgehalt. Die Reihe endet schließlich unter, bezogen auf das Molekulargewicht, fortgesetztem Steigen des Sauerstoffgehaltes ihrer Glieder bei den die Handelsseifen bildenden festen Fettsäuren (Stearin-, Palmitinsäure) mit dem Verhältnis $(C + H + O) : O = 28 : 3$. Von der Caprylsäure abwärts $(C + H + O) : O = 14 : 3$ bis zur Essig-, Ameisen- und Kohlensäure schwindet die Eigenschaft, Seifen bilden zu können.

Diese Abstufung der genannten, so verschiedenartigen Stoffe nach ihrer Zugehörigkeit zu den Kohlenwasserstoffen oder zu den sauerstoffhaltigen Körpern von Art der Harz- und Fettsäuren zeigt gleichzeitig ihr Verhalten in emulsionstechnischer Hinsicht. Von den Kohlenwasserstoffen der Erdölreihe, die, ebenso wie das Pinen, der Hauptbestandteil des Terpentinöles und wie die reine Kautschukkohlenwasserstoffsubstanz, keinerlei emulgatorische Eigenschaften in sich tragen können, da ihnen sauerstoffhaltige salzbildende Hydroxyl- oder Carboxylgruppen fehlen, die deshalb mit wäßrigen Flüssigkeiten nur mittels einer dritten Stoffkategorie emulgierbar sind, führt der Weg über die Naturprodukte, an denen sich solche Eigenschaften wegen gewisser Beimischungen emulsionsvermittelnder Stoffe (Harze, Eiweißkörper) bereits bemerkbar machen, mit dem Eintritt von Sauerstoff in das Molekül zu den Harz- und Fettsäuren, deren Salze typische Emulgatoren sind. Wenn dennoch manche Naturprodukte, z. B. Erdöl-, Kautschuk-, Ätherischöl-Kohlenwasserstoffe von scheinbarer Einheitlichkeit ohne Emulgatoren zum Teil mit wäßrigen Flüssigkeiten emulgierbar sind, so ist das stets solchen oft in sehr geringen Mengen in dem Naturprodukt vorhandenen Beimengungen emulgatorischer Beschaffenheit zuzuschreiben. In den natürlichen Fettstoffen sind es die Chole- und Phytosterine, im Kautschukkoagulat die eingeschlossenen Nebenbestandteile unbekannter Art. Diese Kautschukharze und mit ihnen das natürliche Jelutongharz (Pontianak) mit nur 8—15% Kautschuksubstanz, ferner Balata und Guttapercha, sind zum Unterschiede vom Kautschuk wegen ihres hohen Harzgehaltes bei gewöhnlicher Temperatur hart, zäh, kaum elastisch, werden jedoch in heißem Wasser teigig und formbar. Nach Extraktion der in Alkohol, Äther, Aceton oder Chloroform u. dgl. löslichen Harze hinterbleibt die wie jede andere verwendbare Kautschuksubstanz; die Harze selbst dienen gelöst als zum Teil sehr widerstandsfähige Lack- und Anstrichkomponenten. Emulgiert werden sie ebensowenig verwendet wie die ungetrennten Produkte, deren Hauptanwendungsgebiete, wegen ihrer Beständigkeit gegenüber den Einflüssen des Erdbodens (Guttapercha) und warmer Feuchtigkeit (Balata), in der Industrie der Kabelisoliertechnik bzw. der Fabrikation für Treibriemen in dampferfüllten Räumen liegen. — Die dem Kautschuklatex gleichenden Milchsäfte heimischer Wolfsmilcharten, deren Anbau namentlich während des Krieges vorgeschlagen wurde, liefern unwertige Koagulate, die kaum mit Kautschuk verglichen werden können; die Vorschläge wurden auch nie verwirklicht. Es wäre jedoch gewiß interessant, zu erforschen, wie sie sich in emulgatorischer und in Hinsicht auf ihre Verwendbarkeit als Bestandteile von Emulsionen verhalten.

## Balsame und Harze[1].

Der Summenbegriff „Harzkörper" umfaßt Sekrete von Pflanzen verschiedener Familien; es sind flüssige bis feste, meist wohlriechende Stoffgemische von wechselnder Zusammensetzung, ausgezeichnet durch Unlöslichkeit in Wasser, Löslichkeit in vielen organischen Lösungsmitteln, Fetten und ätherischen Ölen, Erweichen beim Erwärmen, leichte Schmelzbarkeit zu einer klebrigen Flüssigkeit, Widerstandskraft gegen chemische Agenzien und gegen Fäulnis, Brennen mit rußender Flamme. Nach einer trefflichen Definition von I. Scheibler[2] sind Harze alle organischen Stoffe, gleichviel welcher Herkunft, von ausgeprägt kolloider und mehr oder weniger lyophiler Beschaffenheit, bei deren Bildung und Abscheidung im Pflanzenkörper die Häufungsgeschwindigkeit der Teilchen ihrer Ordnungsgeschwindigkeit überlegen war. Die Lösungen der Harze in geeigneten organischen Lösungsmitteln hinterlassen ihren Inhalt nach der Verdunstung als lackartige Haut.

Als „Terpentin" und „Balsam" bezeichnet man Zwischenprodukte der Harzbildung, Oxydationsprodukte von ätherischen Ölen, deren Herkunft hypothetisch aus Cellulose, Stärke, Gerbstoffen angenommen werden kann. Das natürliche Rohharz (Rohterpentin), wie es sich bei natürlichen oder künstlichen Verletzungen der Pflanzenteile, vorzugsweise des Wurzel- und Stamm-Kernholzes unter Druck als eine Art Wundschutz ausscheidet, enthält als verunreinigende Bestandteile ätherische Öle, Gummen, Enzyme, aromatische Säuren, Alkohole, Aldehyde, Ketone und flüssige Ester. Nach Entfernung dieser Begleitstoffe hinterbleibt das Reinharz, über dessen chemischen Aufbau nur wenig bekannt ist. Vom Standpunkte der Emulsionslehre ist aus den Forschungsergebnissen zur Konstitutionsaufklärung der Harze besonders hervorzuheben: Sie bestehen aus Harzsäuren vom Typus der Abietin- und Pimarsäure (s. S. 40), die sich von einem hydrierten Reten (8-Methyl-5-isopropylphenanthren) ableiten dürften; die Harzsäuren der Coniferenharze scheinen den Cholesterinen (s. S. 184) nahezustehen. Ein in neuerer Zeit[3] untersuchtes schwedisches Tallöl (s. S. 268) war die Emulsion von rund 55% Fettsäuren, 30% Harz- (Abietin-) Säuren, 12% Unverseifbarem (vorzugsweise Phytosterin) und 3% in Petroläther unlöslicher Substanz, demnach ein Produkt, dessen hohe Emulgierfähigkeit in seiner Zusammensetzung, insbesondere durch seinen Gehalt, an jenem höheren Alkohol (vgl. S. 51 und Cholesterin, S. 184) wohl begründet

---

[1] Sieber, R.: Harz der Nadelhölzer und Entharzung des Zellstoffes, Berlin 1925.
[2] Farbe u. Lack 1927, 67 u. 125; vgl. H. Wolff: ebd. 125.
[3] Z. angew. Chem. 39, 262 (M. Dittmer).

erscheint[1]. Ihre saure Natur offenbaren die Harzsäuren dadurch, daß man sie aus ätherischer Lösung mit Soda oder Ammoncarbonat ausschütteln kann; mit Alkalilaugen geben sie Harzseifen (s. S. 39). Ferner finden sich in den Reinharzen sog. Resine, das sind Harzsäureester, die sich in Säure und Alkohol spalten lassen, und endlich auch Resene, deren hohe Widerstandsfähigkeit gegen chemische Einflüsse zum großen Teil die Verwendbarkeit der Harze als beständige Oberflächen-Umhüllungsmassen bedingt.

Alle Harzkörper enthalten demnach chemische Körper mit Carboxyl-, alkoholischen und salzbildenden Hydroxylgruppen, geben also z. B. mit Natronlauge Seifen, deren kolloide Lösungen als Emulsionsvermittler für die überdies im Harz vorhandenen Kohlenwasserstoffe und Terpene (ätherischen Öle) auftreten. Gleichzeitig erfolgt unter dem Einflusse der Lauge Spaltung der Harzsäureester und weitere Emulgierung des gebildeten Alkohols in der entstehenden Seife. Schließlich ist bei andauernder und Hitzeeinwirkung der Alkalilauge Gelegenheit zur Bildung von Phenolaten, Alkoholaten, Aldehyd- und Ketonharzen, auch von Polymerisationsprodukten gegeben, die sämtlich ebenfalls in das Emulsionssystem eintreten und seine Beständigkeit bis zur Unentmischbarkeit erhöhen (s. Papierleim, S. 265). Solche äußerst haltbare Mischungen aus hochpolymerisierten aliphatischen und aromatischen chemischen Stoffen erscheinen auch als künstliche Produkte in den Harzschmieren mancher Prozesse der organischen Chemie, ferner in den unliebsamen dunkel gefärbten, dick- bis zähflüssigen Säureteeren der Erdöl- und Benzolkohlenwasserstoffreinigung (s. S. 118) und als echte Emulsionen in den alkalischen Naphthenat-Abfallaugen (s. S. 41); schließlich geben auch die verschiedenen Teersorten selbst (s. S. 121), der Braunkohlen-, Steinkohlentief- und -hochtemperatur-, der Holz-, Stearinteer usw., auch Goudron und präparierter Teer, das ist eine Lösung von Pech in Schwerölen, soweit als diese Stoffgemische Carbonsäuren oder Phenole als Emulsionsvermittler enthalten, mit Alkalilaugen Emulsionen, die jenen der Naturharze gleichen.

Dies ist auch bei manchen Kunstharzen und ihren Bildungsgemischen der Fall. So sind die Produkte der ersten Bakelitbildungsstufe (durch Kondensation von Phenolkörpern mit Aldehyden), ohne Zusatz von Emulsionsvermittlern mit alkalisch-wäßrigen Flüssigkeiten leicht emulgierbar, ebenso die sog. Milchsäureharze[2], die aus lactidartig verketteten Molekülen aufgebaut zu sein scheinen, ähnlich wie nach neueren Forschungen[3] auch das Schellackmolekül konstituiert ist:

$$\begin{array}{c}O.O\\ \backslash\\ \diagup\\ C\end{array}\ C_{13}H_{16}(OH).CO.O.C_{15}H_{22}(OH)\ \diagup\!\!\begin{array}{c}O.O\\ |\\ O\end{array}\quad \text{Bis zu einem gewissen Grade}$$

vermögen auch die künstlich durch Kalkzusatz gehärteten Naturharze (Kolophonium-Kalkseife) oder die Harzsäureester (z. B. aus

---

[1] Über Tallöl mit rund 10% Unverseifbarem, 28% Harzsäuren und die aus ihm hergestellte neue „Tallinsäure", siehe I. AUERBACH: Allgem. Öl- u. Fettztg 24, 45.

[2] D.R.P. 305775.  [3] Ber. 1922, 3833.

Kolophonium durch Veresterung mit einem Alkohol) die Bildung von Emulsionen zu vermitteln, soweit sie sich nämlich durch Alkalilauge spalten lassen, jedenfalls sind sie noch imstande, leicht in Emulsionen einzutreten. Echte Kunstharze jedoch, vom Typus des Bakelits B (in der Wärme erweichend, in Aceton quellbar) und C (unlöslich, unschmelzbar), kommen mit fortschreitender Hochpolymerisation immer weniger als Emulgatoren und als Komponenten von Emulsionen in Betracht. Wenn sie löslich sind, kann man diese Lösungen natürlich wie jene der Naturharze in Emulsionen einführen, so z. B. die Kunstharze vom Albertotyp, doch sind solche Harzkörperlösungen in organischen Lösungsmitteln mit oder ohne Zusatz von Firnissen, Farbstoffen und Pigmenten in erster Linie zum Schutze und zur Verschönerung von Oberflächen bestimmt. Für die praktische Emulsionstechnik kommen als Werkstoffe lediglich die Balsame (Terpentine), Harze und Harzersatzprodukte und evtl. gewisse Zwischenprodukte der Kunstharzbildung vom Typus des Bakelits A (s. S. 272) in Frage, die jene obengenannten Bedingungen erfüllen.

Die Balsame von Art des venetianischen Terpentins sind Lösungen von Festharzen in 5—33% ätherischem Öl, im vorliegenden Falle in Terpentinöl, dessen Hauptbestandteil der Terpenkohlenwasserstoff Pinen ist. Die Handelsterpentine sind häufig verfälscht und verhalten sich dann beim Versuch, diese Erzeugnisse oder die völlig anders zusammengesetzten Surrogate in Emulsionen einzuführen, völlig ungleichartig, je nachdem, ob der nach Abdestillierung eines Teiles des Terpentinöles hinterbleibende harzige Rückstand zur Wiedererlangung der ursprünglichen Konsistenz mit Harzöl oder mit Benzol, Benzin oder Mineralöl verdünnt wurde. Im übrigen werden die Balsame meist für sich oder in Lösung verwendet oder auf Festharz und ätherisches Öl verarbeitet, in Emulsionen führt man sie kaum ein, da sich das gleiche Ergebnis billiger mit Kolophonium bzw. Terpentinöl erzielen läßt. Erwähnt sei ein Verfahren zur Überführung von Perubalsam in wasserlösliche Form für medizinische Zwecke durch Emulgierung des wertvollen Naturproduktes im Gemisch mit Alkohol und Wasser oder Glycerin mittels Kalilauge unter gleichzeitigem Einleiten von gasförmigem Formaldehyd[1]. Auch künstliche Balsame, z. B. aus Citronellöl und Formaldehyd, in salzsaurer Lösung als campherartig riechende Masse erhaltbar, lassen sich mittels Kaliseife emulgieren und in dieser Form Salben, Pflastern oder Seifen einverleiben.

Hervorhebenswert sind die Emulsionsbildungen, die man bei den Reinigungs- und Desodorierungsverfahren der Kien- und Terpentinöle[2] erzeugt, vor allem aus dem Grunde, weil dabei das unterschiedliche Verhalten der ätherischen und der fetten Öle zutage tritt. Während diese letzteren mit Alkali-, Erdalkalioxyden oder Ammoniak Seifen geben und sich in bestimmten Lösungsmittelgemengen lösen, wogegen man sie mit Schwefelsäure und Oxydationsmitteln auf einfache Weise

---

[1] D.R.P. 208833 u. 217189.
[2] Über die Begriffsbestimmung der Ware „Terpentinöl" siehe die Arbeiten verschiedener Forscher in z. B. Farbenztg 29, 1941, 2041; 30, 238, 397 u. a.

weitgehend zu reinigen vermag (bei welcher Behandlung die ätherischen Öle verharzen), verhalten sich diese, z. B. die Kien- und Terpentinöle, gegenüber den genannten Chemikalien gerade umgekehrt; man kann sie deshalb auch leichter, und zwar mit Lösungsmitteln oder alkalischen Flüssigkeiten, von färbenden und bis zu einem gewissen Grade auch von riechenden Bestandteilen befreien. So z. B. in der Weise, daß man das betreffende unangenehm riechende Kien- oder Terpentinöl mit einem Gemisch von Benzin und Alkohol schüttelt[1], die gebildete Emulsion sich scheiden läßt und die obere, etwas Alkohol enthaltende Terpentinölschicht von dem wie üblich aufzuarbeitenden Benzin-Alkohol-Gemisch abzieht. Nach den alkalischen Methoden kocht oder schüttelt man das Öl mit Ammoniak unter Druck[2], evtl. unter Zusatz von Cyankalium[3] bzw. mit Natronlauge und folgend mit alkoholischer Lauge[4], und bewirkt durch diese Emulgierungen die Verseifung der färbenden und verunreinigenden Nebenbestandteile des unverändert bleibenden ätherischen Öles.

Die Einführung der Terpentinöle sowie der durch Trockendestillation von Kolophonium erhaltbaren Harzöle in Emulsionen gelingt am ehesten mit Seife als Vermittler, wobei man zweckmäßig noch ein Schutzkolloid, z. B. Pflanzenleim oder Gummiarabicum, in wäßriger Lösung hinzufügt, wenn es sich darum handelt, nicht feste Terpentinölseifen (s. S. 162), sondern flüssige, einige Zeit, aber auch dann nur unter Luftabschluß, haltbare Emulsionen zu erzeugen. Das Terpentinöl ist eben nicht wie das Benzin ein Gemisch gesättigter Kohlenwasserstoffe, sondern ein ätherisches Öl mit Begleitstoffen, dessen Hauptbestandteil das Pinen, im Molekül eine Doppelbindung, und ihr benachbart eine oxydable Methylgruppe, dazu weitere gleichartige Seitenketten an der Kohlenstoffbrücke enthält. Dadurch erlangen die reinen Terpentinöle die Eigenschaft, als Lackbestandteile trocknend zu wirken, d. h. gleich dem Leinöl Sauerstoff aufzunehmen, dann jedoch nicht wie die trocknenden Fettöle erhärtende Firnisse zu geben, sondern zu verharzen, und diese Eigentümlichkeit überträgt sich auch auf die Emulsionen. Am besten soll man beim Versuch, sie zu erzeugen, zum Ziele gelangen, wenn man etwa in eine kochende und im Kochen erhaltene wäßrige (12—15) mit gespantem Japan- oder Bienenwachs (4,8'—5) versetzte Pottasche- (0,7—1) Lösung unter fortgesetztem Rühren Terpentinöl (12—15) einfließen läßt und kalt rührt. Auch diese Emulsion muß jedoch unter Luftabschluß verwahrt und darf nur mit heißem Wasser verdünnt werden[5]. Technische Harzöle sollen sogar, um mit ihnen haltbare Emulsionen zu bilden, trotzdem sie an sich in reinem Zustande nur geringes Sauerstoffabsorptionsvermögen zeigen, im stark gerührten Gemisch mit überschüssiger Natronlauge bei etwa 100° so lange durch Einleiten von Druckluft oder Ozon oxydiert werden, bis eine klare Lösung entsteht, deren Inhalt dann nicht mehr zur Sauerstoffaufnahme

---

[1] Am. Pat. 895003.      [2] D.R.P. 239546.
[3] D.R.P. 253241.
[4] D.R.P. 170543.
[5] Farbe u. Lack 1912, 393.

neigt[1]. Dieses und ähnliche Verfahren[2] dienen auch zur Reinigung und Desodorierung von Harzölen und zur Erzeugung vollwertiger Terpentinölersatzprodukte oder fester Körper, die sich hinsichtlich der Verseifbarkeit und emulgierenden Kraft in alkalischer Lösung wie Fettsäuren verhalten[3].

In dieser Richtung befriedigen die festen Weichharze vom Typus des Kolophoniums und der Gummiharze (Schellack) nur bis zu einem gewissen Grade. Die Harzseifen und ihre wäßrigen Lösungen sowie die mit ihnen angesetzten Emulsionen haben Klebstoffcharakter (s. S. 40), im Extrem sind sie sogar wirkliche Klebstoffe und Kitte, die in mannigfaltigen Mischungen vielen technischen Zwecken dienen. Es sei erwähnt, daß man durch kaltes Verrühren von Kolophoniummehl mit weniger als 1 proz. wäßriger Sodalauge eine Lösung erzeugen kann, deren Klebkraft wegen der Vermeidung des sonst üblichen Kochprozesses mit starker Alkalilösung vermutlich sehr bedeutend ist[4]. Die Eigenschaft der Klebrigkeit bringt es mit sich, daß man Kolophonium bei der Herstellung von Kernseifen nur als Zusatzrohstoff verwenden kann (s. S. 133), und daß solche Erzeugnisse zum Waschen von Wäsche nicht verwendbar sind, da sie zum Vergilben neigt, wenn die Waschseife auch nur 10% Harz enthielt. In neuerer Zeit ist es gelungen, dem Kolophonium die lästige Eigenschaft der Klebrigkeit durch seine Veresterung mit Ricinusöl unter gleichzeitiger Hydrogenisierung mit Wasserstoff (Palladiumkatalysator) unter hohem Druck in der Wärme zu nehmen. Man erhält so salbenartige Rohstoffe für die Herstellung von Seifen, Textilpräparaten, Gerbfetten usw., die jedenfalls gleichzeitig hervorragende Emulsionskomponenten und -vermittler sein dürften[5]. Für großindustrielle Verwendung sind solche Verfahren natürlich zu teuer, und überdies ist in diesem Bereich eine gewisse Klebrigkeit der Harzprodukte sogar erwünscht und notwendig. Solche Hauptverwendungsgebiete der billigen Coniferenharze sind einerseits die Fabrikation der für grobe Säuberung bestimmten Schmierseifen und andererseits die Papierindustrie, die in einem wichtigen Teil ihres Arbeitsganges, nämlich bei der Papierleimung, die klebenden Eigenschaften der Harzemulsionen und -seifen völlig ausnützt.

Papierharzleim[6] ist eine milchartige Emulsion von freiem Harz (Kolophonium, Fichtenharz) in wäßrig- (soda-) alkalischer Harzseifenlösung mit Tonerdehydrat als Schutzkolloid für die, wie das Butterfett in der Milch, so hier in der Seifenlösung schwebenden Harzkügelchen. Ihre Größe schwankt innerhalb weiter Grenzen, je nachdem wie die Emulsion dem im Mahlholländer wandernden Halbzeugstrom zugeteilt wird. Beim eimerweisen Eingießen der Harzmilch findet man

---

[1] D.R.P. 148168; vgl. die Behandlung von Terpentinöl mit Luft nach D.R.P. 196907.

[2] D.R.P. 175633; vgl. D.R.P. 163446, 171379 u. Lüdecke: Seifensieder-Ztg 1910, 1377, insbesondere auch D.R.P. 336253.

[3] Über die Herstellung von Emulsionen mit Harzölzusatz siehe die Vorschriften von K. Hornstein in Seifensieder-Ztg 1926, 839.

[4] Franz. Pat. 628592.      [5] D.R.P. 451180.

[6] Literatur siehe S. 261, Fußnote 2.

unter dem Mikroskop ruhende Harztröpfchen von 0,01 mm Größe, versprüht man jedoch den Harzleim, z. B. mit einem Gehalt von 40 Freiharz und 8—9 Soda, mittels des Dampfstrahlgebläses in die Masse, so sinkt die Größe der nunmehr bewegten Teilchen zur Ordnung von 0,001 mm herab. Zugleich ändert sich auch die Farbe der Emulsion von Bräunlich im grob dispersen System nach rein Weiß in der Feinverteilung des Harzes; die Leimung wird auch bei Anwendung der genannten sehr geringen Sodamenge besser, und das Papier neigt weniger leicht zum Vergilben, als wenn man mit stärker alkalischem und daher seifereicherem Leim arbeitet[1]. Seltsamerweise scheint man es noch niemals versucht zu haben, die Größe der Harzteilchen in ähnlicher Weise, wie man die Emulsion „Milch" stabilisiert (s. S. 212), in Homogenisiermaschinen weiter auf die Lineargröße unter $500\,\mu\mu$ herabzumindern und so jedenfalls zu noch wesentlich feinerer Zerteilung der die Leimwirkung tragenden Harztröpfchen zu gelangen, als es nach einem Verfahren der neueren Patentliteratur[2] dadurch gelingt, daß man die auf mehr als 100° erhitzte Harzseife unter dem so entstehenden Druck durch ein engmaschiges Sieb in stark gerührtes Wasser versprüht und so eine stark klebende Emulsion erzeugt, die dennoch nur 2% feste Bestandteile enthält. Das Studium der Wirkung einer weitgehend homogenisierten Papierharzleimseife-Freiharz-Emulsion würde vermutlich auch zur Klärung der noch nicht fest gegründeten, geteilten Anschauungen über das eigentliche Wesen des Vorganges der Papierleimung beitragen.

Man arbeitet praktisch z. B. in der Weise, daß man die im Holländerbrei verteilte, durch Druckverkochung von Harz und Soda (10 : 1) in wäßriger Lösung erzeugte Harzseife mit 70% Gesamt-, darin 40—45% Freiharz, mit der wäßrigen Lösung von Alaun oder Tonerdesulfat ausfällt, deren Menge nach verschiedenen Faktoren bemessen werden muß: für die Bildung der Harzseife, Enthärtung des Wassers, Bindung des Kalkes im Papierbrei, Überschuß zur Verhinderung des Entstehens von harzsaurer Tonerde und basischem Aluminiumsulfat usw. Schließlich soll ein Gemisch von basisch schwefelsaurer Tonerde und harzsaurem Natron vorliegen, die beide durch Wechselumsetzung basisch harzsaure Tonerde mit 33 bis 40% Freiharz, das ist die eigentliche Leimungsemulsion, geben[3]. Es ist nun offenbar, daß diese „lebende" (s. S. 18), im gegenseitigen Ionenaustausch befindliche Emulsion-Schutzkolloid-Mischung, bestehend aus Seife und mit kolloidem Tonerdehydrat umhüllten Harzteilchen (die die Verleimung der Fasern mit den Füllstoffen bewirken) sich wohl durch eine schutzkolloidfreie, bloße Harz-Harzseifen-Emulsion ersetzen ließe, wenn man durch ihre vorhergehende Homogenisierung für einen außerordentlich hohen Feinheitsgrad des Harzniederschlages im Faserbrei Sorge tragen würde. D. h. aber, daß dann das seit langem angestrebte

---

[1] Vgl. v. Posanner: Papierfabr. 1910, 221.     [2] D.R.P. 322145.

[3] Vgl. E. L. Neugebauer: Z. angew. Chem. 1912, 2155. — Nach neueren Angaben soll man besonders gute Leimungsresultate erzielen, wenn man der Masse im Holländer zuerst die wäßrige Lösung, und zwar von basischem Aluminiumsulfat und dann erst die Harzmilch zusetzt. (Am. Pat. 1663976.)

Ziel erreicht werden dürfte, die Zerstörung der das Freiharz als Emulsionsvermittler tragenden Harzseife unter Vermeidung der teueren Tonerdeverbindungen mit Schwefelsäure allein bewirken zu können. Zum Teil
geschieht dies schon[1], völlig läßt sich die Tonerde jedoch nicht aus-
schalten[2], da das Harz aus der sogar im Dampfgebläse versprühten
Milch (s. oben) mit Schwefelsäure allein als Fällungsmittel grobflockig
ausfällt, wodurch nicht nur seine Leimkraft verringert, sondern auch
Anlaß zur Bildung von Harzflecken im Papier gegeben wird. Eine
Methode zur Erzeugung solcher homogenisierter Freiharz-Harzseife-
Emulsionen liegt übrigens bereits vor, allerdings sollen die Erzeugnisse
nicht zur Papierleimung, sondern zur Herstellung von Lacken dienen.
Man verkocht nach den Angaben der Patentschrift[3] Fichtenscharrharz
mit der zu seiner Verseifung bei weitem nicht zureichenden Menge
(etwa 3—10%) wäßrig gelöstem Ätznatron und geht mit dem von den
Verunreinigungen abgezogenen Filtrat durch eine Kolloidmühle, in
der die gewünschte Freiharzkolloidlösung mit einemulgierter Harzseife
entsteht.

Es ist hier nicht der Ort und Raum, um auf die vielen wertvollen
Arbeiten von Schwalbe, F. Arledter, P. Ebbinghaus u. v. a.[4] einzugehen, die Aufklärung in dieses wichtige Gebiet gebracht haben;
für die vorliegende Aufgabe, die Anwendung der Harzemulsionen zu
nennen, dürfte auch das Gesagte vielleicht noch mit dem Hinweis
genügen, daß nicht nur als Schutzkolloide für das Freiharz des Harz-
leimes, sondern auch als selbständige Leimungsmittel noch zahlreiche
andere Stoffe, wie Tierleim, Stärke, Casein, Albumine usw., vorgeschlagen
wurden, von deren Anwendung im Abschnitt „Emulsionen in der Papierindustrie" die Rede sein wird, soweit jene einige Beobachtung verdienen.
Im allgemeinen gilt aber, daß unter den sehr zahlreichen Ersatzprodukten
für den Papierharzleim nur eine verschwindend geringe Zahl verdient,
auch nur den Namen zu führen[5]. Immerhin sind manche Emulsionen
aus Natur- und Kunstharzen, die an Stelle des Kolophoniums,
namentlich des in bedeutenden Mengen eingeführten gereinigten amerikanischen Coniferenharzes, zur Papierleimbereitung vorgeschlagen
wurden, auch in anderen Industrien anwendbar und sollen daher hier
erwähnt werden.

Wohl eine der billigsten Klebemulsionen erhält man z. B. aus dem
Baum- oder Scharrharz, das als rohes Waldprodukt zwischen dem durch
neuzeitliche Harzung nach dem Flaschenverfahren gewonnenen Terpentin und dem Kolophonium steht. Durch Schmelzen und Abseihen

---

[1] Vgl. G. Schumann: Wochenbl. Papierfabr. 51, 575; Papierfabr. 12, 963 u. 975.
[2] Vgl. R. Uzac: Ref. in Chem. Zentralblatt 1927, I, 189.
[3] D.R.P. 392337 Zus. zu 337955.
[4] Z. B. Papierfabr. 10, Heft 23a u. 62; ebd. 73; Papierztg 37, 300;
Wochenbl. Papierfabr. 50, 862. — Siehe auch die zusammenfassende Behandlung
der neueren Forschungen auf dem Gebiete der Papierleimung von R. Lorenz in
Wochenbl. Papierfabr. 56, 322, von E. Öman in Papierfabr. 25, 161, 407ff. u.
H. Lehmann: Papierfabr. 1924, 506; vgl. ebd. 489.
[5] Vgl. P. Klemm u. Schwalbe: Z. angew. Chem. 1910, 116; E. Altmann:
Papierztg 40, 1781 bzw. 1729, 1800 u. 1891.

von den groben Verunreinigungen und durch Kochen mit Wasser von dem im Dampfstrom flüchtigen Terpentinöl befreit, enthält es 40—50% verseifbare Bestandteile, darunter, wenn das Harz aus Baumstümpfen stammt, bis zu 60% freie Harzsäuren. Dieses Harz gibt, mit Soda unter Zusatz kleiner Mengen Ätznatron teilweise verseift, eine gut klebende Harzleimemulsion, die, wie üblich mit Alaun oder Tonerdesulfat ausgefällt, besonders geeignet sein soll, Kaolin oder andere pulvrige Füllstoffe im Papier oder in Appreturmassen festzuhalten[1]. Nach einem eigentümlichen Verfahren bereitet man eine für die Papierleimung besonders geeignete flüssige Harzseife durch Kaltextraktion von Harzstücken mittels wäßriger Natronlauge[2]. Dieses Produkt hat sein natürliches Vorbild in dem im Cellulosefabrikationsholz vorhandenen Harz, das nach teilweiser Verseifung direkt als Klebemittel für den Zellstoffbrei[3] dienen kann, vor allem aber im Tallöl[4], das beim Natronzellstoffkochen des nordischen Kiefernholzes als Oberflächenschaum der Schwarzlauge gewonnen wird.

Das rohe Tallöl wurde von Bergström[5] als Seife bezeichnet, aus der man durch Zersetzung mittels Säure „flüssiges Harz" gewinnt, das seinerseits bei der Vakuumdestillation ein hellgelbes Öl und eine wie Kolophonium verwendbare Harzsäureseifenmasse liefert. Nach neueren, emulsionstechnisch sehr beachtenswerten Untersuchungen[6] ist das Rohprodukt jedoch als „flüssiges Harz" vom Tallöl, seinem zum Teil völlig anders gearteten Wasserdampfdestillationsprodukt, zu unterscheiden, und zwar deshalb, weil der harzige Anteil des Tallöles, sonst den Coniferenharzen gleichend, Cholesterine und der fette Anteil in den zähflüssigen Fraktionen Ricinolsäure enthält, demnach dem Ricinusöl ähnlich ist. Dadurch erklärt sich die hervorragende Eignung des flüssigen Harzes ebenso wie des Tallöles zum Eintritt in Emulsionen und zur Vermittlung ihrer Bildung und ferner ihre Fähigkeit, als Säure (Harz-, Fett-, Oxyfettsäuren) und gleichermaßen in jenen Anteilen auch als Alkohol (Cholesterin, s. S. 184) in Reaktionen einzutreten.

Außer diesem Sulfat-Tallöl, dessen von der Hauptmenge der Harzstoffe befreiter Anteil wegen seines hohen Gehaltes an Fettsäureseifen auch einen wertvollen Schmierseifenrohstoff bildet, gibt es ferner ein bei der Sulfitcellulosefabrikation anfallendes Sulfittallöl, das sich von jenem durch seinen Schwefelreichtum, seine Zähflüssigkeit, trocknende Eigenschaften und Wasserlöslichkeit unterscheidet, so daß seine Verwendung als Emulsionsvermittler[7] und Lackrohstoff[8] vorgeschlagen wurde. Für die Schmierseifenfabrikation ist es, wie auch allgemein das nicht zerlegte Tallöl, wegen seines hohen Gehaltes an Harz und Un-

---

[1] Grewin, F.: Papierfabr. 1918, 471 u. 485; vgl. Chem.-Ztg 1918, 25.

[2] Engl. Pat. 263393 (1927).

[3] D.R.P. 314146; vgl. 314445. u Am. Pat. 1539433.

[4] D.R.P. 305678 u. 310076.

[5] Bergström: Papierfabr. 11, 730; ebd. 9 u. Festheft S. 76. Ferner K. Lorentz: Seifensieder-Ztg 43, 501.

[6] Pyhälä, E.: Chem. Umschau 34, 145 u. 189.

[7] Türkischrotöleartige Produkte aus Tallöl D.R.P. 310541 u. 314017. Vgl. S. 57.

[8] Wolff, H.: Farbenztg 24, 653.

verseifbarem schlecht geeignet, da die Seifen nach dem Aussalzen nicht
die gewünschte Konsistenz (körnig, Silberfluß) zeigen. Mit Wasserdampf
destilliertes Tallöl hingegen kann als Zusatz zum Cocos- und Palmkern-
fett-Schmierseifensud dienen[1].

Die vielseitige Verwendbarkeit des Tallöles, z. B. emulgiert mit
Montanwachs, Kolophonium, Paraffin und kochender Pottaschelösung,
zur Herstellung von wasserabstoßenden Überzügen und Dichtungen für
Stoffe aller Art[2], bringt diesen neuartigen Rohstoff ebenso wie die nicht
minder wohlfeilen und ebenso leicht mit ähnlichen Stoffen emulgierbaren
Petrolsäureharze[3] in die Reihe der billigsten und wirksamsten Kompo-
nenten und Vermittler der Emulsionstechnik für Imprägnierung von
Papier- und Pappewaren, Zellstoffe, Holz u. dgl., auch für die Herstellung
von Schuhcremepräparaten, namentlich von Bitumenemulsionen[4],
Brauerpech usw. Andrerseits wurde auch vorgeschlagen, das Tallöl an
Stelle des Oleins oder der Naphthensäuren zur Verminderung der Emulsionsbildung bei der Neutralisation hochviscoser Mineralöldestillate zu
verwenden[5]. Für edlere Verwendungszwecke kann das nicht zerlegte
Summenrohprodukt in Anlehnung an eine alte Laboratoriumsmethode
nach einem neuzeitlichen Verfahren gereinigt werden, das ein Beispiel
der Bildung und Zerstörung einer Emulsion unter gleichzeitiger
Ausflockung von Bestandteilen bietet, die in dem zugesetzten Lösungsmittel, wenn es emulgiert ist, unlöslich sind[6]. Tallöl gibt mit wenig
Petroläther eine milchige Emulsion von wenig Wasser in Petroläther-
Harz-Pechstoff-Lösung. Die pechartigen Verunreinigungen sind in
dieser Emulsion unlöslich, ballen sich auf weiteren vorsichtigen Petrol-
ätherzusatz zusammen, fallen aus und können von der darüberstehenden
klaren Harzlösung abfiltriert werden. — In neuester Zeit[7] wurde übrigens
aus dem Tallöldestillat krystallisierte, der Abietinsäure des Kolophoniums
entsprechende Pinabietinsäure abgeschieden und mit Lauge oder Soda
zur Harzmilch verseift als vermutlich recht teuerer Papierleim vorgeschlagen.

Erwähnt sei noch eine eigentümliche wasserlösliche Emulsion, die
man aus Fichtenharz oder Kolophonium durch Verschmelzen mit der
$2^1/_2$fachen Menge Borax in wäßriger Lösung und Kaltrühren der Masse
erzeugt. Die alte Patentschrift[8] weist auf zahlreiche Verwendungs-
möglichkeiten des Präparates hin, seine Herstellung ist aber darüber
hinaus interessant, weil hier die seltene chemische Umsetzung eines
sauren in wäßriger Lösung wegen hydrolytischer Spaltung alkalisch
reagierenden Salzes mit seifebildender Harzsäure zur Bildung einer
sauren Emulsion von wäßriger Borsäure in Kolophoniumnatronseife
führt. Diese Tatsache könnte mancher, namentlich der kosmetischen
Industrie die Anregung bieten, jene chemische Reaktion und Emulsionsbildung auf Fette, Öle und Wachsarten zu übertragen, um so, gegebenenfalls unter Zusatz von Alkali, oder von schutzkolloidisch oder überfettend

[1] ALBERTI, B.: Seifensieder-Ztg 1928, 22, 42.    [2] D.R.P. 429875.
[3] D.R.P. 430051.    [4] Engl. Pat. 263307 (1926).
[5] DITTLER, K.: Chem.-Ztg 52, 577.    [6] D.R.P. 424031.
[7] D.R.P. 454005.    [8] D.R.P. 98547.

wirkenden oder die Emulsionsbildung vermittelnden Stoffen, zu neuartigen Produkten zu gelangen, die in wäßriger Lösung oder Emulsion unter lebhaftem Ionenaustausch in sich die Eigenschaften einer Seife und einer schwachen kosmetisch und pharmazeutisch wirksamen Säure vereinigen würden.

Die Hartharze mit ihren Hauptvertretern Kopal und Bernstein werden kaum in Emulsionen eingeführt, wohl aber die sog. Gummiharze von Art des Schellacks.

Das Rohprodukt zu seiner Gewinnung, der durch den Lebensprozeß der Gummilackschildlaus auf ostasiatischen Ficusarten entstehende Stocklack, bildet, so wie der Japanlack, dessen Hauptbestandteil, das zweiwertige Phenol „Urushiol", in der empirischen Zusammensetzung der Abietinsäure des Kolophoniums gleicht, den Übergang von den kautschukartigen, harzreichen Pflanzensekreten Guttapercha und Balata, zu den Balsamen und Harzen (vgl. S. 259). Der kennzeichnende Unterschied des Rohschellacks mit rund 75% Harz von den Harzkörpern ist durch seinen Gehalt an Wachs (6%) und durch das Vorhandensein relativ bedeutender Farbstoffmengen (6—7% wasserlöslicher Lac-dye) gegeben, und damit findet auch das besondere Verhalten des Schellacks gegenüber Lösungs- und Verseifungsmitteln und als Emulsionenkomponente seine Erklärung.

Die Extraktion des roten Farbstoffes mit kaltem Wasser, jene des Harzes mittels Alkohols oder des Wachses mit Benzin oder Terpentinöl sind bloße Lösungsvorgänge, denen man das Rohprodukt unterwirft, um entweder die einzeln verwertbaren Bestandteile frei von Verunreinigungen für sich zu gewinnen oder Schellack-Handelsprodukte zu erzeugen; jede Behandlung mit wäßrigen alkalischen Flüssigkeiten kommt jedoch der Bildung von Emulsionen gleich, da Seifen entstehen. So bereits die Reinabscheidung des Schellacks als Harz-Wachskörper. Sie erfolgt durch Auskochen des von der Hauptmenge des Lac-dye-Farbstoffes befreiten Stocklackes mit sehr schwacher Sodalösung, zwecks Entfernung der letzten Farbstoffreste. Gleichzeitig wird dadurch auch Scheidung der aus der heißen Emulsion aufsteigenden, beim Erkalten als erstarrte Masse abhebbaren, leichtschmelzenden Harze, von den am Boden des Gefäßes abgesetzten, in der kochenden Lösung nicht geschmolzenen Anteilen, bewirkt. Echte Emulsionen entstehen auch bei der Herstellung des sog. flüssigen und des plastischen Schellacks[1], das sind Alkaliseifen aus dem entwachsten Gummilack (s. S. 169), oder bei der Erzeugung von Schellackpräparaten durch Eindampfen einer Lösung des vorher ebenfalls vom Wachs befreiten Handelsharzes in wäßriger Boraxlösung, bis eine Probe beim Erkalten hart und durchsichtig erstarrt[2]. Die Abtrennung des Wachses aus dem Schellack kann übrigens auch statt mit organischen Lösungsmitteln (s. oben) oder fetten Ölen, die nur das Wachs lösen, ebenfalls auf dem Emulgierungswege, durch Verkochen des Summenschellacks nunmehr jedoch (s. oben) mit starker Sodalösung erfolgen, in der sich nur das Harz löst. Schließlich

<hr>

[1] BENEDIKT, R. u. E. EHRLICH: Z. angew. Chem. 1888, 237.
[2] D.R.P. 206144.

werden auch die zum Teil auf andere Harze anwendbaren Schellack-
bleichverfahren meist mit Chlor[1] und in sodaalkalischer Lösung (Schel-
lackseife), also mit Emulsionen ausgeführt, so wie man auch für Fettsäureseifen Bleichverfahren mit Eau de Javelle oder Chlorkalk anwandte[2], ehe die Verfahren mit Perverbindungen[3], Blankit[4] oder
Hydrosulfit (Bleichlauge S[5]) aufkamen. Auch durch Kochen des Schellacks mit einer wäßrigen Emulsion von auf sein Gewicht bezogen
4—6% Fettstoff (z. B. Cocosfett) will man gute Bleicherfolge erzielt
haben[6].

Um Handelsschellack in die Form einer wäßrigen Emulsion
überzuführen, gießt man seine heiße Lösung in Harzöl oder Kolophonium
in eine kochende wäßrig-alkalische verdünnte Caseinlösung ein[7]; um
ihn als Füllstoff in Seife einzuführen, fügt man 10—20proz. alkoholische
Schellacklösung allmählich einem 35—40° warmen Cocosölseifenleim zu
und rührt bis zum Eingießen der Masse in Holzformen oder piliert
mit der Lösung besprengte Toiletteseifeabfälle[8].

Die Kunstharze waren ursprünglich und sind heute noch in erster
Linie als Schellackersatz bestimmt, da das Naturprodukt in dem Maße
teuerer wurde, als der Bedarf an diesem hart und glasglänzend auftrock-
nenden Bestandteil von Spritlacken, Politurmassen, Siegel- und Flaschen-
lacken stieg. Die Emulsionentechnik ist an der Herstellung der künstlichen Hartharze ebensowenig beteiligt, wie an ihrer und der Verwendung
der natürlichen Vorbilder (s. oben), denn die Erzeugnisse sollen ja so
beschaffen sein, daß sie möglichst widerstandsfähig gegen chemische
und physikalische Einflüsse sind, auf Oberflächen fest haften und sich
weder lösen noch emulgieren, wenn jene mit alkalischen oder sauren
Mitteln in Berührung kommen. Wenn demnach im Fabrikationsgange
der Kunstharzbildung vielleicht an einer Stelle Emulsionen entstehen,
so muß doch Sorge getragen werden, daß dieselben zur Erreichung
des genannten Zieles völlig zerstört und von allen löslichen Komponenten befreit werden, so daß schließlich das in organischen Lacklösungsmitteln lösliche Endprodukt zurückbleibt. Manche Ersatz- und
Kunstharzbildungsgemische sind jedoch in den ersten Stadien der
Verarbeitung echte Emulsionen und in dieser Form befähigt, Gewebe
oder andere Faserstoffe zu durchdringen; bei der nachfolgenden physikalischen oder chemischen Zerstörung des Systems hinterbleibt dann
in den Poren der Unterlage die harzartige, unlösliche Substanz.

Solche Zwischenprodukte entstehen kaum bei der Herstellung der
gegenüber dem Ausgangsmaterial wesentlich härteren Harzsäureester,
die man nach dem Vorbild der natürlichen Fette und Öle durch Kondensation von 3 Molekülen Abietinsäure (Kolophonium) mit einem Molekül

---

[1] Z. B. M. Eder: Dingl. J. 225, 500; Seifensieder-Ztg 1914, 1053; F. Daum:
ebd. Jhg. 37, 885 ff. — Siehe aber auch die neuzeitliche Schwefelwasserstoff-
Bleichmethode nach D.R.P. 329 186.
[2] Seifensieder-Ztg 1911, 771.
[3] Seifensieder-Ztg 1911, 879 u. D.R.P. 200 684 „Palidol".
[4] Seifenfabr. 1907, 654, 1053.      [5] Seifenfabr. 1907, 603 u. 722.
[6] D.R.P. 205 472.      [7] Österr. Pat. Anm. 4685 (1907).
[8] Techn. Rundsch. 1911, 573.

Glycerin oder mit 3 Mol. Phenol oder der entsprechenden Menge anderer hydroxylhaltiger Körper erhält[1]. Eher noch treten bei der Verarbeitung der alkalischen Lösung von Kopal oder Sandarak mit Öl-, Fett- oder Harzölseifen, z. B. Stearinsäurenatronseife[2] oder auch mit ammoniakalischer Caseinlösung[3], vor allem aber bei der Phenolharzbildung, Emulsionen auf, namentlich dann, wenn nicht sauere Katalysatoren gewählt werden, sondern wenn man in alkalischer, gegebenenfalls auch in neutraler oder in Salzlösung arbeitet.

So entstehen z. B., wie aus Phenol und wäßrigem Formaldehyd allein, oder beim Vermischen desselben Gemenges mit Ammoniak (auch Anilin u. a. Basen)[4] oder aus Phenol und Hexamethylentetramin[5], stets unter gelinder Wärmezufuhr, milchige, zuerst leicht-, dann zähflüssige Emulsionen, die gleich der Bakelit-[6] und Resinitmasse A[7], Systeme von miteinander nicht mischbaren Lösungen, und zwar des neugebildeten Körpers (vermutlich eines Oxybenzylalkohols[8]) und des Bildungsgemisches darstellen. Seine Komponenten, Formaldehyd und wäßrige Phenollösung, sind ebenfalls nicht ineinander löslich, solange die Menge der zugeführten Wärme nicht genügt, um die weitere Umsetzung der Lösungsinhalte über die viscosen B-Massen zu den unlöslichen, unschmelzbaren C-Endprodukten herbeizuführen. In der Patentliteratur sind sehr zahlreiche derartige Bildungsgemisch-Zwischenproduktemulsionen genannt, die jedoch nicht isoliert, sondern gleich weiterverarbeitet werden. Andere Verfahren dagegen (vgl. im allg. Teil S. 54) betonen die Verwendbarkeit der Emulsionen z. B. aus dem Bakelit-A-Produkt (Phenol und Formaldehyd gelinde erwärmt) mit verseifbaren Fetten, Ölen und Wachsen für Zwecke der Desinfektion[9] oder verarbeiten Emulsionen, z. B. von Holzteer, wäßriger Säure und chlorierenden Agenzien, die der gleichen Verwendung zugeführt werden können, durch allmähliches Eindicken und Chlorieren in der Wärme zu einem schellackartigen Kunstharz[10]. Insbesondere bei der Erzeugung der neuartigen ungemein vielseitig verwendbaren Kondensationsprodukte von Harnstoff und Formaldehyd entstehen solche emulsionsartige Zwischenprodukte direkt oder nach Zusatz von Lösungsmitteln als viscose durchsichtige Flüssigkeiten, die je nach der Arbeitsweise in Wasser löslich oder unlöslich, in organischen Lösungsmitteln meist löslich sind und vorwiegend als Bestandteile von Lacken und Imprägnierungsmitteln dienen sollen[11]. Soweit solche Harz- oder Kunstharzemulsionen in den einzelnen Industrien eine Rolle spielen, wird von ihnen fallweise noch gesprochen werden.

---

[1] Siehe z. B. D.R.P. 75119; vgl. M. BOTTLER: Chem. Rev. 1911, 51 u. 75.
[2] Bayer. Ind. u. Gew.bl. 1910, 436.
[3] Seifensieder-Ztg 1911, 658.     [4] D.R.P. 281454.
[5] Am. Pat. 1209333 (Redmanolbildungsgemisch), vgl. L. V. REDMAN: Z. angew. Chem. 27, 191.
[6] Vgl. Z. angew. Chem. 25, 1039; 26, 560.
[7] Z. angew. Chem. 1909, 1598.
[8] Chem. Zentralbl. 1920, II, 340.
[9] D.R.P. 254411 u. 269659.     [10] D.R.P. 320620, vgl. 324876.
[11] Engl. Pat. 240840 (1925) u. Engl. Pat. 238904 (1925).

### Firnisse, Lacke[1], Anstriche.

Das Leinöl, das im vorliegenden Abschnitt als Typus der „trocknenden Öle" stets diesen Begriff verkörpern soll, so daß alle gemeint sind, wenn von ihm die Rede ist, enthält als kennzeichnende Bestandteile die der Ölsäure nahestehenden ungesättigten Linol- und Linolensäuren. Sie können aus dem Leinöl durch Spaltung oder Verseifung mit kochender Natronlauge und folgende Zersetzung der Seife mittels Schwefelsäure als Summenprodukt „Leinölsäure" abgeschieden werden, doch verwendet man an ihrer Stelle, sowie auch zur Herstellung der als Trockenstoffe wichtigen Metallresinate meist nicht die Fettsäuren, sondern das Leinöl selbst. Sie sind jedoch an der Bildung der sog. Firnisse in hohem Maße beteiligt, insofern als an ihren Doppelbindungen alle die erst zum Teil erforschten Vorgänge einsetzen, die durch Wärme-, Licht- und Sauerstoffeinwirkung zu den Kondensationen und Polymerisationen führen, deren Endergebnis das zähe, nur noch in Eisessig[2], als höchste Oxydationsstufe aber auch in ihm nicht mehr lösliche Linoxyn ist. Sehr eigentümlich ist ein neues Verfahren[3] zur Gewinnung von Oxydationsprodukten trocknender Öle (in der Schrift als Linoxyn bezeichnet) durch Luft- oder Sauerstoffeinleiten in eine mit 1,5% Gummiarabicum gebildete wäßrige, Leinölemulsion 3 : 1. Die sich allmählich bildenden und absetzenden Flocken haben natürlich mit jenem Firnislinoxyn nichts zu tun, zu dessen Bildung, wie auch zu jener des Linoleumlinoxyns, wesentlich stärkere Einflüsse nötig sind.

Zwischen dem rohen Leinöl und dem Linoxyn liegen die vielen Firnisstufen, die je nach ihrer langsamen oder mit Hilfe von Trockenstoffen (Sikkativen) oder durch Kochen, Lufteinleiten u. dgl. beschleunigten Bildung, im Handel unter verschiedenen Bezeichnungen (Dick-, Stand-[4], Anlege-, Firnisöl, Sikkativ-, Lithographenfirnis usw.) zu finden sind. Offenkundig muß auch die Emulgierbarkeit des Fettstoffes „Leinöl" in dem Maße als er verfirnißt, also weniger löslich wird und schließlich kautschuk- oder kunstharzartige Oberflächenschichten oder den Linoleumzement bildet, fortgesetzt abnehmen und praktisch im Linoxyn gleich Null werden. Nun ist aber das Endziel der Leinöl auf Firnis verarbeitenden Industrie, genau so wie oben bei der Kunstharzfabrikation gesagt wurde, die Erzeugung des nicht löslichen, nicht emulgierbaren Produktes, als eines gegen äußere Einflüsse widerstandsfähigen Trägers für Farbpigmente, und darum spielen in dieser Industrie Emulsionen keine Rolle, sondern nur Lösungen[5] und Suspensionen.

Bis zu einem gewissen Grade ist dies jedoch bei der Herstellung der Firnisersatzprodukte aus anderen fetten, nicht- oder halbtrocknenden

---

[1] Schreiber, J.: Lacke u. ihre Rohstoffe, Leipzig 1926.

[2] D.R.P. 258853; vgl. F. Fritz: Chem. Rev. 20, 48 u. Jhg. 23, 29.

[3] Schweiz. Pat. 116997 (1926).

[4] Über die Herstellung des Standöles siehe O. Hildebrand: Seifensieder-Ztg 52, 355 u. Farbe u. Lack 1925, 198.

[5] Das aus zähflüssigen Linoxynen der Linoleumindustrie mit Tetralin nach D.R.P. 335905 (auch mit Amylalkohol nach D.R.P. 233335) erhaltbare sog. flüssige Linoxyn gibt mit wäßrigem Ammoniak emulgiert ein für dunkel gefärbte Gewebe geeignetes Spicköl (vgl. S. 165 u. H. Griff: Seifensieder-Ztg 42, 993).

Ölen, Harzölen, Fettsäuren, Seifen, Fisch- und Mineralölen der Fall,
denen man durch chemische Behandlung trocknende Eigenschaften verleihen will. Um dies bewerkstelligen zu können, ist es in manchen Fällen
nötig das Rohmaterial, soweit man nicht von seinen Lösungen ausgehen
kann, in Form von Emulsionen zu bringen, deren Herstellungsweise
zuweilen allgemeiner verwendbare Einzelheiten bietet.

Eines der besten Leinölersatzmittel für Zwecke der Firnisbereitung
wäre das chinesische Holz- oder Tungöl, wenn nicht manche seiner
Arten (so das Hankow- gegenüber dem Kantonöl) beim Erhitzen gelatinieren und sich in eine kautschukartige Masse verwandeln würden,
die in allen Lacklösungsmitteln unlöslich ist[1]. Zur Vermeidung dieser
Erscheinung wurde u. a. empfohlen, das Holzöl mit einem fetten, z. B.
Rüböl und mit dem halbtrocknenden Sojabohnenöl gemischt und mit
wäßrigem Tragantschleim oder mit Leimlösung emulgiert dem normalen
Leinöl-Koch- oder -Blaseprozeß zu unterwerfen[2], oder Emulsionen von
Holzöl und Ricinusöl bei Gegenwart von die Entflammbarkeit der Erzeugnisse herabsetzenden wäßrigen Hülsenfrüchteprotein-Extrakten und
von verdünnenden organischen Lösungsmitteln mit Phenol und rotem
Phosphor unter Druck zu erhitzen[3]. Nicht minder durchgreifend wirkt
eine neuere Methode[4], nach der man die Gelatinierung des Holzöles
vermeiden bzw. rückgängig machen kann, wenn man es mit etwa 0,5%
Zinkstaub über den Polymerisationspunkt auf etwa 250° bis höchstens
290° erhitzt.

Die Holzölgallerte wurde aber andererseits auch als Emulsionsvermittler oder Schutzkolloid bei der Erzeugung von Firnisersatz aus
paraffinfreien, hochsiedenden, kältebeständigen Mineralölen benutzt.
Man homogenisiert z. B. das beim langdauernden Kochen von 100 Leinöl
und 50 Holzöl erhaltene kautschukartige Produkt mit 500—700 Teilen
eines solchen Mineralöles und soll so einen Firnis erhalten können, der
mit Trockenstoffen verrührt bereits nach 7 Stunden festhaftende,
trockene Oberflächenschichten bildet. Es ist aber noch ein bemerkenswertes Verfahren bekannt geworden[5], nach welchem man aus trocknenden oder halbtrocknenden Ölen sehr wirksame Emulgatoren herstellen
kann, die bis zur dreifachen Gewichtsmenge Wasser in festen Verband
aufzunehmen vermögen. Man bläst zu diesem Zweck hocherhitztes,
z. B. Soja- oder Holzöl, unter gleichzeitiger Beseitigung der im Luftstrom flüchtigen Produkte, bis zur Gelatinierung, fügt dann die auf das
ursprüngliche Gewicht bezogen dreifache Menge desselben Öles zu und
kühlt das verrührte homogene Gemisch ab. Es ist befähigt, die genannte
allmählich beigegebene Wassermenge ohne Anwendung von Emulgier-
oder Homogenisiermaschinen so fein zu dispergieren, daß die Größe
der Wasserteilchen unter 1 $\mu$ beträgt; der Emulsionsverband bleibt
überdies erhalten, auch wenn man das Gemisch noch weiter mit Wasser
oder Öl verdünnt. Die aus diesen öllöslichen gelatinierten Ölen gekochten

---

[1] Vgl. H. WOLFF, Z. angew. Chem. 39, 767 u. ebd. S. 10: W. NAGEL u. J. GRÜSS.
[2] Engl. Pat. 1890 (1911).
[3] D.R.P. 247373 u. 252139.
[4] D.R.P. 434202.          [5] D.R.P. 438424.

Seifen sind ebenfalls wasserlöslich und befähigt, in der Menge von 3 bis 5% Fettstoffe in wäßrige Emulsionen einzuführen[1].

Am besten wird die Holzölgelatinierung vermieden, wenn man den Rohstoff im Gemisch mit größeren Leinöl- oder Harzmengen zum Firnis verkocht, im letzteren Falle also Öllacke, das sind Lösungen von Harzen in Firnissen, erzeugt. Es können Weich- sowie auch Hart- und weiter Kunstharze verwendet werden, unter welch letzteren die Cumaron- und Indenharze steigende Bedeutung erlangen.

Diese „aromatischen Asphalte"[2] entstehen aus dem im Schwerbenzol vom Schmelzpunkt 155—185° enthaltenen Cumaron und Inden durch Polymerisation mittels mäßig konzentrierter Schwefelsäure oder unter der Einwirkung von Zink- oder Aluminiumchlorid als helle bis schwarze, springharte bis zähflüssige Körper, die sich in den gebräuchlichen Harz-, Lack- und Firnislösungsmitteln lösen und durch ihre leichte Emulgierbarkeit ausgezeichnet sind. In dieser Hinsicht noch wertvollere Produkte erhält man durch Verschmelzen der Cumaronharze mit den Sulfosäure-Alkalisalzen aromatischer Verbindungen oder mit Naphthensäuren; oder man sulfoniert die Harze selbst und neutralisiert das Gemisch von unverändertem Harz und seinen Sulfosäuren mit Alkali[3]. Die Alkalisalze der Cumaronsulfonsäuren sind für sich gute Emulgiermittel, z. B. auch für rohes zähflüssiges Cumaronharz. Solche Emulsionen wurden als Bohröle, zur Papierleimung und für andere technische Zwecke empfohlen, in deren Verfolgung die Überführung sonst unlöslicher Stoffe in wasserlösliche Form angestrebt wird[4]. Die einfacheren Emulsionen, z. B. von im Luftstrom vorerhitztem Cumaronharz mit Wasser unter Vermittlung einer mit Bichromat versetzten Leimlösung[5], oder Verkochungen des Harzes mit 4—6% harzsaurem Blei oder Mangan im Luftstrom, sind ausgezeichnete billige Leinölfirnisersatzprodukte, die, ebenso wie ein durch Kochen von Holzöl mit Cumaronharz erhaltenes nicht gelatinierendes Erzeugnis[6], z. B. in Benzollösung aufgetragen, rasch zu einer harten, gegen Chemikalien widerstandsfähigen Schicht eintrocknen.

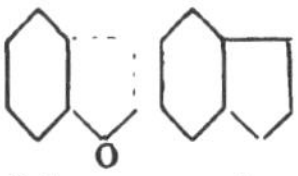

Unter den eigentlichen Harzöllacken finden wir wenige Emulsionen, da sie in weitaus den meisten Fällen Lösungen von Harzkörpern in Leinöl- (-ersatz-) Firnis sind, die man zur Erzielung der Streichbarkeit und rascheren Trocknens in Verdünnung mit Benzin, Benzol, Tri, Tetra, Tetra- und Hexalin usw., namentlich mit dem Sauerstoff übertragenden Terpentinöl (s. S. 264), anwendet[7]. Auch die ungemein zahlreichen Oberflächenüberzüge, die man als Ersatz für Harz-Öllacke, z. B. unter Verwendung von Kautschuk, Faktis, Vinylestern, Eiweiß-

---

[1] Engl. Pat. 225595 (1923) zu 187298; vgl. Engl. Pat. 175764 u. 178885.
[2] FISCHER, R.: Farbenztg 1912, 2275; ebd. H. WOLFF, 24, 580, 653, u. R. RÜBENCAMP: 25, 272; E. STERN: Z. angew. Chem. 32, 246.
[3] D.R.P. 348063.  [4] D.R.P. 348488.
[5] D.R.P. 322802.  [6] Am. Pat. 1411035.
[7] Vgl. G. HOEDFIELD: Dingl. J. 196, 483.

stoffen, Asphalt, Teer, Pech usw., gleichzeitig oft als Isolierlacke erzeugt, oder die man für solche Zwecke in Vorschlag gebracht hat, sind stets Lösungen des betreffenden Stoffes in einem organischen Lösungsmittel, bei deren Herstellung die Bildung von Emulsionen vermieden wird. Es gibt jedoch Ausnahmen, z. B. dann, wenn nicht starre Körper lackiert, sondern Lackschichten erzeugt werden sollen, die auf biegsamen Flächen oder Kabeln eine gewisse zähe, der Knickungsbeanspruchung gewachsene Geschmeidigkeit besitzen müssen, ohne den Zusammenhalt und dadurch die Eignung als Isolierlacke zu verlieren. Die auch in emulsionstechnischer Hinsicht interessante Darstellung eines neuzeitlichen derartigen Lackes erfolgt in der Weise, daß man einen Fett- und einen Bitumenstoff (Asphalt) bei Gegenwart von Alkali zunächst verkocht und die Seifen-Bitumen-Mischung ohne Wasserzusatz ˙ bei etwa 250° homogenisiert. Man kühlt dann auf etwa 150° ab und erzeugt nun durch Zufließenlassen von siedendem Wasser eine zähe Emulsion, deren Bestand durch weitere Beiemulgierung, z. B. von durch Erhitzung mit Alkalilauge verändertem Zucker, gesichert wird[1]. Auch sonst kommen unter den Asphalt-, Kautschuk-, Faktis-, Vinylesterlacken usw. fallweise Emulsionen vor, im allgemeinen sind jedoch solche Präparate zur Oberflächenumhüllung, wie gesagt, meist Lösungen.

Besonders gilt dies für die neuzeitlichen Celluloseesterlacke, die dazu berufen scheinen alle Harz-Firnis-Kompositionen zu verdrängen und das ganze Gebiet der Lacktechnik durch eine völlig entgegengesetzte Problemstellung umzugestalten: es besteht nicht mehr die Frage, wie eine große Zahl von Feststoffen, in natürlicher Verfassung, chemisch oder physikalisch verändert, allein oder gemischt sich verhält, wenn man sie in den wenigen einst „üblichen" Lösungsmitteln gelöst, durch deren Verdunstung in dünner Schicht eintrocknen läßt, sondern es ist die Aufgabe der Lackindustrie geworden, festzustellen, welche physikalische Eigenschaften (Trocknung, Streich-, Spritzbarkeit usw.) vergleichsweise die Lösungen besitzen, die man aus wenigen stets einheitlichen Feststoffen, z. B. den für den Spezialzweck hergestellten Celluloseestern, oder auch aus Kunstharzen, und zahlreichen· sehr verschiedenartigen organischen Lösungsmitteln erzeugt. Aus diesem Bereich der Herstellung von Lösungen sind die Emulsionen ausgeschaltet, sie begegnen uns erst wieder in der Technik der Anstriche.

Lack- und Anstrichmasse sind zwar dasselbe: beide bestehen aus einem in ihnen fein verteilten (gelösten oder suspendierten) Festkörper, der nach Beseitigung des flüchtigen Trägers, allein oder eingebettet in ein dem Lack oder Anstrich als dritter Bestandteil beigegebenes fest werdendes Bindemittel, auf der Oberfläche zurückbleibt, die verschönert oder gegen zerstörende Einflüsse geschützt werden soll. Der Sprachgebrauch versteht jedoch unter dem Ausdruck „Lack" das feinere und umfaßt mit dem Begriff „Anstrich" das gröbere Mittel: man lackiert Holzdosen und streicht Fußböden oder Gartenzäune. Lack ist wohl auch meist der lasierende und glänzende, Anstrich oder „Farbe" der

---

[1] D.R.P. 410600.

deckende, oft matte Überzug. Die Art des Farbstoffes, Pigmentes oder überhaupt des Festkörpers, die man einem Bindemittel einverleibt, spielen hierbei nicht die große Rolle, wie man immer meint, denn es sind z. B. alle mit Leim angesetzten Farben matt und deckend, da beim Trocknen des Anstriches das Wasser verdunstet und die poröse Schicht zurückbleibt, während dieselben Farben mit Öl (Firnis) angerieben ausgesprochene Lasuranstriche sein können, da in diesem Falle das glasig durchscheinend eingetrocknete Bindemittel die Eigenfarbe des Untergrundes erkennen läßt. Im Anstrich ist die Art des Bindemittels (ölig, wäßrig oder emulgiert) und seiner chemischen und physikalischen Beziehungen zu dem Fest- (Farb-) Körper, den es trägt, sowie zur Beschaffenheit des Untergrundes das Wesentliche. Für die neuzeitliche Lacktechnik bildet hingegen die chemische Indifferenz des gefärbten oder mit Pigment versetzten Festkörpers (der zugleich Bindemittel ist, s. oben Celluloseesterlacke) die Voraussetzung, und die physikalischen Eigenschaften des Lösungsmittels, vor allem seine schnelle rückstandfreie Verflüchtigung, sind zur Grundlage der Bewertung eines Lackes geworden, ebenso wie dessen Streich- oder Spritzbarkeit.

Dadurch, daß Anstriche im allgemeinen größerer Beanspruchung ausgesetzt sind als Lacke, ferner daß sie als ölige, wäßrige oder emulgierte mit Suspensionen gefüllte Flüssigkeiten zur Anwendung gelangen können und daß schließlich der Untergrund chemische und physikalische, Emulsionen bildende oder zerstörende, Einflüsse auszuüben vermag, ist die Emulsionstechnik an der Herstellung und Verwendung der Anstrichmittel in hohem Maße beteiligt. Dies tritt z. B. bei der Entmischung von emulgierten Anstrichmassen durch Austrocknen zutage, die sich in der Rißbildung in der Anstrichhaut äußert. Man kann ihr dadurch vorbeugen, daß man die Farbemulsion mit einem schwammartigen Kolloidgebilde durchsetzt, das im Eintrocknen seine Struktur behält und dadurch die Teilchen der Anstrichemulsion während ihres eigenen Eintrocknens fixiert. Dies kann z. B. in der Weise geschehen[1], daß man in ihr, etwa in der Leinölfirnis-Pigment-Ölfarbe, durch Zusatz von Eisen- oder Tonerdesalzen und nachfolgende Ausfällung der Metallhydroxyde die Entstehung eines solchen anorganischen Wabengerüstes bewirkt, dessen Stützfasern die Kontraktion der in viele Zellen verteilten, eintrocknenden Firnissubstanz verhindern.

Aber auch sonst im ganzen Gebiete, schon bei der Grundierung der zur Aufnahme des Anstriches bestimmten Oberflächen, werden vielfach Emulsionen angewendet, gebildet und zerstört, wenn also ein saugend-poröser oder ein dicht-glatter, trockener oder feuchter, z. B. ein Untergrund aus Beton, Mauerwerk, Eisen, Holz u. a. Stoffen einen Auftrag erhält, der, wie die Grundemail bei der Eisenemaillierung, auf der Unterlage verankert, die aufzubringende Oberschicht möglichst festhalten soll und daher widerstandsfähig gegen von unten einsetzende aus dem Inneren des Stoffes heraufreichende physikalische und chemische Einflüsse sein muß. Insbesondere ist es stets die Feuchtigkeit des

---

[1] Schweiz. Pat. 106781 (1923).

anzustreichenden Stoffes, z. B. des rohen Mauerwerks, die das Gleichgewicht einer aufgestrichenen Grundierungslösung, -suspension oder
-emulsion zu verändern vermag, aber auch die anderen Wechselbeziehungen zwischen den Stoffen sind so vielfach und kompliziert, daß zahllose
Vorschriften und Ratschläge der Spezial-, namentlich der Fachzeit-
schrift-Literatur, als empirisches Material, den Mangel an wissenschaftlicher Erkenntnis ersetzen müssen. Es sollen daher, vorbehaltlich der
Zitierung einzelner Beispiele in den folgenden Ausführungen, nur allgemeine Angaben über die Anstrichtechnik gebracht werden, die für die
Praxis der Emulsionen Wert besitzen.

In Grundierungspräparaten von Art der Spachtelmassen, Deckmittel,
Wandkitte u. dgl. kann die Anwendung von Emulsionen als Träger
für die porenfüllenden Mineralkörper auf saugendem, z. B. Kreide-
oder Gipsgrund von Vorteil sein, wenn er wie eine Art Filter wirkt und
die wäßrige Komponente capillar am tiefsten und den öligen oder
kolloid-seifigen Teil im Maße der Tröpfchen- bzw. Micellengröße weniger
tief saugt. Es entsteht so ein pilzmycelartiges, zunächst öliges, dann
halb und schließlich ganz verfirnißtes Schwammgebilde, dessen Hy-
phenausläufer mit dem Material der behandelten Holz- oder Steinoberfläche verwachsen, während die nach außen immer dichter werdende
Öl- (Firnis-) Schicht die Füllstoffe kittartig festhält. Solche sog. Wasser-
spachtelmassen bestehen darum auch aus einer Emulsion von Leinöl
(-firnis) in wäßriger Leimlösung mit oder ohne Zusatz von Kleister[1],
oder nach anderen Angaben[2] aus einem Fettstoff mit Ölfirnis und Chro-
matleim, der bei der folgenden Belichtung des trocknenden Grundes
in dem Maße der Lichttiefenwirkung unlöslich wird und nun die Öl-
firnis- und Fettstoffteilchen als Bindemittel für den Anstrich einschließt. In einem neueren Verfahren[3] wird im gleichen Sinne eine
Emulsion von Fettstoff oder Erdöl nebst etwas Amylacetat mit Sulfitablauge empfohlen, die offenbar ebenfalls den Zweck hat als wäßrige
Lösung leimender Stoffe die das Haften des Anstriches vermittelnden
öligen Substanzen zu fixieren.

So wie man der Grundemail der Eisenemaillierung abgestuft Schmelz-
bestandteile beigibt, die auch in der Deckschicht vorhanden sind, fügt
man jenen Spachtel- und Grundierungsmassen mit Erfolg Feststoffe
zu, die gleich dem flüssigen Ölfirnis auch der eigentlichen Anstrichfarbe angehören.

Solche Festkörper sind in erster Linie das Blei- und das Zinkweiß
(Lithopon) als chemisch wirksame Pigmente, im Gegensatz zu den indifferenten Mineralstoffen von Art des Baryts oder Kaolins. Zwischen
beiden Füllsubstanzreihen stehen z. B. Kreide und das zur Homogenisierung der Massen durch Gelbildung zuweilen beigegebene Wasserglas[4], die
gegebenenfalls mit der emulgierten Anstrichfarbe bzw. dem Untergrund
chemische Umsetzungen einzugehen vermögen. Blei- und Zinksalze
und -verbindungen können fallweise als Seifebildner auftreten, und

---

[1] Vgl. L. E. ANDÉS: Seifensieder-Ztg 1912, 142, 165.
[2] D.R.P. 106032.  [3] D.R.P. 329004.  [4] D.R.P. 141797.

es entstehen dann aus ihnen und dem Leinöl der Grundierung oder
des Anstriches Blei- und Zinklinoleate, deren verschiedenes Verhalten
die Eigenart der Blei- und Zinkölfarbe bedingt. Am widerstandsfähigsten gegen Sonnenlicht und Oxydation sind die Bleiseifen, während
die Zinkseifen zerstört werden, so daß ihre Bestandteile unter dem Einfluß von kondensierten Wasserdämpfen in Lösung gehen und sich mit
den übrigen Farbanstrichbestandteilen emulgieren, wodurch der Überzug im ganzen abwaschbar wird. Solange es kein Mittel gibt, die Zinkseifen unlöslich zu machen, bleibt das Bleiweiß für ölhaltige Anstriche
unentbehrlich[1]. Dagegen besitzt das Zinkweiß die gute Eigenschaft,
in Mischung mit Leim in wäßriger Aufschwemmung zu einer harten
wasserunlöslichen Verbindung einzutrocknen[2]. Es wurde daher empfohlen[3], einer unter Zusatz von Kolophonium und Kautschuklösung
bereiteten Leinölfirnisfarbe wäßrige Leimlösung beizuemulgieren oder
die Ölfirnis-Zinkpigmentfarbe mit Wasserglas zu verrühren und aus ihm
durch Essigsäurezusatz Kieselsäuregel als Schutzkolloid für das Zink
niederzuschlagen. Ein derartiges Dispersionssystem von den physikalischen Eigenschaften eines Öles, mit einer öligen äußeren und einer
wäßrigen evtl. verdickten inneren Phase, liegt auch in einem Malfarbbindemittel vor, das man durch Emulgieren von wäßriger, z. B.
Schleim- oder Gummenlösung mit Leinöl oder Harz-, Kautschuk-
Leinölfirnislacken erzeugt[4].

Besonders beachtenswert ist der Zusatz von Benzoylchlorid als
Emulgiermittel zu Ölfarben[5]. Diese organischen Säurechloride der aromatischen Reihe wirken in mehrfacher Hinsicht günstig, und zwar
nicht nur dadurch, daß sie als spezifisch schwere Flüssigkeiten richtig
dosiert den Ausgleich zwischen dem spez. Gewicht des Wassers und der
öligen Bindemittel, z. B. in Temperafarben, herbeiführen, sondern auch
in ihrer Eigenschaft als verseifbare, jedoch nicht salzartige Säureabkömmlinge von Ketoncharakter. Benzoylchlorid gibt z. B. beim bloßen
Schütteln mit Leinöl (-firnis) und wäßrigem Ammoniak eine haltbare
Emulsion. Es sei dabei an die Beziehungen erinnert, die von der Säure
und ihrem Chlorid über das Säureamid zu den isomeren Aminosäuren
reichen, die wir als hervorragende Emulgiermittel kennengelernt haben
(s. S. 43) und von denen die einfachste, die Aminoessigsäure (das
letzte Spaltungsprodukt der Eiweißkörper), mit der Benzoesäure kondensiert die Hippursäure des Pferdeharnes bildet. Es wäre gewiß
interessant, diese Beziehungen, ausgedehnt auch auf andere Verbindungen der Benzoesäure, namentlich ihre Ester mit Wachsalkoholen
und Zuckerarten, oder z. B. ihre Kondensationsprodukte mit Fett-
oder Harzsäuren und deren Salzen, in emulsionstechnischer Hinsicht
zu prüfen. Eigenartig ist ein neues Verfahren[6], demzufolge man zur
Herstellung einer auf verschiedenartigem Material festhaftenden, in
wenigen Stunden erhärtenden Anstrichfarbe Zinkweiß (100) und Leinöl

[1] Andés, L. E.: Chem. techn. Ind. 1916, 2.
[2] Mollweide: Techn. Mitt. f. Mal. 28, 33 u. 112.
[3] Dingl. J. 162, 71; vgl. D.R.P. 21911.     [4] D.R.P. 369967.
[5] D.R.P. 368234.          [6] D.R.P. 313031.

(70) mit reiner konz. Salzsäure (50) zu einer homogenen Mischung emulgieren soll. Die Vorzüge und Nachteile beider Pigmente soll man übrigens in Anlehnung an eine alte Angabe[1] nach neueren Mitteilungen[2] dadurch zum Ausgleich bringen können, daß man Blei- und Zinkweiß evtl. noch zusammen mit Neutralweiß innigst mit Leinölfirnis homogenisiert. Solche Anstriche werden mit Erfolg an der Meeresküste, z. B. für Leuchttürme, angewandt.

Unter den ölfirnis- (ersatz-) haltigen Bindemittelmischungen für Pigmente finden sich zuweilen Emulsionen, nicht nur für Verwendung als Anstriche, sondern auch in der Druckfarbentechnik. Meist treten in diesen mannigfaltigen Kompositionen Seifen als Emulgiermittel auf, die man entweder in natura zusetzt[3] oder innerhalb der Masse erzeugt; oft liegen jedoch auch Emulsionen vor, die unter Vermittlung von Kohlehydraten, Glycerin und Ammoniak aus Petroleum, Firnis und Pigment[4] oder aus dicker Ölfirnisfarbe und einem sog. Schellackwasserlack (das ist eine Verkochung von Schellack, Borax und Wasser 12:4:100; ähnlich Kopalwasserlack, vgl. Kolophoniumborax, S. 269) geschlagen werden[5]. Hier sei eine Kombination genannt, die aus wasserunlöslichem Stoff (-gemisch, z. B. gleiche Teile Harz und Leinölfirnis[6]) und so geringen Mengen z. B. nur 10% quellfähiger Kohlehydrate (Alkalistärke) zusammengesetzt wird, daß die eingetrocknete Emulsion als fertige Farbhaut dennoch von außen kein Wasser aufnimmt. Das mit dem Pflanzenleim eingeführte Wasser sondert sich während der Emulgierung beider Komponenten vollständig und ebenso leicht ab, wie wenn man in dem unlöslichen Bestandteil (Harz-Firnis) durch Beiemulgierung von z. B. 25proz. wäßriger Tranfettseifenlösung und folgendes Einhomogenisieren der berechneten Menge Aluminiumsulfatlösung eine wasserunlösliche Tonerde-Fettsäureseife erzeugt[7]. In jedem Falle, auch wenn man als wasserunlösliche Komponenten (-gemische) Wachsarten oder Paraffin verwendet[8], erzeugt man primär Emulsionen, die jedoch wegen der bedeutenden Höhe des Oberflächenspannungswertes zwischen Wasser und z. B. Firnis sofort unter Hinausdrängung des Wassers zerstört werden. Darauf beruht auch die längst bekannte Herstellung von Ölfarben durch Einkrücken von wäßriger Bleiweißpaste in Firnisöl[9], wobei die Manipulation mit dem trocken stäubenden, giftigen Pigment vermieden wird und die Ölfarbe doch wasserfrei bleibt.

Beispiele echter Emulsionen sind auch die wasserlöslichen „Zebu"-Öl- und Lackfarben, die durch Emulgierung einer wäßrigen Pigmentaufschlämmung mit einem wasserunlöslichen Farbbindemittel, z. B. Leinölfirnis, und einem Stabilisator erzeugt werden, der sich, wie z. B.

---

[1] Jahr. Ber. f. chem. Techn. 1884, 405 (FREEMANN).
[2] Farbenztg 17, 1272.
[3] Z. B. ein Trockenöl für Druck- und Lithographiefarben aus Leinölfirnis, Terpentin, Vaselin und Schmierseife nach C. REICHELT: Seifensieder-Ztg 1912, 1342.
[4] Z. B. D.R.P. 87730 u. 109825.     [5] Dingl. J. 178, 460.
[6] D.R.P. 434912.     [7] D.R.P. 437193.
[8] D.R.P. 437194.     [9] Dingl. J. 188, 425.

Harzseife, in beiden Komponenten kolloidal löst. Man kann auch noch Schwefel oder ein anderes durch allmähliche Selbstoxydation in eine Säure übergehendes Element hinzufügen oder als wasserunlösliches Bindemittel die enzymatisch gespaltenen Glyceride der Fettsäuren trocknender Öle verwenden[1]. Ebenfalls eine WO-Emulsion, mit Wollfett oder Aluminiumstearat evtl. im Gemisch mit Mineralöl als äußere und wäßriger Farbkörpersuspension oder Farbstofflösung als innere Phase, liegt einer anderen Druckfarbe zugrunde, die, evtl. auch mit Türkischrotöl, Glycerin und Ricinusöl bereitet, schließlich noch mit Zucker- oder Stärkeverdickung in pastose stabile Form gebracht wird[2].

Sehr zahlreich sind schließlich die Emulsionen unter den ölfirnisfreien und gemischten Pigment- und Farbstoffbindemitteln für Anstrich- und Druckzwecke. Ein eigentümliches Verfahren zur Erzeugung von Systemen, deren wäßrige Komponente in Form der Luftfeuchtigkeit erst während der Homogenisierung der Bestandteile und im Gebrauch der Emulsion als Reaktionsdruckfarbe herangezogen wird, ist durch die Beimischung eines stark wasseranziehenden Mittels (z. B. Phosphorsäureanhydrid) zu einer Verreibung von Farbkörper und wasserlöslichem Öl (Bohröl, s. S. 375) gekennzeichnet[3]. Durch die Feinverteilung dieser wegen ihrer starken Hygroskopizität an freier Luft zerfließenden Substanzen in der Ölmasse, wird, wie durch den Zusatz z. B. von Glycerin zu Stempelfarben, jedoch in weit höherem Maße, das Austrocknen des Präparates verhindert und die Anfeuchtung der Druckflächen erspart, doch dürfte im vorliegenden Falle die Gefahr der Entmischung der gebildeten Emulsion bestehen, vielleicht sogar dann, wenn Sorge getragen wird, daß die spez. Gewichte von Öl und wäßriger Phosphorsäurelösung einander möglichst gleich sind. Die meisten der älteren Präparate sind heute praktisch bedeutungslos, doch finden sich in den Vorschriften nicht selten recht bemerkenswerte Einzelheiten über die Herstellung jener Emulsionen, so daß es sich doch empfiehlt, im Bedarfsfalle die in der folgenden Übersicht zitierten Literaturstellen im Original einzusehen.

Zusammenstellung einiger Pigment-Bindemittelemulsionen.

Techn. Mitt. f. Mal. 28, 120: Bronzefarben. Gummi arabicum, Galle, Wasser.

Hillig, Techn. Anstr., Hann. 1908, 203: 150 Terpentinseife, 1000 Wasser, 14 Eiereiweiß.

Seifensieder-Ztg 1912, 142: 25 Schellackwasserlack (s. oben), 10 Sprit (90 proz.), 55 Bronzepulver.

D.R.P. 68426: Aquarellfarben. Gummiarabicum-Lösung, Taurocholsäure, Glycerin.

D.R.P. 71444: Eiweiß-Fettstoff-Seife-Emulsion (Aquolin).

D.R.P. 78793: Gummiarabicum-Lösung, Firnis, Glycerin, Wachs, Talg, grüne Seife.

D.R.P. 238453: Gummiarabicum-Lösung, Türkischrotöl, Tetrachlorkohlenstoff.

D.R.P. 260790: Pflanzengummi, Glycerin, Calciumwolframat, Teerfarbstofflack.

D.R.P. 345141: Stempelfarben. Glycerinpech, Dextrin, wäßrige Teerfarbstofflösung.

---

[1] D.R.P. 366098.　　　[2] D.R.P. 393271.　　　[3] D.R.P. 436937.

Seifensieder-Ztg 1912, S. 551: Kopalwasserlack (s. oben), Casein.

D.R.P. 226003: Glycerin, Türkischrotöl, Bariumfarblacke.

Seifensieder-Ztg 1912, S. 720: Terpentin, Tintenbildungsgemisch, Dextrin.

Seifensieder-Ztg 1912, S. 961: Lithographentinte. Talg, Wachs und Kernseife abbrennen; Schellack, Ruß.

Dt. Mal.-Ztg 31, S. 313: Leimfarbe. Wäßrige Leimlösung, Alaun, Kernseife (Grundierung).

D.R.P. 80537: Leimlösung mit 1—2% Cocosnuß- oder Stearinöl emulgiert.

D.R.P. 312690: Leimlösung, Fette, Harze, Kautschuk mit Estern mehrwert. Alkohole als Vermittler.

Öster. Pat.-Anm. 6165 (1908): Kalkfarbe. Pigment mit alkohol. Schmierseifenlösung, dann mit Kalk verrührt.

Gemischte Anstrichbindemittelemulsionen. — Wetterfeste Anstriche.

D.R.P. 5065: Leimlösung, Glycerin, Ammoniak, ätherische Harzlösung.

D.R.P. 13684: Chromatleimlösung, Leinölfirnis, Glycerin.

D.R.P. 17847: Wäßrige Ätzlauge-Alaun-Lösung, Firnis, Harz, Trockenmittel, Petroleum.

D.R.P. 20281: Leinöl-Boraxseife, Casein, Wasser.

D.R.P. 161585: Carnaubawachs, Olivenölseife, Wasserglas.

D.R.P. 228633: Sulfonierte Mineralölrückstände, alkalisch mit Firnis emulgiert.

D.R.P. 166563: Kolophonium-Zinkseife, Wollfett, Teerschweröl (Stadolin Cyklopos).

, D.R.P. 323154: Seifenlauge, Lederleim, Firnis.

D.R.P. 64351: Ölsäure, gebrannter mit Magnesiumchloridlauge gelöschter Kalk (wasserfest).

D.R.P. 292287: Karbolineum, Teer, Wasser, Portlandzement.

D.R.P. 321113: Emulsionen fester Kohlenwasserstoffe mit wasserunlöslichen Pigmenten.

D.R.P. 56689: Firnis, Dextrin, Borax, Leim, Mehlkleister (ein Beispiel aus der langen Reihe von Schwedischen Anstrichmassen).

D.R.P. 319199: Naphthensäureseife, Ölfirnislack (20% Harz), Arsen od. dgl. (Schiffsbodenfarbe).

D.R.P. 192210: Petrolpech, Asphalt, Holzteer, Vaselinöl (Cu-Salze u. dgl.).

D.R.P. 81187 und 83103: Firnis oder fettes Öl, Schwefelleber.

D.R.P. 143472: Firnis, Saponin-Bleiverbindung.

Franz. Pat. 453395: Phenolaldehydharz-Bildungsgemisch, Celluloseesterlösung, Harz usw., Arsen.

D.R.P. 137937: Geschwefeltes Terpentinöl, Fett, Firnis, Sikkativ, Quecksilber (Salbe).

Überaus reich ist die Literatur an (zum sehr großen Teil wertlosen) Vorschriften zur Bereitung der sog. wetterfesten Anstrichmassen. Ein Bindemittel für derartige Präparate besteht nach neueren Angaben[1] aus Bitumenemulsionen mit relativ geringen Zusätzen von Harz- oder Fettsäureseifen, auch Leim-, Casein- oder anderen Lösungen organischer Kolloide[1]. Oder man emulgiert zur Bereitung einer wetterfesten Anstrichfarbe auf Kalkwänden Kalkbrei, Paraffin, Harz- oder Fettsäure, Ammoniak und Bariumchloridlösung, letztere zur Bindung des im Kalkgrund evtl. vorhandenen, Ausblühungen hervorbringenden Gipses[2].

In dieser Reihe, die sich noch weiter fortsetzen ließe, fallen besonders die Schiffsbodenfarben auf[3], deren Zusammensetzung fallweise so ge-

---

[1] D.R.P. 405930 Zus. zu D.R.P. 404356; vgl. D.R.P. 407199: Herstellung von in Bitumenemulsionen suspendierten Metallseifen als Anstrichmittel.

[2] D.R.P. 365904; vgl. 378483.

[3] Vgl. die Arbeiten verschiedener Autoren in Farbe u. Lack 1912, 1 u. 156; Chem.-Ztg 1909, 652; Seifensieder-Ztg 41, 1283.

schickt gewählt ist, daß sich in den Oberflächenschichten des Anstriches,
unter dem Einflusse des während der Fahrt des Schiffes vorbeistreichen-
den Meerwassers und ebenso auch in der Ruhe, fortgesetzt, jedoch sehr
langsam, Emulsionen bilden, die den Giftstoff in sich einschließen und
in dieser leicht resorbierbaren Form an Pflanzenkeime und Lebewesen
abgeben. Dadurch wird deren Ansiedelung am Unterwasser-Schiffs-
rumpf und damit die Entstehung klumpiger, die Fahrgeschwindigkeit
um bis zu 50% herabsetzender Tang- und Muschelmassen wirksam
verhindert. Im übrigen kann die Herstellung dieser wichtigen Präparate
nur empirisch, auf Grund praktischer Erfahrungen geschehen, da hinsichtlich der Haftfähigkeit eines solchen Anstriches und der sehr allmählichen Abgabe seiner Bestandteile noch viele andere Einflüsse eine Rolle
spielen. Vor allem müssen die Farben auf eisernen Flächen gleichzeitig
auch Rostschutz ausüben (s. S. 379), und diese Bedingung kann nur
erfüllt werden, wenn sich die Entstehung galvanischer Ströme verhindern
läßt, die bei Berührung des Eisens mit dem die Giftwirkung ausübenden
Schwermetallsalz des Anstriches und auch dann auftreten, wenn zwischen
dem Eisenbau und kupfernen Wasserführungsröhren oder direkt an
den Innenwandungen lagernden pyrithaltigen Kohlen Kontakt herrscht[1].
Von jenen Anstrichen wird im Abschnitt Eisen bei Besprechung der
Leinölfirnis-Mennige-Rostschutzseifen noch die Rede sein.

Den Abschluß dieses Kapitels mögen die echten Emulsionen bilden,
die man praktisch als Tempera-, Gouache- und Caseinfarben zusammen-
faßt. Unter „Tempera"[2] versteht man besonders präparierte gemischte
Bindemittel für Malerfarben[3], die je nach dem wesentlichen Bestandteil
der Emulsion als Ei-, Gummi-, Leim-, Kleister-, Caseintempera usw.
bezeichnet werden. Die Methoden ihrer Herstellung sind einfach und
um so zuverlässiger, je älter die Vorschriften sind, die den Malern nach
deren Aufzeichnungen zur Bereitung von Farben für erhaltene und in
ihrer Beschaffenheit heute nachprüfbare Bilder dienten. Für die neuzeitliche Emulsionstechnik haben diese Rezepte außerordentlichen
Wert, denn sie gaben nicht nur das Vorbild für die Fabriken, die Tem-
peratubenfarben in dauernd haltbar emulgierter Form auf den Markt
bringen (Syntonos-, Pereiratempera u. a.), sondern sie können auch
mancher anderen, namentlich der Nähr- und Nahrungsmittelindustrie
vielerlei Anregung bieten.

Zur Bereitung eines Eitemperabindemittels verrührt man 2 Teile
Eigelb mit 1 Teil abgelagertem, möglichst dickem Leinölfirnis (Stand-,
Dick- oder Anlegeöl) mittels eines mit Seifenlösung getränkten Pinsels,
fügt dann, unter stetem Rühren und Quirlen, sehr allmählich, wie bei
der Bereitung der Mayonnaise das Öl, so hier 4 Teile Essig und 0,25 Teile
Honig, sowie stets noch etwas Seifenschaum hinzu und füllt die Emul-

---

[1] LEWES, V. B.: Chem. News 59, 197 und BENGONGH: Ref. in Elektrochem.
Z. 18, 136.

[2] Vgl. das Buch von E. FRIEDLEIN über Tempera und Temperatechnik, ferner
von HILLIG über technische Anstriche, Hannover 1908, S. 50, sowie auch die Handbücher von KEIM, EIBNER, CHURCH (übersetzt von M. u. W. OSTWALD) u. a.

[3] Über Malerfarbenbindemittel und ihre Wertbestimmung siehe H. WAGNER
in Farbenztg 1926, 182 u. 242.

sion, wenn keine Scheidung der Bestandteile mehr stattfindet und die gelbe dicke Flüssigkeit auch nach Wasserzusatz nicht entmischt, in eine Flasche, in der das vor dem Gebrauch mit dem Pigment auf dem Stein anzureibende Bindemittel jahrelang ohne zu entmischen haltbar ist, wenn man vor dem Verkorken der Flasche noch einige Tropfen konz. Ammoniak hinzufügt und nachher einige Male durchschüttelt[1]. Man beachte, daß in dieser durch den Essig- und Ammoniakzusatz in stetem Ionenaustausch verbleibenden „lebenden" Emulsion (s. S. 18) einige der wirksamsten Vermittler, nämlich Eieröl, Eiweiß, Seife, Zucker und Leinölfirnis, vereinigt sind, über die die Emulsionstechnik verfügt und daß dieses System demzufolge so überaus haltbar ist, trotzdem es recht erhebliche Mengen Wasser einschließt, nämlich rund 50% vom Gewichte des Eidotters, 20—25% des Honigs, mehr als 90% des Seifenschaumes und ebenfalls mehr als 90% vom Gewichte des Essigs. Natürlich muß sich auch die Beschaffenheit des Malgrundes dem Gemisch anpassen, damit nicht während des Gebrauches der Farbe Anlaß zu ihrer Entemulsionierung gegeben werde. Man wählt daher z. B. einen mit Leimlösung bereiteten saugenden Gips- oder Kreidegrund[2], den man zur Erzeugung einer verankerten Bindeschicht (s. oben S. 278) vor dem Farbenauftrag mit durch Terpentinölzusatz stark gemagertem dünnem Firnis einläßt und trägt Sorge, daß die Temperaschicht nicht durch zu frühes oder zu spätes Firnissen des Gemäldes zu wenig oder zu viel Wasser abgibt und geschmeidig bleibt.

Später kamen viele Verbesserungsvorschläge zur Herstellung solcher Emulsionen hinzu, unter denen z. B. ein Verfahren bemerkenswert ist, demzufolge man die Emulgierung des Eidotters mit dem Firnis bei etwa 50° vollzieht, bis es etwa seinen ganzen Wassergehalt abgegeben hat[3]. Dieses Bindemittel soll die guten Eigenschaften der ölarmen Eitempera mit jenen des reinen Firnisses vereinigen, in der Tube jedoch haltbarer sein als ein wasserhaltiges Präparat und sich daher beim Firnissen des Gemäldes nicht verändern. Nach einem neueren Vorschlage werden Tempera- oder Aquarellfarben mit Eigelb- bzw. Gummiarabicum-Gehalt mit einer alkalisch bereiteten Glycerin- oder Glykol-Casein-Lösung und Leinöl oder Harzfirnis emulgiert, um sie zu stabilisieren[4]. In ähnlicher Weise werden andere Temperaemulsionen (auch die deckenden Gouachefarben aus Glycerin, Honig, Wachs oder Mohnöl, Eiereiweiß und Mastix-Terpentinöl-Lösung[5]), z. B. mit Glycerin, Honig und mit Essigsäure versetzter Hausenblase- oder Leimlösung[6], oder mit entsäuertem Mohnöl und ebenfalls Leimlösung hergestellt, deren Gelatinierung man in diesem Falle durch Zusatz von Chloralhydrat verhindert[7]. Oder man homogenisiert wäßrige Gelatinelösung, Fibrin und Formaldehyd mit Zinkweiß als Pigment in einer Kugel-

[1] KRIEGBAUM, K.: Polyt. Zbl. 1870, 1641.
[2] Vgl. die Herstellung von Malgrund nach H. BRAND, Farbe u. Lack 1912, 124 u. 375 auch 393, ferner MOLLWEIDE: Techn. Mitt. f. Mal. 28, 33 u. 112, ferner DÖRNER, ebd. S. 181, 189.
[3] D.R.P. 187211.
[4] D.R.P. 372345.
[5] D.R.P. 211674 Zus. zu D.R.P. 187211.
[6] D.R.P. 54511.
[7] OSTWALD, W.: Z. Koll. 17, 65.

mühle und soll so eine in der Tube die Streichbarkeit behaltende Farbe erhalten können, die nach dem Auftrag und nach dem Eintrocknen durch Gerbung der Leimsubstanz unlöslich und daher gegen Luft und Feuchtigkeit widerstandsfähig wird[1]. Emulgierte Kolloidlösungen von Art der Aquarell- und Temperafarben sind übrigens weniger während der Bereitung als vielmehr für die u. U. recht lange Lagerzeit in Tuben vor Entmischung dadurch zu schützen, daß man den Massen stets geringe Mengen Galle, Monopolseife, Türkischrotöl oder alkalische Bindemittel zusetzt[2].

Auch die Caseinmaltechnik[3] beruht auf der Eigenschaft, und zwar des Milcheiweißstoffes, mit Pigmenten unlösliche, äußerst beständige Verbindungen zu liefern. Diese Caseintemperafarben oder „Caseinfirnisse" sind Lösungen von Quark in Ammoniak, Borax, Bicarbonat oder in Wasserglas und Natronlauge, emulgiert mit Seifenlösung oder Harz- und Wachsemulsionen und weiter homogenisiert mit 5—10% des Gesamtgewichtes Leinölfirnis[4]. Auch Harz-Casein-Lacke aus einer ammoniakalischen Milcheiweiß- und einer alkoholischen Hart- oder Weichharzlösung, durch Emulgierung beider bereitet, sollen sich bewährt haben[5], doch liegt das Hauptverwendungsgebiet der Caseinfarben nicht im Bereich der Malerfarbenherstellung, sondern diese streichfertig gelieferten, matt eintrocknenden und nach einigen Tagen wasserbeständigen Anstrichmassen von Art der „Distemperafarben"[6] sind vornehmlich für wetterfeste Überzüge auf Mauern, Verputz oder Metallen bestimmt. Sie sind dann Emulsionen von Holz- oder Leinölfirnis mit ammoniakalischer Caseinlösung, in die man pulverförmig gelöschten Kalk und Schlemmkreide einknetet[7]. Zuweilen setzt man zur Erzielung härterer Oberflächenschichten und zur Erhöhung ihrer Feuchtigkeitsunempfindlichkeit noch Formaldehyd zu[8]. Nach einem neueren Verfahren[9] wird ein derartiges Farbenbindemittel durch Emulgierung einer mit wenig Ammoniak bereiteten wäßrigen Caseinlösung und einer Seife dargestellt, die ihrerseits das Emulgierungsprodukt von Ammoniumstearat und Paraffin ist; auch Petroleum wurde in wetterbeständigen Caseinemulsionen mit Kalkpigmenten und Erdfarben als Gemengebestandteil vorgeschlagen[10]. Solche Wasserfarbenbindemittel von großer physikalischer Beständigkeit können schließlich auch aus Harz- und Fettsäureseifen in Emulsion mit ricinusölsaurem Ammon und Casein, Eiweiß od. dgl. zusammengesetzt sein[11], oder sie können die sehr leicht wasserlöslichen Sulfofettsäuren enthalten, die bei der Sulfonierung des Leinöles in der Menge von 5—7% entstehen[12].

---

[1] D.R.P. 281504.          [2] WAGNER, H.: Chem.-Ztg 1924, 793.
[3] Über die Vorzüge des Caseins als Farbbindemittel, siehe E. O. RASSER: Kunststoffe 17, 197.
[4] Vgl. D.R.P. 20281 u. 129037.          [5] D.R.P. 200919.
[6] LÜDECKE: Seifensieder-Ztg 1912, 579.
[7] WAGNER, F.: Farbe u. Lack 1928, 20, 30.
[8] Farbe u. Lack 1912, 135.          [9] D.R.P. 321113.
[10] LORIS, K.: Farbe u. Lack 1912, 420.
[11] Engl. Pat. 231457 (1925).
[12] D.R.P. 461383; auch als Fettspalter empfohlen.

Anhangsweise müssen noch die Mittel genannt werden, die dazu dienen, alte Lack- und Firnisüberzüge dadurch zu entfernen, daß sie vermöge ihrer lösenden, emulgierenden und verseifenden Wirkung den Zusammenhalt der Schichten aufheben und die Beseitigung der Reste von der für einen neuen Anstrich freizulegenden Unterlage durch Abkratzen oder Abwaschen ermöglichen. Von den sehr subtilen Verfahren abgesehen, die man anwendet, um bei der Restaurierung von Gemälden die dunkel gewordene Firnisschicht abzulösen[1], sind die chemischen Abbeizpräparate Quellungs- oder Lösungsmittelgemische mit oder ohne alkalische Wirkung, die in den meisten Fällen in Form von Emulsionen oder Salben aufgestrichen werden. Sie müssen natürlich die Grundbedingung erfüllen, daß die Unterlage nicht beschädigt, Holz also nicht gebräunt, Metall nicht gelöst wird usw. Einiges der billigsten und wirksamsten Mittel dieser Art ist eine Emulsion von Mineralöl, Ätzlauge und Schmierseife, in der Ätzkalk und je nach der beabsichtigten Wirkung Holzmehl, Bimsmehl oder Scheuersand suspendiert sind[2].

Unter den zahlreichen Verfahren und Präparaten der Patentliteratur[3] finden sich nur wenige, die sich aus der Masse durch Eigenart der Bereitung und Wirkung solcher Emulsionen herausheben. So wurde z. B. empfohlen[4], zur Bereitung eines Lackentfernungsmittels ohne alkalische Wirkung[5] Wachs aus seiner Benzollösung mittels eines benzolunlöslichen Alkohols gelatinös auszufällen, wodurch erreicht werden soll, daß die Lösungsmittel aus dem aufgestrichenen Präparat, durch Wachshäutchen festgehalten, weder zu rasch verdunsten noch auf senkrechten Flächen abfließen können. Demselben Zweck dient bei Anwendung von Tetrachlorkohlenstoff, Trichloräthylen oder anderen halogenisierten Körpern dieser Art, auch der aromatischen Reihe, verflüssigtes Paraffin[6]; in einem anderen Mittel, dessen lösende Bestandteile Schwefelkohlenstoff und Aceton sind, gereinigtes Erdwachs[7], ferner auch Kautschuk, dessen Lösung man dem lösend wirkenden Flüssigkeitsgemisch beiemulgiert[8].

Ein vermutlich recht wirksames Lackentfernungsmittel besteht aus der Emulsion von Benzol oder einem anderen organischen Lösungsmittel in einem überalkalisierten Fettsäureseifenleim, dessen Alkalität man, ohne Zerstörung der Emulsion befürchten zu müssen, durch Neutralisierung des Gemisches und weitere Homogenisierung mit rohem Ricinusöl-Sulfurierungsgemenge beseitigt[9]. Die Anwendung solcher verdunstende organische Lösungsmittel enthaltender Lackentfernungspräparate, bestehend z. B. aus der Emulsion von Seifenlauge und alkoholischer Beizmittellösung, bietet ein Beispiel der Entmischung

[1] Siehe hierüber die Handbücher von Pettenkofer, Büttner-Pfänner zu Thal u. a.; siehe auch die nach D.R.P. 238382 auf umständlichem Wege bereitete, diesem Zweck dienende wäßrige Kochsalzlösung-Emulsion von in organischen Mitteln gelöstem Nelken- und Paraffinöl und die D.R.P. 268626 u. 269475.
[2] Farbe u. Lack 1912, 14; vgl. Seifensieder-Ztg 42, 31 (O. Ward).
[3] Siehe die Übersicht von Marschalk in Kunststoffe 9, 19.
[4] D.R.P. 150881 vgl. Am. Pat. 901895 (Propyl- und Äthylalkohol).
[5] Nach Andés: Farbenztg 19, 88 besonders zu empfehlen.
[6] D.R.P. 234264, 273343—344.          [7] Pharm. Ztg 1909, 996.
[8] D.R.P. 384792.                        [9] Am. Pat. 1049495.

von Emulsionen durch Verdampfung einer Komponente, deren Funktion
beendet ist, wenn sie ihren Inhalt abgesetzt und überdies zur Lockerung
der zu beseitigenden Schicht beigetragen hat[1]. Gröber arbeiten die
Lackentfernungsemulsionen mit alkalischer Wirkung, die nach Art
des obengenannten Beispieles meist Schmierseife, Ätzlauge, Kalkbrei
oder Wasserglas als beizende und Mineralöle als lösende Bestandteile
enthalten, deren Herstellung jedoch in emulsionstechnischer Hinsicht
nichts Bemerkenswertes bietet. In neuerer Zeit sind zu den lösenden
Mitteln p-Cymol und Furfurol und als gasentwickelnder und darum
mechanisch wirkender Bestandteil von Lackentfernungspräparaten
Calciumcarbid hinzugekommen. Wesentlich billiger und nicht minder
wirksam sind jedoch die eben genannten alkalischen Emulgierlösungen
und -lösungsgemische (Spiritus und Ammoniak oder dieses mit Wasserglas und Sodalösung), die man mit Sägemehl füllt, mittels einer Bürste
aufträgt und nach Entfernung der Lackschicht sehr vorsichtig (zur
Schonung des Holzes) mit verdünnter Säure neutralisiert[2].

## Emulsionen in der Holz- und Celluloseindustrie.

Waldfrisches Holz enthält durchschnittlich bis zum halben Gewicht
Wasser in der Verteilung, daß auf den Splint 50 und auf den Kern 15%
des gesamten Wasserinhaltes entfallen. Daneben schließen die Holz-
zellen noch u. a. Harze und Fettstoffe und anderseits Gummen, Gerbstoffe (Phenole), Zucker und Stärke ein. Die Kolloidmahlung frischen
Holzes würde demnach eine mit Cellulose und Ligninsubstanzen gefüllte
Emulsion jener Stoffe geben, und ihre Bestandteile treten in Erscheinung, wenn man solches Holz weiterverarbeitet. Dies geschieht:

1. bei der Holzkonservierung: durch Trocknen, Beseitigung der
Saftbestandteile, Luftabschluß oder Imprägnierung;

2. bei der Holzaufschließung (Celluloseabscheidung) und Harzextraktion;

3. bei der Holzzerstörung durch Fäulnis auf natürlichem, Trockendestillation auf künstlichem Wege.

Vom Standpunkte der Emulsionstechnik bieten nur wenige Verfahren dieser drei Gruppen Bemerkenswertes. Die Holztrocknung
und die Entsaftung sind in dieser Hinsicht lediglich als Methoden
zu nennen, mit deren Hilfe man einen Teil der Bestandteile beseitigt,
die sonst bei der Holzoberflächen- und -tiefenbehandlung unerwünschte
Emulsionen bilden oder in solche eintreten könnten. Diese Bestandteile sind Wasser einerseits und lösliche Stoffe, insbesondere Stickstoffsubstanzen andererseits, welch letztere zugleich, wie durch Versuche
festgestellt wurde[3], die einzige Ursache der Holzfäulnis bilden. Auch
bei der Holz- und Celluloseextraktion mittels organischer Lösungsmittel zum Zwecke der Entharzung treten kaum, und wenn, leicht entmischbare Emulsionen auf, es sei denn, man würde die Entharzung

---

[1] Franz. Pat. 603605; vgl. D.R.P. 404479.

[2] OBST, W.: Allg. Öl- u. Fettztg 1927, 635.

[3] KEGHEL, M. DE: Z. angew. Chem. 25, 1935.

harzhaltiger Rohstoffe (Nadeln, Rinde, Scharrharz u. dgl.), wie in einem neuzeitlichen Verfahren vorgeschlagen wird, durch Feinmahlung des Materiales mit wäßriger Alkalilauge evtl. bei Gegenwart eines organischen Lösungsmittels in einer Kolloidmühle bewirken. Es bildet sich eine dicke Emulsion, deren emulgiert flüssiger Teil so stabil sein soll, daß man ihn in einer heizbaren Filterpresse leicht von den zerschlagenen Pflanzenteilen trennen kann[1]. Solche Emulsionen können wohl die Haltbarkeit jener des Tallöles (s. S. 268) zeigen, das jedoch kein Produkt der Extraktion, sondern ein Nebenstoff der Holzaufschließung nach dem Natronverfahren ist.

Als gelinde Natronkochung kann man nun einige Verfahren der Holzextraktion mittels alkalischer Flüssigkeiten und bis zu einem gewissen Grade auch die Holz-Druckextraktion z. B. mit Benzol bezeichnen, wie sie versuchsweise, in Anlehnung an die gleichartigen auf Kohle angewendeten Methoden, ausgeführt wurde. In beiden Fällen resultieren emulgierte Stoffgemenge, und zwar bei der alkalischen Extraktion eine Seifenemulsion von der Beschaffenheit des Tallöles, nach dem Druckverfahren eine homogene pech- oder asphaltartige Emulsion, an deren Bildung Cellulose- und Ligninsubstanz beteiligt sind. H. K. Benson und H. M. Crites[2] erhielten als Produkt der Extraktion harzreichen Holzes mit 5proz. wäßrigen Ammoniak während 5 Stunden bei 70° einen schwarzen Teer, der sich durch Behandlung mit Benzin in eine klare goldgelbe Harzlösung und einen dunklen humusartigen Rückstand scheiden ließ; es war also teilweise Aufschließung des Holzes erfolgt, bei der ein Teil der inkrustierenden Ligninsubstanzen, jedoch nahezu 95% des Gesamtharzgehaltes als Seife in Lösung gingen[3]. Zu einem ähnlichen Ergebnis führt die Extraktion mit Natronlauge (s. unten S. 291), jedoch mit dem Unterschied, daß man die Harzstoffe mit den Öl- und Fettsäuren als Seifen emulgiert nicht als teerartige Massen, sondern in reinerer Form, direkt zur Papierleimung verwendbar, gewinnt, wenn der oxydierende Einfluß der Lauge durch Zusatz von Hydrosulfit oder einem anderen Reduktionsmittel[4] oder durch Beigabe von Kochsalz zur Extraktionslauge eingeschränkt oder ausgeschaltet wird[5]. Fernhaltung des oxydierenden Luftsauerstoffes[6] ist weiter auch bei Ausführung der Holzentharzung mittels Schaumbrühen Bedingung, die man aus Emulsionen von wäßrig-alkalischen Lösungen mit Türkischrotöl, Naphthenaten, Saponin oder anderen Emulgatoren erzeugt, die zugleich Netzmittel sind und das Eindringen der Lauge in die Faser begünstigen[7]. Es resultiert ebenfalls eine harzmilchartige Emulsion, die gleich jener direkt zur Papierleimung verwendet werden kann. Auch die Druckbehandlung mit Wasser bei Temperaturen über 250°, wie sie von H. Fischer und seinen Mitarbeitern ausgeführt wurde[8], führt primär zu einer Emulsion, die, im Falle als man z. B. von Pappelholz ausgeht, 80—85% der Gesamtholzsubstanz einschließt,

[1] D.R.P. 359060.     [2] Z. angew. Chem. 29, 181.
[3] Chem. Ztg. 1922, 290.     [4] D.R.P. 257015.
[5] D.R.P. 315731.     [6] D.R.P. 363667.
[7] D.R.P. 363666.     [8] Abhandl. z. Kohlenkenntnis 3, 301.

während Benzol, namentlich bei Gegenwart von Wasser, unter den gleichen Bedingungen die Bildung jener pech- oder asphaltartigen Emulsionen, von Harz-, Fett- und Ligninsubstanzen bewirkt, die 16% der Menge des angewandten Holzes ausmachen. Schließlich wurde auch ein kombiniertes Verfahren der Holzextraktion und -destillation vorgeschlagen[1], bei dem man jedoch mit Anwendung von auf 350° überhitztem Wasserdampf zusammen mit den Dämpfen eines organischen Lösungsmittels (Alkohol, Benzin, Benzol, Terpentinöl, auch Fette oder Öle) und bei Gegenwart katalytisch wirkender Salze (s. oben der Kochsalzzusatz zur Extraktionsnatronlauge) auf die Gewinnung leicht siedender Flüssigkeiten durch Destruktion hinarbeitet.

Die in den obengenannten Fällen entstehenden Produkte haben Emulsionscharakter, weil das Harz der Hölzer bis zu 50% Fettstoffe enthält, die aus Glyceriden der Öl- und Linolensäure bestehen. Beim Lagern, insbesondere aber im Verlaufe der zum Zwecke der Cellulosefreilegung eingeleiteten Kochprozesse des Holzes, verändern sich diese Substanzen; die Fette nehmen der Menge nach ab, und der verbleibende Rest zeigt nicht mehr die hohe Schmierkraft der unveränderten Glyceride des Frischholzes. Auch die Harzkörper erfahren, wie SCHWALBE[2] nachwies, durchgreifenden Wandel, denn man vermag aus den durch Äther- und Alkoholextraktion aus frischem und getrocknetem Holz gewonnenen Harzen mittels Wasserdampfdestillation kein Terpentinöl zu erhalten, da sich dieses, wie auch aus den Erfahrungen der Zellstoffindustrie hervorgeht, erst durch Spaltungsvorgänge während langer Lagerung des Holzes oder im Druckkochprozeß bildet. Da das Terpentinöl andererseits einen Bestandteil der aus dem Holzinnern an die Luft tretenden Balsame ist, müssen jene Spaltungsvorgänge oxydativer Art sein; ihrem Einflusse ist die schließliche Verharzung des ätherischen Öles und die Umwandlung der Fettstoffe während langer Lagerung des Holzes zuzuschreiben. In jedem Stadium dieser Veränderungen und in jeder Stufe der Verarbeitung des vorwiegend als Frischmaterial verwendeten Holzes über den Zellstoff bis zum fertigen Papier können die Harzkörper und Fettstoffe Anlaß zur Bildung von Emulsionen geben, so z. B. zur Entstehung der Harz-, in Wirklichkeit Fettflecken im Papier; denn nur das Fett macht das sonst spröde harte Harz weich und plastisch, und diese Emulsion erst erzeugt die Flecken.

Die Beseitigung der Harz-, Fett-, Lignin- und sonstigen inkrustierenden Substanzen aus dem Holze und die Freilegung der Cellulosefaser ist Aufgabe der Zellstoffindustrie. Sie erreicht ihr Ziel nach dem sauren Sulfit- und nach dem alkalischen Natron- (Sulfat-, Sulfid-) Verfahren, von denen das letztere jedoch in Deutschland so gut wie ausschließlich auf das kieselsäurereiche, mit Sulfit schwierig aufschließbare Stroh angewendet wird; es dominiert hier, mit Fichtenholz als Hauptrohstoff, der Tilghmann-Mitscherlich-Eckman-Sulfitprozeß. Beide Methoden unterscheiden sich in der uns hier allein interessierenden Hinsicht grundlegend dadurch, daß die Harz- und Fettstoffe nur beim

---

[1] D.R.P.276811.  [2] Z. Forstwesen 1916, 92 u. 99.

Lange, Emulsionen.  19

Natronverfahren verseift in die Kochlauge gehen, beim Sulfitverfahren jedoch zum großen Teil, zwar aus ihrem Verbande gelöst werden, jedoch am fertigen Zellstoff adhäsiv festgehalten bleiben, wenn man nicht durch dessen gute Aufbereitung vorbeugend wirkt. Dies geschieht dadurch, daß man die Sulfitablauge heiß, möglichst vollständig beseitigt und den Zellstoff mit heißem Wasser erschöpfend auswäscht. Man vermag so etwa 50% des ursprünglichen Harz- und Fettkörpergehaltes zu entfernen; im Kochvorgang selbst gehen nur bis zu 5% gelöst und emulgiert in die Lauge, der Rest, etwa 1% vom Gewicht der Cellulose, muß ihr durch Bleichung und Entharzung entzogen werden. Die hierzu angewendeten und vorgeschlagenen Verfahren sind ebenso wie manche Methoden der Ablaugeaufarbeitung in emulsionstechnischer Hinsicht zum Teil sehr bemerkenswert.

Schon das primitive Dämpfen des Holzes während 3—6 Stunden bei der Herstellung von Braunholzschliff führt zur teilweisen Loslösung der chemisch veränderten Zucker-, Lignin-, Harz- und Fettstoffe, die in Form von Emulsionen in die deshalb jedoch nicht verwertbare Schlifflauge gehen, zum Teil jedoch im Fabrikat verbleiben und den Stoff braun färben. Vorhergehende Entlüftung des Holzes und Ausschluß von Luftsauerstoff beim Schleifen[1] ändern daran nicht viel, und die Verfahren hierzu sind, relativ zur faktischen Aufschließung, ebensowenig wirtschaftlich wie die Vorschläge, das zu schleifende Holz vorher unter Druck bei Luftabschluß mit Wasser zu kochen[2]. In höherem Maße noch als beim bloßen Dämpfen bilden sich natürlich jene Emulsionen in der Fabrikation der sog. Halbzellstoffe[3], die, was ihren Cellulose- bzw. Ligningehalt betrifft, zwischen Holzschliff und reinem Zellstoff stehen und gleich den Produkten der Vollaufschließung, jedoch mit geringeren Chemikalienmengen oder unter geringeren Drucken bei niederen Temperaturen erzeugt werden. Wenn man hierbei von dem harzreichen Kiefernholz ausgeht und es unter dem Druck mehrerer Atmosphären, jedoch unter 100°, mit verdünnter Alkalilauge aufschließt, rentiert sogar die Abscheidung der gebildeten Harzseifenemulsion (s. oben unter Tallöl, S. 288) durch Schleudern der heiß abgezogenen erkalteten Lauge, zumal diese dann filtriert und aufgefrischt zum normalen Natronaufschluß des gleichen überdies vorgequellten Holzes dienen kann[4].

Im gleichen Sinne wurde die Vorkochung des Holzes in zwei Stufen auch in anderen Patenten[5] als Vorbehandlung vor der Ausführung des eigentlichen Natronverfahrens vorgeschlagen. Man wollte zuerst bei gelinder Kochlaugeneinwirkung eine an Nebenstoffen reiche Ablauge gewinnen, aus ihr die sehr stabile Lignin-, Fett- und Harzsäureseifenemulsion zur Verwendung als Formpuder oder Harzersatz abscheiden, und dann erst den Kochprozeß, hier jedoch mit Frischlauge, zu Ende

---

[1] D.R.P. 203230.

[2] D.R.P. 288717, 301857, 315679; vgl. D.R.P. 277628.

[3] Schwalbe: Chem.-Ztg 1912, 1233; vgl. W. Ebert: Papierfabr. 1906, 2099.

[4] D.R.P. 248275; vgl. D.R.P. 310861.

[5] D.R.P. 248225; vgl. Am. Pat. 1025356 u. D.R.P. 252322.

führen[1]. Oder es sollten zuerst die Nichtharze des Holzes durch Naturbleiche oder Auslaugung mit Kalkwasser in wasserlöslicher Form übergeführt und entfernt werden, um bei der nun folgenden Harzextraktion mit geringeren Alkalimengen auszukommen[2]. Durch Zusatz milchsaurer Salze zum Kalkwasser kann man übrigens nach den Angaben einer neueren Schrift[3] die Löslichkeit der Cellulosebegleitstoffe in ihm erhöhen. Schließlich wurde empfohlen, einer ersten Behandlung des Holzes mit Soda- (1,014) und folgend mit Ätzkalilösung (1,074) eine dritte Stufe folgen zu lassen, in der das zweimal vorgereinigte Material in Soda- oder Kochsalzlösung mit Wasserstoff unter Druck behandelt wird[4]. Über die Unwirtschaftlichkeit solcher Methoden braucht wohl nichts gesagt zu werden.

Auf die Holzaufschließprozesse mit anderen als alkalischen, jedoch auch hydroxylhaltigen chemischen Körpern von Art der mehrwertigen Alkohole (Glycerin oder Glykol[5]) oder der Phenole in Form ihrer Alkaliverbindungen[6] sei hier nur verwiesen. Die Ablaugen müssen in diesen Fällen völlig andere, sehr stabile Emulsionen sein, deren gewiß sehr schwierige Abtrennung von dem freigelegten Zellstoff allein, von wirtschaftlichen Momenten abgesehen, die Ausführbarkeit der Verfahren in Frage stellen dürfte, zumal wegen dieser mechanisch kaum durchführbaren Trennung der Emulsionen auch an eine Verwertung jener Seifen-, Ester- und Zersetzungsgemische wohl nur auf destruktivem Wege zu denken ist. Deshalb wird sich auch ein neues Verfahren kaum durchsetzen können, demzufolge man zur gleichzeitigen Gewinnung von Cellulose und einem Kunstharz, das Holz oder sonstiges Zellstoffmaterial mit Phenol bei Gegenwart saurer Katalysatoren (z. B. Nitro- oder Chlorphenole) aufschließen soll[7]. Dasselbe gilt wohl von einer Methode, nach der man mit Emulsionen, z. B. von Kresol (Naphthol), Ricinusölsäure (Sulfosäuren), Methylcyclohexanol (Alkohole), Natronlauge (Seife), evtl. unter Zusatz von die Oxydation und Verharzung der Reagenzien verhindernden reduzierenden Mitteln, unter Druck bei 120° arbeiten soll[8]. Auch hier dürfte die Verwertung der Ablauge unüberwindliche Schwierigkeiten bereiten.

Im Sulfitprozeß schließlich finden sich Harz- und Fettkörper zusammen mit allen anderen Begleitstoffen, namentlich den Ligninsubstanzen, chemisch verändert, frei oder untereinander verbunden, gelöst, suspendiert oder emulgiert, dem Großteil nach in der Sulfitablauge, zu etwa 15% der ursprünglich vorhandenen Menge als harzige Verunreinigung im Zellstoff[9]. Dieser muß daher unter Zerstörung der Begleitstoffe (meist mit Chlorsubstanzen) gebleicht und gegebenenfalls, mit gleichzeitiger Gewinnung der Harze, entharzt werden; auch ein Teil der Ablauge wird, soweit man die gewaltigen Mengen dieses

---

[1] D.R.P. 324894; vgl. D.R.P. 306325 u. 309259.
[2] D.R.P. 279102.     [3] D.R.P. 301587.
[4] D.R.P. 288019.     [5] D.R.P. 329566.
[6] D.R.P. 166411; vgl. F. A. Bühler: Chem. Ind. 1903, 138.
[7] D.R.P. 328783.     [8] Am. Pat. 1658213.
[9] Sieber: Papierfabr. 13, 389; vgl. Schwalbe: Wochenbl. Papierfabr. 45, 2926.

Nebenproduktes nach der Vergärung seines Hexoseninhaltes nicht verkohlt, auf die harzigen, klebenden und gerbenden Bestandteile verarbeitet.

Zur Entharzung des Sulfitzellstoffes können alle Mittel dienen, die man auch zur Holzextraktion anwendet (s. oben), also die teueren organischen Lösungsmittel oder die billigen Alkalien, die jedoch den Nachteil haben, daß sie die Cellulose weniger schonen als jene. In dieser Hinsicht wäre das Twitchellreaktiv (s. S. 101) als Sulfonsäuregemisch besonders gut geeignet, da saure Agenzien den Zellstoff im Gegensatz zu alkalischen auch an der Luft nicht angreifen, doch lassen sich so nur etwa 40% der vorhandenen Harz- und Fettstoffe emulgieren und wegschaffen. Auch wäre die Methode wohl ebensowenig wirtschaftlich, wie es die vorherige Extraktion des Holzes ist (s. oben), wenn diese auch als vorbeugende Maßnahme gewiß ihren Wert hätte. Wir haben jedoch oben gesehen, wie diese Vorschläge bis zu dreistufigen Verfahren mit Anwendung verschiedener Chemikalien, sogar bis zur Druckbehandlung des zweimal vorextrahierten Holzes mit Wasserstoffgas, ausarten können und dürfen schließen, daß die Harz- und Fettstoffextraktion vielleicht bei sehr harzreichen Hölzern und deren Abfällen, gegebenenfalls als Selbstzweck, wirtschaftlich sein, kaum aber als obligatorischer Teil des eigentlichen Holzaufschließungsprozesses eingesetzt werden kann.

Die Zellstoffentharzung wird, wie gesagt, zum Teil durch die heiße Cellulosewäsche[1] oder mittels Chemikalien oder schließlich auf mechanischem Wege bewirkt[2]. Außer den alkalisch wirkenden chemischen Stoffen, die zur Bildung auswaschbarer Harz- und Fettsäureseifen führen, soll man nach neueren Vorschlägen auch saure Agenzien oder Salzlösungen verwenden können. So bildet sich z. B. beim Zusatz von Calcium- oder Magnesiumchlorid und folgend der entsprechenden Menge Natriumoxalat zum Cellulosebrei im Holländer Calcium- bzw. Magnesiumoxalat, und gleichzeitig werden aus den Harzkörpern die Harzsäuren frei, die man durch Alaun niederschlagen und dadurch zur Leimung · der Masse (des Papierhalbzeuges) ausnutzen kann[3] (s. S. 265). Oder man setzt dem Zellstoff Säuren oder Salze zu und fällt aus den erhaltenen Abwässern durch Fällung Kleb- und Appreturmittel[4]. Vom emulsionstechnischen Standpunkt beansprucht jedoch die Zellstoffentharzungsmethode mittels Talkums besonderes Interesse, denn dieses Verfahren bedeutet praktisch die Entemulsionierung eines Systems mit Hilfe eines Festkörpers von hoher Adsorptionskraft, dessen Teilchen die Harzmoleküle an sich reißen und umhüllen (s. S. 17), so deren Ausflockung in grober Form (s. oben, Harzflocken im Papier) verhindern und dadurch ein neues System erzeugen, nämlich die Suspension von mineralischem Harzkitt in, für diese Art der Leimung und Aufhellung des Halbzeuges zweckmäßig schleimig[5], jedenfalls nicht rösch, gemahlene Cellulose- bzw. Papiermasse.

[1] Vgl. A. Kuhn: Papierztg 12, 53 auch 281 u. 13, 725, u. 744.
[2] Vgl. D.R.P. 310554.     [3] D.R.P. 309630; vgl. D.R.P. 234223.
[4] D.R.P. 323744.
[5] Für Seidenpapier, siehe P. Ebbinghaus: Papierfabr. 14, 59.

Man setzt das Talkum oder Asbestmehl (Kaolin, Schwerspat u. a. Füllstoffe) dem wie immer sorgfältig gewaschenen Zellstoff vor Beigabe des Verdünnungswassers in den Separatoren, und zwar in der Menge von 8% der Masse trocken zu und will so im Papierbrei die Bildung einer besonders stabilen Harz-Mineralkörper-Adsorptionsverbindung herbeiführen[1], während frühere Verfahren, namentlich bei Anwendung auf Holzschliff, kalte Mischung der Rohstoffe mit Talkummehl[2] oder das Arbeiten unter Druck vorschlugen[3]. Man sollte den gewaschenen Zellstoff mit wäßriger Talkumaufschwemmung, und je nach der vorhandenen Harzmenge, mit oder ohne Zusatz von Petroleum unter schwachem Druck kochen; die Talkum-Harz-Adsorptionsverbindung wurde dann mit dem Waschwasser durch Quirlen beseitigt. Diese Methode der Bindung von Harz- (Fett-) Stoff an Mineralmehl von bestimmter Beschaffenheit (das fettig-glatte, von Öl leichter als von Wasser netzbare Talkum, s. S. 16) ist mit den Verfahren der Erzflotation (s. S. 370) vergleichbar, bei denen ebenfalls die glatten Erzteilchen das Öl aufnehmen und so die beigegebene Flotationsemulsion entmischen, welcher Vorgang mit der Zellstoffentharzung in Parallele gebracht werden kann. Umgekehrt gibt es bereits erwähnte Verfahren[4] (s. a. S. 24) der Emulsionszerstörung mit Hilfe von saugenden, von Wasser besser als von Öl benetzbaren Mineralpulvern (die der Gangart des gemahlenen Erzhaufwerks gleichen), wobei das Öl als Wertstoff zur Abscheidung gelangt.

In gewissem Sinne vergleichbar mit der Cellulose- und Papierstoffentharzung sind die Bestrebungen, dem Altpapier[5], um es wieder auf weiße Ware verarbeiten zu können, die Druckerschwärze zu entziehen. Denn auch sie enthält harzige und ölige Bindemittel (s. S. 280), die hier ebenso fest, wenn nicht fester mit dem Fasermaterial verbunden sind als das Harz im Zellstoff. Auch hier arbeitet man, mit organischen Lösungsmitteln, die das firnisartige Bindemittel lösen oder mit alkalischen Flüssigkeiten, die es verseifen sollen, oder schließlich (in neuester Zeit kombiniert mit Alkali) mittels mineralischer Stoffe, die, wie etwa die Bleicherden adsorptiv die Harz- und Fettstoffe an sich binden (s. oben). Man soll so, z. B. beim Arbeiten mit, auf das Papiergewicht bezogen, 4—5% alkalisch gestellter, kolloid verteilter Fullererde der mit 50° warmem Wasser verdünnten, in Breiform übergeführten Papiermasse in kurzer Zeit Öl und Ruß der Schwärze entziehen und die auf dem Sieb verbliebene Pülpe mittels schwefliger Säure in wenigen Minuten rein weiß bleichen können[6].

Die sonstigen, kaum je in größerem Maßstabe ausgeführten Methoden bieten in emulsionstechnischer Hinsicht nicht viel Bemerkenswertes: Man emulgiert das Druckerschwärzebindemittel, soweit nicht hier zu

---

[1] Wochenbl. Papierfabr. 51, 2392 u. D.R.P. 291379. — Vgl. P. Ebbinghaus: Papierfabr. 14, 59 und D.R.P. 310554: Entharzung durch Luftbläschen.
[2] D.R.P. 277385.　　　　[3] D.R.P. 265260.
[4] Engl. Pat. 268547 (1926).
[5] Über die Regenerierung von Altdruckpapier siehe F. Hoyer: Papierfabr. 25, 260.
[6] Chem.-Ztg Rep. 1922, 163; vgl. Am. Pat. 1351092.

vernachlässigende reine Lösungsreaktionen vorgeschlagen wurden, mit verdünnter Lauge, evtl. bei Gegenwart von Ammoniak[1] oder Borax[2], und dann bei Siedehitze, oder mit Emulsionen (z. B. aus alkalischer Sulfitablauge[3], Erdöl und Natronlauge[4]) oder mit ineinander nicht löslichen Flüssigkeiten wie Benzin und Wasser[5] oder Wasserglas und Paraffinöl[6], die sich ebenfalls mit dem zu entfernenden Bindemittel als Vermittler emulgieren; vorwiegend aber sind die Druckerschwärze-Entfernungsmittel Seifen. So wurde z. B. empfohlen, dem Zeug im Kollergang Ölsäure beizumahlen und die auf 100° erwärmte Masse folgend mit der zur Verseifung nötigen Ätznatronmenge unter Druck im Kocher zu wälzen oder fertig gebildete Seifenlauge anzuwenden[7] und die durch ein Bodensieb von der Bindemittelöl-Seifenemulsion befreite Masse im Gegenstrom mit Heißwasser zu waschen[8].

Letzten Endes ist die ganze Frage der Druckerschwärzeentfernung aus Altpapier rein wirtschaftlicher Art, was die wenigsten Erfinder bedenken, wenn sie ihr Verfahren zum Patent anmelden. Denn sonst wäre es wohl nicht möglich, daß, wie die Patentliteratur erweist, zur Erreichung des Zieles Borax (s. oben), Perverbindungen[9], Ammoniumcarbonat[10], Antiformin mit oder ohne Zusatz von Benzinseife[11], ja sogar die Enzyme der Bauchspeicheldrüse[12], oder, in völliger Verkennung der universellen Bedeutung der ganzen Frage, emulgierende Mittel vorgeschlagen wurden, die örtlich vielleicht sogar hektoliterweise zur Verfügung stehen mögen, wie z. B. Abfallflüssigkeiten bei Bereitung eines Nahrungsmittels aus Sojabohnen[13], zur Verarbeitung aber auch nur des Stundenbedarfes einer mittleren Papierfabrik verschwindend gering sind. Das Problem ist jedoch auch in anderem Sinne von wirtschaftlicher Bedeutung, insofern, als dem Altpapier durch die Behandlung mit Chemikalien zugleich mit den öligen Bindemitteln der Druckerschwärze in der entstandenen Emulsion auch die ursprünglich vorhandene Harzleimung und Füllung entzogen wird, also eine Summe von Wertstoffen, die aus der mit Ruß und Verunreinigungen erfüllten Waschlauge mit wirtschaftlichem Erfolge kaum rückgewonnen werden kann. Schließlich lassen sich die unter dem Druck der Presse in die Fasern eingekeilten Rußteilchen einer guten mit Leinölfirnis bereiteten Druckerschwärze aus dem Papier mittels chemisch und lösend wirkender Agenzien durch Emulgierung des Bindemittels überhaupt nicht vollständig entfernen, da dieses in dem Druck, je älter er ist, nicht mehr als emulgierbares Öl, sondern als unlösliche Substanz von linoxynartiger (s. S. 273) Beschaffenheit vorliegt. Die Aufgabe kann daher nur im Sinne einer Anregung gelöst werden, die GOETHE (in Unkenntnis von den erfolgreichen, zeitlich früheren Bestrebungen

---

[1] D.R.P. 220424; vgl. D.R.P. 254554.
[2] D.R.P. 312618; vgl. TH. SCHOPPER: Wbl. Papierfabr. 47, 543 u. 720.
[3] Am. Pat. 1175853.      [4] D.R.P. 76017.
[5] D.R.P. 265488 u. 279101.      [6] D.R.P. 75447.
[7] Z. B. D.R.P. 127820.
[8] D.R.P. 316469; vgl. die Anwendung von Bentonit nach D.R.P. 353024.
[9] N.R.P. 215312.      [10] Franz. Pat. 432744.
[11] Papierztg 1912, 450.      [12] D.R.P. 287884.
[13] D.R.P. 356742 vom 5. 10. 1921 (!).

KLAPROTHS auf demselben Gebiet) dem Großherzog gab, als er ihn auf das Verfahren des Jenenser Professors GÖTTLING hinwies, der eine mit dephlogistierter Salzsäure (Chlor) entfärbbare Druckerschwärze erfunden hatte.

Die im Sulfitzellstoff nach seiner Gewinnung und nach dem Auswaschen wie in einem Schwammfilter zurückgehaltenen Harz- und Fettstoffe des Holzes bilden, wie oben gesagt wurde, nur deren geringsten Teil. Ihre Hauptmenge findet sich mit allen Nichtfett- und -harzkörpern in der zunächst noch schwefligsauren Sulfitablauge, vorzugsweise gebunden an Ligninsulfosäure und ihr Kalksalz. Auf eine Tonne trockenen Zellstoff fallen in der Lauge 30 kg Fett und Harz an, ferner außer anderen Substanzen und ihren Gemengen die mit den Eigenschaften von Emulsionsvermittlern begabten Kohlehydrate (325 kg), Proteine (15 kg) und öligen Körper, schließlich Furfurol und ähnliche Stoffe in der Menge von etwa 1,5 kg. Die Hauptmenge der Lauge wird zur Rückgewinnung ihres Schwefelinhaltes gekalkt, teilweise eingedampft, vergoren, weiter eingedickt verkohlt bzw., wenn Ablaugen der Natroncellulosefabrikation vorliegen, zur Rückgewinnung der Basis calciniert usw. — hier kommen nur die emulsionstechnisch wichtigen Verfahren in Betracht, die darauf zielen, einem geringen Teil der Laugen (soweit der Bedarf reicht) die emulgierbaren Substanzen zu entziehen.

Die ursprünglichen Patente MITSCHERLICHS[1] bezogen sich auf die Gewinnung von Nebenbestandteilen (und zwar Gerbstoffen) aus dem Holze durch dessen Behandlung mit einer 115° warmen Calciumsulfitlösung, und erst später modifizierte er sein Verfahren dahin, daß auch Cellulose, Pflanzengummen u. a. Bestandteile gewonnen werden sollten. Da auf 1000 kg Zellstoff als Sulfitablaugeinhalt 1200—1300 kg Festsubstanzen entfallen, unter denen neben den geringen Mengen der obengenannten Stoffe 600 kg Lignin, zusammen mit den Proteinen und Kohlehydraten also rund 1000 kg Nichtfett- und -harzkörper auf 31,5 kg Fette und Harze vorhanden sind, ist es klar, daß in Summenprodukten der Ablaugenfällung und -eindampfung diese 3% Fett- und Harzstoffe mit den Lignin-Kohlehydraten unentmischbar emulgiert sein müssen. An die Abtrennung jener, auch aus der Lauge des ursprünglichen Verdünnungsgrades, etwa mittels organischer Lösungsmittel oder mit Hilfe alkalischer oder verseifender Agenzien, deren Anwendung natürlich zur Bildung von noch stabileren zähen Seifenemulsionen führen würde, ist demgemäß gar nicht zu denken. Es ist darum auch m. W. kein einziges Verfahren bekannt geworden, das die Abscheidung der Harz- und Fettkörper aus der Lauge allein zum Ziele hätte[2], obwohl eine solche Methode, angewandt auf die Ablaugen der deutschen Cellulosefabriken, uns die Einfuhrersparnis von jährlich mehr als 2 Mill. Kilogramm Harz brächte, das zur Zeit dem Großteile nach (s. oben) bei der Sulfitkohleerzeugung bzw. Natronablaugecalcination

---

[1] D.R.P. 4178, 4179.
[2] Das Verfahren der Überführung des Calciumbisulfites der Sulfitablauge in Calciumsilicat und die gleichzeitige Ausfällung der Harze mit Wasserglas oder Schwermetallsalzen nach D.R.P. 320508 sei erwähnt.

verbrannt wird. Die aus den sonst verarbeiteten verschwindend geringen Mengen der Ablaugen hergestellten Klebstoffe, Gerb-, Appretur- und sonstigen Mittel, von überdies meist recht zweifelhaftem Wert, werden uns fallweise noch begegnen; hier sei nur betont, daß sie, wie das **Zellpech**, das ist das Vakuumkonzentrat der entsäuerten entkalkten Sulfitablauge, Emulsionen von Lignin-, Kohlehydrat- und Huminsubstanzen mit etwa 3% Harz- und veränderten Fettstoffen sind, welchem Gehalt die Erzeugnisse oft besondere Eigenschaften, z. B. Geschmeidigkeit oder Streichfähigkeit, auch größere Klebkraft verdanken.

Die **Trockendestillation** des Ablauge-Eindampfrückstandes (des Zellpechs) ebenso wie jene des Holzes führt unter Zerstörung sämtlicher Stoffe und demnach auch der Harze und Fette, zum Teil im pyrogenen Aufbau, zu chemischen Körpern anderer Art, ohne daß die Bildung von Emulsionen auftreten würde. So wie bei der Trockendestillation des Kolophoniums die Harzöle, entstehen wohl auch hier neben niederen Fettsäuren u. a. Stoffen Teer und Teeröle[1]; sie sind jedoch, soweit sie weder Wasser noch Basen enthalten, keine Emulsionen, sondern leicht emulgierbare Gemische von Phenolen, Kohlenwasserstoffen u. dgl. (s. S. 121).

Es sei noch erwähnt, daß die Schwarz- und Sulfitablaugen der Aufschließung **anderer** cellulosehaltiger Stoffe als Holz, z. B. Schilf, Rohr, Torf, Tang, Bambus, Espartogras, Maisstroh usw., deren Fasern man auf Papierstoff oder Textilien verarbeitet, sich insofern oft anders verhalten, als diese, namentlich die alkalischen Laugen, bisweilen von Natur aus Klebstoffe sind, die aus Emulsionen von geringen Harz- und Fettstoffmengen in Pflanzengummenlösungen bestehen. Wenn Schilf oder Bambus als Rohstoffe dienen, enthält die Emulsion auch noch große Mengen gallertiges Kieselsäurehydrat, das wohl die Klebkraft der zur Zähflüssigkeit eingedampften Ablaugen weiter erhöht, ihre Abtrennung vom Fasermaterial aber so sehr erschwert, daß allein aus diesem Grunde, auch wegen der Schwierigkeit das Ausgangsmaterial (Schilf) laufend, regelmäßig in genügenden Mengen beschaffen zu können, diese Industrien klein bzw. auf Örtlichkeiten im Rohstoffgebiet beschränkt bleiben müssen.

Der letzte Abschnitt der Holzverarbeitung mittels Chemikalien umfaßt seine **Oberflächen-** und **Tiefenbehandlung** zum Zwecke der Verschönerung und des Schutzes gegen äußere Einflüsse. Das Gebiet der Emulsionen wird dabei nur insoweit berührt, als die verwendeten Präparate und Mittel zum Beizen, Polieren, Leimen, Lackieren und Anstreichen der Holzoberflächen, zum Teil auch jene, die zur wirklich praktisch ausgeübten Tiefenbehandlung, z. B. der Schwellen oder Grubenhölzer, dienen, häufig emulgierte Stoffgemische sind; der Werkstoff selbst, das Holz, bleibt bei diesen Verrichtungen unbeteiligt, da es getrocknet oder durch vorhergehendes Dämpfen entsaftet zur Behandlung

---

[1] So geben z. B. 100 kg Zellpech destruktiv destilliert 50 kg Wasser, Ammoniak und Öle, unter diesen 2—4 kg von der Dichte 0,930 mit 25% benzolartigen Leichtölen, neben Pyridinbasen und anderen verwertbaren Stoffen, zum Teil in emulgierter Form (D.R.P. 301684; vgl. D.R.P. 313607).

gelangt, da also die w ä ß r i g e Flüssigkeit fehlt, die mit den auf oder in
das poröse Material gebrachten Fett- oder Harzgemischen oder -lösungen
in Emulsionsverband eintreten könnte. Manche Holzgattung, so z. B.
Tannenholz, neigt andrerseits zu H a r z ausschwitzungen, die während
der Bearbeitung der Bretter, ja sogar im fertigen Möbel oder Werkstück
auftreten und dann Anlaß zur Emulsionen- (Flecken-) Bildung geben
können. Solche dem Fachmann bekannte, namentlich die Aststellen,
müssen im rohen Holze herausgeschnitten, verkittet oder mit einem
Schleifgrund überzogen werden, der das austretende Harz aufnimmt
und nicht zur Oberfläche gelangen läßt.

Die S c h l e i f - und P o r e n f ü l l massen sind meist kittartige Erzeugnisse, die auf die Holzoberfläche gebracht und gespachtelt steinartig
erhärten, so daß ein z. B. mit Bimsstein abschleifbarer Grund entsteht
(s. Malgrund, S. 277). Gut eignen soll sich zu diesem Zweck eine dünnflüssige, wäßrig-ätherische Emulsion von Caseinkalk[1], sonst sind die
Präparate meist Suspensionen von Mineralkörpern oder Pigmenten in
alkoholischer Schellack- oder Leinölfirnislösung. Diese beiden, vorzugsweise die Schellack- oder Kunstschellack- (-harz-) Lösung, bilden auch
die Grundlage der P o l i t u r präparate. Bei ihrer Herstellung gilt nun das
S. 261 über die Zusammensetzung des Naturharzes Gesagte, das sich
in erster Linie auf seine Verwendung zum Polieren und Lackieren des
Holzes bezog. Die alkoholische Rohschellacklösung ist eine fein dispergierte Suspension von alkohol un löslichem Schellackwachs in alkoholischer Harzlösung, eine trübe Flüssigkeit, die in dieser Form für Politurzwecke gut geeignet ist, die sogar zuweilen noch einen Zusatz von Bienenwachs erhält, wenn eine Fläche geschaffen werden soll, die nach Verdunstung des Alkohols mit dem Polierballen bearbeitet matten Wachsglanz zeigt[2]. Lackartigen Hochglanz erzielt man hingegen mit der
k l a r e n Schellackpolitur, ·die man z. B. durch wiederholte Filtration
der alkoholischen Gummiharzlösung über im Filter aufgehäufte Stock-
lackstückchen erhält.

Außer diesen „russischen Polierlacken" werden auch andere Lösungen
spritlöslicher Harze in Alkohol, insbesondere, zur Erzeugung harter
Überzüge, die alkoholischen Lösungen mancher Kopal- oder anderer
Hartharze[3] angewandt, und andererseits für matte Oberflächen die
Suspensionen fein zerteilter Wachsarten in fetten Öllacken[4] oder Emul-
sionen einer Schellack-Sprit- mit einer Kautschuk-Terpentinöl-Lösung[5].
Echte Emulsionen sind ferner die „Peerless gloss"-Präparate, bestehend
aus wäßriger Gummiarabicum- mit ammoniakalischer Rubinschellack-
Boraxseifen-Lösung (s. S. 280), Glycerin und Formaldehyd[6] oder ge-
wisse Mattpolituren, die z. B. durch andauerndes Verreiben einer Wachs-
Stearin-Borax-Casein-Emulsion mit feinst zerteiltem Carnauba- oder

---

[1] Gewerbefleiß 1922, Heft 2.    [2] Seifensieder-Ztg 1912, 1118.
[3] Farbe u. Lack 1912, 146.
[4] Farbe u. Lack 1912, 302; Seifensieder-Ztg 1912, 1118 u. a.
[5] Seifensieder-Ztg 1911, 1011; vgl. D.R.P. 64474, auch D.R.P. 368235.
[6] Seifensieder-Ztg 1912, 1092. — Rubinschellack ist eine Schmelze von mittels
Alkohols entwachstem Schellackharz und 10—15% Kolophonium. Vgl. F. DAUM:
Seifensieder-Ztg 1911, 725.

Japanwachs, Paraffin und Spiritus erzeugt werden[1]. Emulsionen sind auch manche Politurpräparate, die Albumosen (z. B. des Caseins[2]) oder Eiweißspaltungsprodukte anderer Art (z. B. Protalbin[3]) oder alkoholischen Kohlenwasserstoff-Seifenleim[4] enthalten, bis hinunter zu dem einfachen „amerikanischen Polierwasser“, d. i. eine Emulsion von Petroleum mit wäßriger Salzsäure[5]. In neuerer Zeit treten auch für Politurzwecke die Celluloseester- [Nitro- und Acetylcellulose- (Zapon- bzw. Cellon-)] Lacke (s. S. 276), meist als bloße mit Kremserweiß oder anderen Pigmenten gefüllte Lösungen, sonst auch mit Leinölfirnis emulgiert, in den Vordergrund[6].

Diese gefüllten Lösungen ragen bereits aus dem Gebiet der Polituren hinüber in das Bereich der Holzlacke und -anstriche. Unter diesen Fabrikaten und den zugehörigen Grundierungsfarben (z. B. die seifenartigen Alkalinaphthenat-Tonerdesalz-Umsetzungsprodukte[7]) dominieren die Harz-Leinölfirnis- und die Celluloseesterlacke, also (mit Pigmenten angeriebene) Lösungen (s. S. 275), und ebenso haben, abgesehen von den Holzfußboden- (Parkett-) Ölen (s. S. 203), die eigentlichen Bodenlacke und -anstriche mit Emulsionen nichts zu tun. Dagegen ist jede sog. Bohnermasse den Schuhcremepräparaten (s. S. 359) ähnlich zusammengesetzt und dementsprechend eine gallertig weiche, butterartige oder feste emulgierte Mischung von wasserhaltiger Wachsseife mit einem die Streichfähigkeit des Bohnerwachses herbeiführenden organischen Lösungsmittel. Die Erzeugnisse gleichen im Aufbau den oben beschriebenen Wachspolituren, werden, ebenfalls ohne Pigmentfüllung, mit Teerfarbstoffen gefärbt und hinterlassen nach Verdunsten des Lösungsmittels Schichten, die beim Reiben oder Bürsten Wachsglanz annehmen; entsprechend der größeren Beanspruchung müssen gebohnerte Flächen jedoch zuweilen abgezogen und neu „gewichst“ werden. Eine naß wischbare und darum länger gebrauchsfähige Bohnermasse[8], bestehend aus der Emulsion einer Ceresin- (30) Japanwachs- (10) Terpentinöl- (120) Lösung mit wäßriger Boraxlösung (2 : 38), soll sich gut bewähren.

Emulsionen sind auch manche der billigen, aus Kalkmilch, Knochenleim, Leinölfirnis und einem Pigment (Englischrot oder Ultramarin) bereiteten Außenanstriche für Petroleumfässer, ferner nicht wenige der wetterfesten (s. S. 282) für Holz oder auch Mauerwerk bestimmten Überzüge, hergestellt z. B. durch .Emulgierung einer Mischung von wäßriger Leimlösung und Leinölfirnis mit heißem Seifenwasser als Vermittler[9], und schließlich die meisten sog. konservierenden Holzanstrichmassen, bestehend z. B. aus der Verkochung von Tran und Kolophonium mit einem Roggenmehlkleister, oder von Harz-Talg-Leinöl-Firnis mit wäßriger Alaunlösung und Wasserglas usw.; man emulgiert ihnen einen fäulniswidrigen Stoff in wäßriger (Zinkvitriol-) oder alka-

---

[1] D.R.P. 142513.                    [2] D.R.P. 220772.
[3] D.R.P. 202418.                    [4] Dän. Pat. 16552.
[5] HILLIG: Techn. Anstriche, Hannover 1908, 78.
[6] Z. B. D.R.P. 296206 u. Techn. Rundsch. 1907, 180; vgl. Kunststoffe 1917, 103.
[7] D.R.P. 332908.
[8] KÖNIG, R.: Seifensieder-Ztg 41, 1116.                    [9] D.R.P. 323154.

lischer (Phenole) Lösung oder in Suspension (Arsenik) bei, ähnlich wie den S. 283 beschriebenen Schiffsbodenfarben.

In gleicher Weise gilt auch das S. 286 über die Entfernung alter Lack- und Anstrichschichten allgemein Gesagte, hier für Parkettböden (s. oben) und Holzflächen aller Art. Bei der Verwendung der diesem Zweck dienenden, meist ätzalkalischen Emulsionen von Schmierseife mit organischen Lösungsmitteln[1], denen man häufig Kleesalz oder andere Beizmittel, nach einem neueren Verfahren[2] auch fäulniswidrige Stoffe, z. B. p-Dichlorbenzol (in einer natronalkalischen, ammoniakalischen Terpentin-Amylacetat-Trichloräthylen-Fußbodenöl-Emulsion), zusetzt, darf nie außer acht gelassen werden, daß diese aggressiven Chemikaliengemische in bestimmter empirisch festzustellender Verdünnung eben nur bis zur Quellung und Lösung der Lackschichten auf der Fläche verbleiben dürfen, da sonst das Holz in nicht wiederherstellbarer Weise angegriffen wird.

Leime oder Leimkompositionen für Holzteile können niemals Emulsionen sein (s. S. 363), es muß sogar Sorge getragen werden, daß der Tierleim oder das Casein nur in absolut entfettetem Zustande zur Anwendung gelangen, da jede Spur eines in der wäßrigen Glutin- bzw. Caseinatlösung emulgierten Fettstoffes das Haften des Leimes vermindert. Ähnliches gilt für die Holzkitte zum Ausfüllen von Fußboden- oder Behälterfugen, zum wasser-, heißwasser-, öl- oder spritfesten Abdichten der Holzfässer usw., wenn auch auf diesem Gebiete fallweise Emulsionen, z. B. einer wäßrigen Tragantlösung mit ätherischer Kautschuklösung, Kleister, Leim oder Gelatine[3], Anwendung finden mögen.

Schließlich kommen auch unter den Holzbeizen keine Emulsionen vor; sie sind stets Lösungen von Farbstoffen oder chemischen auf die Holzsubstanz einwirkenden Substanzen, die mit gewissen Bestandteilen des Holzes, z. B. mit Gerbstoffen, unter Bildung färbender Verbindungen, z. B. Tinten, reagieren. In diesem Vorgang des Beizens dringt die Farbstoff- bzw. Chemikalienlösung, auch gasförmiges Ammoniak, das zur Erzeugung künstlicher Antiktöne dient, bis zu einer gewissen Tiefe in das Holz ein, um so leichter und tiefer natürlich, je saugfähiger, großporiger die Holzart und je dünner die capillar eindringende Flüssigkeit ist. Dasselbe gilt auch für die Tiefenbehandlung des Holzes zum Zwecke seiner Imprägnierung mit fäulniswidrigen Stoffen oder zur Füllung des Holzinneren mit Mineralsubstanzen, z. B. Kieselsäure, die das Holz härten, oder mit Harzen, die ihm als Geigenbaumaterial erhöhte Resonanzfähigkeit verleihen sollen. Das Beizen ist demnach nur Imprägnieren des Holzes ohne Anwendung von Druck und daher zu geringer Tiefe.

Die praktische Imprägniertechnik arbeitet nur mit Metallsalzlösungen und nach dem gleich- oder für Schwellen- und Grubenholztränkung höherwertigen Verfahren mit nicht emulgierten, reinen Teerölen. Emulsionen beider Stoffarten wurden zur fäulniswidrigen Holz-

---

[1] Siehe z. B. D. Tischler-Ztg 1910, 308.
[2] D.R.P. 329365.      [3] D.R.P. 333215.

imprägnierung vorgeschlagen, doch sind die Verfahren, meist aus wirtschaftlichen Gründen, in größerem Maßstab wohl nicht ausgeführt worden. Einige Angaben der Patentschriften beziehen sich jedoch auf die Herstellung der Emulsionen und sind darum beachtenswert.

Am nächsten liegend war es natürlich, Teeröl-Fettsäure-[1] oder -Harzsäureseifenemulsionen[2] im Druckkessel in das Schwellen- oder Grubenholz einzupressen, teils um an Teeröl zu sparen, teils weil man sich von dem Seifen- oder Harzzusatz Erhöhung der Fäulniswidrigkeit und bessere Verteilung des Teeröles im Holzinneren versprach. Im erstgenannten Sinne sollten auch Emulsionen von harzesterschwefelsaurem Alkali[3] mit Teeröl oder mit dessen Schweflungsprodukt wirken, das man durch gemeinsames Erhitzen des mittels Natronlauge von den Phenolen befreiten Öles und Schwefel auf 220° bis zum Aufhören der Schwefelwasserstoffwirkung erzeugte[4]. Das tiefere Eindringen des Teeröles und seine bessere Verteilung wollte man ferner mit Hilfe einer Emulsion von Formaldehyd-Teerölharz und Seifenlauge erzielen[5]. Aus neuerer Zeit stammt, in Anlehnung an ältere Verfahren[6], der Vorschlag, eine wäßrige Teerölemulsion mit Benzol- oder Fettsäuresulfonsäure als Vermittler zu verwenden und ihr antiseptische (Nitrophenol, Zinkchlorid) und die Entflammbarkeit herabsetzende Mittel (z. B. Ammoniumcarbonat) einzuverleiben[7]. Nach einem anderen Verfahren imprägniert man das Holz mit aus Phenolen, Seifen und Salzen in wäßriger Lösung derart zusammengesetzten Emulsionen, daß dieselben je nach der Konzentration der Krystalloidlösung und der Menge evtl. beigegebener Schutzkolloide in kürzerer oder längerer Zeit, jedenfalls aber erst im Holzinneren, zerstört werden, wodurch Ausfällung des wirksamen Bestandteiles erfolgt[8]. Ebensowenig wie diese und die Verfahren der Anwendung von Teeröl-Sulfitablauge-Emulsionen[9], deren Phenolinhalt nach erfolgter Imprägnierung durch Nachbehandlung mit Säuren, Basen oder Salzen bei über 100° erhöhter Temperatur an die Lignine des Holzinneren unlöslich gebunden werden sollte, haben auch die Methoden Geltung erlangt, die mit Karbolineum-Schmierseife-Spiritus-, Holzteer- (Kreosot-) Zinksalz-, Mineralöl-Holzteer- u. v. a. Emulsionen ausgeführt werden sollten. Ein neuzeitliches Holzimprägnierungsverfahren sei noch zitiert, weil hier der emulsionstechnisch bemerkenswerte Fall vorliegt, daß man die an sich unbeständige Emulsion von Petroleum mit der wäßrigen Lösung fungicider Salze durch Zusatz von Alkohol stabilisiert. Man stellt die Dichte der alkoholisch-wäßrigen Salzlösung auf jene des Petroleums ein, emulgiert beide Flüssigkeiten, imprägniert mit dieser Emulsion das Holz und will so erreichen, daß ihre wirksamen Bestandteile weniger leicht auswasch-

---

[1] D.R.P. 117263.　　　　[2] D.R.P. 151020.　　　　[3] D.R.P. 117565.
[4] D.R.P. 139843; vgl. SEIDENSCHNUR: Z. angew. Chem. 1909, 2445: Erdölschweflungsprodukt.
[5] D.R.P. 281387: Teerölphenol-Formalinharz-Caseinemulsionen; vgl. D.R.P. 136621.
[6] D.R.P. 129167: Teeröl-Kupfersalz-Lösung; ferner Am. Pat. 901557: Kreosotöl-Zinkchlorid-Lösung; vgl. D.R.P. 254263.
[7] D.R.P. 323648.　　　　　　　[8] D.R.P. 346905.
[9] Norw. Pat. 32567; vgl. D.R.P. 281331 u. Engl. Pat. 5411 (1912).

bar sind als bei Anwendung der rein wäßrigen Emulsion[1]. In einem anderen Verfahren[2] ist es übrigens das harzfreie Mineralöl selbst, das, mit den fungiciden Stoffen tief in das Holz eindringend, deren Auswaschen verhindern soll.

Auch wenn Holz zu anderen Zwecken als zur Erzielung von Fäulnisbeständigkeit imprägniert wird, um z. B. aus Erlen- einen weichen Ersatz für Bleistift-Cedernholz zu erzeugen, kommen zuweilen Emulsionen, z. B. von Wachs in Fett- und Harzseifenlösungen[3], zur Anwendung. Es sei noch erwähnt, daß man bei der Tränkung von Holzplatten mit geschmolzenem Paraffin, z. B. für Herstellung von säurefesten Zwischenwänden für Akkumulatoren[4], nicht, wie allgemein angenommen wird, mit völlig ausgetrocknetem, sondern mit solchem Holz (der verschiedensten Herkunft) die besten Resultate erzielt, das 15—20% Feuchtigkeit enthält[5], offenbar aus dem Grunde, weil das eindringende Paraffin sich in Emulsion mit diesem Wasser besser capillar in den Poren verteilt, als wenn es in öliger, wenig netzfähiger Form vorliegt. Daß Emulsionen leichter in Holz eindringen als Öle allein, zeigt auch ein Verfahren, mit dessen Hilfe man wäßrige Zinkchloridlösung mit Gas- oder Brenn-Erdöldestillat unter Zusatz von Seife, Dextrin od. dgl. emulgiert in die Hölzer einpressen soll[6].

Zahllos sind schließlich die Bindemittel von emulsionsartiger Beschaffenheit, die bei Erzeugung von Holz- und Korkersatzprodukten als Kitte für Säge- oder Korkmehl, Coniferennadeln, Laub und ähnliches Material vorgeschlagen wurden. Die Fabrikation dieser Erzeugnisse bietet keinerlei Anregung für die Technik der Emulsionen, denn es handelt sich stets um die Homogenisierung teigiger Gemenge in Knetmaschinen bis zur Erzielung völliger Einheitlichkeit der nunmehr plastischen Mischungen, die, unter Preßdruck geformt, gleichzeitig oder nachfolgend zu festen, mechanisch bearbeitbaren Kunstmassen-Gebilden abbinden. Sie stehen, vielleicht von der Plastilina und wenigen Erzeugnissen dieser Art abgesehen, gleich den Klebstoffen, Kitten und organischen Zementen als Fertigprodukte in keinerlei Zusammenhang mit der Technik der Emulsionen, s. S. 365.

# Emulsionen in der Papier-, Faserstoff- und Lederindustrie.

## Allgemeines.

Der Bindung des Füllmateriales bei der Erzeugung des Kunstholzes entspricht die Papierstoffleimung, der Holzoberflächen- und Tiefenbehandlung die Reihe der Verrichtungen, die man in Anlehnung an den Begriff der Faserstoff- und Gewebeappretur als Papierausrüstung bezeichnet. Die bei den mannigfachen Operationen auftretenden Unterschiede sind durch die verschiedene chemische und physikalische Be-

---

[1] Am. Pat. 1512414.    [2] D.R.P. 382417 u. Am. Pat. 1511742.
[3] D.R.P. 379979.
[4] D.R.P. 303064; vgl. BODMAR: Chemiker-Ztg 1922, 902.
[5] Ref. in Chem. Zentralbl. 1927, II, 1778.
[6] Am. Pat. 1638440 u. 1585860.

schaffenheit der Stoffe gegeben. Chemisch haben wir es mit Holzfasern (Cellulose mit Inkrusten), Papierfaser (vorwiegend Zellstoff), Baumwolle und Kunstseide (reine Cellulose), Wolle und Seide (Stickstoffsubstanz) zu tun, physikalisch stehen einander die mit Inkrusten durchsetzte dichte, nur unter Preßdruck völlig durchdringbare Holzmasse und ihr Baustoff in Form der einzelnen Zellstoffasern gegenüber. Fasern jeder Herkunft geben miteinander verfilzt (verklebt) oder zu Fäden versponnen durch deren Verweben flächenförmige, von Flüssigkeiten mehr oder weniger leicht benetz- und durchdringbare Gebilde von Art der Papierblätter (-bahnen) und Gewebe. Zwischen diesen Kategorien stehen in jener physikalischen Hinsicht die der Wolle und Seide chemisch verwandten tierischen Därme und Häute, die, gedrellt als Saitenmaterial bzw. in der Fläche ausgebreitet als Lederrohstoff, nicht ihrer relativen Dicke, sondern ihrer kolloiden Beschaffenheit wegen, dem Eindringen und Passieren von Flüssigkeiten, je nach deren Art, gegebenenfalls recht bedeutenden Widerstand entgegenzusetzen vermögen. Um das verschiedenartige Verhalten der genannten Stoffklassen gegenüber den an sie herantretenden Flüssigkeiten (Lösungen und Emulsionen) zu verstehen, müssen wir uns an Hand der mikroskopischen Bilder den Aufbau der einzelnen Fasergattungen vergegenwärtigen.

Wir sehen bei Betrachtung der hier allein wichtigen Unterschiede: Die Pflanzenfasern als glatte, die Tierhaar- und -sekretfasern als überkrustete und die Tierhaut-Faserbündel als eingebettete Gebilde. Der chemischen und physikalischen Aufbereitung der Naturprodukte, ihrer mechanischen Weiterverarbeitung und der Zurichtung aller Zwischen- und Fertigerzeugnisse mittels Chemikalien, ist dadurch, nicht minder als durch die chemische Klassenzugehörigkeit jener natürlichen Rohstoffe, der Weg gewiesen und dementsprechend muß auch die Zusammensetzung jeder Emulsion, die man in irgendeiner Stufe der Verarbeitung des Fasernmateriales zur Anwendung bringt, nicht nur seiner chemischen Herkunft, sondern auch seinem physikalischen Aufbau Rechnung tragen.

## Papier.

Die Papiererzeugung ist ein mechanischer Vorgang der Verfilzung von Fasern und deren Verleimung mit oder ohne Ausfüllung der Poren durch Füllmittel. Die Fasern entstammten ursprünglich zerrissenem Baumwoll- und Leinenaltmaterial, auch Lumpen anderer Art, Seilabfällen u. dgl., heute sind sie vorwiegend Pflanzenfaseraufschlußgut, Holzschliff, Sulfit- oder Natroncellulose nebst Altpapier (s. S. 293). Auf dem Wege vom Rohstoff bis zur fertigen Ware werden Emulsionen angewendet: 1. bei der Leimung, 2. bei der Erzeugung von Papierspezialitäten und -massen aus dem Halb- und Ganzzeug und 3. bei der Appretur der Zwischen- und Fertigwaren. Innerhalb dieser Arbeitsbereiche ist stets die Mahlungsart des Halbzeuges (das ist das verschieden dosierte Gemisch von Schliff, Zellstoff und durch alkalische Kochung im Gefüge gelockertem Altmaterial) von grundlegender Be-

deutung für die Art, wie das Holländergut mit Leim- und Füllstoffen
und die fertige, nasse oder trockene Bahn des Ganzzeuges (das ist der
Holländerinhalt direkt vor dem Abgang zur Papiermaschine) mit Appre-
turemulsionen in Beziehung tritt. Der Einfluß der Grob- oder Feinmahlung geht so weit, daß man in den beiden Extremen Emulsionszerstörer bzw. Emulsionsvermittler erzeugen kann, und dies allein recht-
fertigt das nähere Eingehen auf die Vorgänge im Holländer.

Man unterscheidet zwei Arten der Halb- bzw. Ganzstoffbeschaffen-
heit: rösch und schmierig. Röschen Stoff erhält man mit scharfen
Messern und größerem Quetschdruck als kurz abgeschnittenes Material,
das das Wasser auf der Maschine leicht abgibt und wenig verfilzungs-
fähig ist; durch Übertreiben des Röschmahlens gelangt man zu „tot"-
gemahlenem Stoff, dessen sehr kurze Fäserchen die Verfilzungsfähigkeit
der Masse aufheben. Schmieriger Stoff resultiert beim Mahlen mit
stumpfem Geschirr unter niederem Quetschdruck als ein Haufwerk
von zu „Fibrillen" aufgelösten, lang gebliebenen, jedoch dünner gewordenen Fasern. Er hält Wasser, Leim und Füllstoffe schwammartig
fest, verfilzt sich gut, seine Erzeugung braucht aber natürlich mehr Zeit.
Der Typus der Erzeugnisse aus schmierigem Stoff ist das glasige, durchscheinende sog. Pergaminpapier (vgl. S. 312), jener der Röschware das
Lösch- und Filtrierpapier. Schreibpapiere enthalten mehr schmierigen,
Druckpapiere mehr röschen Stoff. Schmierige Mahlung dürfte einer teilweisen Hydratisierung des Zellstoffes gleichkommen, da sie durch
Ersatz des Mahlwassers gegen Petroleum oder Spiritus verhindert[1],
durch Zusatz von Säuren[2] oder Oxydationsmitteln[3] begünstigt wird.
Aus röschem Zeug vermag man durch Alkalizusatz und heiße Nach-
mahlung schmierigen Stoff zu erzeugen; dabei setzt man bei cellulose-
reichen Mischungen zweckmäßig Moosabkochungen, Pflanzengummen,
Seifenlauge oder andere Stoffe zu, die sonst als Emulsionsvermittler oder
Schutzkolloide dienen.

Es ist offensichtlich, daß schmieriger Stoff zur Leimung, das ist
zur Verklebung der Fasern, nur geringer, im Extrem sogar keiner Leimung bedarf, da er dank seiner hohen Verfilzungsfähigkeit und nahezu
kolloiden Beschaffenheit eine zusammenhängende Bahn bildet, deren
feine Poren nur zur Erzielung der Tintenfestigkeit des Schreibpapieres
mit geringen Mengen Kleb- und Mineralstoff gefüllt zu werden brauchen.
So benötigt z. B. das aus sehr schleimig gemahlenem Stoff erzeugte
Dünndruckpapier von 25 g/qm nur schwacher[4] oder überhaupt keiner
Leimung, wenn eine besonders bereitete Druckerschwärze in einem abgeänderten Druckverfahren verwendet wird[5]. Röscher Stoff muß hingegen
stark geleimt werden, wenn er nicht zur Herstellung von Lösch-, Filtrier-
oder Reagenspapieren dienen soll, die aus einem saugfähigen und darum
möglichst schwach geleimten Filz bestehen. Die Leimung der zwischen
den beiden Extremen liegenden Sorten richtet sich ebenfalls nach dem
Bestimmungszweck der betreffenden Papiersorte: Tapetenbahnen müs-

---

[1] Briggs, I. F.: Papierfabr. 1910, Festheft 46.
[2] D.R.P. 251159.    [3] D.R.P. 303266.
[4] Postl, H.: Papierfabr. 10, 125.    [5] Wochenbl. Papierfabr. 47, 779.

sen so schwach geleimt werden, daß sie sich gut aufkleben lassen, aber stark genug, um das Durchschlagen des Kleisters zu verhüten, Kupfer-(Tief-) Druckpapiere werden schwach, sog. Kunstdruckpapiere kräftig geleimt usw. Daß dabei Art und Zusammensetzung des Leimes nicht minder wichtig sind als der Mahlungsgrad des Zeuges, geht aus dem bedeutenden Umfang der Fach- und Patentliteratur dieses Gebietes und aus den vielen, allerdings nur zum geringsten Teil verwirklichten Vorschlägen hervor, den Harzleim (s. S. 265) gegen andere Klebstoffe zu ersetzen.

In papiertechnischer Hinsicht würden unter diesen Ersatzprodukten in erster Linie jene Kombinationen Interesse beanspruchen, bei deren Zusammensetzung von den Erfindern die Tatsache berücksichtigt wurde, daß die Harzmilch ein praktisch und wirtschaftlich geradezu ideales Papierleimungsmittel darstellt, daß daher jeder Verteuerung des Leimes eine bedeutende Verbesserung des Papieres gegenüberstehen müßte. Diese Bedingung ist jedoch bei völligem Ersatz des Harzes bisher noch nicht erfüllt worden. Wohl aber können Zusätze von Tierleim, Stärke, Casein, Eiweißstoffen und ähnlichen kolloid löslichen Substanzen, die dann aber nicht als Surrogate aufzufassen sind, dazu dienen, um die Harzmilchemulsion zu stabilisieren und das Ausflocken des Harzes in grober Form zu verhindern, und in diesem Sinne gewinnen die kombinierten Leime auch für den Emulsionstechniker Bedeutung.

Unter den harzartigen Körpern, die man dem Coniferenharz bei der Bildung der Papierleim-Seifenemulsion zusetzen will, stehen die S. 275 genannten hellen Cumaron- und Indenharze an erster Stelle, da sie billig, leicht mit Harz- und Fettsäureseifen[1] sowohl, wie auch mit wäßrigen Lösungen von Pflanzen- und Tierleimen (z. B. Alkalicaseinaten) emulgierbar[2], ferner im Gemisch, z. B. mit Alkali, Ammoniak oder Wasserglas verseifbar sind, sich in Form solcher Emulsionen in der Papiermasse gut verteilen und wie das Coniferenharz mit Tonerdesalzen ausfällen lassen. Auch die an sich mit Wasser emulgierbaren und mit Tonerdesalzen, wie Harzleim, ausfällbaren homogenisierten Gemenge von Cumaronharz mit stark eingedickter Sulfitablauge[3] oder Tierleim[4] wurden zur Papierleimung empfohlen. Für sich allein und in solchen Kombinationen geben die Cumaron- und Indenharze jedoch keine leim- (tinten-) festen Papiere, zu deren Herstellung das Coniferenharz unentbehrlich ist, und ebensowenig vermögen Emulsionen von Kunst-, insbesondere Phenol-Formaldehydharzen[5] oder ihren Bildungsgemischen (s. S. 272) in alkalischer Lösung, z. B. zusammen mit Wasserglas[6], ferner die künstlichen Gerbstoffe (s. S. 54) aus sulfonierten Naphthalinkörpern und Formaldehyd[7], auch emulgiert mit Kunstharzemulsionen[8],

---

[1] D.R.P. 301926 u. D.R.P. 349595: Verseifte Cumaron-Coniferenharzschmelze 10:1; vgl. E. HEUSER: Papierztg 41, 1365.

[2] D.R.P. 316345 u. 316617; vgl. G. MUTH: Papierztg 41, 1606.

[3] D.R.P. 355813; vgl. D.R.P. 331742.

[4] HEUSER, E.: Papierztg 41, 1365.

[5] D.R.P. 304226 u. 307694.

[6] D.R.P. 338394—338396; vgl. D.R.P. 342255.

[7] D.R.P. 331549—331550.      [8] D.R.P. 307123.

den Harzleim oder die Harzseife[1], das ist die gewöhnliche Coniferen-
harzmilch, zu ersetzen. Auch die absichtlich aus trocknenden Ölen
erzeugten gelatinösen Massen (s. S. 274) können zur Papierleimung
oder Gewebeimprägnierung dienen[2]. Das Öl, z. B. Leinöl, wird „vulkanisiert", d. h. man führt es nach Zusatz des stearinsauren Salzes des
Kondensationsproduktes von Äthylamin und Formaldehyd („Trimene")
durch Kochen mit Schwefelnatrium in Gelform über und koaguliert die
z. B. dem Harzleim beiemulgierte Masse im Papierbrei mittels Aluminium-
sulfates, bedient sich demnach einer Emulsion als Zwischenstufe auf dem
Wege zur Polymerisation (Vulkanisieren) einer Substanz, zur Feinzerteilung des entstandenen Gels und zu dessen Ausfällung als unlöslicher Klebstoff. Von ihrem technischen Werte abgesehen, dürften solche Erzeugnisse
jedoch viel zu teuer sein, um mit der gewöhnlichen Harzmilch in Wett-
bewerb treten zu können.

Dasselbe gilt für Knochen- (Leder-) Leim und Casein. Die selbständige Papierleimung mit diesen tierischen[3] Klebstoffen, auch mit
anderen Eiweißkörpern bereitet allein aus dem Grunde Schwierigkeiten,
weil man über kein Fällungsmittel verfügt, das das Bindemittel in der
so wasser- (tinten-) unlöslichen und doch geschmeidigen Form niederzuschlagen vermag, wie dies beim Harzleim mit Hilfe der Tonerdesalze
möglich ist. Denn Chemikalien verändern die Eiweißkörper und Wärme
koaguliert sie[4], wenn nicht vorbeugende Maßnahmen getroffen werden.
Brauchbare Ergebnisse werden daher nur mit Emulsionen erzielt, die
Caseinat- oder Glutin-Chondrin-Lösung im Verhältnis $1:1$[5], höchstens
$2:1$ mit Harz-Alkali-Seife gemischt enthalten, besonders dann, wenn
man Wasserglas zusetzt[6], wodurch bei der folgenden Ausfällung des
Leimes mit Tonerdesalzen gleichzeitig Kieselsäuregel niedergeschlagen
wird, das zusammen mit Tonerdehydratgel als Füll- und Festigungs-
mittel wirkt, s. a. unten. Im ganzen genommen, sind die Tierleime
viel mehr geeignet zur Oberflächen-[7] als zur Leimung des Papieres in
der Masse, sie haben dementsprechend auch ihr Hauptverwendungsgebiet in der Streich- und Buntpapierfabrikation. Reine Tierleimung
in der Masse ist übrigens im Gegensatz zur Papierleimung mit Harz,
das im Blatt homogen verteilt ist, ebenfalls eine Oberflächenleimung,
wovon man sich durch die bekannte Prüfung überzeugt: Tintenschrift
schlägt in den Bruchstellen vorher gefalteten oder zerknitterten Papieres
durch, wenn es mit tierischem Klebstoff allein geleimt worden war.

Viel häufiger setzt man der Harzleimemulsion, ebenfalls nicht als
Ersatz, sondern zur Verbesserung der Leimung, Stärkemehl, und zwar
in gequellter halbverkleisterter Form zu; sie schwimmt nicht ab wie Roh-
stärkemilch und wird besser aufgenommen als lösliche Stärke, die ihrer-

---

[1] D.R.P. 349881.     [2] Engl. Pat. 271553/1926.

[3] Über animalische Papier-Masse- und -Oberflächenleimung s. die kritische
Übersicht von R. Lorenz in Wochenbl. Papierfabr. 59 (Beibl. 25, 17).

[4] Siehe D.R.P. 268857: Papierleimung mit Globulinen und deren Ausfällung
durch Hitze.

[5] Wochenbl. Papierfabr. 1912, 476, 3225, 3320.

[6] D.R.P. Anm. F. 31462, Kl. 55c u. Norw. Pat. 20344 (1909).

[7] Vgl. das Ref. in Chem. Zentralblatt 1927, I, 2955.

seits in Form ihrer Ester (Fäkulose) zusammen mit Gelatine ein geeignetes Nachleimungsbad für feine Schreib- und Druckpapiere[1] gibt (s. a. unten). Stärke wirkt in der Harzleimemulsion als wahres Schutzkolloid, trägt zur feineren Ausflockung der Harzteilchen während der üblichen Fällung mit Tonerdesalz bei, verhindert das Zerreißen des Harzleimniederschlages im Papiertrockenprozeß und fixiert die mineralischen Füllstoffe[2]. Es empfiehlt sich stets, wenn Papier von möglichst geringer Saugfähigkeit und hoher Festigkeit starke Harzleimung erfordert, der Seifenemulsion 2—4% Stärke zuzusetzen, um eine stumpfe Oberfläche zu erhalten, doch führt auch die Emulgierung größerer Stärkemengen, z. B. gleicher Teile Harz und Amylum, durch Verkochen mit Soda in wäßriger Lösung[3] zu einer Leimmischung, die hervorragend leimfestes, griffiges und gut radierbares Papier liefern soll. Insbesondere dann, wenn man Maisstärke verwendet und die Emulsion in eigenartiger Weise unter Zusatz wasserlöslicher Silicate wie folgt bereitet[4]: Stärkemehl und verdünnte Wasserglaslösung werden auf 70° erwärmt, so daß teilweise Verkleisterung und Aufschließung der Körner erfolgt, worauf man die Masse in einem empirisch festzustellenden Moment, wenn etwa noch die Hälfte unangegriffener Stärke vorhanden ist, mit kaltem Wasser abschreckt. Dieses Gemisch wird nun mit Harzseife (1 : 1) emulgiert und im ganzen dem im Holländer gehenden mit (auf die Harzmilch bezogen) überschüssigem Tonerdesulfat versetzten Halbstoff zugegeben. Während der Trocknung der wie üblich fertig gemachten Bahn sollen dann die rohen Stärkekörner verkleistern, so daß eine weitere Verklebung der Fasern eintritt und die Zähigkeit des Papieres erhöht wird.

Ob dieses Verfahren, das auch ohne Harzzusatz gute Leimung geben soll, oder eine andere Methode, nach der man in wäßriger Tierleimlösung oder in Stärkekleister 5—6% Harzseife und andererseits Alaun oder Tonerdesulfat und Wasser löst und beide Lösungen emulgiert[5], papiertechnisch Wert besitzt, bleibe dahingestellt, emulsionstechnisch dürfte es fallweise allgemeiner anwendbar sein, und zwar dann, wenn einer wäßrigen Emulsion, bei ihrer gegebenenfalls nötigen Erwärmung vor dem Gebrauch, Gefahr der Entmischung droht. Denn dann tritt die Schutzkolloid- bzw. Emulsionsvermittlerreserve in Gestalt der unangegriffenen Stärkekörner in Wirksamkeit; sie verkleistern und bringen die entemulsionierenden Fettstoffe, z. B. einer kosmetischen oder Nährmittelmischung oder einer eingetrockneten Streichfarbe für Buntpapier, (s. S. 309) wieder in den Verband zurück. P. KLEMM und H. WREDE[6] empfahlen jene Mineralstärkeleimung ohne Harzzusatz für feine Druckpapiere, besonders deshalb, weil sie nicht vergilben, während Harzleimpapiere, bei deren Herstellung auch nur Spuren von Eisen enthaltendes

---

[1] Die Vorzüge der Stärkezusatzleimung für Feinpapier schildert auch TH. E. BLASWEILER in Wochenschr. Papierfabr. 56, 89 u. R. LORENZ: Zellstoff u. Pap. 5, 125; vgl. H. WREDE: Papierfabr. 26, 301.

[2] Vgl. P. KLEMM: Wochenbl. Papierfabr. 1908, 2035.

[3] D.R.P. 120662.      [4] WREDE, H.: Papierztg 1912, 1004.

[5] Am. Pat. 1512212—1512213.      [6] Z. angew. Chem. 25, 2451.

Wasser verwendet wurde, lichtempfindliches harzsaures Eisen enthalten
und gelb werden.

Dies sei nur nebenbei bemerkt, da in diesen harzfreien Kombinationen
ebensowenig Emulsionen vorliegen wie in den Papierleimen, die nach
zahlreichen Vorschlägen, z. B. aus mit Oxalsäure oder durch Veresterung
löslich gemachter Stärke (s. oben Fäkulose) von bestimmter Viscosität
der Lösungen, angesetzt werden. Dagegen wird nach neuesten Angaben
als Klebemittel für Paraffin- und Wachspapier eine ohne weitere Zusätze
mit Wasser nicht entmischende Emulsion verwendet, die man in der
Weise bereitet, daß man Stärkemehlkleister mit Ozon, Chlorwasser oder
anderen Oxydationsmitteln bis zu einem bestimmten nach der Stärkeart
verschiedenen Grade abbaut und diese „lösliche" Stärke in ihrer wäßrigen
Lösung mit Toluol, Xylol oder ähnlichen organischen Lösungsmitteln
der Kohlenwasserstoffreihe emulgiert[1]. Sonst sind jedoch die noch zur
Papierleimung empfohlenen Klebemittel bloße Kolloidlösungen, wie
z. B. die Norgine aus Seetang (s. S. 51), Celluloseester, besonders
Viscose, gefaulte Papiermasse oder schleimige Substanzen von Art des
anorganischen Tonerdehydratgels. Manche dieser Stoffe und Verfahren
dürften gegebenenfalls, in Kombination mit der Harzleimung, praktisch
einige Bedeutung besitzen, andere wirklich emulgierte Mischungen bieten
jedoch weder in papier- noch in emulsionstechnischer Hinsicht Interesse.
So die Verfahren der Papierleimung mit Emulsionen, die neben Harzseife Sulfitablauge oder die aus ihr gefällten Ligninsubstanzen[2], auch
andere verdickte Celluloseablaugepräparate oder huminartige alkalische
Torf- und Braunkohlenextrakte[3] usw. enthalten. Gute, wie man sagt[4],
der Harzleimung sogar überlegene Leimung will man in neuester Zeit
mit Wachs-, namentlich Montanwachsseifeemulsionen[5] erzielt haben.

Wenn solche Leimungen wegen der Eigenfärbung der Stoffe nur für
dunkel gefärbten Schrenz in Betracht kommen, so schalten andererseits
viele Vorschläge aus rein wirtschaftlichen Gründen aus. So z. B. das in
emulsionstechnischer Hinsicht bemerkenswerte Verfahren zur Papierleimung mit einer Emulsion von Seifenlauge und Tonerdeacetat oder
-formiat[6], die sich beide gegenüber den anorganischen Aluminiumsalzen
durch leichte Dissoziierbarkeit in wäßriger Lösung und ihre Neigung
zur Bildung basischer Salze auszeichnen. Bei Annahme eines absolut
neutralen mit destilliertem Wasser angesetzten Halbzeuges, das keinerlei
ausfällend wirkende Fremdbestandteile enthält, erfolgt gewiß, nach
den Angaben der Patentschrift auch ohne Harzzusatz, und zwar gut
wasserfeste Volleimung mittels der gebildeten fettsauren Tonerdesalze,
die bekanntlich auch zur wasserfesten Gewebefaserimprägnierung dienen
(s. S. 333). Auf dem umgekehrten, wirtschaftlich ebenfalls ungangbarem
Wege, nämlich durch Umsetzung von Stearinsäureamid mit anorgani-

---

[1] D.R.P. 455014.    [2] D.R.P. 307087 u. 307663.
[3] D.R.P. 303324, 305006—305010, 307098; vgl. D.R.P. 313142.
[4] WIEGER: Wochenbl. Papierfabr. 59, 17; vgl. FR. ARLEDTER: Papierfabr.
26, 33.
[5] D.R.P. 303341; vgl. D.R.P. 305678 u. 310076.
[6] D.R.P. 303828.

schem Tonerdesalz[1], kann man natürlich auch fettsaures Aluminium bilden und evtl. zusammen mit Harz[2] in der Papiermasse niederschlagen. Harzfrei wurde diese Leimungsart seinerzeit besonders für photo- und lithographische Papiere vorgeschlagen, deren Bindemittel auch nach längerer Lagerung neutral und chemisch inaktiv bleiben muß.

Die Papierklebstoffe, und zwar einerseits die Kleister (z. B. für Buchbinder und zur Tapetenbefestigung), Etikettenleime und Spezialklebstoffe zur Verleimung von Papier mit Holz, Metall, Stein usw., und andererseits die Streichfarbenbindemittel für das ganze Gebiet der sog. Buntpapierfabrikation, sind meist kolloide Lösungen von Pflanzengummen, Stärkekleister und Dextrin, Tier- und Pflanzenleimen aller Art, oder alkoholische Harzlösungen mit und ohne Zusätzen, seltener, und dann vorwiegend im Bereiche der Streichfarbenbindemittel, Emulsionen. Man bereitet sie, z. B. für Trauerränder, durch Homogenisierung einer Kernseifen- mit einer Borax-Schellack-Seifen-Lösung unter Zusatz von mit Spiritus gedämpftem und dadurch leicht benetzbar gewordenem Ruß[3] oder häufiger unter Verwendung von Casein, an dessen Beschaffenheit für diesen Zweck hohe Anforderungen, besonders hinsichtlich seiner Quellfähigkeit und der Viscosität seiner Lösungen, gestellt werden[4]. Oft wird diesen Leim- oder Caseinlösungen Galle beiemulgiert, um den mit ihnen auf Papier erzeugten Überzügen gleichmäßige Beschaffenheit zu verleihen[5]. Die Löslichkeit des Käsestoffes in Ammoniak, Alkalien, Borax (s. S. 44) wird durch seine mehrstündige Quellung in Wasser. günstig beeinflußt, doch führt zu langes Wässern zum Verlust eines Teiles seiner Klebe- und Bindekraft, da neben den anorganischen Salzen auch Eiweißstoffe in Lösung gehen und man schließlich durch fortgesetztes Wässern Abbau des Caseins bewirkt, auch wenn Ansiedelung von Gärungserregern verhindert wird. Je nach der Handelssorte des Milcheiweißes beträgt dieser Verlust 1—6% in 24 Stunden, darunter 0,5—1% Milchzucker, dessen Beseitigung deshalb erwünscht ist, weil er beim Stehen der fertigen Streichfarbe indirekt, als Nährboden für Keime, für das lästige Schäumen der Farben verantwortlich ist.

Zu seiner Verhinderung wurde vorgeschlagen beim Ansetzen der Mischungen nur destilliertes Wasser zu verwenden und den Caseinlösungen geringe Mengen Fuselöl oder Milch oder eine aus Cocosfett und Marseillerseife bereitete Seifenmischung[6], oder eine künstlich z. B. aus Wollfett hergestellte Seifenemulsion zuzusetzen[7], die ihren Zweck besser erfüllen soll als die verdünnend wirkende Magermilch, wenn das Streichfarbengemisch keine emulsionszerstörenden Stoffe enthält. Im übrigen werden Caseinlösungen dünnflüssig und gut streichbar, wenn man den Rohstoff, statt ihn zu wässern, durchfeuchtet, das entsprechend verdünnte Lösungsmittel zusetzt, anwärmt, weiter zur Verhinderung der

[1] Am. Pat. 757948; vgl. Papierztg 1910, 3016 u. 3051.
[2] Müller-Jacobs: Z. angew. Chem. 1905, 1141.
[3] Papierztg 1912, 657.        [4] Heuser, E.: Papierztg 39, 2095.
[5] D.R.P. 404209, Zus. z. D.R.P. 383621.
[6] Papierztg 40, 1959.        [7] D.R.P. 242082; vgl. D.R.P. 93439.

Papierschrumpfung Glycerin beimischt und die eingetrocknete Masse schließlich mit Benzol emulgiert[1]. Unter den zahlreichen sonstigen Streichfarbenbindemitteln für die Buntpapierfabrikation sei nur noch als Beispiel für das S. 306 über Speicherung von Emulsionsvermittlern im Präparat Gesagte eine Emulsion genannt, die man durch Verrühren und Tablettieren einer Mischung von dicker Leimlösung und Cocos- oder Stearinöl mit Sago- oder Kartoffelmehl erzeugt[2]; vor dem Gebrauch werden die Formlinge mit Wasser angerührt und erwärmt bis Bildung von Kleister eintritt, der die Emulsion aufrecht erhält.

Eine eigenartige Methode der Auswertung einer Emulsionsentmischung sei im Rahmen der zahlreichen Verrichtungen der Buntpapier-Fabrikationstechnik noch erwähnt: Zur üblichen Erzeugung von Marmoriereffekten besprengt man die nasse, gegebenenfalls gefärbte Papierbahn mit Lösungen von Farbstoffen in einer mit Wasser mischbaren oder nicht mischbaren Flüssigkeit. In beiden Fällen entstehen verschiedene, und zwar mit z. B. alkoholischen Lösungen in der feuchten oder nassen Bahn ausblutende, verwaschene, mit einer z. B. Benzin-Farbstoff-Lösung scharf konturierte Flecken oder streifenförmige Marmormuster[3], die je nach der Art des Auftragens der Farblösung und der Verdunstungsfähigkeit des Lösungsmittels vielfach abgeändert werden können. Eine solche Variation, die zu besonders schönen Effekten führt, erfolgt nun in der Weise, daß man eine Emulsion[4] zweier miteinander nicht mischbarer Flüssigkeiten, z. B. eines rot gefärbten Spritlackes und der Benzinlösung eines gelben Teerfarbstoffes, auf die nasse Papierbahn spritzt oder auffließen läßt. Jeder Tropfen der Emulsion breitet sich auf der wäßrigen Unterlage aus, es tritt sofort Entmischung ein, und das Resultat ist ein Farbengemisch verwaschener und mehr oder weniger scharf umrandeter Flecken oder Streifen, die ineinander verlaufen, da die Verdunstung der Lösungsmittel immerhin einige Zeit braucht, so daß sie und ihre Dämpfe inzwischen noch Flächenteile der anderen Färbung anzulösen und zu verbreiten vermögen.

Alle sonstigen Papierappreturen, insbesondere die Streichmassen zur Herstellung von meist Baryt und ähnliche Mineralkörper enthaltenden Estrichen für Chromolithographie und Mehrfarbendruck enthalten als Bindemittel Klebstofflösungen und kaum je[5] Emulsionen, die sogar vermieden werden müssen, da es darauf ankommt, die Papieroberfläche mit einer relativ dicken Schicht mineralischen Grundes zu füllen und zu bedecken, deren Verbindung und Zusammenhalt durch Flüssigkeiten, die sich mit dem wäßrigen Leim nicht mischen, gelockert würde. Dasselbe gilt für die Herstellung vieler Spezialpapiere, so des Abzieh-, Schablonen-, Durchschlag-, Kopier-, Kohle-, des durchsichtigen und Pauspapieres, bei deren Herstellung stets Lösungen von Harz-, Fett-, Ölstoffen oder Seifen Verwendung finden.

---

[1] D.R.P. 309746.     [2] D.R.P. 80537.     [3] D.R.P. 185836.

[4] D.R.P. 111545; vgl. die Fixierung von Interferenz-Farbringen auf Papier nach D.R.P. 99952.

[5] Siehe z. B. den Fond für weißes Glanzpapier nach REINICKE: Papierztg 1892, 321.

Emulsionen begegnen uns erst wieder im Bereich der **wasserdichten Papierspezialitäten**, aber auch nur soweit, als bei der Entmischung einer dem Papierleim im Holländer oder der Streichfarbe für Imprägnierung der fertigen Bahn beigegebenen emulgierten Mischung, die eine Komponente weggewaschen wird oder verdunstet und der mit ihr nicht mischbare Teil der ursprünglichen Emulsion dadurch festhaftend in der Masse bzw. auf der Bahn verbleibt. So erzeugt man z. B. wasserdichtes Teerpapier durch Leimen des Halbzeuges mit Holz-[1], Braunkohlen- oder Steinkohlenteer (oft im Gemisch mit Casein oder Tierleim), Emulgieren mit Harzseife[2] und Ausfällung der wasserdichtenden Emulsionsbestandteile im Papierbrei mit Hilfe von Säuren oder Formaldehyd[3]. Oder mit Verwendung von alkalischer Montanwachs-Seifenemulsion[4], oder dadurch, daß man dem Papierstoff im Holländer die unter Druck im Wasser zerstäubte (s. S. 266) emulgierte Mischung von Harzseife mit, auf ihr Gewicht bezogen, mehr als 15% Wachs zusetzt, das dem dann fertiggestellten Papier die Eigenschaft der Wasserdichtigkeit verleiht[5]. Durch hohe Wasserfestigkeit sollen sich Papiere auszeichnen, die man durch Leimen einer Hydrocellulose enthaltenden, 80—100° warmen Papiermasse mit wäßriger Wachs- oder Paraffinemulsion, evtl. zusammen mit Harzleim, gewinnt[6]. Mit der gleichen Wirkung wurde auch eine auf die fertige Bahn aufzustreichende, nachträglich mit Alaunlösung zu fixierende Emulsion von verseiftem Bienenwachs, wasserlöslichen Ölen (s. S. 109) und Talkum[7] und ferner ein mit Formaldehyd zu befestigendes Präparat vorgeschlagen, das man als Emulsion von unverändertem Ausgangsmaterial und seiner seifenartigen Spaltungsprodukte durch Verkochen von Erdwachs mit wäßriger Alkalilauge unter Druck erzeugt[8].

Paraffinpapier, das sonst durch Tauchen der Bahn in den geschmolzenen Kohlenwasserstoff oder in seine Lösung hergestellt wird, soll bessere Eigenschaften zeigen, wenn man eine wäßrige Paraffin- oder Schmierseifen-Paraffin-Emulsion[9] in den Papierbrei oder mit dem Feuchtungswasser auf die Bahn versprüht. Da wäßrige Paraffinemulsionen wenig stabil sind, empfiehlt es sich, statt nur eines Emulgators zwei Stabilisatoren, also z. B. ein Gemisch von Gummiarabicum- mit Tangatlösung zu verwenden[10]. Paraffin- (Ceresin-) Emulsionen mit Tangatlösung und Seife dienen auch zur Imprägnierung von Papierstreifen, die, nach Fixierung der Tang- und Fettsäuren in Form unlöslicher Metallsalze, heiß kalandriert, als Ersatz für gummiertes Gewebe zur Isolierung des Eisenkernes elektrischer Maschinen von der stromführenden Drahtwicklung dienen[11]. Emulsionen von Fett-, Wachs- oder Harzkörpern werden schließlich auch als Papierleimzusatz oder Imprägnierung angewendet, um dehnbares[12] oder geschmeidig bleibendes[13], z. B. nicht

[1] Heuser, E., u. W. Schmidt: Papierztg 40, 1800.
[2] D.R.P. 305525.           [3] D.R.P. 296124, 303925, 321232.
[4] D.R.P. 303341.           [5] D.R.P. 320357.
[6] Am. Pat. 1607517—519; 1607552.   [7] D.R.P. 304205.
[8] D.R.P. 332473.           [9] D.R.P. 269963.
[10] Engl. Pat. 255456 (1926).   [11] D.R.P. 312703.
[12] D.R.P. 86688.           [13] D.R.P. 89276.

knitterndes Papier für Konzertprogramme[1] oder auch manche Sorten der sog. Duplexpapiere zu erzeugen, die aus zwei oder mehreren miteinander verleimten Papierbahnen bestehen. Die zwischenliegenden Schichten bewirken entweder, so im Karton, dauernde Verklebung und sind dann Leime, oder es wird keine feste Vereinigung der im weiteren Verlauf zusammengepreßten Blätter angestrebt, und dann wird die Zwischenschicht mittels einer Emulsion erzeugt, deren Fett-, Öl-, Wachs- oder Harzkomponente als Fremdkörper in dem sonst klebenden Medium das Abziehen der einen Papierbahn von der anderen zuläßt. Man kann so durch Füllung der Emulsion mit färbenden, undurchsichtigen, in der Wärme schmelzenden, wasser- oder fettdichten Zusätzen usw. Papierspezialitäten, z. B. Abziehpapiere für den keramischen Umdruck oder Briefumschläge, herstellen, die innen einen nicht sichtbaren Farbanstrich enthalten und deshalb undurchsichtig sind[2].

Emulsionstechnisch wenig Bemerkenswertes bietet die Appretur der während des Krieges massenhaft erzeugten Papiergarn- und -gewebewaren. Sie sind vom Markte verschwunden, und mit ihnen haben auch die zum Teil als Emulsionen angewendeten Veredelungspräparate an Interesse verloren, die den Papierstofferzeugnissen meist mit unzulänglichen heimischen Mitteln Wasserdichte, Schmiegsamkeit, größere Festigkeit[3] und andere gute Eigenschaften verleihen sollten, die sie von Natur aus nicht haben konnten.

Auch die Herstellung der Emulsionen, die in irgendeinem Vorgang der Pappenfabrikation Anwendung finden, gewährt keine Anregung, die in anderen Zweigen der chemischen Technik verwertet werden könnte, zumal im allgemeinen dieselben Rohstoffe in gleicher Weise emulgiert werden wie bei der Papierappretur. Pappen- oder Pappdächeranstriche aus Steinkohlenteer-Weißkalk-Roggenmehlkleister-Emulsionen[4] sind überdies bedeutungslos, andere zuweilen recht seltsam kombiniert, so z. B. Pappenklebemulsionen, zu deren Herstellung ein wirres Gemenge von Holzteer, Anthracenschlamm, Sulfitablauge, Kalkhydrat, Gips und Kalilauge dienen soll[5]. Vielleicht erwähnenswert ist ein Verfahren, demzufolge man den Pappfaserstoffbrei zur Erzeugung durchaus wetterfester Dachbelagsplatten im Holländer oder beim Kollern, über das übliche Maß hinaus stark mit Harzmilch überleimt, nun die Tränkungsstoffe (Teer, Pech, Harz od. dgl.) gelöst oder emulgiert beimischt, sie durch Zusatz von Koch- oder Glaubersalz ausfällt bzw. entemulgiert und die Imprägnierungsmassen unter gleichzeitiger Fällung des Harzseifenleimes innerhalb der Pappbahnen oder -bögen mittels Säuren fixiert[6]. Auch eine wäßrige Kolloidtonausschlämmung gibt, mit einer verschmolzenen Asphalt-Ölsäure-Mischung homogenisiert, eine

---

[1] Vgl. Papierfabr. 1907, 2583; ferner D.R.P. 312355: Papierfeuchterhaltung mittels der Emulsion von Magnesiumchloridlösung und Terpentinöl; dazu Papierfabr. 17, 273.

[2] D.R.P. 268365; vgl. D.R.P. 287631.

[3] Siehe z. B. die D.R.P. 326240, 332473, 346061 u. Farbenztg 1918, 522.

[4] D.R.P. 115859.          [5] D.R.P. 321213.

[6] D.R.P. 337769.

zur Herstellung von wasserdichtem Papier geeignete Emulsion, deren
Bestandteile man in der Papiermasse mit Kalk oder Alaun ausfällt[1].

Pappartige, also zum Unterschiede vom Papier dickfilzige Erzeugnisse der Cellulosefaserreihe sind schließlich noch die Papiermaché-
waren, in Wirklichkeit Kunstmassen von Art des Hartpapieres und
Preßspans, das sind Fabrikate aus Papiermasse und Füllstoffen (Mineralpulver, Harze, Firnis, Farbkörper u. dgl.), die in einem der Formung
folgenden Heiß- oder Backprozeß schmelzen oder verdicken und mit dem
Fasermaterial, evtl. unter vorhergehendem oder folgendem Preßdruck,
zu einer klingenden, holzartigen Masse abbinden. Emulsionen kommen
wohl während der Anteigung der Massen in Knetmaschinen vor, doch
bietet ihre Bereitung keine bemerkenswerten Einzelheiten.

Zu den Erzeugnissen aus Papier sind aber auch die Celluloseumwand-
lungsprodukte zu zählen, die man durch Behandlung von Papier- oder
Pappbahnen mit hydrolysierenden und hydratisierenden Chemikalien
von Art der starken Schwefelsäure oder konzentrierter Zinkchloridlösung
als Vulkanfiber und Pergamentpapier fabriziert. Die Nachbehandlung oder Appretur dieser Stoffe, ebenso wie der aus Cellulose- und ihren
Esterlösungen ausgefüllten Kunstseiden, bis zu einem gewissen Grade
auch der aus schmierig gemahlenem Stoff erzeugten Pergaminpapiere
(s. S. 303) mit Chemikaliengemischen bietet nun insofern Neuartiges, als
jene Produkte kolloide Membranen bzw. Fäden, Filme und ähnliche
Gebilde darstellen, an deren Grenzflächen gegen die flüssigen Nach-
behandlungslösungen und -emulsionen sich andere Vorgänge abspielen,
als bei der Appretur z. B. des Papieres oder einer Gewebebahn.

Echtes Pergamentpapier ist Papier, dessen Poren durch Quellung
des Filzes verengt und die durch kolloide Cellulose ausgefüllt sind. Diese
letztere ist zum Teil wasserlöslich, wird jedoch durch Säuren oder Salze
gefällt; sie geht auch in den unlöslichen Zustand über, wenn man bei
der Herstellung des Pergamentpapieres mit mehr als 50 gräd. Schwefelsäure arbeitet. Man hat dann ein Erzeugnis, das die Eigenschaften
tierischer Membranen zeigt und gleich diesen, z. B. der Schweinsblase,
im Dialysator nur Krystalloide durchläßt. Klebstoff- oder Nachbehand-
lungslösungen und -emulsionen verhalten sich daher, wenn sie das Material
nicht gleichzeitig quellen, oder wenn sie nicht mit Hilfe von beigegebenen
Krystalloiden in das Innere des Materiales eingeführt werden, ähnlich
wie Oberflächenanstriche und -lacke, d. h. sie neigen zum Abblättern.
Öle, Fette, Tierleim, Gummiarabicum u. a. Stoffe, die man anwendet,
um jene Gebilde geschmeidig zu machen bzw. um sie untereinander
oder mit anderen Unterlagen zu verkleben, bleiben demzufolge wirkungslos, wenn man sie nicht in Form von Emulsionen oder Lösungen in
quellenden Lösungsmitteln anwendet. So vermag man z. B. Pergamentpapier mit einer mit Tierleimlösung bestrichenen Fläche nur dauerhaft zu verleimen, wenn man es auf der Klebseite mit Alkohol tränkt[2]
oder wenn man dem Leim als eindringendes Krystalloid Boraxlösung[3],
für Pergaminpapier nach anderen Angaben Calciumchlorid[4] zusetzt.

[1] Am. Pat. 1621761.    [2] BRANDEGGER, C.: Dingl.-Journ. 175, 86.
[3] Seifensieder-Ztg 1911, 282.    [4] Papierztg 1912, 32.

Oder: Zur Imprägnierung der Vulkanfiber bei Herstellung eines Leder-
ersatzes (s. S. 365) muß man sie nach älteren Angaben[1], um genügende
Durchtränkung zu erzielen, in drei Emulsionsbädern von Öl-Kalilauge,
Öl-Guttapercha-Harz und Öl-Kautschuk-Solventnaphtha behandeln,
nach jedem Tauchen trocknen und schließlich noch einen letzten luftdich-
ten Überzug aufbringen. Die Durchdringung auch harter Fiber wird
hingegen schnell erreicht, wenn man Emulsionen z. B. von Holzteer mit
Calcium- oder Magnesiumchloridlösung anwendet[2], also mit Salzen,
die auf ihrer Passage durch die Platte den emulgierten Stoff mitnehmen.
Magnesiumchlorid dient auch als Träger für den kolloiden Leim bei der
Veränderung der Pergamentpapieroberfläche[3], so daß sie befähigt wird,
Schriftzeichen, Malereien u. dgl. anzunehmen, während Malgrund
(s. S. 277) auf Holz, Papier oder Geweben durch deren Imprägnierung
mit Firnis oder Leim ohne weitere als härtende und füllende Zusätze
erzeugt werden kann.

Die gleichen Beziehungen obwalten beim Färben der Kunstseide
und bei ihrer Nachbehandlung mit Appreturmitteln. So sind zahlreiche
Verfahren bekannt geworden, um die an sich besonders schwierig anfärb-
bare Acetatseide vor ihrer Einführung in das Färbebad oder gleichzeitig
zu quellen oder anzuätzen, sei es mit Acetin[4], Diformin[5] und anderen
Lösungsmitteln oder mit anorganischen Säuren[6], Alkalien[7], Alkali-[8],
Erdalkali-, Magnesium-, Zinksalzen u. a.[9] Stets, auch wenn man Kunstseide zur Erhöhung des Glanzes und der Griffigkeit z. B. mit einer verkochten Emulsion von Olivenöl, Leimlösung und Essigsäure[10], oder zu
ihrer Beschwerung mit der wäßrigen Emulsion von Bittersalz, Gelatine
und Türkischrotöl behandelt[11], macht sich das Bestreben geltend, den
sonst an der Oberfläche der kolloiden Gebilde bleibenden Emulsions-
bestandteilen mit Hilfe eines krystalloiden Mittels den Eintritt in den
Stoff zu erleichtern.

# Gewebefasern.

### Allgemeines.

Die Textilindustrie verfügt über Faserstoffe aus allen drei Natur-
reichen und über Kunstprodukte, die selbstredend ebenfalls natürlicher,
und zwar vorwiegend pflanzlicher Herkunft sind. Von der Gewinnung
der Natur- und Kunstprodukte an bis zum letzten Avivierbade der gefärbten Ware (s. oben) und der ihr erteilten Appretur können die vielen
Verrichtungen und Behandlungsarten die Anwendung von Emulsionen
nötig machen oder deren Bildung ermöglichen.

Die natürlichen pflanzlichen Faserstoffe sind, wie bereits S. 302
gesagt wurde, zum Unterschiede von der reinen Cellulose mit Fremdstoffen umhüllte und durchsetzte Samenhaare (Baumwolle), Bastzellen

---

[1] D.R.P. 262946.    [2] D.R.P. 329891.    [3] D.R.P. 124638.
[4] D.R.P. 228867.    [5] D.R.P. 199873.
[6] D.R.P. 234028.    [7] D.R.P. 350921.
[8] Am. Pat. 1366023.    [9] D.R.P. 355533.
[10] Kleines Färbereihandbuch, Cassella & Co., 2. Aufl. I, 290.
[11] Z. ges. Textilind. 1914, 368.

(Flachs, Hanf, Jute), Gefäßbündel (Cocos) oder ganze Pflanzen (Seegras, Stroh, Rohr). Die tierischen Fasern können Oberhautgebilde (Wolle, Haare, Borsten) oder Ausscheidungsprodukte (Raupen- und Spinnenseide) sein. Die künstlichen Textilstoffe begegneten uns bereits als Papiergarn und Kunstseide, die mineralischen Fasern (Asbest, Glaswolle) kommen für die Emulsionstechnik nicht in Betracht. Die der größeren Zahl nach während des Krieges bekannt gewordenen sog. Ersatzfasern, sowie manche vollwertige Spinnfasern, z. B. von Art des Kapoks, reihen, soweit sie überhaupt oder zumindest örtliche Bedeutung besitzen, in die genannten Kategorien ein.

Bei den wichtigsten Fasergattungen ist das rohe fadenförmige Gebilde beschwert, durchsetzt oder chemisch verbunden mit den Fremdstoffen, die durch die Vorgänge des Bleichens (Baumwolle), Röstens (Flachs), durch Entfettung (Wolle) und Entschälung (Seide), vor dem Spinnen oder nachträglich im Garn oder Gewebe, ganz oder teilweise beseitigt werden müssen, um die Fadengebilde freizulegen.

Es enthalten von Natur aus in abgerundeten Zahlen: Baumwolle: 5% Harze, Fette, Stickstoff- und Farbkörper. Flachs: 25% Pektinsubstanzen. Wolle: Bis zu 50% Schweiß mit 5—10% Fett, 20% Kalisalzen und Schmutzstoffen. Seide: 25—35% Sericin (Seidenbast) — demnach Fette, Eiweißkörper und Kohlehydrate (Pektine), die sämtlich in Emulsionen einzutreten oder deren Bildung zu vermitteln vermögen.

Jede Gewebefaser, welcher Herkunft sie auch sei, ist ein in sich abgeschlossenes Gebilde, cuticularisiert und daher, von der abweisenden Beschaffenheit der Außenflächen abgesehen, im Innern von Lösungen und Emulsionen (Farbflotten und Appreturmitteln) in dem Maße ihrer Schwerbenetzbarkeit schwierig erreichbar. Trotzdem dieser Mißstand sich namentlich im Färbereibetrieb seit jeher fühlbar machte, hat doch erst in den letzten Jahren, auf den Ergebnissen der theoretischen Forschung fußend (vgl. S. 57), das systematische Studium der Benetzungsvorgänge im Fasergut eingesetzt. Die Neuzeit brachte dann die zahlreichen Netz- und Durchdringungspräparate von Art der Sulfosäuren, die im Abschnitt S. 56 aufgeführt sind[1]. Kurz gesagt sollen die Netzmittel die Oberflächenspannung der betreffenden Flottenflüssigkeit gegenüber dem aderartigen Röhrensystem des Fasermateriales soweit verändern, daß zunächst möglichst rasche Benetzung der nach außen mündenden Capillaren des Gewebes stattfindet und der Flotte so der Weg für langsames aber gleichmäßiges Eindringen in das Innere des Fasergutes

---

[1] Näheres über Netzmittel von Art der Handelsprodukte Oranit B, Nekal A, Diffusil, Tetracarnit, Ramasit, Laventin, Leonil, Prästabilit u. a., hinsichtlich ihres Verhaltens in Chlorflotten und über die Abhängigkeit ihrer Wirkung und Beständigkeit von der Temperatur und Konzentration der Flotte, bringen M. MENZEL in Z. ges. Textilind. 30, 99 bzw. F. HÖCHTLEN in Textilber. 8, 349. Vgl. W. HERGIG und H. SEYFERTH: ebd. 45 u. 149 und E. J. RATH, Ref. in Chem. Zentralblatt 1928, I, 2994. — Eine zusammenfassende Arbeit von H. SEYFERTH über Theorie und Praxis der Benetzung findet sich ferner in Z. ges. Textilind. 30, 237. — Eine besonders ausführliche übersichtliche Aufstellung der neuzeitlichen Netz- und Emulgiermittel für die Textil- und Lederindustrie bringt schließlich A. NOLL in Seifensieder-Ztg 1927, 769ff. und in Farbenztg 33, 2293 (Netzmittel für Mineralfarbpigmente).

gebahnt wird; Schnelligkeit des Durchdringens wird weniger angestrebt als Stetigkeit und Gleichmäßigkeit[1].

Die sog. Aufschließung der rohen Gewebefasern ist in jedem Falle von der Entstehung mehr oder weniger deutlich in Erscheinung tretender Emulsionen begleitet, die wie folgt zustande kommen: Beim Bäuchen der Baumwolle durch Kochen mit verdünnter Natronlauge unter Druck; in der Gärungs- oder alkalischen Röste des Flachses zum Teil, weiter dann bei seiner Bleiche mit Kalkmilch, Sodalösung u. dgl.; bei der Wollentfettung und Seideentbastung mit Hilfe von Seifenlaugen. In all diesen Verrichtungen werden demnach aus Fremdstoffgemisch und alkalischen oder seifigen (oder emulgierten, s. unten) Flüssigkeiten Emulsionen erzeugt. Dies wäre der erste Abschnitt der Naturfaserbehandlung als Teilgebiet der Emulsionstechnik. Der zweite Abschnitt umfaßt die Anwendung künstlicher Emulsionen (alkalischer Lösungen, Seifenlaugen usw.) bei der Weiterverarbeitung der aufgeschlossenen Fasern auf mechanischem (Spinn-, Schmälzöle u. dgl.) oder physikalisch-chemischem Wege durch Mercerisieren, Kotonisieren, Färben, Beschweren, Appretieren usw. Der Umfang dieser Arbeiten läßt erkennen, in welch hohem Maße die Praxis der Emulsionen an der Gewinnung und Veredelung der Gespinstfasern beteiligt ist.

Es muß jedoch wohl unterschieden werden zwischen Technologie der Gespinstfasern und Technologie der Emulsionen. Jene umfaßt in Verfolgung ihres Zieles die erprobten wirklich ausgeführten und die ausführbaren Verfahren, die Technik der Emulsionen hingegen will allgemein Systeme von ineinander nicht löslichen Flüssigkeiten bilden, sie zerstören oder ihre Bildung verhindern und macht sich zu diesem Zwecke alle diesbezüglichen Erfahrungen aus jedem Bereiche der chemischen Technik zunutze, um dieselben auf anderen Gebieten verwerten zu können, auch wenn sie in jenem nur Vorschläge sind, die nie ausgeführt werden. Man wird daher in der nun folgenden Besprechung der Fasergewinnung und -veredelung Methoden finden, die, obwohl für den Gespinstfasertechniker unbrauchbar, doch dem Emulsionstechniker Anregung bringen können.

## Pflanzenfaserstoff-Aufschließung und -Reingewinnung.

In der rohen Baumwolle, dem Samenhaar verschiedener teils strauch-, teils baumartiger Gossypiumarten, sind die Fremdstoffe, darunter eine Fettsäure und ein dem Carnaubawachs gleichender Wachskörper zwar nur in geringer Menge (s. oben) vorhanden, jedoch so innig mit dem Baumwollsamenhaar verbunden, daß die übliche Direktbleiche mit Chlor sie nicht entfernen, im Gegenteil dieselben eher noch oxydativ verändern und als gefärbte Umwandlungsprodukte befestigen würde. Der deshalb dem Bleichen vorgeschaltete alkalische Bäuchprozeß (s. oben) ist als Entfettungsvorgang daher nicht zu entbehren; er führt zur Bildung einer Fremdkörper-Fettstoff-Seifen-Emulsion, die mit der

---

[1] Vgl. H. POMERANZ: Textilber. 1927, 868 u. K. VOLZ: Z. ges. Textilind. 1927, 714: Handelspräparate.

Bäuchlauge und beim folgenden Waschen des Gutes abgeht. An Stelle der Natronlauge allein[1] wurde früher ihre Emulsion mit Harzseife verwendet[2], und auch heute gilt noch, daß hinsichtlich der Netz- und Durchdringungsfähigkeit, beurteilt an dicht gepackten Baumwollballen, stets die Bäuchmittel mit 3% Seife oder anderen von Fettstoffen abgeleiteten Präparaten den bloß alkalischen Flüssigkeiten wesentlich überlegen[3] sind. Es wurde ferner die Anwendung von Emulsionen empfohlen, die aus einer pastösen vor dem Gebrauch in Wasser zu verteilenden Emulsion von überschüssiger Stearinsäure in einer Neutralseife enthaltenden konz. Seifenwurzelabkochung bestehen sollten[4]. Dieses Präparat, das natürlich, allein aus wirtschaftlichen Gründen, im großen kaum auch nur erprobt wurde, ist allgemein emulsionstechnisch beachtenswert, da es eine fettsaure und daher s a u e r reagierende Emulsion darstellt, die trotzdem sehr stabil ist (s. die Saponoleine, Fettsäureemulsionen in Seife). Solche Mischungen können stets dann Anwendung finden, wenn es z. B. bei der Herstellung mancher kosmetischer Präparate[5] oder gewisser Wollschmälzöle (s. S. 165) darauf ankommt, alkalische Wirkungen nicht aufkommen zu lassen, also mit anderem Mittel dasselbe zu erzielen wie bei Erzeugung der überfetteten Seifen (s. S. 146).

Jedenfalls ist aber das Alkali das allein wirksame Agens im Bäuchprozeß[6]. Die Natronlauge bewirkt völlige Verseifung der in der Rohbaumwolle enthaltenen Fettsäureglyceride, teilweise Verseifung der wachsartigen Stoffe und die Emulgierung derselben, wie auch der Wachssäuren und -alkohole nebst deren Estern. Die Kochlauge reichert sich dementsprechend so weitgehend mit Emulgatoren für die im Bäuchvorgang zu entfernenden Verunreinigungen dann, daß man, insbesondere beim Arbeiten unter höheren Drucken und Temperaturen, von der Beigabe türkischrotölartiger Vermittler (s. unten), Seifen oder Naphthensulfosäuren u. a. absehen kann. Andrerseits ist es jedoch unumgänglich nötig, das alkalische Fasergut während des Entfettungsvorganges und vor allem nach seiner Beendigung beim Öffnen des Bäuchkessels vor dem Zutritt des Luftsauerstoffes zu bewahren, der durch Bildung von Oxycellulose, Faserschwächung bewirkt. Und da sind es nun doch Bestandteile von E m u l s i o n e n, die solchen Faserschutz auszuüben vermögen. Nach neueren Verfahren, die überdies rascher, daher abermals unter größerer Schonung der Faser zum Ziele führen, kocht man die Rohbaumwolle mit der Emulsion von Benzol, Benzin[7] (auch Tri und Tetra wurden empfohlen[8]) in Seifenlauge oder Monopolseifenlösung[9] (s. S. 109), oder noch besser mit jener eines alkalischen Türkischrotöl- oder sulfurierten Baumwollsamenölpräparates[10] und will so, besonders bei dem wachsreichen Makogarn, ohne die Faser zu schädigen, völlige

---

[1] Ausführung z. B. nach D.R.P. 322992.
[2] Vgl. A. Scheurer: Z. angew. Chem. 1889, 228 u. Jahresber. 1899, 941.
[3] Vgl. W. Kind u. Mitarb.: Textilber. 1927, 1024.
[4] D.R.P. 247637.
[5] Vgl. Seifenfabr. 40, 231 u. Techn. Rundsch. 1910, 355.
[6] Tschilikin, M.: Textilber. 9, 397.     [7] Z. angew. Chem. 29, III, 213.
[8] D.R.P. 267487.                          [9] Am. Pat. 1035815.
[10] Matthews, I. M.: Z. angew. Chem. 1907, 460; D.R.P. 75435.

Entfettung und zugleich bessere Entfärbung, Wasserbenetzbarkeit und Färbbarkeit der Baumwolle erzielen. Sogar oxydative Bäuchverfahren mit emulgierten Persalzen und Superoxyden[1] sollen, richtig geleitet ohne Faserschwächung, die Fremdstoffe der Rohbaumwolle vollständig in Seifen verwandeln, deren in einem folgenden 1gräd. Säurebade bewirkte Zersetzung zu Fett- und Harzsäuren führt, die mit dem Waschwasser emulgiert abschwimmen bzw. im schließlichen Bleichbade völlig beseitigt werden. Nach einem neueren Verfahren[2] werden auch die üblichen Hypochloritbleichmittel bei der Ausführung der Pflanzenfaserbleiche mit Seifenlösungen emulgiert angewandt, und zwar soll dazu eine Seife dienen, die zu 66% aus festen und zu 33% aus flüssigen Fetten hergestellt ist[2].

Die Abtrennung der Bastpflanzenfasern von den sie verholzenden wertlosen Stoffen vollzieht sich nicht so einfach wie die Raffination der Baumwolle, die aus nicht inkrustierten frei liegenden Samenhaaren besteht, sondern man ist gezwungen den Flachs oder Hanf, auch Ramie u. a. durch wesentlich stärkere Eingriffe von der Intracellularsubstanz zu befreien. Dies geschieht vornehmlich durch die sog. Gärungsröste, die unter dem Einflusse bakterieller Tätigkeit, ohne daß während des Vorganges Emulsionen gebildet wurden, zur Zersetzung der Holz und Faser verkittenden Pektinkörper führt. Nach einem älteren Vorschlage[3] sollten die Flachsbündel vorher in einer kochenden wäßrigen Emulsion von Seife, Schwefelnatrium und Türkischrotöl behandelt werden, um die folgende Röste abzukürzen oder völlig unnötig zu machen, und dieses letztgenannte Ziel verfolgen auch viele andere sog. chemische Röstverfahren mit Hilfe von alkalisch wirkenden Flüssigkeiten allein, z. B. Ätznatron[4], Soda oder Pottasche[5], insbesondere Bicarbonat[6], auch Alkalialuminat[7], Wasserglas[8], Gemischen von Alkali- oder Erdalkalisulfid mit Ätznatron[9] usw., oder mittels Emulsionen der obengenannten Art. Meist sind es alkalische Seifenlösungen, wie sie JENNINGS schon im Jahre 1855 anwandte[10], um Holz und Bast der Hanfpflanze zu lockern, im einfachsten Falle die Seifenunterlaugen[11], die das Pektin lösen, ohne die Fasern anzugreifen, evtl. unter Zusatz von Glycerin oder Glycerinersatzmitteln von Art der Milchsäureester[12], und schließlich echte Emulsionen von Seifen mit Benzin, Benzol, Petroleum, Halogenkohlenwasserstoffen, deren Wirkung offenbar darauf beruht, daß das organische Lösungsmittel zwischen Bast und Holzsubstanz eindringt und diese

---

[1] THIES, F. H.: Textilber. 1921, 257; vgl. D.R.P. 250397, 250341, 289742, 313541.

[2] Franz. Pat. 612177.    [3] D.R.P. 243636; vgl. D.R.P. 198064 u. 40723.

[4] D.R.P. 356752; vgl. D.R.P. 303730.    [5] D.R.P. 286270.

[6] D.R.P. 332097 u. 332514; vgl. P. KRAIS: Z. angew. Chem. 1919, 25 u. 1920, 277.

[7] D.R.P. 324520.    [8] D.R.P. 324333.

[9] D.R.P. 316109 gibt auf Stroh angewandt die Linofilgespinste (SPONAR: Kunststoffe 1912, 419).

[10] Dingl. Journ. 135, 72; 148, 320; 170, 266: Schmierseife.

[11] D.R.P. 314176.

[12] D.R.P. 325888. — Zur Ausführung der Flachsröste können nach Engl. Pat. 279583 (1926) auch die S. 59 beschriebenen Netz- und Emulgiermittel der Alkylnaphthalinsulfosäurereihe herangezogen werden.

entfettet, so daß sie zermürbt und sich beim folgenden Brechen und Schwingen des Flachses leicht beseitigen läßt.

Unter diesen Emulsionen, z. B. aus Seifenlösung und organischem Lösungsmittel (Tri, Tetra usw.[1]) mit aufgeschlossenem Leim, gelöstem Casein oder Ricinusölsulfosäuren (s. oben die Türkischrotölemulsion) als Vermittler[2], sind zwei von allgemein emulsionstechnischem Interesse. Man soll in dem einen Falle[3] z. B. Halogenkohlenwasserstoff und Emulsionsvermittler einerseits und Natronlauge andererseits auf völlig gleiches spez. Gewicht abstimmen und will so sichtlich erreichen, was der bekannte Plateau-Versuch makroskopisch mit der in einer Flüssigkeit schwebenden Ölkugel gleichen spez. Gewichts zeigt und bei der folgenden Rotierung der Kugel erkennen läßt: Nicht nur Verhinderung des Aufrahmens der öligen Komponente, sondern auch innige Vergesellschaftung der Öl- und Wasser-, hier Halogenkohlenwasserstoff-, Wasser- und Vermittlerteilchen bei der Bewegung des Systems, z. B. unter dem Einflusse der in der kochenden Flüssigkeit aufsteigenden Dampfblasen.

Diese in anderem Zusammenhange (S. 116) bereits zitierte Regel: Eine Emulsion ist um so stabiler, je näher die spez. Gewichte ihrer Komponenten beieinander liegen, kann auch in vielen anderen Fällen mit Nutzen angewendet werden. So z. B., wenn man gewisse sauerstoffreiche ätherische Öle vom spez. Gewicht bis zu 1,2 als Riechstoffbestandteile oder z. B. Campheröl in wäßrige Emulsion einführen soll. Man läßt in diesem Falle so viel Brom in gekühltes Olivenöl tropfen, bis sein spez. Gewicht 1,02 beträgt, löst dann in dem Öl Campher und emulgiert mit diesem Campheröl wäßrige Gummiarabicum-Lösung von genau dem jenem entsprechenden spez. Gewicht[4]. Namentlich aber äußert sich, was bisher wenig beachtet wurde, die Abhängigkeit der Stabilität einer Emulsion von den spez. Gewichten ihrer Komponenten bei der Wahl eines Schmiermittels, z. B. für Naßdampfmaschinen. Die Dichte des Wassers sinkt von 0,99987 bei 0° über 0,988330 bei 50° auf 0,95863 bei 100°, das spez. Gewicht der gebräuchlichen Schmieröle steigt von 0,870 (dünnes Spindelöl) bis zu 0,940 des Heißdampfzylinderöles I—III und des Naßdampföles, demnach, wie man sieht, bis nahe zu jenem des heißen kondensierenden Dampfes. Das entstandene Wasser tritt nunmehr nicht als die Schmierwirkung des Öles störender Fremdkörper auf, sondern emulgiert sich im Entstehungszustande der tropfbar flüssigen Form mit jenem und diese Emulsion äußert dann die Schmierwirkung, wovon man sich durch Beobachtung der milchigen Trübung des Schmieröles an nassen heißen Maschinenteilen überzeugen kann.

Was Wärme allein nicht oder nur annähernd vermag, kann man durch gleichzeitige Druckerhöhung erzielen, und damit kommen wir zum zweiten jener beiden obengenannten Fälle. Eines der aussichts-

---

[1] D.R.P. 328596 u. 323668. — Auch eine Emulsion aus bereits gebrauchter also mit löslichen Inkrusten als Vermittler gefüllter Röstlauge und Kohlenwasser stoffen, soll sich nach Franz. Pat. 575900 zum Rotten des Flachses eignen.

[2] D.R.P. 318203.          [3] D.R.P. 332170.

[4] D.R.P. 397396.

reichsten[1] neuzeitlichen Verfahren zur Bloßlegung der Flachs- (Hanf-) Faser ist die Petroleumröstmethode. Zu ihrer Ausführung erhitzt man die Flachsbündel (auch Ramie, Jute oder andere Bastpflanzen) unter Druck mit Wasser und Petroleum ohne weitere Zusätze auf etwa 150°[2] und bewirkt so völlige Aufschließung des Fasergutes. Es kann nach dem Abschleudern der unter Mitwirkung des Fremdstoffgemisches, namentlich der Kohlehydrat-Abbauprodukte des Pektins, entstandenen milchigen Emulsion aus Wasser und Petroleum, gewaschen direkt weiterverarbeitet werden. In diesem Falle treten die beiden Stoffe in einen nur unter Druck in der Hitze beständigen Emulsionsverband ein, der in dem Maße der fortschreitenden Aufschließung durch die Zucker und sonstigen Vermittler an Stabilität gewinnt, trotzdem (und das ist textiltechnisch der größte Vorteil des Verfahrens) kein, die Faser doch stets schwächendes Alkali vorhanden ist. Als Nutzanwendung ergibt sich die Möglichkeit, zwei oder mehrere ineinander nicht lösliche Flüssigkeiten ohne künstliche Vermittler unter Druck- und Hitzeeinwirkung als Emulsion auf Stoffe oder Stoffgemische zur Anwendung bringen zu können, die gegen Alkalien oder Seifen empfindlich sind.

Solche Emulsionenbildung ohne Vermittler, aus ineinander nicht löslichen Flüssigkeiten, z. B. Petroleum und einem expandierbaren Stoff, z. B. lufterfülltem Wasser, allein unter dem Einflusse höheren Druckes, kann zur Erzeugung flüssiger Brennstoffe ausgenützt werden. Man emulgiert die genannten Komponenten zunächst unter niederem Druck, stabilisiert die Emulsion dadurch, daß man sie unter hohen Druck setzt und entnimmt sie zum Gebrauch einer wieder unter niederen Druck gestellten Kammer[3]. Natürlich läßt sich eine solche gegenüber dem wasserfreien Brennstoff energiereichere Emulsion desselben mit bis zu 10% Wasser auch durch Zusatz von Vermittlern, z. B. Naphthensäuren und ihren Salzen[4], Sulfonsäuren[5] u. dgl., erzeugen.

Der Wunsch bei der Faserpflanzenaufschließung, die Wirkung der Alkalien oder vielmehr des Luftsauerstoffes auf das alkalische Gut auszuschalten (s. oben: Bildung von Celluloseabkömmlingen: Oxy-, Hydro-, Hydratzellstoffe), leitete auch die Bestrebungen, das Gut durch primär sauren Aufschluß von den Pektinkörpern zu befreien. Dieser „Sauerröste" schließt sich dann stets die Neutralisation des abgeschleuderten, in saurer Umgebung durch den Luftsauerstoff nicht gefährdeten und darum bequemer hantierbaren Faserhaufwerkes mit Seifen- oder alkalischen Flüssigkeiten an, auch wohl mit Emulsionen[6], doch bieten weder ihre Herstellung noch Anwendung und Wirkung etwas Neues. Ebensowenig ist dies der Fall bei der Aufschließung anderer Gespinstfaserpflanzen und Fasergewinnungsabfälle. Die meisten dieser im Kriege ausgearbeiteten Verfahren haben textiltechnisch kaum je Bedeutung gehabt, allein aus dem Grunde, weil die wenigsten Erfinder

---

[1] Mitt. Forsch.-Inst. Sorau 1921, 136.     [2] D.R.P. 261931.
[3] Am. Pat. 1611429.     [4] Am. Pat. 1614735.     [5] Am. Pat. 1614560.
[6] Siehe z. B. D.R.P. 322167, auch 331802 u. 336637: mehrtägiges Lagern des in der Gärungsröste vorbehandelten Materiales (z. B. Stroh) in einer Emulsion von organischem Lösungsmittel und wäßrigem Alkali.

sich dessen bewußt waren, wie unsinnig es ist, z. B. Pappelsamenhaar oder Maiglöckchenblätter[1] auf Textilgut, also auf ein Fabrikat verarbeiten zu wollen, das, wenn es seinen Zweck als Bekleidungs- und Wäscherohstoff erfüllen soll, Massenerzeugnis sein muß[2]. Auch in emulsionstechnischer Hinsicht haben die zugehörigen Methoden, wie gesagt, kaum irgendeine allgemein verwertbare Anregung hinterlassen, denn meist waren die Aufschließmittel alkalische oder saure Flüssigkeiten, deren Zusammensetzung wir bei Besprechung der Flachs- und Hanfbehandlung kennengelernt haben, zuweilen auch Emulsionen. So sollte z. B. Cocosfaser mit alkalisiertem Türkischrotöl[3], Reisstroh unter Druck mit einer Alkali-Seife-Fettstoff-Emulsion[4], Holzfaser zur Überführung in verspinnbare Form mit Emulsionen von Art der Bohr-[5] oder Spinnöle[6], Schilf und Rohr mit Erdölseife[7] oder Natronlauge unter Zusatz schaumerzeugender (s. S. 49) Mittel[8] behandelt werden usw.

Eine neuartige, ihrem wesentlichen Bestandteil nach übrigens auch zum Nesselaufschluß empfohlene[9], Emulsion, bestehend aus wäßriger Sodalösung, Türkischrotöl und Urin[10], begegnet uns jedoch bei dem Versuch, Flachs- und Juteabfälle in eine Masse weicher, wolliger, gekräuselter Fasern überzuführen, die seinerzeit als „Linolana" im Handel waren[11]. Es ist eigentümlich, daß der Urin, der vom Volke und in einzelnen Gewerben stillschweigend seit unvordenklichen Zeiten als Wasch- und Reinigungsmittel für Stoffe und Gewebe aller Art verwendet wird und dessen Zusatz zum ammoniakalischen Wollwaschbade immer noch die besten Resultate gewährleistet[12] (s. a. unten S. 321 „Kotonisierung" und S. 328: Seideentbastung; auch Lederbehandlung S. 357), eines Vorurteiles und wohl auch seiner leichten Zersetzlichkeit wegen, für Zwecke der Fasergewinnung und -veredelung nicht häufiger herangezogen wird, trotzdem diese Flüssigkeit ihrer Zusammensetzung nach[13] eine stickstoffreiche wäßrige Lösung von hervorragender Emulgierbarkeit darstellt, die auch als Emulsionsvermittler aufzutreten vermag. In neuester Zeit wurde übrigens, wohl in Anerkennung des Wertes des Urins für die Behandlung von Geweben, ein emulgiertes Gemisch von wäßriger Harnstofflösung, einem Enzym (Pankreasferment als Harnstoffspaltungsmittel), Seife und einem schwachen Alkali zur Reinigung empfindlicher Gewebe empfohlen[14]. Damit stehen Forschungsergebnisse[15]

---

[1] D.R.P. 308214.

[2] Dies gilt auch für die gewiß sehr verwendbare Nesselfaser, deren Mutterpflanze trotz ihrer Faserarmut und ihres bedeutenden Düngerbedarfes in den letzten Kriegsjahren durchaus angebaut werden sollte. Es war damals nicht leicht, die maßgebenden Stellen mancher Mittelmächte von diesem „Nesselfieber" zu heilen.

[3] D.R.P. 308443.   [4] D.R.P. 331514.

[5] D.R.P. 302424, 303293, 304312—313.   [6] D.R.P. 305148.

[7] D.R.P. 285539, 345409.   [8] D.R.P. 300744, 307063.

[9] D.R.P. 297785.   [10] D.R.P. 273881, 274644—645.

[11] Siehe Z. ges. Textilind. 22, 205.

[12] Vgl. G. Helmrich: Appreturztg 1904, 33.

[13] Eine 3—4% Stickstoffkörper(-salze) enthaltende wäßrige Lösung.

[14] Engl. Pat. 276339 (1927).

[15] Tobler, F.: Faserforschung 1924, 141; O. Flieg: ebd. 131 u. D.R.P. 411697, 433366.

im Zusammenhang, die erweisen, daß die Flachsröste mit Zusatz von reinem Harnstoff zu einem Fasermaterial führt, das zurzeit an Güte von keinem mit Hilfe anderer Verfahren gewonnenen Flachs übertroffen wird. Es ist darum auch an der Richtigkeit der Privatmitteilung eines erfahrenen Seifensieders kaum zu zweifeln, daß der beste Verband erzielt wird, wenn man Seife, die zum Verbrauch für technische Gewebewäsche bestimmt ist, auf einer Lauge siedet, die mit Urin statt mit Wasser angesetzt wurde. Auch Textil-Kohlenwasserstoff- (Benzin-), Bohrölseifen und -emulsionen sollen, mit Urin angesetzt, hervorragende Eigenschaften besitzen.

Jenes obengenannte Verfahren zur Umwandlung starren Gespinstfaserabfallmateriales in weiches, für die Tuchfabrikation geeignetes Fasergut gehört bereits in den Abschnitt der

## Pflanzenfaserveränderung und -veredelung.

Bei der Mercerisation der Baumwolle und verwandter Fasern werden Emulsionen kaum verwendet und ebensowenig gebildet, da die zu regenerierende Natronlauge, besonders wenn vorher nicht entschlichtete Gewebe mercerisiert wurden, wohl eine dicke emulsionsartige Gallerte bildet, die jedoch lediglich Bestandteile der Schlichte, das ist vorwiegend Stärkekleisterappretur, enthält, demnach eine dicke alkalische, kolloide Lösung, jedoch keine Emulsion ist. Erwähnt sei nur, daß man die schwieriger mercerisierbare Ramiefaser vor dem eigentlichen Prozeß in eine dünne, wäßrig-alkalische Bleichölemulsion einlegen und nach der wie üblich unter Spannung des Gutes in etwa 32- (Stückware) bis 36grädiger (Garn) Natronlauge vollzogenen Mercerisation, nach dem Absäuern und Spülen, zur Erhöhung der Fasergeschmeidigkeit mit einer Mineralöl-Tournantöl-Emulsion behandeln soll. Auch eine Methode der Nachbehandlung mercerisierten Gutes, wie ganz allgemein jeder fertigen gefärbten Textilware, nämlich jene zur Erzielung des knirschenden Seidengriffes, greift in das Gebiet der Emulsionen, und zwar ihrer Zerstörung ein. Dieser Griff macht sich dem Tastgefühl dadurch bemerkbar, daß die Hand beim Ergreifen eines so behandelten Gewebes oder Garnstranges ein in ihm abgelagertes Haufwerk von Kryställchen reibt; man bewirkt seine Bildung durch Tränkung des Gewebes mit einer wäßrigen Emulsion von Stearinsäure in Stearinkaliseife oder mit deren Lösung, folgendes Trocknen und Zerstörung der Seife in einem wäßrigen Weinsäurebade.

Auch bei der Kotonisierung[1] von Flachs- oder Hanfwerg, Spinnabfall, Bindfaden- und Gewebezerreißgut, Jute u. dgl., das ist die Umwandlung des Materiales in baumwollartiges Fasergut auf mechanischem Wege, oder mittels Chemikalien, werden kaum Emulsionen (z. B. Türkischrotöl), sondern vorwiegend alkalische, saure und oxydierend wirkende Lösungen, auch Urin (s. oben) angewandt. So schließt man z. B. Ried- oder Waldgras zur Erzeugung eines Roßhaarersatzes mit der kochenden Mischung von Urin und Baumwollfarbstofflösung auf[2].

---

[1] Vgl. P. WAENTIG: Z. angew. Chem. 36, 129.
[2] D.R.P. 315318.

Das gleiche gilt für die Baumwollanimalisierung, das ist die Bedeckung oder Imprägnierung des Baumwollsamenhaares mit der Lösung von Stickstoffsubstanzen, oder die Nitrierung der Pflanzenfaser, um sie gleich der Wolle und Seide mit sauren oder basischen Farbstoffen färben zu können. BROQUETTE, der Erfinder der Animalisierung, tränkte die Baumwolle allerdings mit einer Emulsion von Fettstoff und wäßriger Caseinatlösung[1], später wurde dieses Verfahren jedoch, soweit überhaupt, mit anderen nicht emulgierten Stoffen, z. B. alkalischer Seidensubstanzlösung, Enzymen und ähnlichen Mitteln ausgeführt.

## Tierfasergewinnung.

Wolle und Seide sind gleich der tierischen Haut stickstoffhaltige, und zwar Eiweißsubstanzen und daher im emulsionstechnischen Sinne Emulsionsvermittler in fester Form (s. S. 17). Das Wollhaar ist von Natur aus mit Fett, das fadenförmige Seidenraupensekret mit dem Sericin, einer Eiweißsubstanz, umhüllt, beide, Fett und Eiweiß, vermögen mit alkalischen Flüssigkeiten und Seifenlaugen in den Emulsionsverband einzutreten. An der Gewinnung der beiden reinen Gespinstfasern ist demnach die Emulsionstechnik in hohem Maße beteiligt, und zwar über die Wollentfettung bzw. Seideentbastung hinaus, auch im negativen Sinne dadurch, daß beide Faserarten, ebenso wie die ihnen chemisch verwandten Substanzen der Tierhaut, des Hornes, der Federn, Nägel und Klauen, gegen ätzende, kohlensaure, ammoniakalische und alkalisch-seifige Flüssigkeiten, in absteigender Richtung, schließlich auch gegen heißes Druckwasser mit steigender Temperatur sehr empfindlich sind und allmählich in Lösung gehen. Aus diesen Lösungen sind, zum Unterschiede von Celluloselösungen, die ursprünglichen, dann völlig veränderten chemischen Körper, die Seide- und Wollsubstanz, nicht wieder rückgewinnbar, sie ist durch hydrolytische Spaltung schließlich eine Summe von abgebauten Eiweißkörpern, Aminosäuren, Fettsäuren und Ammoniumverbindungen geworden. Jede Alkalibehandlung des Woll- und Seidefadens bedeutet also deren Anätzung unter Bildung einer die Bildung von Emulsionen vermittelnden Eiweißstofflösung, worauf z. B. die Walkbarkeit der Wolle und die Bildung des Filzes aus den mit dachziegelartigen Schuppen bedeckten Wollhaaren zum Teil beruhen dürfte.

Im besonderen bei der Wolle könnte vielleicht in allen mechanischen und chemischen Prozessen, denen man sie zur Reingewinnung und Veredlung des Haares unterwirft, noch eine kohlehydratartige Substanz eine Rolle zu spielen, deren Existenz von K. v. ALLWÖRDEN[2] als Einlagerung zwischen Schuppen und Faserzellen des Wollhaares angenommen und deren Nachweis auf dialytischem Wege versucht wurde; dieses „Elasticum" wäre dann ein weiterer Vermittler bei der Bildung von Emulsionen in der Nachbarschaft des Wollhaares, der mit dem auch nach der Wollwäsche noch im Material verbleibenden Fett beim Bleichen,

---

[1] Journ. prakt. Chem. 50, 314.      [2] Z. angew. Chem. 1916, 77.

Walken, Färben, Appretieren der Wolle ein Emulsionsvermittler- bzw.
-komponentenpaar von besonderer schutzkolloidischer Wirkung geben
würde. Im übrigen äußern die Wollsubstanz „Keratin" wie auch in
ähnlicher Weise das „Fibroin" der Seide ihre Zugehörigkeit zu den
Eiweißkörpern in jeder Hinsicht, so im Verhalten gegen Salpetersäure
(gelbe Xanthoproteinsäure), Salzsäure (Blau- bis Violettfärbung), verdünnte Schwefelsäure (chemische Bindung an die Aminogruppen),
Natronlauge und Kupfervitriol (Violettfärbung, Biuretreaktion), Metallsalze (basische Eiweiß-Metallsalz-Verbindungen, Beizen für Farblackbildung) usw. Kennzeichnend für die Wolle ist ihr Schwefelgehalt, der
auch emulsionstechnisch wichtig ist, da das mit Alkalien oder alkalischen Flüssigkeiten vorbehandelte Tierhaar sich beim folgenden Kochen
mit schwach essigsauren Zinn- oder Bleisalzlösungen durch Bildung von
Zinnsulfür bzw. Bleisulfid braun färbt. Die Biuret- und bis zu einem
gewissen Grade auch die Zinnsalzreaktion geben durch die Tiefe der
auftretenden Färbungen Aufschluß über den Grad der durch die Einwirkung von Alkalien und alkalischen Emulsionen eingetretenen Veränderung der Wollsubstanz. Schließlich sei noch erwähnt, daß das
„Chloren" der Wolle ihr Verhalten gegenüber Seifen und Emulsionen
insofern verändert, als die Behandlung mit Bleichlauge oder Chlorkalk-
lösung der Gespinstfaser knarrenden Griff und gesteigerte Färbbarkeit
verleiht, ihr dagegen bis zu einem gewissen Grade die Eigenschaft nimmt,
in der Wäsche einzugehen und sich im Walkprozeß verfilzen zu lassen.

Die Entfettung der Wolle erfolgt[1] auf dem lebenden Tier durch
die Pelz- oder Rückenwäsche, beim abgeschorenen Material durch die
technische Wollwäsche in beiden Fällen mittels warmer Seifenlösung,
auf dem Tier oft unter Zusatz von Soda. Bei der technischen Woll-
entschweißung müssen jedoch freie Alkalien, auch stark alkalische Seifen
vermieden[2], ferner soll für Abwesenheit von Schwermetallsalzen (s. oben)
und für restlose Beseitigung jeder alkalisch wirkenden Substanz gesorgt
werden. Vorbeugend kann man in der Weise vorgehen, daß man die
Seifenlaugen vor ihrer Verwendung mit der zur Alkalineutralisation
nötigen Menge einer Fettstoffsulfonsäure, z. B. nicht neutralisiertem
Türkischrotöl oder einem Fettspalter aus der Twitchellreaktivreihe
(s. S. 101), emulgiert und durch Beigabe eines gewissen Überschusses
für Bildung einer sauren Seife sorgt[3]. Dieselbe Wirkung können die in
älteren Verfahren[4] empfohlenen Phenolkörper ausüben, die man z. B.
einem aus Schmierseife, Natronlauge und Harzöl oder aus Natronseife
und Sodalösung gebildeten Bade als Kresol oder Kreosotöl zusetzt.
Besser ist es jedoch, die ätzenden und kohlensauren Alkalien ganz auszuschalten und die Fabrikwäsche der Wolle mit Hilfe von Ammoniak
(s. oben die Reihenfolge der schädigenden Alkaliwirkung) und Urin

---

[1] Eine Schilderung der neuzeitlichen Gewinnung des rohen und neutralen
Wollfettes, ferner des wasserfreien Lanolins, von G. HARTMANN findet sich in
Z. ges. Textilind. 1926, 673 u. 688.
[2] Vgl. A. KRAMER: Monatsschr. Textilind. 34, 13.
[3] D.R.P. 329008.
[4] Z. B. D.R.P. 86560; vgl. Chem. Rev. 1910, 168.

(s. S. 320) oder einer Ammoniakseife zu vollziehen. In einem eigenartigen Verfahren[1] wurde vorgeschlagen, diese Seife auf dem Material erst zu bilden, die Wolle also primär mit der auf deren Fettgehalt abgestimmten Menge Ammoniakflüssigkeit vorzuwaschen und das abgepreßte Gut dann mit der zur Seifenbildung nötigen Ölsäuremenge zu behandeln. Da diese Behandlung doch natürlich irgendein mechanischer, z. B. Knetvorgang gewesen sein muß, dürfte bei Ausübung dieser Methode eine untrennbare Wollfilz-Wollfett-Seifen-Emulsion von Art der zur Schmierung von Blechwalzmaschinen bestimmten Putzwolle-Starrschmierebriketts entstanden sein. Schließlich sei noch ein Wollentfettungsverfahren mittels alkalischer Mittel, wie Borax und Natriumphosphat, erwähnt, deren Wirkung durch Zusatz von Leimsubstanzen abgeschwächt werden soll; durch Emulsionierung derselben mit Salzlösungen organischer Sulfosäuren (s. oben) will man ihre kolloide Beschaffenheit mindern[2].

Nach einem neueren Vorschlage soll die Wollentfettung in Sodabädern vollzogen werden, denen man als wirksame Substanz etwa 2% · des Warengewichtes einer künstlichen, durch Sulfonierung wasserlöslich gemachten Harzschmiere. (s. S. 262) zusetzt. Man erzeugt diese hochmolekularen Substanzen durch Kondensation aromatischer Kohlenwasserstoffe, z. B. des Naphthalins mit Chlorkörpern von Art des Chlorschwefels oder Benzylchlorids u. dgl. Die Reißfestigkeit der mit solchen seifenartigen Emulsionen entfetteten Wolle soll sehr bedeutend sein[3]. Ähnlich wirkt übrigens nach den Angaben einer anderen Patentschrift[4] mit Ozon behandelte Sulfitablauge, die sich in schwefelalkalischen Schwefelfarbstoffbädern mit dem Natriumsulfid emulgiert und dessen schädliche Wirkung auf die Wollfaser aufhebt. Die sonst noch empfohlenen Wollentfettungsverfahren mit Hilfe von saugend oder alkalisch wirkenden Pulvern (Gips, Kieselgur, Ätzkalk und Schlemmkreide, Soda, Salmiak u. a.[5]) führen erst bei der Verarbeitung der abgeklopften, mit Fett getränkten Mehle, jene mittels organischer Lösungsmittel[6] nur dann zur Bildung von Emulsionen, wenn man konzentrierte Extrakte erzeugt. Es entstehen in diesem Falle Benzol-, Schwefelkohlenstoff-, Äther-, Tri-, Tetra-, Erdöl- u. dgl. Wollfett-Schmutz-Emulsionen, die noch komplizierter werden, wenn man die Lösungsmittel nicht allein, sondern zusammen mit Ricinolsulfosäuresalzen, also z. B. Benzin-Türkischrotöl- oder -Monopolseife-Gemische als Entfettungsmittel verwendet[7]. Wie bei der Entfettung der Putzwolle mittels organischer Lösungsmittel[8] ergibt sich in dem hier völlig gleichartigen Vorgange als wesentlicher Übelstand der Verfahren die Schwierigkeit der restlosen Wiedergewinnung des Lösungsmittels aus dem mit zähen, außerordent-

---

[1] D.R.P. 146052.     [2] D.R.P. 300532.
[3] D.R.P. 434979; vgl. D.R.P. 435899.
[4] D.R.P. 437836; vgl. auch zu demselben Zweck den Saponinzusatz nach D.R.P. 426624.
[5] Siehe z. B. Seifensieder-Ztg 1911, 143; D.R.P. 71529, dazu v. a.
[6] WAENTIG, P.: Textilforsch. 1920, 130.
[7] Am. Pat. 931520.
[8] D.R.P. 234256, 267487, 267979, 282675, 284125 u. Am. Pat. 1358163.

lich haltbar emulgierten Seife-Fettschmieren erfüllten Fasergut, die
noch größer werden, wenn man, wie es in einem alten Verfahren geschieht[1],
nasse Wolle zur Extraktion bringt. Man hilft sich durch Behandlung
der Emulsionen mit freie Säure enthaltenden Salzlösungen[2], also nach
der meist angewendeten Art zur Zerstörung emulgierter Systeme, erschwert dadurch jedoch gleichzeitig die Aufarbeitung des Wollfettes.
Dazu kommt, was hier nur nebenbei erwähnt sei, die speziell bei der
Wollentfettung zu gewärtigende Gefahr, leicht zu weit zu gehen und
dem Material auch das innerhalb des Haares liegende Fett zu entziehen,
wodurch die Wolle spröde wird. Praktisch wird daher die Wollwäsche
vorwiegend mittels dünner schaumkräftiger Seifenlösungen vollzogen,
oder, was hier nicht in Betracht kommt, mit Aceton[3], auch Methyl-
acetat[4], Kohlensäureäthyl(methyl)ester[5], oder anderen Lösungsmitteln
allein, ohne Seifenzusatz. In neuerer Zeit wird als Zusatz zu den Alkali-
und Seifen-Wollentfettungsbädern das durch seine eigene emulgierende
Kraft ausgezeichnete Cyclohexanol empfohlen, auch deshalb, weil das
Lösungsmittel katalytisch die Emulsionsbildung zwischen Wollfett und
Entfettungsbad steigert[6]. Es werden jedenfalls Verfahren angewandt,
die nur das auf der Faser haftende Fett entfernen, den inneren Fettinhalt jedoch unversehrt lassen, wodurch alle folgenden Operationen,
denen man die Wolle unterwirft, unter größerer Schonung der Faser,
erleichtert werden[7].

In jedem Falle resultiert das rohe Wollfett, eine zähe wasserhaltige
Seifenemulsion von freiem und mit Fettsäuren verestertem Cholesterin,
Isocholesterin u. a. Alkoholen der gleichen Art, z. B. Cerylalkohol. Das
heute noch nicht völlig befriedigend gelöste Problem der Rohwoll-
fettaufarbeitung wurde ebenso wie die Gewinnung des Lanolins
bereits S. 99, 183 berührt.

Dem Fett als natürlicher einhüllender Schutzstoff des Wollhaares
entspricht die Eiweißsubstanz „Sericin", die als Seidenbast das fadenförmige Sekret „Fibroin" der Maulbeer- u. a. Spinnerraupen wie ein
Mantel umgibt[8]. Die Rohseide erscheint in dieser Umkleidung als
gelblich oder grünlich gefärbter, steifer, glanzloser Faden, der in dem
Maße weißer, geschmeidiger und glänzender wird, als man ihn entbastet,
bis man von dem einen Extrem, der harten Ecruseide, das ist nur ge-
waschenes und kurz mit Schwefeldioxyd oder Königswasser gebleichtes
Rohmaterial, mit etwa 95% des ursprünglichen Sericingehaltes, zur
Cuiteseide gelangt, die, hochglänzend und sehr weich, als völlig ent-
bastetes Fabrikat 25—35%, natürlich diesem Verlust entsprechend,
weniger wiegt als der Rohstoff. Zwischen beiden liegt die Soupleseide
mit noch 20—25% des ursprünglichen Bastgehaltes. Fibroin ist ein dem

---


[1] D.R.P. 141595 u. 155744.    [2] D.R.P. 141595.
[3] D.R.P. 411334.    [4] Engl. Pat. 266436 (1925).
[5] D.R.P. 447932.
[6] Vgl. P. Huc: Ref. in Chem. Zentralblatt 1928, I, 2676; dazu Engl. Pat.
287230 (1926).
[7] Vgl. F. O. Rasser: Chem.-Ztg 49, 73 u. 94.
[8] Über die Zusammensetzung des Seidenleimes berichtet N. Alders in Biochem.
Z. 183, 446; Ref. in Chem. Zentralblatt 1927, I, 3159.

Woll- und Hornkeratin verwandter, jedoch schwefelfreier Eiweißstoff, dessen Molekül zahlreiche, die leichte Färbbarkeit der Seide verursachende Aminogruppen enthält, aus der Klasse der Gerüstproteine, zu denen auch das Kollagen des Leimes und der Gelatine im Ossein des tierischen Knochen- und Knorpelgewebes, das Spongin des Badeschwammes u. a., ferner auch das Sericin gehört, vom Fibroin unterschieden durch seine Wasserlöslichkeit, seinen Klebstoffcharakter und alle Kennzeichen eines hervorragenden Emulgiermittels. Die hohe emulgierende Kraft des Sericins in alkalischen Lösungen dürfte mit dem Vorhandensein einer Carboxylgruppe in seinem Molekül zusammenhängen. Der Eiweißkörper hat demnach das Wesen einer Fettsäure und gibt mit Alkalien seifenartige Salze[1].

Schon bei der Aufarbeitung der Kokons treten diese Eigenschaften zum ersten Male dadurch in Erscheinung, daß die 4—18 Einzelfäden, die man aus ebenso vielen in warmem Wasser erweichten Kokons durch gemeinschaftliches Haspeln vereinigt, mittels des Seidenleimes zu einem einzigen Faden und die äußeren Kokonschichten und Abgänge zu einem Haufwerk verkleben, das mit Soda ausgekocht (entleimt) und versponnen die gegenüber der „realen" minderwertige Florette- oder Schappeseide gibt. In der gleichartigen Operation der teilweisen oder völligen Entbastung, nunmehr des dicken Seidenfadens, geht wieder der Seidenleim in Lösung, und diese Eiweißkörperlösung emulgiert sich mit dem Entbastungsmittel zur sog. Bastseife, die als wertvolles Nebenprodukt vorzugsweise als Zusatz zu Seide-Farbebädern dient. Ein in das Bereich der Emulsionstechnik reichender Vorgang ist schließlich noch das „Weißkochen" der Seide in einem Seifenbade, dem man jedes entbastete Material unterwirft, das nicht dunkel, sondern in zarten Tönen oder gar nicht gefärbt werden soll. Um alle Vor- und Nachbehandlungsprozesse, die man mit Seide in irgendeiner Verarbeitungsstufe unter Mitwirkung von Seifen oder Fettstoffen vollzieht, als Emulsionsvorgänge zu verstehen, ist es wichtig, zu wissen, daß der rohe Fibroin-Sericinfaden 11% Wassergehalt aufweist und daß die Seide bis zu 30% Wasser aufzunehmen vermag, ohne naß zu erscheinen.

Ursprünglich vollzog man die Seideentbastung in heißer bis kochender Ammoniak- oder gar Soda- und Ätznatronlösung, denen man jedoch bald in Erkenntnis ihrer auch das Fibroin schädigenden Wirkung Leinsamenabkochung, also Fettstoffe, oder deren unter dem Einfluß der Alkalien gebildeten, das abgespaltene Glycerin einschließenden Seifen, ferner Traubenzucker[2] oder andere Schutzkolloide zusetzte. Heißes Druckwasser, dem man sehr geringe Mengen eines alkalisch wirkenden Salzes (z. B. Soda oder Ammoniak) beigibt, soll übrigens glatte Entbastung der Seide ohne Schädigung des Fibroins bewirken[3]. Praktisch treten jedoch die Entbastungsbäder mit Seifengehalt und evtl. Zusatz von Alkalien oder sogar Oxydationsmitteln in den Vordergrund. Insbesondere die schwierig entbastbare, braune, derbe Tussahseide der Schmetterlingsraupe Antherea myllita erfordert kräftig

---

[1] Vgl. das Ref. in Chem. Zentralblatt 1928, I, 1821 (T. Takahashi).
[2] Siehe z. B. D.R.P. 110633.     [3] D.R.P. 301255.

wirkende Entbastungsbäder, die Schmierseife, Borax und Wasserstoff-superoxyd[1] oder Perborat[2] als Bleichmittel, dazu auch Benzinseife enthalten. Später ging man dann zu Entbastungsemulsionen, bestehend z. B. aus starker Seifenlauge und Olivenöl nebst Glycerin, über[3] oder versuchte Entbastung und Beschwerung (das ist Ersatz des Gewichtsverlustes, s. unten) zu vereinigen, den Seidenleim in einer Monopolseife-Natriumstannat-Lösung zu lockern und ihn dann mittels heißer Seifenlauge zu beseitigen[4]. Nach einem neuzeitlichen Verfahren[5] verwendet man zur Seideentbastung 70—75° warme Emulsionen von ammoniakalischer Seifenlauge mit Tetra, Tetralin oder einem anderen bei dieser Temperatur noch nicht siedenden organischen Lösungsmittel. Soweit Seifen zur Entbastung dienen, wird sonst so gut wie ausschließlich neutrale harzfreie Marseillerseife (vgl. S. 131), stärker und schwächer, in zwei Stufen[6], nach mancherlei Abänderung der Verfahren angewandt. So wurde z. B. vorgeschlagen, in einer mit Soda oder Pottasche versetzten alkoholisch verseiften[7] Pflanzen- oder Tierfettemulsion zu entbasten[8], vor allem aber ist in emulsionstechnischer Hinsicht der Versuch hervorhebenswert, für den genannten Zweck eine natürliche, der Bastseife, also einer Sericinlösung' gleichende Seife aus Spinnrestkokons zu verwenden.

Dieses Material stellt, ebenso wie die unverwendbaren durchbissenen Puppen und die abgetöteten Raupenkörper, im Grunde genommen nichts anderes dar als ein Gemisch fester Emulsionen von (25%[9]) Fett, Wasser und Eiweißsubstanz, die, mit Zusatz der auf den Ölgehalt der Raupen berechneten Sodamenge verkocht, eine wäßrige Raupenölseifen-Raupeneiweiß-Emulsion geben[10]. Sie ist, könnte man sagen, ein ideales Seifeüberfettungsmittel (s. S. 146), das jeder Handelsseifenlauge und daher auch den normalen Entbastungsbädern die Alkalität nimmt, so daß man sich kaum eine Substanz vorstellen kann, die besser geeignet wäre, den Fibroinfaden unter größter Schonung seiner Struktur und chemischen Beschaffenheit bloßzulegen. Es bleibe dahingestellt, ob jene natürliche Eiweißseife ohne weiteren Alkalizusatz die nötige Entbastungskraft

---

[1] HEINRICH, C.: Dt. Färber-Ztg 1899, 86.

[2] BELTZER, F.: Dt. Färber-Ztg 1911, 277.

[3] HOMOLKA, K.: Dt. Färber-Ztg 26, 32.    [4] D.R.P. 291159.

[5] Franz. Pat. 585374.    [6] Siehe z. B. D.R.P. 300859.

[7] Ebenso wie wäßrige Säure die hydrolytische Spaltung der Fette bewirkt, tritt unter dem Einflusse von Alkohol und Säure alkoholytische Zerlegung unter Bildung von Fettsäureestern ein. Man erhält so (A. GRÜN u. Mitarb.: Chem. Umschau 1917, 15 u. 31; vgl. H. HALLER: Seifensieder-Ztg 1906, 1130) mit überschüssigem absolutem Alkohol und konz. Schwefelsäure als Katalysator z. B. aus Tristearin (Rindertalg) eine alkoholische Lösung von Stearinsäureester, Mono- und Distearin, mit Unterschuß eine Emulsion dieser Körper mit unverändertem Fettstoff. Nicht zu verwechseln mit diesem chemischen Spaltungs- ist der physikalische Lösungsvorgang, der sich vollzieht, wenn man die normale Fettverseifung bei Gegenwart von Alkohol bewirkt, also Spiritusseifen darstellt (s. S. 163). Für Eigenschaften und Verwendung der Produkte ist es völlig gleichgültig, ob man die Verseifung im organischen Lösungsmittel vollzieht oder dieses dem fertigen Seifenleim beiemulgiert (vgl. H. POMERANZ: Seifensieder-Ztg 1924, 925).

[8] D.R.P. 298265 u. 299387.

[9] Ref. in Chem. Zentralblatt 1927, I, 3155.    [10] D.R.P. 291075.

besitzt[1], und vor allem, ob von dem Rohstoff genügende Mengen zur Verfügung stehen[2], er reicht jedenfalls aus, um, wie hier angeregt werden möge, für andere Industrien, namentlich bei Erzeugung von kosmetischen und Nahrungsmittelpräparaten in emulgierter Form, einen hervorragenden Emulsionsvermittler zu liefern, der gewiß unschädlich ist und vielleicht sogar in Hautcremes recht günstige Wirkung entfaltet.

Die Technik der Seidenentbastung verfügt überdies über geeignetere Hilfsstoffe, so daß sie den Rohstoff entbehren kann. Zu ihnen zählt in erster Linie, wie gesagt, die Seife, und zwar besonders in der neuzeitlich angewandten Form als Schaum. Die erstmalig von Gebr. SCHMIDT 1904 vorgeschlagene Methode der Seideentbastung in Seifenschaumbädern[3] bewirkt, daß die Seide völlig vom Sericin befreit wird, ohne daß sich ein größerer Gewichtsverlust ergäbe als sonst, da die Faser aus dem mit Seifen- und dissoziierten Fettsäureteilchen angereichertem Schaum (s. S. 38, 141) diese Stoffe aufnimmt. Im übrigen bleiben Glanz und Griff der Seide, ebenso ihre Beschwerbarkeit, erhalten und ihre Geschmeidigkeit wird ebenso erhöht wie ihre Färbbarkeit. Der Seifenschaum wird durch Schlagen der Lauge oder Einblasen chemisch indifferenter oder wirksamer Gase aus porösen Körpern erzeugt[4], wobei man gegebenenfalls Saponin, Leim, Tannin[5], Alkali, Sägemehl harzreicher Holzarten[6] oder andere schaumerzeugende und -erhaltende Mittel, insbesondere auch hier Urin (s. S. 320), zusetzen kann. In jedem Falle, auch wenn man die Seidedegummierung nach wohl nicht ausgeführten Vorschlägen mit Hilfe von Enzympräparaten[7], z. B. Pankreation oder Papayotin, bei Gegenwart alkalisch wirkender Mittel, ferner mit Ligninsäureseifen[8] oder schwach alkalisch gestellten wäßrigen, Gelatine enthaltenden Superoxydlösungen, ohne Seifenzusatz vollzieht, stets werden Emulsionen gebildet, und der Seideentbastungsvorgang zählt daher zu den wichtigsten und zugleich anregendsten Verfahren der Emulsionstechnik, da sie vielseitiger Anwendung fähig sind. Die Bastseifenlösungen und ihr Inhalt, das wasserlösliche und darum leicht in kaum veränderter Form und vielleicht auch in genügender Menge erhaltbare Sericin dürfte dazu berufen sein, in Zukunft als Eiweißstoffvermittler bei Herstellung von Emulsionen die gleich wichtige Stellung einzunehmen wie das Cholesterin als Wachsalkoholvermittler.

Auch alle weiteren Arbeiten, die man vornimmt, um die Beschaffenheit der Rohseide zu verändern, stehen unter dem Einflusse der Mitwirkung des Sericins, das, wie oben gesagt wurde, zur Herstellung der wichtigen Handelsmarken niemals vollständig entfernt wird (Ecruseide gibt es kaum mehr auf dem Markte). Diese Arbeiten greifen jedoch schon in das Gebiet der Appretur ein, sie werden zur Vollendung, Zu-

---

[1] Siehe in dieser Hinsicht die Angaben der D.R.P. 289455 u. 305770.

[2] Insbesondere wenn man nach D.R.P. 324878 vom reinen aus jenen Emulsionen abgeschiedenen Sericinkörper ausgeht.

[3] D.R.P. 179229 u. Ref. in Z. angew. Chem. 1911, 2083 u. Jhg. 25, 1544.

[4] D.R.P. 295944.          [5] D.R.P. 296328.          [6] D.R.P. 301912.

[7] D.R.P. 85760, 297394, 297786; vgl. E. RISTENPART: Dt. Färber-Ztg 1917, 177.

[8] D.R.P. 305920.

richtung oder Ausrüstung der Faser ausgeführt und sollen daher den
Übergang zu den Gespinstfaserappreturverfahren bilden.

In diese Methodenreihen gehören die Seidesolidifizierung und die
Seidebeschwerung, bei deren Ausführung Emulsionen zwar nur eine
geringe, aber doch in den Einzelheiten beachtenswerte Rolle spielen.

Die Seidesolidifizierung soll rohe oder auch handelsfertige, z. B.
Waschseide, gegen den Angriff namentlich heißer Flüssigkeiten wider-
standsfähiger machen; sie ist daher ebensowohl ein Hilfsverfahren des
technischen Betriebes als auch eine Vollendungsarbeit. Man solidifiziert
praktisch mit Formaldehyd, der auf tierische Substanz gerbende
Wirkung ausübt, so daß aus Haut eine Art Leder (s. S. 349), aus Seide
eine chemisch veränderte, jedoch in der Struktur gefestigte Substanz
entsteht, die im vorliegenden Falle auch andere gute Eigenschaften,
so z. B. leichtere Färbbarkeit, erhält; bei gelinder Formaldehydeinwir-
kung, z. B. bei Gegenwart schützender öliger oder fettiger Stoffe, wird
auch der Glanz der Seide erhöht. Es wurde aber auch ein Solidifizierungs-
verfahren vorgeschlagen, das auf dem Schutz der Faser durch neue Umhüllung, also Ersatz des Bastes gegen ein geschmeidigeres Kleid, beruht[1].
Ob es ausgeführt wird, ist sehr zweifelhaft, emulsionstechnisch ist die
Methode jedoch recht interessant: Man erzeugt, am besten wohl in der
Emulgiermaschine, aus in Benzin gelöstem Leinöl oder Leinölfirnis
mittels wäßriger Sodalösung eine Emulsion, hantiert die Seide in diesem
Bade bis zur völligen Durchtränkung und zerstört die emulgierte Leinöl-
Benzin-Seife durch Säurezusatz, so daß sich jeder Faden mit einem
Leinölhäutchen überzieht, das beim Trocknen bei 30° an der Luft rasch
verfirnißt und ihn schützend, dehnbar und geschmeidig umkleidet.
Man kann die Linoxynhaut nach anderen Ausführungsbeispielen des
Verfahrens auch ohne Säurezusatz in einer Leinöl-Seifenlauge-Emulsion
oder mittels einer Leinölseifenlösung erzeugen und erhält in jedem Falle
eine gegenüber dem unbehandelten Material wesentlich festere Grège (das
ist der nicht entbastete, aus mehreren Kokons gehaspelte Rohfaden,
s. oben), die natürlich glanzlos ist. Das tut aber nichts zur Sache, da
diese Art der Seidesolidifizierung als Hilfsoperation für den Weberei-
prozeß dient und das gewebte Stück bei der Abkochung vor dem Färben
mit dem Schutzüberzug auch den Bast abgibt, so daß der Glanz zutage
tritt.

Bei der Beschwerung der Seide zum Ausgleich des Entbastungs-
verlustes (s. oben), dann aber auch, und zwar vornehmlich, zur Volumvergrößerung des Fadens, zur Erhöhung des Glanzes und Erzeugung
eines vollen Griffes, werden innerhalb der Seidensubstanz mineralische
voluminöse Stoffe von Art des Zinnphosphates, Kieselsäuregels, der
Hydrate des Aluminium- oder Zirkonoxydes abgelagert. Die verschiedenen Imprägnierungs- und Fällungsbäder, die man hierzu anwendet,
sind fast ausschließlich Lösungen, die unter Bildung kolloider Systeme
miteinander und mit der Faser reagieren, und das ganze Bereich der
technischen Seidebeschwerung ist darum ein wichtiges Gebiet der Kolloid-

---

[1] D.R.P. 263645—646, 276271.

technik. Emulsionen kommen nur vor, wenn man z. B. zur Erhöhung der Menge beschwerender Stoffe und zur Abkürzung des Verfahrens, nach den Angaben einer Patentschrift[1], den Phosphat- oder Wasserglaslösungen Organokolloide, wie Agar, Harze, Casein[2], Sericin oder Raupensubstanz[3], Bastseife, Proteine (Nucleine[4]) u. dgl., also Substanzen zusetzt, die, unter Mitwirkung des im eigentlichen Umsetzungsvorgang der Mineralsalze frei werdenden Alkalis, Schaum bilden, wodurch angeblich auch die Ausgiebigkeit der Bäder erhöht und die Abschwemmung des niedergeschlagenen Zinnphosphates vermieden wird.

Auch beim Beizen der Seide zur Blauholzfärberei, z. B. bei der Fixierung von Eisensalzen, Gerbstoffen und anderen Körpern, im Anschluß an den Beschwerungsprozeß oder während seines Verlaufes, ferner wenn beschwerte Seide zur Verhütung des Brüchigwerdens nachbehandelt wird, treten in den Verfahren vereinzelt Emulsionen auf. So soll z. B. eine Traubenzucker oder Albuminoide enthaltende homogenisierte Mischung von Leim oder Gelatine und der wäßrigen Lösung von Marseillerseife als Bad für mit Eisen gebeizte Seide[5] dienen, sonst aber kommen so gut wie ausschließlich nur Lösungen vor. Das eigentliche Gebiet der Emulsionen in der Textilindustrie ist die Appretur.

## Gespinstfaser- und Gewebeausrüstung.

Appretur ist Veredelung, Aufmachung, Fertigstellung gefärbter und ungefärbter Garne und Gewebe. Sie erfolgt entweder zu dem Zweck, um den Faserstoffen besondere Eigenschaften, z. B. Wasserdichte oder schwere Entflammbarkeit, zu verleihen, oder um eine Beschaffenheit der Ware vorzutäuschen, die den Stoffen fehlt und ihren Marktwert erhöhen, ihr gutes Aussehen oder bestimmten Griff erteilen soll.

Man appretiert Ware und Zwischenware (s. oben) durch ein- oder beiderseitiges Bestreichen der Gewebebahnen mit Lösungen, Suspensionen oder Emulsionen der Appreturmittel in bzw. mit dünn- bis zähflüssigen Flüssigkeiten; dem Sprachgebrauche nach ist Verkaufsware appretiert und behält die Überzugs- oder Imprägnierungsmasse, Zwischenware wird „geschlichtet“, um ihre Verarbeitung zu erleichtern, sie wird in weiteren Fabrikationsstufen „entschlichtet“, d. h. von jenen Stoffen befreit. Die Appretur- und Schlichte- in Summe die Ausrüstungsmittel sind entweder porenfüllende (s. Holz, S. 297) Kleb-, Füll- und Beschwerungsmassen (s. oben Seide S. 329), wie Stärke, Dextrin, Pflanzengummen, Kleber, Casein, Leim, indifferente weiße oder farbige Mineralpulver (Schwerspat, Ton, Kaolin), oder geschmeidig machende Präparate von Art der Fette, Öle, Wachsarten, Seifen in vielerlei Kombinationen miteinander und mit konservierenden (Verhütung der Schimmelbildung), färbenden und die Benetzbarkeit[6] der Faser erhöhenden Zusätzen[7]. Zu den Verrichtungen der Appreturtechnik gehören aber auch

---

[1] D.R.P. 287754.          [2] D.R.P. 175347.          [3] D.R.P. 291009.
[4] D.R.P. 348193.                    [5] D.R.P. 284853.
[6] Saponin, Seifenrindeabkochung, Malz nach D.R.P. 296762. — Siehe S. 49.
[7] Siehe z. B. die Arbeit von Bottler über die Textilwarenveredelung in Kunststoffe 1912, 361ff.; von Erban in Z. angew. Chem. 25, 2343 usw.

die mit den gleichen Mitteln unter Mitwirkung mechanischer und chemischer Vorgänge ausgeführten Verfahren zur Metallisierung der Gewebe, Erteilung von Glanz-, Webe-, Krepp-, Bild-, Druck-, Mustereffekten und weiter die Methoden der Gewebereinigung und Fleckentfernung, die in das Gebiet der Chemischwäscherei hinüberreichen. Das ganze Bereich der Appreturtechnik ist vielfach mit anderen Industrien, z. B. der Klebstoffe und Kunstmassen, verbunden und auf deren Mitarbeit angewiesen, und andrerseits tritt auch sie selbst als Abschlußverrichtung der Großfärbereitechnik auf.

Man kann sagen, daß es wenige Appreturmittel gibt, deren Herstellung nicht irgendwie mit der Emulsionstechnik zusammenhängen würde, denn dem einfachsten Stärkeappret werden geringe Mengen Appreturöl, Seifenlösung od. dgl. beigegeben, um ihn geschmeidiger zu machen und zu verhindern, daß die sonst brettartige Schlichte reißt und bricht. Unter den Stärkeappreturmitteln, sei ein wenn auch weniger appretur-, so doch emulsionstechnisch bemerkenswertes, einfach durch wäßriges Vermahlen von Sojabohnen bereitetes Präparat genannt[1]. Die Bohne enthält neben Stärke und Wasser rund 40% Eiweiß- und 15—20% Fettsubstanz, demnach ein Gemisch von Emulgatoren, durch deren innigste Homogenisierung beim Zermahlen, zweckmäßig wohl in einer Kolloidmühle, eine überaus wohlfeil herstellbare Emulsion erzeugt werden kann, die sicherlich im ganzen Gebiet der Emulsionentechnik weitgehende Verwendung finden könnte.

Auch sonst ist die Bereitung der emulgierten Massen, z. B. einer Schlichte aus trocknenden Ölen, die mit Seife oder Türkischrotölen emulgiert werden[2], oder einer sehr stabilen für die Appretur von Baumwollgarn bestimmten Emulsion, aus Wachs, Cocosnußöl, Stärke und Wasser im Mengenverhältnis 10 : 6 : 3 der nicht wäßrigen Bestandteile[3] usw., überaus einfach, meist im gewöhnlichen Rührwerkkessel oder in einer Farbmühle ausführbar, ein Mischungs- und Homogenisierungsvorgang, der, als bloße Abänderung weniger empirischen Grundvorschriften hinsichtlich der Mengenverhältnisse, kaum Anregungen für Arbeiten auf dem Gebiete der allgemeinen Emulsionstechnik bringt. So vielseitig das Bereich der Appreturmittel in bezug auf Auswahl der Stoffe ist, die gemischt werden, um sie auf Pflanzen- oder Tierfasergeweben, im einzelnen zur Ausrüstung von Baumwolle, Leinen, Jute, Hanf bzw. Wolle, Seide oder Halbgewebe zu verwenden, um Garne, Bindfaden, Tüll, Spitzen, Buchbinderleinwand, Bettzeug, Musselin, Filze, Hüte usw. zu imprägnieren und ihnen Starrheit oder Geschmeidigkeit, Glätte oder Rauheit, Undurchdringlichkeit, z. B. für Zementpulver oder feinste Bettfedern, zu verleihen usw. — so einseitig ist die Herstellung der Mischungen, im besonderen der Emulsionen, so daß wir uns auf die Wiedergabe weniger Einzelheiten beschränken können.

Hervorhebenswert in emulsionstechnischer Hinsicht sind vor allem die Verfahren zur wasserdichten Gewebeimprägnierung, die, vergleichbar mit jenen der Papierleimung (s. S. 303), Bildung einer wasser-

---

[1] Am. Pat. 1622496.
[2] Engl. Pat. 258266 (1926).          [3] Am. Pat. 1609003.

unlöslichen Seife in und auf der Faser bedeuten[1]. Ein Gewebe erlangt Wasserdichtigkeit, wenn man seine Poren völlig verschließt, so wie es bei der Herstellung der sog. gummierten, d. h. mit Kautschuk überzogenen Stoffe der Fall ist. Sie sind gleich den mit einer Firnishaut versehenen Ölkleidern für dauerndes Tragen ungeeignet, da sich die Körperausdünstung an der Innenseite des Mantels niederschlägt. Im Extrem nach der anderen Seite erlangt ein Gewebe eine gewisse Widerstandsfähigkeit gegen Wasserdurchdringung, wenn seine Fasern, wie es bei der Lodenfabrikation geschieht, durch Verfilzung und Umhüllung mit Fettstoffen die Eigenschaft erlangen, Wasser abzustoßen. Sie werden durch die Ölung gleichzeitig glatt, erlangen also die Beschaffenheit aneinander und durch Teile der Spinnmaschinen zu gleiten, und wir begegnen daher hier bei der wasserabstoßenden Faserappretur wieder den Textil-, im besonderen den Wollschmälzölen (s. S. 165), auch den Textil- und Wollwalkseifen (s. S. 168). Sie sind im einfachsten Falle sog. Softenings, rein weiße, neutral oder schwach alkalisch reagierende Appreturseifen, also evtl. mit Stearin, Palmöl oder Japanwachs emulgierte wäßrige Fettsäureseifenlösungen[2] oder Talgseifenleime[3], die als Schlichtemittel Stärke-, Carragheenschleim-, Caseinfüllung[4] u. dgl. erhalten. Speziell für wasserdichte Faserappretur eignen sich auch die zum Ölen gefärbter Baumwolle bestimmten Emulsionen, z. B. von Oliven-, Palm- und Türkischrotöl (Monopolseife) mit wäßrigem Ammoniak unter Zusatz von Magnesiumchlorid[5]. Das auch Stärkeklebstoffen und Stärkeappreturmassen zugesetzte Chlorid des dem Aluminium nahestehenden Magnesiums bildet, ebenso wie Bittersalz, im vorliegenden Falle eine die Fasern des Gewebes umhüllende und seine Poren zum Teil abdichtende wasserunlösliche Seife, und damit wären wir bei den oben bereits erwähnten besten Methoden der wasserdichten Gewebeappretur mittels der unlöslichen Fettsäure-Erdmetallsalze angelangt.

Diese Seifen-, speziell die Tonerdeseifen-[6] Bildung, ist emulsionstechnisch von hohem Interesse, denn der Prozeß stellt einen Typus für die gleichzeitige oder aufeinanderfolgende Abwicklung von Vorgängen dar, in deren Verlauf man innerhalb der Gewebe lösliche Seifen oder Seifenemulsionen erzeugt, oder die man mit Alkaliseifenlösungen, evtl. emulgiert mit Fett- oder Wachsstoffen, tränkt, worauf diese Systeme mit wäßrigen Lösungen von solchen Salzen zerstört werden, deren Kationen unlösliche fettsaure Salze bilden, wie Calcium, Magnesium, Zink, Kupfer, Blei (Pflaster) u. a., vor allem aber Aluminium. Diese auf die Bildung jener Emulsionen folgende Zerstörung derselben durch Aus-

---

[1] Vgl. R. Taubitz: Z. ges. Textilind. 1927, 697: Über das Wasserdichtmachen der Stoffe.

[2] Welwart, N.: Seifensieder-Ztg 1913, 175 u. M. Melliaud: ebd. Jhg. 43, 607.

[3] Seifensieder-Ztg 1912, 56.

[4] D.R.P. 145015; vgl. Seifensieder-Ztg 1912, 306; Dingl. J. 201, 82 u. 172.

[5] D.R.P. 188595.

[6] Eine zusammenfassende Übersicht über Eigenschaften und Verwendung der Tonerdeseifen in der Türkischrotfärberei, bei Herstellung von Heißdampfzylinderölen und wasserdichter Gewebeappretur, auch zur Papierleimung, bringt H. Pomeranz in Allg. Öl- u. Fettztg 25, 37.

scheidung der unlöslichen, ebenfalls zur wasserdichten Fasertränkung verwendeten Kalk-[1], Kupfer-[2], Eisen-[3], Bleiseife[4] usw. ist an sich nichts besonderes, wohl aber treten kompliziertere Verhältnisse ein, wenn man die Tonerdeseife erzeugt.

Aluminiumoxydhydrat reagiert amphoter, und in seiner wäßrigen Lösung besteht daher das Gleichgewicht

$$Al^{\cdots} + 4\,OH' \rightleftarrows Al(OH)_3 + OH' \rightleftarrows [Al(OH)_4]'.$$

Bei sehr geringer Konzentration der OH-Ionen ist das Aluminium in der Lösung als Kation $Al^{\cdots}$, also als basischer Bestandteil der Salze vorhanden, bei mittlerer Konzentration der OH-Ionen fällt es als unlösliches Hydroxyd $Al(OH)_3$ aus. Die Lösung kann das Metall aber auch als Anion $[Al(OH)_4]'$ enthalten, und dann bildet es mit stark basischen Kationen, z. B. Na.OH', Salze, z. B. $Na[Al(OH)_4]$. Da nun fettsaure Alkalisalze (Seifen) in wäßriger Lösung ebenfalls dissoziiert sind (s. S. 38), wird die Zusammensetzung des schließlich in der Faser bleibenden Produktes, also der Grad der allein mittels einer basischen Tonerdeseife [Al(OH) (Fettsäurerest)] bis [Al (Fettsäurerest)$_{3-4}$] erzielbaren Wasserdichte, von der Hydroxylionenkonzentration der im Moment des Aufeinandertreffens aus den beiden Flüssigkeiten entstehenden Emulsion, also von ihrer Alkalität abhängen. Tränkt man daher ein Gewebe mit stark alkalischer oder überalkalisierter, ein anderes mit neutraler oder überfetteter und ein drittes mit saurer, z. B. mit einer freie Ölsäure enthaltenden Seife[5], und taucht man die Stücke dann in wäßrige Aluminiumsalzlösung, so wird wohl in allen drei Geweben fettsaure Tonerde, das wasserdichtende Mittel, entstehen, daneben aber wird im ersten für den beabsichtigten Zweck wertloses, gleich einem Pigment, lediglich füllendes Tonerdehydrat zur Abscheidung gelangen, und aus dem dritten Gewebe dürfte beim Auswaschen die Seife mit der Fettsäure abschwimmen. Das zweite allein genügt den gestellten Anforderungen, denn seine Fasern und Poren sind mit der in Wasser unlöslichen und Wasser abstoßenden Emulsion von Fett-fettsaurer Tonerde durchsetzt, die mit dem Papierleim, d. i. das System Freiharzharzsaure Tonerde (s. S. 265), vergleichbar ist.

Dieser Versuch der Schilderung der Vorgänge will nur das Wesen des Prozesses schematisch wiedergeben, im einzelnen spielen sich noch andere Reaktionen ab, nicht nur hinsichtlich der Entstehung von basischen, neutralen oder sauren Zwischenprodukten im Sinne des amphoteren Verhaltens des Tonerdehydrates, sondern auch je nachdem ob man die Aufeinanderfolge der Gewebetränkung wechselt oder die Arbeitsbedingungen abändert. Dazu kommt, daß die beständigen

---

[1] Thede, W.: Z. angew. Chem. 1908, 1264.
[2] Z. B. Dt. Färber-Ztg 1910, Nr. 48, auch D.R.P. 119101.
[3] Dt. Ind.-Ztg 1870, Nr. 20.
[4] Bereits 1840 von Muston vorgeschlagen.
[5] Saure Seifen (s. D.R.P. 92017 u. S. 167), die sog. Saponoleine, zählen nach H. Pomeranz, Z. ges. Textilind. 19, 320, zu den besten Emulgiermitteln für Vaselin, Paraffin u. a. wasserabstoßende Stoffe.

mineralsauren Tonerdesalze nicht verwendet werden können, da die in dem hydrolytischen Spaltungsvorgang frei gewordene, nicht nur an Alkali gebundene Säure, durch Auswaschen schwierig restlos entfernbar, Faserschwächung herbeiführt und das Salz selbst, z. B. Natriumsulfat, dadurch daß es aus der Imprägnierungsmasse ausgewaschen wird, Poren hinterläßt, wodurch die Wasserdichtigkeit des Gewebes Minderung erfährt. Die Salze des Aluminiums mit organischen Säuren hingegen sind wiederum allzu leicht unter Abscheidung basischer Verbindungen zersetzlich, die bei unrichtiger Arbeitsweise dem Seifebildungsprozeß entzogen werden und dann als Tonerdehydrat abermals (s. oben)· nur als Füllmittel wirken. Sie haben jedoch, z. B. das Acetat oder Formiat, den großen Vorzug, sich unter Abspaltung einer flüchtigen Säure umzusetzen und werden darum ausschließlich angewandt[1]. Allerdings findet man, wie aus dem gesagten heraus begreiflich ist, sehr verschiedenartige Angaben hinsichtlich der Mengenverhältnisse an Imprägnierungsbestandteilen, der Reihenfolge des Tränkens der Gewebe und aller sonstigen Arbeitsbedingungen, die, empirisch gefunden, überall anders gehandhabt werden, aber doch durchschnittlich zu einer Ware führen, die der festgesetzten Probe standhält, nämlich als Sack mit Wasser gefüllt innerhalb 24 Stunden so dicht zu halten, daß sich die Außenseite des Gewebes trocken anfühlt.

Man arbeitet neuzeitlich vorwiegend in einem Bade, z. B. in der Weise[2], daß man das Gewebe auf dem Foulard in einer Emulsion von Talg, Olein und Lauge mit wäßriger ameisensaurer Tonerde evtl. unter weiterem Zusatz von Leimlösung imprägniert und die Bahn nach dem Abquetschen scharf trocknet, oder daß man die Bestandteile der Seife und ein fettes Pflanzenöl oder einen schweren Kohlenwasserstoff emulgiert, ineinander suspendiert oder löst, die Mischung aufstreicht und das abgequetschte Gewebe erwärmt, so daß sich beim Trocknen ein fettiger Niederschlag bildet, der tief in das Innere der Faser reicht und dort die in der Wärme gebildete Seife unauswaschbar festhält. In einem neueren Verfahren wird vorgeschlagen die Tonerdeseife auf dem wie üblich mit Aluminiumacetatlösung getränkten Gewebe statt mit Fettsäuren mittels einer Emulsion zu erzeugen, die man durch Homogenisierung von unter Druck und Hitze in Alkalilauge gelösten Lederabfällen, Harzleim (s. S. 265) und Paraffin warm herstellt[3]. Nach einer anderen Patentvorschrift[4] verkocht man Palmöl, Talg, Glycerin, Borax nebst Ammoniak, und ebenso Paraffin oder Carnaubawachs, mit Wasser zu Emulsionen, fügt dem Gemisch beider in Wasser gequellten und mit Ammoniak schleimig veränderten Karayagummi hinzu und gibt die ganze Masse durch die Homogenisiermaschine, um sie als fertige Emulsion zur Faserstofftränkung zu verwenden. Es ist unerläßlich, daß man Emulsionen anwendet;

---

[1] Vgl. E. Jentsch: Dt. Färber-Ztg 1918, 3.

[2] Z. ges. Textilind. 18, 380; vgl. E. Agostini: Z. angew. Chem. 1909, 1125 u. D.R.P. 242774, ferner Dt. Färber-Ztg 1910, Nr. 48, Monatsschr. Textilind. 1917, Nr. 8.

[3] D.R.P. 430398 u. 437026.          [4] D.R.P. 436994.

Seifenlösungen setzen sich mit den Tonerdesalzen schon in der Kälte außerhalb der Faser um.

Trotz der guten Ergebnisse, die man mit diesen und ähnlichen[1], namentlich hinsichtlich der Mengenverhältnisse aller Imprägnierungsbestandteile rein empirischen Verfahren erzielt hat, scheint es, als würde sich eine elektrolytische Methode der wasserdichten Faserimprägnierung mittels Tonerdeseife durchsetzen, die längst bekannt[2] in neuerer Zeit mit solchem Erfolge wieder aufgenommen wurde, daß heute einzelne amerikanische Großbetriebe ausschließlich nach ihr arbeiten[3]. Sie wird, wie hier nur angedeutet werden möge[4], in der Weise ausgeführt, daß man das mit Natriumoleatseife getränkte Gewebe zwischen einer Graphitkathode und einer mit dichtem Wolltuch umkleideten Aluminiumanode durchzieht und unter Stromschluß der Kathode Tonerdeacetatlösung zuführt. Sie wird durch den elektrischen Strom zerlegt, und es bildet sich eine stets einheitliche Tonerdeseife, die in der Gewebebahn zur gleichmäßigen Ablagerung gelangt; dadurch erscheinen alle Schwierigkeiten behoben, die sich aus den oben geschilderten komplizierten Beziehungen chemischer Art ergeben.

Gegenüber den Verfahren zur wasserdichten Faserimprägnierung mittels Tonerdeseifen treten alle anderen Methoden der Porenabdichtung und -verschließung von Geweben weit zurück. Man verwendet zu ihrer Ausführung teils gelöste, teils emulgierte Harze, Kunstharze, Paraffin, Wachs, Teer, Asphalt, Kautschuk, Leim, Casein, Gerbstoffe, Celluloseester und andere Stoffe, einzeln oder gemischt, oft in Wechselwirkung mit Seifen, doch besitzen die Verfahren emulsionstechnisch keine besondere Bedeutung, wenn sie auch vom Standpunkte der Imprägnierungstechnik zum Teil recht wichtig sind. Es braucht dabei nur an die Herstellung der gummierten Gewebe für Luftschiffe und Automobilbedarf oder an die pergamentierten Stoffe gedacht werden, deren Erzeugung auf dem Prinzip der Vulkanfiber- und Pergamentpapierherstellung beruht[5], an Segeltuch, Zeltstoff, Dauerwäsche u. v. a. Fabrikate. Soweit Emulsionen verwendet werden, gilt hier dasselbe, was eingangs über Appreturmittel im allgemeinen gesagt wurde: auch hier eine Fülle von Vorschriften zur Erzeugung der sehr einfach herstellbaren Präparate, keinerlei beachtenswerte Einzelheiten; dazu Abhängigkeit des Ergebnisses weniger von der Art des Imprägnierungsmittels als vielmehr von der Ausführung des Verfahrens.

Einige Beispiele mögen genügen: Die unter dem seinerzeit sehr bekannten Namen „Wasserperle" im Handel befindlichen wasserdichten Stoffe wurden mittels Paraffin-, Erdwachs-, Stearin-, Seifeemulsionen erzeugt, die man heiß durch das zu imprägnierende, die Zentrifugentrommel auskleidende Gewebe durchschleuderte[6]. Dazu sei erwähnt,

---

[1] Vgl. auch Am. Pat. 1400579; D.R.P. 314968; Am. Pat. 1380428 u. v. a.

[2] Kunststoffe 1912, 147.    [3] D.R.P. 335298 u. Gummiztg 1922, 638.

[4] Eine Beschreibung dieses „Tate-Verfahrens" findet sich in Dyestuffs 1926, 167; kurzes Ref. in Chem. Zentralblatt 1928, I, 860.

[5] Vgl. z. B. Neumann in Dingl. J. 193, 509; D.R.P. 129883 u. Engl. Pat. 101894 (1916).

[6] D.R.P. 112493.

daß man Erdwachs (Ceresin) oder Montanwachs[1] als Alkaliceresat bzw. -montanat mit Tonerdesalzlösungen in völlig wasserunlösliches Aluminiumceresat (-montanat) von hervorragend wasserdichtenden Eigenschaften überzuführen vermag. Während dieser Umsetzung zur Aluminiumseife wird Alkalilauge frei, die etwa vorhandene Ester der Montansäure[2] verseift, so daß auch diese Bestandteile des Wachses der Aluminiumseifebildung zugeführt werden[3]. Emulsions- und imprägniertechnisch bemerkenswert sind Emulsionen, die aus Mineralölen und -fetten mit fett- und harzsauren Ammonsalzen erzeugt werden[4], deshalb, weil sie beim Erwärmen Ammoniak abspalten und die unlöslichen innig vereinigten Mineralfettstoff-Harz- bzw. Fettsäurengemische im Gewebe zurücklassen. Es wird also hier eine Entemulgierungsreaktion ausgewertet, die andererseits die Verwendung solcher Vaselin-Ammonseifeemulsionen oder Oleinammonseifen als Textil- oder Schmieröle unmöglich machen würde, wenn sie im Betriebe heiß werden. Auf völlig andere Art bewirkt man Entmischung einer Emulsion und die Ablagerung ihrer Bestandteile in unlöslicher Form, sei es zur Porenfüllung oder zur Erzeugung von Farben und Farbbindemitteln, durch Erwärmung eines (im ersteren Falle auf den zu behandelnden Stoff gebrachten) emulgierten Gemisches von Seifenlösung, Harz und rohem Holzöl, evtl. mit Zusatz alkalischer Caseinlösung. In der Hitze gelatiniert das Holzöl (s. S. 274), und die voluminöse Gallerte bindet die nach Verdampfung des Wassers ebenfalls unlöslichen übrigen Bestandteile zu einer einheitlichen Masse[5].

Diese Holzöltränkungsmasse leitet zu den Leinöl- (firnis-) Imprägnierungsmitteln über. So behandelte Gewebe sind völlig abgedichtet, von linoleumartiger Beschaffenheit, und daher wohl für Anfertigung von Zeltstoffen, Wagenplachen, Ölzeugkleidern, nicht aber für übliche wasserdichte Kleidungsstücke geeignet. Das Leinöl oder der Firnis erhalten oft z. B. die Geschmeidigkeit der Ware erhöhende Zusätze, die dann mit jenen emulgiert auftreten, der Güte des reinen Firnisproduktes jedoch Abbruch tun, wenn sie nicht sehr sparsam verwendet werden. Er bildet darum auch allein, oder besser mit Trockenstoffen zusammen, gegebenenfalls auch mit wenig Kautschuklösung lösungsartig vereinigt[6] oder auf mit Gerbstoff oder Metallsalzen vorgebeiztes Gewebe gebracht[7], für jene Erzeugnisse das beste Tränkungsmittel. Emulsionstechnisch ist bei diesem Verfahren ebensowenig zu bemerken, wie bei der Herstellung von Tränkungspräparaten, die geschwefeltes, gechlortes, durch Kochen mit Soda (sog. Kautschukfirnis[8]) oder sonstwie verändertes Leinöl oder solche Umwandlungsprodukte enthalten, die auf der Faser erzeugt werden.

---

[1] Über Herstellung von Montanwachsemulsionen für wasser- und gasdichte Papiere durch Verkochen des Rohstoffes mit Ätznatron unter Druck s. D.R.P. 335996, auch D.R.P. 307111.

[2] Vgl. D.R.P. 101373.  [3] D.R.P. 221888.

[4] D.R.P. 166350.  [5] Engl. Pat. 147310.

[6] D.R.P. 67962.

[7] Fischnetzimprägnierung nach D.R.P. 263588, vgl. Dingl. J. 198, 359 u. Z. angew. Chem. 1918, 469.

[8] Seifensieder-Ztg 1912, 666.

Das gleiche gilt für die Gewebeimprägnierung mit Kautschuk, der ebenfalls stets nur kolloid evtl. mit anderen Stoffen gelöst, aber kaum in Form einer Emulsion, angewendet wird. Die wenigen in der Literatur genannten emulgierten Kautschuklösungs- oder Vulkanisiermittel[1]- Gemische (für Behandlung auf der Faser), so mit Harz-, Paraffin[2]- oder Eiweißstofflösungen[3] (z. B. Kleber, der beim Erwärmen koaguliert und dieselbe Wirkung ausübt wie oben das gelatinierte Holzöl), mit wasserunlöslichen Seifen[4] u. dgl., sind imprägnierungs- und emulsionstechnisch bedeutungslos, zum Teil sogar wirtschaftlich unmöglich und praktisch oft ein Unding. So z. B.[5] die emulgierte Mischung einer Viscosebildungsflüssigkeit aus Cellulose, wäßriger Natronlauge und Schwefelkohlenstoff, vereinigt mit der Lösung von Kautschuk und Schwefel in Schwefelkohlenstoff, das Ganze emulgiert mit der fünffachen Menge gleicher Teile Benzin und Wasser und schließlich noch verrührt mit 2% Tonerdesulfat! Dagegen könnte eine Harzseifenemulsion, die man durch Verschmelzen einer alkalisierten Mischung von Altkautschuk und Kolophonium bei 200° erzeugt, evtl. zusammen mit Wachs, Paraffin u. dgl. zur wasserdichten Imprägnierung von mit Tonerdeacetat vorgetränkten Geweben[6] geeignet sein.

In neuester Zeit wurde die wasserdichte Faserimprägnierung mit Emulsionen des nicht koagulierten Milchsaftes erfolgreich angewandt. Man emulgiert den Latex mit wäßrigen Schutzkolloidlösungen (Leim, Stärke, Casein) und Quellmitteln für die Kautschuksubstanz (Naphtha, Aceton), setzt überdies fallweise auch Seife nebst den üblichen Füllmitteln, weiter, wenn gleichzeitig koaguliert werden soll, Essigsäure od. dgl. saure Mittel zu und fügt schließlich für die folgende Vulkanisation die nötige Schwefelmenge bei[7]. Sonst sei unter den wenigen emulgierten Kautschuklösungspräparaten zum Wasserdichtmachen von Geweben nur noch eine Emulsion von Latex oder Kautschuklösung mit Seife genannt, die man auf das mit Alkalien oder Erdalkalien vorpräparierte Gewebe aufbringen soll[8], ferner eine Homogenisierung von Kautschuklatex oder -lösung mit wäßriger Schutzkolloid- (Leim-, Seife-, Albumin-) Lösung und Fett- oder Harzsäure-Zink- oder Bleisalzen[9]. Die vorteilhaft mit Alkalilösungen vorbehandelten Gewebe nehmen übrigens aus dem kautschukreicheren weniger viscosen Latex mehr Kautschuk auf als aus seinen Lösungen[10] (siehe auch S. 255).

Gelöst oder suspendiert und nicht emulgiert gelangen auch die Mittel zur Anwendung, die zur eigentlichen Gewebeoberflächenbehandlung dienen. Dieses Appreturgebiet umfaßt die Verrichtungen zur Erzeugung von Metallisierungs-, Farbdruck- und Glanzeffekten mit Hilfe von Klebstofflösungen, deren Inhalt durch physikalische oder

[1] D.R.P. 261921.  [2] D.R.P. 79996.
[3] D.R.P. 101409.  [4] D.R.P. 137216.
[5] D.R.P. 262552.  [6] Österr. Pat. 109167 (1926).
[7] D.R.P. 423600; vgl. D.R.P. 426937.  [8] Engl. Pat. 228893 (1925).
[9] Engl. Pat. 251961 (1926).  [10] Schilthuis, J.: Gummiztg 39, 958.

chemische Veränderung des Bindemittels (Eintrocknen, Koagulieren, Ausfällen usw.) auf der Faser befestigt wird. Ferner die Erzeugung von ornamentalen und bildförmigen Mustern auf den Geweben durch deren lokale Veränderung beim Mercerisieren, Chlorieren, Oxydieren usw. der Stoffbahnen, die örtlich mit gegen die Chemikalien widerstandsfähigen Reserven bedruckt sind. Schließlich werden auch die Vollendungsarbeiten des Stärkens der Wäsche und der Erteilung eines bestimmten Griffes[1] (s. S. 330) an die verkaufsfertige Ware mit Appreturmitteln ausgeführt, die nur insoweit aus ineinander nicht löslichen Flüssigkeiten bestehen, als man den Stärkekleister- oder Klebstoffapprets fallweise geringe Mengen geschmeidig machender Öle oder Fette zusetzt. Echte Emulsionen treten erst wieder im Bereiche der Gewebereinigung und der Fleckentfernung auf, die als Teilgebiete der Chemischwäscherei gelten, die ihrerseits ebensowohl dem Appreturgebiet als auch der Reihe von Gewerben angehört, deren wichtigstes chemisches Hilfsmittel die Seife ist.

Die Erörterung jener Prozesse, die mit der Trocken- und Naßwäsche mittels wasser- bzw. benzinlöslicher Seifen zusammenhängen, bildete den Gegenstand der einleitenden und folgenden Abschnitte des vorliegenden Buches, im allgemeinen betrachtet. Im besonderen, auf Gewebe aller Art bezogen, ist jedoch deren Behandlung durch die Wäsche des Stückes als Zwischenarbeit im Betriebe und ferner als Vollendungsarbeit nach zahlreichen Operationen der Gespinstfaserverarbeitung, von ihrer Gewinnung an bis zur Reinigung des gebrauchten Gewebes in der Hauswäsche mit Hilfe von Seifen, nicht erschöpft, sondern es sind in zahlreichen Fällen Sonderverrichtungen nötig, die der Detacheur auszuführen hat.

Eine seiner Aufgaben besteht darin, aus Geweben Flecken oft unbekannter Herkunft zu tilgen, die in irgendeiner Stufe der Faserverarbeitung entstanden sind, vielleicht sogar noch von der Stempelung der lebenden Schafe mittels teerhaltiger Farbe herrühren, oder die auf dem Gebrauchsstück als Tinten-, Rost-, Wagenschmiereflecken erscheinen, oder von eigengefärbten Getränken und Nahrungsmitteln und auch von Substanzen herrühren, die, wie z. B. Sauerobst, die empfindlichen Farben eines Gewebes zerstört haben. Von diesen und anderen Fällen jedoch abgesehen, die in das Gebiet der Färbereitechnik fallen, ist die Fleckenentfernung vom Standpunkt des praktischen Arbeitens mit Emulsionen in doppeltem Sinne interessant, denn es werden nicht nur häufig emulgierte Stoffgemische als technische Hilfsmittel angewandt, sondern nicht minder oft kann auch die Substanz, die den Flecken hervorgerufen hat (z. B. Blut oder Milchfett), erst durch ihre Emulgierung gelockert und zusammen mit dem Emulgiermittel beseitigt werden. Aber auch die oxydierenden oder reduzierend wirkenden Chemikalien, die, z. B. in Form des Eau de Javelle (Flecken von Gerbstoffen oder grünen Nußschalen), der Oxalsäure (Tinte-, Rostflecken), des Cyankaliums (Metalloxyde) usw., die Fleckensubstanz

---

[1] Über den „Griff" der Textilwaren s. die zusammenfassenden Angaben von K. WAGNER in Textilber. 1927, 868.

zerstören sollen, werden zur Verhütung der Faserschwächung seitens
der notwendigerweise konzentrierten Flüssigkeiten zweckmäßig in emulgierter Form aufgebracht. So soll man z. B. zur Bereitung eines Mittels
zur Beseitigung von Rost- oder Tintenflecken die wirksame Oxalsäure
zur Umsetzung in ihr Natronsalz und zur gleichzeitigen Einbettung
desselben in eine seine Wirkung mildernde Umgebung mit Wasserglas,
Salmiak und Seife, Saponin oder einem anderen schaumerzeugenden
Stoff emulgieren[1].

Das ganze Gebiet stellt sich als der nur zum Teil, etwa hinsichtlich
der Farbstoffveränderung durch Fleckenbildung auf gefärbten Geweben,
wissenschaftlich erfaßbare Ausbau einiger von alters her gebräuchlichen
Hausmittelmethoden dar.

Es ist sehr kennzeichnend, daß solche der überlieferten Erfahrung
entstammende rein empirisch gefundene Mittel nicht selten vorbildlich
richtig zusammengesetzt sind, physikalisch als Emulsionen und chemisch
ihrer Wirkung nach. So finden sich in heute noch, namentlich was die
Emulsionenlehre betrifft, sehr lesenswerten Publikationen, die aus der
Mitte und vom Ende des vorigen Jahrhunderts stammen[2], Behand-
lungsmethoden von Flecken unbekannter Herkunft in Baumwollwaren
mit ammoniakalischer Seifenlösung; auf Wolle mit der heißen Emulsion
von Ochsengalle, wäßriger Boraxlösung, Spiritus, Glycerin und Eidotter;
auf Seide mittels des emulgierten Gemisches einer wäßrig-alkoholischen
Borax-Seifen-Lösung mit Magnesiumcarbonat und ebenfalls Eidotter
usw. In solchen und zahlreichen anderen Kombinationen von Seifenwurzelabkochung, Marseillerseife, Ammoniakspiritus mit Ölsäure, saugenden Mineralpulvern mit Petroleum, Terpentinöl mit geschlagenem
Ei, Seifenspiritus mit Essigäther usw. liegt eine Fundgrube praktischer,
vielseitig anwendbarer Vorschriften für den Emulsionstechniker, Beweis dessen, daß viele neuzeitlich patentierte Verfahren im Grunde
nichts anderes enthalten als jene alten hie und da modifizierten Angaben, mit Anwendung von modernen Lösungsmitteln und Hilfsstoffen.

So wird z. B. empfohlen, Pechflecken, die aus der Rohwolle herrühren
(s. oben), mit einer schwach alkalisch gestellten Emulsion von Teer-
leichtölen und Seifenlösung[3] oder mit den wie Ammoniak wirkenden
Teerölbasen von Art des Anilins, Pyridins oder Chinolins[4] zu entfernen.
Im übrigen genügt das bloße Waschen der mit Teerölstempelfarbe
verunreinigten Wolle mit einer 35—40° warmen wäßrigen Seife-Am-
moniak-Emulsion zur Beseitigung der Flecken, doch ist bei Anwendung
dieser längst bekannten, kürzlich jedoch in Frankreich wieder patentierten Methode[5] der schädigende Einfluß warmer ammoniakalischer
Lösungen auf Wolle nicht außer acht zu lassen. Ein ammoniakalisches
Soda-Seifenbad soll auch zur Beseitigung der bräunlich-olivgrünen
Flecken auf halbwollenen Geweben dienen, die von der Einwirkung des

---

[1] D.R.P. 308078.

[2] Z. B. Polyt. Notizblatt 1849, 227; Dingl. J. 179, 327; insbesondere A. Vomáčka
in Industrieblättern 1883, 225.

[3] D.R.P. 81423; vgl. D.R.P. 74772.

[4] D.R.P. 97398.          [5] Franz. Pat. 589906.

Oleins der sauren Ölsäure-Textilseifenöle auf das im Shoddy meist vorhandene, der Zerreißapparatur entstammende Messing, herrühren[1]. Zum Waschen von mit Mineralölen geschmälzten Tuchen wird eine Emulsion von Saponinlösung mit einer Fett enthaltenden alkoholischen Walköllösung[2], für allgemeine Reinigungs- und Fleckenentfernungszwecke die milchige Emulsion einer mit Wasser verdünnten Paste vorgeschlagen, die durch Emulgierung von geschmolzener Stearinsäure mit konzentrierter Seifenrindenabkochung und Neutralseife erzeugt werden kann[3]. Auch viele Fleckwässer, Fleckputzstifte, Reinigungsmittel der Neuzeit sind wie die modernen Gall- (s. S. 42) und Eiweißseifen (s. S. 149) Emulsionen, die jenen alten Mischungen gleichen, doch findet sich auch manches Neue. Bemerkenswert ist z. B. die erst in neuerer Zeit erkannte hohe Fleckentilgungskraft der zusammen mit Seifen verwendeten hydroxylhaltigen Körper von Art des Naphthols oder Lysols (vgl. das S. 52, 196 über die emulgierenden Fähigkeiten solcher Stoffe Gesagte). Aber auch andere, sonst für diese Zwecke ebensowenig gebräuchliche Chemikalien, namentlich Lösungsmittel (Alkohol, Äther, Benzaldehyd, Furfurol, Schwefelkohlenstoff[4]) werden herangezogen und entweder Seifen einverleibt oder mit ihnen zusammen zum Waschen und Reinigen von Geweben, auch während der Fabrikation verwendet. Schließlich sind es vor allem die neuzeitlichen Emulgier-, Netz- und Reinigungsmittel aus den Reihen der sulfonierten organischen Stoffe (s. S. 56), die dazu bestimmt erscheinen, dem Gebiete der Detachierkunst neue Wege zu weisen.

Nach wie vor ist jedoch das Studium jener alten Herstellungsverfahren jedem zu empfehlen, der nach „neuen" Methoden zur Erzeugung von Emulsionen mit Hilfe wenig bekannter Vermittler sucht, und das um so mehr, als den alten Fachleuten die Kunst des Verschleierns von Tatsachenmaterial noch ebensowenig geläufig war, wie vielen insbesondere ausländischen Patentnehmern der Jetztzeit, die Stoffkunde.

## Tierische Haut(-verdickungsprodukte).

### Allgemeines.

Schafwolle, Tierhaare, Borsten, Federn und Haut sowie deren verdickte und verknöcherte Umbildungen (Schuppen, Krallen, Schnabel, Geweih, Huf, Horn) gehören, obwohl im einzelnen Gebilde verschieden ableitbar, zusammen, und zwar physiologisch als Entwicklungsprodukte des äußeren Keimblattes, chemisch als stickstoffhaltige, im besonderen Keratinsubstanzen (Horn, Haare, Wolle, Borsten, Federn). Dementsprechend sind die Verfahren der Gewinnung und Zurichtung der Naturstoffe, soweit dabei Emulsionen verwendet werden, gleichartig mit jenen der Wolle und Seide, selbstredend mit den Einschränkungen, die durch die derbere Art, z. B. der Schweineborsten gegenüber dem Wollhaar des Schafes, gegeben sind. So wie die verholzte Flachsfaser einer energischeren Aufschließung bedarf als das mit nur 5% ihres

---

[1] Ravizza, V.: Dt. Färber-Ztg 25, 264.    [2] D.R.P. 314403.
[3] D.R.P. 247637.    [4] Vgl. das Ref. in Chem. Zentralblatt 1927, II, 169.

Gewichtes an Fremdstoffen beladene Baumwollsamenhaar, wird demnach der Reinigungs-, Entfettungs- und Bleichvorgang, dem man die Schweineborsten unterwirft, stärkerer Mittel bedürfen als die Schafwolle. Nach einem neueren Verfahren[1] müssen z. B. die Borsten in einem kräftig oxydierend wirkenden Chlorbade vor- und in der kochenden Emulsion von Seife mit Türkischrotöl nachbehandelt werden, um ihnen die vom Handel verlangte seidenartig-glänzende und gleichzeitig federnd-elastische Beschaffenheit zu verleihen. Auch zur Reinigung und Entfettung des Roßhaares genügt nicht wie bei der Wolle die Seifenlösung oder ein organisches Lösungsmittel allein, sondern man kombiniert zweckmäßig beide zu einer Emulsion, die z. B. aus einer durch alkoholisches Ammoniak verseiften Mischung von Olein und Lösungsmittel, z. B. Benzin (neben Äther und Chloroform), erzeugt wird[2]. In gewissem Sinne ähnlich, jedoch durchgreifender, wegen der Dicke und schwereren Durchdringbarkeit des Rohstoffes, müssen auch die Emulsionen wirken, die man in der Industrie der Lederbereitung aus tierischer Haut in den einzelnen Phasen der Hautkonservierung, Hautentfettung, Blößenerzeugung, Blößengerbung und Lederzurichtung anwendet.

Die tierische Haut besteht aus drei Schichten: unter der dünnen behaarten Oberhaut oder Epidermis liegt die mittlere dicke Lederhaut, das Corium, und unter dieser die Unterhaut. Die für die Technik der Hautgerbung wichtigste Lederhaut ist fasriges Bindegewebe (Hautfibroin), bündelförmig eingelagert in die Intracellularsubstanz Coriin. Dieses ist löslich in verdünnten Säuren, Alkalien, Erdalkalien und 10proz. Kochsalzlösung, unlöslich in Wasser und Kochsalzlösungen stärkerer oder schwächerer Konzentration. Das Hautfibroin löst sich in kochendem Wasser zu Leim (Glutin), ferner in starken Säuren und Alkalien; es löst sich nicht in kaltem Wasser, verdünnten Säuren, Alkalien und Erdalkalien. Das entfettete, von der Unter- und von der mit Haaren besetzten hornartigen Oberhaut befreite Corium heißt Blöße. Sie ist stark wasserhaltig, der Verwesung leicht zugänglich, aufnahmefähig für wäßrige Gerbstofflösungen, für Fettstoffe, die sich mit ihrem wäßrigen Inhalt emulgieren, und für Emulsionen. Die Blöße ist als ein schwammförmiges Gebilde aufzufassen, das bei weitgehendem Wasserverlust, durch Verklebung der Bindegewebefasern mit dem Coriin als Kitt, zu dem nur teilweise reversiblen Kolloid „Hornleder" eintrocknet; durch Aufnahme verschiedener Chemikalien geht die Blöße in Leder über. Leder ist die durch solche Stoffe gegerbte, d. h. so weit veränderte Blöße, daß das Material beim Einlegen in Wasser und beim folgenden Trocknen nicht wie das sog. Hornleder hart wird, sondern weich und geschmeidig bleibt, bei Gegenwart von kaltem Wasser nicht fault und mit kochendem Wasser keinen Leim gibt. Es steht nicht fest, ob das Leder chemisch oder bloß mechanisch, durch Einlagerung und adsorptive Fixierung jener gerbenden Stoffe, veränderte tierische Haut ist, so wie die beiden Anschauungen noch miteinander streiten, ob der dem Gerben der Haut in vielem gleichende Vorgang des Färbens von

---

[1] Engl. Pat. 183249 u. 183270.    [2] Techn. Rundsch. 1910, 401.

Fasern, durch Lösung des Farbstoffes in der Fasersubstanz oder seine Festhaltung durch Adsorption oder als Folge der Bildung unlöslicher chemischer Verbindungen zwischen Faser (z. B. ihren Aminogruppen) und Farbstoff, zustande kommt[1]. Haut, Blöße und Leder zeigen an der Epidermisseite ein ihre Herkunft von der betreffenden Tierart kennzeichnendes, durch dichtere Stellung der Faserbündel hervorgebrachtes Strukturmerkmal, den sog. Narben, dessen Erhaltung während der Ledererzeugungsprozesse und dessen Hervorhebung während der Lederzurichtung beim Schmieren und Appretieren des Erzeugnisses, ebenso angestrebt wird, wie man sich bemüht, den Schauflächen minderwertiger Ledersorten durch Einpressen eines künstlichen Narbens das Ansehen hochwertiger Leder zu verleihen.

Im Verlaufe der Arbeiten, die ausgeführt werden, um aus der Haut, wie sie gesalzen oder selten mit anderen Mitteln konserviert, aus den Schlachthöfen an die Gerbereien gelangt, Leder und aus ihm geformte Ware zu erzeugen, treten Emulsionen nur auf: 1. mit dem Eigenfett der Häute, wenn dieselben entfettet oder mit alkalischen Stoffen behandelt werden, so daß sich Seifen bilden, die die Bildung außerordentlich stabiler Emulsionen zwischen dem Inhalt der schwammförmigen Hautsubstanz (Wasser, unverseiftes Fett, Eiweißstoffe) und der zugeführten Flüssigkeit vermitteln; 2. mit zugeführtem Fettstoff, der in die wasserreiche Blöße (s. oben) eindringt und zu einem Teil in ihrem Innern nicht minder feste emulsionenartige Bindungen eingeht, die hinsichtlich ihrer Stabilität den Eindruck chemischer Verbindungen hervorrufen. Schließlich werden 3. dem fertigen Fabrikationsleder und den aus ihm hergestellten Waren fertige Emulsionen zugeführt, die als Appreturmasse mit einem Anteil in die Lederoberfläche eindringen, ähnlich wie ein Anstrich in Holz oder ein Softeningpräparat in Gewebe (s. S. 332), und so den weitaus größeren farbigen oder glanzgebenden Anteil auf der Oberfläche des Stückes festhalten.

### Emulsionen bei der Blößen- und Ledererzeugung.

Viele Naturhäute enthalten große Mengen, z. B. Seehundsfelle bis zu 30% Fett, das man ihnen teilweise durch Extraktion mit organischen Lösungsmitteln[2] oder mittels Seifen oder alkalischen Flüssigkeiten entziehen muß, da solcher Überschuß den weiteren Fabrikationsverlauf stören würde[3]. Es scheint übrigens, als wäre ein Teil des Fettes in der tierischen Haut an Protein gebunden, da man ihr mit Extraktionsmitteln nur einen Teil des Fettes entziehen und mit verseifenden Agenzien ebenfalls nur 40% der Fettstoffe als Seifen herauswaschen kann; die Verseifung setzt erst ein, wenn das Alkalibindungsvermögen der Haut abgesättigt ist[4]. Im allgemeinen entfettet man jedoch die normalen

---

[1] Vgl. den Abschnitt „Färberei" in ZSIGMONDY, Kolloidchemie II, 5. Aufl. 192ff.

[2] Siehe z. B. Am. Pat. 1338307: Fettextraktion aus Schweinehäuten mit Erdöldestillaten im Vakuum.

[3] Verfahren und Vorrichtung zur Hautentfettung sind z. B. in D.R.P. 380594 beschrieben. Vgl. D.R.P. 367161.

[4] McLAUGHIN, G. D., u. E. THEIS: Ref. in Chem. Zentralblatt 1927, II, 659.

Rinder-, Kalbs- und Wildfelle nicht, weniger deshalb, weil die Gewinnung der Hautfette trotz ihres Wertes (s. S. 353) nicht lohnen würde, als vielmehr um dem Material die für die weiteren Operationen nötige Geschmeidigkeit zu bewahren, ferner die in ihm fettig-emulgierten Schutzstoffe zu erhalten, und so das allzu rasche Eindiffundieren der Gerbstofflösungen während der eigentlichen Gerbung zu verzögern. Zum Teil wird das natürliche Hautfett übrigens auch während des Äscherungsvorganges verseift und verändert und bildet dann einen Bestandteil des Leders. Besonders wirksam dürfte eine neuzeitliche Entfettungsmethode mit Hilfe einer Emulsion, z. B. aus 58 Petroleum, 39 Wasser und 37 neutraler Olivenölseife sein. Sie wirkt vermöge ihres hohen Gehaltes an Kohlenwasserstofflösungsmittel lösend und gleichzeitig emulgierend auf das Fett der tierischen Haut, entfettet demnach, füllt jedoch gleichzeitig die Poren mit Seife-Fett-Emulsion und läßt die Haut geschmeidig, gut vorbereitet für die Weiterverarbeitung[1]. Vollständig entfettet werden Lederabfälle, die, weiterhin auch von den Gerbstoffen befreit, zur Herstellung von Leim oder Kunstleder dienen sollen (s. S. 365). Es ist demnach festzuhalten, daß die gewöhnliche Haut, wie sie zur Verarbeitung gelangt, ein schwammförmiges Fasergebilde darstellt, dessen Poren mit einer wäßrigen Eiweißstoff-Naturfett-Emulsion gefüllt sind.

Die gesalzenen Häute werden gewässert, d. h. durch Bewegen im langsam rotierenden Walkfaß mit im Verlaufe mehrerer Tage öfter zu erneuerndem Wasser, oder besser mit $^1/_2$—1 proz., etwa physiologischer, Kochsalzlösung vom Konservierungskochsalz und von groben Verunreinigungen befreit. Zugleich werden die auf der Fleisch- oder Aasseite des Coriums sitzenden Fleisch- und Fetteile der Unterhaut durch Anschärfung der letzten Wässer mit 1—3% Schwefelnatrium so weit gelockert, daß man sie folgend mit dem Schabeisen leicht abstreichen kann. Jene im Corium eingebettete Naturhautfettemulsion aber bewirkt dadurch, daß sie während des Wässerns auf das innigste in die gequellten Faserbündel der bewegten Häute, man könnte sagen, „schaumig“ eingerieben wird, deren Schwellung zu einem geschmeidigen Gebilde, das der weiteren Behandlung mit Chemikalien, zum Zwecke des Lockerns der behaarten Oberhautschicht, besonders leicht zugänglich ist.

Die Hydrolysierung der Oberhaut geschieht durch den vorwiegend auf Häute für Sohlleder angewendeten Schwitzprozeß (das ist ein in geschlossenen Kammern bei Gegenwart von Feuchtigkeit in dieser etwa 16° konstant warmen Umgebung vor sich gehender gelinder Fäulnisvorgang), unter dem Einflusse des hierbei frei werdenden Ammoniaks. Oder durch Kälken oder Äschern[2] in Gruben (auch im bewegten Faß) mit Kalkmilch, der man zur Anschärfung Schwefelalkali (auch, insbesondere für Handschuhleder, Schwefelcalcium oder Schwefelarsen, z. B. Realgar) zuzusetzen pflegt. Oder schließlich im beschleunigten Schwödeprozeß in der Weise, daß man die mit angeschärftem Ätzkalk-

---

[1] Am. Pat. 1640478.
[2] Neuzeitliche Äschermethoden beschreibt O. Röhm im Gerber 53, 23.

brei oder auf der Narbenseite mit 10proz. Schwefelnatriumlösung bestrichenen Häute aufeinandergepackt mehrere Tage liegen läßt. In jedem Falle wird die Oberhaut so weit gelockert, daß sie mit den Haaren mittels des Päleisens leicht abgeschabt werden kann. Gleichzeitig wird aber auch ein Teil der Hautfettkomponente jener Emulsion zu einer löslichen Natron- ($Na_2S$), ($NH_3$) bzw. einer unlöslichen Kalkseife verseift. Die geschwellte aus dem Äscher, dem Schwitzraum oder der Schwöde kommende Haut liegt nunmehr als schwammförmiges Gebilde vor, das mit einer Naturhautfett-Eiweißstoffabbauprodukt-Seife-Emulsion erfüllt ist, die natürlich wesentlich stabiler sein muß als jene erste Fett-Eiweiß-Emulsion es war. Der auch nach dem Weichen und Äschern noch in der Haut verbleibende Fettstoff ist übrigens ganz im Sinne des oben Gesagten, kein einfaches Neutralfett, sondern ein Lipoid, das 2% Phosphatide und sehr geringe Mengen ungesättigter, dagegen viele oxydierte Fettsäuren enthält[1]. Es ist also auch hier wieder die Anwesenheit besonders wirksamer Vermittler, der das eigenartige Verhalten des Hautfettes in gerberisch-emulsionstechnischer Hinsicht zuzuschreiben ist.

In der nun vorhandenen Emulsion spielen die Eiweißstoffe, bzw. ihre unter dem Einflusse des Alkalis entstandenen Abbauprodukte, eine nicht minder wichtige Rolle wie die oben erwähnten Seifen. Dies geht z. B. aus den Angaben einer neueren Patentschrift[2] hervor, denen zufolge man für die Weiterbehandlung wesentlich geeignetere als die wie üblich geäscherten Häute erhält, wenn man mit einer Äscherlauge arbeitet, die mit dem gegenüber Calciumoxydhydrat wesentlich leichter löslichen Barythydrat angesetzt ist und der man vor dem Gebrauch so viel Hautsubstanz oder andere eiweißhaltige Stoffe einverleibt, „daß ein Übergewicht derselben über die in der Haut enthaltenen Eiweißsubstanzen besteht". Gleichermaßen wirksam sind Enzympräparate, z. B. Pankreastryptase[3], Bauchspeicheldrüsenextrakt[4], Pankreatin[5], Pepton[6], Eiweißspaltungsprodukte verschiedener Art[7], die man auf die mit alkalischen Flüssigkeiten geschwellten Häute oder mit dem Äscher zugleich einwirken läßt, um so ebenfalls Oberhaut- und Haarlockerung zu erzielen. Es scheint demnach, als würde (von den mechanischen Vorgängen der Oberhautlockerung usw. abgesehen, nur emulsionstechnisch betrachtet) an dieser Grenze zwischen physikalischer Adsorption oder Emulsionsbildung und chemischer Verbindung, die Entstehung einer festen Gemeinschaft von eigenem Fett und verändertem Eiweiß die Hauptfolge der alkalischen Hautbehandlung sein[8], gegenüber der die Bildung von Seifen zurücktritt. Jedenfalls läßt sich ein verschiedener Einfluß auf die kommende Blößen- und Lederbildung nicht fest-

---

[1] Theis, E. R.: Ref. in Chem. Zentralblatt 1928, I, 1351.
[2] Norw. Pat. 32959.            [3] D.R.P. 268873.
[4] D.R.P. 288095; vgl. das von O. Röhm in Ledertechn. Rundsch. 8, 129 beschriebene Arazym-Äscherverfahren, ferner Norw. Pat. 34503.
[5] D.R.P. 289305.            [6] D.R.P. 297522.
[7] D.R.P. 298322; vgl. D.R.P. 334526. — S. a. G. Abt: Ref. in Chem. Zentralblatt 1928, I, 1606.
[8] Vgl. J. T. Wood: Z. angew. Chem. 28, 154.

stellen, ob nun lösliche Ammoniak- und Natron- oder unlösliche Kalk-
und Barytseifen als Zwischenprodukte entstehen, denn in dem der Kalk-
äscherung folgenden Vorgang des Entkalkens der Häute mit Milch-,
Essig- oder Ameisensäure wird die Kalkseife doch zerstört und das
Calcium an die gewählte organische Säure gebunden.

Diese organischen Säuren (es wurde auch vorgeschlagen, sie in
emulgierter Form, z. B. das homogenisierte Gemisch von milchsaurem
Ammon, Fischtran oder einem anderen Fettstoff und wäßriger Leimlösung zu verwenden[1]), weniger gut die auch in Form ihrer Kalksalze
schwieriger entfernbaren anorganischen Säuren, wirken jedoch nicht nur
als Kalkbinder, sondern auch als Beizen[2], deren Einfluß eine weitere
chemische und Strukturveränderung der nunmehr zur Blöße gewordenen
Haut zuzuschreiben ist. Sie werden jedoch in dieser Hinsicht bei weitem
durch die Gärungs- (Kleie-), Kot- und Seifenbeizen übertroffen, deren
Einfluß auf die geäscherte und evtl. entkalkte Haut und ihren Inhalt
(s. oben) in emulsionstechnischer Hinsicht so bemerkenswert ist, daß wir
diesen Beizvorgang näher betrachten müssen.

Die Wirkung solcher Stoffe, die man in Form von wäßrig angeteigtem
Hundekot, Geflügelmist, Guano[3] u. dgl. oder als sauren Mehlkleister
zur Anwendung bringt, gleicht jener eines Gärungsvorganges. Der Vergleich ergibt: die Kleiebeizen entfernen die letzten Kalkspuren aus
mit Säuren entkalkten oder mit Kotbeizen behandelten Häuten, besitzen
deren hohen entschwellenden Einfluß allerdings nicht, greifen hingegen
die Haut weniger an als diese Kotbeizen, die bei zu starker Einwirkung
das Bindegewebe schädigen, und zwar wie man annehmen kann, durch
Zerstörung der in die Fasern eingelagerten Eiweißstoff-Fett-Emulsion.
Denn wenn man auch über die Einzelheiten der sich abspielenden Vorgänge nicht unterrichtet ist, so steht doch fest, daß solche schädigende
Wirkungen auf die Haut nicht erfolgen, wenn man die Rohkotbeizen
durch Mittel ersetzt, die von Natur aus Emulsionsvermittler sind.
So z. B. durch Drüsensekrete (Bauchspeicheldrüsenextrakt[4], vgl. oben den
Ersatz des Kalkäschers), Galle oder Gallenpräparate[5], Leberpreßsaft[6],
mit Hefe in Gärung versetzte Traubenzuckerlösung[7], ammonsalzhaltige
(nicht ätz- oder kalkalkalische) Lupinenentbitterungslaugen[8], oder wenn
man die durch Reinzucht von Kotbakterien, z. B. auf Sojabohnenbrei, gewonnenen Enzympräparate verwendet[9]. Oder schließlich wenn man auf
Grund der Tatsache, daß Hundekot milchsaure Ammonsalze, Phosphate
und unverdaute Fett- und Eiweißreste enthält, Gemische jener oben-

---

[1] D.R.P. 150621; vgl. H. P. Aumach: Gerber-Ztg 1904, Nr. 54.

[2] Vgl. J. T. Wood: Das Entkalken und Beizen der Häute. Deutsch von
J. Jetmar, Braunschweig 1914.

[3] Benker: Gerber, Jhg. 1, Nr. 4 u. 24.

[4] D.R.P. 200519 u. 281717: seine Verwendung zusammen mit salzhaltigen
faulenden oder gärenden Flüssigkeiten.

[5] D.R.P.Anm. E. 14079 u. 14524, Kl. 28a.

[6] D.R.P.Anm. E. 14788, Kl. 28a.

[7] D.R.P. 190702.          [8] D.R.P. 317804.

[9] Eitner, W.: Ref. in Z. angew. Chem. 1898, 1070; dazu Gerber-Ztg 1905,
Nr. 43 u. Jahresber. chem. Techn. 1913, II, 600: z. B. Arazympräparat (s. S. 43).

erwähnten Tran- oder auch von Galleemulsionen mit hochmolekularen Seifen oder seifenähnlichen (demnach ebenfalls die Bildung von Emulsionen vermittelnden) Stoffen als Hautbeizmittel wählt, z. B. mit Saponinen oder Monopolseife, die leichtlösliche Kalksalze bilden (d. h. entkalkend wirken) und die Entstehung von fettsaurem Kalk in und auf der Hautfaser nicht zulassen, also der Entmischung jener Fett-Eiweißstoff-Emulsion in der Haut vorbeugen. Dies äußert sich in der Gesamtwirkung der Haut- (Blößen-) Beizen, die in ihrer Fähigkeit besteht, die Schwellung der Hautsubstanz herabzumindern, deren Fasern in Fibrillen zu zerlegen, den Narben zu erweichen und das Kollagen in einem leicht hydrolytischen Vorgang anzuätzen[1].

Nach alledem kann man das nach dem Schwellen, Äschern und Beizen von Unter- und Oberhaut befreite Corium als ein geschmeidiges Fasergebilde auffassen, das durchaus mit einer Hautfett-Eiweißstoff-Emulsion erfüllt und in dieser Form als Blöße für den eigentlichen Gerbeprozeß vorbereitet ist.

Von den Gerbeverfahren schalten hier alle aus, die, wie die Lohe- oder Grubengerbung, in saurer Lösung erfolgen oder, wie die Lederbildungsprozesse mittels Mineralsubstanzen (dem Beizen der Wolle und Seide entsprechend), auf der Vereinigung der Faser mit dem Metallsalz (z. B. mit basischem Chromoxyd) zu einer unlöslichen Verbindung, dem Mineral- (Chrom-, Eisen-, Alaun-, Kieselsäure usw.) Leder, beruhen. In neuerer Zeit wurde allerdings vorgeschlagen, pflanzliche Gerbstoffe als Drogen (z. B. Quebrachorinde) unter Zusatz von Ölen evtl. auch von Kieselsäure- oder Chromverbindungen in Kolloidmühlen zu einer Emulsion zu vermahlen, deren direkte Anwendung die Gerbdauer der Blößen auf die halbe der sonst nötigen Zeit herabsetzen soll[2]. Ferner wurde in Anlehnung an ältere Verfahren der Kombinationsgerbung empfohlen, salbenförmige Emulsionen z. B. von Vaselin mit 30proz. wäßrigem pflanzlichen Gerbextrakt oder mit wäßrigen Mineralsalzlösungen (Eisen- und Kaliumchlorid) als Gerbmittel zu verwenden[3].

In solchen Versuchen äußert sich das Bestreben, die schroffen Gegensätze zu vermeiden, die zwischen der wäßrigen Gerbbrühe und der mit Fett-Eiweißkörper-Emulsion gefüllten Haut bestehen und den Vorgang der Blößengerbung mit Stoffgemischen auszuführen, deren wirksame Komponente, so wie in den kosmetischen Hautpräparaten, in feinstzerteilter, emulgierter Form vorliegt. Das bedeutet aber, daß die Technik der Emulsionen ihre Aufmerksamkeit nicht nur auf die Erzeugung, sondern, mehr als es bisher geschah, auch auf die Entstehung von Emulsionen, und zwar von jenen zu richten beginnt, die im Material mit zugeführten gelösten oder emulgierten Stoffen zustande kommen. Ihren Ausdruck findet diese neue Richtung vor allem in der Suche nach Netz- und Durchdringungsmitteln (s. S. 56), die ja nichts anderes sind als Brücken zwischen dem Inhalt des zu behandelnden Materiales und zugeführten gelösten oder emulgierten Stoffen. Für die Notwendigkeit, das Studium solcher Vorgänge mit als Hauptaufgabe

---

[1] MARRIOTT, R. H.: Chem. Zentralblatt 1927, II, 363.
[2] D.R.P. 440037.          [3] D.R.P. 416508.

der Emulsionstechnik betrachten zu müssen, um geeignete Vermittler
für die Übertragung chemischer und physikalisch-chemischer Wirkungen
zu finden, bietet sich ein besonders überzeugendes Beispiel in der Betrachtung der Erzeugung des Glacéleders als Produkt einer kombinierten
Mineral-Fettstoff- und jene des Sämischleders, das ist das Erzeugnis
reiner Fettgerbung[1].

Zur Ausführung der Sämischgerbung[2] wälzt man die kleiegebeiz-
ten, und zwar nassen[3] Häute oder Felle von Gemsen, Rehen oder
Lämmern mit Tran im Walkfaß, hängt die Häute dann ausgebreitet
an der Luft auf und läßt sie schließlich zu Haufen gebracht in warmen
Räumen angären. Vom Fettüberschuß durch Ausringen (gibt Moellon,
s. unten) und Auswaschen (gibt die Weißbrühe, aus ihr durch Säurefällung, Dégras) befreit, sind die wollartig weichen, kochbeständigen
Leder für Handschuhe und Kleidung fertig. In diesem Fabrikations-
verfahren spielen sich nun folgende Vorgänge ab: Durch das Bewegen
der Blößen mit dem Tran wird der Fettstoff in die Hautsubstanz ein-
gepreßt, verdrängt aus ihr das überschüssige Wasser, emulgiert sich mit
diesem und in dieser Emulsion weiter mit jener natürlichen Hautfett-
Eiweißstoff-Emulsion, die das Faserbündelhaufwerk der Blöße erfüllt.
Den fettgetränkten Blößen vermag man anfänglich, ehe sie während
des Wälzens warm werden, noch den größten Teil des aufgenommenen
Fettes zu entziehen und Blöße rückzubilden; zu Leder wird sie erst
durch einen eigentümlichen Oxydationsvorgang, der im Walkfaß, beim
Warmwerden seines Inhaltes einsetzt und nach dem Verhängen der
Blößen an der Luft endigt. Im Verlaufe dieses Prozesses tritt zunächst
teilweise Fettspaltung ein, gleichzeitig beginnt die oxydative Veränderung des Tranes und seiner ungesättigten Fettsäuren, und es entstehen Aldehyde, vor allem aber Oxyfettsäuren, also typische Emulgatoren (s. S. 52) sowohl, als auch chemisch reaktionsfähige Körper,
deren Vereinigung mit der Blößensubstanz die Bildung des Sämischleders
herbeiführt. Die veränderten Fettstoffe, namentlich die Oxyfettsäuren,
sind nunmehr, und zwar in der Menge von etwa 4% vom Gewichte
des Leders, mit dessen Hautsubstanz (etwa 66%) fest verbunden und
lassen sich weder mittels organischer Lösungsmittel noch durch verseifende Agenzien, z. B. nicht mit kochenden Alkalien, entfernen; es ist
eine neue, offenbar auch chemisch veränderte Substanz, das Sämischleder, entstanden[4]. Dieser Vorgang geht leichter als mit Waltran mit-
den Menhaden-, Sardinen-, Herings- und anderen Fischölen von höher
trocknenden Eigenschaften vonstatten; jener eignet sich seinerseits

---

[1] Über Öle und Fette in der Lederindustrie s. St. Ljubowski in Seifensieder-
Ztg 1924, 453ff., und die neuen Arbeiten von O. Stadler und E. Böhme in Leder-
techn. Rundsch. 19, 74 bzw. 57; speziell über Fettstoffe als Gerbmittel schreibt
W. Obst in Allg. Öl- u. Fettztg 1928, 135.

[2] Ein neuartiges Verfahren, z. B. in D.R.P. 410261; Sämisch- auf Chrom-
gerbung z. B. in D.R.P. 383369.

[3] Neuere Versuche (P. Chambard u. L. Michallet: Ref. in Chem. Zentralblatt 1928, I, 1604) ergaben die Unentbehrlichkeit der Gegenwart von Wasser beim
Einwalken des Tranes.

[4] Siehe z. B. Franz. Pat. 595954.

besser als die anderen Fischöle zur Schmierung des Leders, das ist ein von der Fettgerbung fundamental verschiedener Imprägnierungsvorgang an der fertig gegerbten Blöße (s. u.). Die Sämischledererzeugung mit Seetierfettstoffen stellt sich demnach als eine, hinsichtlich der Bildung von Oxyfettsäuren sicher, was deren Vereinigung mit der Faser und ihrem Inhalt (s. oben) betrifft vielleicht ebenfalls, chemische Reaktion dar, die lediglich als Folge der innigen Berührung feinzerteilter Stoffe (Hauteigenfett-Hauteiweiß-Oxyfettsäuren-Tran-Emulsion) zustande kommt[1].

Versuche, die aus der neuesten Zeit stammen, ergaben weiter, daß die Gerbung mit Fettsäuren sofort einsetzt, rasch verläuft und zu einem vollgriffigen dunkelbraunen Leder führt, während der Tran als natürliches Öl erst nach einigen Tagen einzuwirken beginnt und das gelbe fettgare Leder üblicher Beschaffenheit erzeugt. Damit steht im Zusammenhang, daß ein gegenüber dem gewöhnlichen Sämischleder besseres weil vielseitiger verwendbares Erzeugnis entsteht, wenn man nach FAHRION (l. c.) die Gerbung der Häute mit der eben ausreichenden Menge einer konzentriert alkoholischen Lösung stark ungesättigter Tranfettsäuren vollzieht. Ferner ist im Sinne des weiter oben Gesagten emulsionstechnisch die Erkenntnis von Bedeutung, daß Fettsäuren ohne und mit Hydroxylgruppen im Molekül sich hinsichtlich ihrer gerbenden Wirkung gleich verhalten, wodurch bestätigt wird, daß lediglich die gegebenenfalls durch Zusatz sauerstoffübertragender Katalysatoren geförderte nachträgliche Bildung von Oxysäuren den Effekt herbeiführt[2]. Es gibt demnach verschiedene Arten sämischgarer Leder.

Sehr lehrreich sind in dieser Hinsicht Versuche, die von F. GARELLI und C. APOSTOLO[3] angestellt wurden, um die früheren Annahmen zu widerlegen, als würde tierische Haut Fettsäuren nur unter Zusatz von Alkohol oder Ammoniakseife (als Lösungs- bzw. Emulgierungsvermittler) zu fixieren imstande sein. Es ergab sich, daß Häute durch 10—12stündiges Einlegen in die wäßrige Emulsion, nicht nur der (überdies weniger als Tran) ungesättigten Öl-[4] und Abietin-, sondern auch der gesättigten Stearinsäure bei öfterem Durchschütteln ein weißes, undurchsichtiges lederartiges Produkt (s. Definition S. 341) liefern, dem man durch 10maliges Ausschütteln mit Äther nur einen Teil der Fettsäuren entziehen kann. Gleichermaßen werden von der Haut die an den Doppelbindungen abgesättigten Türkischrotöle[5] und bei der Bereitung des Japanleders rohes Rüb- oder Ricinusöl aufgenommen; allerdings unter Bildung echten Leders nur, wenn man die Häute in einem 2—4 Monate dauernden Prozeß abwechselnd wässert, mechanisch

---

[1] Zur Theorie der Sämischlederbildung, W. MÖLLER: Kollegium 1920, 69, u. früher W. FAHRION: Z. angew. Chem. 1891, 172 u. 634.

[2] CHAMBARD, P., u. L. MICHALLET: Ref. in Chem. Zentralblatt 1928, I, 1604.

[3] Kollegium 1913, 425.

[4] Neuere Versuche (vgl. das Ref. in Chem. Zentralblatt 1928, I, 1604) ergaben dagegen, daß der Ölsäure und dem Olivenöl keinerlei gerbende Wirkung zukäme.

[5] D.R.P. 35338; vgl. D.R.P. 344016: Türkischrotöl mit nur 0,5 gegen sonst 10—25% Schwefelsäure erzeugt.

bearbeitet, mit Rüböl einreibt, an die Sonne legt usw. Nach FAHRIONS ausgedehnten Untersuchungen[1] kommt auch in diesem Falle die Bildung des bekannt ausgezeichneten Japanleders unter der Einwirkung von oxydiertem Rüböl zustande, für dessen Entstehung er die Mitwirkung sog. Peroxyde oder Peroxydsäuren in Anspruch nehmen muß, die während des fortgesetzten emulgierenden Walkens der wäßrigen Felle mit dem Öl an Licht und Luft als dessen Autoxydationsprodukte entstehen und den Sauerstoff an die ungesättigten Öle anlagern sollen. Dafür spricht ferner, daß sämischgare Leder guter Qualität auch entstehen, wenn man die Häute mit an den Doppelbindungen bereits veränderten (s. oben, Türkischrotöl) Emulsionen von wäßriger Seifenlösung, Fettstoff ·oder Fettsäure und Formaldehyd behandelt[2], der (s. oben, die Entstehung von Aldehyden beim gewöhnlichen Sämischlederprozeß) an der Oxydation der Doppelbindungen beteiligt ist. Auch durch Emulgierung der sonst zur Sämischgerbung dienenden Fettstoffe oder des Eieröles der Glacéledernahrung (s. unten) mit 0,5—2% Formaldehyd erhält das Fett die Fähigkeit, die Blößen bei der folgenden Oxydation besser zu durchdringen, so daß man die evtl. sonst nötige .Bleiche des Leders ersparen kann[3]. Formaldehyd ist aber auch allein, ohne Fettstoff, in alkalischer Lösung ein ausgezeichnetes Gerbmittel[4], mit dessen Hilfe während des Krieges beträchtliche Mengen eines hinsichtlich der Zug- und Wasserfestigkeit dem Chromleder gleichenden lederartigen Erzeugnisses hergestellt wurden. Schließlich werden aber auch die völlig indifferenten unverseifbaren Mineralöle, zweckmäßig in Emulsion mit Seifenlösung oder Pflanzenölen[5], von der Haut unter Bildung sämischlederartiger Produkte aufgenommen, so daß man zusammenfassen und wohl annehmen kann:

Sämischleder und ihm ähnliche Erzeugnisse entstehen aus der tierischen Haut durch Einemulgierung von Fettstoffen mit ungesättigten und an den Doppelbindungen veränderten (oxydierten, sulfonierten) Fettsäuren, aber auch mit solchen gesättigter Natur (s. oben Stearinsäure) und ferner mit mineralischen Fetten, also offenbar durch so innige Vereinigung von zugeführter emulgierbarer Substanz (Fettstoff) mit der in der Haut vorhandenen (s. oben) Fettstoffemulsion, daß organische Lösungsmittel oder verseifende Agenzien dem fertigen Leder den einverleibten Fettstoff nicht mehr zu entziehen vermögen[6]. Es gibt demnach, von den bloß fettgaren Ledern abgesehen, die sich wie geschmierte Leder jeder Herkunft verhalten (nach Extraktion des Fettes also wieder Haut werden), verschiedene Sorten sämischgaren Leders, etwa wie es nicht einen, sondern viele Naturkautschuksorten und ihre das Vorbild nicht erreichende Ersatzprodukte gibt. Die Sämischleder dürften durch einen seinem Wesen nach noch unbekannten Vorgang entstehen, der

---

[1] Z. angew. Chem. 1909, 2083. — S. a. Chem. Umschau (Revue) 1921, 170.
[2] D.R.P. 272678 u. 325884.          [3] Engl. Pat. 266622 (1926).
[4] D.R.P. 111408; vgl. W. EITNER: Gerber 1907, 227, u. JETMAR: ebd. 1912, 91.
[5] EARP, R. A.: Z. angew. Chem. 1910, 2240.
[6] Siehe das Verfahren des D.R.P. 35340: Herstellung eines sämischgaren Leders durch Einlegen der fettgegerbten Leder in so oft zu erneuernde Naphtha, bis sie kein Fett mehr herauslöst.

zwischen physikalischer Bindung und chemischer Verbindung liegt, da das fertige Erzeugnis, nämlich ein von einem Eiweißfasergerüst zusammengehaltenes System von Emulsionen, die Eigenschaften einer chemischen Verbindung zeigt.

Eine die Wahrscheinlichkeit des Gesagten stützende Tatsache bildet auch die Erzeugung der Glacéleder. Bei dieser Art der Blößenbehandlung erfolgt die Lederbildung mittels der sog. Nahrung, das ist im wesentlichen eine Emulsion von Alaun, Salz, Mehl, Eidotter und Wasser, also eine Mischung, die den Vorgang als eine kombinierte Weiß- (Alaun-) und Fettgerbung erscheinen läßt. Tonerdeverbindung und Kochsalz, die beim Weißgerben[1] zur Ablagerung von basischen Aluminiumverbindungen in der Hautfaser führen, üben jedoch bei der Glacélederbereitung keinerlei gerbende Wirkung aus, sondern sie bereiten in erster Linie die Blöße zur Aufnahme der eigentlich gar machenden Mittel vor, das sind Eidotteröl und Klebereiweiß des Weizenmehles. Beide sind, wie aus den Darlegungen im Abschnitt über Nahrungsmittel (S. 244) zu ersehen ist (s. a. S. 206), hervorragende Emulsionskomponenten und -vermittler, und es erscheint darum verständlich, daß sie mit Hauteiweiß und Hautfett sehr feste Emulsionsbindung eingehen müssen, deren Stabilität an jene des sämischgaren Systems heranreicht und jene des bloß fettgaren Leders natürlich bei weitem übertrifft.

Man arbeitet in folgender Weise: Die arsengeschwödeten, hundekotgebeizten Zicklein- oder Lammfelle werden zuerst in der Hauptgare ein bis mehrere Stunden mit einer Emulsion von wäßriger Alaun-Kochsalzlösung, Eigelb, Olivenöl und Weizenmehlkleister verknetet, gelangen dann in ein ähnlich, z. B. mit Klauen- statt Olivenöl, bereitetes Nachgerbebad, werden weiter in der Brochiergare mit einem alaunfreien Salzwasser-Eidotter-Weizenmehlkleister behandelt und gegebenenfalls (nach dem ungarischen Verfahren) noch mit geschmolzenem Talg „eingebrannt". So wie beim Weißgerben in wäßriger Alaun-Kochsalzlösung das an sich übrigens recht wasserunbeständige, weißgare Leder lediglich durch Ablagerung einemulgierter basischer Tonerdeverbindungen in die Hautsubstanz entsteht, kann man· auch die Bildung des Glacéleders nicht anders als einen Emulgiervorgang auffassen, in dessen Verlauf, wie bei der Sämischledererzeugung, dort z. B. Tran oder (um nur eines der vielen Spezialverfahren[2] zu zitieren) eine Schmelze von Lanolin und Degras mit Leimlösung, hier Eidotteröl (Oliven-, Klauenöl) mit Klebereiweiß als Vermittler in die Hauteiweiß-Hautfett-Emulsion der Blöße einemulgiert wird.

Ebenso natürlich, wenn man, mit größerem oder geringerem Erfolg (Glacé- und glacélederartige Erzeugnisse), das Eidotteröl durch Türkischrotölpräparate[3], Olivenöl- Glycerin- oder -Chlorhydrin-Emulsionen[4], Gehirnsubstanz[5] u. dgl. ersetzt. Einen solchen Eigelbersatz gewinnt man

[1] Siehe z. B. J. JETMAR in Ledertechn. Rundsch. 6, 17; ferner E. NIHOUL in Z. angew. Chem. 1918, 83.
[2] D.R.P. 195410.     [3] D.R.P. 286437 u. 308386.
[4] SADLON, C., bzw. KATHREINER: Gerber 1877, 74, u. 1875, 170.
[5] Dingl. J. 147, 240.

z. B. durch Verseifen von fettsaurem Ammon in alkoholisch-ammonia-
kalischer Lösung mit Natriumphosphat. Dadurch, daß man das freie
Ammoniak durch ammoniakalische Lösungen von Casein oder anderen
Eiweißstoffen ersetzt, erhält man bei der Verseifung der glycerinfreien
Fettsäuren in alkoholischer Lösung, als Gerbmittel zur Herstellung von
Handschuhleder, gleich eine Seife-Eiweißkörperemulsion[1].

Die Annahme, daß die Bildung mancher Leder nur der Entstehung
von Emulsionen zuzuschreiben ist, deren Festigkeit jene chemischer Verbindungen erreicht, wird weiter gestützt, wenn man die
zahlreichen anderen Verfahren betrachtet, die durch Behandlung der
Blöße mit den verschiedenartigsten Stoffen Leder erzeugen wollen.
Es finden sich da, von den in saurer Lösung wirkenden oder angesetzten
Gerbmitteln abgesehen, so gut wie ausschließlich Substanzen, die uns
als Komponenten von Emulsionen oder Vermittler ihrer Bildung wiederholt begegnet sind. So bei der früheren Erzeugung des lohgaren Juften-
leders das Birkenteeröl, ferner andere Teeröle und -extrakte, z. B. des
Kohlen-[2], auch des Buchenholzteeres[3], ferner Anthracenöl[4], Asphalt und
Säureharzlösungen[5], Huminsubstanzen, Sulfitablauge, Zucker, z. B. in
Glycerinlösung, Galle und Enzympräparate[6] u. v. a. Namentlich aber gibt
es kaum eine Methode der nichtsauren Kombinationsgerbung, bei
deren Ausführung nicht in irgendeiner Stufe der Vor- oder Nachbehandlung, Fettstoffe u. a. Emulsionskomponenten oder Emulgatoren der genannten Art vorkämen. Ohne hier auf die vielen Möglichkeiten der
Emulsionenbildung bei gleichzeitiger oder aufeinanderfolgender Arbeit
mit vegetabilischen und Mineralgerbmitteln einerseits und Fettstoffen
andererseits einzugehen, sei nur noch erwähnt, daß die tierischen Därme
als Hautmaterial besonderer Art sowie die auf verschiedene Waren
verarbeitbaren Sehnen, tierischen Blasen u. dgl., wenn überhaupt,
vorwiegend der Glacégerbung unterworfen werden, um die schmiegsamen, mechanisch stark beanspruchbaren Leder für Blasebälge, Orgel-
pfeifenklappen, Goldschlägerhäutchen zu erzeugen. Emulsionstechnisch
ist zu dieser Fabrikation nichts zu sagen, um so mehr hingegen im
Gebiete der Lederzurichtung, d. i. die Fertigstellung der gegerbten
Häute, insbesondere aber der Konservierung der Leder zur Verhütung
ihres Eintrocknens und Brüchigwerdens.

### Emulsionen bei der Lederzurichtung.

Es spricht abermals für jene oben gestellte Annahme, Leder sei ein
mit sehr stabilen Emulsionen gefülltes Hauteiweiß-Fasergebilde, daß
das fertige, nur gegerbte, nicht weiter behandelte Erzeugnis zum Teil
noch die Eigenschaften der Haut, wenn auch in stark herabgemindertem
Maße, zeigt: es ist der Ansiedlung von verderblichen Keimen, z. B.
Schimmelpilzen, zugänglich, und es vertrocknet durch Schrumpfung
der Faserbündel und vermutlich auch wegen chemischer Veränderung

---

[1] D.R.P. 389028, Zus. zu 383477.   [2] D.R.P. 135844.
[3] D.R.P. 322387.   [4] Engl. Pat. 137323.
[5] D.R.P. 258992 u. 258993 bzw. D.R.P. 262333 u. 333403.
[6] Engl. Pat. 21202 (1909).

ihres Emulsioneninhaltes. Jedes Leder muß daher, seiner Eigenart entsprechend, 1. noch im Betrieb, um es lagerfähig zu erhalten, 2. während des Gebrauches zum Schutze gegen Fäulnis und Eintrocknung, konserviert werden. Wie bei den bisher besprochenen Faserstoffen, z. B. beim Holze, kann dieser Schutz zugleich eine Zier werden und dementsprechend durch Imprägnieren und Färben oder durch Anstreichen, Lackieren, Metallisieren u. dgl. erfolgen. Die anzuwendenden Methoden richten sich natürlich stets nach der Sorte des betreffenden Leders und seiner Zweckbestimmung. Von den Verfahren interessieren hier nur jene, bei deren Ausübung Emulsionen verwendet und gebildet werden, und in dieser Hinsicht ist an erster Stelle die Lederschmierung zu nennen.

Zum Einfetten der Leder im Betriebe, also im Fabrikationsgang eingeschlossen, dienen je ihrer Qualität die verschiedenartigsten Öle und Fette, unter denen jedoch die der tierischen Haut verwandtschaftlich am nächsten stehenden Fettstoffe, insbesondere der Seetiere[1], sich gegenüber den rein vegetabilischen und vor allem gegenüber den mineralischen Ölen weitaus am besten eignen. Man will sogar, in Übereinstimmung mit dem S. 179 über die Verwendung artähnlich zusammengesetzter Fette für kosmetische und S. 237 für Speisezwecke Gesagten, so weit gehen, daß man auch bei der Einfettung des Pelzwerkes, z. B. zur Behandlung von Fuchsfellen, ein Gemisch von Degras, Rindermark oder Wollfett und mindestens 20% Fuchsfett, für Bärenfelle Bärenfett usw., anempfiehlt[2]. Der Typus einer üblichen Kombination von Ledereinfettungsmitteln ist ein verschmolzenes Gemisch etwa gleicher Teile Talg, Tran und Degras oder Moellon. Über diese beiden letztgenannten wertigsten Stoffe ist zunächst einiges zu sagen[3].

Durch Ausringen der trangetränkten Häute der Sämischgerberei gewinnt man, wie dort bereits kurz erwähnt wurde, das Moellon, beim letzten Waschprozeß des Sämischleders die Weißbrühe, eine wäßrige Emulsion des Fettstoffes Degras, den man durch deren Entmischung, z. B. mittels Säure abscheidet. Dem dort Gesagten zufolge unterscheiden sich die beiden einander sonst gleichenden und gleichwertigen Fettstoffe durch ihren Gehalt an veränderten, oxydierten Fettsäuren, der naturgemäß beim Degras, als dem Produkt längerer Einwirkung und gleichzeitig wäßriger Extraktion, größer ist. Degras und Moellon sind demnach keine reinen Fettstoffe, sondern deren Gemische mit Substanzen, die emulsionenbildend zu wirken vermögen, Beweis dessen, daß sie sich, wie schon Eitner[4] erkannte, ohne weiteren Zusatz durch Schütteln mit Wasser in haltbare Emulsionen überführen lassen. Sie sind aber auch, der eine mehr, der andere weniger, Gerbmittel, die den frischen Tran

---

[1] Als Lederschmier- und Lederfettemulgiermittel wurde z. B. in neuester Zeit eine im Vakuum eingetrocknete Paste von Haifischrogen mit Konservierungsstoffen vorgeschlagen (Engl. Pat. 284 707/1928).

[2] D.R.P. 437 214.

[3] Herstellung und Eigenschaften des Degras, dieser Wasser-in-Öl-Emulsion, beschreibt H. Pomeranz in Allg. Öl- u. Fettztg 24, 363. — Über die an Degras und Moellon zu stellenden Anforderungen s. W. Obst in Allg. Öl- u. Fettztg 25, 232.

[4] Gerber 1885, 217.

bei der Sämischgerberei z. T. zu ersetzen und diese blößengerbende Eigenschaft weiter zu äußern vermögen, wenn man sie allgemein als Lederschmieren verwendet, insofern als sie dann eine Nachgerbung herbeiführen. Daraus geht hervor, daß diese Substanzen Idealfette der Lederindustrie darstellen und die recht geringe Produktion der Sämischlederfabrikation nicht im entferntesten den Bedarf zu decken vermag. Es gibt daher Betriebe, die das auch sonst im Bereiche der Lederappretur und Schuhekonservierung vielseitig verwendbare Erzeugnis in zwei durchaus verschiedenen Kategorien herstellen: einmal als vollwertigen Ersatz jener Produkte aus Leder und Tran und andererseits als Nachahmungen, die je nach der Qualität ebenfalls sehr verwendbar sein können, jedoch keine echten sog. Gerberfette sind.

Nach der deutschen Methode tränkt man geschwellte und enthaarte, kleiegebeizte, minderwertige Haut, sog. Leimleder, im Walkfaß mit Tran, lüftet (s. oben), wiederholt diese beiden Operationen einige Male, bringt das Material zu Haufen, die man zur Verhütung allzu starker Selbsterwärmung öfter umschaufelt, schabt von den Häuten den von ihnen nicht abgeflossenen oxydierten Tran ab und vereinigt ihn mit der Emulsion, die durch Auskochen der Stücke mit Sodalösung resultiert; mit Säure ausgefällt erhält man echtes Degras. Nach der französischen Methode[1] wird die ebenso behandelte Haut nicht ausgekocht, sondern nur unter Wasser stark abgepreßt; dieses ohne Chemikalienbehandlung gewonnene Fett ist das echte Moellon. Künstliche, für manche Zwecke jedoch ebenfalls gut verwendbare Produkte sind Emulsionen, z. B. von bei 150° mit Luft oxydiertem Tran mit Soda, Ammoniak oder Seife[2]. Alle drei Arten dieser Gerberfette werden vielfach mit Wollfett, rohem Tran, Pflanzen- oder Tier-, auch Mineralfett zuweilen soweit verfälscht, daß die Erzeugnisse kaum mehr oxydierten Tran enthalten und dann als gewöhnliche Einfettungsmittel zu betrachten sind, denen die Eigenschaften des Degras fehlen, nämlich[3] von feuchtem Leder innerhalb 30 Minuten vollständig aufgenommen zu werden und auch bei 10 stündigem Erhitzen auf 100° keine feste Oberflächendecke zu bilden.

Degras und Moellon zählen gleich den Türkischrotölpräparaten zu den eigenartigsten und wertvollsten Erzeugnissen der Emulsionstechnik, deren Bedeutung als Fettstoffe und gleichzeitig als Emulgatoren außerhalb der Lederindustrie noch nicht genügend gewürdigt wird. Wohl deshalb, weil in den Produkten der Fettstoffcharakter vorherrscht; es wäre darum gewiß eine dankbare Aufgabe, zu erforschen, welcher Art die Stoffe sind, die man durch Absättigung der Doppelbindungen im Tran und Ricinusöl mit anderen als Hydroxyl- bzw. Sulfogruppen erhält und welche Beziehungen zwischen solchen Körpern und den als Naturprodukte für die Emulsionstechnik nicht minder wichtigen Cholesterinen[4] sich knüpfen lassen.

---

[1] D.R.P. 117302; vgl. Ledertechn. Rundsch. 1911, 3.
[2] D.R.P. 39952 u. 42308.
[3] SCHLOSSTEIN, H.: Chem. Zentralblatt 1919, 53.
[4] Über Wollfettalkohole als Lederschmiermittel s. D.R.P. 323803 u. 326038.

Aber auch an die gewöhnlichen Einfettungsmittel, wie man sie in unübersehbarer Zahl von Kombinationen auf dem Markte findet[1], werden weitgehende Anforderungen gestellt, namentlich was ihre physikalischen Eigenschaften der Konsistenz und Viscosität in der Wärme, ihre Emulgierbarkeit und die Beständigkeit ihrer Emulsionen betrifft. Denn ein brauchbares Ledereinfettungsmittel ist im gewissen Sinne einer kosmetischen Hautsalbe vergleichbar, insbesondere in der Richtung, daß es selbst wasseraufnahmefähig sein und Wasser enthalten muß, um in die stets wasserhaltigen Leder eindringen zu können. Demzufolge sind reine Mineralöle, die Vaseline und Paraffinöle wahre Schädlinge des Leders, da sie es hart und brüchig machen, vermutlich durch Lockerung des festen Gefüges, das zwischen dem Hautfasergerüst und seinem emulgierten Inhalt besteht. Dasselbe gilt vom Leinöl und anderen trocknenden Ölen (s. jedoch unten S. 357), die in das Leder eindringen, dort allmählich unter Volumvergrößerung verfirnissen und so die Lederbeschaffenheit in anderem Sinne, nämlich durch Linoxynierung, ebenfalls verändern. Diese und andere Stoffe, wie Pech, Kautschuk, Gerbstoffe, Harze und namentlich Seifen aller Art, die an sich keine fettende Wirkung ausüben, können jedoch in empirisch als richtig erkannten Emulsionsgemischen mit Pflanzen- und Tierölen, Degras, Türkischrotölpräparaten usw. als Deck- und Imprägnierungspräparate fallweise hervorragende Lederkonservierungsmittel geben, denn letzten Endes kommt es doch nur darauf an, die Lebensdauer des Sohlen-, Geschirr-, Treibriemenleders usw. möglichst weit zu verlängern und die Zerreißfestigkeit der Erzeugnisse nach Möglichkeit zu erhöhen bzw. dieselbe auf der ursprünglichen Höhe zu halten. Dies geschieht durch das Schmieren des Leders, und zwar physikalisch dadurch, daß seine Fasern gleitfähig gemacht, sozusagen gerade gerichtet, in guter Lage übereinandergeschichtet[2] und mit einer schützenden Haut überzogen werden, so daß die zwischen ihnen liegenden Emulsionen nicht eintrocknen können. Chemisch machen sich gewiß auch Einflüsse seitens der Schmierung geltend, denn man muß sich vergegenwärtigen, daß die nach der vorsichtigen Fabriktrocknung in den Ledern verbleibende Feuchtigkeit (z. B. im lohgaren Erzeugnis 18%) nicht reines Wasser, sondern Gerbstofflösung ist, die in Emulsion mit den eindringenden Fettstoffen mancherlei chemische Reaktionen einzugehen vermag.

Besonders gilt dies dann, wenn man in manchen Fällen bei der Schmierung gewisser, z. B. der mineralisch gegerbten Häute, von der Anwendung reiner Fettstoffe, die nicht genügend einzudringen vermögen, absehen und mit sog. Fatliquor-Präparaten, das sind Öl-Seife-Emulsionen, schmieren muß. Diese Fettlicker oder Seifenbrühen[3],

---

[1] Z. B. Franz. Pat. 581525.

[2] Vgl. L. M. WHITMORE u. Mitarb.: Chem. Zentralblatt 1919, IV, 333; auch Ledertechn. Rundsch. 7, 76.

[3] Vgl. L. MEUNIER u. MAURY: Ledermarkt, Kollegium 1910, 277; auch JETMAR: Ledertechn. Rundsch. 4, 305. — Über die Einfettung der Leder mit Lickern und Emulsionen s. H. ARNOLD: Collegium 1928, 292. — Vgl. H. PRIEN: ebd. S. 295, ferner S. LJUBOWSKI in Seifensieder-Ztg 55, 69 u. 71 und E. STIASNY in Collegium 1928, 230.

deren Vorbild ursprünglich die Degras-Sodaemulsion (s. oben) war und
deren Wert darauf beruht, daß sie die feinen Leder schmieren, ohne daß
diese sich fettig anfühlen, sind heute kaum mehr Degras- oder Moellon-
emulsionen, sondern vorwiegend sog. wasserlösliche, und zwar die
sulfonierten Trane und Pflanzenöle von türkischrotölartiger Beschaffenheit. Im einfachsten Falle ist es Monopolseife (s. S. 56), die man zur
Erzielung beständiger Emulsionen und zur Beförderung tieferen Ein-
dringens in das Leder mit Glycerin vermischt als Fettlicker anwendet[1].
Sonst sind auch die jahrelang haltbaren Emulsionen im Gebrauch, die
man aus Natriumsulforicinat, mineralischem und tierischem Öl, Wasser
und Benzin oder einem anderen organischen Lösungsmittel erhält[2],
oder Ölsäure-Ammoniak-Alkohol-Wasser-Emulsionen (s. Textilseifen,
S. 166) oder andere emulgierte Fettstoffgemische, zu deren Bereitung
man nach zahlreichen Vorschlägen z. B. Aminostearinsäure[3], Florizin
(s. S. 113[4]) u. a. als Vermittler verwendet — stets richtet sich die Zusammensetzung des Lickers nach der Ledersorte, er wird daher fettreicher gewählt werden müssen, wenn der Narben trocken oder spröde
ist, man wird ihn mager, d. h. seifiger halten, falls sämischgare Leder
geschmiert oder Glacéleder erzeugt werden sollen[5] usw.

Unter den wäßrigen Fettlickeremulsionen von Eigelb und Klauenöl
(vgl. Glacéleder S. 350) sind nach Untersuchungen von Chitan[6] am
haltbarsten: Eigelb und Seife aus sulfoniertem Klauenöl, welch letzteres
sich andrerseits nicht verseift und frei von Seife und Fettsäuren, als
Emulgator für gewöhnliches wenig Fettsäuren enthaltendes Klauenöl
eignet. Eigelb und Klauenöl werden zur Erzeugung haltbarer Emulsionen ebenfalls mit sulfoniertem Klauenöl als Vermittler bereitet, jedoch
unter Zusatz von um so mehr Seife, je mehr Eigelb in der Mischung
vorhanden ist. In diesem Zusammenhange sind die Untersuchungsergebnisse von J. A. Wilson[7] bemerkenswert, der die Stabilisierung
der Fettlicker, z. B. aus gleichen Teilen neutralem und sulfoniertem Klauenöl, mittels des Eiinhaltes und seiner beiden Bestandteile
studierte. Am beständigsten ist die Emulsion des Fettlickers mit durch
mehrwöchiges Stehenlassen (Wasserverdunstung) eingedicktem Ge-
samteiinhalt, geringer ist die Stabilisierungsfähigkeit des Eiweißes und
sehr gering jene des Dotters. Die stabilste Emulsion ist jedoch durchaus
nicht die beste, da sie das Leder schwammig macht, ebenso wie andererseits eine mangelhaft beständige Mischung zu schmierigen Oberflächen-
führt. Jedenfalls erhält Eiinhalt nicht nur die Stabilität des Lickers
aufrecht, sondern begünstigt auch seine stets anzustrebende Fixierung
lediglich in den Oberflächenschichten des Leders; immer unter Voraussetzung einer bestimmten $p_H$-Konzentration im Material, deren Ein-

[1] Chem. Zentralblatt 1909, 303.
[2] Thuan, U. J.: Ledertechn. Rundsch. 7, 81.
[3] Vgl. Kollegium 1913, 219.          [4] Gerberztg 1906, Nr. 90.
[5] Vgl. Ledertechn. Rundsch. 1909, 143.
[6] Ref. in Chem. Zentralblatt 1928, I, 2551. — Über Herkunft, Eigenschaften
und Verhalten der Knochen- und Klauenöle s. P. Cuypers: Seifensieder-Ztg
54, 936, 954.
[7] Ref. in Chem. Zentralblatt 1928, I, 623.

flußnahme auf die Zerlegung der Seife und das Eindringen ihrer Bestandteile natürlich von ausschlaggebender Bedeutung ist[1].

Diesem chemischen sind natürlich auch physikalische Momente beigeordnet, die die Festigkeit einer Fettlickeremulsion beeinflussen. Denn mit Zunahme der Tropfengröße der Emulsion sinkt ihre Beständigkeit, während die Eindringungsschnelligkeit in das Leder ebenso steigt wie bei Erwärmung der Emulsion, die dadurch aber ebenfalls unbeständiger wird. Die Eindringungsfähigkeit der Emulsion steigt mit ihrer Konzentration, und ebenso sinkt dann auch ihre Stabilität. Im besonderen gilt für die Schmierung des Chromleders mit Fettlickern, daß sich jenen allgemeinen Richtlinien folgend, zunächst Türkischrotölkörper, dann sulfonierte Trane und Tran-Mineralölmischungen und zuletzt erst Seifen und ihre Emulsionen mit Mineralölen am besten eignen[2].

Nicht selten erhalten Fettlicker und Schmieren Zusätze, die zu Präparaten von Art der heilkräftigen Salben und der Fettschminken führen, wenn man den oben herangezogenen Vergleich der Lederschmieren mit den kosmetischen Präparaten gleicher Art aufrechterhalten will. Solche Emulsionen, z. B. von Ölsäureseifen mit Tannin-, Catechu-[3] oder einer anderen Gerbstofflösung, sollen der durch das allmähliche Verschwinden der gerbenden Substanzen aus dem Gebrauchsleder mitbedingten Zerstörung desselben vorbeugen, bzw. es sollen mit der Schmierung des Leders zugleich seine Poren verschlossen und polierbare Oberflächen geschaffen werden. Mit diesen Verfahren, z. B. der Lederbehandlung mittels einer Fettstoff-Kolloidton-Benzin-Wasser-Emulsion[4], entsprechend der Gesichtshautschmierung mit Fettschminkepräparaten aus Mineral- oder Stärkemehl-Fettkörper-Suspensionen und -Emulsionen, befinden wir uns bereits im Gebiete der Lederappretur, das ist die Tränkung und Oberflächenbehandlung des Leders mit zum Teil emulgierten Substanzgemischen, deren Aufgabe es ist, das durch die Fabrikschmierung durchaus geschmeidig erhaltene Material gegen äußere Einflüsse zu schützen und sein Inneres dadurch vor Veränderungen zu bewahren. In diesem Sinne unterscheidet man[5] die der Ware zur Erhaltung des Glanzes, des Narbens und der Färbung gegebene Schutzappretur vom sog. Dressing, das ist Fabriks- und Werkstattzurichtung durch Oberflächenbehandlung, und von der Lederglasur oder -politur, die der Verbraucher anwendet, um das Leder vor äußeren Einflüssen zu schützen.

Zu diesen äußeren Einflüssen zählen in erster Linie jene, die durch Feuchtigkeit und Wasser hervorgebracht werden, d. h. man verlangt von den meisten Gebrauchslederarten (außer von Luxuserzeugnissen,

---

[1] In welch hohem Maße die Wasserstoffionenkonzentration in einem mit Emulsionen zu behandelnden Material (z. B. Leder) oder in ihrem eigenen Milieu (sulfonierte Fette, saure Seifen usw.) Werden, Wirken und Vergehen einer Emulsion durch Veränderung der Emulgiermittel beeinflußt, zeigen die anschaulichen Zeichnungen mikroskopischer Befunde von W. Schindler in Kollegium 1928, 12.

[2] Schindler, W.: Collegium 1928, 241; vgl. E. Mezey: ebd. S. 209.

[3] Seifensieder-Ztg 1912, 642; auch C. F. Otto: ebd. 1913, 510; vgl. D.R.P. 324495.

[4] D.R.P. 313803.

[5] Kirchdorfer, Fr.: Farben-Ztg 1924, 1944 u. 1997.

Damentäschchen, Bucheinbänden u. dgl.) größtmögliche Wasserfestigkeit. Jedes geschmierte Leder ist bis zu jenem Grade wasserfest,
der durch die Beständigkeit der in ihm befindlichen Emulsionen gegen
Entmischung und Auswaschung gegeben ist. Um jene zu schützen,
wird es appretiert. Die Appreturmittel müssen (abermals von den
Luxusappreturen abgesehen) wasserundurchdringlich und -unlöslich
sein, etwa von Art einer Kautschukhaut, die man durch Auftragen einer
mit geschmeidig machenden und die Klebkraft erhöhenden Zusätzen
vermischten oder emulgierten Kautschuklösung nach Verdunstung des
organischen Lösungsmittels auf der Lederoberfläche erhält[1]. Dem gleichen Zwecke dienen Harz-, Paraffin-, Wachs-, Teer-, Asphaltlösungen
und -emulsionsgemische, z. B. eine Harz-Tran- oder Harz-Mineralöl-
Lösung für in einem Urinbade (s. S. 320) vorbehandeltes Leder[2], oder
Holzteer-Benzin- (Mineralöl-) Lösungen zur Erhöhung der Haltbarkeit
und Wasserdichtigkeit minderwertiger Unterleder[3], auch evtl. auf nasses
Leder aufzustreichende Lösungen der genannten Stoffe in organischen
Lösungsmitteln[4], z. B. Pyridin[5], aliphatischen Halogenwasserstoffen[6]
(zur Erzeugung gasdichten Leders) usw. Gute Wasserdichtigkeit
erreicht man, so wie bei Geweben (s. S. 333) auch bei Leder, wenn man
es mit einer wäßrigen Ölemulsion (z. B. aus Mineralöl und Seife) behandelt und in ihr mittels Tonerdesulfatlösung eine wasserunlösliche
Aluminiumseife erzeugt[7]. Weißgares (alaungegerbtes) Leder erlangt
durch das „Einbrennen" mit Talg oder Nachbehandlung mit Olivenölseife[8], wie längst bekannt, ebenfalls Wasserdichtigkeit, da sich im Leder
aus Gerbmittel und Fettstoff bzw. Seife wasserunlösliche Tonerdeverbindungen bilden. Vor allem aber sind zur Erhöhung der Wasserdichtigkeit des Leders Leinölmischungen und -emulsionen geeignet.

Oben wurde auf den schädlichen Einfluß hingewiesen, den das Leinöl
in dem Maße als es verfirnißt auf das Leder ausübt, andererseits aber
ist diese Umbildung, die das trocknende Öl chemisch erfährt, wohl im
Zusammenhang mit seiner sauerstoffübertragenden Wirkung auf die
Hautsubstanz und die in ihr eingelagerte Fettemulsion, die Ursache
davon, daß die so entstehende neue Substanz, das Firnisleder, die
bedeutende Wasserfestigkeit besitzt, wie sie für Sohlenleder angestrebt
wird. Leinöl allein soll allerdings nicht verwendet werden, da dann der
Nachteil des allzu raschen Brüchigwerdens des Leders durch Entstehung
einer „Linoxyn-Lederkunstmasse" (vgl. S. 273) den Vorteil der Erzielung
völliger Wasserdichtigkeit der Sohlen aufhebt, dagegen erzielt man ausgezeichnete Resultate durch Aufstreichen einer z. B. aus Wachs, Holzteer, Ricinus-, Terpentin- und Leinöl emulgierten Paste auf vorher
gewässertes und zur Handtrockenheit wieder vom überschüssigen Wasser
befreites, gelinde angewärmtes Leder. Das Ergebnis ist ein chemisch
verändertes kunstmassenartiges Produkt, zu dessen sonst gleich geblie

---

[1] Siehe z. B. D.R.P. 141400; 166752; 320621; auch H. Mayer: Seifensieder-Ztg
1917, 315 u. 339.

[2] D.R.P. 334720.  [3] D.R.P. 324495 u. 335484.

[4] D.R.P. 317965.  [5] D.R.P. 317418.  [6] D.R.P. 353444.

[7] Am. Pat. 1645642.  [8] D.R.P. 165238.

benen physikalischen Eigenschaften der unverminderten Zähigkeit und Festigkeit noch Wasserdichte hinzugekommen ist. Bei diesem und den zahlreichen Verfahren dieser Art, an denen namentlich die ältere Literatur als Sammlung empirisch gewonnener Erfahrungen reich ist, handelt es sich — und darum wurden sie hier ausführlicher gebracht — um den besonderen emulsionstechnisch hervorhebenswerten Fall der Umwandlung einer, und zwar der vom Fasergerüst getragenen Hautsubstanz-Fettstoff-Emulsion, in ein kunstmassen- (linoleum-) artiges Erzeugnis unter dem Einflusse eines trocknenden Öles oder seiner Emulsion mit anderen Fett- oder Wachskörpern.

Solche „chemische Reaktionen mit Emulsionen", also mit feinzerteilter Materie, die in gröberer Form unbeteiligt bliebe, vollziehen sich auch beim Gebrauch mancher Treibriemenappreturen. Sie sind entweder reine Einfettungsmittel, z. B. Gemische von Talg und Tran 1 : 2, oder Wollfett-Pflanzen-, auch Mineralölschmieren, und sollen dann lediglich konservierend wirken, das Leder weich erhalten und die Lebensdauer des Riemens auch unter ungünstigen Bedingungen, z. B. in feuchten, heißen, mit sauren Dämpfen erfüllten Arbeitsräumen nach Möglichkeit verlängern. Nach praktischen Erfahrungen eignet sich neben den tranhaltigen Treibriemen-Konservierungsfettstoffgemischen (z. B. Tran mit Ricinus- oder Mineralöl) zur Innenbestreichung der Riemen am besten unvermischtes gereinigtes Wollfett[1]. Es bewahrheitet sich demnach wieder das S. 179 Gesagte, daß jedes aus irgendeinem Grunde zu fettende Material stets mit einem seiner Natur und Herkunft am nächsten liegenden Fettstoff behandelt werden soll, eine Regel, die besonders von der kosmetischen Industrie noch viel zu wenig beachtet wird. Oder die Präparate dienen als Gleitschutz zur Unterstützung der Adhäsion des Riemens an der Scheibe und erhalten dann in einer ebenfalls meist fettigen Grundlage Zusätze von Harz, Kautschuk, Bitumen oder anderen Stoffen, die in der Reibungswärme klebende Eigenschaften besitzen, oder die, wie das Leinöl, in harzfreien derartigen Massen (z. B. aus Wollfett, Ceresin und Kautschuk) verfirnissen[2]. Ein solches Treibriemenadhäsionsöl, das in der Flasche flüssig bleiben, auf den Riemen geträufelt jedoch einen konsistenten Überzug bilden soll, besteht z. B. aus einer mit der konz. Lösung von Kautschuk in Schwerbenzin und Terpentinöl emulgierten Schmelze von Wollfett, Harz und Tran[3]. Auf dem Riemen gibt die Flüssigkeit sofort die klebende Haut, und zwar kaum oder nur in geringem Maße durch Verflüchtigung der Lösungsmittel, die doch wohl in der Wollfett-Harz-Schmiere recht fest gehalten werden, sondern vorwiegend durch die chemische Veränderung, die das emulgierte System unter dem Einflusse des den Luftsauerstoff begierig aufnehmenden und rasch abgebenden Terpentinöles erfährt, das dabei überdies verharzt[4] (s. S. 264). Die gleiche Rolle spielt das

<hr>

[1] Nagel, W., u. Mitarb.: Ref. in Chem. Zentralblatt 1927, II, 532.
[2] Hauptmann, K.: Seifensieder-Ztg 1906, 977.
[3] Seifensieder-Ztg 1912, 301.
[4] Vgl. auch die Vorimprägnierung der Riemen mit Terpentinöl ehe sie mit Kautschuklösung überstrichen werden, nach Gummiztg 26, 661.

Terpentinöl in den Schuhlederkonservierungsmitteln und Schuhcremepräparaten.

Zur Erhaltung des Schuhoberleders im Gebrauch dienen die Einfettungsmittel, meist Lederfette der obengenannten Art, oder auch pastöse wäßrige Emulsionen wasserlöslicher oder mit Wasser emulgierbarer Fettstoffe[1]. Ferner, von den alten Schuhwichsen und den Lederschwärzen des Gerbers abgesehen, deren Bereitung kein emulsionstechnisches Interesse besitzt, die beiden Arten der Terpentinöl- (Lösungsmittel-) Wachs- oder Fettstofflösungen und der Seifenpräparate, das sind wäßrige Emulsionen teilweise verseifter Wachskörper. Von diesen Präparaten unterscheiden sich die Lederlacke als hier ebenfalls nicht in Betracht kommende Harz-, und zwar vorwiegend Schellacklösungen in Spiritus und anderen organischen Lösungsmitteln. Hier haben wir es nur mit den wasserhaltigen Schuhglanzpräparaten[2] zu tun, die durch Verkochen (Verseifen) von Carnauba-, einem anderen vegetabilischen oder auch von Montanwachs mit Pottasche- oder Natronlauge hergestellt werden. Solche Wachsseifen[3] erhalten während der Erzeugung oder nachträglich Zusätze von Harz, ölfreiem Paraffin, Ceresin und insbesondere Japanwachs; dieses letztere trägt zur Homogenisierung der Salbe insofern bei, als es die unverseiften Bestandteile des Wachses (s. S. 168) bindet und im Emulsionsverbande festhält. Seife (und zwar Kernseife), die man beigibt, erleichtert, Paraffin erschwert den Verseifungsvorgang, Harz vermittelt in beiden Fällen, darf jedoch nicht in allzu großer Menge beigegeben werden, da die Masse sonst klebrig wird, Staub fängt und sich schlecht oder gar nicht polieren läßt. Gute Schuhcremepräparate sollen stets mindestens 30% Ozokerit enthalten, da das Erdwachs im Gegensatz zum Paraffin amorph erstarrt, die Lösungsmittel daher fester einschließt und sie langsamer verdunsten läßt[4]. Auch die richtige Dosierung des Harzes ist wichtig, da es die Massenbestandteile nicht nur klebend binden, sondern außerdem die Farbstoffteilchen (z. B. Nigrosin für Schwarz, Phosphin für Gelb) umhüllen und das Abfärben der Schuhcreme verhüten soll.

Man verkocht z. B. nach einer allgemein anwendbaren Emulgiervorschrift Ceresin, Japanwachs und Paraffin (6 : 10 : 4) mit 5proz. wäßriger Pottaschelösung, die man in dünnem Strahle zufließen läßt, bis Verband eingetreten ist, verdünnt die homogene Masse soweit es möglich ist, ohne daß Entmischung eintritt (Vorversuch!), mit heißem Wasser, homogenisiert unter evtl. Zusatz einer Terpentinöl-HarzLösung bis zum Abkühlen und füllt die Masse noch warm ab[5]. Nach einer anderen Vorschrift[6] wird zuerst aus venezianischem Terpentin (d. i. Festharz und ätherisches Öl, s. Balsame S. 261) und Natronlauge eine Terpentinöl-Harzseifen-Emulsion gekocht, die man, wenn durch

---

[1] D.R.P. 435685.

[2] Über diese Lederappretur-Wasserlacke s. die Vorschriften von B. Würz in Seifensieder-Ztg 55 (Ch. T. F. 25, 15).

[3] Siehe z. B. Andés: Kunststoffe 1919, 169, auch in vielen Jahrgängen der Augsb. Seifensieder-Ztg, z. B. 1912, 617, 1008 (Guttalin) usw.

[4] Koch, E.: Seifensieder-Ztg 1927, 787.

[5] Seifensieder-Ztg 1912, 551.          [6] Seifensieder-Ztg 1911, 630.

Wasserverdunstung Hautbildung einzutreten beginnt, mit wäßriger Borax-Pottasche-Lösung stabilisiert, um dann erst das Carnaubawachs oder seine Rückstände unter schwachem Aufkochen einzuemulgieren. Schließlich wird noch soviel Casein als wäßriger Teig beigegeben, als zur völligen Bindung des absichtlichen Alkaliüberschusses nötig ist, worauf man die Creme färbt und abfüllt. Schließlich sei noch auf die Vorschrift zur Herstellung einer Hochglanzschuhcreme nach OELSNER verwiesen[1], der Carnaubawachs, Ceresin, Harz und Japanwachs (2:1:1:1) mit wäßriger Pottaschelösung (3,5:12) unter Zusatz der Farbe kochend verseift, und dann eine Emulsion von Wasser, Seife, Türkischrotöl und Terpentinöl (1:0,25:0,25:3) einemulgiert. Solche sog. Kaltpolier- oder Russetpräparate, die vom Leder leicht aufgenommen werden, dienen, in der Zusammensetzung verändert, vor allem stärker gefärbt und zuweilen auch weiter noch mit alkoholischer Schellack- oder Kopallösung emulgiert[2], auch zum Färben der Sohlen und Absätze von neuem Schuhwerk, ferner mit größerem Terpentinölgehalt als Matt-Wasserlacke, ebenfalls für Schuhe, Pferdegeschirr u. dgl., auch Luxuslederwaren[3]. In neuerer Zeit wurde vorgeschlagen mit Vermeidung der teuren Lösungsmittel, unter denen das Terpentinöl überhaupt nicht völlig ersetzbar ist[4], Schuhcreme- und Bohnermassen als wäßrige Emulsionen von unverseiften Wachsarten herzustellen[5]; diese Erzeugnisse sollen den Terpentinölfabrikaten in jeder Hinsicht gleich kommen. Neuartig ist ein Lederglanz- und -appretierverfahren, demzufolge man ganz oder teilweise mineralisch gegerbte Leder mit der wäßrigen Emulsion eines glanzerzeugenden Wachses (Montan-, Carnauba-, Bienenwachs oder Walrat) durchwalkt. Man kann diesen dann wie üblich ausgegerbten, gefärbten und geschmierten Ledern durch bloßes Bürsten Glanz verleihen[6].

Als emulsionstechnisch bemerkenswerte Einzelheit ist noch die Bildung der sog. Spiegelzeichnung auf der Oberfläche der in der Dose erkalteten, allerdings vorzugsweise der wasserfreien, Cremes zu erwähnen. Diese eigenartige, strahlig-seidenglänzende, vom Konsum instinktiv richtig als Beweis für „Echtheit" oder Wertigkeit der Creme erachtete Struktur ist auf die gleiche S. 37 beschriebene Ursache zurückzuführen, wie die Entstehung des „Silberflusses" bei Schmierseifen. Während aber dort die auskrystallisierenden Natriumoleatgallerten die Erscheinung des Fadenziehens und der asbestähnlichen Faserung bewirkten, ist es hier der im Verseifungsprozeß nicht verseifbare Myricylalkohol des Carnaubawachses, der in der erkaltenden Masse auskrystallisiert und den Spiegeleffekt hervorbringt. Montanwachs liefert glatte Oberflächen; in Ceresin-Carnaubawachs-Mischungen tritt die Zeichnung jedoch mit dem Vorherrschen der letzteren wertvolleren Wachsart zunehmend immer deutlicher auf (Guttalinspiegel).

---

[1] Seifensieder-Ztg 1911, 1309.
[2] Z. B. „Peerless Gloss" nach G. SCHNEEMANN, Seifensieder-Ztg 1911, 57.
[3] Vgl. Seifensieder-Ztg 1910, 1210; Farbe u. Lack 1912, 285.
[4] WALTHER, B.: Chem. Zentralblatt 1925, I, 2276.
[5] D.R.P. 409032.                    [6] Schw. Pat. 121819 (1926).

Die weiteren Lederzurichtungsmethoden durch Imprägnieren (Färberei) oder Oberflächenbehandlung (Lackieren) liegen außerhalb des Bereiches der Emulsionstechnik. Die Faserstofffärberei im allgemeinen und jene des Leders im besonderen arbeitet mit Emulsionen nur ausnahmsweise (in der Seifen- oder Schaumflotte), sonst so gut wie ausschließlich mit Farbstofflösungen. Ebenso ist die Lackleder- und die Erzeugung der Lederlacke, wie die Lackindustrie überhaupt, fast ausschließlich auf Lösungen, wenn auch anderer Art, nämlich von Harzen und anderen Stoffen gestellt, die nach Verdunstung des Lösungsmittels oder seiner chemischen Veränderung (z. B. des Leinöles als Farbenträger) auf der behandelten Oberfläche als Haut zurückbleiben. Bei der Vorbehandlung des Leders, wie auch der Faserstoffe oder des Holzes für das Färben oder Lackieren, werden zwar fallweise Emulsionen zur Anwendung gelangen oder gebildet werden, so wenn man das entsäuerte Chromleder vor dem Färben mit Säurefarbstoffen mittels einer wäßrigen soda- oder ammoniakalkalischen Seifenemulsion von Eigelb und Klauenöl schmiert[1] (s. o. S. 355), bzw. wenn zu lackierendes Leder vor dem Aufstreichen des Lackes mit wäßrigem Ammoniak entfettet wird, wobei eine Seifenemulsion entsteht — besonders bemerkenswerte Einzelheiten bieten diese Verfahren jedoch nicht.

Erwähnt sei noch, daß manche Reinigungspräparate für Leder (-handschuhe) in emulgierter Form angewendet werden. So wurde ein emulgiertes Gemisch von weichmachenden (Öl, Glycerin, Mehlkleister), gerbenden (Catechu und Gambir) und reinigenden Mitteln (Seife) zur Auffrischung alter Lederwaren[2], hingegen zum Reinigen und gleichzeitigen Färben von Glacéhandschuhen eine Emulsion von konz. Salmiakspiritus, Farbstofflösung und einer Benzin-Stearinsäure-Lösung empfohlen[3]. Ebenfalls unbedeutend in emulsionstechnischer Hinsicht ist die Ausbeute bei der Durchsicht der Stoffgemische, die zum Leimen und Kitten des Leders mit Leder oder anderem Material dienen. Es findet sich da z. B. ein Binde- und Klebemittel, das aus einer Benzin-Ammoniak-Harz-Seife besteht[4] oder ein Leder-auf-Eisen-Kitt, den man durch Verkochen von wassergequelltem Leim mit etwas Essigsäure und etwa dem Dritteil seines Volumens Terpentinbalsam bereitet[5]. Im allgemeinen muß aber die Anwesenheit von Seifen und Seifebildnern (Fettstoffen) in einer wäßrigen Klebstofflösung und damit die Bildung technischer Emulsionen streng vermieden werden, wenn die Kittstelle der zu verleimenden, ebenfalls fettfreien Stücke mit ihnen untrennbar verwachsen soll.

# Emulsionen in den Industrien der Klebstoffe, Kunstmassen und Brennstoffbindemittel. — Feuerlöschemulsionen.

Im Sinne des eben am Schlusse des Abschnittes „Leder" über die Verwendung von Klebstoffen Gesagten muß auch im Bereiche der Er-

---


[1] Vgl. M. Ch. Lamb: Kollegium 1907, 305 u. 313.
[2] D.R.P. 267659 u. 281303.   [3] D.R.P. 180595.
[4] D.R.P. 266468.   [5] Metallarb. 1917, Nr. 23/24.

zeugung von Tier- und Pflanzenleimen und -kitten die Bildung
von Emulsionen, soweit die Systeme Fettstoff und wäßrige Flüssigkeit
in Betracht kommen, sorgfältigst ausgeschaltet werden. Bei der Gewinnung der Pflanzenleime aus den chemischen Körperklassen der
Stärkearten und ihrer Umwandlungsprodukte, ebenso wie bei den
Pflanzengummen ist dies ohne weiteres möglich, da diese den Kohlehydraten angehörenden Naturprodukte an sich fettfrei sind. Die Tierleime hingegen sind Eiweißkörper, die, ob nun Knochen- oder Hautleim[1], Casein, Blut, Eiweiß oder Hefe, fetthaltigem Material entstammen oder Fettstoffe beigemischt enthalten; Hefe ist u. U. selbst
ein Fettproduzent.

Bei Betrachtung der Einzelvorgänge bei der Tierleimerzeugung[2]
ergibt sich, daß nur an ihrem ersten Teil, nämlich an der Entfettung
der Rohstoffe, die Emulsionstechnik, aber auch nur fallweise, beteiligt
sein könnte, und zwar dann, wenn nicht mit organischen Lösungsmitteln, sondern durch Seifenbildung mittels Alkalien entfettet würde.
In anderem Sinne stehen aber die Klebstoffe der Praxis den Emulsionen
nahe: sie zählen' zu den hervorragendsten Schutzkolloiden, nicht
aber zu den Emulgatoren. Hier tritt der Unterschied zwischen Stabilisator und Emulgator (s. S. 28) besonders deutlich hervor: Ein Schutzkolloid zeigt nur dann deutlich emulgatorische Eigenschaften, wenn
es chemisch, durch Ionenaustausch, an der physikalischen Emulsionsbildung mitbeteiligt sein kann. Dies ist beim unveränderten (s. S. 341)
Glutin, im Gegensatz zu den Säurenatur zeigenden tierischen Eiweiß-
und Klebstoffen Casein oder Sericin, nicht der Fall. Beweis dessen,
daß Fett und wäßrige Glutinlösung, wie sie etwa in einer aus nicht
absolut fettfreiem Material gesottenen Leimbrühe gemischt, jedoch
nicht emulgiert vorliegen, in mechanischen Abscheidern[3] mit im Ver-
dampfer eingebautem Fettsammler und Aufnehmer überraschend
leicht entmischbar sind. Diese ohne Schwierigkeiten bewirkbare
Trennbarkeit der Leimbrühe-Fett-Emulsion ist eine weitere Stütze
für das S. 18, 29 hinsichtlich der Verschiedenheit von Emulsionen

---

[1] Die innige Verwandtschaft, die zwischen Knochensubstanz und Haut besteht,
geht aus deren gleichartigen Verhalten gegen heißes Wasser hervor: beide enthalten
Kollagene, die sich in kochendem Wasser zu Leim (Gelatine oder Glutin) lösen.
Der technische Leim ist ein Gemenge von hinsichtlich der Klebefähigkeit hoch-
wertigem Knochenleim (Glutin) und minderwertigem Knorpelleim (Chondrin);
die nicht verknöcherten Rippen-, Kehlkopf- und Nasenknorpel der geschlachteten
Tiere werden daher bei der Leimbereitung nach Möglichkeit ausgeschaltet. Glutin,
die eigentliche Leim- oder in sehr reinem Zustande Gelatinesubstanz, löst sich in
heißem Wasser zu einer stark klebenden Flüssigkeit, die (zum Unterschiede vom
Fischleim) nach dem Erkalten gelatiniert; im übrigen verhält sich der Eiweißkörper
ebenfalls wie tierische Haut, auch hinsichtlich seiner Eigenschaft Gerbstoffe aufzunehmen und mit ihnen Produkte von Art der Ledersubstanz zu geben.

[2] Siehe z. B. BLÜCHERS Auskunftsbuch, Berlin 1926, 732. — Ein emulsionstechnisch wenig bemerkenswertes Verfahren zur Herstellung eines dickflüssigen
Klebmittels aus wäßriger Tierleim- und einer mit Tetra und Benzol bereiteten
Kautschuklösung (Am. Pat. 1521947) enthält die vielleicht noch nicht genügend
beachtete Angabe, daß der Leim aus Knochen bereitet werden soll, die sofort
nach dem Tode des Schlachttieres verarbeitet werden.

[3] Z. B. D.R.P. 220843, 211574 u. 282705.

Gesagte: auch diesem Gemisch zweier ineinander nicht löslicher
Flüssigkeiten fehlt zu seiner Emulgierung das Ionenspiel der in den
„lebenden" Emulsionen vorhandenen dissoziierbaren Stoffe von Art
der Seifen, auch hier sind die relativ großen Fetttröpfchen gleich suspendierten Fremdkörpern in einem indifferenten Medium verteilt, aus dem
sie nach Maßgabe seiner Zähigkeit leichter oder schwerer aufrahmen,
ebenso wie Suspensionen sedimentieren; es herrschen in diesen toten
Systemen keinerlei Austauschbeziehungen zwischen den „ineinander
nicht löslichen Flüssigkeiten" einerseits und der Ionen aussendenden
Emulgator-Filmsubstanz andererseits, und darum besteht auch keine
Neigung in dem vielleicht durch mechanische Verrichtung vorübergehend
erzeugten pseudoemulgierten Zustande zu verharren.

In der besagten Hinsicht kennzeichnend ist ferner die Tatsache, daß
das Schäumen der auch an sich als Schaumerzeuger bekannten kochenden Tierleimlösung (s. S. 141) nicht nur selbstverständlich durch Zusatz
von sauren Flüssigkeiten, sondern auch durch Beigabe geringer Fettstoffmengen beseitigt oder doch stark gemildert werden kann, während
eine Spur Seife die Schaumkraft der Leimlösung stark steigert[1]. Das
Öl ist ein Fremdstoff auf den Schaumwogen, trotzdem sie sich aus einem
Medium bilden, das zusammen mit Seife einen hervorragenden Vermittler bei der Bildung von Fettemulsionen darstellt (vgl. S. 38) und das
außerdem noch, wenn auch in geringen Mengen, Peptone und Eiweißabbauprodukte enthält, die ebenfalls emulsionsvermittelnd wirken. Sie
sind in der technischen Leimbrühe in größeren Mengen vorhanden und
darum schäumt sie; zum wirklichen Schaumbildner und Emulgator wird
reines Glutin erst nach seiner chemischen Veränderung, die seinen teilweisen oder völligen Abbau zu Aminosäuren bewirkt (s. S. 43).

Wenn demnach eine Fettstoff- oder Mineralöl-Leim-Emulsion ohne
Seife bereitet werden soll, bedarf es eines oder mehrerer echter Emulgatoren, um das System haltbar zu machen, d. h. man kann das Fett
nur in Form einer Emulsion in die Leimlösung einführen. Dies kann z. B.
mit Sulfitablauge[2] geschehen, von der wir wissen, daß sie in entsäuertem entkalktem Zustande mit Fettstoffen emulgierbar ist (s. S. 50, 295),
oder man mischt das Öl mit einer Lösung von Celluloid in organischen
Lösungsmitteln (Zaponlack) unter Zusatz von Formaldehyd und homogenisiert diese Emulsion mit einer Eisessig[3] enthaltenden Leim-Glycerin-
Lösung zur streichfähigen Masse, die sich besonders zum Kleben frischer
Därme oder anderen fettigen Materiales eignen soll[4]. Wie gering die
Fähigkeit der wäßrigen Leimlösung ist, sich mit einer in ihr nicht löslichen öligen Flüssigkeit zu emulgieren, geht schließlich daraus hervor,
daß man zur Herstellung von Gelatinekörnern die z. B. 40° warme
30proz. Lösung des Kolloides auf ein Maschinenöl vom spez. Gewicht

---

[1] TROTMAN u. HACKFORD: Z. angew. Chem. 1908, 705.
[2] D.R.P. 316719.
[3] Formaldehyd und Eisessig bewirken wie zahlreiche andere zu diesem Zweck
vorgeschlagene Mittel Veränderung des Glutinmoleküles (s. oben), so daß der Leim
auch nach dem Erkalten seiner Lösung (allerdings stets auf Kosten der Klebkraft)
nicht gelatiniert, sondern flüssig bleibt und wasserfeste Eigenschaften erlangt.
[4] D.R.P. 316604.

0,8—1,2 und der Viscosität 6 bei 50° fließen läßt und so bewirkt, daß sich die Gelatine beim Durchmischen der beiden Flüssigkeiten, je nach der Arbeitsweise als Mehl oder in Form kleiner oder größerer Körner ausscheidet, ohne daß auch nur spurenweise Emulsionsbildung eintreten würde[1].

Weniger schwierig als Maschinenöl verhalten sich Benzol, Benzin, Schwefelkohlenstoff und andere organische Lösungsmittel dieser Art, doch sind auch sie nicht imstande, Fettstoffen das Wesen· des Fremdkörpers in bezug auf Leimlösung zu nehmen[2]. Solche Gemenge, z. B. von Leimlösung und Lein- oder Mohnöl, sind jedoch sofort zur stabilen Emulsion verrührbar, wenn man ihnen einige Tropfen Kalilauge beigibt[3], und aus Leimlösung und Schwefelkohlenstoff, sowie aus Leim und Mineralöl (Petroleum) kann man bei Gegenwart von Seife oder auch nur Alkali (-carbonat) außerordentlich stabile Emulsionen zur Schädlingsvertilgung[4] bzw. Hartpetroleum erzeugen. Eine stabile Emulsion von Schwefel-Schwefelkohlenstoff-Lösung ist z. B. für sich oder als Träger für andere, und zwar chemisch im Sinne des Ionenaustausches wirksame Schädlingsvertilgungsmittel (Ditolylcarbonat), durch Schütteln mit 3—4proz. Leimlösung leicht herstellbar[5]. Andererseits ist bekannt und wurde auch bereits gesagt (vgl. S. 27), daß Öl und die wäßrige Kolloidlösung einer Pflanzengumme von Art des Gummiarabicums, also einer den Kohlehydraten nahestehenden Substanz, z. B. nach der Mayonnaisenmethode (S. 238) verrührt, eine sehr haltbare Emulsion geben, wie auch Leim, Öl und Zucker sich gut emulgieren lassen. Zusammengefaßt folgt, was vielfach beim Zusatz von geschmeidig machenden Ölen zu Leimpräparaten und -kunstmassen nicht berücksichtigt wird, daß Fettstoffe in Massen, die unverändertes, nicht hydrolysiertes Glutin enthalten, Fremdkörper sind, die erst dann in den Emulsionsverband eintreten, wenn man in den Gemischen für das Vorhandensein eines gewissen Überschusses an Hydroxylionen oder Emulsionsvermittlern, z. B. Seifen, sorgt. Damit läßt sich die Erscheinung in Beziehung bringen, daß Leimtafeln aus wäßriger Oleatlösung 30% mehr Quellungswasser aufnehmen als aus Wasser allein[6].

Soweit in den Industrien der Klebstoffe, Kitte, Appreturmittel und Kunststoffe Emulsionen der wäßrigen Lösungen von tierischen Eiweißstoffen mit Fettkörpern überhaupt vorkommen, so z. B. bei der Herstellung eines Klebemittels durch Kolloidmahlung einer Fichtenholzmehl-Natronlauge-Harzseifen-Mischung[7] oder aus Casein, Ricinusöl und Leinöl[8], enthalten diese Präparate dementsprechend auch Alkali (zur Bildung des Caseinates) oder im letztgenannten Falle Zucker neben anderen Stoffen (Wasserglas, Dextrin, Alaun). Im übrigen sind solche Emulsionen in diesen Bereichen selten, offenbar aus dem obengenannten

---

[1] D.R.P. 298386 u. 302853.        [2] D.R.P. 296522.
[3] Siehe z. B. die Erzeugung der Mohnöl-Leimtempera nach W. Ostwald in Kolloid-Z. 17, 65.
[4] D.R.P. 283311.        [5] D.R.P. 415549.
[6] Spiro: Festschrift für Madelung, Tübingen 1916, 67.
[7] D.R.P. 412124 u. 412626.        [8] D.R.P. 132895.

Grunde, daß nämlich unveränderte Fettstoffe auch in geringen Mengen als geschmeidig machende Zusätze in Massen vermieden werden sollen, deren wesentliche Eigenschaft es sein muß, festen Zusammenhalt der zu verkittenden und der kittenden Teile zu bewirken. Kunststoffe z. B. aus Leim, Glycerin und Mineralölen (etwa gleiche Teile), denen man zur Bindung des Wassers der Leimlösung Dextrin zusetzt[1], sind darum wohl auch von gleich zweifelhaftem Wert, wie plastische Massen aus Casein, z. B. Galalith, wenn man den Milcheiweißstoff nicht absolut entfettet, ehe man ihn weiterverarbeitet. Der in neuerer Zeit[2] empfohlene Zusatz einer Bitumenemulsion zum Bildungsgemisch des Galaliths zwecks Herabsetzung der Hygroskopizität der Ware dürfte wohl im gleichen Sinne zu betrachten sein. Das ganze Gebiet der Kunststoffe, die als Ersatz für Holz, Kork, Kautschuk, Leder, Horn, Elfenbein, Celluloid usw. dienen sollen, liegt außerhalb des Bereiches der Emulsionentechnik, und die wenigen Verfahren, in denen wäßrige Flüssigkeit und Fettstoff als Komponenten des Bildungsgemisches der Massen auftreten, sind aus den genannten Gründen wertlos. Es gibt jedoch einige Ausnahmen, die bedingt dem Bereiche der technischen Emulsionen zuzuzählen sind.

Zu den wirklich plastischen, d. h. zum Unterschied von den fälschlich zuweilen so genannten Kunstmassen bildsam bleibenden, für Modellierarbeiten an Stelle des Tones bestimmten teigigen Mischungen gehören in erster Linie die Plastilinaerzeugnisse. Im einfachsten Falle sind es keine emulgierten Massen, sondern Mischungen von geeignetem feuchtem Ton mit Plastifizierungsmitteln, wie Glycerin[3], Humin- (Braunkohlen[4]-) oder Strohextrakten[5], auch wohl nur mit Natronlauge[6] oder anderen Stoffen, die in bestimmter Konzentration ihrer Lösungen[7] dem kolloiden Ton (wie auch anderen Kolloiden, z. B. Stärke) die eigentümliche Beschaffenheit der knet- bis gießbaren Getreidemehlteige verleihen. Es ist bezeichnend, daß auch hier wie bei der Bildung und Umkehrung der Emulsionen (s. S. 15) die Art der mit jenen Plastifizierungsmitteln zugeführten Ionen von wesentlichem Einflusse auf das Ergebnis ist. Die stärkste verflüssigende Wirkung übt Lithiumoxydhydrat aus, dann folgen Natrium- und nach ihm Kaliumhydroxyd; auch hier sind die Laugen der alkalischen Erden ungeeignet, vermutlich da sie das einer OW-Emulsion gleichende plastische System magern, ähnlich wie es Säuren oder Salze tun. Die Plastilina ist hingegen eine mit Seifenemulsionen gefüllte und so plastifizierte Tonmasse. Meist verknetet man den feuchten Ton mit Ölsäure-Zinkseife unter Zusatz von Wachs, Olivenöl, Glycerin, auch wohl mit Kolloidschwefel oder, wenn die Erzeugnisse als Kinderspielzeug bestimmt sind, mit geruchlosen Seifen unter Zusatz von Farbpigmenten und Riechstoffen[8].

---

[1] D.R.P. 273362.   [2] Österr. Pat. 109386 (1926).
[3] Dingl. Journ. 127, 157.   [4] D.R.P. 334185.
[5] D.R.P. 201987; das Verfahren war schon den Ägyptern bekannt, diese mit Strohextrakten plastifizierten werden daher ägyptische Tone genannt (ACHESON).
[6] D.R.P. 305450.
[7] BÖTTCHER, M.: Sprechsaal 1909, 117ff.; vgl. ebd. S. 1218.
[8] SCHNEEMANN, Seifensieder-Ztg 1912, 304, 347; vgl. ebd. 1911, 34.

Mehr in das Gebiet der Kolloid- als der Emulsionstechnik gehört eine plastische Masse, die man aus Kieselsäuresol oder einem anderen Emulsionskolloid (das im Gegensatz zu einem Suspensionskolloid durch Elektrolyte schwer gefällt wird) durch Mischen mit beinahe zur Fällung genügenden Mengen Gelatine oder Gerbsäure erzeugt. Aus der kolloiden Summenlösung fällt dann, wenn man sie in Gips- oder andere saugende Formen gießt, die jedoch mit die Kolloidlösung fällenden Salzlösungen getränkt sein müssen, die Gelmasse aus[1].

Die meisten sonst noch gebräuchlichen Formmassen aus Leim und Glycerin, Fettsäuren und Harzen, Wachs, Terpentin usw. für Bossierwachsarbeiten, Buchdruckwalzen, Hektographen, Tiefdruckformen, Matrizen und Patrizen für galvanoplastische Reproduktion haben mit Emulsionen nichts zu tun.

Ebensowenig wie auf dem Gebiete der Kunstmassen bieten die ungemein zahlreichen Emulsions- und Klebstoffgemische, die man zur Bindung von brennbarem Material verwendet, irgendwelche Einzelheiten, die in bezug auf ihre Anwendbarkeit in der allgemeinen Emulsionstechnik interessant wären. Man kann sagen, daß die meisten auch der neuzeitlichen Brikettbindemittel, wenn sie nicht an sich schon als Emulsionen zur Anwendung gelangen, sich doch im Mischprozeß mit der Feuchtigkeit oder dem Bitumen des zu bindenden Brennstoffmateriales emulgieren. Man findet in den Angaben der Patentschriften Naphthensäure-Alkaliseifen[2], Teer- und Harzgemische[3], durch Erhitzen von Asphaltgemengen mit Bicarbonat erzeugte Schaumklebestoffe[4] Naphthalin-, Anthracen- und andere Schweröle[5] u. v. a. Kohlenstaubkitte genannt. Solche Präparate, z. B. auch dicke Emulsionen aus Talg- oder Harzkernseife mit Petroleum und Boraxlösung[6], von Roherdöl mit Stearinpech und wäßrigem Mehlkleister[7] oder mit Sulfitablauge,[8] mit Asphalt oder Teer und Ölsäureseife[9], mit Eigenbestandteilen der Brennstoffe[10], Erdölrückständen[11], Pech, Tangextrakt, Cellulosebrei[12], wäßriger Pechemulsion[13] usw. sind jedoch mit den sog. Hartbrennstoffen (Gallerten, die Petroleum oder Brennspiritus einschließen) verwandt, und diese Erzeugnisse sind, wenn auch heiztechnisch kaum mehr, hingegen als Emulsionen in mancher Hinsicht, beachtenswert.

Es handelt sich bei ihrer Herstellung darum, aus ineinander nicht löslichen Flüssigkeiten zunächst flüssige Emulsionen zu erhalten, die möglichst reich an nichtwäßrigem Bestandteil sind und die dann zu einer Gallerte erstarren, deren Schmelzpunkt möglichst hoch liegen soll, damit die Masse nicht während des Abbrennens schmilzt und brennend durch den Feuerungsrost abfließt, oder daß sie als Heizpräparat für Reise und Touristik nicht zu einer allzu rasch abbrennenden Flüssigkeit

---

[1] D.R.P. 325307.                    [2] D.R.P. 410542.
[3] Franz. Pat. 577348.              [4] Franz. Pat. 578815.
[5] Franz. Pat. 580244.              [6] D.R.P. 62798.
[7] D.R.P. 253426.                   [8] D.R.P. 295219.
[9] Z. B. Engl. Pat. 202231 (1922).
[10] Z. B. D.R.P. 320793 u. 321659.  [11] D.R.P. 313649.
[12] Franz. Pat. 583759.             [13] Engl. Pat. 197639 (1922).

wird. Man hat zur Verfestigung der üblichen flüssigen Brennstoffe
(Petroleum, Spiritus, Benzin) vielerlei Mittel vorgeschlagen, wie Stärkekleister, Moosabsud, Casein, Paraffin[1] zusammen mit Asche und Sägemehl, auch feuchten saugfähigen Torf, eingedickte Sulfitablauge u. dgl.,
insbesondere Leim (s. oben), der in wäßriger, mit Petroleum emulgierter
Lösung durch Gerbung mit Eisenvitriol[2] oder Formaldehyd[3] in unlösliche festgallertige, schwer schmelzbare Form übergeführt werden
sollte. Praktisch bewährt haben sich bei Herstellung der Hartbrennstoffe vornehmlich Seifenemulsionen, z. B. Spiritusseifengele (s. S. 163),
die noch während des Krieges ins Feld geschickt wurden. Es
ist übrigens nicht gleichgültig, welche Seife man zur Bereitung der
Spiritus- und Hartspirituspräparate verwendet. Am besten soll sich
eine Seife eignen, die neben 25 Natriumlaurat, 10 -stearat (-palmitat)
und 2,5 -oleat (Kaliseife) enthält; sie ist befähigt 62,5 Teile Alkohol
aufzunehmen und festzuhalten[4].

Die Methoden zur mechanischen Herstellung solcher Erzeugnisse
sind zum Teil bemerkenswert. Man verfährt z. B. so, daß man Petroleum oder Spiritus in verflüssigter Stearinsäure oder geschmolzenem
Hammeltalg löst, dann unter starkem Rühren die zur Verseifung nötige
Alkalimenge zufließen läßt, die Masse noch warm in Formen gießt und
die erkalteten Formlinge zur Verhütung von Verdunstungsverlusten
mit Paraffin überzieht[5]. Natürlich kann man Hartspiritus auch in der
Weise herstellen, daß man Fettsäure und Alkali, jedes für sich in Brennspiritus löst und die Lösungen in der Wärme vereinigt, so daß die Seife
in alkoholischer Umgebung entsteht und den Sprit beim Erstarren
einschließt[6]. Nach einem neuen Brennstoff-Verfestigungsverfahren
leitet man die Komponenten, also z. B. Petroleum und wäßrige Ver-
dickungsmittellösung, in ihre bereits fertige, erwärmte, ständig geschlagene Emulsion ein und führt gleichzeitig oder folgend das Härtungsmittel (für Leim z. B. Formaldehyd) zu[7]. Diese Methode ist namentlich in ihrem ersten Teile allgemein emulsionstechnisch interessant,
denn durch die Homogenisierung der Komponenten in und gleichzeitig
mit einem Milieu der gleichen Art muß in der Tat ein sehr stabiles
System entstehen, dessen Festigkeit sich wahrscheinlich noch beträchtlich erhöhen ließe, wenn man auch das Härtungsmittel in emulgierter
Form zubringen würde. Es wurde auch vorgeschlagen, Kolophonium
in der etwa 10fachen Gewichtmenge des flüssigen Brennstoffes zu lösen
und durch Zusatz von dickwäßrigem Ätzkalkbrei Abietinsäure-Kalkseife
zu bilden, die das gesamte Petroleum in durchscheinender, farblos
erstarrter, schwer schmelzender Masse enthält[8]. Solche mittels Seife
verfestigte Brennstoffe oder organische Lösungsmittel (Petroleum oder
Benzol) geben übrigens, in geschmolzene Seife eingemischt und evtl.

---

[1] D.R.P. 284402
[2] D.R.P. 273314, vgl. Engl. Pat. 868, 869, 18300 (1911).
[3] D.R.P. 176366.          [4] D.R.P. 447365.
[5] GAWALOWSKI-RAITZ, A.: Öst. Chem.-Ztg 1917, 77.
[6] D.R.P. 450800.
[7] Ref. in Chem. Zentralblatt 1927, II, 658.
[8] PAUL, L.: Seifensieder-Ztg 42  393, 412 u. 434.

noch mit Tetra emulgiert, sehr verwendbare Reinigungsmittel[1] und Bohrschmieren (s. S. 375).

Später nahm man Nitrocellulose als Verfestigungsmittel und schließlich, ehe auch diese Präparate von dem heute fast ausschließlich verwendeten Metaldehyd verdrängt wurden, eine Lösung von Cellulosetriacetat in Eisessig (1 : 5), die man mit Brennspiritus (20) zu einer bald knorpelig erstarrenden Emulsion schlug. Dieses Präparat mit 80—90% Sprit brennt ruhig, geruchlos ohne zu schmelzen ab. Auch eine durch chemische Umsetzung (Säurefällung) aus der Emulsion von flüssigem Brennstoff und Wasserglas erzeugte Gallerte soll sich bewährt haben und ferner ein Präparat, das man durch Emulgierung von brennbaren Flüssigkeiten, z. B. Spiritus, Methylalkohol (aber auch Ricinusöl) mit einer wäßrigen Paste von Magnesiumalkoholat[2] erzeugt. Natürlich kann man auch die Hartpetroleumbildung mit der Brennstoffbrikettfabrikation z. B. etwa in der Weise vereinigen, daß man eine Emulsion von 10 l Petroleum, 20 l Kalkmilch, 1—2 kg Harz und 2 kg Kochsalz mit Sägemehl verknetet in Formen preßt[3].

Durchgreifende Veränderung erfahren schließlich diese flüssigen Brennstoffe (Spiritus, Benzin, Petroleum), wenn man ihre und Säuredämpfe zusammen mit Wasserstoff über hocherhitztes Nickel oder Platin leitet. Es entstehen dann hochmolekulare Stoffe, die ohne Vermittler mit Wasser emulgierbar, zur Herstellung von Motorentreibmitteln, aber auch von Schmier-, Reinigungs- und Appreturpräparaten dienen sollen[4]. Ebenfalls als Motorenbetriebsstoff ist eine eigentümliche Lösungsmittelemulsion[5] bestimmt: Man emulgiert zunächst das Gemisch von 15 Teilen einer gesättigten alkoholischen Kalilauge und 20 Teilen Kalkwasser mit 115 Teilen Benzol und benutzt die erhaltene dicke gallertige Emulsion als Emulgiermittel für weitere 1000 Teile Benzol, die man der Masse allmählich einverleibt, um sie schließlich durch Zusatz von 10—20 Teilen Calciumchloridlösung zu verflüssigen. Auf ganz anderem Wege, nämlich durch Zusatz geringer Mengen Cyclohexanol, Terpineol oder anderer aliphatischer und hydroaromatischer Alkohole, führt man die als Motorentreibmittel bestimmten, miteinander nicht mischbaren, leichten (z. B. Benzol) und schweren Kohlenwasserstoffe in völlig homogenen Emulsionsverband ein[6], vgl. S. 51. — Zu dieser Reihe der festen, gelatinösen oder pastosen Brennstoffpräparate gehören schließlich noch die neuzeitlichen, für den Großverbrauch bestimmten Suspensionen von durch Flotation (s. S. 371) gereinigtem Kohlenstaub in einer Emulsion, z. B. von Kohlenwasserstoffölen mit Verdickungsmitteln[7], Basen (Ammoniak, Anilin), Phenolkörpern in Form ihrer alkalischen Lösungen[8].

**Anhang: Feuerlöschemulsionen.** — Das Zeitalter der Motorenbetriebsstoffe förderte die Entwicklung der schon vorher angewendeten

---

[1] Engl. Pat. 273083 (1926).     [2] D.R.P. 442358.
[3] Franz. Pat. 577922.     [4] Engl. Pat. 277357 (1927).
[5] Franz. Pat. 633731.     [6] Franz. Pat. 560909 u. Zus. 26785.
[7] Am. Pat. 1623241.
[8] Franz. Pat. 618918; vgl. D.R.P. 444420 u. 453465.

sog. chemischen Feuerlöschmittel und schuf die neue Art des Löschens von Benzin-, Benzol- u. dgl. Bränden mittels der Schaumverfahren. Ursprünglich versuchte man die Flammen mittels der Gase zu ersticken[1], die sich bei der Verbrennung von auf den Feuerherd geworfenem schwefelreichem Schießpulver entwickeln, später kamen die mit Kohlensäure abgebenden Stoffgemischen gefüllten Apparate[2] und ferner die Methoden auf, nicht brennbare Flüssigkeiten. wie z. B. Chloroform[3], insbesondere Tetrachlorkohlenstoff[4] und seine Verwandten zum Löschen von Benzinbränden zu verwenden. Neuesten Datums sind die Vorschläge, diese als Feuerlöschmittel gebräuchlichen Halogenkohlenwasserstoffe von Art des Tri oder Tetra nicht als einheitliche Flüssigkeiten, sondern besser in Form von wäßrigen mittels Emulgatoren stabilisierter Emulsionen zu benutzen[5]. Weiterhin wurden diese Verfahren z. B. in der Weise kombiniert, daß man zur Herstellung einer feuerlöschenden Extinkteurfüllung Tetra unter Druck mit Kohlensäure- und Ammoniakgas sättigte[6], und schließlich wurden die schaumbildenden Flüssigkeiten[7] eingeführt. Sie enthalten z. B. einerseits Natriumbicarbonat in dicker Leim-, Casein-, Saponinlösung u. dgl. und andererseits z. B. konzentrierte Alaunlösung, die beide vor dem Gebrauch in dem geschlossenen Apparat gemischt werden, worauf man den sich spontan in großen Mengen entwickelnden Schaum durch eine Schlauchleitung auf den Brandherd leitet[8]. Solche Schäume (andere schaumgebende Stoffe s. S. 142) erhalten dann Zusätze an jenen Halogenkohlenwasserstoffen, oder man gibt ihnen wohl auch Substanzen bei, die, wie z. B. das Trihydrat des Zinntetrachlorids, das bereits bei 120° zerfällt, das brennende Objekt mit Oxyd überkrusten und abschließen.

## Emulsionen auf dem Gebiete der Metallgewinnung und Metallbearbeitung.

Hierher gehören die Methoden der Metallerzaufbereitung von Art der Schwimmverfahren und im Bereiche der Metallbearbeitung, lediglich die Verfahren zur Herstellung der Bohr- und Schneideöle und jene, bei deren Ausführung zum Zwecke der Metalloberflächen-

---

[1] Z. B. Dingl. J. 150, 158; vgl. dagegen ebd. 152, 30.

[2] Siehe z. B. Chem. Zentralblatt 1919, IV, 845.

[3] Dingl. J. 214, 421.  [4] Z. B. Am. Pat. 1078030.

[5] D.R.P. 358572.  [6] Am. Pat. 1036461.

[7] Über die neuzeitlichen Schaumlöschverfahren schreibt J. Hausen in Papierfabr. 25, 314. — Eine kritische Aufstellung der Feuerlöscher (Naß, Feucht, Trocken, Schaum, Kühl) mit ihren Vor- und Nachteilen bringt H. Kölln in Farbenztg 33, 1791.

[8] Vgl. E. A. Barrier: Z. angew. Chem. 27, 97. — Siehe auch die Schaumfeuerlöschmittel der Am. Pat. 1527509, Franz. Pat. 631626 u. 632731 mit Bicarbonat, Süßholz- und alkalischem Eichenrindenextrakt (als Schaummittel) und Stärkekleister od. dgl. als Stabilisator. Ferner eine nach Franz. Pat. 633400 bereitete, dem gleichen Zweck dienende, jedoch nicht schäumende Emulsion aus halogenisiertem Kohlenwasserstoff und Mineral- oder Pflanzenöl, die im Apparat durch eine dünne, vor dem Gebrauch zu zerstörende Wasserschicht getrennt sind. — Vgl. J. Hausen: Chem.-Ztg 52, 348.

behandlung durch Metallisieren, Schleifen, Polieren, Putzen, Kitten und Anstreichen, Emulsionen verwendet werden. Das Gebiet ist demnach recht klein, in manchen Einzelheiten jedoch emulsionstechnisch von großer Bedeutung, insbesondere hinsichtlich der Erzaufbereitung durch Flotation.

Die Schwimmaufbereitung (Flotation) der mehlfein gemahlenen Erze beruht auf der verschiedenen Benetzungsfähigkeit von Gangart und Haltigem durch organische, meist ölige Flüssigkeiten und weiter auf der Eigenschaft der ölbenetzten blanken Erzteilchen in die zähe, man könnte sagen kautschukartige Ölhaut, die dieselben einhüllt, eine Spur Gas aufnehmen zu können, so daß beim starken Rühren des Systems die mikroskopischen Ballons als Schaum an die Oberfläche der Flüssigkeit steigen, während die unbenetzten und demnach gasfreien Teilchen der Erztrübe zu Boden sinken. Man vermag sich ohne weiteres vorzustellen, daß die von Natur aus z. B. durch Verwitterung und künstlich durch die Zerkleinerung des Erzes zerklüfteten Teilchen der Gangart sich in der zunächst nur wäßrigen Trübe mit Wasser vollsaugen oder von ihm stark benetzt werden, und das nachträglich beigegebene nun zutretende Öl abstoßen, während die blanken Krystallflächen des Haltigen Wasser abstoßen und Öl annehmen, ein Vorgang, den man — und hier setzt das emulsionstechnisch bedeutsame Moment ein — gegebenenfalls durch Zusatz von Säure (oder Lauge, auch Seife) beeinflussen kann. Die Erzpartikel gehen in der folgenden Schäumungsphase in den Schaum, und die Gangart sinkt zu Boden. Natürlicherweise wirken lösliche Salze im Erzmehl, das der Schwimmaufbereitung unterworfen wird, sehr schädlich hinsichtlich ihrer Einwirkung namentlich auf die Schäumer (s. unten) als Seifebildner. Ferri- und Aluminiumsulfate lassen sich mit gebranntem Kalk leicht beseitigen, Ferrosulfat muß jedoch, wie in jedem Laugungs- und Fällungsprozeß der Erze so auch hier, zuerst und zwar am besten mit der genau berechneten Menge, z. B. Chlorkalk, oxydiert werden, worauf das gebildete Ferrisalz gekalkt wird[1]. Im ganzen genommen ist die Erzschwimmaufbereitung eine Summe komplizierter physikalischer und chemischer Vorgänge[2], die sich an den Grenzen natürlich belassener oder veränderter Oberflächen von Suspensoiden makro- bis ultramikroskopischer Größe in wäßrig echter und kolloider Lösung unter Mitwirkung emulgierender und emulgierter schäumender oder ölig benetzender Stoffe abspielen. Die völlige Aufklärung dieser Prozesse wird das ganze Gebiet der Erzaufbereitung und auch jenes der Metallurgie umgestalten und vereinheitlichen, das letztere insofern, als die schwierige Verhüttung der Haltigmehle zu deren chemischer (Laugungs-) Aufarbeitung unter weitgehender Ausschaltung der Ofenprozesse führen kann.

Die einzelnen Verfahren der Erzschwimmaufbereitung unterscheiden sich vornehmlich durch die Art der Gas- und Schaumerzeugung innerhalb der Trübe durch Schlagen, Einpressen von Luft, Erzeugung von Schwefelwasserstoff oder einer Sulfidhaut (bei sulfidischen Erzen) als

---

[1] HAHN, A. W.: Ref. in Chem. Zentralblatt 1927, I, 2471.
[2] Vgl. A. M. GAUDIN: Ref. in Chem. Zentralblatt 1928, I, 1091.

Folge des Säure-, Lauge- oder Seifenzusatzes, Einleiten oder Erzeugen
anderer Gase usw., ferner aber auch durch die Art der Erze und der Öle.
Nach einer eigentümlichen Modifikation des Schwimmaufbereitungs-
verfahrens, angewandt auf Brennstoffe, emulgiert man diese mit Wasser-
Öl-Vermittler-Emulsion in einem der Margarinekirnung ähnlichen
Verfahren und will so einen die Brennstoffe einschließenden butterartigen
Rahm erhalten, während das Unhaltige in der dann mit der Magermilch
vergleichbaren, leicht abziehbaren Flüssigkeit verbleibt[1]. Es sei allgemein noch erwähnt, daß die Vorteile der Erzflotation sehr bedeutend
sind (die Tonnenzahl der so verarbeiteten Erze hat sich innerhalb von
5 Jahren verzwanzigfacht), weshalb die Nachteile, so vor allem die
hohen Mahlkosten der Erze bis zur Staubfeinheit, und die Notwendigkeit, das gewonnene Mehl des Haltigen zur Verhüttung brikettieren
zu müssen, in Kauf genommen werden.

Dies nur nebenbei, hier interessieren in erster Linie die folgenden
Wechselbeziehungen chemischer und physikalischer Art: zwischen
Erzen von verschiedenem spez. Gewicht und verschiedener Beschaffenheit (sulfidisch, oxydisch, sulfatisch, carbonatisch, silicatisch) und verdünnten Säuren (Entwicklung von Schwefelwasserstoff oder Kohlensäure, keine Gasbildung, Anätzung, also Aufrauhung der Oberflächen,
völlige Indifferenz usw.). Ferner: zwischen Ölen verschiedener Herkunft (fette tierische oder pflanzliche, mineralische, ätherische Öle)
und der wäßrigen Trübesuspension, hinsichtlich ihrer Neigung unter
Mitwirkung von Säure, Lauge, Seife, mineralischen Suspensionskolloiden
oder von in der Flüssigkeit gelöstem Schwefelwasserstoff Schäume oder
Emulsionen zu bilden. Schließlich: zwischen Erzteilchen und Ölen,
im Hinblick auf deren verschieden große Fähigkeit die Oberflächenspannung des Wassers an der Grenze zum Mineralteilchen zu verändern, es
daher entweder zu ölen oder nicht zu benetzen und dann, gegebenenfalls unter Mitwirkung von Gasen, die Teilchen zu tragen oder sie sinken
zu lassen.

Dazu kommen jedoch außerdem viele andere Beziehungen, die auftreten, wenn die Arbeitsbedingungen gewechselt werden, wenn man
also, um nur einige Beispiele zu nennen, dem Erzmehl oder seiner wäßrigen Trübe das Öl oder den Kohlenwasserstoff in Dampfform zuführt[2],
evtl. gleichzeitig Druckluft in die Flüssigkeit einbläst[3], Adhäsion der
Öle und Auftrieb der geölten Teilchen durch Anwendung des Vakuums
erhöht, ob man allein die Oberflächenspannung (-tragfähigkeit) eines
glatten Flüssigkeitsspiegels (z. B. Wasser bei der Trennung von Kupfer-
erzen und Edelmetallen nach dem Verfahren von BRACKELS und JEFFREY[4])
oder die Zähigkeit eines Schaumes ausnutzt usw. Besonders bei Anwendung dieses letzteren Verfahrens wurden in emulsionstechnischer Hinsicht bemerkenswerte Beobachtungen gemacht[5], insofern als sich aus
dem Verhalten verschiedener ruhender oder bewegter[6] Schäume oder

---

[1] Engl. Pat. 192369 (1922).

[3] D.R.P. 294519.

[4] D.R.P. 288390; vgl. W. FINN: Mont. Rdsch. 1927, 193.

[5] JAFFÉ: Metall Erz 10, 315.

[2] Vgl. D.R.P. 241950.

[6] D.R.P. 255531.

des gleichen Schaumes, gegenüber verschiedenen durch die zähe Haut hindurchfallenden Metall- und Gangartteilchen in die unter der Schaumschicht befindliche Flüssigkeit, allgemeine Schlüsse auf die Erzeugung schäumender z. B. der kosmetischen Haarwaschemulsionen ziehen lassen; s. a. S. 189.

Wenn man die Verfahren der Erzschwimmaufbereitung als Zweig der Emulsionstechnik betrachten und von allen Einzelheiten absehen will, die sich auf die Vorbehandlung der Erze durch oxydisches oder sulfatisierendes Rösten, Anätzung der Teilchen, z. B. mittels Chlors usw., beziehen, kann man zwei Gruppen von Methoden unterscheiden: jene, bei deren Ausführung die Bildung von Emulsionen gefördert und die anderen Prozesse, in deren Verlauf sie verhindert wird. Die Grundlage dieser Unterscheidung ist aber weiter gegeben in der Zugehörigkeit der verwendeten öligen Stoffe zur Klasse der Öler und zu jener der Schäumer.

Bei völliger Erfassung des Wesens der Emulsionen wird man ohne weiteres ableiten können, daß zu den Ölern, das sind die das blanke haltige Gut lediglich umhüllenden Fettstoffe, vorzugsweise die unverseifbaren Mineral- und Kohlenteeröle, und zu den Schäumern die Fette mit verseifbaren Carboxyl- und salzbildenden oder alkoholischen Hydroxylgruppen (vgl. S. 7) zählen müssen, also die Tier- und Pflanzen- sowie auch zahlreiche Teer- und ätherische Öle als Produkte der Kohlen-, Holz- und Harzdestillation[1]. In der Tat haben sich in der genannten Hinsicht neben den wenig verwendeten fetten Pflanzenölen (z. B. Rüböl) auch Salbei-, ferner Eucalyptus- und Sandelholzöl, die beide besonders sulfidische Erze gut benetzen, dann aber auch Kien- und Terpentinöl[2], ferner Hart-[3] und Weichholzteer, Kreosot, Teeröle, Phenole, auch technisches (o- und p-) Toluidin[4] oder Xylidin[5], und zwar in der Menge von 250 g pro Tonne Erz, evtl. bei Gegenwart von Natronlauge, weiter Voltolöle (z. B. voltolisierter Tran[6]) und andere Ölstoffe bewährt. In neuester Zeit werden die von der Metals Recovery Co. eingeführten sog. Alphabetverbindungen als Flotationsöle verwandt[7], so die TT-Mischung (20 Thiocarbanilid und 80 o-Toluidin) für Kupfer- und Blei-Zinkerze; die XY-Mischung (40 Xylidin und 60 1-Naphthylamin) für Kupfererze usw. Oft enthalten diese öligen Stoffe emulgierende Zusätze wie Alkalixanthogenat (s. S. 375), Phenol zusammen mit Phosphorpentasulfid (sog. Aerofloat), auch vielfach komplexe Thioverbindungen anderer Art. Solche Salze organischer Abkömmlinge der Sulfothiokohlensäure (Alkalixanthate) spielen als Schaumbildner in Flotationsölen eine bedeutende Rolle, so z. B. bei der Aufbereitung von gangartreichen Erzmehlen oder von Kohlen, die wegen ihres verschiedenen Aschengehaltes

---

[1] Vgl. O. C. Ralston in Met. Chem. Eng. 1916, 712, Ref. in Z. angew. Chem. 1917.

[2] D.R.P. 240607; vgl. D.R.P. 271115 u. 276893; ferner R. J. Anderson in Z. angew. Chem. 29, 276 u. ebd. C. Terry du Rell.

[3] Hawley, L. F., u. O. C. Ralston: Chem. Zentralblatt 1919, II, 667.

[4] D.R.P. 387835.     [5] D.R.P. 387881.     [6] D.R.P. 394193.

[7] Ref. in Chem. Zentralblatt 1927, II, 2706.

voneinander getrennt werden sollen[1]. Schließlich wurden auch silicat-gefüllte Seifen oder Gemische, z. B. von Natriumoleat und Wasserglas, als Schäumer bei der Erzflotation vorgeschlagen[2]. Stets handelt es sich nur um sehr geringe Mengen dieser Stoffe, ja es ist schließlich in diesem Bereiche der dem ölhaltigen Kondenswasser (s. S. 387) vergleichbaren äußerst dünnen Emulsionen von wenig Öl in viel Wasser der Übergang zur wirklichen Lösung nur eine Frage der Zusatzmengen. So fügt man z. B. nach einem neuen Verfahren dem alkalischen Wasser für Schwimm-aufbereitung von sulfidischen Erzen nur so viel Kresol zu, daß ohne weitere Zusätze eine als echte Lösung auffaßbare Alkalikresolatlösung entsteht, die jedoch gleich einer Seifenlösung oder Fettstoffemulsion die Eigenschaft besitzt, das Haltige zu umschäumen und als überdies hochgradiges Konzentrat zum Abschwimmen zu bringen[3]. Die Verwen-dung von Kresol als Schäumer und Paraffinöl als Schaumerhalter wurde übrigens auch für die Schwimmaufbereitung der Kohle empfohlen[4].

Hervorhebenswert ist, daß Fichtenholz- im Gegensatz zum Stein-kohlenteer den Eintritt der Kolloide des Haltigen in den mit ihm er-zeugten Schaum begünstigt[5], und daß z. B. die Anwendung eines Ge-misches von Fichtenteeröl und Kreosot mit wenig Steinkohlenteer, nach C. F. Sherwood, die einzige wirtschaftliche Methode zur Gewin-nung des Silbers aus gewissen Kobalterzen darstellt, die in der Herd- und Setzarbeit nicht ausgebeutet werden können. Es braucht nicht besonders betont zu werden, daß man natürlich auch Abkömmlinge der Schäumer sowie der Öler (diese, z. B. die Mineralöle verschiedener Erd-ölfraktionen, Steinkohlenteeröle und -produkte, wie Anilin[6], Xylidin[7], Naphthylamin[8], Naphthol[9] u. a.) auf ihre Eignung in der einen oder anderen Richtung geprüft hat, so vor allem die türkischrotölartigen sulfonierten Fett- und Harzsäuren[10], mit Ätzlauge erhitzten Generator-teer[11] usw. Wenn nicht Erze, sondern anderes mineralisches Material durch Schwimmaufbereitung in Haltiges und Taubes getrennt werden soll, kann man natürlich etwa in dem Gut, z. B. im Ölschiefer, vorhan-denen mineralischen Fettstoff ausnützen und erhält so im Schaum das direkt verschwelbare Material[12].

Bei den Flotationsverfahren, die man mittels der Schäumer aus-führt, verfährt man nun in der Weise[13], daß man dem schwach an-gesäuerten Gebrauchswasser sehr geringe Mengen, z. B. Eucalyptusöl, zusetzt, das Erzmehl einträgt, noch etwas Ölsäure oder Petroleum bei-

---

[1] Engl. Pat. 272301 (1926).
[2] D.R.P. 392121.     [3] D.R.P. 405957.
[4] Franz. Pat. 575192. — Zur Schwimmaufbereitung der Kohlen s. a. das Ref. über eine Arbeit von H. Schranz in Chem. Zentralblatt 1925, II, 1236; vgl. ebd. I, 2362.
[5] Clevenger, G. H.: Z. angew. Chem. 30, 129.
[6] D.R.P. 272919; andere Amine nach Norw. Pat. 32359.
[7] Norw. Pat. 32591.     [8] Norw. Pat. 32941.
[9] Zusammen mit Xylidin nach E. H. Robie: Chem. Zentralblatt 1920, II, 667.
[10] Engl. Pat. 159025 (1920); vgl. auch D.R.P. 372243: Sulfonierte Fettstoffe, Alkohole, Phenole, auch 2-Naphthol-Schwefelsäureester u. a. als Schäumer. Ferner D.R.P. 383766: geschwefeltes Kienöl.
[11] Engl. Pat. 170944.     [12] Am. Pat. 1510983.     [13] D.R.P. 271115.

gibt und nunmehr die Schaumbildung durch Umrühren unter Luftzufuhr bewirkt, um den die metallischen Sulfide des Erzes tragenden Schaum im Spitzkasten von der Oberfläche abzuziehen. Dieser Methode, bei der die Schaumbildung auf Grund der Oberflächenspannungsunterschiede zwischen saurem Wasser und verdunstendem Öl beruht, stehen die Emulsionsverfahren gegenüber, in deren Ausführung der Schaum durch Schlagen, z. B. einer aus Schäumeröl und Soda, oder Wasserglas im Arbeitswasser gebildeten Seife[1], oder einer wäßrigalkalischen Phenol- (Kresol-) Lösung[2] erzeugt wird. Man kann aber auch anders, z. B. so vorgehen[3], daß man sulfidische Erze mit Soda- oder Schwefelnatriumlösung vorbehandelt, sie dann in einem anderen Behälter mit ölhaltigem Wasser durchrührt und so die Bildung einer Emulsion herbeiführt, die nun mittels nahe an der Flüssigkeitsoberfläche zugeführter verdünnter Säure zerstört wird, wobei sich gleichzeitig Kohlensäure bzw. Schwefelwasserstoff im gleichmäßigen, regelbaren Gasstrom entwickelt, der stetig die nunmehr mit der zersetzten Emulsion als Öler umhüllten haltigen Teilchen emporhebt. In Ausführung eines derartigen neuzeitlichen selektiven Verfahrens der Zink-Bleierzflotation arbeitet man mit der Emulsion von Rohheizöl, Terpentin- und Natriumsulfid im ersten Gang, zur Hebung des Bleiglanzes und mit Schwefelsäure im zweiten Gang ($Na_2S$-Zerstörung, $H_2S$-Entwicklung), um die Zinkblende zum Schwimmen zu bringen[4].

Zeitlich früher[5] war ein umgekehrter Vorgang mit demselben Ziele vorgeschlagen worden, nämlich die Emulgierfähigkeit der primär dem Erzmehl zugeführten tierischen, pflanzlichen oder mineralischen Öle oder den zugesetzten Fettsäuren oder Seifen durch Zusatz einer Metallverbindung aufzuheben, so zugleich den organischen Stoff in Form einer klebrigen Haut auf den metallischen Erzteilchen niederzuschlagen, und dadurch seine Schwimmfähigkeit gegenüber der Gangart zu verändern, die, mit Wasser vollgesaugt, jene unlösliche Metallseife nicht annimmt. Wenn man schließlich noch einen Schritt weitergeht und durch Wahl der Ölkörper sowie sonstige Vorkehrungen Sorge trägt, daß Emulsionen überhaupt nicht entstehen, hat man die neuzeitlich fast ausschließlich ausgeübten Ölermethoden, deren Typus in dem sauren ELMORE-Vakuumölverfahren verkörpert ist[6]. Diese sauren Prozesse, bei denen die wäßrige Erzmehltrübe stetig in abgemessenen Anteilen mit einem mechanisch durchwirbelten Gemisch von Öleröl und saurem Wasser durchmengt wird, gehören nicht mehr dem Bereiche der Emulsionstechnik an[7]. Wie sehr sie aber sonst an den Flotationsverfahren beteiligt bleiben, zeigen die Bestrebungen der neuesten Zeit,

---

[1] D.R.P. 322886.    [2] D.R.P. 244445; vgl. D.R.P. 277847.
[3] D.R.P. 273266; Vorrichtung: D.R.P. 274002.
[4] GRUMBRECHT: Metall Erz 1927, 557; vgl. ebd. H. MADEL, S. 568.
[5] D.R.P. 229672.
[6] S. Abb. 230, S. 590 in LANGE: Chem. Technologie, Leipzig 1927.
[7] Für das ganze Gebiet der Erz-Schwimmaufbereitung sind die neueren Arbeiten von O. BARTSCH (Kolloidchem. Beih. 1924, 1—49 u. 55—70; ausführliche Ref. in Chem. Zentralblatt 1925, I, 2362—2364) über Schaumsysteme von großer Bedeutung.

den Emulsionen und Schäumern neben ihrer physikalischen auch chemische Wirkung zu verleihen. Eine derartige, durch Zusatz von Chromat gleichzeitig chemisch wirksame (Fällung von PbS und $FeS_2$) Flotationsemulsion für pyritische Blei-Zinkerze setzt sich z. B. zusammen aus (in engl. Pfunden pro Tonne Erz): Je 0,4 Wassergasteer und Kresol, je 0,2 Kohlenteerkreosot und Cyannatrium, 3,0 Soda, 0,9 Kupfervitriol, 0,1 Natriumbichromat und 0,06 Natriumxanthogenat[1] s. oben.

Die Emulsionen, die man bei der Bearbeitung der Metalle anwendet oder die während der verschiedenen Verrichtungen entstehen, bieten zwar wenig, was hinsichtlich ihrer Herstellung der Hervorhebung wert wäre, doch sind sie Typen und daher von allgemeiner Bedeutung.

Beim Bohren und Schneiden der Metalle begegnen uns zunächst Flüssigkeiten, vornehmlich Seifenlösungen, die dazu dienen, das kostbare Schneidewerkzeug oder den Schnelldrehstahl während der Arbeit zu kühlen und so vor dem Verbrennen zu bewahren, die ferner auch die Reibung zwischen Werkzeug und Werkstück verringern, das Einfressen des Stahles verhindern und die Bildung glatter Schnittflächen begünstigen sollen. Man unterscheidet die eigentlichen Schneideöle von den sog. wasserlöslichen Ölen (s. S. 109). Die ersteren bestehen aus Schmalzöl, Tran oder Pflanzenölen oder deren Mischungen mit Mineralölfraktionen. Reines Mineral- sowie reines Schmalzöl sind nur in besonderen Fällen geeignet, dieses namentlich dann, wenn beim Schneiden große Hitze entwickelt wird, da es seine hohe Viscosität in der Wärme nicht verliert und gut am Schneidestahl haftet. Die löslichen Präparate sind sulfonierte (türkischrotölartige) oder sog. phenolierte Öle, das sind die nach Art der Desinfektionsseifen erzeugten Mischungen von Phenol, Fettstoff und Alkali, in beiden Fällen meist in Emulsion mit Fettstoffen und Seifen.

Kein Schneide- und Bohröl darf freie Fettsäuren enthalten[2], da besonders bei der Erwärmung saure Stoffe den Stahl angreifen. Türkischrotöle müssen daher vor ihrer Verwendung für solche Zwecke mit Alkali überneutralisiert und alle anderen Erzeugnisse dieser Art alkalisch gestellt werden. Man verlangt ferner von jedem Bohröl mindestens 20 proz. Fettstoffgehalt (zu 20% ausätherbar) und eine so vollständige Emulgierbarkeit mit Wasser 1 : 10, daß sich nicht mehr als 5% Rahm oder Satz abscheiden[3]. Ein solches Öl wird z. B. durch Emulgierung, eines Gemisches von 10 Kolophonium, 7,5 Olein, 65 Mineralöl (0,900), 12,5 Ricinusölsulfosäure (und 25% Schwefelsäure bereitet) und je 3 Teile 50 gräd. Kalilauge und 25 proz. Ammoniak erzeugt[4]. Eine sehr haltbare, gut kühlende Bohrölemulsion soll man ferner durch Emulgieren von 15% Tier-, 75—60% Mineral- und 25—10% geschwefeltem Pflanzenöl

---

[1] Ref. in Chem. Zentralblatt 1927, II, 1507.
[2] Siehe z. B. Am. Pat. 1621483: Bohröl mit 16% freier Ölsäure
[3] Löffl., K.: Seifensieder-Ztg 1918, 409 u. 431; vgl. C. W. Copeland: Z. angew. Chem. 1918, 158.
[4] Krist, F. C.: Seifensieder-Ztg 1913, 559 u. 591; vgl. E. Bartels: ebd. Jhg. 52, 739 u. 761.

mit Seife oder Alkalilauge erhalten können[1]. Besonders geeignet für die Herstellung solcher Emulsionen sind Vermittler, die man durch Oxydation von Braun- oder Steinkohle mit Luft und Salpetersäure[2] oder Chlorkalk[3] erzeugt. 80 Teile einer 20proz. Paste des Natronsalzes der erhaltenen Verbindung vermögen 20 Teile Schmieröl und 100 Teile Wasser in eine stabile Bohrölemulsion überzuführen. Es ist zu empfehlen, sich bei der Herstellung derartiger Emulsionen, namentlich was die Alkalien betrifft, nicht an die Zahlen zu halten, sondern in das in der Emulgiermaschine bewegte Gemisch der Fettstoffe soviel der wäßrig-alkalischen Flüssigkeiten in dünnem Strahle einfließen zu lassen, bis eine Probe sich mit Wasser glatt emulgieren läßt. Gegebenenfalls setzt man zur Regulierung und Klärung schließlich noch denaturierten Sprit zu[4]. Es sei weiter noch erwähnt, daß diese typischen, richtig bereitet unbegrenzt haltbaren Emulsionen mit Türkischrotölgehalt bei Wintertemperatur Seifen ausscheiden, die sich dann auch in der Wärme schwer wieder lösen und die Zirkulationsröhren verstopfen. Wenn diese Gefahr vorliegt, emulgiert man daher nur Mineralöl, Olein, alkalische Flüssigkeiten und Spiritus[5].

Namentlich während des Krieges wurden zahlreiche Vorschläge gemacht, diese einfachen, im Gebrauche bewährten Bohr- und Schneideöle und -pasten (erhaltbar beim Arbeiten mit entsprechender Konzentration der Bestandteile) durch andere Mischungen, Lösungen und Emulsionen zu ersetzen, die jedoch, wenn sie überhaupt je erzeugt wurden, längst wieder vom Markte verschwunden sind. Es fanden sich, wie übrigens auch in vielen anderen kleinindustriellen Erzeugnissen, Präparate mit Sulfitablauge, Zellpech, Stärkekleister, Melasseschlempe, tang- und ligninsauren Alkalisalzen, Holzteerprodukten, auch mit Schlick und kolloidem Ton — kurz mit allen möglichen und unmöglichen Substanzen, die eben zur Hand waren und in genügenden Mengen zur Verfügung standen, so daß man daran gehen konnte, auf Basis derartiger Rohstoffe „chemische Werke" zu gründen. Die Unternehmungen mit ihren Erzeugnissen sind verschwunden, der Mißkredit, in den damals die chemisch-technische Kleinindustrie kam, macht sich heute noch fühlbar. Dies äußert sich auch bei der Bewertung von Präparaten für Metalloberflächenbehandlung von Art der Putz-, Polier-, Schleif- und Reinigungsmittel.

Die vier Verrichtungen sind nur graduell voneinander verschieden, denn es wird in jedem Falle angestrebt, die Unebenheiten einer Metallfläche zu beseitigen, Oxyde und Verunreinigungen zu entfernen und das Stück so für den Verkauf oder für die Weiterbehandlung durch Metallisieren, Inoxydieren, Emaillieren, Lackieren usw. vorzubereiten, die natürliche Farbe des Metalles wiederherzustellen oder ihm stumpfen bis Hochglanz zu verleihen. Da jedes Metall von der mechanischen Verarbeitung (s. oben Bohr- und Schmieröle) oder vom Anfassen und sonstigen Manipulieren her örtlich oder vollständig mit einer dünnen

---

[1] Am. Pat. 1516879.      [2] D.R.P. 352860.      [3] D.R.P. 365178.
[4] Vgl. Techn. Rundsch. 1909, 635.
[5] WELWART: Seifensieder-Ztg 1912, 475.

Fetthaut überzogen ist, bedeutet jede jener Verrichtungen mittels Chemikalien Bildung von Emulsionen und deren Beseitigung. Aber auch die Hilfsmittel selbst, insbesondere die Metallputzpräparate, werden häufig als emulgierte Gemische angewendet, da die Chemikalien in dieser Form der Verteilung die Reibung besser überwinden, tiefer in die Unebenheiten der Fläche eindringen und im ganzen wirksamer sind. So verwendet man z. B. zur Verhütung des Einfressens des Polierstahles als Befeuchtungsflüssigkeit Emulsionen, die Seifenwasser, Fettstoffe, Hefe, Abkochungen von isländischem Moos in Bier, Eiweißstoffe, Rindergalle u. dgl. enthalten[1], so wie reibungsmindernde Mittel auch zu den wesentlichen Bestandteilen der Metallputz- und -reinigungsemulsionen zählen.

Ehe wir uns diesen zuwenden, müssen wir die Methoden der Metalldekapierung betrachten, die, als unerläßliche Maßnahmen vor der Ausführung galvanischer Metallisierungs- oder chemischer Metallfärbeprozesse, die Beseitigung jener dem rohen Stück anhaftenden Fett- und Schmutzschichten zum Ziele haben. Denn wenn diese auch meist nicht sichtbar dünn aufliegen, verhindern sie doch das feste Haften der aufgebrachten Metallhaut bzw. des oxydischen färbenden Überzuges. Von der mechanischen Reinigung mit dem Sandstrahlgebläse oder in Bürstmaschinen abgesehen (bei der übrigens auch zuweilen Seifenlauge, Ätzalkali, Kalkmilch, also das Fett verseifende Agenzien mitverwendet werden[2]), sind die chemischen Dekapierungschemikalien entweder fettlösende organische Lösungsmittel[3], die jedoch nicht genügend wirksam sind, oder besser Seifen- oder Alkalilaugen mit oder ohne Zusätzen, die zwar langsamer arbeiten als die Lösungsmittel, sich jedoch, und zwar nur heiß angewendet, vollkommen mit dem Fett emulgieren und so durchgreifende Reinigung des Stückes herbeiführen, daß es sofort plattiert werden kann. Sehr geeignet zur Entfettung von Metallen vor ihrer Weiterbehandlung durch Galvanisieren u. dgl. sollen Seifen sein, die aus Moellon, Dégras (s. S. 352) oder anderen an Oxysäuren reichen Fettstoffen auf dem Wege der normalen Verseifung gewonnen werden[4]. Noch durchgreifender, allerdings oft auf Kosten der Politur oder Glätte des Metalles, wirken heiße Ätzlaugen, deren Anwendung jedoch zu den besten Ergebnissen führt, wenn man elektrolytisch arbeitet. Zur Ausführung dieser neuzeitlichen Dekapierungsmethode hängt man die zu entfettenden, evtl. in einem sauren Bade anodisch vorbehandelten Stücke als Kathoden in ein 85—100° warmes Soda-, Pottasche- oder Cyankaliumbad, schaltet den Strom ein und erzielt so nicht nur chemisch, sondern auch mechanisch dadurch vollkommene Reinigung der Metalloberfläche, daß die explosionsartig sich bildenden Wasserstoffbläschen die emulgierte Fett-Seifehaut lockern und abreißen[5].

Es sei noch erwähnt, daß auch die Verfahren der Schmelzflußverzinnung des Eisens mit der Emulsionstechnik insofern in loser Ver-

<hr>

[1] Siehe z. B. Techn. Rundsch. 1910, 242 u. 1911, 639.
[2] D.R.P. 221090; vgl. D.R.P. 112185: Kalkmilch unter hohem Spritzdruck.
[3] Siehe z. B. D.R.P. 331001 u. 331535.     [4] Franz. Pat. 616407.
[5] Siehe z. B. Elektrochem. Z. 1917, 164; Bayr. Ind. u. Gew.bl. 102, 124.

bindung stehen, als das dabei in großer Menge verbrauchte Palmöl nachträglich durch Emulgierung mit Alkalilösung von den Blechen entfernt wird[1]. Die erhaltene Emulsion wird dann durch Erwärmen mit Schwefelsäure im Direktdampfstrom zerstört[2].

Unter den zum Putzen, Polieren und Reinigen von metallenen Gebrauchswaren bestimmten Präparaten kommen für uns nur die mit Kieselkreide, Gur, Bolus, Tripel, Schmirgel, Sand, Glasmehl und anderen mechanisch wirkenden Mitteln gefüllten Putzpomaden und -wässer, eigentlich nur die Wässer in Betracht, denn sie allein sind Emulsionen, und zwar Seifenlösungen mit einemulgierten Zusätzen. Die Cremes oder Pomaden hingegen stellen lediglich innige Gemenge der mineralischen Stoffe mit Fett- oder Wachsarten dar, die allerdings häufig, nicht zum Vorteil der Präparate, eine gewisse Menge Wasser einschließen, das den nicht absolut getrockneten Schleifpulvern entstammt oder auch wohl zugesetzt wird, um die Paste geschmeidiger (s. Salben S. 177) und vor allem billiger zu machen. Die Herstellung der Emulsionspräparate bietet an sich keine besondere Anregung, doch ist folgendes zu beachten: Allen Metallputz-, -polier- und -reinigungsmitteln wird neben dem mechanisch wirkenden Mineralmehl eine metalloxydlösende Substanz, meist die billige Ölsäure (selten Cyan- oder Rhodansalz[3]), zuweilen auch Wein- oder Oxal-[4], wohl kaum Lysalbin- und Protalbinsäure als Spaltungsprodukte der Eiweißkörper[5] beigegeben. Die Säuren liegen in dem Präparat als Seifen vor, treten jedoch während des Putzvorganges in freier Form dadurch in Wirksamkeit, daß sie von dem zu beseitigenden Metalloxyd zerlegt und unter Bildung unlöslicher Metallseifen gebunden werden. Diese treten im Gemisch mit den mechanisch reibenden Mineralpulvern sowie mit der im Präparat vorhandenen alkalischen Seife oder Fettsubstanz in Emulsion, die beim folgenden Reiben mit dem Putztuch von diesem aufgenommen wird. Dabei bleibt jeweils wieder frei auftretende Säure, wenn sie keine Bindung mit Zusatzstoffen mehr einzugehen vermag, in den mikroskopischen Vertiefungen der Metalloberfläche haften und bewirkt dann Rost- oder Grünspanbildung.

Jedes Putzpräparat soll daher dauernd alkalisch reagieren[6], was man durch Überalkalisierung der Masse, z. B. mit Natronlauge, besser als mit dem sich verflüchtigenden Ammoniak erreicht. Alle Emulsionen der genannten Art müssen aber auch weiterhin so beschaffen sein, daß das füllende, mechanisch wirkende Mineralpulver in seiner Umgebung dauernd suspendiert bleibt, da die Vorschrift den Flascheninhalt vor dem Gebrauch zu schütteln, meist nicht befolgt und dem Präparat dann die Wirksamkeit abgesprochen wird. Es ist demnach auf eine gewisse Zähigkeit der Masse zu sehen, d. h. die flüssigen Präparate müssen

---

[1] Engl. Pat. 283614 (1926).

[2] Vorrichtung hierzu s. Engl. Pat. 283830 (1926).

[3] D.R.P. 321684.

[4] Z. B. das „Sidol“ des Handels; vgl. G. Schneemann: Seifensieder-Ztg 1913, 54.

[5] D.R.P. 314398.

[6] Siehe z. B. das völlig ungeeignete Polierpräparat des Franz. Pat. 611460 von 1925 (Fettsäuren und Lösungsmittel).

genügende Mengen dicker, jedoch nicht gelatinierender Seifenlösung oder gewisse Fettstoffe, besonders geeignet ist Wollfett, enthalten, die im Verbande die Kieselerde u. dgl. schwebend erhalten. Schließlich enthalten solche Präparate zuweilen noch Zusätze von organischen Lösungsmitteln, die aber weniger, wie es in einer Patentschrift[1] heißt, die Löslichkeit der Seife in Wasser, als vielmehr die Benetzungsfähigkeit der fettigen Metalloberfläche und die Emulgierbarkeit dieses Fettes in der Seife erhöhen sollen. Man verwendet also in einem solchen Falle z. B. Ölsäure-Natronseife mit Methylhexalin emulgiert (eine Lösungsmittelseife, s. S. 157) als Träger für die Kieselkreide aus dem gleichen Grunde wie Benzin-Monopolseife statt der Seife allein (s. S. 56). Ein sehr wirksames Metallputzmittel kann man nach dem Gesagten durch Emulgieren von saurer Milch mit Ammoniak, Brennspiritus und einem Mineralmehl leicht selbst bereiten. Sonst ist in emulsionstechnischer Hinsicht zur Herstellung der Metallputzpräparate nichts zu sagen; Fabrikationsvorschriften finden sich periodisch wiederkehrend in Fachzeitschriften[2] sowie in einschlägigen Werken[3]. Erwähnt sei eine Emulsion, die als aufgetragene und folgend trockengeriebene Paste das Beschlagen von Metallplatten, Fenster- und Spiegelscheiben verhindern soll; sie wird aus Seifenlösung, Wasserglas, Glycerin und Harzöl erzeugt[4]. Andere derartige, auch Reinigungspräparate, sind alkoholische Ammoniakseifenlösungen[5], Seife-Fett-Terpentinölsalben[6], auch nur Lösungen von Ölsäure in organischen Lösungsmitteln[7] u. dgl.[8] Sehr zähe Putz- und Reinigungspasten dieser Art erhält man schließlich durch Verkochen eines Gemisches von Mineralstoff (Ton, Kieselerde u. dgl.) mit Mineralöl und einem verseifbaren Fettstoff im Rührwerkautoklaven. Die mit Ton gebundene Emulsion soll man beliebig mit Wasser verdünnen können, ohne daß Entmischung eintritt[9].

Die Lacke und Anstriche für Metalle, und zwar vorwiegend für Eisen, bezwecken in erster Linie Schutz des Metalles gegenüber zerstörenden oxydierenden Einflüssen und sind daher stets frei von wäßrigen Flüssigkeiten, demnach niemals Emulsionen (s. Lacke, S. 275). Dagegen ist die Zerstörung solcher Schichten, die vorwiegend mit Fett- oder Bitumenstoffen als Bindemittel für Pigment oder Farbstoff angesetzt sind, stets ein Emulsionsvorgang, in dessen Verlauf der Überzug etwa unter dem Angriff der Atmosphärilien, des Grund- und Seewassers, zermürbt und abblättert oder weggewaschen wird (s. a. S. 282).

Rostschutzfarben, unter ihnen allen voran der Leinölfirnis-Mennige-Anstrich, bestehen aus einem erhärtenden oder trocknenden Bindemittel und einem chemisch wirksamen (hier die oxydische Bleiverbindung) oder indifferenten Farbpigment (z. B. Graphit), das, wenn es metallischer Natur ist (z. B. Zinkstaub), elektropositiver sein muß

---

[1] D.R.P. 393161.
[2] Z. B. in zahlreichen Bänden der Seifensieder-Ztg.
[3] WAHLBURG: Die Schleif-, Polier- und Putzmittel, Wien u. Leipzig 1913; ferner z. B. G. A. SIDDON: Das Schleifen usw. der Metalle, Leipzig 1920.
[4] Engl. Pat. 224344 (1923).   [5] HAGERS Handbuch.
[6] D.R.P. 273345.   [7] Engl. Pat. 171590.
[8] Siehe z. B. D.R.P. 330464, 334074.   [9] Am. Pat. 1524394.

als das Eisen. Ohne auf die Theorien der Entstehung von Korrosionen auf Eisen und Stahl (Kohlensäure, Peroxyde, elektrolytische Vorgänge) näher einzugehen, kann allgemein gesagt werden, daß nur jener rostschützende Überzug Wert besitzt, der für Gase und Feuchtigkeit möglichst wenig durchlässig ist und von der Metallseite her chemisch nicht ungünstig beeinflußt wird. Da nun vom Standpunkte der Emulsionslehre nur das Bindemittel, im vorliegenden Falle die Leinölfirnis-Bleioxyd-Seife, in Betracht gezogen wird, muß der Anstrich offenbar seinen Zweck dann am besten erfüllen, wenn er von vornherein möglichst wenig Emulsion ist, also etwa aus wasserfreiem Plumbolinoleat besteht, das überschüssige Mennige ($Pb_2[PbO_4]$) in Linoxyn gelöst bzw. suspendiert enthält. In der Tat wurden in Dauerversuchen[1] die besten Erfolge mit hocherhitztem Leinölfirnis erzielt, bei dessen Erzeugung die Spaltung des Öles, demnach die Bildung von Glycerin und Leinölsäuren als Emulsionsvermittler, nach Möglichkeit verhindert worden war[2].

Es wurden jedoch auch echte Emulsionen als Rostschutzfarbanstriche empfohlen, deren Herstellung hier erwähnt werden muß, wenn sie auch in korrosionstechnischer Hinsicht völlig bedeutungslos geblieben sind. Vorwiegend waren diese Präparate Lösungen oder Emulsionen aus Metall- (Zink-) Fettsäure-Seifen und Petroleum, oder allgemein Mineralöle emulgiert mit Ölsäure-Ammoniak-Seife[3], auch mit Wollfettsäurenatronseife[4], ferner Emulsionen von Öl-, Fett- oder Harzsäureseifen mit hoch oder niedrig siedenden Alkoholen und schweren Erdölkohlenwasserstoffen[5], oder von wäßrigem Alkaliphenolat, Ricinusöl und Wasserglas[6] u. dgl. Ein eigenartiges Gemisch sei noch erwähnt, dem seinerzeit auch ein nicht unerheblicher korrosionstechnischer Wert zugesprochen wurde[7]. Es handelt sich um einen Eisenrostschutz-Grundierungsanstrich unter einer üblichen Leinölfirnis-Mennige- oder Zinkstaubdecke, den man durch Emulgieren einer wäßrig alkalischen Harzseifenlauge mit alkalischer Glutinlösung erzeugte[8]. Das wahrscheinlich als Emulsionsvermittler auch sonst recht vielseitig verwendbare Glutinpulver erhält man durch Eintrocknen einer mit 3proz. Pottaschelösung erhaltenen Tischlerleimgallerte im Luftbade bei 120° bis zur Pulverisierbarkeit des aufgeblähten Produktes als leicht wasserlösliches Mehl von der chemischen Beschaffenheit der Lys- und Protalbuminate, die wir als Eiweißspaltungsprodukte bereits kennengelernt haben (s. S. 141). Das Glutinpräparat durfte jedoch den Alkalisalzen der Lys- und Protalbinsäure in emulsionstechnischer Hinsicht als Vermittler noch überlegen sein, da die Abbauprodukte des Knochenleimes zugleich Schaumbildner ersten Ranges sind (s. S. 142), so daß die Substanz in sich die Eigenschaften der die Bildung von Emulsionen fördernden Eiweißabbauprodukte und gummenartigen Kolloidlösungen mit jenen der Saponine vereinigt.

[1] Toch, M.: Z. angew. Chem. 28, 587, u. 29, 310.
[2] Vgl. C. v. Kreibig: Farbenztg 17, 1766.
[3] D.R.P. 90597.
[4] D.R.P. 95902; vgl. das neuzeitliche Engl. Pat. 163474.
[5] D.R.P. 174906 u. 204906.          [6] D.R.P. 85413.
[7] Spennrath, L.: Gewerbefleiß 1895, 245.
[8] D.R.P. 72320, 77344 u. 84295.

Schließlich sei noch auf die sog. Ofenglanzpasten verwiesen, die als hitzebeständige Rostschutzanstriche für eiserne Herde und Zimmeröfen dienen und als streichbare Massen durch Emulgieren von Seifen- mit Dextrin- oder Zuckerlösungen unter Mitverarbeitung von Graphitmehl oder Ruß hergestellt werden[1].

# Emulsionen in der Mörtel-, Zement-, Kunststeinindustrie.

Die wenigen Emulsionspräparate aus Fett-, Harz- oder Bitumenstoffen und wäßrigen Flüssigkeiten, die uns in den genannten Bereichen begegnen, sind dazu bestimmt, als Bindemittel für zerkleinerte Mineralstoffe oder als wasserabstoßende Mörtelzusätze bzw. Steinkörperanstrichmassen der gleichen Art zu dienen.

Über den Wert solcher organischer Umhüllungs- und Überzugsmassen sind die Ansichten in Fachkreisen recht geteilt, wohl vorwiegend verneinend eingestellt, emulsionstechnisch bieten manche der Verfahren jedoch immerhin fallweise erwähnenswerte Einzelheiten. Bei der Herstellung von Bindemitteln für Formsand z. B., aus Celluloseablaugen, Fettsäureseifen und Mehlkleister[2], oder von glaserkittartigen Ölkitten für Glas, Porzellan und Stein, z. B. aus konzentriert wäßrigem Papierbrei, Schlemmkreide und Leinölfirnis[3], ist nichts Besonderes zu bemerken, dagegen ergeben sich zum Teil interessante Wechselbeziehungen bei der Verarbeitung von wasserhaltigen Mörtelmassen mit organischen Zusätzen fettiger, bituminöser oder seifenartiger Beschaffenheit[4].

Im allgemeinen bewirkt der Zusatz organischer Verbindungen zu Mörtelmassen eine Verzögerung des Abbindens und Schädigung des Verbandes nur dann, wenn die organischen Stoffgemische oder einzelne ihrer Bestandteile mit dem Kalk des Mörtels reagieren, Fettsäuren also z. B. bröckelnde Kalkseifen liefern[5]. Auch in Zementmörteln tritt diese schädliche Reaktion auf, langsamer zwar, wenn man dem Zement Puzzolane zusetzt[6], aber doch so deutlich, daß seifebildende Zusatzstoffe vermieden werden sollen[7]. Anderseits sind jedoch viele Verfahren zur Erzeugung wasserabstoßender Kalk- und Zement-Mörtel bekanntgeworden, die sich für Spezial-, wenn auch wohl kaum für allgemeine Bauzwecke, recht gut bewährt haben sollen. So wurde z. B. empfohlen, den Kalk statt mit Wasser mit einer schwach alkalischen Emulsion aus Fettstoffen und Alkaliseife, Kalkwasser od. dgl. abzulöschen[8], dem gesumpften Kalk eine alkoholische Fettstofflösung nebst pulvriger Stärke[9] oder den Magerungsmitteln für Zement- und Kalkmischungen, also

---

[1] Vorschriften z. B. nach G. Schneemann in Seifensieder-Ztg 1911, 1074; s. a. Franz. Pat. 451893.

[2] Patsch, H.: Papier-Ztg 40, 262.        [3] D.R.P. 292732.

[4] Siehe die Arbeiten allgemeinen Inhaltes, z. B. von C. Lüdecke: Seifensieder-Ztg 1912, 118; R. Feret: Zement 3, 178.

[5] Benson, H. K.: Z. angw. Chem. 28, 308.

[6] Canevazzi, S.: Z. Portlandzementind. 11, 621.

[7] Le Chatelier: Z. angew. Chem. 1907, 411.

[8] D.R.P. 240184; vgl. D.R.P. 247671; Franz. Pat. 453751; Am. Pat. 1348494.

[9] D.R.P. 250962.

dem Sand oder Gesteinsmehl, Leinöl zuzusetzen, das Material dann durch Ausbreiten an der Luft rascher Oxydation und Verharzung des trocknenden Öles zugänglich zu machen, und so jedes Sandkorn mit einer wasserabweisenden Firnishaut zu überziehen[1]. Ferner wollte man durch heißes Mischen von heißwassergelöschtem Kalk mit Talg und gleichzeitigen Zuckerzusatz die herabgeminderte Verkieselungsfähigkeit des mit Kalkseife überzogenen Kalkes wieder erhöhen[2] oder das Gemisch von frisch gelöschtem Kalk und ölsaurem Ammoniak durch Umsetzung mit Tonerdesulfat in einen typisch wasserabstoßenden, bald erhärtenden Gips-Mörtelbrei der Hydrate, Aluminate und Oleate des Kalkes verwandeln[3] usw.[4]

Häufiger noch als die in jenen Emulsionsgemischen mit dem Kalk unter Seifenbildung reagierenden Fettstoffe, wurden fertig gebildete Seifen zugesetzt. Bei der Bereitung von Mörtel und Beton wirkt Seifenlösung, namentlich bei Gegenwart von Traß[5] (s. oben Puzzolan), zweifellos günstig und die wasserabstoßende Kraft des Mörtels wächst, allerdings auf Kosten der Festigkeit und bei gleichzeitiger Verkürzung der Abbindezeit, mit der Konzentration der Seifenlauge[6]. Diese beiden Nachteile sollen sich jedoch nicht bemerkbar machen, wenn man die Schmierseifenlösung nicht stärker als 1—2proz. und stets nur eine Kaliseife wählt[7]. Auch hier wird, wie oben beim Zusatz der Fettstoffe und leicht zersetzbaren Olein-Ammoniak-Seifen, die Bildung von zum Teil komplexen, basisch fettsauren Kalk-Tonerde-Verbindungen angestrebt (z. B. durch Umsetzung des Löschkalk-Ammoniakseifebreies mit Tonerdesulfat), um zu wasserdicht abbindendem Mörtel zu gelangen, der auch höherem Wasserdruck standhält[8]. Emulsionstechnisch bemerkenswert ist noch ein Verfahren zur Präparierung von Kalk für Bereitung von völlig wasserdichtem Zementklinkermehl, das in der Weise ausgeführt wird, daß man dem im Ablöschen begriffenen Kalk, also bei hoher Temperatur, etwa 20% mit Salzsäure verkochten Tran zumischt, wodurch die im Entstehen begriffene Fettstoff-Heißwasser-Emulsion zerstört und eine feste Masse gebildet wird, die man dem Klinkermehl in der Menge von 3—4% zumischt[9].

Von weitaus größerer Bedeutung für die Erzeugung wasserdichter Mörtel und Kunststeinoberflächen sind jedoch die Harz- und Bitumenemulsionen. Denn während jene Fettstoff- oder Seife-Mörtel-Mischungen nur neutralen Wässern standhalten, sind die Asphaltgemenge bis zu einem gewissen Grade auch gegen den Angriff von Chemikalienlösungen, namentlich sauren Abwässern, widerstandsfähig. Besonders empfohlen[10] wurde in dieser Hinsicht eine von WUNNER angegebene Bitumenemulsion, die man durch Homogenisieren eines wäßrigen Ton-

---

[1] D.R.P. 253613; vgl. D.R.P. 331481.

[2] D.R.P. 282368.          [3] D.R.P. 200968 u. 210514.

[4] Siehe z. B. auch sulfoölsaures Ammon als Mörtelzusatz nach D.R.P. 248297.

[5] BURCHARTZ, H.: Mat.prüf.amt 31, 80.

[6] Zement 4, 1 u. 7.          [7] SCHÜTZE, E.: Tonind.-Ztg 46, 1081.

[8] Seifenfabr. 32, 361.

[9] D.R.P. 293266; vgl. D.R.P. 182198 u. O. HELLER in Seifenfabr. 32, 361.

[10] SEGER, H., u. E. CRAMER: Tonind.-Ztg 1906, 1601.

schlammes (40:35) mit 25 Teilen Asphalt, Stearinpech, Goudron, evtl. unter Zusatz von Mineralöl, Ceresin, Kautschuklösung u. dgl. bei 90° erzeugte[1]. Auch emulgierte Bitumenschmelzen wurden vorgeschlagen. Geschmolzener Asphalt läßt sich leicht mit 3—5% eines Pflanzen- oder Tieröles emulgieren, wenn man das Gemisch zuerst in der Wärme mit starker Säure oder einem Oxydationsmittel behandelt und folgend etwa die doppelte Menge des Bitumenstoffes kochender Alkalilösung einemulgiert[2]. Solche streichbare wäßrige Bitumenemulsionen sollen durch Zusatz von Wasserglas besondere Geschmeidigkeit erhalten[3]. Früher noch waren Kolophonium-Leinölfirnis-Mörtel-Emulsionen als sog. Pontizement im Gebrauch[4], die nach neuzeitlichen Angaben durch Harz-Ammoniakseifen ersetzt werden sollen, unter deren Einwirkung sich in dem hydraulischen Bindemittel, ohne, wie es in der Patentschrift[5] heißt, seine Güte zu beeinträchtigen, unter völliger Verflüchtigung des Ammoniaks unlösliche Calcium- und Aluminium-Harzseifen bilden sollen. Ebenfalls in neuerer Zeit wurden schließlich, außer den S. 203 erwähnten Teeremulsionen für den Straßenbau, erhalten z. B. aus Asphaltmastix und Teer[6] evtl. unter Zusatz von Sägemehl u. dgl.[7], die Destillationsprodukte bituminöser Schiefer, allerdings mehr zur Tränkung des trockenen Baumateriales als zur Anwendung in emulgierter Form, vorgeschlagen[8].

So wie diese „Kunstmassen" mit vorwiegend anorganischen Bestandteilen wird auch der Wert der Beton- und Kunststein-Schutzimprägnierungsmittel verschieden, ebenfalls vorwiegend ungünstig, beurteilt. Wenn überdies Bitumen-, Teer-, Harzanstriche auf solchen Flächen angebracht werden, um sie gegen Wasser sowie Abwässer und ähnliche schädliche Einflüsse zu schützen, werden die Anstrichmischungen fast ausschließlich in Form wasserfreier, geschmolzener Gemenge und fast niemals als Emulsionen aufgebracht, so daß sie für uns hier nicht in Betracht kommen. Als Ausnahmen seien nur die Verfahren genannt, bei deren Ausführung man Emulsionen von sulfoölsaurem Ammon und Kohlenwasserstoffen (zur Bildung von wasserunlöslichem, die Steinoberfläche durchsetzendem, sulfoölsaurem Kalk[9]) oder mit Alkohol verkochte Fettsäureseifen als opalescierende Lösungen anwendet, die in den porösen Stein, die Putzfläche oder Töpferware eindringen und innerhalb des Materiales ausgefällt werden. Dadurch, daß man zur Zersetzung der (Ammoniak-) Seifen ammoniakalische Zink- oder Schwermetallsalzlösungen verwendet, hat man es in der Hand, farblose bzw. gefärbte Schutzimprägnierungsschichten zu erzeugen[10]. In neuester Zeit

[1] Seifensieder-Ztg 1911, 207 u. ebd. 1912, 274; vgl. auch D.R.P. 211877.

[2] Franz. Pat. 611479 (1926); vgl. auch die Bitumenemulsionen der Am. Pat. 1549991—992, 1537949 u. Franz. Pat. 609966.

[3] D.R.P. 399557.     [4] D.R.P. 11498; vgl. Tonind.-Ztg 1881, 416.

[5] D.R.P. 323031.     [6] D.R.P. 294045 u. 294481.

[7] HUBEN, R.: Gesundhtsing. 1917, 69. — Die Herstellung der Straßenbau-Asphaltemulsionen mit der Hurrel-Homogenisiermaschine beschreibt R. KNOLLENBERG in Asphalt-Teerind.-Ztg 27, 190.

[8] D.R.P. 308874 u. 310893; vgl. D.R.P. 321029 u. 329824.

[9] D.R.P. 242454.     [10] D.R.P. 285967 u. 286768.

wurde schließlich zum Wasserdichtmachen von Mörtel oder Beton
(-flächen) z. B. ein emulgiertes Gemisch von geschmolzenem Talg,
Wasserglas und Wasser vorgeschlagen, das man ohne weiteren Zusatz
auf den Putz aufstreicht[1].

## Industrielle Abwässer[2].

Die Abwässer jeder einzelnen Industrieart sind spezifisch zusammengesetzt, ihre generelle Behandlung ist daher um so weniger möglich
als ihre Natur und Menge, die Bodenverhältnisse, die örtliche Lage der
Fabrik, die Nähe von Flußläufen, deren Wassermengen und Strömungs-
geschwindigkeiten usw., die Lösung der Frage nach Behandlung der
Abwässer entscheidend beeinflussen. Man teilt sie am einfachsten[3] in
zwei Klassen ein, und zwar in Abwässer, die lösliche oder unlösliche
organische oder anorganische Stoffe, und solche, die schwimmende und
emulgierte Bestandteile, wie Fette, Öle u. dgl., führen. Hinsichtlich der
Klärung anorganische Trüben enthaltender Abwässer ist ein neuzeitlicher Vorschlag bemerkenswert[4], der in gewissem Sinne an die Methoden
der Zellstoffentharzung mit Talkum, Kaolin u. dgl. und auch an die
Verfahren der Erzschwimmaufbereitung erinnert. Man soll einer solchen
wäßrigen Trübe, mit oder ohne Zusatz von die Bildung von Emulsionen
fördernden oder hemmenden Alkalien, Säuren oder Salzen, weniger als
0,5% eines Bohröles zusetzen, also eine wäßrige lösungsartige (s. S. 373)
Ölemulsion erzeugen, deren disperse Phase, wie das Kresol aus der
Erztrübe das Haltige, hier die verunreinigenden Schwebestoffe aufnimmt
und mit ihnen ein leicht abscheidbares Konzentrat bildet.

Emulsionstechnisch interessieren jedoch vor allem die fettstoffhaltigen Abwässer, und zwar hier, unter Außerachtlassung der allgemeinen Abwasser-Aufarbeitungsverfahren, insoweit, als äußerst dünne
lösungsartige Emulsionen, deren Fettstoffgehalt gegebenenfalls noch
weit geringer ist als jener des Kondenswassers (s. S. 388), irgendwie,
durch Konzentrierung, Sedimentierung, Extraktion od. dgl. zu dem
Zwecke behandelt werden, um die Fettstoffe zu gewinnen. Hierzu
sei allgemein bemerkt, daß die neusten Bestrebungen sich so gut wie ausschließlich darauf richten, die Abwässer ohne Gefahr für die öffentliche
Gesundheit auf möglichst billige Art zu beseitigen, ohne ihre Bestandteile zu verwerten. Die Behandlung der großen Flüssigkeitsmengen
(im Falle der Siedlungskanalabwässer 10 l Wasser mit nur 6—7 g gelöster und schwebender Stoffe) ist so kostspielig, daß an eine Renta-
bilität der Anlagen zur Fettabscheidung und Düngergewinnung nicht
zu denken ist, zumal der Düngewert des festen Abwasserinhaltes, z. B.
der Faeces, früher stark überschätzt, nur den zehnten Teil von jenem
des gelöst bleibenden Harnstoffes beträgt. Davon wollen wir jedoch
absehen, ob die Verfahren ausgeübt werden oder nicht, denn es handelt

---

[1] Franz. Pat. 594062 u. Zus. 31999 von 1928.
[2] Vgl. K. Imhoff: Fortschritte der Abwasserreinigung, Berlin 1926.
[3] Pearse, L.: Ref. in Z. angew. Chem. 28, 499.
[4] D.R.P. 430689.

sich hier lediglich darum, die Methoden kennenzulernen, mit deren Hilfe man so außerordentlich dünne Emulsionen zerstört, um ihren Wertinhalt zu gewinnen.

Ein Schulbeispiel, die Aufarbeitung des Schmieröles führenden Dampfmaschinenkondenswassers, also eines Gebrauchswassers, soll zum Schluß des vorliegenden Abschnittes gebracht werden (S. 387), vorangestellt sei die Besprechung der fettstoffhaltigen Abwässer von großen Siedelungen, Konserven-, Leim-, Lederfabriken, auch Molkereien, Woll- und Chemischwäschereien, die, allein unter dem Zwang behördlicher Vorschriften, ob mit oder ohne wirtschaftlichen Erfolg, ihre Abwässer so aufarbeiten, demnach im vorliegenden Falle entfetten müssen, daß dieselben in die Flußläufe entlassen werden können. Reine Fette verarbeitende Industrien, große Schlächtereien, Wurstfabriken, Hotels bauen natürlich in ihren Betrieben Fettabscheider ein, aus denen sie die unveränderten Fettstoffe zurückgewinnen[1].

Die städischen Abwässer z. B. Berlins führen pro Kopf der Bevölkerung täglich 20 g Fett mit sich, was bei Reduzierung der Zahl auf die Hälfte in Deutschland einen täglichen Verlust von 6—700 t technisch verwertbarem Fettstoff ausmacht (RUBNER[2]). Von allen nach anderer Richtung zielenden Aufarbeitungsmethoden dieser Kanalabwässer abgesehen[3], erfolgt ihre Behandlung zur Abscheidung der schwebenden Teilchen als Schlamm durch Absetzenlassen, gegebenenfalls mit Anwendung von Fällungsmitteln, wie Kalk, Ton, Eisenvitriol, Torf, Braunkohlenbrei u. dgl. Der so gewonnene Abwasserschlamm enthält dann die Fettstoffe, je nach der Behandlung gegebenenfalls auch in der Wärme, in der Menge von, auf Trockengewicht bezogen, 15—17% angereichert in Form von Emulsionen der Fettkörper, ihrer löslichen und unlöslichen Seifen, größtenteils aber bei bloßer oder saurer Sedimentierung als Fettsäuren, da die Fette durch die verschiedenartigen Vorgänge nach Entlassung der Abwässer in den Kanal und während ihrer Wanderung zum Klärbecken gespalten werden. Neuere Versuche ergaben überdies eine mit der $p_H$-Konzentration steigende Zersetzung der Fettstoffe und Kalkseifen des sauer vergärenden Abwasserschlammes, die über zwischengebildete niedere Fettsäuren unter Mitwirkung von Fermenten rasch zum Abbau bis zur Methanbildung führt. Dadurch wird die Fettstoffgewinnung aus dem Schlamm unter solchen Bedingungen überhaupt illusorisch gemacht[4].

Vordem, um die Jahrhundertwende, waren jedoch ernste Bestrebungen im Gange, den Fettgehalt der Siedlungsabwässer, z. B. in Frankfurt a. M., etwa in folgender Weise aufzuarbeiten. Der immer noch sehr wasserreiche Fettemulsionen-Klärschlamm ist in dieser Form nicht verwertbar, da die emulgierte Masse sich weder durch Filtration oder Abpressen noch durch Schleuderung weiter entwässern läßt; vorerst

---

[1] Vgl. HOLDE: Z. angew. Chem. 29, III, 48.
[2] Vgl. R. COHN: Pharm. Ztg 60, 424, u. Seifenfabr. 35, 1014 u. 1035; dazu die Berichte der einzelnen Städte in ihren periodischen Publikationen.
[3] Siehe die Beschreibung in LANGE: Chem. Technologie, Leipzig 1927, 27.
[4] Ref. in Chem. Zentralblatt 1927, II, 2701.

muß die Emulsion zerstört werden. Dies geschieht beim Erwärmen des mittels Rührwerkes bewegten Schlammes, und zwar unvollkommen ohne weitere Zusätze bei 50°[1] durch Abscheidung der abhebbaren Fettschicht, vollkommen bei höheren Temperaturen, die genügen, um die vorhandenen Eiweißstoffe zum Gerinnen zu bringen[2], ebenfalls vollkommen durch Behandlung des rohen Schlammes mit Schwefelsäure und folgendes Erhitzen der Masse[3], oder mittels anderer Chemikalien[4]. Es wurde aber auch vorgeschlagen, den gesamten Fettinhalt der Emulsion entweder in unlösliche Kalkseifen überzuführen und diese mit Halogenkohlenwasserstoffen, z. B. Tetrachlorkohlenstoff, zu extrahieren[5] oder ihn ätzalkalisch zu verseifen, die gebildeten löslichen Seifen mit kochendem Wasser auszuziehen, aus der filtrierten (wenn filtrierbaren!) Seifenlösung die Fettsäuren abzuscheiden und sie von den koagulierten Eiweißstoffen durch Extraktion mittels organischer Lösungsmittel zu trennen[6]. Oder man will nach einem neueren Vorschlage die Entfettung des nassen Abwasserschlammes in der Weise vollziehen, daß man ihn, nach evtl. Verdünnung und Ansäuerung, mit Benzol oder einem anderen derartigen Lösungsmittel emulgiert und die Emulsion in einer sieblosen Zentrifuge schleudert[7]. Aus der völlig verseiften Fettmasse kann man auch durch Destillation mittels der Dämpfe indifferenter Flüssigkeiten, z. B. mittels überhitzten Wasserdampfes, das vorhanden gewesene, unverseifbare Öl von dem durch Säuren wie üblich spaltbaren Seifenrückstand (Gewinnung der Fettsäuren · durch Destillation) abtrennen[8], oder man kann sonst irgendwie zur Verwertung der Fettmassen gelangen, emulsionstechnisch ist nur der erste Teil des Prozesses der Abwasserschlammaufarbeitung interessant, nämlich die Zerstörung der Fettstoffemulsionen.

Hierin lag und liegt die Hauptschwierigkeit aller, auch jener Verfahren, mit deren Hilfe man die fettstoffhaltigen Abwässer klein- und mittelgewerblicher Betriebe aufarbeiten will. Denn diese Emulsionen werden, je konzentrierter die Abwässer anfallen, immer schwerer entmischbar, da sie mit Eiweißstoffen und Emulsionsvermittlern aller Art gefüllt sind, deren Behandlung in der Wärme oder mit Chemikalien in Gestalt der ausflockenden Eiweißkörper und veränderten Leimsubstanzen neue Emulgatoren schafft, so daß ein Haufwerk von Emulgatoren vorliegt, das die Fettstoffe nicht nur emulgiert, sondern auch adsorptiv gebunden festhält (s. S. 29). Jedenfalls, sei es auch um die Abwässer nur unschädlich zu machen ohne die Fettstoffe in anderer Form denn als Heizstoff abzuscheiden, muß in den meisten Fällen zu Chemikalien gegriffen werden, um die Emulsionen zu zerstören.

Meist wählt man natürlich Säuren, die gleichzeitig Seifen spalten und die Oberflächenspannung von Fett zu Wasser erhöhen. So bei der

---

[1] D.R.P. 167700.
[2] D.R.P. 275566 u. D.R.P. 320567.
[3] GROSZMANN, J.: J. Soc. Chem. Ind. 34, 588; vgl. D.R.P. 258152, 273607 u. 291834.
[4] Siehe z. B. D.R.P. 117272.        [5] D.R.P. 305768.
[6] D.R.P. 159170.        [7] D.R.P. 379893.        [8] D.R.P. 293167.

Aufarbeitung der Wollwäscherei- und Walkabwässer[1] Schwefelsäure zur Abscheidung eines schwarzen Produktes, das Wasser, Öl, Fettsäuren, Wollabfälle und Unverseifbares enthält und heiß durch Filterpressen gedrückt, nach der Abscheidung des Wassers sog. Poudretteöl und Rückstände liefert, die mit Benzin extrahiert ein an Unverseifbarem reiches zweites Poudrette- oder Extraktöl geben. Oder man destilliert das Schwarzöl mit überhitztem Wasserdampf (s. oben) und erhält so destilliertes, durch Oleinzusatz wieder als Spick- oder Schmälzöl verwendbares sog. zertifiziertes Extraktöl[2]. Während des Krieges, als Schwefelsäure nicht und Bisulfat reichlich zu haben war, ließ man die Abwässer der Wollwäschereien, Tuchfabriken, Türkischrotfärbereien, Leimsudanlagen, Seideentbastungs- und verwandter Betriebe zur Entemulsionierung durch aufgeschichtete Stücke des Salzes fließen oder verrührte sie mit wäßriger Bisulfatlösung, die in einer selbsttätig arbeitenden Vorrichtung die abgesonderten Fettstoffe abgab[3]. Auch durch Zusatz von Kalkmilch und Eisensalz, besser noch mit Kalkmilch allein[4] oder durch Ausfällung der Fette als Kalkseifen mittels Calciumchloridlösung, ferner in einem Ausfrier-[5] oder einer Art Ausätherungsprozeß mit beigemischtem (vermutlich jedoch unentmischbar beiemulgiertem) Benzin, Erd- oder Paraffinöl[6] oder auf anderen Wegen[7] wollte man die genannten und ebenso auch Schlachthof[8]- und Kanalabwässer konzentrieren bzw. sie oder diese Konzentrate entemulsionieren.

Diesen allgemein gehaltenen Angaben ist hinsichtlich der Anwendung solcher mechanischer und physikalischer bzw. chemischer Fällungsmethoden in emulsionstechnischer Hinsicht kaum mehr hinzuzufügen als die Bemerkung, daß in dem Maße der Gehaltsminderung des betreffenden Abwassers an Fettstoffen und des Steigens an Stickstoffsubstanzen, Faser- und Suspensionsteilchen aller Art, auch jene Methoden versagen und an ihre Stelle die Verfahren des mechanischen Abfangens der Schwebestoffe oder deren Bindung an Kolloidton oder andere Adsorptionsmittel tritt. In ihnen wird dann in der Gesamtmasse auch die Fettsubstanz angereichert, und es bleibt schließlich nur eine Frage der Wirtschaftlichkeit, ob man sie abscheidet oder verloren gibt[9].

Hierher gehört auch die Aufarbeitung einer bekannten technischen Fettstoffemulsion, die zwar kein Abwasser, sondern ein Gebrauchswasser ist, nämlich die Entölung des Dampfmaschinen-Kondenswassers.

Von dem Kondensat der Dampfturbinen abgesehen, das stets ölfrei ist, da der Dampf mit geschmierten Flächen überhaupt nicht in Be-

---

[1] Über die Wiedergewinnung des Fettes aus Textilabwässern s. besonders Am. Pat. 1543324 u. 1476685.

[2] Vgl. F. Kassler: Chem. Rev. 9, 279.  [3] D.R.P. 330542 u. 331286.

[4] Wallenstein, F.: Chem. Rev. 1901, 2.

[5] D.R.P. 38465.  [6] D.R.P. 180493.

[7] Z. B. mit Tonerdesilicat (Bleicherde) nach D.R.P. 278370, oder durch Fällung der Abwässer mit Calciumchlorid und Extrahieren der abgeschleuderten Festsubstanzen mit Aceton nach Franz. Pat. 576171 usw.

[8] D.R.P. 135313.

[9] Siehe auch die Beschreibung einer neuzeitlichen Abwasserentölungsanlage in Chem.-Ztg 52, 388 (Schmeitzner).

rührung kommt, ist jedes Kondenswasser von Dampfmaschinen-anlagen ölhaltig. Die Emulsion ist außerordentlich beständig; es wur-den Fälle festgestellt, in denen derartige Wässer nach mehrjährigem Stehen noch keine Spur von Aufrahmung des Öles zeigten, was auch verständlich ist, wenn man erwägt, daß der Ölgehalt der Kondenswässer sehr gering, z. B. 0,24% , ist, jedenfalls unter die Grenze von 0,5—1% fällt, innerhalb welcher Emulsionen von Öl in Wasser auch ohne Zusatz-stoffe beständig und gegebenenfalls als Lösungen (s. S. 373) zu betrachten sind. Nun ist aber überdies technisches Kesselspeisewasser nicht absolut chemisch rein, und die an sich geringen, im Vergleich zu dem ebenfalls geringen Ölgehalt jedoch bedeutenden Mengen organischer und anorga-nischer Kolloide genügen, um jede Möglichkeit der spontanen Ent-mischung auszuschließen, sie genügen sogar, um die künstliche Ent-emulsionierung bedeutend zu erschweren. Gelangt solches ölhaltiges Kondenswasser wieder in den Kessel, der nicht immer mit den modern-sten Speisewasserenthärtungseinrichtungen versehen ist (oft enthärtet der Fabrikant in kleineren Anlagen selbst durch Zugabe einer mehr oder weniger willkürlichen Sodamenge), so bildet sich der besonders gefähr-liche Kalkseifenkesselstein, dessen organische Substanz beim Fest-brennen an den Kesselinnenwänden die durch den gewöhnlichen Kessel-steinansatz an sich vorhandene Gefahr noch steigert. Ein solcher Kessel-stein enthielt z. B. nach einer Analyse von Christ (allerdings in einem Cornwallkessel, der in den neunziger Jahren im Betrieb war!) auf 46% anorganische Bestandteile (CaO, MgO, SiO$_2$ usw.) 22,6% Fettsäuren und 23,8% Neutralfett als Seifen gebunden!

Die Kondenswasseremulsion ist aber auch von sehr bedeutendem theoretischem Interesse, da sie eine Type außerordentlich verdünnter lösungsartiger Systeme darstellt, wie sie sonst in der Technik nur noch in Gestalt mancher Flotationsölmischungen vorkommen (s. S. 373), oder wie man sie wohl noch im Wasser der Anilin-Wasserdampfdestillation nach Entfernung der Base findet oder künstlich durch Eingießen einer z. B. alkoholischen Öl- oder Riechstofflösung in viel Wasser erzeugen kann. Ihr Gegenstück haben diese dünnen OW-Emulsionen in den WO-Systemen mancher Teere (s. unten) und Erdöle (s. S. 115). Wie man diese durch Filtration über oleophile Kolloide, z. B. Eisensulfid oder Kautschukvulkanisatpulver, zu scheiden vermag (vgl. S. 12), so gelingt es, jene Kondenswasseremulsionen, allerdings weder in technischer noch wirtschaftlicher Hinsicht befriedigender Weise, dadurch zu entölen, daß man das Wasser durch Schlemmkreide oder eine andere Filtersubstanz leitet, die besser von Wasser benetzt wird als von Öl. Ebenfalls tech-nisch kaum ausgeführt werden die Verfahren der Kondenswasserent-ölung durch Aussalzen mittels der Elektrolyte von Art des Kochsalzes, der Mineralsäuren u. dgl. von bestimmter Konzentration ihrer Lösungen (s. S. 25) oder mit Hilfe von Substanzen, wie Tonerdehydrat (aus der Sulfat- und Sodalösung, die man zusammen einfließen läßt[1]), deren wirk-

---

[1] Dieses physikalisch-chemische Verfahren der Kondenswasserentölung mit Hilfe einer aus Tonerdehydrat bestehenden Filterschicht beschreibt H. Jungwirt in Chem. App. 14, 194.

sames Kation den negativ elektrischen Ölteilchen die Ladung nimmt, so
daß sie als Tonerdeseifen ausflocken[1]. Praktisch verfährt man am besten
vorbeugend, durch Einbau von Abdampfentölern (s. Abb. 62 S. 93), doch
erscheint dann fallsweise dennoch die elektrolytische Kondenswasserentölung geboten. Man arbeitet z. B. mit Eisenelektroden, zwischen denen
die Kondenswasser-Öl-Emulsion hindurchfließt. Das Öl wird durch das
an der Anode entstehende basische Eisencarbonat wie in einem Netz
gefangen und unschädlich gemacht. Für 1 cbm Wasser werden an
Energie 0,15—0,2 kW verbraucht; in Vorrichtungen, in denen man
durch das mit etwas Fluß- oder Brunnenwasser leitend gemachte Kondenswasser Gleichstrom leitet, um die schaumig abgeschiedenen Flocken
sodann durch Kiesfilter zu filtrieren, sollen die Kosten der Entölung
pro Kubikmeter Kondenswasser nur 1 Pfennig betragen.

Diesem Beispiel einer schwierig trennbaren Emulsion von wenig Öl
in viel Wasser kann man den wasserhaltigen Teer gegenüberstellen
(s. S. 122), dessen Entwässerung, die ebenfalls Entemulsionierung
bedeutet, zweckmäßig auch (vgl. S. 117) mit Hilfe des galvanischen
Stromes auf elektroosmotischem Wege z. B. in der Weise bewirkt
wird (Versuchsapparatur), daß man den Teer mit der positiven Elek-
trode in ein poröses Gefäß bringt, das in einem mit dest. Wasser gefüllten
Außenbehälter hängt und bei etwa 50° den Strom von 0,06 Amp. und
275 Volt schließt. Nach 12 Stunden ist der Wassergehalt des Teers
von ursprünglich 8,7%, mit nur 0,3% Leichtölverlust, auf 1% gesunken[2].
Ebenfalls mittels des elektrischen Stromes, jedoch in einem Diaphragmen-
verfahren besonderer Art, kann die Entwässerung von Wasser-
Fettstoff- oder Seifen-Emulsionen, z. B. des sog. Seifeflusses (das ist
eine Pflanzenöl-Dünnseifenlaugen-Emulsion), in der Weise bewirkt
werden, daß man ihn in eine Tonzelle einfließen läßt, die in einer mit
Wasser gefüllten Porzellanschale steht, den Strom von 60—80 Volt und
1—2 Amp. zwischen den Platinelektroden (Kathode im Wasser, Anode
in der Zelle) schließt und in dem Maße als Wasser in den Kathoden-
raum wandert, Seifenfluß zufließen läßt. Der stetige Prozeß ist beendet,
wenn eine der Zelle entnommene Probe genügende Entwässerung der
Seifenemulsion ergibt[3].

Mit dem über die Kondenswasserentölung Gesagten schließt sich
der Kreis unserer Besprechung der in den chemischen Gewerben auftretenden Emulsionen durch Betrachtung der Entemulsionierungs-
verfahren zur Aufarbeitung von Abwässern der Erdölraffinerien
und Schmierölfabriken.

Die in den Mineralölbetrieben anfallenden Abwässer entstehen bei
der Kondensation der evtl. luftgekühlten verschiedenen Erdölfraktionen
in Wasser, ferner beim Waschen der chemisch mit Schwefelsäure oder

---

[1] Vgl. M. MEIER: Öst. Chem.-Ztg 1927, 52: Elektrolytische Kondenswasserentölung nach dem System Hanomag. — Ein neues das DYXHOORN-Filtrationsverfahren
zur Entölung des Kondenswassers ist in Wbl. Papierfabr. 58, 952 beschrieben
(E. SANDHERR). — Ferner: Kali 14, 337; Z. Dampfk.betr. 38, 168 (Reuboldapparate).

[2] MAZZELLI, C.: Ref. in Chem. Zentralblatt 1925, I, 919; vgl. auch das mechanische Verfahren, O. MANGOLD: ebd. 1149.

[3] D.R.P. 347537.

Lauge gereinigten Destillate, weiter beim Betriebe der Maschinen und
bei der Reinigung der verschiedenen Gefäße (vgl. S. 120). Die während
der Destillation aus dem Rohöl abgeschiedenen wäßrigen Flüssigkeiten
können nach der Filtration direkt in die Wasserläufe entlassen oder
sie müssen vorher entharzt und neutralisiert werden. Saure und Laugen-
waschwässer entemulsioniert man durch gegenseitige Neutralisation,
setzt dann zur Erzielung saurer Reaktion Abfallsäure zu, zersetzt so
und durch Einleiten von Dampf die Emulsionen, schöpft die Mineralöl-
schicht ab und entläßt das Wasser, wenn es, auch alkalisch gestellt, keine
sichtbaren Ölreste mehr zeigt, in diesem Zustande in die Flüsse[1]. Insbesondere ist für völlige Beseitigung der Naphthensäuren aus den Abwässern Sorge zu tragen, die noch in Verdünnungen von 1:333000
starke Fischgifte sind, während die Schädlichkeit der Kohlenwasserstoffe bis zum Schmelzpunkt von 120° in dieser Hinsicht erst bei Konzentrationen von 1:3—5000 aufwärts beginnt. Die primäre, saure Behandlung der Abwässer ist demnach nicht nur zur Zerstörung der Emulsionen, sondern auch jener der Naphthenate, der wichtigere Vorgang.

Mineralöl-, Pflanzen- oder Tierfettemulsionen enthalten übrigens
auch die Spinnereiabwässer von der Schmälzung der gewaschenen
Zwischenware her. Sie werden jedoch mit bis zu 800 g Fettstoff im
Kubikmeter Flüssigkeit wegen ihres Gehaltes an Stickstoffsubstanzen,
ähnlich wie Brauereiabwässer, zweckmäßig mit Kolloidton entemulgiert,
wenn örtliche Vorkommen solcher Tone das sonst unwirtschaftliche
Verfahren zulassen. — In anderen Betrieben kommen kaum Abwässer
vor, die nennenswerte Mengen von Emulsionen führen würden. Emulgiermittel sind hingegen in vielen Abwässern vorhanden, Phenole[2],
Saponine, organische Stoffe aller Art, Gelegenheit zur Bildung von
Emulsionen ist daher in jedem Abwasser gegeben.

Schließlich muß noch der Kesselsteingegenmittel gedacht werden, die, soweit sie in mit dem Speisewasser emulgierbarer oder in Form
von Emulsionen verwendet werden, als Harz- oder Fettsäureseifen,
Mineral-, Teer- und organische Öle allein oder untereinander emulgiert
immer wieder angepriesen werden, obwohl die schädliche oder doch nur
begrenzt nützliche Wirkung solcher Präparate wohl kaum bezweifelt
wird. Begrenzte Nützlichkeit dürfte vielleicht manchen öligen Stoffen
zuzusprechen sein, insofern, als sie die Abscheidungsform der Mineralsubstanzen günstig beeinflussen. So wurde z. B. in neuerer Zeit der
Zusatz von Weihrauchöl zum Speisewasser in der Menge 1:50000 empfohlen[3], um mit der Bildung dieser kaum mehr als Emulsion zu bezeich-

---

[1] WIELECZINSKI, M.: Petroleum 1910, 1237; vgl. F. DONATH: Öst. Chem.-Ztg
1906, 5.
[2] Über die Extraktion der Phenole aus dem Abwasser von Nebenprodukt-
anlagen (Gaswerke und Kokereien) mit Benzol s. die Ausführungen von A. WEINDEL
in Glückauf 63, 401; vgl. das Ref. über eine Arbeit von D. PARKES in Chem. Zentralblatt 1927, I, 2698.
[3] Schweiz. Pat. 103891(1923), Chem. Zentralblatt 1925, I, 879; vgl. auch ebd.
Jhg. 1919, II, 737, über die angeblich guten Erfahrungen mit Teer als Speisewasser-
zusatz.

nenden Lösung zu erreichen, daß der Kesselsteinansatz nicht krustenförmig erfolgt, sondern schlammige Abscheidung der Härtebildner des Wassers stattfindet. Auch hydrophile Schutzkolloide, wie Gelatine, Gummiarabicum, Agar, Dextrin und Tannin[1], namentlich das letztere, beeinflussen die Spaltung des Calciumbicarbonates in der Wärme sehr erheblich, und zwar in der Richtung, daß sich lösliche Calciumsalze bilden, wodurch die Wasserhärter verhindert werden, krystallinische Krusten des Kesselsteines zu bilden. Es entsteht daher durch solche Zusätze wohl ein lockerer Schlamm, jedoch auf Kosten der Reinheit des Kesselwassers; überdies wird die gesamte Kohlensäure der Bicarbonate frei und greift die Kesselwandungen an[2].

In emulsionstechnischer Hinsicht bieten diese Präparate bzw. die Bildung der Emulsionen mit dem Wasser nichts Besonderes; hervorhebenswert ist nur, wie solche äußerst geringe Mengen der nichtwäßrigen Bestandteile von Emulsionen doch wirksam sein können, allerdings nicht nur hinsichtlich der anfänglich tatsächlich günstigen Beeinflussung der Form des Abscheidungsproduktes, sondern später auch durch die Bildung der besonders gefürchteten von Seifen durchsetzten Kesselsteinkrusten (s. oben). Dasselbe dürfte für die Anwendung eines Verfahrens gelten, demzufolge man dem der Enthärtungsanlage (Soda und Ätznatron) zuströmenden Wasser pro Tonne 12 g eines wasserlöslichen Bohröles zusetzen soll. Man erreicht damit beschleunigte Ausfällung der Härtebildner in gut absetzender grobflockiger Form und vermag die Geschwindigkeit des Wasserzuflusses beträchtlich zu steigern[3], speist jedoch den Kessel mit einer Flüssigkeit, die ölhaltigem Kondenswasser gleicht, wenn nicht eine Entölungsanlage (s. S. 93) eingeschaltet wird, deren Anlage- und Betriebskosten jenen errungenen Vorteil wahrscheinlich wieder aufheben.

Als emulsionstechnisch bemerkenswerte Einzelheit sei noch erwähnt, daß sich gegen das Schäumen und Spucken des Kesselwassers als Folge der in ihm gebildeten Schmutz-Salz-Seifen-Emulsionen außer dem rechtzeitigen Abschlämmen des Kesselinhaltes, als beruhigender öliger Zusatz zum Wasser vor allem das Ricinusöl bewährt haben soll[4]. Es wäre vielleicht interessant, festzustellen, wie sich rein dargestellte Ricinol und Ricinsäurekalkseifen allein und im Gemisch mit Glycerin hinsichtlich ihrer Fähigkeit Schäume zu zerstören verhalten, ob also die Verwendbarkeit der Ricinsulfoleate als hartwasserbeständige Seifen nicht lediglich der Sulfo-, sondern auch z. T. der Oxygruppe der Ricinusölfettsäuren zuzuschreiben ist.

---

[1] Engl. Pat. 23 618 (1909).
[2] SAUER, E., u. F. FRISCH: Z. angew. Chem. 1927, 1176 u. 1276, u. Zentralbl. Zuckerind. 1928, 126.
[3] D.R.P. 430 669.
[4] Ref. in Chem. Zentralblatt 1927, I, 2349.